SPSSAU
科研数据分析方法与应用

周俊 马世澎 ◎ 著

电子工业出版社
Publishing House of Electronics Industry
北京·BEIJING

内 容 简 介

本书从数据分析入门、常用研究方法应用、数据综合评价及预测、问卷数据分析和医学数据分析等五个方面系统地介绍科研数据的分析方法，涉及 13 项知识类应用（如影响关系、权重关系、数据预测、问卷研究），本书强调以实际应用为主，每个知识点均通过通俗的文字表达，并附以案例及软件操作界面进行详细解读，可用于数据分析、实证研究和学术写作等，适合高等院校本科生、研究生，以及行业研究者学习和使用，也适合从事科研分析培训、数据分析咨询的相关工作者参考。

未经许可，不得以任何方式复制或抄袭本书之部分或全部内容。
版权所有，侵权必究。

图书在版编目（CIP）数据

SPSSAU 科研数据分析方法与应用 / 周俊，马世澎著. — 北京：电子工业出版社，2024.1
（2025.9重印）. ISBN 978-7-121-46995-4

Ⅰ. ①S… Ⅱ. ①周… ②马… Ⅲ. ①科研管理－数据处理 Ⅳ. ①G311

中国国家版本馆 CIP 数据核字（2024）第 004594 号

责任编辑：张慧敏
印　　刷：北京捷迅佳彩印刷有限公司
装　　订：北京捷迅佳彩印刷有限公司
出版发行：电子工业出版社
　　　　　北京市海淀区万寿路 173 信箱　　邮编：100036
开　　本：720×1000　1/16　　印张：30.5　　字数：705 千字
版　　次：2024 年 1 月第 1 版
印　　次：2025 年 9 月第 5 次印刷
定　　价：106.00 元

凡所购买电子工业出版社图书有缺损问题，请向购买书店调换。若书店售缺，请与本社发行部联系，联系及邮购电话：(010) 88254888，88258888。
质量投诉请发邮件至 zlts@phei.com.cn，盗版侵权举报请发邮件至 dbqq@phei.com.cn。
本书咨询联系方式：faq@phei.com.cn。

前　　言

　　科研数据分析在不同学科领域的常规分析方法基本相同，如描述统计、假设检验、回归分析等；但在深度应用方面差别较大，如医学统计与量表问卷分析等。目前，科研数据分析的相关书籍通常只介绍某一学科领域的分析方法，或者只对某一个主题进行阐述，也有一些书籍将多个数据分析平台的使用方法进行"杂糅归纳"。

　　如果一位研究者想全面了解数据分析方法，参考并借鉴其他学科领域的分析思路，他需要看很多本图书，并且耗费大量时间学习多种不同操作方式的数据分析平台，这无疑增加了研究者的学习时间成本；另外，中国科研数据分析的思路和实现还有相当大比例依赖于 SPSS 统计软件，对新型统计工具或数据科学平台的实践应用尚有很大提升空间。长期对少数统计工具的依赖，有可能导致在分析方法的具体实现上灵活性不足，甚至有些研究者受限于他熟悉的工具所能提供的方法和思维，在研究中也较少使用前沿方法。目前中国常用的统计工具也无法满足研究者日益增长的统计分析需求，做一项研究往往需要同时学习和使用多个工具，甚至还需要学习编程技术，这对于大多数研究者来说颇有压力。

　　因此需要有一本内容较全面的科研数据分析图书，并且全书的方法体系由同一功能全面的分析工具或数据科学平台实现。这样的图书有利于研究者更多地了解和借鉴不同学科领域的分析方法和思维，并极大程度地减少研究者在工具使用上的时间成本。

　　作者长期从事数据统计分析教学和咨询，综合众多研究者的实际诉求，尝试对科研数据分析方法进行体系化梳理。在阅读科研论文时了解到 SPSSAU 这款数据科学平台，其在国内科研圈已"崭露头角"，在中国知网搜索结果中有近万篇期刊论文采用 SPSSAU 平台完成科研数据分析任务。作者认为 SPSSAU 平台适合科研数据处理，其内部包括通用方法、问卷研究、可视化、数据处理、进阶方法、实验/医学研究、综合评价、计量经济研究、机器学习、Meta 荟萃分析、文本分析、空间计量和 Power 功效分析共 13 个模块，可覆盖管理学/经济学类、教育学类、医学类、农学类、法学/哲学类、艺术/文学类、理工类等学科领域的数据分析。

　　SPSSAU 平台的方法体系填补了研究者较为依赖的少数几款统计工具的不足，而且其易操作，能智能分析结果，研究者可综合利用多学科的分析方法，开拓其分析思维，有利于帮助其进行科研分析。

综合以上原因，促使两位作者克服困难，写成此书。本书根据数据分析在科研中的应用情况，依次介绍数据分析入门、常用研究方法应用、数据综合评价及预测、问卷数据分析和医学数据分析等五个方面。在差异关系研究、相关影响关系研究、信息浓缩及聚类研究等常见科研分析方法基础上，全面介绍熵值法、AHP等权重计算，模糊综合评价、耦合协调度等综合评价，TOPSIS、秩和比法等优劣决策，以及 ARMA 模型、灰色预测模型等数据预测研究方法，并对量表问卷实证研究、医学卫生统计分析两个领域进行应用阐述。特色内容包括结构方程模型、中介效应分析与调节效应分析、市场研究分析、一致性评价检验等。

本书从一开始就以解决科研数据分析实际问题为出发点，较全面地介绍多学科领域的各类分析方法及其应用。本书科研数据分析方法较多，可作为工具书进行查阅。一些不是高频使用、知识点多容易忘记的方法，在需要的时候可从书中快速查阅及学习。

本书没有过多的公式推导，以实际案例为切入点进行原理概念的介绍。各科研数据分析方法配套的案例尽可能做到契合主题，将原理和要点融入对结果的解释及分析中。本书语言通俗易懂、图文结合、可读性强，并且结合 SPSSAU 平台的易学优势便于新手研究者快速学习和掌握科研数据分析方法。

多数研究者并非统计学/数学专业人士，对各类方法的应用和理解有限，如在撰写论文/做科研数据分析时，阅读本书可以让其快速入门分析方法，提高科研分析效率。

本书基于 SPSSAU 平台的方法体系对科研数据分析方法与应用做了新的探索，所介绍的分析方法能够补充和完善当前资料缺乏的情况，适合高等院校本科生、研究生，以及行业研究者学习和使用，也适合从事科研分析培训、数据分析咨询的相关工作者参考。

本书大部分案例数据来自国内主流统计学类书籍，有少量案例数据为模拟生成，所有案例数据均可通过加本书封底的读者小助手微信来领取。

本书得以出版，首先要感谢电子工业出版社张慧敏老师的提议和鞭策，以及其他编辑人员的辛苦付出；然后要感谢 SPSSAU 平台众多科研用户的鼓励，正是和你们的深入沟通及交流，才让作者更加了解研究者的急切需求；最后要感谢所有读者朋友及作者的家属，是你们的支持与厚爱，才使作者有勇气、有精力、有动力来撰写这本书。

本书内容涉及的科研数据分析方法较多，限于作者的知识水平和经验积累，不足之处在所难免，恳请读者指正。

目　　录

第一篇　数据分析入门

第1章　SPSSAU 平台概述 2
  1.1　SPSSAU 平台简介 2
  1.2　SPSSAU 平台使用 4
  1.3　获得帮助 9

第2章　数据探索及分析 12
  2.1　分析方法数据格式 12
  2.2　探索数据特征 14
    2.2.1　两种数据类型 14
    2.2.2　定类数据探索分析 15
    2.2.3　定量数据探索分析 15
    2.2.4　小结 18
  2.3　数据分布之正态性分析 19
    2.3.1　正态分布图示法 19
    2.3.2　正态分布检验法 21
    2.3.3　正态分布转换处理 22
    2.3.4　小结 23
  2.4　常用分析方法选择 23
    2.4.1　定类或定量数据分析方法 24
    2.4.2　定类和定类数据分析方法 26
    2.4.3　定类和定量数据分析方法 27
    2.4.4　定量和定量数据分析方法 29
    2.4.5　小结 30

第3章　数据清理 31
  3.1　数据标签设置 31
  3.2　数据编码 34

3.3 异常值处理 36
3.4 生成变量 38
    3.4.1 常用处理 38
    3.4.2 量纲处理 39
    3.4.3 科学计算 42
    3.4.4 汇总处理 42
    3.4.5 日期相关处理 42
    3.4.6 其他 43
3.5 标题处理 44

第二篇　常用研究方法应用

第 4 章　差异关系研究 48

4.1 t 检验 49
    4.1.1 正态分布与方差齐性 50
    4.1.2 t 检验分析步骤 51
    4.1.3 单样本 t 检验 52
    4.1.4 配对样本 t 检验 53
    4.1.5 独立样本 t 检验 54
    4.1.6 概要 t 检验 55
4.2 方差分析 57
    4.2.1 方法概述 58
    4.2.2 方差分析类型的选择 60
    4.2.3 单因素方差分析 61
    4.2.4 双因素及多因素方差分析 65
    4.2.5 简单效应分析 68
4.3 卡方检验 69
    4.3.1 方法概述 69
    4.3.2 2×2 四格表卡方检验 71
    4.3.3 $R×C$ 列联表卡方检验与多重比较 73
    4.3.4 Fisher 卡方检验 76
    4.3.5 配对卡方检验 78
    4.3.6 分层卡方检验 79
    4.3.7 卡方拟合优度检验 83
4.4 非参数检验 84
    4.4.1 方法介绍 84

4.4.2　单样本 Wilcoxon 检验 ... 85
4.4.3　两组独立样本 Mann-Whitney 检验 ... 86
4.4.4　多组独立样本 Kruskal-Wallis 检验 ... 87
4.4.5　配对样本 Wilcoxon 秩和检验 ... 89
4.4.6　多样本 Friedman 检验 ... 91

第 5 章　相关影响关系研究 ... 93

5.1　相关分析 ... 94
　　5.1.1　相关关系概述 ... 94
　　5.1.2　相关分析步骤 ... 96
　　5.1.3　两个变量相关实例分析 ... 97
　　5.1.4　偏相关实例分析 ... 101
5.2　线性回归 ... 103
　　5.2.1　线性回归模型与检验 ... 104
　　5.2.2　线性回归适用条件 ... 105
　　5.2.3　线性回归的一般步骤 ... 106
　　5.2.4　多重线性回归的实例分析 ... 107
　　5.2.5　逐步线性回归的实例分析 ... 114
　　5.2.6　有哑变量的线性回归 ... 117
5.3　Logistic 回归 ... 120
　　5.3.1　方法概述 ... 121
　　5.3.2　二元 Logistic 回归 ... 123
　　5.3.3　多分类 Logistic 回归 ... 129
　　5.3.4　有序 Logistic 回归 ... 132
　　5.3.5　条件 Logistic 回归 ... 136
5.4　曲线与非线性回归 ... 138
　　5.4.1　方法概述 ... 138
　　5.4.2　曲线回归 ... 139
　　5.4.3　非线性回归 ... 143

第 6 章　信息浓缩及聚类研究 ... 147

6.1　因子分析 ... 148
　　6.1.1　基本原理 ... 148
　　6.1.2　分析步骤 ... 149
　　6.1.3　因子分析实例分析 ... 151
6.2　主成分分析 ... 156
　　6.2.1　思想与应用 ... 156

6.2.2　与因子分析的区别 157
　　6.2.3　分析步骤 158
　　6.2.4　主成分实例分析 159
6.3　对应分析 164
　　6.3.1　方法概述 164
　　6.3.2　简单对应分析 166
　　6.3.3　多重对应分析 169
6.4　多维尺度分析 171
　　6.4.1　方法概述 171
　　6.4.2　矩阵数据实例分析 173
　　6.4.3　原始数据实例分析 175
6.5　聚类分析 177
　　6.5.1　聚类方法的选择 177
　　6.5.2　K-means 聚类 180
　　6.5.3　K-prototype 聚类 184
　　6.5.4　分层聚类 188

第三篇　数据综合评价及预测

第 7 章　权重关系研究 192

7.1　权重计算方法 192
　　7.1.1　主观赋权法 193
　　7.1.2　客观赋权法 193
7.2　主成分分析法 194
　　7.2.1　权重计算步骤 194
　　7.2.2　主成分分析法权重计算实例 195
7.3　熵值法 197
　　7.3.1　基本原理 198
　　7.3.2　熵值法权重计算实例 199
7.4　层次分析法 202
　　7.4.1　原理介绍 202
　　7.4.2　层次分析法流程 205
　　7.4.3　层次分析法实例分析 206
7.5　其他权重法 210
　　7.5.1　CRITIC 权重法 210
　　7.5.2　独立性权重法 213
　　7.5.3　信息量权重法 215

第 8 章 数据预测分析 218

8.1 ARMA 模型 219
8.1.1 ARMA 模型分析流程 219
8.1.2 ARMA 模型案例 225

8.2 指数平滑法 230
8.2.1 一次指数平滑法 231
8.2.2 二次指数平滑法 233
8.2.3 三次指数平滑法 235

8.3 灰色预测模型 238
8.3.1 灰色预测模型原理 238
8.3.2 灰色预测模型分析 240

8.4 马尔可夫预测 243

第 9 章 优劣决策分析 247

9.1 TOPSIS 法 247
9.1.1 TOPSIS 法原理 247
9.1.2 TOPSIS 法案例 249
9.1.3 TOPSIS 法问题探讨 252

9.2 熵权 TOPSIS 法 254
9.2.1 熵权 TOPSIS 法原理 254
9.2.2 熵权 TOPSIS 法案例 255

9.3 秩和比法 259
9.3.1 秩和比法原理 259
9.3.2 RSR 案例 260

9.4 Vikor 法 264
9.4.1 Vikor 法原理 264
9.4.2 Vikor 法案例 265

第 10 章 常用综合评价分析 271

10.1 灰色关联法 272
10.1.1 灰色关联法原理 272
10.1.2 灰色关联法案例 273
10.1.3 广义关联度 277

10.2 模糊综合评价法 279
10.2.1 模糊综合评价法原理 279
10.2.2 模糊综合评价案例 280

10.3 数据包络分析 284
10.3.1 数据包络分析原理 284
10.3.2 数据包络分析案例 288
10.4 耦合协调度 293
10.4.1 耦合协调度原理 293
10.4.2 耦合协调度案例 295
10.5 综合指数 298
10.6 DEMATEL 302
10.7 ISM 307

第四篇　问卷数据分析

第 11 章　问卷研究分析方法 314
11.1 单选题与多选题分析 314
11.1.1 分析思路 315
11.1.2 频数统计实例分析 316
11.1.3 卡方检验实例分析 320
11.2 填空题分析 321
11.2.1 分析思路 321
11.2.2 实例分析 322
11.3 项目分析 325
11.3.1 原理介绍 325
11.3.2 实例分析 327
11.4 效度分析 329
11.4.1 结构效度 329
11.4.2 实例分析 330
11.5 信度分析 333
11.5.1 信度系数 333
11.5.2 实例分析 335
11.6 验证性因子分析 336
11.6.1 方法概述 337
11.6.2 验证性因子分析步骤 338
11.6.3 验证性因子分析实例分析 342
11.7 路径分析 349
11.7.1 方法概述 349
11.7.2 实例分析 351

11.8 结构方程模型 355
11.8.1 方法概述 355
11.8.2 实例分析 358
11.8.3 结构方程模型分析讨论 363
11.9 中介效应分析 363
11.9.1 中介变量与中介效应 364
11.9.2 中介效应检验流程与实例 365
11.9.3 多重中介效应分析与实例 369
11.10 调节效应分析 372
11.10.1 调节变量与调节效应 372
11.10.2 简单斜率与斜率图 373
11.10.3 调节效应分析步骤与实例 374
11.11 有调节的中介分析 378
11.11.1 方法概述 378
11.11.2 有调节的中介作用实例 382

第 12 章 常用市场研究分析 385
12.1 PSM 分析 386
12.1.1 原理介绍 386
12.1.2 实例分析 388
12.2 联合分析 391
12.2.1 基本概念与分析步骤 391
12.2.2 联合分析实例 394
12.3 NPS 分析 399
12.3.1 原理介绍 399
12.3.2 NPS 实例分析 400
12.4 KANO 模型分析 402
12.4.1 原理介绍 402
12.4.2 KANO 模型实例分析 405

第五篇 医学数据分析

第 13 章 医学研究常用方法 410
13.1 比率与风险 411
13.1.1 单个比率与两个比率的检验 411
13.1.2 优势比与相对危险度 414

13.2 剂量反应 417
13.2.1 方法概述 417
13.2.2 实例分析 419
13.3 生存分析 421
13.3.1 生存数据与生存分析 421
13.3.2 Kaplan-Meier 生存分析 423
13.3.3 Cox 回归分析 427
13.4 重复测量方差分析 431
13.4.1 方法概述 431
13.4.2 单因素重复测量方差分析 433
13.4.3 双因素重复测量方差分析 437
13.5 Roc 曲线分析 440
13.5.1 诊断试验与 Roc 曲线 440
13.5.2 Roc 曲线分析步骤与实例 442
13.5.3 Roc 曲线差异比较 445

第 14 章 一致性评价检验方法 448
14.1 Kappa 系数 449
14.1.1 Kappa 系数类型 450
14.1.2 简单 Kappa 系数 451
14.1.3 加权 Kappa 系数 452
14.1.4 Fleiss´s Kappa 系数 454
14.2 Kendall 协调系数 456
14.2.1 概念与适用条件 456
14.2.2 实例分析 457
14.3 ICC 组内相关系数 458
14.3.1 概念与适用条件 458
14.3.2 ICC 组内相关系数模型类型 459
14.3.3 ICC 组内相关系数实例分析 461
14.4 rwg 组内评分者一致性 464
14.4.1 方法概述 464
14.4.2 rwg 实例分析 466
14.5 Bland ALtman 图 468
14.5.1 方法概述 468
14.5.2 Bland ALtman 图实例分析 469

参考文献 472

第一篇
数据分析入门

第 1 章 SPSSAU 平台概述

第 2 章 数据探索及分析

第 3 章 数据清理

第 1 章

SPSSAU 平台概述

1.1 SPSSAU 平台简介

SPSSAU（Statistical Product and Service Software Automatically，自动化统计产品和服务软件）是一款数据科学分析平台软件，其作为一款图形菜单驱动的数据科学软件，界面极其简单、友好，输出结果全部采用规范化三线表格格式，并且能提供分析建议，并进行智能分析。SPSSAU 平台于 2016 年 6 月 18 日上线，历经多版本迭代，截至本书出版时，其版本号为 SPSSAU 24.0，当前 SPSSSAU 平台已广泛应用于自然科学、技术科学和社会科学的各个领域，包括教育、师范、心理、医学、管理、经济金融等。

SPSSAU 平台当前包括 13 个模块，分别是通用方法、问卷研究、可视化、数据处理、进阶方法、实验/医学研究、综合评价、计量经济研究、机器学习、Meta 荟萃分析、文本分析、空间计量和 Power 功效分析。其当前可提供包括描述性统计、假设检验、聚类分析、相关回归分析、信度效度分析、数据可视化、生存分析、综合评价、时间序列分析、Logistic 回归、曲线回归、计量经济模型、机器学习等约 400 类算法。与此同时，其具有如图 1-1 所示的八大特点。

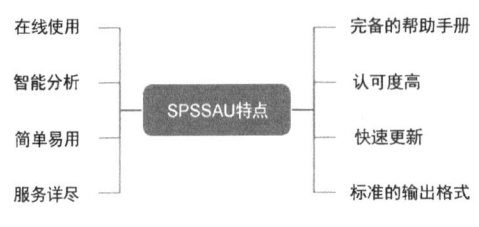

图 1-1　SPSSAU 特点

1. 在线使用

传统统计软件，如 SPSS、SAS、R 等需要先下载再安装在电脑上，但 SPSSAU 平台为在线使用，不存在下载和安装软件的问题，作为 SaaS 服务软件，只需要在其平台上注册一个账号即可立即使用，且分析结果均保存在云端，在任意电脑和浏览器上均可使用。

2. 智能分析

如果不理解各类分析指标的含义，以及分析方法的流程和步骤，那么 SPSSAU 平台能提供分析建议和智能分析，协助理解各类指标的含义，并提供分析结果以解读建议，此功能对于初学者较友好。

3. 简单易用

上手一款专业数据分析软件并非易事，需要有一定的前期学习成本，但 SPSSAU 平台上手非常简单，在操作时仅需搜索分析方法、拖曳分析项，便开始分析并得到结果，总共仅三个步骤。该平台已具有 500 类分析检验和分析方法，但并不需要研究者逐一去查找，仅需在"搜索方法"框中输入使用的分析方法，其支持对分析方法名称的全称、简称或拼音等多种方法搜索，快速定位需要使用的分析方法。

4. 服务详尽

多数情况下，研究人员需要理解各类指标的原理和意义，只有这样才能进行科学的分析，如果对于个别指标的含义有疑问，则可以在 SPSSAU 平台服务系统中寻找答案，其服务系统包括三类形式，分别是智能客服系统、帮助手册系统和人工服务系统，通过智能客服系统和帮助手册系统，可自助查阅资料，也可通过人工服务系统提交问题寻求帮助。除此之外，还可通过案例库系统找到分析灵感。

5. 完备的帮助手册

在 SPSSAU 平台帮助手册中，能提供视频和文字两种形式，视频包括分析方法的解读和疑难困惑问题，文字部能提供原理解析、案例解读和疑难解惑三部分内容。在其帮助手册中，可找到各类研究应用的说明和事例，同时能提供视频文案。另外，其帮助手册中还能提供"数据分析知识"和"研究思考"等内容，研究人员可在其中找到分析帮助。帮助手册的使用简单，可通过搜索关键词找到内容。除此之外，帮助手册可在 SPSSAU 微信小程序和手机上进行查阅。

6. 认可度高

通过中国知网搜索（搜索关键词为"SPSSAU"），结果显示已有超 9000 个引用文献，并且包括较多知名期刊收录文献，如 SCI、EI、北大核心、CSSCI、CSCD 和 AMI 等。

7. 快速更新

区别于传统统计软件，SPSSAU 平台具有快速迭代更新的特点，通过其版本迭代历史页面说明可查阅迭代更新记录，并且与作者实际体验表现一致。

8．标准的输出格式

在科研写作过程中，通常需要将重要指标信息放置于同一表格中，并且使用三线表格进行规范，在 SPSSAU 平台中默认为三线表格结果，可实现一键复制和下载导出结果，以节约三线表格的制作时间，并且提供多类规范化格式供用户选择及使用。

1.2 SPSSAU 平台使用

SPSSAU 平台使用简单，首先上传数据、选择方法或功能、拖曳分析项（包括设置参数值），然后单击【开始分析】按钮即可得到分析结果，最后将分析结果导出，如图 1-2 所示。

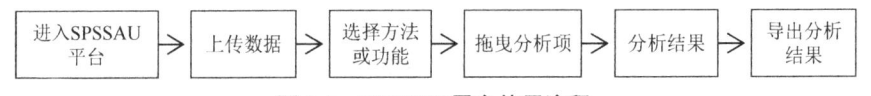

图 1-2　SPSSAU 平台使用流程

1．进入 SPSSAU 平台

首先通过 SPSSAU 网址登录进入平台，SPSSAU 平台界面如图 1-3 所示，其默认提供系统数据，可对该数据直接操作并使用，但通常数据会自行上传。

图 1-3　SPSSAU 平台界面

SPSSAU 平台界面左侧为分析"仪表盘"，其包括平台的十大模块（各类分析方法）或功能按钮；中间部分为"标题框"，其能放置某"数据文档"的所有标题；右侧部分为"分析框"，将"标题框"中的标题拖曳到右侧"分析框"中即可进行分析。

2．上传数据

以上传研究者自己的数据为例，单击平台右上角的【上传数据】按钮后进入上传数据界面，如图 1-4 所示。

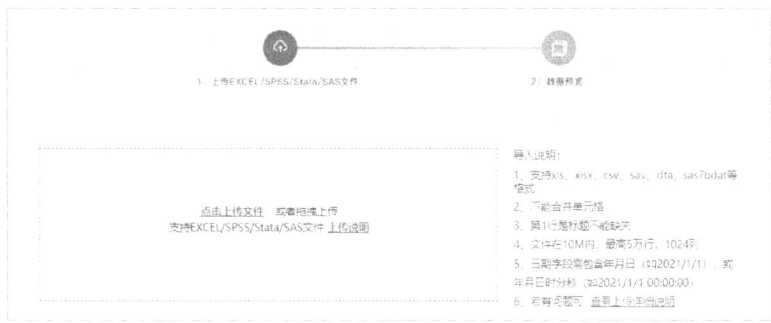

图 1-4 上传数据界面

针对数据上传格式，SPSSAU 平台当前支持 Excel 数据格式、SPSS 软件数据格式、Stata 软件数据格式和 SAS 软件数据格式，具体数据文件后缀分别为 xls、xlsx、csv、sav、dta、sas7bdat 等。如果是 Excel 数据格式，需要确保数据不能出现合并单元格，第 1 行为标题不能出现缺失，而且需要将数据放入 Excel 的第 1 个工作表 sheet 中。Excel 数据格式如图 1-5 所示。

表格示例

第1列	第2列	第3列	第4列	第5列	第6列	……
编号	性别	年龄	学历	年收入	日期	……
1	1	3	2	2	2021/8/12	……
2	1	2	3	2	2021/8/13	
3	2	2	4	2	2021/8/14	
4	2	1	1	3	2021/8/15	

图 1-5 Excel 数据格式

如果是 SPSS 软件数据格式、Stata 软件数据格式和 SAS 软件数据格式，SPSSAU 平台会自动将其标题和数据标签信息等进行处理并解析至 SPSSAU 平台中。

操作时可通过单击“上传文件”或拖曳“上传数据”上传，上传成功后可直接进入 SPSSAU 平台界面中。上传成功后的数据文件，可在 SPSSAU 平台右上角“我的数据”中找到并进行管理。数据文档管理界面如图 1-6 所示。

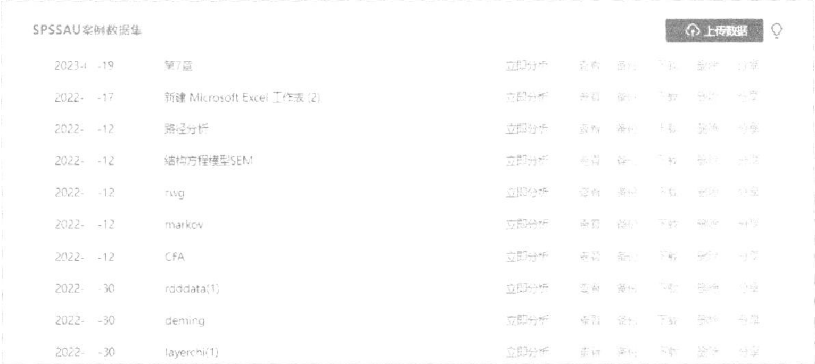

图 1-6 数据文档管理界面

在“数据文档管理界面”中，可查看研究者的所有数据文档，包括上传时间和文档名称，并且可对文档名称进行修改。数据文档管理包括立即分析、查看、备份、下载、删除和分享，具体说明如表 1-1 所示。

表 1-1　数据文档管理说明

功能	说明
立即分析	切换数据分析文档，如当前在分析 A 文档，切换成分析 B 文档
查看	查看原始数据，查看该文档的具体数据
备份	备份数据文档，将该文档备份成一份新文档
下载	下载数据文档，下载成 Excel 数据格式
删除	删除数据文档
分享	分享数据文档，如 A 研究者将某文档分享给 B 研究者使用

【立即分析】按钮介绍：如果当前正对“A 文档”进行分析，可单击【立即分析】按钮切换到对“B 文档”进行分析，即告诉 SPSSAU 平台当前需要对“B 文档”进行分析。

单击【查看】按钮，可分页查看原始数据，并可通过单击【筛选查看】按钮设置及查看某部分的行数据，单击【列表显示】按钮可设置及查看某部分的列数据，单击【文字格式】按钮可查看带数据标签的数据信息。原始数据查看如图 1-7 所示。

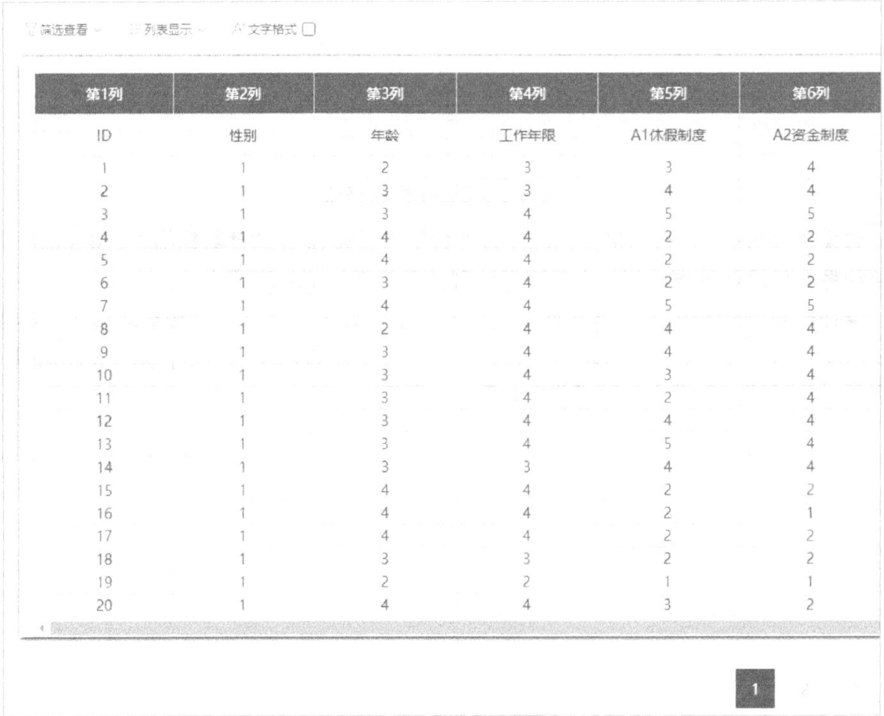

第1列	第2列	第3列	第4列	第5列	第6列
ID	性别	年龄	工作年限	A1休假制度	A2资金制度
1	1	2	3	3	4
2	1	3	3	4	4
3	1	3	4	5	5
4	1	4	4	2	2
5	1	4	4	2	2
6	1	3	4	2	2
7	1	4	4	5	5
8	1	2	4	4	4
9	1	3	4	4	4
10	1	3	4	3	4
11	1	3	4	2	4
12	1	3	4	4	4
13	1	3	4	5	4
14	1	3	3	4	4
15	1	4	4	2	2
16	1	4	4	2	1
17	1	4	4	2	2
18	1	3	3	2	2
19	1	2	2	1	1
20	1	4	4	3	2

图 1-7　原始数据查看

单击【备份】按钮，可将该文档数据备份，单击【下载】按钮可将数据文档导出在本地电脑上，单击【删除】按钮可将数据文档删除。最后，单击【分享】按钮会弹出【分享数据文档】对话框，确认后会得到一个"分享链接"，如图 1-8 所示。

将该"分享链接"粘贴至浏览器框后单击回车，"数据文档管理界面"中会出现该份数据文档，"分享"功能用于快速将自己的数据分享给其他 SPSSAU 平台用户。

图 1-8 【分享数据文档】对话框

3．选择方法或功能

将数据上传后，则默认进入了"SPSSAU 平台界面"，在"SPSSAU 平台界面"研究者可按需要选择分析方法或功能。如果研究者希望进行相关分析，那么可输入该方法的全称或简称，也可输入英文名称、拼音等，均可搜索到对应的分析方法，搜索"相关"二字，平台会匹配可能的分析方法或功能，鼠标移到某方法处会自动提示该文档所处的模块和概要说明。搜索分析方法或功能如图 1-9 所示，单击该方法或功能，即可进入并使用。

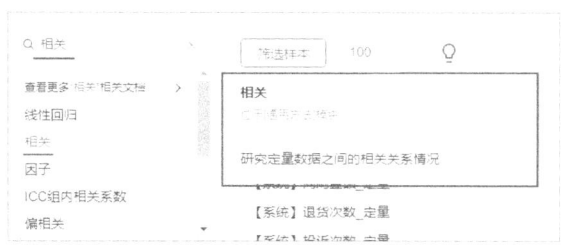

图 1-9 搜索分析方法或功能

4．拖曳分析项

选择好分析方法或功能后，结合研究目的，拖曳分析标题至右侧的【分析框】中，单击【开始分析】按钮，会得到分析结果。拖曳分析项及参数设置如图 1-10 所示。

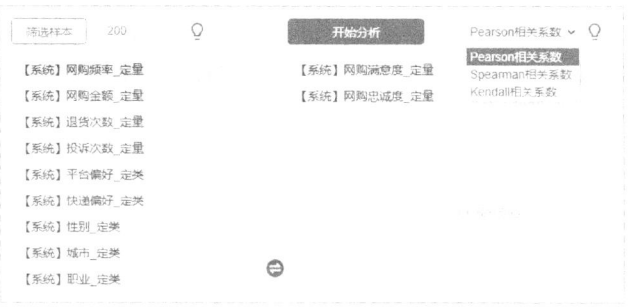

图 1-10 拖曳分析项及参数设置

拖曳操作时，支持快捷键组合操作，分别说明：按住 Ctrl 键不会连续选择多个标题，按住 Shift 键会连续选择多个标题。如果不按 Ctrl 或 Shift 键，一次仅能拖曳一个标题。将标题拖曳至右侧的【分析框】后，可结合研究需要，通过【开始分析】按钮右侧的下拉列表设置相应的参数值。例如，图 1-10 中可通过下拉列表选择【Spearman 相关系数】或【Kendall 相关系数】等。单击【开始分析】按钮即可得到分析结果。

5．分析结果

分析结果中可能包括表格、可视化图等，并且在表格或可视化图下方会展示"分析建议"和"智能分析"，可通过单击【复制】按钮将内容进行复制并使用。分析结果界面如图 1-11 所示。

图 1-11　分析结果界面

图 1-11 的"分析结果列表"中展示了所有的分析结果，SPSSAU 平台会自动对分析结果命名，命名方式为"分析方法+编号"，编号会随着分析次数的增加而自动增加，研究者可自行修改某分析结果的名称（但编号不能修改），并且可对其进行删除处理。

与此同时，当分析结果大于 30 个时，SPSSAU 平台会提供搜索历史结果功能，选择日期搜索历史分析结果，操作共分为两步，第一步是单击【分析结果列表】的【…】图标，第二步是搜索历史分析结果。分析结果列表如图 1-12 所示。

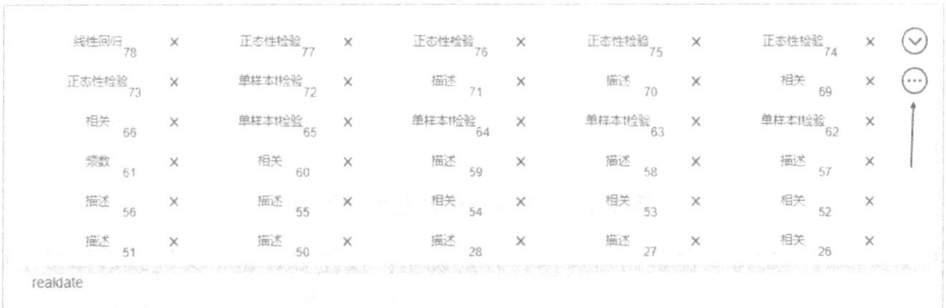

图 1-12　分析结果列表

双击选择某日期，SPSSAU 平台会自动搜索该日期前后 7 天的分析结果，并且以列表形式展示，如果该日期前后 7 天没有分析结果，则系统会提示"该日期跨度内暂无分析结果"。分析结果搜索界面如图 1-13 所示。

6．导出分析结果

SPSSAU 平台能提供 7 种分析结果导出方式，分别是"复制结果"、"导出 Excel 表格"、"导出 PDF 结果"、"导出 Word 结果"、"导出所有图形"、"分享图片"和"分享结果"。

"复制结果"可通过单击分析结果中表格标题右侧的【复制】按钮，一键进行内容复制，该方式可将分析结果以 Excel、PDF 或者 Word 格式进行下载并导出。另外"导出所有图形"指将分析结果中多张图批量导出到本地。"分享图片"指将分析结果存储为云端图片，并且得到分享链接，使用该分享链接可查看图片化的分析结果。"分享结果"指平台会生成分享链接，并可设置密码，打开该链接即可查看所有的分析结果。分享数据分析结果如图 1-14 所示。

图 1-13　分析结果搜索界面

图 1-14　分享数据分析结果

1.3　获得帮助

数据分析过程中总会遇到各类问题，如出现上传数据提示出错、某指标的意义不能彻底理解和应用等。当遇到问题时，可通过 SPSSAU 平台的各类服务找到答案，分别是帮助手册、案例库、智能客服和人工客服。获得 SPSSAU 平台帮助如图 1-15 所示。

上述几类获得帮助的方式，可通过"SPSSAU 平台界面"上方的"客服中心"找到入口。SPSSAU 平台客服中心如图 1-16 所示。

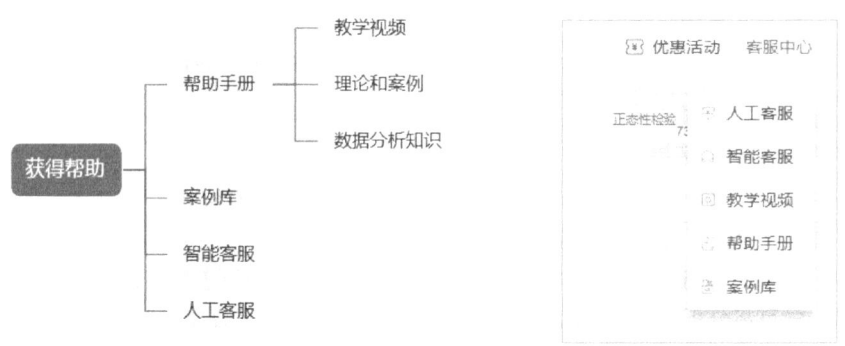

图 1-15　获得 SPSSAU 平台帮助　　　　图 1-16　SPSSAU 平台客服中心

SPSSAU 平台帮助手册很强大，不仅能提供各类分析方法的帮助手册，而且能提供各类数据分析知识的内容手册等，其帮助手册目录如图 1-17 所示。

图 1-17　SPSSAU 平台帮助手册目录

针对具体方法，SPSSAU 平台帮助手册能提供教学视频，包括案例视频及疑难困惑类的内容视频，并且能提供理论解析和案例解读、疑难解惑知识点等内容。SPSSAU 平台帮助手册如图 1-18 所示。

图 1-18 SPSSAU 平台帮助手册

除此之外，用户还可在 SPSSAU 平台案例库中找到较多学习案例，或通过 SPSSAU 平台智能客服和人工客服寻求帮助，智能客服涵盖了平台中涉及专业知识和平台本身的问答内容，如果智能客服无法解决问题，则可通过人工客服（人工专业咨询）寻求答案。

第 2 章

数据探索及分析

在正式进行数据分析之前,通常需要对数据进行探索,简而言之即事先需要对数据的基本情况有一定了解。例如,使用二元 Logistic 回归研究 X 对 Y 的影响时,需要了解 Y 值是否为二分类数据、Y 值是否仅包括数字 0 和数字 1,或者 Y 值的分布情况是否有异常等。当使用线性回归研究 X 对 Y 的影响时,Y 值的分布情况是否符合正态分布特征、在线性回归分析之后对残差值进行正态性检验,诸如此类均需要对数据特征或数据分布情况进行探索。

如果已经确定好使用的分析方法,那么要准备好正确的数据格式,以防出现后续无法进行分析的尴尬,如重复测量方差分析的数据格式要求很严格,需要事先整理好分析软件要求的格式。基于上述说明,本章分别从以下四个方面进行说明,分别为分析方法数据格式、探索数据特征、数据分布之正态性分析,以及常用分析方法选择。

2.1 分析方法数据格式

数据格式是分析方法的基石,只有先准备好正确的数据格式才能完成分析,绝大多数情况下数据格式中的 1 行代表 1 份数据,1 列代表 1 个属性。例如,中国综合社会调查 CGSS 数据时,1 行代表 1 个被试,被试的特征称为属性,1 列代表 1 个属性,如性别、收入情况和学历情况等,本书称其为"普通数据格式",常见且易懂。

除此之外,某些分析方法还会使用"加权数据格式",如总共有 150 个被试,男性为 50 个,女性为 100 个,如果使用"普通数据格式"表示,那么需要 150 行和 1 列进行标识。如果使用"加权数据格式"表示,那么仅需要 2 行 1 列即可。"加权数据格式"事例 1 如表 2-1 所示,1 列为属性,另外 1 列为"加权项","加权项"能标识对应属性值的个数。

表 2-1 "加权数据格式"事例 1

性别	加权项
男	50
女	100

有一项抽烟与是否患癌症之间关系的研究，共有 1920 个研究被试，抽烟共有两个属性，分别是抽烟和不抽烟，是否患癌症有两个属性，分别是患癌症和身体正常，两个属性均包括两个属性值，那么 2×2=4 个组合，因而可使用 4 行，两个属性分别单独 1 列，"加权项" 1 列共计 3 列进行数据标识。诸如此类均为"加权数据格式"。"加权数据格式"事例 2 如表 2-2 所示。

表 2-2 "加权数据格式"事例 2

抽烟	是否患癌症	加权项
抽烟	患癌症	15
抽烟	身体正常	900
不抽烟	患癌症	5
不抽烟	身体正常	1000

综合上述说明，针对"普通数据格式"和"加权数据格式"进行汇总说明，如表 2-3 所示。

表 2-3 两种数据格式

类型	说明
普通数据格式	原始数据，适用于绝大多数分析方法
加权数据格式	汇总数据，针对某些分析方法

"普通数据格式"能记录原始数据，适用于绝大多数分析方法，并且简单易懂；但在指定特定的分析方法时，可能出于数据简化、原始数据丢失或分析要求等原因，因而可能会使用"加权数据格式"。"普通数据格式"携带信息量全面，可以转换成"加权数据格式"，但是无法把"加权数据格式"转换成"普通数据格式"，即原始数据。

"加权数据格式"通常针对定类数据（定类数据是"性别"这样的类别数据，下述 2.2.1 节有详细说明），只有定类数据才能使用个数来计量，其行数等于各个属性对应的属性值个数相乘，如有 3 个属性，分别对应 3、4、5 个属性值，那么行数为 3×4×5=60 行，其列数等于属性个数+1，1 为"加权项"列，如 3 个属性使用 4 列数据标识即可。"加权项"表示各个属性值组合对应的样本个数。

"加权数据格式"通常仅适用于部分分析方法，该类分析方法通常针对定类数据进行分析，如卡方检验、Kappa 一致性检验、配对卡方、分层卡方、Poisson 回归、卡方拟合优度检验、Poisson 检验、对应分析等。

除上述的"普通数据格式"和"加权数据格式"外，某些分析方法还有特殊的数据格式要求，如配对 t 检验、重复测量方差等，此类分析方法针对特殊的分析数据，因而数据格式较特殊，此处不再详述，读者可参阅 SPSSAU 平台帮助手册中"常见研究方法数据格式说明"。

2.2 探索数据特征

正确的数据格式是完成科学分析的第一步,本节将从数据特征角度进行说明,探索已有数据的基本特征情况,为后续深入分析做好准备,这也是科学分析的常见步骤,本节分别从两种数据类型及其分别的探索分析情况进行说明,并且针对定类数据和定类数据、定类数据和定量数据、定量数据和定量数据如何进行探索分析进行说明,并在最后总结。

2.2.1 两种数据类型

数据类型的分类标准较多,可分成分类数据和连续数据两类,也可分成名义数据、度量数据和有序数据三类,本书按 SPSSAU 平台规则,将数据分为两类,分别是定类数据和定量数据,如表 2-4 所示。

表 2-4 两类数据类型

术语	说明	举例
定类数据	数字大小代表分类	性别(男和女),专业(文科、理科、工科)
定量数据	数字大小具有比较意义	GDP 数据,身高

定类数据和定量数据的区别在于数字大小是否具有比较意义,如 1 代表"男",2 代表"女",数字 1 和数字 2 仅为区分类别(提示:计算机存储数据时,其只会将数据存储为数字,但是数字的实际意义,则由数据标签进行标识,见 3.1 节内容),而不能理解为"数值越大越女性",因此性别为定类数据。例如,GDP 数据,数字越大表示 GDP 越高,则其为定量数据。

有时候会出现定类数据和定量数据模糊不清的情况,如收入分组数据,其分为 4 项,1 代表"5000 元以下",2 代表"5000 元~1 万元",3 代表"1 万元~2 万元",4 代表"2 万元以上"。此数据可理解为数值越大收入水平越高,但也可看作定类数据,相当于将样本人群分成 4 个不同的类别。此种情况可结合使用场景和分析方法等综合判定数据为定类数据还是定量数据。

针对上述收入分组数据,如果希望查看详细信息,则将收入分组数据看成定类数据,计算各个收入类别的百分比进行分析;如果仅希望使用一个平均值表示整体收入情况,那么可将收入分组数据看成定量数据。在进行线性回归分析时,收入分组数据通常会被看成定量数据,其可便捷地分析,如"收入越高越如何"这类关系,如果将收入分组数据看成定类数据进行线性回归分析,那么其需要进行哑变量处理(见 2.4 节内容)后放入模型,此时会得到具体各项的详细分析信息,与此同时也会让分析变得更复杂。

数据类型非常重要,其与 2.1 节所述的数据格式有紧密关系,并且数据类型会影响甚至决定数据探索的分析思路,以及本书后续章节中分析方法的应用等。接下来会分别针对定类数据和定量数据如何探索分析进行阐述。

2.2.2 定类数据探索分析

在数据分析前根据需要对数据进行探索分析,其目的在于了解当前数据。通常情况下,会批量式对所有定类数据进行探索以了解数据的基本特征情况,并且探索数据分布情况是否正常,如果异常则需要进一步处理。针对定类数据,可分成以下几个方面进行探索分析,包括数据标签、频数分析、描述分析、可视化图和数据编码共 5 项,如表 2-5 所示。

表 2-5 定类数据探索分析

项	分析或处理	作用
1	数据标签	标识数字代表的意义
2	频数分析	探索各个类别的频数分布情况等
3	描述分析	查看数据是否存在异常值等
4	可视化图	使用可视化图展示各类别分布
5	数据编码	针对分布不均的类别进行组合,成为新的类别

在计算机的世界里,其只认识数字信息,但是定类数据的数字有实际意义,如男和女,计算机会将男存储为数字,并且使用标签标识,如数字 1 代表男,数字 2 代表女。那么针对定类数据,其第一步即进行数据标签,即标识数字代表的意义,具体内容详见 3.1 节。

通过频数分析可以了解数据是否存在缺失,如研究数据共 100 个,但是当某个数据出现缺失时,有效样本会变少。与此同时,可以通过频数分析了解数据的分布情况,如男和女的分布情况、各项比例是多少。我们还可以使用描述分析了解数据的最小值或最大值情况,如性别,理论上只有数字 1 和数字 2,那么描述分析时,如果出现最小值为 0,或最大值为 3 时,此时需要查看原始数据是否出现问题。如果原始数据出现了问题,则需要检查具体原因(包括是否原始数据出错,或存在异常值),如果原始数据出错,则处理正确后再进行分析即可;如果存在异常值,则可进一步对异常值进行处理(见 3.3 节内容)。

另外,还可使用一些可视化图,如饼图、柱形图等直观地展示各个类别的分布情况,其仅是频数分析的另外一种展示效果,更加直观。如果发现某个类别的样本量很少,如专业分为文科、理科和工科,文科为 100 个样本,理科为 100 个样本,工科为 10 个样本,此时可考虑将理科和工科合并成一个类别进行后续分析,数据类别的合并或处理,需要使用数据编码功能,具体可见 3.2 节内容。

2.2.3 定量数据探索分析

针对定量数据探索分析,通常涉及异常值探索、数据分布探索和数据处理等。定量数据探索如表 2-6 所示。

表 2-6 定量数据探索

项	分析或处理	作用
1	描述分析	查看数据是否存在异常值
2	可视化图	探索数据分布情况
3	数据处理	针对异常数据进行处理

首先可以使用描述分析,查看定量数据的最小值和最大值,如身高数据,正常成年人

的身高介于 1.5～2.0 米，如果发现最小值小于 1.5 米，或最大值大于 2.0 米，那么意味着数据可能存在异常值。此情况需要确认原始数据是否正常，如果是原始数据的问题，则直接将原始数据修改成正确数据；如果是异常值，则可使用异常值处理方式进行处理，具体详见 3.3 节内容。除此之外，还可通过"3 倍标准差法则"查看数据中是否存在异常值，如果平均值为 1.7 米，标准差为 0.1，那么超出 3 倍标准差范围（1.7-0.1×3，1.7+0.1×3），即 1.4～2.0 米之外的数据通常被认为是异常数据，应该对该类数据进行处理。与此同时，通过查看数据平均值与中位数，可了解数据的整体分布情况，如果平均值与中位数差别很大，如平均值为 1.7 米，但是中位数为 1.5 米，就意味着可能存在异常数据，平均值明显大于中位数，意味着有个别很大的异常值拉升了平均值；反之，平均值明显小于中位数，意味着有个别很小的异常值拉低了平均值。

在使用描述分析了解数据基本特征后，还可使用图形直观地查看数据分布，常见的可视化图共四类，分别是直方图、核密度图、箱线图和小提琴图，如表 2-7 所示。

表 2-7　定量数据探索——可视化图

项	可视化图	特点
1	直方图	简洁易懂，能直观地查看数据分布
2	核密度图	类似直方图，但以曲线形式展示分布特征
3	箱线图	通过展示不同分位数信息等查看数据分布
4	小提琴图	箱线图和核密度图的整合，深入查看数据分布

直方图简单易懂，其通过柱子高低来描述数据区间的分布多少，柱子高低代表真实的数据分布量情况，其使用较广泛。核密度图与之类似，但核密度图使用曲线高低来描述数据分布情况，并且核密度图的曲线高低仅具有分布相对大小的意义。箱线图的原理是利用分位数，包括 25%、50% 和 75% 分位数来展示数据分布情况，小提琴图是将箱线图与核密度图进行综合，绘制在一起，可更加深入地查看数据分布情况。在实际研究中，多数情况下只需要使用直方图和核密度图探索数据分布特征。

关于定量数据探索分析，接下来以案例形式具体说明，当前有一份某专业 70 名学生的身高数据（见"例 2-1.xls"），首先对其进行探索分析。第一步进行描述分析，具体 SPSSAU 操作路径为【通用方法】→【描述】，分析结果如表 2-8 所示。

表 2-8　身高描述分析结果

名称	样本量	最小值	最大值	平均值	标准差	中位数	25%分位数	75%分位数	IQR 值
身高	70	1.410	2.140	1.642	0.159	1.640	1.490	1.765	0.275

表格显示：样本量为 70，意味着并没有缺失数据。平均值为 1.642，中位数为 1.640，平均值与中位数基本相等，意味着不存在异常数据。标准差为 0.159，如果按偏离平均值 3 倍标准差作为标准，此时数据并没有异常，但如果按偏离平均值 2 倍标准差作为标准，即数据介于 1.324～1.96，那么可能存在异常数据，因为最大值为 2.140 明显高于 1.96。

表格中展示了 25%分位数、75%分位数和 IQR 值，其意义分别为 25%的身高低于 1.490 米（或 75%的身高高于 1.490 米），75%的身高低于 1.765 米（或 25%的身高高于 1.765 米），IQR 值为 75%分位数-25%分位数，表示集中于中间的 50%身高数字范围的落差值，该值越大意味着数据越分散;反之,该值越小意味着数据越集中,讲述箱线图时会涉及。接下来使用直方图、核密度图、箱线图和小提琴图进行探索,该四项均在 SPSSAU 平台【可视化】模块中,结果分别如下。

身高直方图如图 2-1 所示。柱子高度代表数据分布数量,身高的数据分布范围主要集中于 1.5～1.9 米。1.5 米以下或 1.9 米以上这两个区间的样本群体明显较少,意味着如果在后续分析中需要对数据进行分组,可能分为 3 个组别较适合,分别是 1.5 米以下、1.5～1.9 米、1.9 米以上。

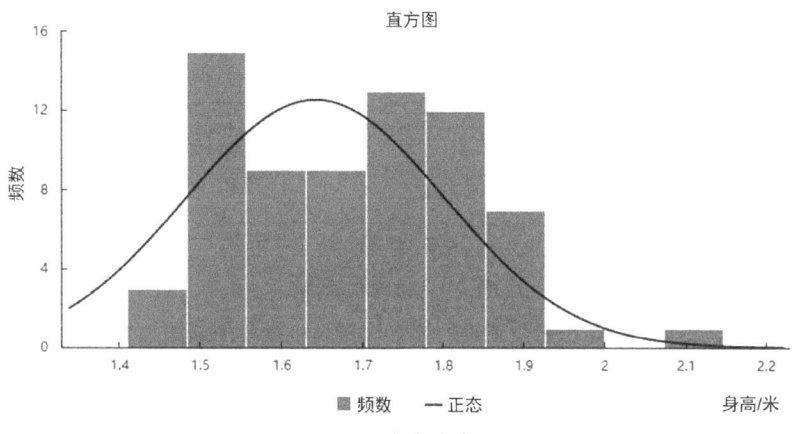

图 2-1　身高直方图

与此同时,还可使用核密度图查看身高分布情况,如图 2-2 所示。核密度图曲线对应的 X 轴数字为具体身高数字,Y 轴代表分布相对大小(核密度估计值),从核密度图可以看出,身高数据范围集中于 1.5～1.8 米,并且从 1.8 米之后分布快速下降,这一结论与直方图结论基本一致。直方图与核密度图的数学原理不同,但二者的实际功能或意义一致,因而可以得到基本一致的结论,研究者以实际使用的便捷性和个人偏好,任选其一即可。

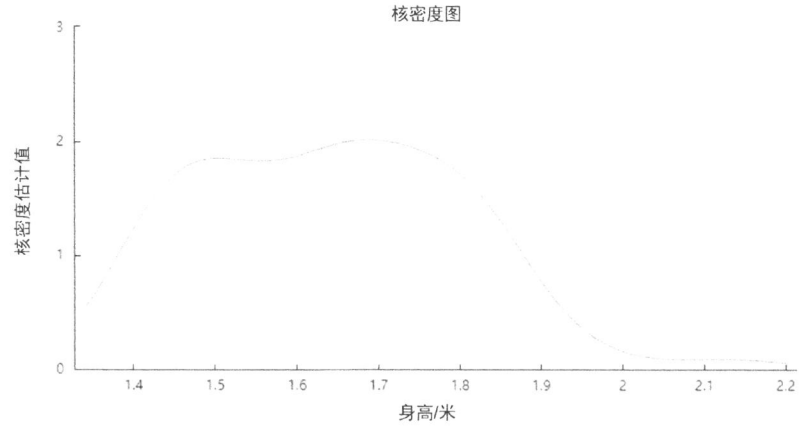

图 2-2　身高核密度图

箱线图能展示数据的 25%分位数、50%分位数和 75%分位数,以及上限值和下限值。身高箱线图如图 2-3 所示。图中最上方横线表示上限值，该值=75%分位数+1.5IQR 值，图中最下方横线表示下限值，该值=25%分位-1.5IQR 值。上限值的意义为数据可接受的最大值，如果大于该值，意味着数据为异常数据。下限值的意义为数据可接受的最小值，如果小于该值，意味着数据为异常数据。可以看出，上限值明显较高，意味着可能存在较大的异常数据。

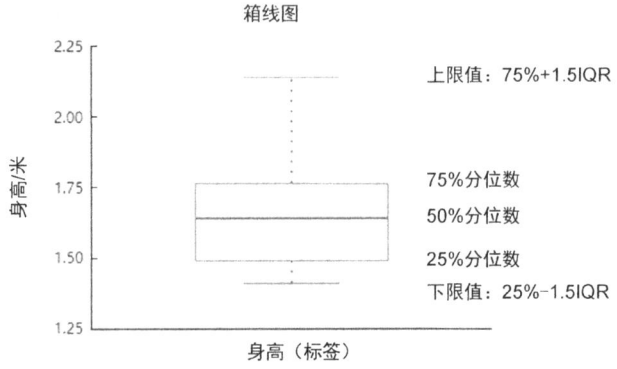

图 2-3　身高箱线图

小提琴图是将箱线图与核密度图进行整合。身高小提琴图如图 2-4 所示。其左右两侧的弧线为核密度图的"纵向"展示，且完全对称。其中间展示了 5 个值并且使用线条连接，从上到下依次为上限值（75%分位数+1.5IQR 值）、75%分位数、50%分位数、25%分位数和下限值（25%分位数-1.5IQR 值）。相对于箱线图，小提琴图中使用了曲线展示数据分布情况。具体使用时，可结合研究者的偏好选择。

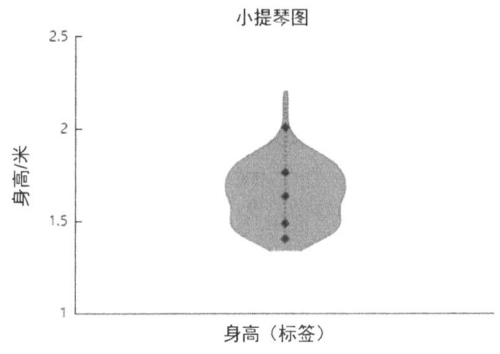

图 2-4　身高小提琴图

通过对身高数据的探索分析，可以了解身高的整体分布情况，做到分析前"心中有数"，包括数据是否有缺失、是否有异常值、数据整体分布情况等，以及后续如果需要对数据进行分组处理，大概需要分成几组合适、具体如何分组等。

2.2.4　小结

数据分为两种类型，分别是定类数据和定量数据，在实际研究中，首先应该分别针对两种数据进行探索，了解数据中是否存在缺失数据或异常数据，并且对数据分布情况做到

"心中有数"，如果存在缺失数据或异常数据，那么需要查看原因及确定是否有必要采取相应的处理措施。通过对数据分布进行探索，对研究数据有了基本认知和了解，可为后续正式分析做好准备。

2.3 数据分布之正态性分析

在统计研究中，非常多的研究方法均需要数据满足正态分布的特质，如方差分析时要求因变量 Y 满足正态分布，或者线性回归分析时要求残差满足正态分布。因而研究数据是否满足正态分布成为一件重要的事情。正态分布检验方式很多，包括图示法和检验法，图示法包括直方图、PP 图、QQ 图、核密度图等，检验法包括 Kolmogorov-Smirnov 检验、Shapiro-Wilk 检验和 Jarque-Bera 检验等。图示法和检验法各有优缺点，如表 2-9 所示。

表 2-9 正态分布检验方式汇总

项	检验方式	特点
1	图示法	简单且直观，但精确度相对较低
2	检验法	检验严格且精确度高

图示法比较直观，可通过观察图形特征情况进行判断，其在实际研究中使用广泛，至于使用广泛的原因，作者认为可能因为"实际研究数据较难存在理论上的正态分布"，尤其是在数据量较小时，因而针对较稳健的分析（如方差分析）时，数据接近正态分布且与实际情况更加吻合，通过图示法观察数据接近正态特质即可。检验法较严格，在数据样本较大时使用检验法相对较多。具体研究时，通常可结合两种方法进行综合判断和科学抉择。

与此同时，如果在分析时不满足正态分布，那么此时可考虑先对数据进行转移处理，使转换后的数据满足正态分布，再进行分析。

2.3.1 正态分布图示法

正态分布图示法具体可分为以下四种，分别是直方图、PP 图、QQ 图、核密度图，如表 2-10 所示。

表 2-10 正态分布图示法

项	图示法	特点
1	直方图	检验各分组数据的分布特征，并进行判断
2	PP 图	查看真实数据与理论正态分布数据的累计概率是否一致，并进行判断
3	QQ 图	查看真实数据与理论正态分布数据的分位数是否一致，并进行判断
4	核密度图	直观地查看数据的分布特征，并进行判断

直方图是一种数据分布的可视化展示，其数学原理为：首先将数据分为多个组别，然后累计汇总各个组别的样本数量，并且进行展示。如果数据具有正态性，那么应该呈现"钟形、两头低、中间高"的分布形状，如果直方图基本呈现此特征则说明数据具有正态性。

类似地,核密度图是对直方图的进一步抽象,其特征如果与正态分布基本一致,则说明数据具有正态性。关于直方图和核密度图的进一步说明,详见 2.2.3 节内容。

关于 PP 图和 QQ 图的原理及实现说明,PP 图的原理是,对比真实数据与理论正态分布数据分别的累计概率值,如果数据具有正态性,那么真实数据的累计概率值应该与理论正态分布数据的累计概率值基本保持一致,反之,如果数据不满足正态性,那么真实数据的累计概率值与理论正态分布数据的累计概率值会有很大差别。用真实数据的累计概率值与理论正态分布数据的累计概率值绘制散点,如果数据符合正态性,那么散点应该呈现一条对称线;反之,散点应该明显偏离对称线。

与 PP 图类似,QQ 图的原理也是对比真实数据与理论正态分布数据是否具有一致性,但 QQ 图对比的是分位数点(PP 图对比的是累计概率值)。关于 QQ 图检验数据是否具有正态性,其与 PP 图基本一致,如果散点呈现一条对称线,那么说明数据具有正态性;反之,如果散点明显偏离对称线,则说明数据不具有正态性。PP 图或 QQ 图可通过 SPSSAU 平台【可视化】模块中的 PP/QQ 图绘制。以"例 2-1.xls",即身高数据为例绘制 PP 图或 QQ 图。

图 2-5 所示为身高数据的 PP 图,图中横坐标为真实身高数据的累计概率(如小于 1.8 米的样本百分比),纵坐标为理论正态分布身高数据的累计概率(如理论上小于 1.8 米的样本百分比)。图中的散点基本在对称线上,意味着真实身高数据的累计概率与理论正态分布身高数据的累计概率基本一致,因而说明数据具有正态性;反之,如果多数散点远离对称线,则说明数据不具有正态性。

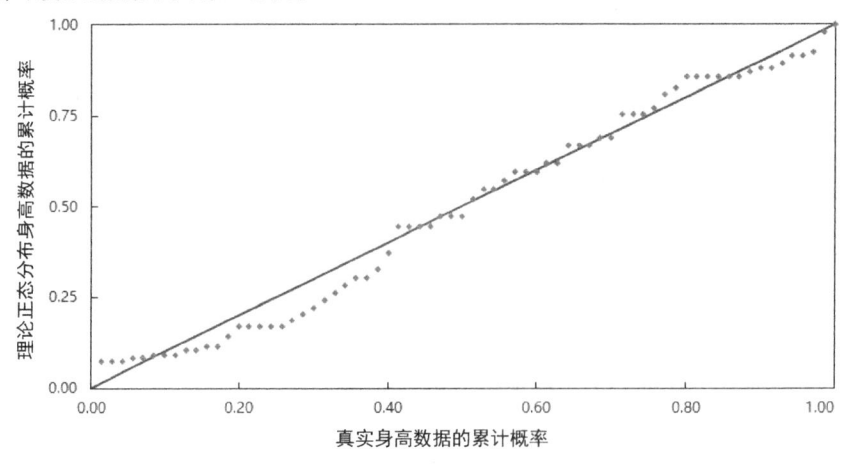

图 2-5 身高数据的 PP 图

图 2-6 所示为身高数据的 QQ 图,图中横坐标为真实身高数据的观察值(真实身高数据),纵坐标为期望正态值,即理论正态分布身高数据的分位数值(关于分位数值:如真实数据中有 30% 的人身高小于 1.7 米,那么这 30% 的数据应该对应的理论数据是 1.72 米,此处 1.7 米为真实身高数据的观察值即分位数值,1.72 米为理论正态分布身高数据的分位数值)。图中散点基本在对称线上,意味着真实身高数据的观察值与理论正态分布身高数据的分位数值基本一致,因而说明数据具有正态性;反之,如果多数散点远离对称线,则说

明数据不具有正态性。但从图中还可以看到真实身高为 2.140 米时，该点明显偏离对称线，如果将该点剔除，则数据会展示出更好的正态性。

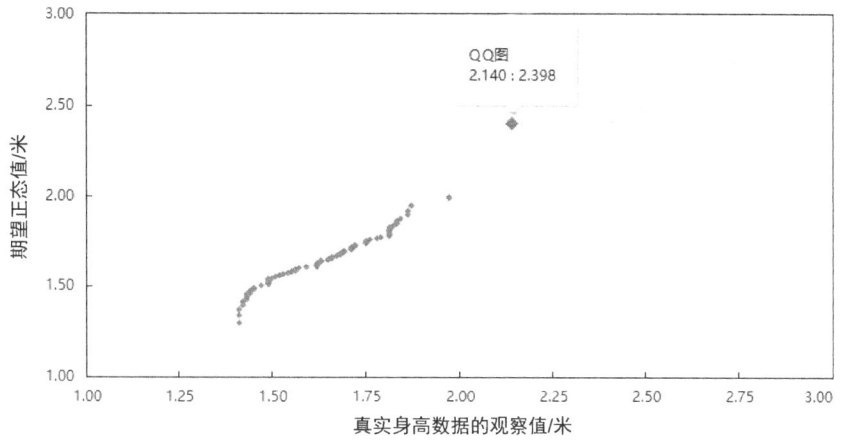

图 2-6　身高数据的 QQ 图

2.3.2　正态分布检验法

正态分布检验法通常包括以下 3 种，分别是 Kolmogorov-Smirnov 检验、Shapiro-Wilk 检验和 Jarque-Bera 检验，如表 2-11 所示。

表 2-11　正态分布检验法

项	检验	特点
1	Kolmogorov-Smirnov 检验	通常适用于大样本
2	Shapiro-Wilk 检验	通常适用于小样本
3	Jarque-Bera 检验	通常适用于大样本

一般来讲，如果样本较大（如样本大于 50），那么使用 Kolmogorov-Smirnov 检验较适合；如果数据量较小（如样本小于 50），那么使用 Shapiro-Wilk 检验较适合。此处样本的大小标准并不是数学角度的划分标准，建议研究者可结合检验法进行综合判断。Jarque-Bera 检验是针对偏度和峰度数据进行拟合优度判断的，由于偏度和峰度数据通常只能在大样本数据中才能被很好地识别正态性特质，因此 Jarque-Bera 检验只适用于大样本数据。关于上述 3 种检验，可通过在仪表盘中依次单击【通用方法】→【正态性检验】模块得到，以下以身高数据为例进行说明。

Kolmogorov-Smirnov 检验的原假设为数据具有正态性，因而若接受原假设即 $p>0.05$，则说明数据具有正态性；反之，若 $p<0.05$，则说明数据不具有正态性。Kolmogorov-Smirnov 检验和 Shapiro-Wilk 检验如表 2-12 所示。当使用 Kolmogorov-Smirnov 检验时，$p=0.198>0.05$，说明身高数据具有正态性，这一结论与图示法一致。与此同时，Shapiro-Wilk 检验的原假设为数据具有正态性，此处 $p=0.010<0.05$，即拒绝原假设，按 Shapiro-Wilk 检验标准，身高数据并不具有正态性，因而在分析时需要注意检验的适用性，如果 Shapiro-Wilk 检验

适用于小样本(如把样本小于 50 作为标准),那么就不应该关注该检验指标。

表 2-12 Kolmogorov-Smirnov 检验和 Shapiro-Wilk 检验

名称	样本量	平均值	标准差	偏度	峰度	Kolmogorov-Smirnov 检验		Shapiro-Wilk 检验	
						统计量 D 值	p	统计量 W 值	p
身高	70	1.642	0.159	0.395	-0.105	0.088	0.198	0.953	0.010*

注:* $p<0.05$。

Jarque-Bera 检验的原假设为数据具有正态性,若接受原假设即 $p>0.05$,则说明数据具有正态性,反之,若 $p<0.05$ 则说明数据不具有正态性,如表 2-13 所示。表格中 $p=0.399>0.05$,说明身高数据具有正态性,这一结论与图示法一致。

表 2-13 Jarque-Bera 检验

名称	样本量	χ^2	df	p
身高	70	1.839	2	0.399

由于正态分布的检验方式多样,并且不同检验方式在适用性上不同,因而在实际研究中,建议综合图示法和检验法,多次对比进行科学抉择。如果图示法和检验法均显示数据不具有正态性(并且研究方法要求数据具有正态性),则可考虑对数据进行正态分布转换处理(或者用其他研究方法),接下来将阐述正态分布转换的几种方式。

2.3.3 正态分布转换处理

在实际研究中,理论上的正态分布并不存在,但是可以将数据进行转换,使其尽量满足正态分布。正态分布转换可以在一定程度上让数据变得正态,正态分布转换通常有 3 种处理方式,分别是数据压缩法、Box-Cox 变换和 Johnson 转换,这 3 种方式,均可通过在仪表盘中依次单击【数据处理】→【生成变量】模块得到,如表 2-14 所示。

表 2-14 正态分布转换

项	处理方式	特点
1	数据压缩法	改变数据的单位大小,如求自然对数、开根号等
2	Box-Cox 变换	一种广义幂变换方式
3	Johnson 转换	Johnson 分布族变换

数据压缩法是指对数据进行一些数学变换处理,如取自然对数、开根号等。通常情况下,此种处理方式适用于数字较大时。当数字较大时进行取自然对数或开根号处理,此时处理后的数字会相对较小(如 100 这个数字取自然对数后为 4.605),相对于压缩数据分布的峰度和偏度,使数据尽可能地符合正态分布。需要注意的是,如果原始数据中有负数,则不能进行取自然对数或开根号处理。与此同时,如果数字非常小,则可以考虑对数据进行取指数次方,使其相对数字变得更大,以尽量满足正态分布的特质。数据压缩的方式有多种,常用于取自然对数或开根号,其他的一些处理方式,如取数据的平方、正余弦等,可结合实际数据进行尝试和对比。数据压缩法是一种探索性处理方式,该处理方式相对简

单方便，但会丢失原有数据的实际意义，仅余下原有数据的相对大小意义，如身高为 1.6 米，求自然对数后变成 0.47 米，实际意义已经消失，仅余下数字大小的相对意义。

除数据压缩法外，还可使用 Box-Cox 变换和 Johnson 转换。Box-Cox 变换是一种更为复杂的数理转换方式，其原理与数据压缩法类似。Box-Cox 变换的数学公式如下：

$$y\_new = \begin{cases} \dfrac{y^\lambda - 1}{\lambda}, & \lambda \neq 0 \\ \ln y, & \lambda = 0 \end{cases}$$

式中，y 为原始数据；y_new 为新生成得到的数据；λ 值为一个固定参数值，计算机会使用极大似然法求解 λ 值，待得到该值后，利用公式对数据进行转换。如果 λ 值为 0，则完全要对数据进行取自然对数处理；如果 λ 值不为 0，则先取数据的 λ 次方-1，然后除以 λ 值，得到新数据。类似数据压缩法，Box-Cox 变换会让数据更可能变得正态，但并非进行 Box-Cox 变换后，数据一定会满足正态分布的特质。

Johnson 转换利用分布族数学原理进行转换，其转换公式相对复杂，有兴趣的读者可查阅相关数理书籍。与此同时，与数据压缩法和 Box-Cox 变换类似，Johnson 转换后的数据会相对更加满足正态分布，但是并非转换后数据一定会满足正态分布，而且会丢失数据的原始意义，仅余下数据的相对意义。

在实际数据分析过程中，理论上的正态分布很难存在，首先使用图示法进行探索，如果数据基本满足正态分布，也可以考虑使用部分替换方法，如方差分析时要求因变量 Y 满足正态分布，如果因变量 Y 不满足正态分布，则改用非参数检验方法即可。如果某研究方法对于数据满足正态分布有严格要求，则可考虑使用正态分布转换进行处理，并且结合多种方式尝试对比，找出最为适合的处理方式，但需要注意的是，正态转换后数据原有数字的实际意义会消失，仅余下数字大小的相对意义。

2.3.4　小结

非常多的分析方法或检验，均要求数据满足正态分布，本节首先针对正态分布的检验方式，包括图示法和检验法进行说明；然后阐述当数据不满足正态分布时，使用正态分布转换进行转换，使数据尽可能地满足正态分布，以满足分析方法的要求。

2.4　常用分析方法选择

上述 3 节内容分别从数据类型的区分、数据探索，以及数据正态分布进行说明。本节将讲述数据的两种类型，包括定类数据和定量数据，进一步剖析基于数据类型下的常用分析方法，包括定类或定量数据分析方法、定类和定类数据分析方法、定类和定量数据分析方法、定量和定量数据分析方法，从 4 个角度进行说明。本节更多的是阐述各种数据类型组合下的分析方法的选择和基本应用，具体各类分析方法的事例和使用在第二篇对应章节中有具体阐述，本节共分为五部分。

2.4.1 定类或定量数据分析方法

在 2.2 节已经讲述过两种数据类型及对应的探索分析,本节将进一步具体说明。定类或定量数据分析方法如表 2-15 所示。

表 2-15　定类或定量数据分析方法

数据类型	分析方法
定类	✓ 频数分析、饼图、圆环图、柱形图、条形图、帕累托图 ✓ 卡方拟合优度检验
定量	✓ 描述分析、直方图、核密度图、箱线图、小提琴图 ✓ 单样本 t 检验、单样本 Wilcoxon 检验

首先针对定类数据,可以使用频数分析了解所求数据的分布情况,使用饼图或圆环图直观地展示数据分布,使用柱形图或条形图展示数据分析的相对大小情况。如果希望分析"二八原则",那么可使用帕累托图进行展示。如果希望分析各类别的分布是否与预期有明显差异,如男性和女性的预期分布是 50%和 50%,事实上的数据分布是否与预期有差异呢?此时可使用卡方拟合优度检验进行分析。

针对定量数据,通常使用描述分析了解数据的平均值、最大值、最小值、标准差、方差及百分位数等。如果希望使用图示法查看数据分布情况,则可使用直方图、核密度图、箱线图或小提琴图。如果希望研究定量数据的平均值是否与预期有明显差异,如身高的预期是 1.7 米,事实上真实身高是否与 1.7 米有明显差异呢?则可使用单样本 t 检验进行分析,并且单样本 t 检验理论上要求身高满足正态分布,如果不满足,此时可使用单样本 Wilcoxon 检验进行分析。

除此之外,在了解数据分布之后或者在具体分析之前,还可以对数据进行处理,如针对定类数据进行数据标签设置、数据编码等。定类或定量数据处理如表 2-16 所示。

表 2-16　定类或定量数据处理

数据类型	数据处理	事例
定类	✓ 数据标签	✓ 数字 1 表示男性,数字 2 表示女性
	✓ 数据编码	✓ 数字 1 表示初中,数字 2 表示高中,数字 3 表示大专,数字 4 表示本科,希望组合成本科以下和本科共两组
	✓ 哑变量	✓ 回归分析时定类数据处理
定量	✓ 数据编码	✓ 如将成绩 0~60 分区间组合成低分组,61~80 分区间组合成及格组,80 分以上组合成高分组
	✓ 生成变量	✓ 如求对数、z 标准化、中心化、正向化、逆向化处理等

针对定类数据,可对其进行数据标签设置,以标识数字的实际意义,如数字 1 的实际意义为男性,数字 2 的实际意义为女性。与此同时,如果定类数据需要合并为几个类别,那么可使用数据编码功能,如数字 1~4 分别表示初中、高中、大专和本科,现希望将数据合并成本科以下和本科共两组,即意味着数字 1、2 和 3 可编码成数字 1,数字 4 可编码成数字 2,从而得到新的数据,数字 1 表示本科以下,数字 2 表示本科(具体数字的意义

可使用数据标签进行设置）。在进行影响关系研究时，定类数据需要设置成哑变量，如专业分为三类，分别是文科、理科和工科。哑变量处理说明如表 2-17 所示。

表 2-17 哑变量处理说明

样本编号	专业	是否文科	是否理科	是否工科
1	文科	1	0	0
2	理科	0	1	0
3	理科	0	1	0
4	文科	1	0	0
5	工科	0	0	1
6	文科	1	0	0
7	工科	0	0	1

哑变量处理的原则是，有多少个类别，即得到多少列新数据（列名为类别的名称），每列只有 1 和 0 两个数字，数字 1 表示隶属该属性，数字 0 表示并非隶属该属性，如样本编号为 1 时，该样本为文科，其对应的"是否文科"为数字 1，对应的"是否理科"和"是否工科"这两项为数字 0。样本编号为 5 时，该样本为工科，那么其对应的"是否工科"为数字 1，对应的"是否文科"和"是否理科"这两项为数字 0，新得到的 3 列统称为哑变量。

在具体研究时，如进行线性回归研究专业对某项的影响时，首先需要对专业进行哑变量处理，得到 3 列；然后将其中任意两列放入模型中（注意是任意两列，余下 1 列作为参照项不能放入模型中，如果 3 列均放入模型中就会出现数学逻辑问题，如将文科作为参照项，那么理科和工科这两个哑变量需放入模型中）。关于哑变量处理，可通过在仪表盘中依次单击【数据处理】→【生成变量】模块得到。

针对定量数据，如将成绩 0~60 分组成低分组，61~80 分组成及格组，80 分以上组成高分组，那么可使用数据编码功能（具体为范围编码功能）。成绩进行范围编码如图 2-7 所示。

图 2-7 成绩进行范围编码

针对定量数据，如希望对某项进行取对数、开根号，或者对其进行 z 标准化、中心化、正向化、逆向化处理等，均可通过在仪表盘中依次单击【数据处理】→【生成变量】模块得到，具体内容可见 3.4 节。

2.4.2 定类和定类数据分析方法

定类数据和定类数据之间的关系研究,基本上是基于差异关系的研究,统称为卡方检验,但卡方检验又细分出较多的检验方式。除此之外,还可使用对应分析研究两个或多个定类数据之间的关联关系,在确认数据之间具有差异关系后,可进一步进行对应分析并可视化展示两个或多个定类数据之间的关联情况,具体定类和定类数据分析方法如表 2-18 所示。

表 2-18 定类和定类数据分析方法

类型	分析方法	说明	SPSSAU 实现路径
差异关系	交叉(卡方)	✓ 两个定类数据之间的交叉分析 ✓ 提供 Pearson 卡方检验	【通用方法】→【交叉(卡方)】
	卡方检验	✓ 提供 Pearson 卡方检验、Yates 校正卡方检验和 Cochran-Armitage 趋势卡方检验等 ✓ 提供卡方检验事后多重比较	【实验/医学研究】→【卡方检验】
	Fisher 卡方	✓ 提供 m×n 表格的 Fisher 卡方检验结果 ✓ 提供 Pearson 卡方检验和 Yates 校正卡方检验结果	【实验/医学研究】→【Fisher 卡方】
	配对卡方	✓ 包括 McNemar 检验和 Bowker 检验	【实验/医学研究】→【配对卡方】
	分层卡方	✓ 研究两个定类数据之间的差异关系时,将第三个类别因素纳入考虑范畴	【实验/医学研究】→【分层卡方】
关联关系	对应分析	✓ 包括简单对应和多元对应分析 ✓ 图示化展示定类和定类数据的关系情况	【问卷研究】→【对应分析】

通常情况下只需要使用交叉(卡方)研究两个定类数据和定类数据之间的差异关系,也称交叉分析,其具体检验方式为 Pearson 卡方检验。如果样本量较少,Pearson 卡方检验结果可能不够准确,则可使用 Yates 校正卡方或者 Fisher 卡方进行检验;如果定类数据中出现序定类数据(如病情严重程度分为轻度、中度和重度),则可使用 Cochran-Armitage 趋势卡方进行检验。具体关于 Pearson 卡方检验、Yates 校正卡方检验和 Fisher 卡方检验的选择和实例,详见 4.3 节内容。

如果研究数据为配对实验数据,则可使用配对卡方,配对卡方包括两种检验,分别是 McNemar 检验和 Bowker 检验。除此之外,如果在研究两个定类数据之间的差异关系时,可将第三个类别(通常称作混杂因素)纳入考虑范畴,此时应该使用分层卡方。关于配对卡方、分层卡方的具体选择、使用及实例可见 4.3 节内容。

对应分析是一种多元统计分析方法,其目的在于将具体类别以散点形式呈现在图中,通过观察点与点之间的距离来分析关联情况。如果分析时仅包括两个定类数据,则为简单对应分析;如果分析时超过两个定类数据,则为多元对应分析。具体实例应用可见 6.3 节内容。

在分析方法使用前,需要准备好正确的数据(关于两种数据格式,可见 2.1 节内容),针对交叉(卡方),其仅适用于"普通数据格式"。如果是卡方检验,SPSSAU 平台支持"普通数据格式"和"加权数据格式";如果是 Fisher 卡方,SPSSAU 平台支持"交叉汇总格式",即将两个定类数据的具体两交叉类别样本个数呈现在表格中。卡方检验-交叉汇总格式如表 2-19 所示。

表 2-19　卡方检验-交叉汇总格式

名称	治愈	显著	无效
A 药	35	32	12
B 药	16	23	14

如果是配对卡方或卡方检验，SPSSAU 平台支持"普通数据格式"和"加权数据格式"。如果是对应分析，SPSSAU 平台也支持"普通数据格式"和"加权数据格式"。

2.4.3　定类和定量数据分析方法

定类数据和定量数据之间的关系研究，多数情况下是研究差异关系，如研究不同专业群体工资的差异性，差异关系研究包括多种方法，具体如表 2-20 所示。

表 2-20　定类和定量差异关系方法

分析方法	说明	SPSSAU 实现路径
方差分析	✓ 定类和定量数据的差异关系 ✓ 如不同专业群体生活费的差异性 ✓ 包括单因素方差、双因素方差、三因素方差和多因素方差	【通用方法】→【方差】 【进阶方法】→【双因素方差】 【进阶方法】→【三因素方差】 【进阶方法】→【多因素方差】
事后多重比较	✓ 单因素方差分析后的两两组别比较 ✓ 如研究发现专业与生活费有差异后，可进一步分析文科生和理科生工资的差异	【进阶方法】→【事后多重比较】
独立样本 t 检验	✓ 定类（且为两个类别）与定量数据的差异关系 ✓ 如男生和女生生活费的差异	【通用方法】→【独立 t 检验】
Mann-Whitney 检验	✓ 定类（且为两个类别）与定量数据的差异关系（定量数据不满足正态分布前提时） ✓ 如男生和女生的生活费	【通用方法】→【非参数检验】
Kruskal-Wallis 检验	✓ 定类和定量数据的差异关系（定量数据不满足正态分布前提时） ✓ 如不同专业群体生活费的差异	【通用方法】→【非参数检验】
配对 t 检验	✓ 配对数据的差异关系 ✓ 如实验前和实验后，学生成绩的差异	【通用方法】→【配对 t 检验】
配对 Wilcoxon 检验	✓ 配对数据的差异关系，且配对数据不满足正态分布前提时 ✓ 如实验前和实验后，学生成绩的差异	【实验/医学研究】→【配对 wilcoxon】

如果研究不同专业（且专业包括两个以上类别，如文科、理科和工科）与每月生活费的差异关系，专业为定类数据，每月生活费为定量数据，此时通常使用单因素方差分析进行研究。此处，定类数据仅为一项即专业，如果在某些研究中，定类数据的个数大于 1，如两个则为双因素方差，如果三个则为三因素方差，甚至更多时则统称为多因素方差。单因素方差简单易懂，因而使用最多。如果发现不同专业群体在生活费上呈现差异性，那么具体是哪两个专业之间呈现差异性呢？此时可使用事后多重比较进一步研究。如果专业仅

包括两个类别，分别是文科和理科，则研究专业与生活费的差异时，一般使用独立样本 t 检验。

在方差分析理论上要求因变量 Y，如生活费需要满足正态分布，如果其不满足（或者说严重不满足时），则可使用非参数检验方法 Kruskal-Wallis 检验研究差异关系。类似地，独立样本 t 检验也要求因变量 Y（如生活费）满足正态分布，如果不满足，则可使用非参数检验方法 Mann-Whitney 检验进行研究。

如果研究数据为配对实验数据，如研究实验前和实验后的成绩差异，那么可使用配对 t 检验。理论上要求实验前和实验后的数据都满足正态分布，如果不满足，则考虑使用配对 Wilcoxon 检验。

如果是研究影响关系，如 X 对于 Y 的影响，则要结合 Y 的数据类型，选择正确的分析方法。若 Y 为定量数据，则可使用线性回归进行研究；若 Y 为定类数据，则可使用 Logistic 回归进行研究。具体线性回归可进一步分为线性回归、分层回归和分组回归，Logistic 回归可进一步分为二元 Logistic 回归、多分类 Logistic 回归和有序 Logistic 回归。定类和定量影响关系方法如表 2-21 所示。

表 2-21　定类和定量影响关系方法

分析方法	说明	SPSSAU 实现路径
线性回归	✓ 线性回归、分层回归、分组回归 ✓ 如 X 对 Y 的影响，Y 一定是定量数据，X 可为定类数据或定量数据	【通用方法】→【线性回归】 【进阶方法】→【分层回归】 【计量经济研究】→【分组回归】
Logistic 回归	✓ 二元 Logistic 回归、多分类 Logistic 回归、有序 Logistic 回归 ✓ 如 X 对 Y 的影响，Y 一定是定类数据，X 可为定类数据或定量数据	【进阶方法】→【二元 Logit】 【进阶方法】→【多分类 Logit】 【进阶方法】→【有序 Logit】

当研究 X 对于 Y 的影响时，如果 Y 是定量数据，那么可使用线性回归，此时 X 中如果包含定类数据，那么可对 X 进行哑变量处理后放入模型中（关于哑变量内容可见 2.4.1 节内容）。如果 X 是定量数据，则不需要处理可直接将其放入模型中。线性回归有两种变换形式，分别是分层回归和分组回归。分层回归，如线性回归模型 1 里有 X_1，模型 2 在模型 1 基础上加入 X_2（模型 2 里有 X_1 和 X_2），或者模型 3 在模型 2 基础上加入 X_3（模型 3 里面有 X_1、X_2 和 X_3），这 3 个模型（模型 1、模型 2 和模型 3）均是线性回归，但 3 个模型合并在一起后，可以查看新增加的 X 对模型解释力度的变化及帮助等，分层回归实质上还是线性回归，其常用于模型稳健性检验。分组回归是指研究 X 对 Y 的影响时，区分不同组别进行研究，如组别为男性时，X 对于 Y 的影响，组别为女性时，X 对于 Y 的影响，分组回归实质上也是线性回归，其常用于模型稳健性检验、异质性检验等。

如果研究 X 对于 Y 的影响时，Y 的数据类型为定类数据，不论 X 是定类数据还是定量数据，那么此时可使用 Logistic 回归。如果 X 是定类数据，则可对其进行哑变量处理后放入模型中；如果 X 是定量数据，则不需要处理可直接放入模型中。以 Y 的具体数据类型为标准，可进一步分成三种类型的 Logistic 回归，如表 2-22 所示。

表 2-22　三种类型的 Logistic 回归

类型	说明
二元 Logistic 回归	Y 仅包括两个类别，如是和否、购买和不购买
多分类 Logistic 回归	Y 包括至少三个类别，如专业分为文科、理科和工科
有序 Logistic 回归	Y 为有序定类数据，如病情严重程度分为轻度、中度和重度

如果 Y 仅包括两个类别，如购买和不购买，此时可使用二元 Logistic 回归，并且通常情况下 Y 的两个类别需要分别使用数字 1 和数字 0 进行标示，如数字 1 表示愿意购买，数字 0 表示不愿意购买。如果 Y 包括至少三个类别，并且三个类别之间有相对可比较的大小关系，如病情严重程度分为轻度、中度和重度，虽然看成是三个类别，但三个类别之间可进行程度大小对比，此时可使用有序 Logistic 回归，也可使用多分类 Logistic 回归。如果类别之间只有分类关系，如专业分为文科、理科和工科，且类别之间不能进行程度大小对比，此时只能使用多分类 Logistic 回归。

2.4.4　定量和定量数据分析方法

如果是研究定量数据和定量数据之间的关系，首先可使用散点图查看两个定量数据之间的基本关系情况，然后使用相关分析查看两个定量数据之间的相关系数情况。如果两个定量数据均满足正态分布，那么使用 Pearson 相关系数即可；如果两个定量数据不满足正态分布，则可使用 Spearman 相关系数得到更科学的结论。与此同时，如果研究 X 对于 Y 的影响，只要 Y 为定量数据，则可使用线性回归分析进行研究，线性回归可进一步分为线性回归、分层回归和分组回归，如表 2-23 所示（包括 2.4.3 节部分内容）。

表 2-23　定量和定量数据分析方法

分析方法	说明	SPSSAU 平台实现路径
散点图	✓ 直观地查看定量和定量数据的关系	【可视化】→【散点图】
相关分析	✓ 两个定量数据之间的相关关系 ✓ 包括 Pearson 相关和 Spearman 相关	【通用方法】→【相关】
线性回归	✓ 线性回归、分层回归、分组回归	【通用方法】→【线性回归】 【进阶方法】→【分层回归】 【计量经济研究】→【分组回归】

除此之外，定量数据还可使用其他分析方法，如主成分分析、因子分析和聚类分析。定量数据信息浓缩及聚类方法如表 2-24 所示。

表 2-24　定量数据信息浓缩及聚类方法

分析方法	说明	SPSSAU 实现路径
主成分分析	✓ 信息浓缩，如将 20 列数据浓缩成 3 个成分	【进阶方法】→【主成分】
因子分析	✓ 信息浓缩，如将 20 列数据浓缩成 3 个因子	【进阶方法】→【因子】
聚类分析	✓ 包括 K-means 聚类、K-prototype 聚类和分层聚类	【进阶方法】→【聚类】 【进阶方法】→【聚类】 【进阶方法】→【分层聚类】

如果研究时包括多个定量数据，如 20 个定量数据，并且这 20 个定量数据之间有一定的相关关系，此时可对这 20 个定量数据进行信息浓缩，提炼成较少的几个成分（或因子），使用较少的几个成分（或因子）去揭示这 20 个信息，简而言之，将 20 个定量数据浓缩成几个关键词，使用该关键词表示 20 个定量数据的信息。信息浓缩可使用的分析方法分别是主成分分析和因子分析，在实际研究中，主成分分析和因子分析均基于定量数据，如果包括定类数据，则考虑首先对定类数据进行哑变量处理，然后将哑变量数据放入分析中，更多说明和事例可见第 6 章内容。

结合研究目的，还可对定量数据进行聚类，聚类包括两类，分别是样本聚类和指标聚类。样本聚类指，如有 100 行样本，那这 100 行样本可以聚类成几个类别。指标聚类指，如有 20 列指标数据，那这 20 列指标数据可以聚成几个类别。具体到分析方法上，如果是样本聚类，那么通常使用 K-means 聚类方法，K-means 聚类方法仅针对定量数据，如果数据中包括定类数据，那么此时可使用 K-prototype 聚类方法。如果是指标聚类，则通常使用分层聚类方法完成分析。

定量数据可适用的分析方法有很多，如可针对定量数据进行权重计算、预测分析、优劣决策分析、综合评价等。在实际研究中应以研究目的作为标准进行选择和使用，具体可见第三篇内容（数据综合评价及预测）。如果研究数据是通过问卷收集得到的，可参考本书第四篇内容（问卷数据分析）。如果是医学相关领域收到的数据，可参考本书第五篇内容（医学数据分析）。

2.4.5 小结

本章从数据类型视角，分别阐述了定类或定量数据的常用分析方法选择和使用，并分别阐述了定类和定类数据的分析方法选择、定类和定量数据的分析方法选择，以及定量和定量数据的分析方法选择，以便读者初步理解各类常用分析方法的基本要求和使用意义，更多关于分析方法的具体使用和案例内容可见后续章节。

第3章

数据清理

在正式进行数据分析前，首先要对数据进行探索分析，在对数据特征和基本分布情况有了了解后，再对数据进行清理，或者在进行某分析的同时，对数据进行处理。通常情况下，数据清理工作包括数据标签设置、数据编码、异常值处理、生成变量和标题处理等。数据标签针对定类数据时，标识数字代表的是实际意义；数据编码可对原始数据进行重新编码，或者重新组合类别进行处理；如果探索分析时发现异常值，则可使用异常值处理功能；如果在分析前需要对数据进行处理，如取其对数值、对数据进行标准化处理等，则可使用生成变量功能；对分析项的名称（标题）进行修改，可使用标题处理功能。本章分别阐述SPSSAU平台中数据清理的操作和原理，共分为5节。

3.1 数据标签设置

在计算机的世界里，其只会对数字进行处理，文字信息会被处理成数字，通过数据标签进行标识。例如，性别分为男和女，计算机存储的时候会将男和女分别存储为数字（如数字1表示男，数字2表示女），并且使用数据标签对其进行标识，标识数字代表的意义则称为数据标签。例如，要输出男和女的比例，原理上计算机是先计算数字1和数字2的比例，然后在输出的时候将数字1和数字2分别替换成已有的数据标签男和女，从而实现计算机与人的交互（如果没有数据标签，则默认显示数字1和数字2分别的比例）。此处男和女分别使用什么样的数字去标识是由研究数据决定的，研究者只需要理解数字代表的实际意义即可。SPSSAU平台数据标签功能如表3-1所示。

表 3-1　SPSSAU 平台数据标签功能

项	说明
数据标签	✓　针对选中项标识数据标签
上传标签	✓　上传数据文档时要标识好标签信息 ✓　上传数据如果为文字，SPSSAU 平台会自动按标签处理
下载标签	✓　下载所有的标签信息

在仪表盘中可通过依次单击【数据处理】→【数据标签】模块来完成对数据标签的设置，与此同时，如果原始数据格式中已处理好数据标签格式，那么上传数据文档时平台会自动解析数据标签信息。如果上传数据为文字格式，那么平台会自动将文字编码成数字，并且会自动打上数据标签。与此同时，在平台中已有的数据标签信息，可自行下载及使用，包括单独下载数据标签信息，或者下载数据文件时附带下载数据标签信息。

接下来以案例形式阐述 SPSSAU 平台中的数据标签功能（见例 3-1.xls）。数据标签案例部分数据如图 3-1 所示。

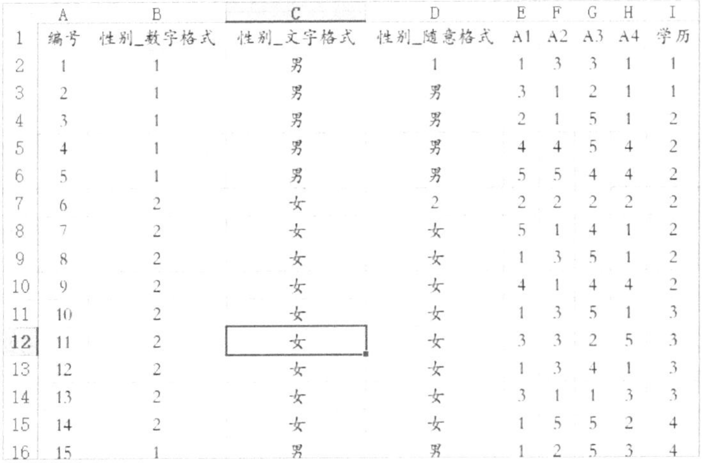

	A	B	C	D	E	F	G	H	I
1	编号	性别_数字格式	性别_文字格式	性别_随意格式	A1	A2	A3	A4	学历
2	1	1	男	1	1	3	3	1	1
3	2	1	男	男	3	1	2	1	1
4	3	1	男	男	2	1	5	1	2
5	4	1	男	男	4	4	5	4	2
6	5	1	男	男	5	5	4	4	2
7	6	2	女	2	2	2	2	2	2
8	7	2	女	女	5	1	4	1	2
9	8	2	女	女	1	3	5	1	2
10	9	2	女	女	4	1	4	4	2
11	10	2	女	女	1	3	5	1	3
12	11	2	女	女	3	3	2	5	3
13	12	2	女	女	1	3	4	1	3
14	13	2	女	女	3	1	1	3	3
15	14	2	女	女	1	5	5	2	4
16	15	1	男	男	1	2	5	3	4

图 3-1　数据标签案例部分数据

数据中 B 列（性别_数字格式）只有两个数字分别是 1 和 2，上传到 SPSSAU 平台中时，平台并不知晓数字代表的意义，此时可进行设置，首先单击【性别_数字格式】标题项，然后在右侧输入框中分别对应输入【男】和【女】，最后确认即可。数据标签案例部分数据操作如图 3-2 所示。

如果有多个标题项，如图中 A1、A2、A3 和 A4 共四项，这四项的数据标签信息完全一致，那么可先按住【Ctrl】或【Shift】组合键选中这四项，然后设置标签，即可批量对这四项进行处理。

如果需要设置的标签项非常多，更为方便的设置方式为，在上传数据文档中先加入一个工作表，名称为“tags”，然后将所有的标签信息放入该工作表中，上传后平台会自动解析数据标签。工作表“tags”中具体放置数据标签的格式说明如图 3-3 所示。

图 3-2　数据标签案例部分数据操作　　　图 3-3　数据标签的格式说明

使用一个单独的工作表，名称为"tags"，表中的 A、B、C 列分别代表标题、数字和标签。标题列为具体数据列的标题信息，标题列中的具体标题名称需要与原始数据保持一致，并且仅在该标题的第 1 个标签数字展示，该标题的其余标签项留空即可，数字和标签分别为数字与标签的对应关系。当正确数据上传后，平台会自动解析已设置好的数据标签信息。

上述已经提及，计算机只认识数字信息，如果是文字信息，那么 SPSSAU 平台如何处理呢？文字信息的数据标签处理如图 3-4 所示。C 列（性别_文字格式）全部是文字，并且只包括两个文字，分别是"男"和"女"，而 D 列（性别_随意格式）是数字和文字信息的混合。

如果某列数据全部是文字，那么平台会自动将文字编码成数字，编码规则按拼音优先排序，从数字 1、2、3 依次编码，由于 C 列仅有两个文字，并且"女"的拼音在先，因此"女"编码为数字 1，"男"编码为数字 2，并且平台会自动设置好数据标签。如果某列数据既包括数字又包括文字，那么平台的处理规则为保留数字信息，将文字信息置为 null 值。图中 D 列的两个数字会保留，但是其余的文字信息全部会被置为 null 值。

在实际研究中，正确的数据格式为，要么某列全部为数字，要么某列全部为文字。如果是文字和数字的混合，此种情况仅保留数字，因而研究者需要确保数据格式正确后再将数据上传到平台中。设置完成数据标签后，后续进行分析时，只要涉及数字实际意义的呈现时，平台就会呈现其标签信息，而不会呈现数字；反之，如果没有设置好标签，平台会呈现如 1、2 此类的数字信息。

在完成数据标签设置后，如果需要查看具体的数据标签信息，可通过在仪表盘中依次单击【数据处理】→【数据标签】模块，即可轻松查看该标签信息。如果需要下载标签信息，共有两种方式，第一种方式是下载数据文档，通过在仪表盘中依次单击平台右上方的【我的数据】→【下载】模块，下载原始数据，即可在工作表"tags"中查看标签信息。第二种方式是通过在仪表盘中依次单击【数据处理】→【数据标签】模块后，单击【下载】按钮进行下载。下载数据标签如图 3-5 所示。

图 3-4　文字信息的数据标签处理　　　　　　图 3-5　下载数据标签

3.2 数据编码

某些分析方法仅对数据格式有特殊要求，如采用二元 Logistic 回归时因变量只能为数字 1 和数字 0，但是原始数据包括数字 1 和数字 2，因此可将数字 1 和数字 2，分别替换成数字 1 和数字 0，以便满足数据分析方法的基本要求。在探索分析时发现学历分为中学、专科、本科和研究生四类，但是中学样本过少，现希望将中学和专科合并为"本科以下"；或者将身高数据分成两个组别，如按 1.7 米作为划分标准，分成"较低身高"和"较高身高"两组，诸如上述需求，需要使用数据编码功能完成。

SPSSAU 平台中提供了 3 种数据编码功能，分别是数字编码、范围编码和自动分组。上述采用二元 Logistic 回归分析时的数字编码、学历分组均可通过数字编码功能完成。如果是身高数据分组，则可使用范围编码完成。如果是希望按照一定规则（如按平均值或分位数）将数据自动分成几个组别，则可使用自动分组功能。SPSSAU 平台数据编码功能如表 3-2 所示。

表 3-2　SPSSAU 平台数据编码功能

功能	说明
数字编码	✓ 针对具体数字进行编码
范围编码	✓ 将某范围内的数据进行编码
自动分组	✓ 平台自动对数据分组编码并打上数据标签

数据编码可通过在仪表盘中依次单击【数据处理】→【数据编码】模块进行设置，以案例形式阐述 SPSSAU 平台中的数据编码功能（见例 3-1.xls），数据编码案例部分数据如图 3-6 所示。

针对学历，其数字 1 代表中学，数字 2 代表大专，数字 3 代表本科，数字 4 代表研究生。现希望将中学和大专合并成一个组合即大专以下，此时，可将数字 1 和数字 2 编码成数字 1，数字 3 编码成数字 2，数字 4 编码成数字 3。确认处理后，平台会默认生成一个新标题"New_学历"用于标识新得到的学历数据，新数据中的数字 1 代表大专以下，数字 2 代表本科，数字 3 代表研究生。如果勾选图中的【覆盖】复选框，则会在原始数据基础上进行替换而不会生成新标题。学历进行数字编码的操作如图 3-7 所示。

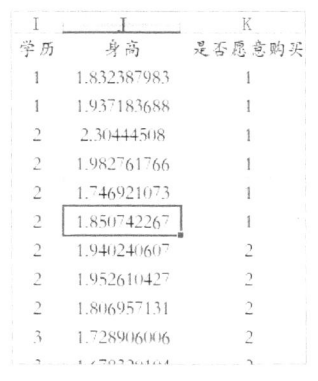

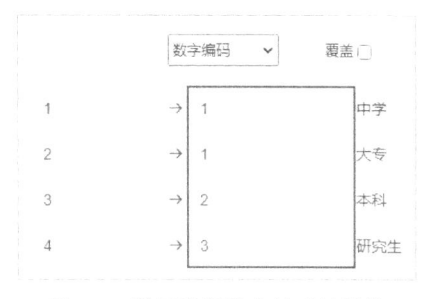

图 3-6　数据编码案例部分数据　　　　图 3-7　学历进行数字编码的操作

针对身高数据，如果希望将其分成两组，1.7 米以下为"较低身高"组别，1.7 米以上为"较高身高"组别，则可使用范围编码。身高进行范围编码如图 3-8 所示。确认处理后，平台会默认生成一个新标题"New_身高"，用于标识新得到的身高数据，新数据中的数字 1 代表"较低身高"，数字 2 代表"较高身高"。如果勾选图中的【覆盖】复选框，则会在原始数据基础上进行替换而不会生成新标题。

如果希望对身高自动分组，SPSSAU 平台能提供 4 种方式，分别是按 27%分位数和 73%分位数分成 3 组（小于 27%分位数、27%～73%分位数、大于 73%分位数）、按 50%分位数分成 2 组、按平均值分成两组、按 25%、50%和 75%分位数分成 4 组（小于 25%分位数、25%～50%分位数、50%～75%分位数、大于 75%分位数）。自动分组仅方便用于快速分组处理，其可以完全被范围编码替换。分组编码操作如图 3-9 所示。

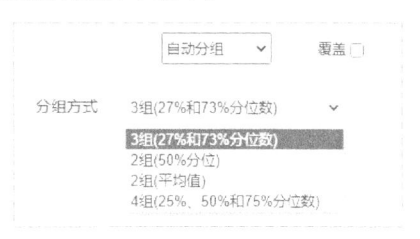

图 3-8　身高进行范围编码　　　　图 3-9　分组编码操作

在数据编码时，SPSSAU 平台能提供两个参数，分别是【覆盖】和【标签同步】。SPSSAU 平台数据编码参数值说明如表 3-3 所示。在进行数字编码和范围编码后，如果勾选【覆盖】复选框，则平台会直接对编码标题项的原始数据进行覆盖；如果不勾选【覆盖】复选框，则平台会生成新标题（前缀为"New_"）来标识新得到的编码数据。【标签同步】意义为，数字编码时，如果数据已有标签信息，如数字 1 为男，数字 2 为女，此时可将数字 1 编码为 5，数字 2 编码为 10，那么得到新数据时其数字 5 和 10 的标签分别为男和女。

表 3-3　SPSSAU 平台数据编码参数值说明

参数	说明
覆盖	✓ 数字编码和范围编码后，直接覆盖原始数据
标签同步	✓ 编码标题有标签信息，会自动同步到新标题中

3.3 异常值处理

如果在探索分析时发现数据中存在异常值，可通过在仪表盘中依次单击【数据处理】→【异常值】模块进行异常值设置和处理。异常值设置包括判断标准和异常值处理共两项，如表 3-4 所示。

表 3-4　SPSSAU 异常值设置

项	说明
判断标准	设定异常值的标准，如身高大于 2.2 米
异常值处理	针对符合的异常值，进行对应处理

关于异常值判断标准，如果在探索分析时发现身高大于 2.2 米，那么可在判断标准时设置"数字>2.2"，判断标准的设置还包括"缺失数字"，其指原始数据中某项为 null 值。与此同时，判断标准还包括等于某个数字、小于某个数字或数字偏离标准差幅度（通常是 3 倍或 2 倍标准差，可见 2.2.3 节内容）。判断标准共有 5 个条件，5 个条件是或者的关系，选择任意一个或多个判断标准时，只要选中的任意一个判断标准满足即可。异常值设置如图 3-10 所示。

图 3-10　异常值设置

设置好异常值判断标准后,需要对异常值功能进行设置,如表3-5所示。异常值处理共分为3种方式,分别是设置为Null、填补和插值,3种方式为互斥关系,只能选择其中任意一种方式。

表3-5 SPSSAU异常值功能设置

异常值处理方式	说明
设置为Null	将满足条件的异常值设置为Null值
填补	包括平均值、中位数、众数、随机数、数字0和自定义共6种方式
插值	包括线性插值和该点线性趋势插值两种方式

设置为Null这种处理方式使用较多,可直接将满足条件的异常值设置为Null值,但此种方式处理后,分析的有效样本量会减少,因而其适用于样本量相对较大时。如果采用填补处理方式,其包括6种方式,其中平均值、中位数或众数填补,指先将除异常值外的数据取平均值(中位数或众数),然后将异常值全部替换成该平均值(中位数或众数);如果是随机数填补,平台会将满足条件的异常值替换成一个随机数字;数字0填补指平台将满足条件的异常值替换成数字0;自定义填补指平台将满足条件的异常值替换成主动设置的一个具体数字。如果采用插值处理方式,共包括两种,分别是线性插值和该点线性趋势插值,如表3-6所示。

表3-6 插值处理方式

编号	原始数据	线性插值	该点线性趋势插值
1	1	1	1
2	3	3	3
3	4	4	4
4	异常值	5	5.46511
5	6	6	6
6	9	9	9

线性插值指将离异常值最近的前面1个点和后面1个点,如表格中编号为4的异常值,其前面一个点编号为3原始数据为4,即(3,4),其后面一个点编号为5原始数据为6,即(5,6),将这两个点连成一条线时会得到坐标公式,代入异常值的编号最终会计算得到线性插值。例如,表格中(3,4)和(5,6)两个点连成直线时,该直线的坐标公式为$y=x+1$,代入异常值对应的编号4,得到线性插值的具体值为4+1=5。另外,编号指原始数据的编号,如有100个样本,编号则从1、2、3一直递增到100。

该点线性趋势插值指先将除异常值外的其他正常数据进行线性回归拟合(其中Y为原始数据,X为编号),得到线性回归方程公式(关于线性回归,可参考第5章内容);然后将异常值对应的编号作为X代入,计算得到的Y值即为该点线性趋势插值。除异常值外,共有5行数据,该编号作为X,原始数据作为Y,进行线性回归拟合得到线性回归方程公式,即 $Y=-0.30233+1.44186X$,代入异常值编号4,即该点线性趋势插值等于$-0.30233+1.44186\times4=5.46511$。

异常值处理方式还可使用缩尾法和截尾法,通常在经济学相关领域中使用较多,具体可见3.4.6节内容。

3.4 生成变量

数据清理时经常会使用生成变量功能,SPSSAU 平台提供的生成变量功能,共包括常用、量纲处理、科学计算、汇总处理、日期相关处理和其他共六类,可通过在仪表盘中依次单击【数据处理】→【异常值】模块找到。SPSSAU 平台生成变量功能如图 3-11 所示。

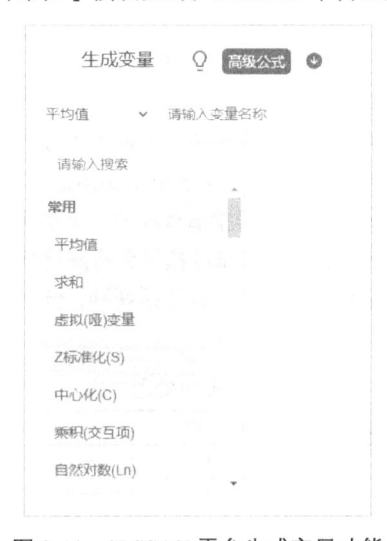

图 3-11 SPSSAU 平台生成变量功能

接下来将生成变量功能进行汇总,如表 3-7 所示,并且分别进行阐述。

表 3-7 生成变量功能汇总

项	说明
常用	包括 8 项,分别是平均值、求和、虚拟(哑)变量、z 标准化、中心化、乘积(交互项)、自然对数(ln)和 10 为底对数
量纲处理	包括 15 项,分别是归一化、均值化、正向化、逆向化、适度化、区间化、初值化、最小值化、最大值化、求和归一化、平方和归一化、固定值化、偏固定值化、近区间化、偏区间化
科学计算	包括 7 项,分别是平方、根号、绝对值、倒数、相反数、三次方和取整
汇总处理	包括 4 项,分别是最大值、最小值、中位数和计数
日期相关处理	包括 5 项,分别是日期处理、日期相减、滞后处理、差分处理和季节差分
其他	包括 10 项,分别是样本编号、Box-Cox 变换、秩、缩尾处理、截尾处理、Johnson 转换、排名、相除、相减、非负平移

3.4.1 常用处理

关于常用功能中虚拟(哑)变量的原理说明,可见 2.4 节内容。平均值、求和、乘积(交互项)的说明如表 3-8 所示。

表 3-8 生成变量之常用功能 1

X1	X2	平均值	求和	乘积（交互项）
1	2	1.5	3	2
2	3	2.5	5	6
3	4	3.5	7	12
3	5	4.0	8	15

表格中共有两项，X1 和 X2，此时求这两项的平均值或求和，分别为第 3 列和第 4 列。如果是乘积（分析上通常称其为交互项），则对选中项进行相乘，见表格中第 5 列。除此之外，常用功能还包括 z 标准化、中心化、自然对数和 10 为底对数，如表 3-9 所示。

表 3-9 生成变量之常用功能 2

X1	z 标准化	中心化	自然对数	10 为底对数
1	−1.3056	−1.2500	0.0000	0.0000
2	−0.2611	−0.2500	0.6931	0.3010
3	0.7833	0.7500	1.0986	0.4771
3	0.7833	0.7500	1.0986	0.4771

先将 X1 进行 z 标准化，处理后，数据会变成平均值为 0，标准差为 1，关于 z 标准化，其公式如下：

$$z 标准化 = \frac{x - \bar{x}}{Std}，\bar{x} 表示平均值，Std 表示标准差。$$

中心化处理后，数据会变成平均值为 0，如表 3-9 所示的第 3 列，其公式如下：

$$中心化 = x - \bar{x}，\bar{x} 表示平均值$$

通常情况下，如果数字非常大，则可使用自然对数或 10 为底对数，将数据进行压缩。

3.4.2 量纲处理

量纲处理指将数据压缩在一定范围内，但在部分量纲处理时，还可以对数据的方向进行统一（如违约率数字越小越好，使用逆向化处理将其转换成数字越大越好），量纲处理是一系列处理的统称，SPSSAU 平台共包括 15 项。生成变量功能之量纲处理如表 3-10 所示。

表 3-10 生成变量功能之量纲处理

项	说明	注意
归一化	处理后数字介于[0,1]	无
均值化	处理后数字大小表示平均值的倍数	通常仅针对大于 0 的数据
正向化	处理后数字介于[0,1]，并且数字越大越好	无
逆向化	处理后数字介于[0,1]，并且数字越大越好	无
适度化	处理后越接近某个数字越好	无
区间化	处理后数字介于设定的固定区间内	无
初值化	处理后数字大小代表初值（第 1 个数字）的倍数	通常仅针对大于 0 的数据
最小值化	处理后数字大小代表最小值的倍数	通常仅针对大于 0 的数据
最大值化	处理后数字大小代表最大值的倍数	通常仅针对大于 0 的数据

续表

项	说明	注意
求和归一化	处理后数字大小代表占的比例	通常仅针对大于 0 的数据
平方和归一化	处理后数字大小代表相对占比	通常仅针对大于 0 的数据
固定值化	越接近某个数字越好,处理后数字介于[0,1]	无
偏固定值化	越远离某个数字越好,处理后数字介于[0,1]	无
近区间化	越接近某个区间越好,处理后数字介于[0,1]	无
偏区间化	越远离某个区间越好,处理后数字介于[0,1]	无

归一化时,分子为 x 值与最小值的差值,分母为最大值与最小值的差值且为一个固定值。分子取最大值时其与分母相等,此时归一化值为 1;分子的最小值为 0 时,此时归一化值为 0,因而进行归一化处理后,数据被压缩在[0,1]。

$$归一化: \frac{x - x_{\text{Min}}}{x_{\text{Max}} - x_{\text{Min}}}$$

均值化时,分子为 x 值,分母为 x 值的平均值,其意义为平均值的倍数,均值化通常仅针对全部大于 0 的数字。

$$均值化: \frac{x}{\bar{x}}, \bar{x} 表示平均值$$

正向化时,分子为 x 值与最小值的差值,分母为最大值与最小值的差值且为一个固定值。当 x 取最大值时,此时分子最大即归一化值最大,为 1;当 x 取最小值时,此时分子最小即归一化值最小,为 0,因而归一化处理后,数据被压缩在[0,1],正向化与归一化的公式完全一致,其实际意义为,将数据压缩在[0,1],并且保持其数字的相对大小意义不变化。

$$正向化: \frac{x - x_{\text{Min}}}{x_{\text{Max}} - x_{\text{Min}}}$$

逆向化时,分子为最大值与 x 值的差值,分母为最大值与最小值的差值且为一个固定值。分子取最大值时归一化值为 1,分子取最小值即为 0 时,此时归一化值为 0,因而归一化处理后,数据被压缩在[0,1],逆向化的实际意义为,将数据压缩在[0,1],并且调换数字的相对大小意义,如原始数字越大越差(类似负债),处理后数字变成越大越好。因而在实际研究中,在对逆向化指标进行逆向化处理后,其会变成正向指标。

$$逆向化: \frac{x_{\text{Max}} - x}{x_{\text{Max}} - x_{\text{Min}}}$$

适度化时,k 值为一个输入参数值,如 $k=1$,其意义为,数字越接近于 1,适度化后数字越大,适度化处理后数字均小于等于 0,但越接近于 0 说明其离 k 值越近。

$$适度化: -|x - k|$$

区间化时,a 值和 b 值均为输入参数值,如 $a=1$ 且 $b=2$,其意义为将数据压缩在[1,2],区间化是归一化的通用化公式,将数据压缩在设置的范围内,并且保持其数字的相对大小意义不变化。

$$区间化: a + (b - a) \frac{(x - x_{\text{Min}})}{x_{\text{Max}} - x_{\text{Min}}}$$

初值化时，分母 x_0 为原始数据的第 1 个值，如 2000 年的 GDP 数据，将 2000 年后的 GDP 数据与 2000 年的 GDP 数据进行对比，处理后意义为，2000 年的 GDP 数据的倍数，初值化通常仅针对全部大于 0 的数字。

$$初值化：\frac{x}{x_0}，x_0 表示初值$$

最小值化时，分母 x_{Min} 为原始数据的最小值，其处理后意义为，数据是最小值的多少倍，最小值化通常仅针对全部大于 0 的数字。

$$最小值化：\frac{x}{x_{\text{Min}}}$$

最大值化时，分母 x_{Max} 为原始数据的最大值，其处理后意义为，数据是最大值的多少倍，最大值化通常仅针对全部大于 0 的数字。

$$最大值化：\frac{x}{x_{\text{Max}}}$$

求和归一化时，分母为所有数据的和，其处理后意义为，数据是各数字的占比，求和归一化通常仅针对全部大于 0 的数字。

$$求和归一化：\frac{x}{\sum_{i=1}^{n} x_i}$$

平方和归一化时，分母为所有数据平方的和再开根号，其意义为，得到数字的相对大小，通常情况下，处理后数字一定小于 1，平方和归一化仅针对全部大于 0 的数字。

$$平方和归一化：\frac{x}{\sqrt{\sum_{i=1}^{n} x_i^2}}$$

固定值化时，FixedValue 是一个输入参数值，如其为 10，式中的分母为一个固定值，其表示所有数据离 10 的最远距离。固定值化的实际意义为，离 10 的相对距离（处理后数字越大越接近，数字越小越远离），处理后数据介于[0,1]，0 代表远离 10，1 代表刚好为 10。

$$固定值化：x_i = 1 - \frac{|x_i - \text{FixedValue}|}{\max|x - \text{FixedValue}|}$$

偏固定值化时，FixedValue 是一个输入参数值，如其为 10，式中的分母为一个固定值，其表示所有数据离 10 的最远距离。偏固定值化的实际意义为，离 10 的相对距离（处理后数字越大越远离，数字越小越接近），处理后数据介于[0,1]，0 代表刚好为 10，1 代表远离 10。

$$偏固定值化：x_i = \frac{|x_i - \text{FixedValue}|}{\max|x - \text{FixedValue}|}$$

近区间化时，p 和 q 是两个输入参数值，如 $p=10$，$q=20$，如果数据在[10,20]内，那么说明在该区间，处理后数据为 1。如果数据不在[10,20]内，处理后数字越大意味着越接近该区间，数字越小意味着越远离该区间，且处理后数据介于[0,1]。

$$近区间化：x_i = \begin{cases} 1 - \dfrac{\max(p-x_i, x_i-q)}{\max(p-\min(x), \max(x)-q)}, & x_i \notin [p,q] \\ 1, & x_i \in [p,q] \end{cases}$$

偏区间化时，p 和 q 是两个输入参数值，如 $p=10$，$q=20$，如果数据在[10,20]内，那么说明在该区间，处理后数据为 0。如果数据不在[10,20]，处理后数字越大意味着越远离该区间，数字越小意味着越接近该区间，且处理后数据介于[0,1]。

$$偏区间化：x_i = \begin{cases} \dfrac{\max(p-x_i, x_i-q)}{\max(p-\min(x), \max(x)-q)}, & x_i \notin [p,q] \\ 0, & x_i \in [p,q] \end{cases}$$

3.4.3 科学计算

除上述 15 项量纲处理外，SPSSAU 平台还能提供常用的科学计算，包括取数据的平方、根号、绝对值、倒数、相反数、三次方和取整，与此同时，还可使用 SPSSAU 平台提供的"高级公式"完成更多的科学计算，可通过在仪表盘中依次单击【数据处理】→【生成变量】模块找到。

3.4.4 汇总处理

生成变量之汇总处理如表 3-11 所示。X1、X2 和 X3 这三项的编号为 1 时对应的最大值为 5，最小值为 1，中位数为 2。其实际意义为，如取 3 门课程的最高分、最低分及中间分。

表 3-11 生成变量之汇总处理

编号	X1	X2	X3	最大值	最小值	中位数	计数
1	1	2	5	5	1	2	1
2	2	3	3	2.5	5	6	0
3	3	4	2	3.5	7	12	0
4	3	5	3	4	8	15	0

如果是计数，计算 X1、X2、X3 这三项中出现某个值（该值为输入参数值）的次数，如计算 X1、X2、X3 三项中出现 1 的次数，那么编号为 1 时 3 个数字分别是 1、2 和 5，出现 1 的次数为 1。其实际意义为，如对错题，若分别使用数字 1 表示正确、数字 0 表示错误，那么统计出现 1 的次数即为统计选对的次数。

3.4.5 日期相关处理

日期相关处理包括取出日期数据的基本信息，包括年、月、日等，还涉及日期相减、滞后处理、差分处理和季节差分等。生成变量功能之日期相关处理如表 3-12 所示。

表 3-12 生成变量功能之日期相关处理

项	说明
日期处理	取出日期数据的基本信息，包括年、月、日、周或季度
日期相减	两个日期数据相减
滞后处理	将时间序列进行滞后处理
差分处理	将时间序列进行差分处理
季节差分	将时间序列进行季节性差分处理

生成变量功能之日期相关处理事例如表 3-13 所示，针对日期 1 取其年份和月份数据，见第 4 列和第 5 列。并且日期 1 与日期 2 相减后得到两个日期的差值天数，见第 6 列。针对时间序列数据（第 7 列），其滞后 1 阶为第 8 列，即当前日期数据是上一个日期的数据，滞后 2 阶指当前日期数据是上两个日期的数据。差分 1 阶（第 9 列）指当前日期数据减去上一个日期的数据，如表格中编号为 2 时，对应 98-100=-2。如果是季节周期性数据，可先设置季节周期值后再进行差分处理，其原理与普通差分处理类似，如季节差分 1 阶，季节周期值为 4（一年 4 个季度则季节周期值为 4），差分是指当前日期数据-前一个季节周期值对应的数据。

表 3-13 生成变量功能之日期相关处理事例

编号	日期 1	日期 2	日期 1-年	日期 1-月	日期 1-日期 2	时间序列数据	滞后 1 阶	差分 1 阶
1	2023-3-1	2022-11-22	2023	3	99	100	null	null
2	2023-2-28	2022-11-23	2023	2	97	98	100	-2
3	2023-2-27	2022-11-24	2023	2	95	95	98	-3
4	2023-2-26	2022-11-25	2023	2	93	97	95	2
5	2023-2-25	2022-11-26	2023	2	91	78	97	-19
6	2023-2-24	2022-11-27	2023	2	89	76	78	-2

3.4.6 其他

SPSSAU 平台生成变量中还能提供包括样本编号、Box-Cox 变换、秩、缩尾处理、截尾处理等共计 10 项功能，如表 3-14 所示。

表 3-14 生成变量功能之其他处理

项	说明
样本编号	如 100 个样本，编号为 1~100，提供顺序编号和随机编号两种方式
Box-Cox 变换	非正态数据转换处理的一种方式
秩	数据的秩
缩尾处理	一种异常值的处理方式
截尾处理	一种异常值的处理方式
Johnson 转换	非正态数据转换处理的一种方式
排名	数据的排名情况
相除	两个数据相除

续表

项	说明
相减	两个数据相减
非负平移	出于非负数，将数据平移一个单位，使其全部大于 0

例如，共有 100 个样本，针对该样本设置一个编号，可以从 1~100 顺序递增（顺序编号），也可以随机编号 1~100，实际研究中仅希望分析前 50 个样本，此时可先设置样本编号，然后复选编号小于 50 的样本进行分析。Box-Cox 变换和 Johnson 转换均是非正态转换的处理方式，具体可见 2.3 节内容。

秩是指数据的排名，其与"排名"功能非常类似，但区别在于当有几个相同的排名时，秩会取排名的平均值。如果前 3 个数字均相同，那么排名上均为 1（升序时），而秩会取排名的平均值，即 0.3333333。

通常在计量研究时会对异常值进行处理，缩尾处理包括双向缩尾、上侧单向缩尾和下侧单向缩尾。双向缩尾指，如可将小于 2.5%分位数值设置为 2.5%分位数值，将大于 97.5%分位数值设置为 97.5%分位数值。上侧单向缩尾只能将大于 97.5%分位数值设置为 97.5%分位数值。下侧单向缩尾只能将小于 2.5%分位数值设置为 2.5%分位数值（注：此处参数默认值为 0.05 即 5%，研究人员可对其进行设置，平台处理时以小于该参数值/2，或大于 1-该参数值/2 作为上侧或下侧的临界值标准）。

相除是指将两项数据进行相除，选择被除数和除数项即可，类似地还有相减功能。非负平移指若数据出现小于等于 0 时，则全部加上一个"平移值"，该"平移值"=数据最小值的绝对值+参数值（注：参数值默认为 0.01），其意义为让数据全部大于 0（并且大于等于参数值）。如果数据全部大于 0，则平台不会进行非负平移。生成变量之非负平移如表 3-15 所示。

表 3-15 生成变量之非负平移

编号	X1	X2	X1 非负平移 0.01	X2 非负平移 0.01
1	-1	2	0.01	2
2	2	3	3.01	3
3	3	4	4.01	4
4	3	5	4.01	5

表格中 X1 中出现了-1，即小于等于 0 的数字，且 X1 最小值为-1，绝对值为 1，那么平移值=1+0.01（0.01 为参数值），此时非负平移后的数据见第 4 列。由于 X2 全部大于 0，因此非负平移并不生效，其处理后的数据保持一致（见第 5 列）。

3.5 标题处理

通常在数据编码、生成变量等处理之后，标题信息并不规范，如可能出现"你的性别是？"这样的标题名称，可对其进行编辑，修改成"性别"。在 SPSSAU 平台中可单击标题进行修改，也可批量对标题进行修改，批量修改时，可直接将已处理好的标题名称进行粘贴，一次性完成对标题的修改。可通过在仪表盘中依次单击【数据处理】→【标题处理】模块完成对标题名称的修改，也可通过标题框中的【…】按钮选择批量修改标题。除此之外，还可对不需要使用的标题进行删除处理。SPSSAU 平台标题处理如图 3-12 所示。

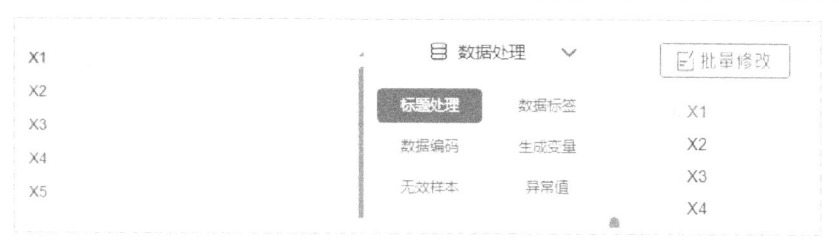

图 3-12　SPSSAU 平台标题处理

第二篇

常用研究方法应用

第4章 差异关系研究
第5章 相关影响关系研究
第6章 信息浓缩及聚类研究

第4章

差异关系研究

在科研数据分析中,差异比较是常见的一类分析方法,如两组或多组均数、率,以及分布的差异比较,一般采用假设检验类方法进行统计分析。在统计学中,通过检验样本统计量之间的差异做出一般性结论,判断总体参数之间是否存在差异,这种推论过程被称作假设检验(张厚粲和徐建平,2020)。

本章主要介绍常用的差异比较方法,包括 t 检验、方差分析、卡方检验,非参数检验。这四类分析方法的分析目的、对数据类型的要求及研究设计方法的注意事项如表 4-1 所示。

表 4-1 常用差异比较方法

差异比较方法	分析目的	数据类型	研究设计方法
t 检验	两组样本数据均数差异比较	分组变量:X(定类) 因变量:Y(定量)	成组设计或配对设计
方差分析	两组或多组样本均数差异比较	分组变量:X(定类) 因变量:Y(定量)	完全随机、随机区组、析因设计、正交设计等
卡方检验	两组或多组率、分布差异比较/关联性分析	行变量:X(定类) 列变量:Y(定类)	成组设计或配对设计
非参数检验	一般在以上三类方法使用条件不满足时使用		

假设检验类分析方法分为参数检验和非参数检验两种。本章介绍的 t 检验与方差分析,这两个方法基于总体分布为正态分布、总体方差相等的前提对总体均数差异进行检验。在总体分布类型已知(如正态分布)的条件下,对其未知参数进行检验,这类方法称为参数检验。

与之相反，总体分布未知或已知总体分布与检验所要求的条件不符，经数据转换也不能使其满足参数检验的条件时，需要采用一种不依赖总体分布形式的检验方法，这种方法不是对已知参数进行检验，而是检验总体分布位置是否相同，称为非参数检验。卡方检验、非参数秩和检验属于非参数检验。

假设检验的基本思想是，先提出原假设（一般假设两个统计量相等，本节以均值为例，即假设均值相等，记为 H_0）和备择假设（两个均值不等，记为 H_1），要求原假设与备择假设互斥；然后利用小概率事件原理对原假设进行反证，当概率 p 小于显著性水平 α 时则拒绝原假设，从而选择备择假设。统计学上 α 通常取 0.05，有时也可以取 0.01 或 0.001。在结果解释上，当拒绝原假设选择备择假设（$p<0.05$）时，通常解释为两组均值的差异具有统计学意义，或简写为差异显著；反之，当接受原假设（$p>0.05$）时，通常解释为两组均值无差异或差异不显著。

4.1 t 检验

t 检验用于两组定量数据资料的均数差异比较，在一般背景资料分析、基线分析中应用较广泛。数据资料要求为二水平定类数据以用于分组，因变量要求为定量数据（连续型数据）。例如，某研究欲比较不同性别新生儿体重有无差别，此时性别为定类数据，其用于分组，体重为定量数据，作为目标变量或因变量。

由于 t 检验要求数据具有正态性，因此在 t 检验前应当先检验正态分布的情况。一般来说，只要不是严重偏态，t 检验就基本适用，否则可考虑对数据进行转换使其近似正态后再做检验，或者使用对应的非参数秩和检验方法，这在本章 4.4 节将具体介绍。

t 检验包括 3 种类型：单样本 t 检验、配对样本 t 检验，以及独立样本 t 检验。3 种 t 检验在选择时的注意事项如表 4-2 所示。

表 4-2 3 种 t 检验在选择时的注意事项

t 检验	研究目的	适用条件	常见应用场景举例	SPSSAU 平台分析路径
单样本 t 检验	一组数据的均数是否与给定常数之间存在差异	单样本服从正态分布	研究人员考察某地新生儿的平均体重与常模体重的差异	【通用方法】→【单样本 t 检验】 【实验/医学研究】→【概要 t 检验】
配对样本 t 检验	两组配对数据均数的差异比较	差值数据服从正态分布	体育疗法前后测定的舒张压有无差异	【通用方法】→【配对 t 检验】
独立样本 t 检验	两组独立数据均数间的差别比较	两样本分别服从正态分布且要求方差齐性	干预组与对照组人群的心肌血流量有无差别	【通用方法】→【t 检验】 【实验/医学研究】→【概要 t 检验】

有些研究在没有原始数据，仅有样本量、均值、标准差统计结果的情况下，仍然需要采用 t 检验进行差异比较，这一过程通常称为概要 t 检验，常见的有概要单样本 t 检验、概要独立样本 t 检验等。

在 SPSSAU 平台的【通用方法】【实验/医学研究】模块下，共提供了 4 个独立的模块来完成各种类型的 t 检验。

4.1.1 正态分布与方差齐性

t 检验要求进行差异比较的数据必须是定量数据，且要求数据服从或近似于正态分布，独立样本 t 检验还要求两组数据的方差齐性。

1. 正态分布

数据服从或近似于正态分布，是 t 检验的基础条件。实际分析时可以用图示法或显著性检验法判断该条件是否满足。图示法通过绘制直方图、正态 PP 图、QQ 图、核密度图等对正态分布进行直观判断，此类方法判断标准较宽松，有一定的主观性；显著性检验法则主要包括 Kolmogorov-Smirnov 检验、Shapiro-Wilk 检验和 Jarque-Bera 检验等。正态分布检验具体介绍和分析见本书 2.3 节内容。

样本数据完全服从正态分布过于理论化，在实际分析中数据出现一定偏态较常见。t 检验、方差分析等参数检验方法对正态分布要求相对稳健，这些方法本身对轻微的偏态是具有一定"抗性"的，不会影响其结果（冯国双，2018）。

2. 方差齐性

方差齐性也称方差齐次或简称为方差齐，该检验假设两组数据的总体方差相同，在 SPSSAU 平台中利用 F 检验进行统计推断。按 $\alpha=0.05$ 显著性水平，当 F 检验的概率 p 大于 0.05 时认为两组数据具有方差齐性，当 p 小于 0.05 时认为两组数据的方差不齐。

独立样本 t 检验要求数据具有正态性，同时还要求两组数据具有方差齐性，方差不齐时需要对 t 检验的结果进行校正。因此进行 t 检验时，应根据方差齐性检验的结论，选择 t 检验或校正后的 t 检验显著性结果。

通过在仪表盘中依次单击【通用方法】→【t 检验】模块进行独立样本 t 检验，平台会自动判断方差齐性条件，并输出对应的 t 检验结果。如果用户需要单独做方差齐性检验，可通过在仪表盘中依次单击【通用方法】→【方差】模块来实现。

本节结合具体案例进一步介绍方差齐性检验的操作与结果解读。

【例 4-1】某研究收集到 100 例儿童的腰围（厘米）数据，其中肥胖组 50 例，用数字 1 表示组别，另外 50 例为非肥胖组，用数字 0 表示组别，试分析两组数据的方差是否相等。案例数据为模拟获得，仅用于示范分析方法的应用，数据文档见"例 4-1.xls"。

1）方差齐性检验

数据读入平台后，在仪表盘中依次单击【通用方法】→【方差】模块，将【组别】变量拖曳至【X(定类)】分析框中，将【腰围】变量拖曳至【Y(定量)】分析框中，选择下拉列表中的【方差齐检验】。方差齐检验操作界面如图 4-1 所示，最后单击【开始分析】按钮。

2）结果分析

两组数据的方差齐检验分析结果如表 4-3 所示。$F=2.576$，$p=0.112>0.05$，表明两组数据具有方差齐性。

图 4-1 方差齐检验操作界面

表 4-3 肥胖与非肥胖组方差齐检验分析结果

项	组别（标准差）		F	p
	非肥胖组（n=50）	肥胖组（n=50）		
腰围	3.95	5.41	2.576	0.112

4.1.2 t 检验分析步骤

在统计学中，t 检验的步骤是：研究者首先提出原假设（H_0，两均值相等）和备择假设（H_1，两均值不相等）；然后用数据构造并计算 t 统计量，并通过 t 分布计算概率 p；最后利用 p 推断原假设是否成立，从而完成整个假设检验流程。在实际科研数据分析中，要综合 t 检验类型、适用条件，总结 t 检验分析方法应用的分析思路。t 检验一般分析步骤如图 4-2 所示。

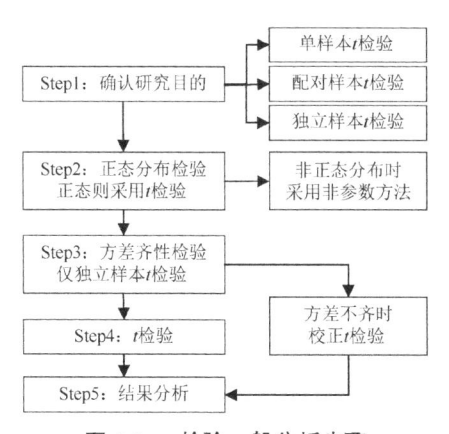

图 4-2 t 检验一般分析步骤

（1）根据科研设计与研究目的，选择单样本 t 检验、配对样本 t 检验、独立样本 t 检验中的一种，如配对设计选择配对样本 t 检验，成组设计选择独立样本 t 检验。

（2）对两组数据进行正态分布检验，满足条件时使用 t 检验，非正态分布（或严重偏离正态分布）时考虑先进行数据转换再做 t 检验或采用非参数秩和检验方法（单样本 t 检验和配对样本 t 检验对应的是 Wilcoxon 检验、独立样本 t 检验对应的是 Mann-Whitney 检验）。

（3）如果研究目的是比较成组设计的两组均数的差异，即选择独立样本 t 检验时，还应对两组数据是否具有方差齐性进行检验。

（4）由统计软件工具执行 t 检验，如遇到方差不齐时，则对 t 检验进行校正，校正后的结果一般由统计软件或统计平台自动完成。

（5）对结果进行分析，撰写结论。按 α=0.05 水平，当 t 检验概率 $p<0.05$ 时，认为两组均数差异有统计学意义；反之，$p>0.05$ 说明两组均数无差别。

4.1.3 单样本 t 检验

分析一组数据的均数是否与给定常数存在差异时，要用随机抽取的单个样本均数和已知总体均数进行比较，观察该组样本与总体均数的差异性。例如，研究人员考察某地新生儿的平均体重与同类大型研究常模体重的差异，要求该组样本数据服从正态分布，且没有明显的异常数据。

【例 4-2】已知某地区 12 岁男孩平均身高为 142.5 厘米（常模数据）。1973 年某市测量了 120 名 12 岁男孩的身高，试分析该市 12 岁男孩与该地区 12 岁男孩身高的平均值是否相等。案例数据来源于卢纹岱（2006），数据文档见"例 4-2.xls"。

1）数据与案例分析

数据文档中的"身高"为定量数据，用于记录 120 名男孩的身高数据，研究目的是比较 120 个身高数据的平均值与"142.5"的差异，从分析目的上选择单样本 t 检验。

2）正态分布检验

在仪表盘中依次单击【通用方法】→【正态性检验】模块，在输出结果中选择 Shapiro-Wilk 检验，得出 $p=0.93>0.05$，说明该组数据服从正态分布，满足单样本 t 检验对数据正态性的要求。

3）t 检验

数据文档读入平台后，在仪表盘中依次单击【通用方法】→【单样本 t 检验】模块，将【身高】变量数据拖曳至右侧【分析项(定量)】分析框中，在分析框顶部的数值框输入对比数字【142.5】。单样本 t 检验操作界面如图 4-3 所示，最后单击【开始分析】按钮。

图 4-3 单样本 t 检验操作界面

4）结果分析

120 名男孩的平均身高单样本 t 检验分析结果如表 4-4 所示。第 2~6 列为常见统计指标，第 7、8 列为 t 统计量和概率 p 值。

表 4-4 120 名男孩的平均身高单样本 t 检验分析结果

名称	样本量	最小值	最大值	平均值	标准差	t	p
身高	120	125.900	160.900	143.048	5.821	1.032	0.304

120 名 12 岁男孩的身高平均值为 143.048 厘米，与该地区 12 岁男孩身高的一般水平 142.5 厘米相比，$t=1.032$，$p=0.304>0.05$，差异无统计学意义。

4.1.4 配对样本 t 检验

配对设计常见的形式是自身配对或非自身配对。例如，对同一研究对象在试验干预前、干预后的某指标数据进行比较，同一研究对象在两个不同部位所测定的某指标数据进行比较，或者同源配对或条件相近者异体配对数据结果的比较。

配对设计所获两组数据，因其本身具有相关性，所以需要使用针对性的分析方法。配对样本 t 检验可用来检验有配对或相关关系的两组数据均数是否相等。统计分析时取两组配对数据的差值与数字"0"进行差异比较。使用条件上，要求配对的两组样本数据差值服从正态分布。

【例 4-3】10 名高血压患者在实施体育疗法前后测定舒张压，请判断体育疗法对降低血压是否有效。案例数据来源于卢纹岱（2006），数据文档见"例 4-3.xls"。

1）数据与案例分析

实施体育疗法前、后的舒张压数据分别为"治疗前""治疗后"两个定量数据，本例属于自身前后配对设计，综合考虑采用配对样本 t 检验进行差异比较。

2）正态分布检验

通过在仪表盘中依次单击【数据处理】→【生成变量】→【相减（Minus）】模块，计算得到差值数据，读取【通用方法】→【正态性检验】模块的 Shapiro-Wilk 检验，$p=0.225>0.05$，说明差值数据服从正态分布，满足 t 检验对正态分布的要求。

3）配对 t 检验

数据文档读入平台后，在仪表盘中依次单击【通用方法】→【配对 t 检验】模块，将【治疗后】变量拖曳至右侧【配对 1(定量)】分析框中，将【治疗前】变量拖曳至右侧【配对 2(定量)】分析框中。配对 t 检验操作界面如图 4-4 所示，最后单击【开始分析】按钮。

图 4-4 配对 t 检验操作界面

4）结果分析

10 名患者实施体育疗法前后舒张压数据配对 t 检验分析结果如表 4-5 所示。表格中第 2～3 列为配对前后对舒张压的统计，第 4 列为配对前后的差值，最后两列为 t 统计量和 p 值。

在进行体育疗法前，患者的舒张压为（119.50±10.07），在进行体育疗法后，患者的舒张压为（102.50±11.12），显然在进行体育疗法后，患者的舒张压出现了下降。

表 4-5 10 名患者实施体育疗法前后舒张压数据配对 t 检验分析结果

名称	配对（平均值±标准差）		差值	t	p
	配对 1	配对 2			
体育疗法后 配对 体育疗法前	102.50±11.12	119.50±10.07	−17.00	−5.639	0.000**

注：**p<0.01。

差值为−17.00，说明治疗后舒张压下降了 17 个单位，如果差值与数字"0"相比差异显著，则说明配对的两个样本均值差异有统计学意义。t=−5.639，p<0.01，按 α=0.01 水平，认为体育疗法治疗后高血压患者的舒张压下降明显，与治疗前相比差异有统计学意义，该疗法对降低高血压患者的舒张压有效。

4.1.5 独立样本 t 检验

独立样本 t 检验采用成组设计来检验两组数据的各自总体均数是否相等。例如，研究人员想比较不同性别人群的抑郁评分是否有显著差异，t 检验仅可对比两组独立成组数据的差异，如果为三组或多组，则使用方差分析。

独立样本 t 检验要求两组数据分别服从正态分布，且两组数据具有方差齐性。所谓方差齐性，即要求两组数据的总体方差相同。此处注意，如果方差出现不齐的情况，SPSSAU 平台会自动完成对方差不齐的校正，可输出校正后的 t 检验结果，所以遇到方差不齐时仍可继续读取 t 检验结果。

【例 4-4】沿用【例 4-1】的数据，某研究收集到 100 例儿童的腰围（厘米）数据，其中肥胖组 50 例，另外 50 例为非肥胖组。数据文档见"例 4-4.xls"，试分析肥胖组与非肥胖组儿童的腰围有无不同。

1）数据与案例分析

"组别"变量编码 1 表示肥胖组，编码 0 表示非肥胖组，"腰围"记录两组儿童的腰围数据，为定量数据。本例为成组设计，目的是比较两组儿童腰围的差异，应采用独立样本 t 检验。

2）正态分布与方差齐性条件判断

通过在仪表盘中依次单击【通用方法】→【正态性检验】模块，在输出结果中选择 Shapiro-Wilk 检验，得出两组数据的显著性 p 值分别为 0.11、0.971，均大于 0.05，说明数据服从正态分布。方差齐性已在【例 4-1】中讨论过，F=2.576，p=0.112>0.05，表明两组数据具有方差齐性。

3）t 检验

数据文档读入平台后，在仪表盘中依次单击【通用方法】→【t 检验】模块。将【组别】变量拖曳至右侧【X(定类,仅两组)】分析框中,将【腰围】变量拖曳至右侧【Y(定量)】分析框中。独立样本 t 检验操作界面如图4-5所示,最后单击【开始分析】按钮。

图 4-5 独立样本 t 检验操作界面

4)结果分析

肥胖与非肥胖组腰围数据独立样本 t 检验分析结果如表 4-6 所示。

表 4-6 肥胖与非肥胖组腰围数据独立样本 t 检验分析结果

组别(平均值±标准差)	腰围
非肥胖组(n=50)	52.52±3.95
肥胖组(n=50)	61.02±5.41
t	-8.965
p	0.000**

注:** p<0.01。

肥胖组儿童的腰围为(61.02±5.41)厘米,非肥胖组儿童的腰围为(52.52±3.95)厘米。t=-8.965,p<0.01,按 $α$=0.01 显著性水平,有理由认为肥胖组与非肥胖组儿童的腰围差异显著。

4.1.6 概要 t 检验

对于两样本均数的比较,或单样本与总体均数的比较,如果只有汇总后数据,如平均值、标准差,这一类 t 检验问题需要使用统计摘要信息进行检验,一般称为概要 t 检验。

概要 t 检验包括两种,分别是单样本 t 检验和独立样本 t 检验。前者是一组数据与某数字的差异比较,后者是两组数据的平均值差异比较,要求其原始数据服从正态分布。

具体分析时,需要提供单样本或两样本的平均值、标准差,以及样本量指标值,并不需要额外进行正态分布和方差齐性的检验。

【例 4-5】单样本概要 t 检验。某年某地区测量 120 名 12 岁男孩的身高资料,平均身高为 143 厘米,标准差为 5.8 厘米。历史资料显示该地区 12 岁男孩的平均身高为 142.5 厘米,试分析该样本的平均身高与历史一般水平有无差异。

1)案例分析

本例为汇总后的摘要数据资料,研究者仅知道平均值、标准差、样本量等统计摘要信息,研究目的是单样本均数与已知均数进行比较,应使用单样本 t 检验进行分析。

2）概要 t 检验

无原始数据，在仪表盘中依次单击【实验/医学研究】→【概要 t 检验】→【单样本 t 检验】模块。在弹出的【单样本 t 检验】数值框中依次输入平均值【143】、标准差【5.8】、样本量【120】、对比均值【142.5】。默认进行双侧假设检验，如果遇到单侧问题，则根据具体情况修改【假设检验】为大于或小于。单样本 t 检验具体设置如图 4-6 所示。

图 4-6　单样本 t 检验具体设置

3）结果分析

120 名男孩的平均身高及其置信区间如表 4-7 所示。120 名男孩的平均身高为 143 厘米，总体平均身高的 95%置信区间（CI）为[141.95,144.05]厘米。

表 4-7　120 名男孩的平均身高及其置信区间

项	样本量	平均值	标准差	标准误	95% CI
值	120	143.00	5.80	0.53	141.95～144.05

与该地区 12 岁男孩历史资料的平均身高 142.5 厘米相比，$t=0.94$，$p=0.35>0.05$，按 $α=0.05$ 水平，差异无统计学意义，尚不能认为该样本平均身高与历史一般水平存在差异。单样本 t 检验分析结果如表 4-8 所示。

表 4-8　单样本 t 检验分析结果

项	样本量	平均值	检验均值	假设	t	p	检验结论
值	120	143.00	142.50	143.00=142.50	0.94	0.35	假设成立

【例 4-6】独立样本 t 检验。某医院呼吸内科用相同方法测定两组患者的血液二氧化碳分压，肺心病组 240 例，均值标准差为（10.48±6.20）(kPa)，慢性支气管炎合并肺气肿组 200 例，均值标准差为（6.12±1.51）(kPa)。试比较两组患者的血液二氧化碳分压差异是否有统计学意义。

1）案例分析

已知两组样本数据的平均值、标准差、样本量，研究目的是比较两样本均数的差异，使用独立样本 t 检验进行分析。

2）概要 t 检验

无原始数据，在仪表盘中依次单击【实验/医学研究】→【概要 t 检验】→【独立样本 t 检验】模块，具体设置如图 4-7 所示。在弹出的【独立样本 t 检验】数值框中依次输入两组样本的平均值、标准差、样本量数据。独立样本 t 检验是对两组数据的差值与数字 0 进行比较，因此在【差值对比】数值框内输入数字【0】，其他默认，最后单击【开始分析】按钮。

图 4-7 【独立样本 t 检验】具体设置

3）结果分析

本表为差值与 0 差异比较的表格，独立样本 t 检验分析结果如表 4-9 所示。

表 4-9 独立样本 t 检验分析结果

项	均值差值	差值检验值	假设	t	p	检验结论
值	4.36	0.00	4.36=0.00	9.71	0.00	假设不成立

两样本均值差值为 4.36，与数字 0 进行差异比较，t=9.71，p<0.01，在 α=0.05 显著性水平下，两样本平均值差异显著，有统计学意义。由两组均值大小来看，肺心病组患者的血液二氧化碳分压比慢性支气管炎合并肺气肿组高。

4.2 方差分析

t 检验针对的是两组数据均值的比较，如果是三组及更多组数据均值的比较，则需要采用方差分析。方差分析的基本思想是对数据的总变异进行分解，将各部分的方差与误差相比较，从而判断因素或交互作用的统计学意义。

本节主要介绍只有一个因变量 Y 的方差分析。只有一个自变量 X 的方差分析称为单因素方差分析，有两个自变量 X 的方差分析则称为双因素方差分析，当自变量因素个数超过两个时，其方差分析统称为多因素方差分析。

4.2.1 方法概述

1. 原理与概念

方差分析的基本思想是对误差的分解，总误差被分解为组间误差和组内误差，组内误差用于估计抽样的随机误差，组间误差可能是由抽样的随机误差造成的，更多的是组间自身差异的系统误差导致。我们需要证明的是系统误差不等于 0，所以组间误差除以组内误差大到一定程度时可认为组间效应显著。为消除个案数的影响，给分母和分子同时引进自由度，构造 F 统计量，根据 F 分布计算概率 p，利用 p 推断原假设是否成立。所以，方差分析等价于 F 检验，中间计算的统计量为 F 统计量。

方差分析中的常用术语概念。

（1）因素：方差分析是通过组间差异比较来推断自变量对因变量的影响的，此处的自变量通常也称作因素或因子。例如，超市某商品销售量的影响因素有商品价格、货架摆放位置、广告宣传等。

（2）水平：方差分析中的因素要求是定类数据，因素的不同类别取值称作水平。例如，商品在货架的摆放位置有低、中、高三个水平，商品价格有原价、促销活动价两个价格水平。

（3）组合或单元：各因素不同水平的交叉称为组合或单元，如某商品摆放在货架中间层且以促销价格销售时更有利于售卖。

（4）主效应：某一因素各单独效应的平均效应，即某一因素各水平之间的平均差别。一个因素的主效应显著，意味着该因素的各个水平在其他因素的所有水平上的平均数存在差异。

（5）交互作用：反映两个或两个以上因素相互依赖制约、共同影响因变量的变化。如果一个因素对因变量的影响会因另一个因素的水平不同而有所不同，则可以说这两个变量之间具有交互作用。

2. 方差分析的适用条件

方差分析要求因变量 Y 为定量数据（连续型数据），自变量 X 为定类数据（分类数据）。如果需要控制混杂干扰，则要加入协变量，协变量也要求为定量数据。

进行方差分析需要数据满足以下两个基本前提。

（1）各观测变量数据总体要服从正态分布。

（2）各观测变量数据总体要满足方差齐性。

理论上，数据需要满足以上两个条件才能进行方差分析。在实际分析时，可根据试验设计方法、数据样本量、行业一般要求，以及检验方法的结果综合讨论并对两个条件做出判断，通常方差分析本身较稳健，因此可适当放宽两个条件，具体结合文献资料而定。

对于非正态分布数据，可以考虑做正态转换使数据满足正态要求后继续进行方差分析，或当严重偏离正态分布时采用非参数秩和检验作为替代；对于方差不齐的情况，可使用非参数秩和检验，同时可选择使用更为稳健的 Welch 方差分析或 Brown-Forsythe 方差分析，其中 Welch 方差分析较常用。

正态分布条件的判断，可参考第 2 章的内容。非参数检验可查阅本章 4.4 节的相关内容。

3. 事后多重比较

单因素方差分析的 F 检验 $p<0.05$，即总体上组间差异显著时，需要继续对因素各水平间的差异进行两两配对的多重比较，双因素或多因素方差分析在交互作用不显著的前提下，也需要继续针对有显著影响的因素主效应进行多重比较。

例如，对四所中学（全国重点中学、市重点中学、区重点中学、一般中学）某年级数学统一测试成绩进行方差分析，结果显示不同中学间成绩有显著差异。这是总体结论，究竟哪些中学之间有差异？如全国重点中学与市重点中学间成绩有无差别，市重点中学和一般中学间成绩有无差别，需要进一步分析。这一过程所采用的方法就称为多重比较，通过对总体均值之间的两两配对进行比较进一步分析到底哪些均值间存在差异。

事后多重比较的方法有多种，SPSSAU 平台【事后多重比较】模块中共提供了 LSD、Scheffe、Tukey、Bonferroni 校正、Sidak、Tamhane T2、SNK、Duncan 等 8 种常用方法，如表 4-10 所示。

表 4-10 常用多重比较方法

多重比较方法	适用场景	其他说明
LSD	一般在事前有明确要比较的两组差异时使用 比较次数过多时不建议使用	对差异较敏感 容易犯 I 类错误
Scheffe	各组样本量不等时使用	相对较保守
Tukey	各组样本量相等时使用	校正 I 类错误
Bonferroni 校正	较流行，待比较的组别数量较少时使用 校正方式：α/比较次数，如 3 次比较，则 p 与 0.05/3=0.0167 进行比较	组数较大时结果相对较保守
Sidak	是对 LSD 法的校正，对比组别较少时使用	比 LSD 法保守
Tamhane T2	如果方差不齐但希望进行多重比较，则使用此方法	方差不齐时使用
SNK	是对 Tukey 法的修正，应用广泛	不及 LSD 法灵敏
Duncan	是对 SNK 法的修正	在农业研究中使用广泛

冯国双（2018）指出，如果比较组数不是很多（如 3 组），则 Tukey 法和 Bonferroni 校正法均可作为首选。如果比较组数较多（如 4 组以上），建议首选 Tukey 法（包括各组例数不等的情况，因为大多数软件在例数不等时给出的是 Tukey-Kramer 法）。张文彤和邝春伟（2011）指出，如果需要进行任意两组之间的比较而各组样本含量又相同时，可选用 Tukey 法；当样本含量彼此不同时，可选用 Scheffe 法。

4．差异比较结果的字母标记

差异的字母标记法是指使用不同字母标记并注释多重比较的差异结果，如果对比的组之间有相同字母即表示差异不显著，如果对比的组之间字母不同则表示两组间差异显著。

SPSSAU 平台默认提供 0.01 和 0.05 两种不同显著性水平时的字母标记法结果，0.05 水平时使用小写字母标识，0.01 水平时使用大写字母标识，具体结果通过在仪表盘中依次单击【进阶方法】→【事后多重比较】模块来完成。

4.2.2 方差分析类型的选择

在进行数据分析时采用何种类型的方差分析，可参考试验设计方法与研究分析目的综合决定。

1．试验设计方法与方差分析类型

通常情况下，方差分析与科学试验设计相辅相成。在考虑使用方差分析方法时，应结合研究分析目的及科学试验所用的设计方法进行综合考虑。常见试验设计方法与方差分析类型如表 4-11 所示。

表 4-11　常见试验设计方法与方差分析类型

试验设计方法	方差分析类型选择
完全随机设计	单因素方差分析
随机区组设计	双因素方差分析
析因设计	双因素或多因素方差分析（可考察交互作用）
拉丁方设计	三因素方差分析（不考察交互作用）
正交设计	一般为多因素方差分析（可考察交互作用）

（1）完全随机设计有时也被称为单因素设计，是将被试随机化分配到各处理组中，仅考察一个处理因素对试验指标的影响。统计方法采用单因素方差分析，如果该因素有统计学意义，则继续进行各组均数间的多重比较。

（2）随机区组设计先将被试划分为区组，再将每一区组的被试随机分配到各个处理组中，每个区组的样本量等于处理组的个数。随机区组设计可采用双因素方差分析进行结果分析，一般认为区组因素是次要因素，通常不需要考察区组与处理因素间的交互作用。

（3）析因设计也叫作全因子设计，是试验中所涉及的全部因素的各水平全面组合形成的不同试验组合，每个试验组要进行两次或两次以上的独立重复实验。它不仅可检验每个因素各水平间的差异，而且可检验各因素间的交互作用。统计方法采用双因素方差分析或多因素方差分析，可考察因素间的交互作用。

（4）拉丁方设计是随机区组设计的扩展，如果研究涉及一个处理因素和两个需要控制的区组因素，每个因素的水平数相等，则可采用拉丁方设计。统计分析方法采用多因素方差分析，但需要注意拉丁方设计不能考察交互作用。

（5）试验因素较多且希望考察交互作用，用较少的试验次数获得较佳的试验结果，此时可采用正交设计。统计方法采用多因素方差分析，且根据正交试验方案的不同可考察因素间的交互作用。

2. 研究分析目的与方差分析类型

科研数据分析中的差异关系研究是错综复杂的，单个因素的分析往往作为基础性工作，更多情况下需要综合考虑多个因素的关系或联系。方差分析可以是一个因素，也可以是多个因素，还可以分析因素间的交互作用，因此应用范围较广泛。

根据研究分析目的的不同，可使用单因素方差分析、双因素方差分析、多因素方差分析及协方差分析。有两个及以上因素时，又可分为有交互作用的方差分析和无交互作用的方差分析。研究分析目的与方差分析类型如表 4-12 所示。

表 4-12　研究分析目的与方差分析类型

研究分析目的	方差分析类型	SPSSAU 平台中的分析路径
单个自变量对因变量的影响	单因素方差分析	【通用方法】→【方差】 【进阶方法】→【事后多重比较】
两个自变量对因变量的影响	无交互作用的双因素方差分析	【进阶方法】→【双因素方差】
	有交互作用的双因素方差分析	【进阶方法】→【事后多重比较】
多个自变量对因变量的影响	无交互作用的多因素方差分析	【进阶方法】→【三因素方差】
	有交互作用的多因素方差分析	【进阶方法】→【事后多重比较】
有协变量的影响	协方差分析	【进阶方法】→【协方差】

SPSSAU 平台在【通用方法】【进阶方法】两个功能下，共提供了 6 个独立的模块来完成各种类型的方差分析。

4.2.3　单因素方差分析

只有一个分类型自变量 X 和一个因变量 Y 的方差分析称为单因素方差分析，如要检验四种饲料喂猪对猪体重增加值的均值是否相等，只涉及"饲料类型"一个类别因子，就是单因素方差分析。从试验设计的角度，一般采用的是完全随机设计。

1. 分析思路

单因素方差分析思路如图 4-8 所示。

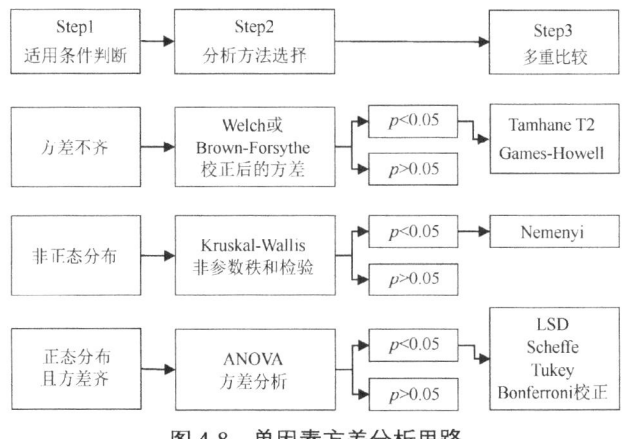

图 4-8　单因素方差分析思路

1）适用条件判断

一般在单因素方差分析前，应检验各组数据是否满足正态分布的要求，以及是否满足方差齐性的要求。

2）分析方法选择

根据上一步正态分布和方差齐性检验的结果，选择合适的分析方法。如果同时满足正态分布与方差齐性，则进行单因素方差分析；如果方差不齐，则选择 Welch 检验或 Brown-Forsythe 检验对方差分析结果进行校正；如果数据非正态分布，则考虑转换数据使其满足正态分布或当严重偏态时考虑采用 Kruskal-Wallis 非参数秩和检验作为替代分析方法。

方差分析、Welch 检验及 Kruskal-Wallis 非参数秩和检验在结果解释和分析时，若检验的概率 $p<0.05$，则认为差异显著或因素对因变量的影响有统计学意义；反之，若 $p>0.05$，则认为因子的影响无意义。

3）多重比较

方差分析单因素主效应结果有显著性后，可根据具体情况选择合适的多重比较方法进行组间的两两比较。常见的多重比较方法 LSD、Scheffe、Tukey、Bonferroni 校正、Sidak 等方法可用于方差齐性的情形。当方差不齐时，可使用 Tamhane T2、Games-Howell 等方法。如果采用 Kruskal-Wallis 非参数秩和检验，则可采用 Nemenyi 法进行多重比较。

2. 实例分析

【例 4-7】研究显示 DON（脱氧雪腐镰刀菌烯醇）可能对幼鼠关节软骨代谢产生影响。将 30 只健康幼鼠完全随机分配至对照组、低剂量组和高剂量组，每组 10 只。高、低剂量组分别给予 0.25 微克/克、0.06 微克/克的 DON，对照组给予相同容量生理盐水灌胃，连续 80 天后用免疫组法检测幼鼠软骨内的 II 型胶原含量，含量降低提示关节软骨损伤。不同剂量 DON 染毒后幼鼠的 II 型胶原含量如表 4-13 所示。试分析 DON 对关节软骨代谢是否存在影响。案例数据来源于李晓松（2017），并对数据进行了修改及编辑，数据文档见"例 4-7.xls"。

表 4-13　不同剂量 DON 染毒后幼鼠的 II 型胶原含量

对照（赋值 0）	低剂量（赋值 1）	高剂量（赋值 2）
6.82	5.66	2.13
5.73	4.82	2.71
6.46	5.53	2.50
7.36	4.98	2.67
7.62	4.40	3.60
7.77	4.18	3.36
7.90	4.07	2.33
7.89	4.11	2.85
7.60	5.00	3.12
6.95	4.30	2.42

1）数据与案例分析

数据文档中的"group"为分组组别，编码 0 表示对照组，编码 1 表示低剂量组，编码

2 表示高剂量组。本例为完全随机设计，多组均值的差异比较应考虑使用单因素方差分析。

2）正态分布与方差齐性条件判断

通过在仪表盘中依次单击【通用方法】→【正态性检验】模块进行正态检验，三组胶原含量数据服从整体分布（p 均大于 0.05）。通过依次单击【通用方法】→【方差】→【方差齐检验】模块进行方差齐性检验，$F=1.160$，$p=0.329>0.05$，说明数据满足方差齐性要求。三组幼鼠胶原含量方差齐性检验如表 4-14 所示。

表 4-14　三组幼鼠胶原含量方差齐性检验

项	group（标准差）			F	p
	对照（n=10）	低剂量（n=10）	高剂量（n=10）		
胶原含量	0.71	0.58	0.47	1.160	0.329

本例数据满足正态分布、方差齐性要求，根据上述分析思路，接下来进行单因素方差分析。

3）单因素方差分析

在仪表盘中依次单击【通用方法】→【方差】模块，将组别变量【group】拖曳至右侧【X(定类)】分析框中，将因变量【胶原含量】拖曳至右侧【Y(定量)】分析框中。选择下拉列表中的【方差分析】，最后单击【开始分析】按钮。单因素方差分析操作界面如图 4-9 所示。

图 4-9　单因素方差分析操作界面

单因素方差分析结果如表 4-15 所示，其中平方和、自由度、均方为 F 检验中间计算的过程值，通常可不做解读分析，主要关注的结果是 F 统计量值与显著性 p 值。

表 4-15　单因素方差分析结果

项	差异	平方和	自由度	均方	F	p
胶原含量	组间	99.152	2	49.576	139.375	0.000
	组内	9.604	27	0.356		
	总计	108.756	29			

在科研写作时，常见用于结果报告的表。对照、低剂量、高剂量组胶原含量的差异比较如表 4-16 所示。

表 4-16　对照、低剂量、高剂量组胶原含量的差异比较

group（平均值±标准差）	胶原含量/（微克/克）
对照（n=10）	7.21±0.71
低剂量（n=10）	4.71±0.58

续表

group（平均值±标准差）	胶原含量/（微克/克）
高剂量（n=10）	2.77±0.47
F	139.375
p	0.000**

注：** $p<0.01$。

三组胶原含量依次为：对照组（7.21±0.71）微克/克、低剂量组（4.71±0.58）微克/克、高剂量组（2.77±0.47）微克/克。方差分析结果显示，F=139.375，$p<0.01$，在 α=0.01 水平下，表明不同剂量 DON 分组的胶原含量差异具有统计学意义，或者说不同剂量 DON 对关节软骨损伤有影响。

4）事后多重比较

单因素方差分析在主效应显著的前提下，即当 F 检验的 p 值小于 0.05 时要继续考察因素各水平之间对因变量影响的差异，可以通过【事后多重比较】模块来完成。

在仪表盘中依次单击【进阶方法】→【事后多重比较】模块，将组别自变量【group】拖曳至右侧【X(定类)】分析框中，将因变量【胶原含量】拖曳至右侧【Y(定量)】分析框中。选择本例多重比较方法下拉列表中的【Bonferroni 校正】，同时勾选【字母标记法】复选框。如果在研究中还需要报告多重比较结果的效应量，则要勾选【效应量】复选框，平台会输出 Cohens′d 值效应量，一般可根据研究需要进行输出和分析解释，本例不做选择。事后多重比较操作界面如图 4-10 所示，最后单击【开始分析】按钮。

图 4-10 事后多重比较操作界面

【事后多重比较】模块输出的结果比较丰富，包括方差分析及多重比较结果。本节主要介绍多重比较结果。三组幼鼠胶原含量差异检验事后多重比较（Bonferroni 校正）如表 4-17 所示。

表 4-17 三组幼鼠胶原含量差异检验事后多重比较（Bonferroni 校正）

项	(I) 名称	(J) 名称	(I) 平均值	(J) 平均值	差值 (I-J)	p
胶原含量	对照	低剂量	7.210	4.705	2.505	0.000**
	对照	高剂量	7.210	2.769	4.441	0.000**
	低剂量	高剂量	4.705	2.769	1.936	0.000**

注：** $p<0.01$。

高剂量组的胶原含量显著低于其他两组（Bonferroni $p<0.01$），低剂量组的胶原含量显

著低于对照组（Bonferroni $p<0.01$）。

幼鼠胶原含量两组间差异比较的字母标记结果如表 4-18 所示。表中包括显著性水平 $\alpha=0.05$ 和 $\alpha=0.01$ 两个标准的字母标记。

表 4-18 幼鼠胶原含量两组间差异比较的字母标记结果

分析项	选项	平均值	字母标记 （0.05 水平）	字母标记 （0.01 水平）
胶原含量	对照	7.21	a	A
	低剂量	4.71	b	B
	高剂量	2.77	c	C

注：0.05 水平时使用小写字母标记，0.01 水平时使用大写字母标记。

若各水平字母相同则表示差异不显著，若各水平字母不同则表示差异有统计学意义。例如，在 $\alpha=0.05$ 水平下，对照组标记字母 a，而其他两组标记字母 b 和 c，3 个不同字母表明对照组、低剂量组、高剂量组的胶原含量两两之间的差异有统计学意义。

4.2.4 双因素及多因素方差分析

有两个及以上分类型自变量 X 和一个因变量 Y 的方差分析称为双因素或多因素方差分析，它比单因素方差分析考虑了更多因素对结果的影响，相对而言比较贴合实际的使用需求。例如，研究文章主题与生字密度对小学生阅读理解的影响，此时有文章主题和生字密度两个因素，双因素方差分析可同时分析文章主题和生字密度对阅读理解的影响，还可以分析两者的交互作用对阅读理解是否有影响。

1. 分析思路

常见的随机区组设计、两因素析因设计在数据分析时，可采用双因素方差分析。双因素方差分析的分析思路如图 4-11 所示，同样也适用于多因素方差分析。

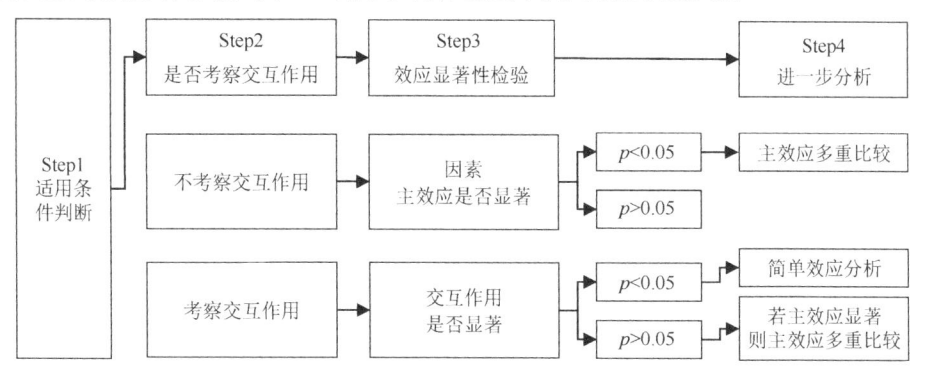

图 4-11 双因素方差分析的分析思路

1）适用条件判断

双因素及多因素方差分析要求各组数据具有正态分布及方差齐性，在有重复试验数据资料的情形下，一般正常进行正态分布和方差齐性的检验。此外的一些情形往往和试验设计方法紧密联系。在实际研究分析中，要结合方差分析自身的稳健性和试验设计，一般会假设数据基本满足正态分布和方差齐性的要求。

2）是否考察交互作用

从专业经验及研究目的出发，决定试验设计是否考察交互作用。在双因素方差分析中，根据是否考察交互作用，其对统计结果的解读也相应不同。

3）效应显著性检验

对因素主效应、交互作用的效应进行显著性检验，如果有考察交互作用，则优先解读交互作用是否有统计学意义。当 F 检验的 p 值小于 0.05 时，认为主效应或交互作用对因变量的影响有统计学意义。

4）进一步分析

交互作用显著时，应进一步考察在控制 A 因素后 B 因素不同水平对因变量 Y 的影响差异，或反过来研究控制 B 因素后 A 因素不同水平对因变量 Y 的影响差异，这一过程叫作简单效应分析。

交互作用不显著或试验设计中不考察交互作用时，若主效应有显著性则继续对其组间差异进行多重比较、操作及结果解释，和前面单因素方差分析多重比较一致。

2. 实例分析

【例 4-8】为了研究一种含有荷尔蒙的新药是否真能缓解抑郁症状，每组随机选择 6 名抑郁症患者（男女各 3 名）：第 1 组患者接受安慰剂，第 2 组患者接受中等剂量新药，第 3 组患者接受大剂量新药，3 组患者接受治疗后的抑郁水平如表 4-19 所示，试分析该药的治疗效果。数据来源于李志辉和杜志成（2018），数据文档见"例 4-8.xls"。

表 4-19 3 组患者接受治疗后的抑郁水平

性别	安慰剂 dose=1	中等剂量新药 dose=2	大剂量新药 dose=3
女性 sex=2	38	33	23
	35	32	26
	33	26	21
男性 sex=1	33	34	34
	31	36	31
	28	34	32

1）适用条件判断

"性别"和"剂量"为两个分类因子，因变量"抑郁水平"为定量数据，数据类型符合方差分析的要求。本例结合试验设计、样本量，以及方差分析自身的稳健性，认为数据基本满足正态分布和方差齐性的要求。

2）是否考察交互作用

本例从既往研究成果和专业经验的角度，认为应当考察性别与剂量水平及二者的交互作用对抑郁水平的影响，所以接下来的方差分析中包括交互作用的分析。

3）效应显著性检验

在仪表盘中依次单击【进阶方法】→【双因素方差】模块，将【剂量】与【性别】依次拖曳至右侧【X(定类，仅为 2 个)】分析框中，将因变量【抑郁水平】拖曳至【Y(定量)】分析框中。

勾选【二阶效应】和【简单效应】复选框，二阶效应即交互作用，在数据和分析目的允许的情况下，双因素方差分析一般会默认考察两个因素的交互作用。简单效应即考察交互作用的多重比较，可通俗理解为控制 A 因素的水平，来研究 B 因素各水平对 Y 的不同影响。

选择多重比较方法下拉列表中的【Bonferroni 校正】，本例无协变量，因此忽略协变量设定。双因素方差分析操作界面如图 4-12 所示，最后单击【开始分析】按钮。

图 4-12 双因素方差分析操作界面

双因素方差分析结果如表 4-20 所示，平方和、自由度 df、均方属于中间计算值。通常来说，我们可直接读取最后两列的 F 统计量及显著性检验 p 值。

表 4-20 双因素方差分析结果

差异源	平方和	自由度 df	均方	F	p
Intercept	17422.222	1	17422.222	2825.225	0.000**
剂量	97.444	2	48.722	7.901	0.006**
性别	37.556	1	37.556	6.090	0.030*
剂量×性别	144.778	2	72.389	11.739	0.001**
Residual	74.000	12	6.167		

注：1. R^2：0.791。
2. * $p<0.05$，** $p<0.01$。

方差分析中有交互作用时，要先看交互作用有无统计学意义。本例结果显示，$F=11.739$，$p<0.01$，剂量×性别对抑郁水平的影响具有统计学意义，即交互作用显著。性别和剂量对抑郁水平的影响也是显著的（p 均小于 0.05）。

剂量×性别对抑郁水平的交互作用图如图 4-13 所示。

两条折线（线段）不是平行关系，有交叉现象，认为存在交互作用，结论和方差分析表交互作用显著性检验一致。性别与剂量的交互作用显著，接下来应该进一步做简单效应分析。

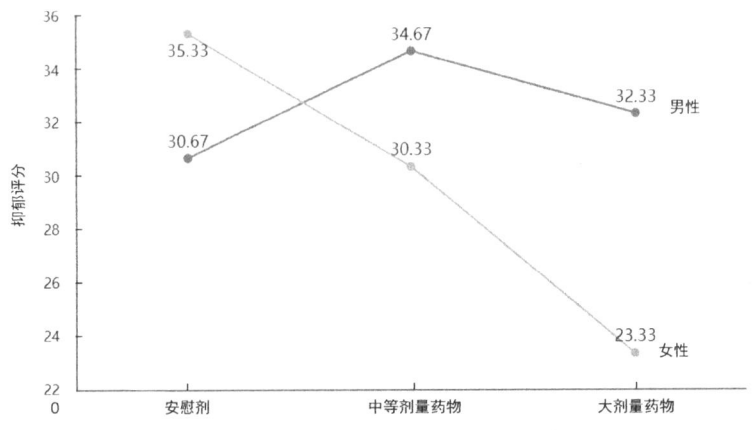

图 4-13　剂量×性别对抑郁水平的交互作用图

4.2.5　简单效应分析

按前面所述的分析思路，如果方差分析交互作用没有显著性（$p>0.05$），则可以继续针对主效应因素的组间差异进行多重比较，操作和解释与单因素方差分析多重比较一致。

如果一个因素的效应大小在另一个因素不同水平下明显不同，则称两因素间存在交互作用。当存在交互作用（$p<0.05$）时，单纯研究某个因素的作用没有意义，必须分另一个因素的不同水平研究该因素的作用大小（张文彤和董伟，2013）。为了和因素主效应的多重比较进行区分，本节把针对交互作用的多重比较称为简单效应分析。

鉴于简单效应分析在实际科研数据分析中的重要性，本节单独对"例 4-8"双因素方差分析的简单效应分析结果进行解读并介绍。

操作时，在仪表盘中依次单击【进阶方法】→【双因素方差】模块，重点是同时勾选【简单效应】【二阶效应】复选框。

简单效应分析（剂量为条件）如表 4-21 所示，此表为在控制剂量各水平条件不变的情况下考察男性与女性在抑郁水平上的差异。结果表明，接受安慰剂的第 1 组患者，男性抑郁水平低于女性（均值差值为-4.67），$t=-2.30$，$p=0.04<0.05$，差异有统计学意义；接受中等剂量新药的第 2 组患者，女性抑郁水平低于男性（均值差值为 4.33），$t=2.14$，$p=0.05$，差异无统计学意义；接受大剂量新药的第 3 组患者，女性抑郁水平明显低于男性（均值差值为 9.00），$t=4.44$，$p<0.01$，差异有统计学意义。

表 4-21　简单效应分析（剂量为条件）

剂量	性别	均值差值	标准误 SE	t	p
安慰剂	男性-女性	-4.67	2.03	-2.30	0.04
中等剂量	男性-女性	4.33	2.03	2.14	0.05
大剂量	男性-女性	9.00	2.03	4.44	0.00

简单效应分析（性别为条件）如表 4-22 所示，此表为在性别保持不变的情况下考察不同剂量对抑郁缓解作用的差异比较。

表 4-22 简单效应分析（性别为条件）

性别	剂量	均值差值	标准误 SE	t	p
男性	安慰剂-中等剂量	-4.00	2.03	-1.97	0.22
男性	安慰剂-大剂量	-1.67	2.03	-0.82	1.00
男性	中等剂量-大剂量	2.33	2.03	1.15	0.82
女性	安慰剂-中等剂量	5.00	2.03	2.47	0.09
女性	安慰剂-大剂量	12.00	2.03	5.92	0.00
女性	中等剂量-大剂量	7.00	2.03	3.45	0.01

结果表明，对于男性患者来说，3 个剂量水平两两之间的抑郁差异比较，p 值依次为 0.22、1.00、0.82，均大于 0.05，无显著性，即对于男性患者来说，给予安慰剂、中等剂量新药、大剂量新药其抑郁水平差异没有变化，差异无统计学意义，说明对于男性给药的不同剂量疗效无差别。

对于女性患者，大剂量新药与安慰剂相比，$t=5.92$，$p<0.05$；大剂量新药与中等剂量新药相比，$t=3.45$，$p=0.01<0.05$，表明给予大剂量新药的疗效要显著高于安慰剂和中等剂量新药。中等剂量新药与安慰剂相比，$t=2.47$，$p=0.09>0.05$，表明中等剂量新药和安慰剂的疗效没有差别。

4.3 卡方检验

卡方检验是以卡方分布为基础，针对定类数据资料的常用假设检验方法。其理论思想是判断实际观测到的频数与有关总体的理论频数是否一致。

卡方统计量是实际频数与理论频数吻合程度的指标。卡方值越小，表明实际频数与理论频数越接近，卡方值越大表明两者相差越大。卡方检验原假设实际频数与理论频数相同，依据卡方分布计算显著性 p 值进行统计结论的推断。取显著性水平 $\alpha=0.05$，当 p 值小于 0.05 时说明实际频数与理论频数的差异有统计学意义；反之，若 p 值大于 0.05 则说明实际频数与理论频数无差异。

4.3.1 方法概述

1．应用方向

在实际研究分析中，卡方检验分为独立性/差异性检验和拟合优度检验两个重要的应用方向。

1）独立性/差异性检验

独立性检验可理解为判断两组或多组计数资料是相互关联还是彼此独立，如是否患病与是否吸烟的关联关系。根据研究侧重点的不同，也可用于研究两组或多组样本的总体率

（或构成比）之间的差别是否具有统计学意义，如某疾病联合化疗与单纯化疗两种治疗方式的存活率有无差异，吸烟与不吸烟两组人群的患病率有无差异。

2）拟合优度检验

拟合优度检验是检验实际观察的类别频数分布比例与已知类别频数分布比例是否符合的分析方法，通俗讲即检验总体是否服从某个指定分布。例如，在研究牛的相对性状分离现象时，用黑色无角牛和红色有角牛杂交，子二代出现黑色无角牛192头，黑色有角牛78头，红色无角牛72头，红色有角牛18头，观察这两对性状是符合孟德尔遗传定律中9∶3∶3∶1的遗传比例。

2. 数据要求

用于卡方检验的数据录入格式有两种。第一种是列联表频数资料，即加权数据格式，在分析时需要提前用频数进行加权。第二种是原始数据记录，即普通数据格式，在分析时软件工具会自动汇总频数结果。

在实践中，列联表频数数据较常见。列联表也叫作交叉表，是两个分类变量各水平两两交叉组合后的频数汇总表。

如果两个分类变量均为二水平，那么两者构成2×2交叉表，交叉组合频数所在的位置也叫作单元格，因此2×2交叉表共有4个单元格，也就是常说的四格表。除四格表外的列联表，我们可以统称为$R \times C$列联表，其中R代表行个数，C代表列个数。

3. 卡方检验的类型

按列联表的形式，卡方检验可以简单划分为2×2四格表卡方检验、$R \times C$列联表卡方检验；按研究设计不同，卡方检验可分为成组设计的独立性卡方检验和配对卡方检验；按研究目的不同，卡方检验可分为卡方拟合优度检验和独立性卡方检验。此外根据是否有分层变量，卡方检验还可分为分层卡方检验。常用卡方检验的研究目的和方法选择如表4-23所示。

表4-23 常用卡方检验的研究目的和方法选择

研究目的	卡方检验方法选择	SPSSAU平台分析路径
研究类别定类数据的实际比例与预期比例是否吻合	拟合优度检验	【实验/医学研究】→【拟合优度检验】
成组设计两组或多组率的差异比较	2×2四格表卡方检验 2×2四格表fisher确切检验 $R \times 2$列联表卡方检验	【通用方法】→【交叉卡方】 【实验/医学研究】→【卡方检验】 【实验/医学研究】→【Fisher卡方】
成组设计两组或多组的构成比差异比较	2×C列联表卡方检验 $R \times C$列联表卡方检验	
多组率的多重比较	卡方检验多重比较	
单向或双向有序资料的趋势线检验	Cochran-Armitage趋势卡方检验	
配对设计定类数据间的差异关系	配对卡方检验	【实验/医学研究】→【配对卡方】
控制混杂因素的卡方检验	分层卡方检验	【实验/医学研究】→【分层卡方】

一般进行卡方检验时，默认计算的是 Pearson 卡方统计量，而实际分析时，在 2×2 四格表卡方检验、$R×C$ 列联表卡方检验中通常会计算多个卡方统计量，包括 Pearson 卡方统计量、Yates 校正卡方（连续校正卡方）统计量、趋势卡方统计量，以及 Fisher 卡方（fisher 确切概率）统计量等，应注意区分不同卡方统计量及其检验的适用条件，根据适用条件选择恰当的结果进行解释和分析。

使用 SPSSAU 平台进行卡方检验时，应注意【通用方法】下的【交叉(卡方)】模块只能提供较大样本时常用的 Pearson 卡方检验，而【实验/医学研究】下的【卡方检验】模块可提供 Pearson 卡方检验、Yates 校正卡方检验，以及 Fisher 卡方检验，适合小样本数据。

4.3.2　2×2 四格表卡方检验

四格表是最基础的列联表之一，四格表卡方检验也是较常见的一种检验方法。本节介绍的是成组设计的四格表卡方检验，具体分析时需区分 Pearson 卡方检验、Yates 校正卡方检验，以及 Fisher 卡方检验。四格表卡方检验的适用条件如表 4-24 所示。

表 4-24　四格表卡方检验的适用条件

样本量与期望频数条件	方法选择
$n \geqslant 40$ 且 $E \geqslant 5$	Pearson 卡方检验
$n \geqslant 40$ 但任意单元格出现 $1 \leqslant E < 5$	Yates 校正卡方检验
任意单元格出现 $E<1$ 或 $n<40$	Fisher 卡方检验

表中 n 为样本量，E 为理论频数。在四格表资料中，Pearson 卡方检验适用于 $n \geqslant 40$ 且全部单元格 $E \geqslant 5$ 的情况。如果四格表 $n \geqslant 40$ 但任意单元格出现 $1 \leqslant E < 5$，则一般考虑采用 Yates 校正卡方检验，它是对 Pearson 卡方检验的校正结果；如果四格表中任意单元格出现 $E<1$ 或 $n<40$，则应当采用 Fisher 卡方检验（方积乾，2012）。

一般通过在仪表盘中依次单击【实验/医学研究】→【卡方检验】模块来实现成组设计的四格表卡方检验。

【例 4-9】某医院欲比较异梨醇口服液（试验组）和氢氯噻嗪+地塞米松（对照组）降低颅内压的疗效。将 200 例颅内压增高症患者随机分为两组，两组降低颅内压有效率的比较如表 4-25 所示。问两组降低颅内压的有效率有无差别？数据来源于孙振球和徐勇勇（2014），数据文档见"例 4-9.xls"。

表 4-25　两组降低颅内压有效率的比较

组别	有效	无效	合计	有效率
试验组	99(95.19%)	5(4.81%)	104	95.19%
对照组	75(78.13%)	21(21.87%)	96	78.13%
合计	174	26	200	87.00%

1）数据与案例分析

本例为频数资料，使用 SPSSAU 平台进行分析时，应按照加权数据格式录入数据。"组别""疗效"均有两个水平的分类变量，"频数"为定量数据。在具体分析时需要将"频数"

作为权重进行加权。本例加权数据格式如表 4-26 所示。

表 4-26 例 4-9 加权数据格式

组别	疗效	频数
试验组	有效	99
试验组	无效	5
对照组	有效	75
对照组	无效	21

本例目的在于比较试验组与对照组的治疗有效率，是典型的两组率的差异检验。数据资料为四格表频数资料，采用四格表卡方检验进行分析。

2）卡方检验

读入数据后，在仪表盘中依次单击【实验/医学研究】→【卡方检验】模块，将【组别】拖曳至【X(定类)】分析框中，将【疗效】拖曳至【Y(定类)】分析框中。本例需加权处理，故要把【频数】拖曳至【加权项(可选)】分析框中。选择下拉列表中的【百分数(按列)】，卡方检验操作界面如图 4-14 所示，最后单击【开始分析】按钮。

图 4-14 卡方检验操作界面

3）结果解读

为方便理解不同卡方统计量及其检验的适用条件，可先对卡方统计量、期望频数 E、样本容量 n 进行统计汇总，如表 4-27 所示，最后按表 4-28 所示的卡方检验分析结果进行报告。

表 4-27 卡方统计量、期望频数 E 及样本容量 n 统计汇总

项	名称	值
组别×疗效（2×2）	Pearson 卡方	12.857(p=0.000**)
	Yates 校正卡方	11.392(p=0.001**)
	Fisher 卡方	12.793(p=0.000**)
	$E \geq 5$	4(100.00%)
	$1 \leq E < 5$	0(0.00%)
	$E < 1$	0(0.00%)
	Cnt	4
	n	200
	自由度 df 值	1

注：** $p<0.01$。

表 4-27 中包括了 Pearson 卡方、Yates 校正卡方和 Fisher 卡方的统计量，显著性 p 值，以及期望频数等基本信息的汇总结果。E 为列联表单元格的期望频数，n 为样本量。本例中，样本量为 200 例，所有单元格的期望频数均大于 5。根据卡方检验适用条件，应选择读取 Pearson 卡方的检验结果，即卡方值为 12.857，$p<0.01$，认为试验组与对照组两组人群的治疗有效率差异且有统计学意义。

表 4-28 所示最后两列给出了卡方统计量和 p 值，$\chi^2=12.857$，$p<0.01$，其结果为平台自动匹配选择输出的 Pearson 卡方检验结果。

表 4-28　卡方检验分析结果

题目	名称	组别		总计	χ^2	p
		试验组	对照组			
疗效	有效	99(95.19%)	75(78.13%)	174(87.00%)	12.857	0.000**
	无效	5(4.81%)	21(21.88%)	26(13.00%)		
总计		104	96	200		

注：** $p<0.01$。

结合以上分析，可知试验组和对照组在降低颅内压的疗效上并不相同。试验组的有效率为 95.19%，对照组的有效率为 78.13%。经 Pearson 卡方检验，按 $\alpha=0.05$ 水平，认为两组降低颅内压的总体有效率不相等，具体表现为异梨醇口服液的有效率高于和氢氯噻嗪+地塞米松的有效率。

本例样本量和期望频数的条件满足 Pearson 卡方检验的适用性，如果在四格表中有单元格出现期望频数在 1～5 的情况，则表 4-28 会自动选择输出 Yates 校正卡方的结果。一般建议读者直接读取和使用表 4-28 的分析结果进行报告。

4.3.3　$R \times C$ 列联表卡方检验与多重比较

$R \times C$ 列联表卡方检验包括常见的 $2 \times C$ 两组构成比的差异比较，$R \times 2$ 两组或多组率的差异比较，还有多行多列即 $R \times C$ 列联表卡方检验。

本节内容介绍列联表中行与列两个变量均为无序多分类变量的情况，常见 $R \times C$ 列联表说明如表 4-29 所示。

表 4-29　常见 $R \times C$ 列联表说明

常见 $R \times C$ 列联表卡方检验	方法的应用场景
$2 \times C$：两组构成比的差异比较	脑梗死组与对照组在血型分布（A/B/AB/O 型）上有无差异
$R \times 2$：两组或多组率的差异比较	超短波、温热磁和蜡疗 3 种疗法的治愈率（无效、有效）有无差别
$R \times C$：两个分类变量的独立或关联关系	A、B、O 血型和 MN 血型之间是否有关联

$R \times C$ 列联表卡方检验采用的仍然是 Pearson 卡方检验，其适用条件要求列联表中所有的单元格理论频数不小于 1，并且 $1 \leq E < 5$ 的单元格数量不宜超过总数的 1/5。如果出现不符合该条件的情况，研究者要考虑采用 Fisher 卡方检验或选用似然比卡方检验。

$R \times C$ 列联表卡方检验的结论是，总体上差异是否显著，如果还想进一步判断两两总体率的差异，应继续做卡方结果的多重比较。在进行卡方检验时，【实验/医学研究】下的【卡方检验】模块会根据分组情况自动实现卡方分割法的多重比较。

以 $R×2$ 列联表为例，卡方分割的基本思想是将 $R×2$ 拆分为多个 $2×2$ 四格表资料从而实现两两比较。例如，$3×2$ 列联表能检验 3 组总体率的差异，假设 3 组名称分别为 A、B、C，可拆分出 AB（A、B 两组率的比较）、AC、BC 共 3 个 $2×2$ 四格表卡方。

多重比较时，检验次数增多会增加 I 类错误的概率，此过程应当对卡方检验 p 值进行校正，建议使用校正显著性水平（Bonferroni 校正）。假设显著性水平为 0.05，当两两比较次数为 3 次时，Bonferroni 校正显著性水平为 0.05/3=0.0167，即 p 值需要与 0.0167 进行对比，从而做出统计推断，而不是与 0.05 比较。

【例 4-10】某医师研究物理疗法、药物疗法和外用膏药 3 种疗法治疗周围性面神经麻痹的疗效，3 种疗法对周围性面神经麻痹有效率的比较如表 4-30 所示。问 3 种疗法的有效率有无差别？数据来源于孙振球和徐勇勇（2014），本例数据文档见"例 4-10.xls"。

表 4-30　3 种疗法对周围性面神经麻痹有效率的比较

疗法	有效	无效	合计	有效率
物理疗法组	199	7	206	96.60%
药物疗法组	164	18	182	90.11%
外用膏药组	118	26	144	81.94%
合计	481	51	532	90.41%

1）数据与案例分析

数据包括"组别""疗效""频数" 3 个变量，为加权数据格式。在表 4-30 最后一列计算了各组疗法的有效率，依次为 96.6%、90.11%、81.94%，本例目的是比较 3 种不同疗法的疗效差异，为多组率的差异比较，接下来进行 $R×2$ 卡方检验。

2）卡方检验

读入数据后，在仪表盘中依次单击【实验/医学研究】→【卡方检验】模块，将【组别】拖曳至【X(定类)】分析框中，将【疗效】拖曳至【Y(定类)】分析框中。本例需要加权处理，故要把【频数】拖曳至【加权项(可选)】分析框中。选择下拉列表中的【百分数(按列)】，最后单击【开始分析】按钮。

和【例 4-09】一样，表 4-31 所示的卡方检验与期望频数统计汇总用于根据期望频数、样本量等适用条件选择正确的统计量和检验结果。

表 4-31　卡方检验与期望频数统计汇总

项	名称	值
组别×疗效（3×2）	Pearson 卡方	21.04（p=0.00**）
	Yates 校正卡方	21.04（p=0.00**）
	Fisher 卡方	—
	$E≥5$	6(100.00%)
	$1≤E<5$	0(0.00%)
	$E<1$	0(0.00%)
	Cnt	6

续表

项	名称	值
组别×疗效（3×2）	n	532
	自由度 df 值	2

注：** $p<0.01$。

本例所有单元格 $E \geqslant 5$，样本量为 532，依据卡方检验的适用条件，选择 Pearson 卡方检验，即卡方等于 21.04，$p<0.01$。

表 4-32 所示的 3 种疗法周围性面神经麻痹治愈率卡方检验用于科研写作的结果报告，$\chi^2=21.04$，$p<0.01$，说明 3 种疗法治疗周围性面神经麻痹的有效率有差别。

表 4-32　3 种疗法周围性面神经麻痹治愈率卡方检验

题目	名称	组别			总计	χ^2	p
		外用膏药组	物理疗法组	药物疗法组			
疗效	无效	26(18.06%)	7(3.40%)	18(9.89%)	51(9.59%)	21.04	0.00**
	有效	118(81.94%)	199(96.60%)	164(90.11%)	481(90.41%)		
	总计	144	206	182	532		

注：** $p<0.01$。

卡方检验时常使用相关性指标作为效应量的估计，如果研究时需要报告组别的效应量，则可结合数据类型及交叉表格类型综合选择。卡方检验效应量如表 4-33 所示。本例选择 Cramer v 效应量，此处 Cramer v 为 0.20，说明疗法与治疗效果之间存在弱相关性。

表 4-33　卡方检验效应量

分析项	Phi	列联系数	校正列联系数	Cramer v	Lambda
疗效	0.20	0.20	0.28	0.20	0.00

综合以上信息，比较 3 种疗法的疗效。结果显示，$\chi^2=21.04$，$p<0.01$，提示不同疗法其疗效不同，3 种疗法的有效率差异具有统计学意义。Cramer v=0.20，提示疗法与治疗效果之间存在弱相关性。

3）卡方分割多重比较

当卡方检验整体有显著性时，在仪表盘中依次单击【实验/医学研究】→【卡方检验】模块，平台会根据分组情况自动实现卡方分割法多重比较，组别×疗效的卡方分割法多重比较如表 4-34 所示。

表 4-34　组别×疗效的卡方分割法多重比较

比较	名称	外用膏药组	物理疗法组	药物疗法组	χ^2	p
第 1 次	无效	26	7	-	21.32	0.00**
	有效	118	199	-		
第 2 次	无效	26	-	18	4.59	0.03*
	有效	118	-	164		
第 3 次	无效	-	7	18	6.76	0.01**
	有效	-	199	164		

注：1. * $p<0.05$　** $p<0.01$。
　　2. 比较次数：3。

由表 4-34 可知，共进行了 3 次拆分。第 1 次是外用膏药组与物理疗法组之间的治疗有效率差异比较；第 2 次是外用膏药组与药物疗法组之间的治疗有效率差异比较；第 3 次是物理疗法组与药物疗法组之间的治疗有效率差异比较。每一次拆分，都是一个独立的四格表卡方检验，能输出对应的卡方统计量与显著性 p 值。

此处要注意，表中最后一列的 p 值需要与校正后的显著性水平进行比较。本例进行了 3 次两两比较，因此校正的显著性水平 $\alpha=0.05/3=0.0167$，p 值要与 0.0167 进行比较，从而推断检验结果。

物理疗法组与外用膏药组的 $p<0.0167$，物理疗法组与药物疗法组的 $p=0.01<0.0167$，可以认为物理疗法与药物疗法组、外用膏药组的治疗有效率均有统计学差异，具体来说是物理疗法组的治疗有效率高于其他两种疗法，但我们尚不能认为药物治疗与外用膏药的治疗有效率有差异（$p=0.03>0.0167$）。

4.3.4 Fisher 卡方检验

Fisher 卡方检验是由 R.A.Fisher（1934）提出的，其理论依据是超几何分布，是一种直接计算概率的假设检验方法。由于其在四格表中应用较广泛，所以也被称为四格表确切概率，此外它也可在 $R×C$ 列联表卡方检验条件不满足时使用。在 SPSSAU 平台中，可通过【实验/医学研究】下的【卡方检验】【Fisher 卡方】两个模块实现 Fisher 卡方检验。

1. 2×2 四格表资料

当 2×2 四格表资料出现 $E≤1$ 或 $n<40$ 情况时，可使用 Fisher 卡方检验进行假设检验（方积乾，2012）。此外，当四格表卡方检验后所得概率 p 接近检验水平 α 时，亦可使用 Fisher 卡方检验。

【例 4-11】四格表 Fisher 卡方检验。将 23 名抑郁症患者随机分为两组，分别用两种药物治疗，效果如表 4-35 所示，问两种药物的治疗效果是否不同？数据来源于方积乾（2012），数据文档见"例 4-11.xls"。

表 4-35 两种药物治疗抑郁症的效果

分组	治疗效果		合计	有效率
	有效	无效		
甲药	7	5	12	58.3%
乙药	3	8	11	27.3%
合计	10	13	23	43.5%

1）数据与案例分析

数据文档为加权数据格式，根据适用条件，本例四格表资料的样本量 $n<40$，Pearson 卡方检验、Yates 校正卡方检验不再适用，宜采用 Fisher 卡方检验进行分析。

2）卡方检验

四格表资料的 Fisher 卡方检验可直接通过【卡方检验】模块来实现，将【组别】拖曳至【X(定类)】分析框中，将【疗效】拖曳至【Y(定类)】分析框中。本例要先进行加权处理，再把【频数】拖曳至【加权项(可选)】分析框中。选择下拉列表中的【百分数(按列)】，最后单击【开始分析】按钮。

本例 n=23<40，且有单元格 1≤E<5。因此 Fisher 卡方检验结果更可靠。卡方检验分析结果如表 4-36 所示，确切概率 p=0.214，在 α=0.05 检验水平上尚不能认为两种药治疗抑郁症的效果不同。

表 4-36　卡方检验分析结果

题目	名称	组别 n		总计	χ^2	p
		乙药	甲药			
疗效	无效	8(72.73%)	5(41.67%)	13(56.52%)	3.733	0.214
	有效	3(27.27%)	7(58.33%)	10(43.48%)		
	总计	11	12	23		

2．R×C 列联表资料

R×C 列联表 Pearson 卡方检验要求列联表中所有单元格的理论频数不小于 1，并且 1≤E<5 的单元格数量不宜超过总数的 1/5。如果出现不符合该条件的情况，则研究者要采用 Fisher 卡方检验进行差异检验。

【例 4-12】R×C 列联表 Fisher 卡方检验。某研究回顾性分析 62 例 NME 乳腺癌患者的 MRI 影像及临床病理资料，其中不同分子亚型在有无瘤周水肿的分布数据如表 4-37 所示。试分析 4 种亚型在瘤周水肿的分布有无差别。数据来源于晋瑞等人（2019），数据文档见"例 4-12.xls"。

表 4-37　不同分子亚型在有无瘤周水肿的分布数据

瘤周水肿	Luminal A 型	Luminal B 型	HER-2 过表达型	三阴性型
有	3	23	12	7
无	7	10	0	0

1）数据与案例分析

本例数据是 4×2 列联表数据，有 8 个单元格频数，总样本量 n=62>40。通过【卡方检验】模块进行分析，我们发现 1≤E<5 的单元格数比例为 37.5%，超过了 1/5 的单元格数，Pearson 卡方检验不再适用，此时宜采用 Fisher 卡方检验进行检验。

2）Fisher 卡方检验进行检验

【卡方检验】模块只提供 2×2 四格表资料的 Fisher 卡方检验，针对 R×C 列联表我们使用【Fisher 卡方】模块。该模块无须录入数据，而采取直接输入频数数字的方式进行假设检验。

在仪表盘中依次单击【实验/医学研究】→【Fisher 卡方】模块，在弹出的电子表格区域直接手动输入案例数据，Fisher 卡方检验操作界面如图 4-15 所示，最后单击【开始分析】按钮。

3）结果分析

特别强调，Fisher 卡方检验可直接计算假设检验的

图 4-15　Fisher 卡方检验操作界面

p 值，因此中间并无统计量。分子亚型×有无瘤周水肿 Fisher 卡方检验如表 4-38 所示。

表 4-38 分子亚型×有无瘤周水肿 Fisher 卡方检验

检验	卡方值	p
Fisher 卡方	—	0.001
Pearson 卡方	16.426	0.001
连续校正卡方	16.426	0.001

经计算，本例 Fisher 卡方检验的 p=0.001<0.05，认为 4 种不同分子亚型在瘤周水肿上的分布差异有统计学意义。

4.3.5 配对卡方检验

前面介绍的是成组设计的卡方检验，如两组或多组率的比较，此处的组就是各自独立的对象。与成组设计对应的是配对（或配伍）设计。

配对设计的特点是对同一样本分别用 A 和 B 两种方法处理，或对样本前后进行测量，观察其水平分布的差异或一致性。若采用配对设计，当结局指标为计数资料时，则需要采用配对设计的卡方检验方法。

如果是四格表的配对资料，则使用 McNemar 检验；如果是非四格表的配对资料，则使用 McNemar-Bowker 检验，二者的区别如表 4-39 所示。

表 4-39 McNemar 检验与 McNemar-Bowker 检验的区别

配对数据类型	检验
2×2 四格表	McNemar 检验
$R×C$ 列联表（多行多列）	McNemar-Bowker 检验

【例 4-13】124 名学生参加 1000 米长跑，训练一个月前后两次测验的达标情况如表 4-40 所示，问一个月的训练是否有显著效果？数据来源于王孝玲（2007），数据文档见"例 4-13.xls"。

表 4-40 学生训练一个月前后两次测验的达标情况

第一次测验	第二次测验	
	达标	未达标
达标	61	19
未达标	33	11

1）数据与案例分析

数据文档为加权数据格式，包含 3 个变量。标题分别为"第一次测验"、"第二次测验"和"频数"，两次测验的结果均为"达标"或"未达标"。每个学生均有前后两次测验，并且测验的结果均为"达标"或"未达标"，这是配对设计的定类数据资料。综合这两点，本例不适用前面学习的普通成组设计的卡方检验，而应采用专门用于配对设计的卡方检验方法。

2）配对卡方检验

数据读入平台后，在仪表盘中依次单击【实验/医学研究】→【配对卡方】模块，首先将【第一次测验】拖曳至【配对 1(定类)仅 1 项】分析框中，将【第二次测验】拖曳至【配对 2(定类)仅 1 项】分析框中，然后将【频数】拖曳至【加权项(可选)】分析框中，操作界面如图 4-16 所示，最后单击【开始分析】按钮。

图 4-16 配对卡方检验操作界面

3）结果解读

四表格资料的配对设计使用 McNemar 检验；如果配对数据的组别大于 2，即配对多分类时，则使用 McNemar-Bowker 检验。

本例使用的是 McNemar 检验，配对卡方检验分析结果如表 4-41 所示。χ^2=19.000，p=0.070>0.05，表明训练前第一次测验的结果与训练后第二次测验的结果无差异，或差异无统计学意义。

表 4-41 配对卡方检验分析结果

配对	名称	第二次测验		总计	χ^2	p
		未达标	达标			
第一次测验	未达标	11	33	44	19.000	0.070
	达标	19	61	80		
	总计	30	94	124		

4.3.6 分层卡方检验

卡方检验研究的是分类变量 X 对分类变量 Y 的关系，这样的关系可能会受第三个混杂因素的影响。例如，研究是否吸烟(X)与是否患某病(Y)的关系，专业上认为年龄起到了干扰作用，将其纳入分析范畴作为分层项，这种分析称为分层卡方检验。

1. 基本概念

当给交叉表卡方检验加入分层变量后，卡方检验被拆分为不同的层次水平，每层均可单独完成交叉表卡方检验进行分析，但是研究者关注的是扣除分层因素的干扰影响后，列联表中行变量对列变量的影响是否显著。分层卡方可以用 Cochran-Mantel-Haenszel 检验（简称 CMH 检验）进行分析，能很好地解决"辛普森悖论"问题，常用于病例对照试验及研究。

OR 值是分层卡方中的一个重要概念。OR（Odds Ratio）值又称比值比、优势比，等于病例组中暴露人数与非暴露人数的比值除以对照组中暴露人数与非暴露人数的比值，是流行病学研究中的一个常用指标，反映的是疾病和暴露的关联强度。例如，在研究高血压对心肌梗死的影响时，OR 值为 3.5，通俗理解即患高血压的人发生心肌梗死的风险是未患高血压的人发生心肌梗死风险的 3.5 倍。在本书后续的 Logistic 回归、医学研究内容中还会详细介绍其应用。

目前应用较多的是 2×2×K 结构数据资料的分层卡方检验（X 和 Y 均为两个分类，分层项为 K 层）。该方法一般只能考察或控制一个混杂因素，当混杂因素超过 1 个时，可考虑 Logistic 回归分析。

2．CMH 检验的分析思路

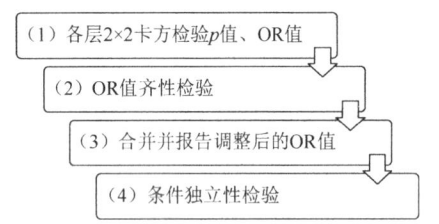

CMH 检验的基本思想是对各层的 OR 值进行合并，并进行合并后的独立性卡方检验，分析思路如图 4-17 所示。

图 4-17　CMH 检验的分析思路

1）各层 2×2 卡方检验 p 值、OR 值

CMH 检验分别就各层频数数据进行普通的 2×2 四格表卡方检验，解释和分析各层中行变量与列变量间的关系，计算并报告 OR 值。

2）OR 值齐性检验

对各层 OR 值进行齐性检验，如果各层 OR 值同质或一致，则说明当前纳入的分层因素没有混杂干扰作用或干扰很弱，各层的 OR 值可进行合并，相当于消除分层因素影响后用一个统一的 OR 值评价行与列变量的影响关系；如果各层的 OR 值不同质或不一致，则说明分层因素存在混杂干扰作用，此时应分别报告各层的 OR 值。

一般用 Breslow-Day 检验和 Tarone′s 检验完成 OR 值的齐性检验。当 $p<0.05$ 时，说明各层的 OR 值是不一致的；当 $p>0.05$ 时，说明各层的 OR 值是一致的。

3）合并并报告调整后的 OR 值

当上一步检验出 OR 值具有一致性时，该结果提示可对各层的 OR 值进行合并计算，合并后会得到一个调整后的 OR 值，它的大小反映的是排除分层因素影响后，行变量对列变量的影响程度。在病例对照研究中，即排除分层因素影响后，暴露因素对结局的影响。

4）条件独立性检验

CMH 检验在排除分层因素干扰后，可继续进行行变量与列变量的独立性或差异性关系检验，最终得到分层卡方检验的结果。

3．实例分析

本节结合具体案例进一步介绍分层卡方检验在科研中的应用。

【例 4-14】某研究调查口服避孕药（OC）与心肌梗死的关系，考虑年龄是一个可能的混杂因素，将其纳入调查，案例数据如表 4-42 所示，试分析在年龄影响下心肌梗死与服用

避孕药有无关系。数据来源于张文彤（2002），数据文档见"例 4-14.xls"。

表 4-42 例 4-14 案例数据

避孕药	心肌梗死	年龄	频数
2	2	1	21
1	2	1	26
2	1	1	17
1	1	1	59
2	2	2	18
1	2	2	88
2	1	2	7
1	1	2	95

1）数据与案例分析

定类数据编码情况，分组变量"避孕药"：数字 1 代表不服用避孕药，数字 2 代表服用避孕药；结局变量"心肌梗死"：数字 1 代表对照组，数字 2 代表病例组；分层项变量"年龄"：数字 1 代表小于 40 岁，数字 2 代表大于或等于 40 岁。

考察两个分类变量间的关系，显然卡方检验是可选方法之一。现在还需要考察第三个分类变量的干扰，可将其作为分层项，执行分层卡方检验。

2）分层卡方检验

读入数据后，在仪表盘中依次单击【实验/医学研究】→【分层卡方】模块，该模块支持普通数据格式与加权数据格式两种形式，如果有加权项则在【Weight(加权项)】下拉列表中选择具体的变量标题，如果没有加权项则不用选择。本例为加权数据格式，选择【频数】变量进行加权。分层卡方操作界面如图 4-18 所示。

图 4-18 分层卡方操作界面

最后单击【开始分析】按钮，参照前面介绍的分析思路，按以下顺序对结果进行解释和分析。

3）各层 2×2 卡方检验

本例共有两层，分层卡方检验汇总表格如表 4-43 所示，不论年龄小于 40 岁还是大于或等于 40 岁，心肌梗死与是否服用避孕药均有关联（卡方检验 p 均小于 0.05）。年龄小于 40 岁、大于或等于 40 岁两层的 OR 值依次为 2.80、2.78，均大于 1，提示不论年龄小于 40 岁还是大于或等于 40 岁，服用避孕药都是发生心肌梗死的危险因素。

表 4-43　分层卡方检验汇总表格

年龄	心肌梗死 避孕药	对照		病例		χ^2	p	OR 值	OR 值 95% CI
		不服用避孕药	服用避孕药	不服用避孕药	服用避孕药				
<40 岁		59	17	26	21	6.77	0.02	2.80	1.27～6.17
≥40 岁		95	7	88	18	5.03	0.03	2.78	1.11～6.97
汇总		154	24	114	39	7.70	0.01	2.20	1.25～3.86

注：1. 2×2 表格时使用 Fisher 卡方检验。
　　2. OR 值计算时使用较小值/较大值。

4) OR 值齐性检验

若要研究，结果包括各层 OR 值还是合并 OR 值，其前提条件是各层 OR 值是否满足齐性（同质或一致）。Breslow-Day-Tarone 检验结果如表 4-44 所示。

表 4-44　Breslow-Day-Tarone 检验结果

χ^2	df	p
0.00	1	0.99

本例 p 为 0.99>0.05，表明两个年龄层间 OR 值同质或具有一致性。因此接下来我们需要解读合并 OR 值及条件的独立性检验结果。如果 OR 值异质，则返回上一步骤分别报告各层的 OR 值。

5) 合并并报告调整后的 OR 值

表 4-45 同时给出了合并计算的 OR 值，以及分层卡方检验结果（条件独立性检验）。

表 4-45　Cochran–Mantel–Haenszel 条件独立性检验

OR 值（Mantel-Haenszel Common）	95% CI	χ^2	df	p
2.79	1.53～5.08	10.73	1	0.00

合并 OR 值（Mantel-Haenszel Common），即扣除分层变量影响后分类变量 X 对分类变量 Y 的调整后 OR 值，在本例中即排除年龄混杂影响后，是否服用避孕药对心肌梗死的优势比。本例调整后 OR=2.79，95% CI 为 [1.53,5.08]，CI 不包括 1，结论是排除年龄干扰影响后，服用避孕药患心肌梗死的危险度是未服用避孕药的 2.79 倍。

6) 条件独立性检验

条件独立性检验（分层卡方检验）的卡方值等于 10.73，p<0.05，表明排除年龄干扰影响后，心肌梗死与服用避孕药相关。

本例的最终结论：排除年龄干扰影响后，心肌梗死与服用避孕药相关（p<0.05），服用避孕药患心肌梗死的危险度是未服用避孕药的 2.79 倍。

4.3.7 卡方拟合优度检验

拟合优度检验（Goodness of fit test），是判断实际观察的类别频数分布比例与已知类别频数分布比例是否符合的分析方法。

原假设样本实际频数分布与理论频数分布一致或相同，备择假设为不一致或不相同，构造并计算卡方统计量及概率 p，利用 p 进行统计推断。当 $p<0.05$ 时拒绝原假设，认为实际频数分布与理论频数分布不相符；反之，当 $p>0.05$ 时，认为实际频数分布与理论频数分布一致。

常见的有等比例假设与不等比例（指定比例）假设。等比例假设，如某高校招生男研究生 100 名、女研究生 120 名，分析研究生的性别比例有无差别（默认假设男女比例相同）；不等比例假设，如某高校研究生招生，原计划招生的男女性别比例为 7∶3，实际招男研究生 50 名，女研究生 35 名，分析实际研究生性别比例是否与原计划相符。

【例 4-15】用上述例子，某高校研究生招生，原计划招生的男女性别比例为 7∶3，实际招男研究生 50 名，女研究生 35 名，分析实际研究生性别比例是否与原计划相符（不等比例假设的例子）。

1）数据与案例分析

本例目的在于检验实际招生频数或比例是否与原计划频数或比例一致，首先将实际招生频数录入 Excel 表格，原计划频数无须录入。实际招生情况 Excel 数据录入格式如图 4-19 所示，数据文档为"例 4-15.xls"。

然后将数据读入 SPSSAU 平台，可以在【数据处理】下的【数据标签】模块中设定本例的数据标签，数字 1 代表性别女，数字 2 代表性别男。

2）拟合优度检验

在仪表盘中依次单击【实验/医学研究】→【卡方拟合优度】模块，将左侧的标题框中的【性别】拖曳至【分析项(定类)】分析框中，将【人数】拖曳至【加权项(可选)】分析框中。在分析框上方勾选【期望值设置】复选框，会弹出图 4-20 所示的【期望值设置】数值框。在数字标签 1 数值框输入期望值【3】，在数字标签 2 数值框输入期望值【7】，期望比例可以设置成 3 和 7 或 0.3 和 0.7，也可以设置成 30 和 70，能准确表达相对比例即可。平台会自动进行"归一化"计算。最后单击【开始分析】按钮。

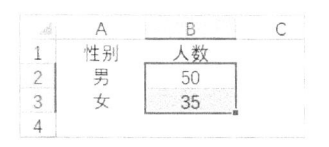

图 4-19　实际招生情况 Excel 数据录入格式

图 4-20　【期望值设置】数值框

3）结果分析

本例卡方拟合优度检验结果如表 4-46 所示。

表 4-46　例 4-15 卡方拟合优度检验结果

名称	项	实际频数	期望频数	残差	实际比例	期望比例	χ^2	p
性别	女	35.000	25.500	9.500	41.18%	30.00%	5.056	0.025*
	男	50.000	59.500	−9.500	58.82%	70.00%		

注：* $p<0.05$。

结果显示，男女的实际比例是 58.82%、41.18%，期望比例是 70.00% 和 30.00%，$\chi^2=5.056$，$p=0.025<0.05$，说明男研究生和女研究生的实际招生比例与原计划比例的差异具有统计学意义，即实际招生的性别比例和原计划相比发生了变化。

4.4　非参数检验

t 检验与方差分析等参数检验方法，是事先假定总体服从正态分布或近似服从正态分布，已知总体分布。实践中，我们并不总是已知总体的分布类型。这种在总体参数未知的情况下，利用样本数据对总体分布形态等进行推断的方法，称为非参数检验。

在分析两组或多组均值的差异性时，当数据严重偏态，经数据转换也不能使其满足参数检验的正态性条件时，可考虑采用相对应的非参数秩和检验。

4.4.1　方法介绍

1. 非参数检验

非参数检验与参数检验的区别，如表 4-47 所示。

表 4-47　非参数检验与参数检验的区别

分析方法	参数检验	非参数检验
适用范围	正态分布	分布未知
检验效能	高	低
描述指标	平均值	中位数
图形展示	折线图	箱线图

非参数检验对数据分布没有要求，适用范围比参数检验广泛；但是由于其检验效能较低，因此在不是严重偏离正态分布的情况下，应当优先选择参数检验方法。

在数据的描述统计方面，非参数检验因为分布未知，适合采用中位数进行描述，相对应地，在统计展示时箱线图更合适。

2. 秩和检验

本节介绍的秩和检验，是一类常用的非参数检验。秩和检验是先将数据从小到大，或等级从弱到强转换成秩次，再计算秩和统计量，从而实现假设的检验方法。

秩和检验不受总体分布限制，适用于等级资料，适用面广。与参数检验类方法相比，其统计检验功效较低。

3. 类型与方法选择

当 t 检验、方差分析等参数检验不满足适用条件时，可用秩和检验代替。常见的非参数秩和检验包括 Wilcoxon 检验、Mann-Whitney 检验、Kruskal-Wallis 检验等，这些检验方法与 t 检验、方差分析等参数检验方法的对应关系，如表 4-48 所示。

表 4-48 非参数检验方法与参数检验方法的对应关系

研究目的	参数检验方法	非参数检验方法	分析路径
单一样本均值与已知总体均值的差异比较	单样本 t 检验	单样本 Wilcoxon 检验	【实验/医学研究】→【单样本 Wilcoxon 检验】
两个独立样本均值的差异比较	独立样本 t 检验	Mann-Whitney 检验	【通用方法】→【非参数检验】
多组数据均值的差异比较	单因素方差分析	Kruskal-Wallis 检验	
配对样本均值的差异比较	配对样本 t 检验	配对 Wilcoxon 检验	【实验/医学研究】→【配对 Wilcoxon 检验】
多个相关样本分布的差异比较	随机区组方差分析	Friedman 检验	【实验/医学研究】→【多样本 Friedman】

需要说明的是，SPSSAU 平台【通用方法】下的【非参数检验】模块，如果 X 的组别为两组，则提供 Mann-Whitney 检验，如果组别超过两组，则提供 Kruskal-Wallis 检验。

此处要注意，在条件允许的情况下应优先使用参数检验方法；当条件不满足时，如非正态分布或方差不齐时，才考虑使用非参数秩和检验。

4.4.2 单样本 Wilcoxon 检验

Wilcoxon 符号秩检验，可用于单个样本中位数和总体中位数的差异比较，本节将该过程称为单样本 Wilcoxon 检验。此时，研究假设是判断某随机样本位置参数（如中位数）是否和已知总体位置参数相等。

当单样本 t 检验的数据不满足正态分布要求时，可采用单样本 Wilcoxon 检验进行替代分析，如研究某矿泉水容量是否明显不等于 500 毫升。

【例 4-16】已知某地正常人尿氟含量的中位数为 2.15 毫摩尔/升。现在该地某厂随机抽取了 12 名工人，测得尿氟含量（毫摩尔/升）如下：2.15、2.10、2.20、2.12、2.42、2.52、2.62、2.72、3.00、3.18、3.87、5.67，试分析该厂工人的尿氟含量是否与正常人一致。案例数据来源于李晓松（2017），数据文档见"例 4-16.xls"。

1）数据与案例分析

本例研究目的是比较随机抽取的 12 名工人尿氟含量的平均水平与已知中位数的差异，通过在仪表盘中依次单击【通用方法】→【正态性检验】模块得出，该单组样本数据不服从正态分布（$p<0.05$）。考虑使用单一样本位置参数与已知总体位置参数的差异进行比较，选择单样本 Wilcoxon 检验。

2）秩和检验

在仪表盘中依次单击【实验/医学研究】→【单样本 Wilcoxon】模块，将【niaofu】变量拖曳至【分析项(定量)】分析框中，在最上面的数值框中输出数字【2.15】。单样本 Wilcoxon 检验操作界面如图 4-21 所示，最后单击【开始分析】按钮。

图 4-21　单样本 Wilcoxon 检验操作界面

3）结果分析

单样本 Wilcoxon 检验结果如表 4-49 所示。随机抽取的 12 名工人测得的尿氟含量中位数为 2.570 毫摩尔/升，与正常人尿氟含量的中位数 2.15 毫摩尔/升相比，$z=2.667$，$p=0.008<0.01$，二者的差异具有统计学意义。

表 4-49　单样本 Wilcoxon 检验结果

名称	样本量	25 分位数	中位数	75 分位数	统计量 z 值	p
niaofu	12	2.188	2.570	3.045	2.667	0.008**

注：** $p<0.01$。

4.4.3　两组独立样本 Mann-Whitney 检验

Mann-Whitney 检验全称为 Mann-Whitney U test，中文翻译为曼-惠特尼 U 检验，用于判断定量数据资料或有序分类变量资料的两个总体分布是否有差别。当 t 检验不满足正态分布条件时，Mann-Whitney 检验可用作独立样本 t 检验的非参数替代方法，也可用作单向有序的 2×C 列联表差异检验。

在仪表盘中依次单击【通用方法】→【非参数检验】模块，可进行两组独立样本 Mann-Whitney 检验。

【例 4-17】对 10 例肺癌病人和 12 例矽肺病人，用 X 光片测量肺门横径右侧距 RD 值（厘米），数据如表 4-50 所示，试分析两组人群的 RD 值有无差别。数据来源于陈平雁（2005），数据文档见"例 4-17.xls"。

表 4-50　例 4-17 案例数据

group	RD/厘米	group	RD/厘米
1	3.23	2	2.78
1	3.50	2	3.23
1	4.04	2	4.20
1	4.15	2	4.87
1	4.28	2	5.12
1	4.34	2	6.21
1	4.47	2	7.18

续表

group	RD/厘米	group	RD/厘米
1	4.64	2	8.05
1	4.75	2	8.56
1	4.82	2	9.60
1	4.95		
1	5.10		

1）数据与案例分析

自变量"组别"的编码情况：数字 1 代表矽肺组，数字 2 代表肺癌组。因变量"RD 值"为定量数据资料，本例的目的是比较两组 RD 值数据均数的差异，优先考虑用独立样本 t 检验，通过在仪表盘中依次单击【通用方法】→【正态性检验】模块得出，两组 RD 值数据不服从正态分布（假设不服从），因此考虑采用独立样本 Mann-Whitney 检验。

2）秩和检验

独立样本 Mann-Whitney 检验操作界面如图 4-22 所示。在仪表盘中依次单击【通用方法】→【非参数检验】模块，将【group】拖曳至【X(定类)】分析框中，将【RD】拖曳至【Y(定量)】分析框中，本例为两组数据的差异比较，无须做多重比较，最后单击【开始分析】按钮。

图 4-22　独立样本 Mann-Whitney 检验操作界面

3）结果分析

在仪表盘中依次单击【通用方法】→【非参数检验】模块，如果【X(定类)】为两个水平的分类数据，则平台会自动执行 Mann-Whitney 检验。

两样本 Mann-Whitney 检验分析结果如表 4-51 所示。矽肺组 RD 值的中位数为 4.405，肺癌组 RD 值的中位数为 5.665，z 统计量为-1.748，p=0.080>0.05，矽肺组与肺癌组的 RD 值水平差异无统计学意义。

表 4-51　两样本 Mann-Whitney 检验分析结果

项	group 中位数 $M(P_{25}, P_{75})$		MannWhitney 检验统计量 U 值	MannWhitney 检验统计量 z 值	p
	矽肺（n=12）	肺癌（n=10）			
RD	4.405(4.1,4.8)	5.665(4.0,8.2)	33.500	-1.748	0.080

4.4.4　多组独立样本 Kruskal-Wallis 检验

Kruskal-Wallis 检验全称为 Kruskal-Wallis H 检验，简称"K-W 检验"或"H 检验"，中文一般翻译为克鲁斯卡尔-沃利斯检验，是完全随机设计多个独立样本比较的秩和检验方法，它用于推断定量数据或等级资料的多个独立样本来自的多个总体分布是否有差别。单因素方差分析在不满足正态分布、方差齐性条件时，Kruskal-Wallis 检验可用作其非参数检验的替代方法，也可用作单向有序的 $R \times C$ 列联表差异检验。

Kruskal-Wallis 检验总体达到显著后，可通过多重比较进一步比较各组的差异。常见的非参数类多重比较方法有 Nemenyi 法、Dunn's t 检验和 Dunn's t 检验（校正 p 值）等，其中 Nemenyi 法是完全随机设计多样本秩和检验多重比较的常用方法。

在仪表盘中依次单击【通用方法】→【非参数检验】模块，可进行多个独立样本的 Kruskal-Wallis 检验及 Nemenyi 法多重比较。

【例 4-18】随机抽取 3 组不同人群各 10 人，测定其血浆总皮质醇值（10^2 微摩尔/升，非正态），如表 4-52 所示。请问 3 组不同人群的血浆总皮质醇测定值有无差别？案例数据来源于李晓松（2017），数据文档见"例 4-18.xls"。

表 4-52　3 组人群的血浆总皮质醇测定值　（单位：10^2 微摩尔/升）

健康人	单纯性肥胖	皮质醇增多症
0.11	0.17	2.70
0.52	0.33	2.81
0.61	0.55	2.92
0.69	0.66	3.59
0.77	0.86	3.86
0.86	1.13	4.08
1.02	1.38	4.30
1.08	1.63	4.30
1.27	2.04	5.96
1.92	3.75	9.62

1）数据与案例分析

"组别"为自变量，"皮质醇"为因变量。本例目的是比较多组样本的均值差异，优先考虑用单因素方差分析。经正态分布检验发现数据严重不满足正态分布，考虑使用多组独立样本 Kruskal-Wallis 检验。

2）非参数检验

数据读入平台后，在仪表盘中依次单击【通用方法】→【非参数检验】模块，将【组别】拖曳至【X(定类)】分析框中，将【皮质醇】拖曳至【Y(定量)】分析框中，本例为 3 组数据的差异比较，当总体结果的显著性 $p<0.05$ 时，应继续做多重比较。本节指定了一种多重比较方法，在下拉列表中选择【Nemenyi 法】进行多重比较，最后单击【开始分析】按钮。Kruskal-Wallis 检验操作界面如图 4-23 所示。

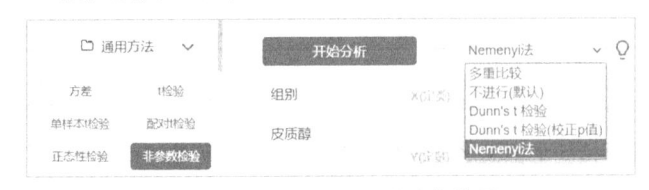

图 4-23　Kruskal-Wallis 检验操作界面

3）整体显著性检验——Kruskal-Wallis 检验

Kruskal-Wallis 非参数检验的分析结果如表 4-53 所示。在 Kruskal-Wallis 检验中，$H=18.130$，$p<0.001$，可认为 3 组人群的血浆总皮质醇测定值的差异有统计学意义。由 3 组的中位数大小可知，皮质醇增多症组的中位数明显高于其他两组，而另外两组的中位数水平基本相当。各组两两之间的差异是否有统计学意义，尚需多重比较结果来判断，也可通过直观地观察 3 组人群总皮质醇值的箱线图进行比较，此处略。

表 4-53 Kruskal-Wallis 非参数检验的分析结果

项	组别中位数 $M(P_{25}, P_{75})$			Kruskal-Wallis 检验统计量 H 值	p
	健康人 ($n=10$)	单纯性肥胖 ($n=10$)	皮质醇增多症 ($n=10$)		
皮质醇	0.815(0.6,1.1)	0.995(0.5,1.7)	3.970(2.9,4.7)	18.130	0.000**

注：** $p<0.01$。

4）Nemenyi 法多重比较

如果 Kruskal-Wallis 检验的结论是多组分布差异显著，则需要进一步对各组间的分布位置差异做两两比较。在【非参数检验】模块中必须要选择一个多重比较方法，本例选择【Nemenyi 法】，Nemenyi 法两两比较的结果如表 4-54 所示。

表 4-54 Nemenyi 法两两比较的结果

项	(I) 名称	(J) 名称	(I) 中位数	(J) 中位数	差值 (I−J)	p
皮质醇	健康人	单纯性肥胖	0.815	0.995	−0.180	0.867
	健康人	皮质醇增多症	0.815	3.970	−3.155	0.000**
	单纯性肥胖	皮质醇增多症	0.995	3.970	−2.975	0.003**

注：** $p<0.01$。

本例有健康人组、单纯性肥胖组、皮质醇增多症组 3 个组别，两两进行比较共需要对比 3 次，表 4-54 中的 3 行结果即组间两两比较的 Nemenyi 法检验结果。

皮质醇增多症组与健康人组、单纯性肥胖组相比总皮质醇测定值均有显著差异（$p<0.01$），尚不能认为单纯性肥胖组与健康人组的总皮质醇测定值存在差异（$p=0.867>0.05$）。

4.4.5 配对样本 Wilcoxon 检验

Wilcoxon 检验可用于配对样本差值的中位数和数字 0 的差异比较。目的是判断配对的两个相关样本所来自的两个总体中位数是否有差别。

例如，对 11 份工业污水水样同时采用 A 法与 B 法进行测定，如果数据不满足正态分布，则可以通过配对样本 Wilcoxon 检验判断两法的测定结果有无差异。又如，对专项减脂训练前与训练后肝功能的理化指标数据进行测定，如果严重违反正态分布条件，则考虑采用配对样本 Wilcoxon 检验。

从功能上讲，配对样本 Wilcoxon 检验与配对样本 t 检验完全一致，二者的区别在于数据（配对数据的差值）是否满足正态分布。如果数据满足正态分布，则使用配对样本 t 检验；反之，则使用配对样本 Wilcoxon 检验。

【例4-19】研究长跑运动对增强普通高校学生的心功能效果，对某校15名男生进行测试，经过5个月的长跑锻炼后看其晨脉是否减少。案例数据如表4-55所示，试分析锻炼前后的晨脉有无显著差异。数据来源于卢纹岱（2006），数据文档见"例4-19.xls"。

表4-55 例4-19案例数据

锻炼前	锻炼后	锻炼前	锻炼后	锻炼前	锻炼后
70	48	56	55	75	56
76	54	58	54	66	48
56	60	60	45	56	64
63	64	65	51	59	50
63	48	65	48	70	54

1）数据与案例分析

配对资料不需要分组变量，锻炼前、锻炼后分别作为一个变量即可。本例目的在于比较两配对样本数据均值的差异，可选择配对样本 t 检验。假设长跑锻炼前后晨脉数据的差值不服从正态分布，此时配对样本 t 检验不再合适，可考虑非参数的配对样本Wilcoxon检验代替配对样本 t 检验。

2）非参数检验

读入数据后，在仪表盘中依次单击【实验/医学研究】→【配对样本Wilcoxon】模块，操作界面如图4-24所示，将【锻炼前】【锻炼后】变量分别拖曳至【配对1(定量)】分析框、【配对2(定量)】分析框中，最后单击【开始分析】按钮。

图4-24 配对样本Wilcoxon检验操作界面

3）结果解读

配对样本Wilcoxon检验结果如表4-56所示。配对样本Wilcoxon检验的 $z=2.842$，$p=0.004<0.01$，锻炼前后的晨脉差异显著，或锻炼前后的晨脉差异有统计学意义。

表4-56 配对样本Wilcoxon检验结果

名称	配对中位数 $M(P_{25}, P_{75})$		中位数 M 的差值（配对1-配对2）	统计量 z 值	p
	配对1	配对2			
锻炼前配对锻炼后	63.0(58.5,68.0)	54.0(48.0,55.5)	9.0	2.842	0.004**

注：** $p<0.01$。

4.4.6 多样本 Friedman 检验

多样本 Friedman 检验也属于非参数检验方法，用于检验多个相关样本是否具有显著差异的统计检验方法。在正态分布条件不满足时，也用来作为单个组内因素的重复测量方差分析的替代方法。

例如，8 名受试对象在相同实验条件下分别接受 4 种不同频率声音的刺激，4 种反应率数据均来自同一个被试，因此有相关性。如果数据不满足正态分布，则可利用多样本 Friedman 检验来判断 4 种刺激的反应率是否有差别。

【例 4-20】在某项随机区组设计的动物实验中，不同种系雌性家兔注射不同剂量雌激素后子宫质量（克）的数据如表 4-57 所示。试比较 4 种剂量组雌性家兔子宫质量的差别有无统计学意义。数据来源于颜虹和徐勇勇（2010），数据文档见"例 4-20.xls"。

表 4-57　例 4-20 案例数据

YA	YB	YC	YD
63	54	138	188
90	144	220	238
54	92	83	300
45	100	213	140
54	36	150	175
72	90	163	300
64	87	185	207

1）数据与案例分析

相关性数据资料的数据格式为宽型数据，4 种剂量组的测定数据分别作为单个变量，依次为"YA""YB""YC""YD"，这 4 个变量间是有相关性的。

研究目的是，比较 4 种剂量雌激素注射后家兔子宫质量的总体分布是否相同。通过在仪表盘中依次单击【通用方法】→【正态性检验】模块得出，4 组数据均服从正态分布。数据先由宽型数据转换成长型数据（或重新录入为长型数据），再通过在仪表盘中依次单击【通用方法】→【方差】模块进行方差齐性检验，$F=3.47$，$p=0.03$，按 $\alpha=0.05$ 水平，4 种剂量组家兔子宫质量的总体方差不齐。所以本例不宜采用方差分析，应采用多样本 Friedman 检验。

2）Friedman 检验

读入数据后，在仪表盘中依次单击【实验/医学研究】→【多样本 Friedman】模块，操作界面如图 4-25 所示，将【YA】【YB】【YC】【YD】4 个变量拖曳至【分析项(定量)】分析框中，勾选【Nemenyi 两两比较】复选框，最后单击【开始分析】按钮。

3）整体显著性检验

多样本 Friedman 检验研究多个配对定量数据是否存在显著差异，结果如表 4-58 所示。$\chi^2=16.71$，$p<0.01$，按 $\alpha=0.01$ 检验水平，认为注射不同剂量雌激素后，家兔子宫质量的差别有统计学意义。

图 4-25 多样本 Friedman 检验操作界面

表 4-58 多样本 Friedman 检验结果

名称	样本量	25 分位数	中位数	75 分位数	统计量 χ^2 值	p
YA	7	54.00	63.00	68.00	16.71	0.00**
YB	7	70.50	90.00	96.00		
YC	7	144.00	163.00	199.00		
YD	7	181.50	207.00	269.00		

注：** $p<0.01$。

4）多重比较

按前面总结的方差分析流程（多组样本的非参数秩和检验类似流程），如果总体检验 $p<0.05$，则要对组间差异进行多重比较。【多样本 Friedman】模块默认提供的是 Nemenyi 法，Nemenyi 法多重比较结果如表 4-59 所示。

表 4-59 Nemenyi 法多重比较结果

(I) 名称	(J) 名称	(I) 中位数	(J) 中位数	中位数差值 (I−J)	p
YA	YB	63.00	90.00	−27.00	0.82
YA	YC	63.00	163.00	−100.00	0.06
YA	YD	63.00	207.00	−144.00	0.00**
YB	YC	90.00	163.00	−73.00	0.35
YB	YD	90.00	207.00	−117.00	0.02*
YC	YD	163.00	207.00	−44.00	0.59

注：* $p<0.05$ ** $p<0.01$。

4 组数据任意两组进行配对比较，总共需要比较 6 次。YD 与 YA、YB 相比，p 均小于 0.05，差异有统计学意义，其他各组间无差异。结合中位数差值及输出的箱线图、统计图，结果表明，YD 组的家兔子宫质量高于其他 3 组，与 YA 组和 YB 组差异显著，但是 YD 组与 YC 组无差异。

第5章

相关影响关系研究

两个变量之间独立是指两个变量完全没有关系。两个变量之间相关是指两个变量存在不确定性关系。此处相关关系不同于确定性关系,确定性关系一般指函数关系,若自变量给定,则函数值确定。而不确定性相关关系,通俗理解即一个为自变量,另一个为随机变量或两个都为随机变量,当一个变量发生变化时,另一个变量的取值有一定的随机性变化。

例如,研究者收集了同一家企业 1000 名职工的工资和受教育数据,每个人的受教育年限不同,工资也不同,此时这两个变量都是随机变量。很多研究文献证实工资和受教育年限存在相关性,或者说一名职工的工资受他接受教育时长的影响。当受教育年限改变时,工资水平也随之改变,即不同的受教育程度使职工获得的工资水平不完全相同,有一定的随机性。

职工工资受其受教育年限的影响,但工资与受教育年限并非严格的因果关系。我们可以说工资与受教育年限存在相关性,也可以说受教育年限会影响职工工资。

本章介绍研究分析中的相关与影响关系,主要包括相关分析、线性回归、Logistic 回归及非线性回归,相关与回归分析方法的使用场景如表 5-1 所示,接下来在各节内容中会结合具体案例展开阐述。

表 5-1 相关与回归分析方法的使用场景

方法	数据基本要求	使用场景举例
相关分析	定量数据或有序定类数据	销售收入与广告支出存在正相关关系,但销售收入并不由广告支出唯一确定
线性回归	因变量必须是定量数据	分析广告支出、产品价格、产品质量、服务质量对销售收入的影响
Logistic 回归	因变量为定类数据	患病结局中 1 表示患病,0 表示不患病,研究是否患病的影响因素分析
曲线与非线性回归	主要针对定量数据	人口随时间(年)的变化而呈现 S 曲线增长过程,线性回归不再适用

5.1 相关分析

相关分析是用来研究两个或多个变量间的相关关系的统计学方法。例如，分析销售收入与广告支出间的相关关系，或销售收入、广告支出、产品价格、产品质量、服务质量之间的相关关系。变量可以是同等地位，也可以区分为一个或多个自变量对因变量的影响关系。

5.1.1 相关关系概述

1. 线性、非线性与无相关

相关关系按不同的划分方式可分为多种类型，结合直线趋势与关系密切程度将相关关系分为正线性相关、负线性相关、非线性相关、无相关4种，如图5-1所示。

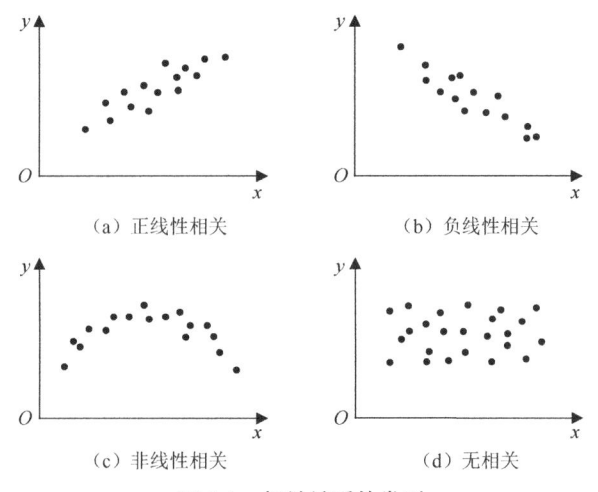

（a）正线性相关　　（b）负线性相关

（c）非线性相关　　（d）无相关

图5-1　相关关系的类型

两个变量在散点图中的点总体上呈一条直线，称为线性相关。图5-1（a）表示一个变量增加或减少，另一个变量相应地会线性增加或减少，称为正线性相关（简称正相关）；图5-1（b）表示一个变量增加或减少，另一个变量反而会线性地减少或增加，称为负线性相关（简称负相关）。

两个变量在散点图中的点不是一条直线时，称为非线性相关或曲线相关，如图5-1（c）所示。两个变量彼此互不影响，其数量变化各自独立，称为无相关，如图5-1（d）所示。

2. 认识线性相关系数

线性相关包括正相关和负相关，Pearson 相关系数是衡量变量之间线性相关关系密切程度和方向的统计指标。

Pearson 相关系数又称皮尔逊积差相关系数，通常被简称为相关系数，一般用 r 表示。r 的取值为 $-1 \leq r \leq 1$，绝对值越大表示相关密切程度越高。根据贾俊平（2014），对于一个

具体的 r 绝对值，$r \geqslant 0.8$ 视为高度相关，$0.5 \leqslant r<0.8$ 视为中度相关，$0.3 \leqslant r<0.5$ 视为低度相关，$r<0.3$ 视为两个变量之间是弱相关。相关系数的强弱程度如表 5-2 所示。r 为正数时，表示两个变量的变化方向一致，称为正相关；r 为负数时，表示两个变量的变化方向相反，称为负相关。

表 5-2 相关系数的强弱程度

r 值（绝对值）	相关程度强弱
≥0.8	高度相关
0.5≤r<0.8	中度相关
0.3≤r<0.5	低度相关
<0.3	弱相关

例如，某省份国民收入与居民储蓄存款余额 $r=0.9$，表明二者是高度正相关关系。若国民收入增加，则居民储蓄存款余额也随之增加；反之，若国民收入减少，则居民储蓄存款余额也随之减少。

在实际分析中，我们是基于样本数据计算相关系数的，用于估计总体相关系数时必定存在抽样误差，因此相关系数必须通过显著性检验才能说明其成立与否。一般先假设总体相关系数为 0，若相关系数的显著性概率 p 小于 0.05，则表明实际相关系数明显不等于 0，可说明相关关系存在。

3．如何选择线性相关系数

除 Pearson 相关系数之外，常用的相关系数还有 Spearman 相关系数、Kendall 相关系数。3 个相关系数可依据变量数据类型及正态分布条件进行选择，如图 5-2 所示。

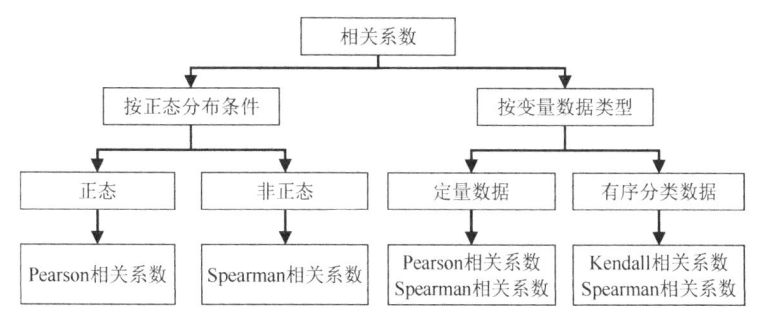

图 5-2 相关系数的选择

Pearson 相关系数适用于两个变量均为定量数据的情况，要求数据服从二元正态分布，通常我们简化为两个变量分别服从正态分布，并且无明显异常值，可以借助图形法或更为严格的正态分布检验方法判断该条件，一般来说，不严重违反正态分布仍然可以继续使用 Pearson 相关系数，多数情况下结果较稳健。

Spearman 相关系数又称秩相关系数或等级相关系数，适用于定量数据或等级（有序分类）数据，用两个变量的秩次大小做相关分析。其对数据分布没有明确要求，属于非参数方法。在进行相关分析时，当 Pearson 相关系数不满足正态分布条件时，Spearman 相关系数可用作 Pearson 相关系数的非参数替代。

Kendall 相关系数同样是用秩次进行相关分析的，也属于非参数方法，适用于连续性数据或等级（有序分类）数据，主要用于两个有序分类变量的相关性，也称作和谐系数，可用作一致性分析。

4．线性相关系数的报告

计算相关系数后，应对其准确解读和报告。一般来说解读和报告时按顺序包括以下 3 个方面。

（1）首先解读相关系数显著性检验的概率 p，当 $p<0.05$ 时认为存在相关关系。

（2）然后解读相关系数的正负方向，若相关系数为正数则为正相关，若相关系数为负数则为负相关。

（3）最后解读相关系数绝对值的大小，明确相关关系的密切程度。

5.1.2　相关分析步骤

变量的数据类型，以及是否服从正态分布对相关分析过程有一定的影响，相关分析的一般步骤如图 5-3 所示。

1）数据类型

本节主要介绍 Pearson 相关系数、Spearman 相关系数及 Kendall 相关系数针对定量数据和有序分类数据的相关分析，如果遇到两个无序分类变量间的相关关系，则通过卡方检验输出列联系数或 Phi and Cramer's v 系数来实现。

2）散点图

散点图能直观地观察变量间的变化关系，开始相关分析前可先绘制两个变量的散点图，观察和判断两个变量线性相关还是非线性相关，本节介绍的内容适用线性相关的情况。

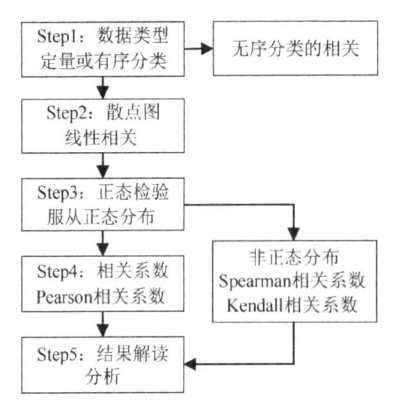

图 5-3　相关分析的一般步骤

3）正态检验

对于定量数据可先通过直方图、正态 PP 图、QQ 图等图形法，或正态分布检验法判断数据的分析状况。

4）相关系数

根据正态分布条件及变量数据类型，对于两个定量数据且满足正态分布的情形，一般选择 Pearson 相关系数，如果严重偏态则考虑使用 Spearman 相关系数；对于两个有序分类数据，一般选择 Kendall 相关系数。

5）结果解读

对相关系数的显著性、相关方向、相关程度进行正确解读。对多个数据进行两两相关分析时，可报告和分析相关系数矩阵。

在呈现相关系数时常用"*"符号在相关系数 r 右侧标注其显著性水平，当显著性检验的 $p<0.05$ 时，标注"*"；当显著性检验的 $p<0.01$ 时，标注"**"；当显著性检验的 $p<0.001$ 时，标注"***"。

5.1.3 两个变量相关实例分析

研究及分析两个变量间的相关关系较常见，如考察销售额与广告费的相关关系，计算两个变量的相关系数即可；也可以同时考察多个变量两两之间的相关关系，如考察销售额、广告费、产品单价、产品质量满意度、服务质量满意度两两之间的相关关系，共需要计算10个相关系数，一般采用相关系数矩阵进行高效输出。

1. 两个变量 Pearson 相关

【例 5-1】某研究收集到 758 名美国年轻男子的数据，变量包括"工资""教育年限""工龄""现雇佣年""年龄""智商""世界观""母亲受教育年限""婚否""是否住美国南方"，以及"是否住大城市"，试对"智商"与"世界观"进行相关分析。案例数据来源于陈强（2015），本例对数据进行了编辑及修改，数据文档见"例 5-1.xls"。

1）数据与案例分析

"智商"与"世界观"均为测验评分定量数据，评分越高表示智商水平越高，对世界运行的看法越客观深刻，按一般性常识，欲考察是不是智商水平越高的人他的世界观评分也相应越高，此处采用两个变量间的相关系数来进行分析。

2）散点图与正态检验

数据读入平台后，在仪表盘中依次单击【可视化】→【散点图】模块，以"智商"为自变量，"世界观"为因变量，将【智商】与【世界观】两个变量分别拖曳至【X(定量)】与【Y(定量)】分析框中，单击【开始分析】按钮绘制散点图。"智商"与"世界观"评分间的散点图如图 5-4 所示。

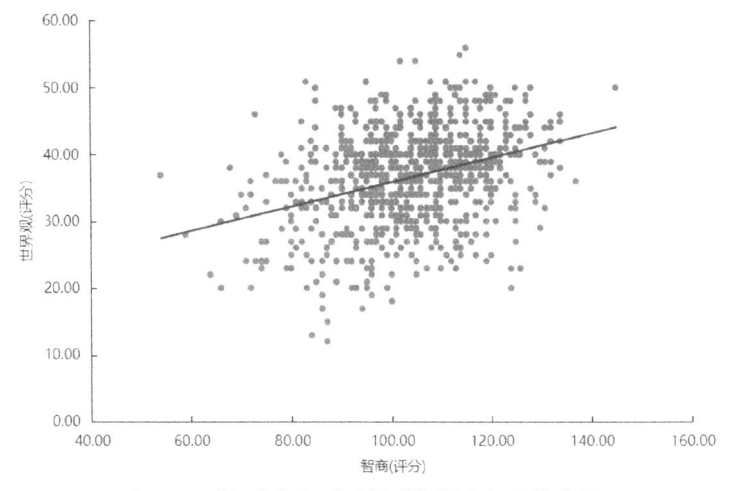

图 5-4 "智商"与"世界观"评分间的散点图

由图 5-4 可知，"智商"与"世界观"之间无明显的非线性相关趋势，存在线性相关关系，可通过线性相关系数衡量关系的密切程度。

在仪表盘中依次单击【可视化】→【直方图】模块，绘制"智商"与"世界观"两个变量的直方图，如图 5-5 所示，不难看出数据近似满足正态分布。

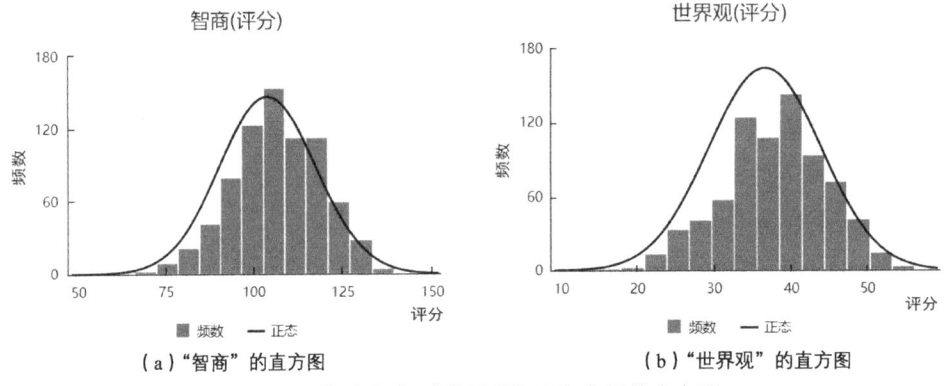

（a）"智商"的直方图　　　　　　（b）"世界观"的直方图

图 5-5　"智商"与"世界观"两个变量的直方图

综上，可使用 Pearson 相关系数考察"智商"与"世界观"两个变量间的线性相关关系。

3）选择相关系数

读入数据后，在仪表盘中依次单击【通用方法】→【相关】模块。具体分析时，应根据数据类型与正态分布情况选择恰当的相关系数。区分自变量与因变量时，平台只输出一个或多个自变量与因变量的相关系数；不区分自变量与因变量时，平台会以相关系数矩阵的形式输出所有变量两两之间的相关系数。

本例"智商"为自变量，"世界观"为因变量，因此将【智商】和【世界观】分别拖曳至对应的【分析项 X(定量)】和【分析项 Y(定量)】分析框中，同时选择下拉列表中的【Pearson 相关系数】，最后单击【开始分析】按钮。区分自变量与因变量的相关分析操作界面如图 5-6 所示。

图 5-6　区分自变量与因变量的相关分析操作界面

4）结果分析

"智商"与"世界观"的 Pearson 相关系数如表 5-3 所示。

表 5-3 "智商"与"世界观"的 Pearson 相关系数

项	世界观
智商	0.340**

注：** $p<0.01$。

"智商"与"世界观"间的 Pearson 相关系数标记为两颗*，等价于相关系数显著性检验 $p<0.01$，说明相关系数有统计学意义，二者存在线性相关关系。具体来说 $r=0.340$，参考表 5-2 所示的相关系数的强弱程度，即"智商"与"世界观"间存在正向的低度相关关系，可通俗理解为年轻男子的"智商"越高其"世界观"评分也越高。

2．两个变量 Spearman 相关

【例 5-2】沿用【例 5-1】的数据文档，试分析"工龄"与"工资"的相关性。

1）数据与案例分析

"工龄"为受访者参加工作的年数，"工资"为工作薪资，均为定量数据。考察"工资"与"工龄"是否存在线性相关关系，如是否工龄越长的人其工资水平也相应越高。

2）散点图与正态检验

在仪表盘中依次单击【可视化】→【散点图】模块，绘制两个变量的散点图，如图 5-7 所示。"工龄"与"工资"无明显曲线关系，可能存在一定的线性关系。

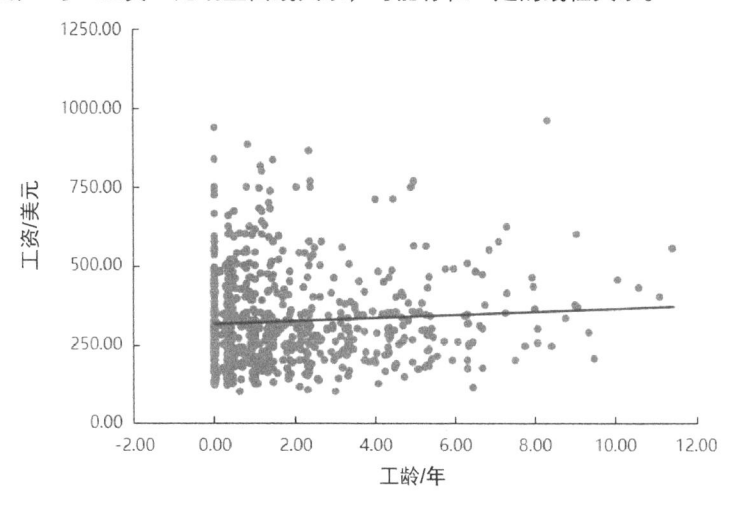

图 5-7 "工龄"与"工资"间的散点图

本例通过在仪表盘中依次单击【可视化】→【P-P/Q-Q 图】模块，绘制"工龄"与"工资"的正态 PP 图，如图 5-8 所示。

图中的点偏离对角线较多，认为"工龄"与"工资"两个变量不服从正态分布，二者的线性相关宜采用 Spearman 相关系数。

3）相关分析与结果解读

在仪表盘中依次单击【通用方法】→【相关】模块，将【工龄】和【工资】分别拖曳至

【分析项 X(定量)】和【分析项 Y(定量)】分析框中,选择相关系数下拉列表中的【Spearman 相关系数】,最后单击【开始分析】按钮。Spearman 相关系数如表 5-4 所示。

(a)"工龄"的正态 PP 图　　(b)"工资"的正态 PP 图

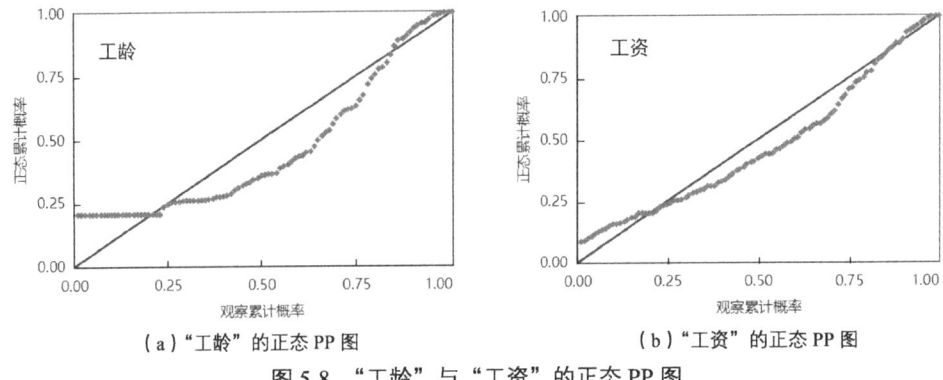

图 5-8　"工龄"与"工资"的正态 PP 图

表 5-4　Spearman 相关系数

项	工资
工龄	0.074*

注:* $p<0.05$。

Spearman 相关系数标记为一颗*,说明相关系数显著性检验 $p<0.05$,相关系数有统计学意义,即二者存在线性相关关系。具体来说 $r=0.074$,说明"工龄"与"工资"间存在正向的弱相关关系。

3. 多个变量两两间的相关系数矩阵

【例 5-3】继续沿用【例 5-1】的数据文件,在【例 5-1】的基础上,研究者想了解包括"母亲受教育年限""智商""世界观""年龄""教育年限""工龄""现雇佣年""工资"等 8 个变量两两之间的相关关系,此时从研究目的上变量间没有明显的因变量、自变量区分,可输出相关系数矩阵进行分析。

1)数据与案例分析

8 个变量均为定量数据,通过绘制两两变量的散点图,变量间均存在线性相关关系。通过图形法发现多数变量近似正态分布,8 个变量间的相关性本例采用 Pearson 相关系数进行分析。

2)相关分析

在仪表盘中依次单击【通用方法】→【相关】模块,将【母亲受教育年限】【智商】【世界观】【年龄】【教育年限】【工龄】【现雇佣年】【工资】8 个变量统一拖曳至【分析项 Y(定量)】分析框中,选择下拉列表中的【Pearson 相关系数】。多个变量的相关分析界面如图 5-9 所示。最后单击【开始分析】按钮。

3)结果分析

本例输出的是相关系数矩阵,标准格式如表 5-5 所示。

图 5-9 多个变量的相关分析界面

表 5-5 相关系数矩阵标准格式

变量	平均值	标准差	母亲受教育年限	智商	世界观	年龄	教育年限	工龄	现雇佣年	工资
母亲受教育年限	10.910	2.741	1.000							
智商	103.856	13.619	0.263**	1.000						
世界观	36.574	7.302	0.195**	0.340**	1.000					
年龄	21.835	2.982	0.103**	0.178**	0.444**	1.000				
教育年限	13.405	2.232	0.340**	0.513**	0.381**	0.448**	1.000			
工龄	1.735	2.106	−0.159**	−0.166**	0.043	0.388**	−0.242**	1.000		
现雇佣年	1.831	1.674	−0.048	0.019	0.182**	0.339**	−0.050	0.231**	1.000	
工资	322.820	145.685	0.193**	0.344**	0.306**	0.533**	0.500**	0.069	0.166**	1.000

注：** $p<0.01$。

该表格第 2 列和第 3 列给出了各变量的平均值与标准差指标，两两变量间的相关系数，以相关系数矩阵形式呈现。由表 5-5 可知，"现雇佣年"与"母亲受教育年限"、"现雇佣年"与"智商"、"工龄"与"世界观"这 3 组无线性相关关系（未标记*符号，均 $p>0.05$），其他变量间存在不同程度的线性相关关系（均 $p<0.05$）。

5.1.4 偏相关实例分析

偏相关是指消除第 3 个变量 C 的作用后研究 A 和 B 这两个变量间的线性相关关系。用来衡量偏相关的相关系数一般称作偏相关系数，特指在相关分析中，消除其他变量影响的条件下，计算某两个变量之间的相关系数。例如，只分析身高与肺活量间存在线性相关可能得到错误结论，而先控制体重的影响再研究身高和肺活量的关系更为科学、稳妥。

1. 偏相关分析注意事项

第 3 个变量 C 同样是定量数据类型，一般要求该变量与 A 和 B 均存在相关关系。

偏相关分析并不是新的相关分析方法，其仍然是线性相关分析，只是多了第 3 个需要控制或排除的干扰因素。

2．一般分析步骤

在偏相关关系实际研究分析中，偏相关分析步骤如图 5-10 所示。

```
Step1                Step2                Step3
正态分布条件判断  →  控制条件判断      →  偏相关分析
```

图 5-10　偏相关分析步骤

（1）正态分布条件判断。对 A、B、C 3 个变量数据进行正态分布检验，若服从正态分布则以 Pearson 相关系数衡量相关性，否则采用 Spearman 相关系数。

（2）控制条件判断。对 A、B、C 3 个变量进行简单相关分析，作为条件判断第 3 个变量 C 是否与 A 和 B 均存在相关关系。

（3）偏相关分析。确认 C 需要控制后，进行偏相关分析，并对偏相关结果进行解释和分析。

3．偏相关实例分析

【例 5-4】研究者收集了 29 名学生的身高、体重、肺活量数据，专业上认为身高、体重都和肺活量有一定的相关关系，试分析身高与肺活量之间的相关关系。数据来源于卢纹岱（2006），数据文档见"例 5-4.xls"。

1）数据与案例分析

数据文档中的身高、体重、肺活量均为定量数据，通过图形法观察认为 3 个变量近似服从正态分布，接下来用 Pearson 相关系数来衡量相关关系。

专业上认为肺活量和身高、体重均相关，要研究身高与体重的关系则应当控制体重的影响。偏相关分析由独立的模块完成，读入数据后，在仪表盘中依次单击【进阶方法】→【偏相关】模块。

将【身高】【肺活量】拖曳至【分析项(定量)(至少 2 个)】分析框中，将【体重】拖曳至【控制变量(至少 1 个)】分析框中，最后单击【开始分析】按钮。偏相关分析操作界面如图 5-11 所示。

图 5-11　偏相关分析操作界面

2）控制条件判断

偏相关分析要求第 3 个变量与待研究的两个变量间存在线性相关性，是一个基本条件，所以首先要分析控制变量与其他两个变量的相关性。控制变量相关性条件判断如表 5-6 所示。

表 5-6 控制变量相关性条件判断

项	身高	肺活量
体重	0.741**	0.751**

注：**$p<0.01$。

体重与肺活量、体重与身高的相关系数分别为 0.751**、0.741**，均有统计学意义，说明体重同时与待研究的重点变量间存在强正相关关系，研究身高与肺活量间的关系，需要消除体重的干扰影响。

3）偏相关结果分析

偏相关分析结果如表 5-7 所示，身高与肺活量间的偏相关系数 $r=0.098$，未标记*符号，说明 $p>0.05$，无相关性，即当控制体重的影响后，实际上身高与肺活量之间没有相关性，该结论和未控制体重的结果完全相反。

表 5-7 偏相关分析结果

项	平均值	标准差	身高	肺活量
身高	152.593	8.356	1.000	
肺活量	2.190	0.451	0.098	1.000

分析总结：如果不消除体重的影响，那么身高与肺活量呈强正相关关系（$r=0.6$**，单独做相关分析），消除体重影响后发现身高与肺活量间实际无相关性（$r=0.098$，$p>0.05$）。

5.2 线性回归

当因变量与自变量间存在线性相关关系时，可以使用线性回归分析方法确定它们之间相互依赖的定量关系。此处所说的定量关系，并非严格的因果关系，而是自变量 X 对因变量 Y 的影响或预测作用。

例如，研究者分析广告费、产品单价、产品满意度、服务满意度对销售收入的影响，如果各自变量与因变量间存在线性相关关系，则可建立以销售收入作为因变量，其他 4 个变量作为自变量的线性回归模型，用于分析它们之间的线性相关关系，或者说研究销售收入的影响因素，并对销售收入进行预测。

本节主要介绍线性回归模型的相关概念，并通过具体实例对多重线性回归、哑变量线性回归做具体研究及分析，通过在仪表盘中依次单击【通用方法】→【线性回归】模块或依次单击【进阶方法】→【逐步回归】模块来实现。

5.2.1 线性回归模型与检验

1. 回归模型与种类

线性回归可通过回归函数定量化地解释自变量与因变量的关系,这种回归函数被称作线性回归模型,用样本数据估计所得的回归方程表达式如下:

$$\hat{Y} = \beta_0 + \beta_1 X_1 + \beta_2 X_2 + \cdots + \beta_p X_p + \varepsilon$$

式中,$\hat{Y}$ 为因变量的估计值;β_0 为常数项,也叫作截距;X_1、X_2、X_p 为自变量;β_1、β_2、β_p 为偏回归系数,它表示其他自变量不变时指定的某自变量 X 每变动一个单位时因变量 Y 的平均变化量;ε 称为残差,是因变量真实取值与估计值之间的差值,是一个随机变量。

一般用普通最小二乘法(记为 OLS),通过样本数据估计未知的 β,拟合一条直线使各样本点与直线的纵向距离最小。

根据线性回归中自变量的个数多少进行分类,当线性回归中仅有一个自变量时,称作一元线性回归,如研究产品质量评分与顾客满意度间的相关关系;当线性回归中有多个自变量时,称作多重线性回归(通常叫作多元线性回归),其回归系数称为偏回归系数。例如,以销售收入为因变量,同时研究广告费、产品单价、产品满意度、服务满意度与因变量销售收入的相关关系。

多重线性回归根据自变量引入模型和筛选方式,可以分为强制引入法多重线性回归和逐步多重线性回归。

2. 模型检验和评价

拟合线性回归模型后,要对模型总体拟合状况进行检验和评价,通过检验后方可用于影响因素分析或回归预测。线性回归模型的检验如表 5-8 所示。

表 5-8　线性回归模型的检验

检验项目	检验方法或指标
回归方程总体显著性检验	F 检验(ANOVA)
回归系数显著性检验	t 检验
回归方程拟合优度评价	一元线性回归 R^2、多重线性回归调整后的 R^2

1)回归方程总体显著性检验

研究者采用方差分析 F 检验,对回归方程总体是否显著(有统计学意义)进行检验。该检验原假设回归方程中至少有一个自变量的回归系数不为 0,当回归模型 F 检验的概率 p 小于 0.05 时说明模型显著,即至少有一个自变量对因变量的影响有统计学意义;反之,若 p 大于 0.05 则说明模型不成立。

2)回归系数显著性检验

回归方程总体显著,如果想进一步判断哪些自变量的回归系数是显著的,则需要进行 t 检验。原假设自变量回归系数等于 0,如果回归系数 t 检验概率 $p<0.05$,则说明该变量回归系数不为 0,回归系数有统计学意义,其对因变量有显著影响;反之,若 $p>0.05$,则说明该自变量的回归系数为 0,自变量的影响无统计学意义。

3）回归方程拟合优度评价

拟合优度是指样本数据各点围绕回归直线的密集程度，用来评价回归模型的拟合质量。一般是用决定系数 R^2 作为评价指标，R^2 接近 1 说明回归方程拟合优度良好，R^2 接近 0 说明回归方程拟合优度差。R^2 一般解释为回归方程对因变量 Y 总变异的解释力度，如 R^2 为 0.8，即回归方程可解释因变量 Y 总变异原因的 80%。

一元线性回归时仅输出 R^2，多重线性回归时可同时输出 R^2 和调整后的 R^2。R^2 会随自变量的个数或样本量的增加而增大，为了消除这种影响，引进了调整后的 R^2，因此多重线性回归时决定系数用调整后的 R^2。

5.2.2 线性回归适用条件

线性回归对数据资料是有要求的，因变量必须是定量数据，自变量可以是定量数据也可以是定类数据，当遇到分类数据为自变量时，要根据实际情况考虑以哑变量形式进行线性回归。线性回归的正确使用，还应满足以下的主要适用条件，如表 5-9 所示。

表 5-9 线性回归的主要适用条件

适用条件	说明	检验方法/指标
线性关系	自变量 X 与因变量 Y 间存在线性关系	前验：散点图、相关分析
残差正态性	回归残差服从正态分布	后验：残差直方图、残差 QQ 图/PP 图
残差等方差性	回归残差的方差齐	后验：残差散点图（残差诊断图）
残差独立性	回归残差满足独立特征	后验：D-W 检验
无多重共线性	多重线性回归自变量无明显共线性的影响	后验：VIF（方差膨胀因子）
无明显异常值	无明显异常值对回归结果不利	后验：残差散点图/箱线图、标准差等

前验是指在线性回归开始之前进行的检验，后验是指在线性回归后利用回归结果（如残差）进行的检验。残差即因变量的观测值与利用回归模型求出的预测值之间的差值，能反映利用回归模型进行预测引起的误差。

1）线性关系

自变量与因变量间存在线性关系，这是线性回归最基本的条件之一。一般在开始线性回归之前，通过绘制自变量与因变量的散点图或进行两者的相关分析可加以判断。如果自变量与因变量是非线性关系，那么需要先进行数据转换，再进行线性回归或曲线回归。

2）残差正态性

线性回归模型要求其残差服从均值为 0、方差为 σ^2 的正态分布，回归拟合后对其残差进行正态分布检验，常用方法有残差直方图、残差 PP 图/QQ 图等，或采用显著性检验方法。如果残差不服从正态分布，则考虑对因变量进行正态转换使其满足条件，如先对因变量取对数函数再重新进行回归分析。

3）残差等方差性

残差等方差性即残差齐次，理论上是指自变量取值不同时，因变量 Y 的方差相等，可通俗理解为不同 Y 预测值情况下，残差的方差相等。研究者可利用残差数据绘制残差散点图，用以观察残差随因变量取值或随预测值的变化趋势。如果残差随机分布，无明显规律可循，则说明残差等方差；如果残差的分布有迹可循，如自变量 X 值越大，残差项越大或越小，常见的残差呈"喇叭状"，则说明残差分布不均，模型具有异方差性，模型质量较差。如果模型有明显的异方差性，则建议处理后重新进行回归分析，如先对 Y 取对数再构建模型等。

4）残差独立性

针对回归残差的独立性条件，研究者通常采用 Durbin 和 Watson 提出的 D-W 检验方法。如果 D-W 值在 2 附近（1.7~2.3），则说明残差独立，即没有自相关性；反之，若 D-W 值明显偏离 2，则说明存在自相关性。如果有明显的自相关性，则考虑对因变量进行差分处理或更换分析方法。

5）无多重共线性

线性回归中的多重共线性，是指线性回归模型中的自变量之间由于存在强相关关系而使模型估计失真或难以准确估计。对共线性的判断，常见方法有分析变量间的相关性及排查方差膨胀因子（VIF）值。如果自变量中出现 VIF 大于 10（严格一些也可以将 VIF 大于 5 作为标准），则说明模型中存在严重的多重共线性问题，模型结果不可靠；反之，若 VIF 小于 10（或小于 5），则说明模型存在的共线性问题不严重（贾俊平，2014）。如果模型呈现共线性问题，则考虑使用逐步回归分析、主成分回归，或者利用专业经验及变量间的相关性删除个别自变量。

6）无明显异常值

由于异常值的存在对于回归直线方程的拟合、判定系数及显著性检验的结果都有很大的影响，因此对线性回归中异常值的分析不容忽视，可通过残差散点图进行观察，如果发现有明显的离群点应当重视，必要时予以删除或替换处理。

5.2.3 线性回归的一般步骤

在实际科研分析时，线性回归分析的一般步骤如图 5-12 所示。

Step1 准备数据 → Step2 线性条件判断 → Step3 建立线性回归模型 → Step4 模型检验与评价 → Step5 残差及共线性诊断 → Step6 结果报告

图 5-12 线性回归分析的一般步骤

1）准备数据

按普通数据格式录入数据，即每行是一个个案，每列是一个变量。线性回归的因变量必须是定量数据，如果因变量是定类数据，则应该进行 Logistic 回归。线性回归的自变量允许是定量数据或定类数据，分类数据可先通过在仪表盘中依次单击【数据处理】→【生成变量】模块进行哑变量处理，再参与回归。

2）线性条件判断

自变量与因变量间存在线性相关关系，这是基础条件。如果自变量与因变量为非线性关系，则考虑先对数据进行转换或进行曲线回归。对于多重线性回归一般需要逐个观察各自变量与因变量的散点图是否有线性趋势，或进行线性相关分析，利用线性相关系数进行判断。

3）建立线性回归模型

如果只有一个自变量，则可进行一元线性回归，如果有多个自变量，则可进行多重线性回归。当进行多重线性回归时，可根据自变量的个数及自变量的筛选方式，选择逐步回归方式对自变量进行筛选。

4）模型检验与评价

构建模型后，我们需要对模型整体进行显著性检验，判断模型是否有效，并进一步对各自变量的回归系数进行显著性检验，利用 R^2 或调整后的 R^2 对模型拟合优度进行评价，R^2 的大小没有固定标准，应结合行业经验或文献资料进行评判。

5）残差及共线性诊断

这一部分分析内容可以称为后验分析，利用回归残差进行残差正态性、残差等方差性、残差独立性诊断，判断残差是否满足相应要求。同时对回归模型有无多重共线性问题、有无明显异常值影响进行判断和处理。

在后验分析中，如发现非正态、异方差、自相关、共线性、异常值等问题，要进行有针对性的处理，常见的有对因变量做对数函数转换、剔除某些引发共线性问题的自变量，或剔除个别异常值数据后，返回第 3 步重新拟合线性回归。

6）结果报告

综合显著性检验、模型拟合优度、残差诊断、异常值判断等结果，对回归结果进行解读、分析和报告。侧重点在回归模型的有效性、回归系数的解释、确认影响因素，有时也会写出线性回归方程予以报告。

5.2.4 多重线性回归的实例分析

在实际研究中，因变量的变化往往受多个因素的影响，因此多重线性回归更能反映变量间的客观关系。

1. 一元线性回归与多重线性回归的区别

根据自变量的个数，线性回归可分为一元线性回归与多重线性回归。一元线性回归与多重线性回归对数据的要求、适用条件、模型检验、预测等基本是一致的，二者在应用时的主要区别如表 5-10 所示。

表 5-10　一元线性回归与多重线性回归的主要区别

线性回归	一元线性回归	多重线性回归
模型举例	$y=6.6+0.8x$	$y=6.6+0.5x_1+0.1x_2+0.2x_3$
自变量	仅一个自变量	多个自变量
自变量选择	强迫法	强迫法、逐步法
共线性	无	自变量间要求无多重共线性影响
回归系数	回归系数 X 每改变一个单位，Y 随着改变多少个单位	偏回归系数 控制其他自变量保持不变的情况下，X 每改变一个单位对因变量 Y 均值的影响程度
模型评价	R^2	调整后的 R^2
应用范围	一般作为中间分析过程	更广泛，用作变量关系研究的依据

（1）一元线性回归：只包括一个自变量，不论其有无显著性意义都必须纳入模型并建立

回归方程，自变量的选择主要受专业知识和研究目的的影响，不存在多重共线性、逐步回归筛选的问题。回归系数表示自变量每改变一个单位，因变量随之发生的改变量，回归模型的评价指标可采用决定系数 R^2，通常作为多重线性回归或其他统计方法前的初步分析。

（2）多重线性回归：可以分析多个自变量对因变量的影响关系，也可以靠专业知识选择少数重要的自变量进行强迫法回归分析，还可以通过逐步回归法从众多自变量中筛选对因变量有显著影响的自变量进行分析，并要求多个自变量间不能有多重共线性。回归系数表示控制其他自变量保持不变的情况下，自变量每改变一个单位对因变量均值的影响程度。在采用 R^2 对模型进行拟合评价时，应对 R^2 进行校正，因此一般采用调整后的 R^2。

因变量的变化是系统性的，与一元线性回归相比较，多重线性回归更符合实际研究情况，使用范围更广泛，当因变量为定量数据时，常作为变量影响关系的依据。

2. 线性回归实例

【例 5-5】本例以实例分析的形式，结合图 5-12 所示的步骤对线性回归分析进行进一步阐述。继续沿用【例 5-1】的数据文档，拟建立以"年龄""教育年限""工龄""现雇佣年"为自变量，"工资"为因变量的多重线性回归模型。案例数据来源于陈强（2015），本例对数据进行了编辑及修改，数据文档见"例 5-5.xls"。

一元线性回归的操作步骤、结果分析和多重线性回归基本一致，此处不再单独进行实例介绍。

1）准备数据

从研究目的上分析"年龄""教育年限""工龄""现雇佣年"4 个自变量对"工资"的相关性，或对"工资"的影响，由于"工资"变量为定量数据，因此选用线性回归分析。如果因变量为分类数据，则选用 Logistic 回归分析。

2）线性条件判断

在 5.1 节已经介绍过用散点图和相关系数来判断两个变量间是否存在线性相关关系。通过在仪表盘中依次单击【可视化】→【散点图】模块来绘制散点图，因为 4 个自变量在量纲单位上比较接近，所以本例在一个直角坐标系中绘制了 4 个散点图（量纲单位差距较大时，可采用矩阵排列）。4 个自变量与因变量的散点图如图 5-13 所示。

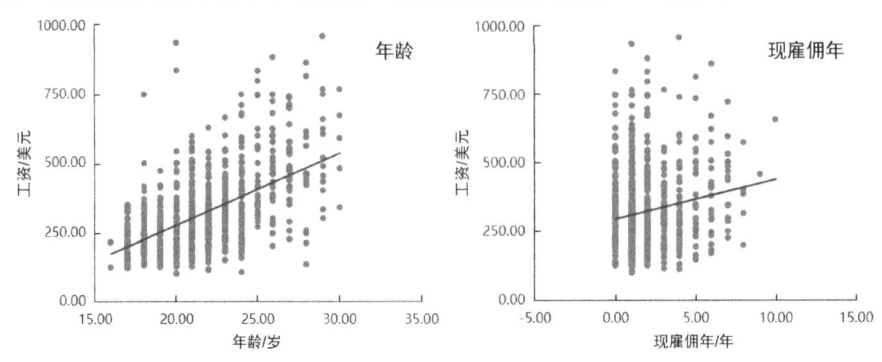

图 5-13　4 个自变量与因变量的散点图

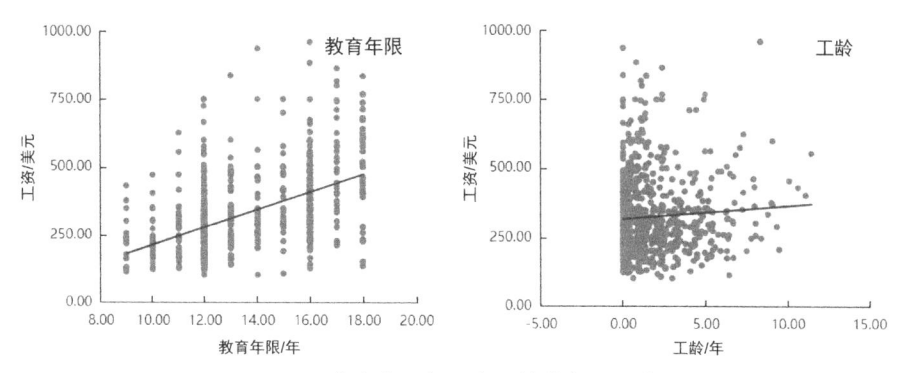

图 5-13　4 个自变量与因变量的散点图（续）

通过【直方图】模块初步判断正态性后，在仪表盘中依次单击【通用方法】→【相关】模块，以"工资"为因变量进行相关分析，结果发现"年龄""教育年限""工龄""现雇佣年"与因变量"工资"的 Spearman 相关系数依次为 0.51、0.49、0.1、0.07，p 均小于 0.05（至少标记一个*符号），且均为正相关关系。综合散点图和 Spearman 相关系数，"工资"与"年龄"和"教育年限"存在强线性相关关系，而与"工龄"和"现雇佣年"存在弱线性相关关系。

3）建立线性回归模型

本例考察的 4 个自变量均为定量数据，可直接进行线性回归分析。在仪表盘中依次单击【通用方法】→【线性回归】模块，将【工资】拖曳至【Y(定量)】分析框中，将其他 4 个变量拖曳至【X(定量/定类)】分析框中，勾选【保存残差和预测值】复选框，命令平台计算残差和预测值用于后验分析，多重线性回归操作界面如图 5-14 所示，最后单击【开始分析】按钮。

图 5-14　多重线性回归操作界面

线性回归结果表格较多，包括线性回归分析结果、ANOVA 表格、coefPlot 图等，我们可以按步骤进行解读和分析。

4）回归模型检验与评价

（1）回归方程总体显著性检验。回归模型是否有效采用方差分析 F 检验，若该检验的概率 $p<0.05$，则说明模型显著，即当前回归模型中至少有一个自变量的回归系数不为 0，

对因变量 Y 有显著影响；反之，模型无统计学意义。

线性回归模型总体显著性检验如表 5-11 所示，F=111.78，p<0.05，表明该线性回归模型总体上有统计学意义。

表 5-11 线性回归模型总体显著性检验

项	平方和	df	均方	F	p
回归	5982995.92	4	1495748.98	111.78	0.00
残差	10062378.19	752	13380.82		
总计	16045374.11	756			

（2）偏回归系数显著性检验。某个自变量的 t 检验概率 p 如果小于 0.05，则说明该变量系数不为 0，偏回归系数有统计学意义，其对因变量有显著影响；反之，则说明偏回归系数无统计学意义。

偏回归系数（n=757）如表 5-12 所示，第 2 列、第 4 列分别给出了非标准化系数 B 与标准化系数 Beta，第 5、6 列为各自变量偏回归系数的 t 检验结果，第 7 列为偏回归系数的 95% CI，第 8 列为共线性指标 VIF（下文有相应解释及分析）。

表 5-12 偏回归系数（n=757）

项	非标准化系数		标准化系数	t	p	95% CI	VIF
	B	标准误	Beta				
常数	−370.70	33.98	—	−10.91	0.00**	−437.29~−304.11	—
年龄	17.59	2.05	0.36	8.59	0.00**	13.58~21.61	2.10
教育年限	22.37	2.50	0.34	8.94	0.00**	17.47~27.28	1.76
工龄	−0.03	2.51	−0.00	−0.01	0.99	−4.95~4.89	1.58
现雇佣年	5.35	2.75	0.06	1.95	0.05	−0.04~10.74	1.20

注：1. 因变量：工资。
　　2. **p<0.01。

t 检验结果显示，"年龄""教育年限"的 p 值均小于 0.01，"工龄"的 p 值为 0.99 大于 0.05，"现雇佣年"的 p 值等于 0.05，均不显著，无统计学意义。常数项的显著性一般无实际意义，可以不做解读。本例所考察的 4 个自变量，"年龄""教育年限"对"工资"有显著影响，而另外两个变量对"工资"无影响。

"年龄"变量的非标准化系数为 17.59，说明"年龄"和"工资"存在正相关关系，在其他变量不变的情况下，年龄每增长 1 岁，工资水平会相应提高 17.59 个单位。"教育年限"非标准化系数为 22.37，表明在其他变量不变的情况下，多接受一年教育，工资水平会相应提高 22.37 个单位。

利用非标准化偏线性回归系数可写出回归方程的表达式，即

$$Y = -370.70 + 17.59 \times 年龄 + 22.37 \times 教育年限 - 0.03 \times 工龄 + 5.35 \times 现雇佣年$$

标准化偏线性回归系数可用其绝对值对各自变量进行重要性排序。例如，本例 4 个自变量的重要性依次为"年龄""教育年限""现雇佣年""工龄"。

（3）回归方程拟合度评价。模型汇总表能列出诸多和模型拟合有关的指标。线性回归

模型拟合评价如表 5-13 所示。

表 5-13　线性回归模型拟合评价

R	R^2	调整后的 R^2	模型误差 RMSE	D-W 值	AIC 值	BIC 值
0.61	0.37	0.37	115.29	1.85	9345.95	9369.10

R 即复相关系数，也叫作多元相关系数，反映的是所有自变量与因变量的总体相关关系。AIC 为赤池信息量准则，BIC 为贝叶斯信息准则，这两个指标一般用于多个回归模型的优劣比较。RMSE 为均方根误差，和原始数据的单位一致，解释结果时更容易理解，一般用于多个模型的比较。R、AIC 值、BIC 值、RMSE 这 4 个指标不常用，本例不做解读。D-W 值用于残差独立性检验，稍后在第 5 步进行解读和分析。

一元线性回归时以 R^2 作为拟合优度评价指标，多重线性回归时则采用调整后的 R^2 作为拟合优度评价指标。本例调整后的 R^2 为 0.37，表示建立的回归模型可解释"工资"总变异信息的 37%。R^2 越接近 1 越能说明模型的解释能力，不同行业及领域对 R^2 的接受不尽相同，没有绝对的标准，可参考行业文献进行判断。

5）残差及共线性等条件诊断

在 SPSSAU 平台分析界面打开【我的数据】模块，在当前数据集名称右侧，单击【查看】按钮可查看数据，即可观察平台计算并另存为新变量的残差值和预测值数据。查看数据集中新生成的残差和预测值如图 5-15 所示，左侧第 1 列 "Regression_Prediction_XXXX" 即回归方程对现有数据的预测值（以下简称 Prediction），第 2 列 "Regression_Residual_XXXX" 即本次回归的非标准化残差值（以下简称 Residual）。后验分析中对残差的分析需要使用这两列新生成的变量，它也会自动出现在待分析模块的变量列表中。

第1列	第2列	第3列
Regression_Prediction_9936	Regression_Residual_9936	南方否
231.98866653897704	133.04884346102295	0
402.56385039173339	-172.58204039173393	0
299.6786714163149	2.1924185836850825	0
219.75436970031416	20.332280299685834	0
303.77946079629237	71.2483092037076	0
117.45452330880805	4.542896691191956	0
591.8164508571579	81.35499914284219	0
374.7968413584697	-41.84426135846968	0
295.41384801696785	14.718751983032178	0

图 5-15　查看数据集中新生成的残差和预测值

（1）残差正态性。本例采用操作简单的直方图，在仪表盘中依次单击【可视化】→【直方图】模块，将【Residual】拖曳至【分析项(定量)】分析框中，单击【开始分析】按钮。

线性回归残差直方图如图 5-16 所示，直方图呈现左右对称的形态，比较接近正态分布，认为其近似正态分布，残差满足正态分布的要求。

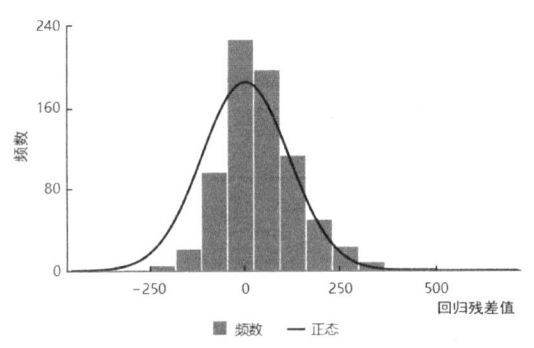

图 5-16　线性回归残差直方图

（2）残差等方差性。一般利用残差数据绘制残差散点图，观察样本点是否随机分布。在仪表盘中依次单击【可视化】→【散点图】模块，将【Residual】拖曳至【Y(定量)】分析框中，将【Prediction】拖曳至【X(定量)】分析框中，此处注意散点图 X 轴及 Y 轴上分配的变量，一般来说残差诊断的散点图，会将其预测值作为 X 轴，残差值作为 Y 轴，最后单击【开始分析】按钮。

线性回归预测值与回归残差值散点图如图 5-17 所示。点的分布并不是随机的，随着回归预测值的增大，残差有"逐渐放大"的趋势，呈现开口向右的"喇叭状"形态，提示本次建立的线性回归模型残差不满足等方差性，存在残差异方差的问题，这对线性回归过程是不利的，影响结果的准确性，应当重视并想办法予以处理。

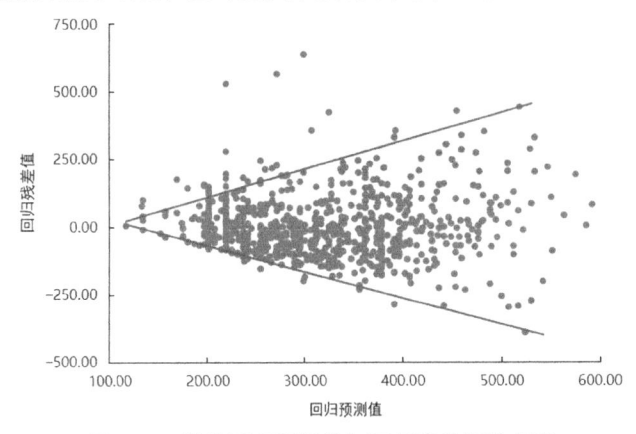

图 5-17　线性回归预测值与回归残差值散点图

常见的处理方式可先对回归分析的因变量进行对数函数的变换，再重新建立线性回归模型，此分析过程稍后进行。

（3）残差独立性。残差独立性通常用 D-W 检验方法，如果 D-W 值在 2 附近（1.7～2.3），则说明残差独立。D-W 检验结果在线性回归中能自动计算并输出。

本例的 D-W 值为 1.85，在 1.7～2.3 范围内，认为残差独立（见表 5-13）。

（4）无多重共线性。统计实践中常通过 VIF 指标来快速判断有无共线性问题，一般认为 VIF 大于 10（较严格的标准是大于 5），说明线性回归模型有较严重的共线性问题。

表 5-12 中的最后一列即 VIF，本例分析了 4 个自变量的 VIF，均介于 1.2~2.1，小于 10，因此本例不考虑共线性问题。

（5）无明显异常值。回归分析的异常值可通过残差散点图进行直观的观察及判断（见图 5-17），散点图顶部和底部有极少数点距离偏远，值得关注。一般来说对异常值的判断应谨慎，需要结合专业认知对这些点进行判断，本例暂不处理。

6）回归结果分析

在以上步骤中，对以"年龄""教育年限""工龄""现雇佣年"为自变量，"工资"为因变量的多重线性回归模型进行了显著性检验、后验分析、共线性检验、异常值等初步分析，目前的结论是，模型总体上有统计学意义，其中"年龄""教育年限"对"工资"有显著影响，但是残差存在异方差性，结合因变量"工资"不服从正态分布的特征，本例考虑先对因变量进行对数函数转换，再重新构建多重线性回归模型。

7）重新建立回归模型

首先通过在仪表盘中依次单击【数据处理】→【生成变量】模块，再选中【工资】变量，然后在【生成变量】下方的下拉列表中选择【自然对数(Ln)】，单击底部的【确认处理】按钮，平台会自动计算并将新的对数数据保存到数据文件中。对"工资"进行自然对数转换如图 5-18 所示。

图 5-18 对"工资"进行自然对数转换

新变量"Ln_工资"即"工资"数据的自然对数函数转换值。接下来以"年龄""教育年限""工龄""现雇佣年"为自变量，以"Ln_工资"为因变量，重新拟合多重线性回归模型，并计算新模型的残差值和预测值。基于残差与预测数据，重新绘制参数散点图并进行诊断。相关操作和前面第一次线性回归一致，本节不再赘述，可直接进行主要结果的解释分析和报告。为和上一次回归结果相比较，两次模型分别简称为模型 1 和模型 2。

图 5-19 所示为模型 2 的残差散点图，显然因变量进行对数转换后，模型 2 的残差分布得到了明显改善。点的分布随机化、均匀化，无明显趋势规律，可认为回归残差等方差。其他关于残差正态性、独立性的条件同样满足。

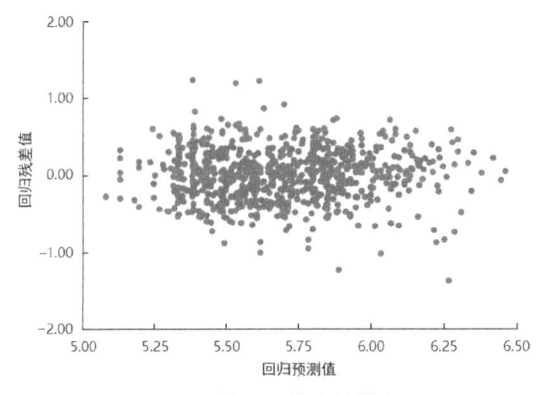

图 5-19　模型 2 的残差散点图

模型 2 线性回归分析汇总表（$n=757$）如表 5-14 所示，$F(4,752)=111.46$，$p<0.05$，回归模型 2 有统计学意义。其中"年龄"和"教育年限"对"Ln_工资"有显著影响（均 $p<0.05$），"工龄"和"现雇佣年"对"Ln_工资"无影响（均 $p>0.05$）。

表 5-14　模型 2 线性回归分析汇总表（$n=757$）

项	非标准化系数		标准化系数	t	p	VIF
	B	标准误	Beta			
常数	3.661	0.10	—	36.80	0.00**	—
年龄	0.050	0.01	0.35	8.32	0.00**	2.10
教育年限	0.067	0.01	0.35	9.17	0.00**	1.76
工龄	0.004	0.01	0.02	0.53	0.60	1.58
现雇佣年	0.015	0.01	0.06	1.87	0.06	1.20
R^2	0.37					
调整后的 R^2	0.37					
F	$F(4,752)=111.46, p=0.00$					
D-W 值	1.76					

注：1. 因变量：Ln_工资。
　　2. **$p<0.01$。

调整后的 $R^2=0.37$，模型 2 可解释"Ln_工资"的 37%变异来源，模型表达式为

Ln_工资=3.661+0.050×年龄+0.067×教育年限+0.004×工龄+0.015×现雇佣年

因变量对数变换后，关于自变量回归系数的解释分析和模型 1 不同。例如，本例的"教育年限"偏回归线性系数为 0.067，每增加一年教育，将使工资增加 6.7%。同理，年龄每增加一年，工资会增加 5%。

5.2.5　逐步线性回归的实例分析

当要研究分析的自变量个数较少，且这些自变量得到专业及文献资料的支持时，自变量一般未提前筛选，采用全部纳入模型的方式，即将专业上欲考察的自变量全部纳入线性回归模型中。

在实际分析过程中，以探索为目的的相关影响关系研究，往往是从众多的自变量中搜寻对因变量有影响的因素，研究者并不清楚哪些自变量与因变量是相关的，此时为提高分析效率，回归过程只引入作用显著的自变量而剔除无意义的自变量，可采用逐步回归的形式进行多重线性回归分析。

1．逐步回归法

逐步回归包括 3 种自变量筛选方式，其方法如表 5-15 所示。

表 5-15　逐步回归的 3 种方法

逐步回归的方法	说明
向前法	自变量逐个引入回归方程，只进不出
向后法	自变量先全部引入方程，然后将无意义的自变量逐个剔除
逐步法	向前法与向后法的综合，可进可出

（1）向前法：先对每个自变量做线性回归，然后按重要性逐个引入有显著性的自变量建立多重线性回归方程，不对已引入的自变量做显著性检验，只进不出，直到没有自变量被引入为止。

（2）向后法：先将所有自变量引入建立多重线性回归方程，然后按重要性逐个剔除无显著性意义的自变量，每剔除一次要针对剩余的自变量重新建立回归方程，直到回归方程中的自变量不能被剔除为止。

（3）逐步法：先按向前法引入自变量，每引入一个自变量当前模型的所有自变量都要做一次显著性检验，已进入模型的自变量如果变得无显著性则剔除，能确保每次引入新的自变量前回归方程中都是有显著意义的自变量，属于双向筛选过程，直到没有自变量可以被引入，也没有自变量可以被剔除为止。

逐步法可克服向前法与向后法的一些缺陷，得到普遍使用。3 种逐步回归方法的选择，并无严格的规定或标准，实践中必须同时重视专业上对自变量的筛选和评价，不能完全依赖统计方法进行自变量筛选。

2．逐步回归实例分析

【例 5-6】在【例 5-5】的基础上，研究者考虑加入更多的自变量以研究它们对"工资"的影响。拟建立以"是否住美国南方""婚否""是否住大城市""母亲受教育年限""智商""世界观""年龄""教育年限""工龄""现雇佣年"为自变量，"Ln_工资"为因变量，采用逐步回归法构建多重线性回归模型。

1）准备数据

因变量"Ln_工资"为定量数据，自变量"年龄""教育年限""现雇佣年""工龄""智商""世界观""母亲受教育年限"为定量数据，"婚否"、"是否住美国南方"及"是否住大城市"为二水平分类变量，如果进行哑变量处理后仍为自身，则二水平分类变量也可以直接进行线性回归，数据类型符合线性回归的基本要求。

2）线性相关条件判断

针对待分析的 10 个自变量，分别绘制其与因变量的散点图或矩阵式散点图。经观察发现，其与因变量之间基本呈线性相关关系，没有发现明显的非线性关系，可以进行下一步的多重线性回归。具体操作及散点图解释与 5.2.4 节内容类似，此处略。

3）建立线性回归模型

当研究者对自变量的筛选无明确专业或理论依据，在自变量较多时可考虑采用逐步回归的方式进行筛选。在仪表盘中依次单击【进阶方法】→【逐步回归】模块，操作界面如图 5-20 所示。将变量【Ln_工资】拖曳至【Y(定量)】分析框中，其他变量拖曳至【X(定量/定类)】分析框中，在下拉列表的向前法、向后法、逐步法中，选择【逐步法】，勾选【保存残差和预测值】复选框，最后单击【开始分析】按钮。

图 5-20 例 5-6 逐步回归操作界面

4）模型检验与评价

逐步回归分析结果汇总（$n=757$）如表 5-16 所示。

表 5-16 逐步回归分析结果汇总（$n=757$）

项	非标准化系数		标准化系数	t	p	VIF
	B	标准误	Beta			
常数	3.450	0.12	—	28.72	0.00**	—
是否住美国南方	−0.090	0.03	−0.09	−3.35	0.00**	1.04
婚否	0.100	0.03	0.11	3.64	0.00**	1.28
是否住大城市	0.130	0.03	0.14	5.07	0.00**	1.04
智商	0.004	0.00	0.13	4.08	0.00**	1.39
年龄	0.050	0.00	0.34	9.78	0.00**	1.58
教育年限	0.050	0.01	0.25	6.88	0.00**	1.67
R^2	0.43					
调整后的 R^2	0.42					
F	$F(6,750)=93.43, p=0.00$					
D-W 值	1.81					

注：1. 因变量：Ln_工资。

2. ** $p<0.01$。

（1）回归方程总体显著性检验，$F(6,750)=93.43$，$p<0.01$，按 $α=0.01$ 水平，认为本次拟合所得的回归方程具有统计学意义。

（2）偏回归系数检验，待分析的10个自变量，最终保留在模型的包括"是否住美国南方""婚否""是否住大城市""智商""年龄""教育年限"6个自变量，t 检验 p 值全部小于0.05，说明这6个自变量对"Ln_工资"的影响有统计学意义。由标准化系数看出，"年龄""教育年限""是否住大城市"对"Ln_工资"的影响位列前三位。

（3）经过逐步回归的筛选，最终回归方程为

Ln_工资=3.450−0.090×是否住美国南方+0.100×婚否+0.130×是否住大城市+0.004×智商+0.050×年龄+0.050×教育年限。

（4）模型拟合评价，回归方程调整后 $R^2=0.42$，表示"Ln_工资"变异的42%能被上述多重线性回归方程所解释。

5）模型残差及共线性诊断

（1）残差诊断，首先通过勾选【保存残差和预测值】复选框，平台会自动计算本次回归方程的残差和预测值，两个新变量名称跟前缀字符简称为"Residual"和"Prediction"，然后通过单击【可视化】下的【散点图】【直方图】或【P-P 图/Q-Q 图】模块绘制残差散点图、残差直方图、残差正态 P-P 图，并进行残差的各条件诊断。经诊断，残差符合正态分布、等方差性。具体操作解释及分析与5.2.4节相同，此处略。残差独立性，由表5-16中的 D-W 值可知，本例回归方程的 D-W=1.81，接近2，可粗略认为本例残差独立。

（2）共线性诊断，由表5-16中的 VIF 指标可知，纳入回归方程的6个自变量，其各自的 VIF 指标均小于5，认为不存在多重线性问题。

6）结果分析报告

综上所述，通过本次逐步回归发现，"是否住美国南方""婚否""是否住大城市""智商""年龄""教育年限"这6个自变量对工资有显著影响，可解释工资变异的42%，整个回归方程有统计学意义。

5.2.6 有哑变量的线性回归

前面介绍了线性回归的因变量必须是定量数据，自变量允许是定量数据或定类数据。在定类数据中，如果是二水平分类变量一般视为定量数据，可直接进行线性回归。而对于多个分类水平的分类自变量，应酌情考虑将其转换为哑变量，以哑变量的形式参与线性回归分析。

1. 哑变量转换

例如，A、B、AB、O 4 种血型数据，依次用数字1、2、3、4表示，如果直接以血型作为自变量，则回归系数表示血型每增加/减少一个单位，因变量随之增加/减少的改变量，这与实际情况不符，因为4种血型是平等关系，并不存在递增或递减效应。遇到此类自变量的线性回归分析，应考虑将分类变量转换为数个哑变量，每个哑变量只代表与参考水平相比的差异，这样做所得的回归系数才有实际意义。

哑变量又称虚拟变量，它是人为虚设的变量，所以有些地方也称之为虚设变量。哑变量较常见的表示方式是"指示符法"，即用 0-1 数据进行组织。

一个有 k 个水平的多分类变量转换为哑变量时，可生成 k 个哑变量，每个哑变量均为 0-1 数据，1 表示原分类水平的一个分类，0 表示非此类。

哑变量转换示例如表 5-17 所示。哑变量"血型_1"的编码 1 对应的是"A 型"，编码 0 则表示"非 A 型"，该哑变量代表的就是"A 型"血型；哑变量"血型_2"对应的是"B 型"；哑变量"血型_3"对应的是"AB 型"；哑变量"血型_4"对应的是"O 型"。同一个分类变量转换所得的多个哑变量，一般简称为"一组"或"一簇"哑变量。

表 5-17 哑变量转换示例

血型及水平编码		血型_1	血型_2	血型_3	血型_4
A 型	1	**1**	0	0	0
B 型	2	0	**1**	0	0
AB 型	3	0	0	**1**	0
O 型	4	0	0	0	**1**

在 SPSSAU 平台中，可通过在仪表盘中依次单击【数据处理】→【生成变量】模块对多分类的自变量进行哑变量处理，相关介绍见本书 3.4 节内容。

2. 参照水平

多分类变量转换为哑变量参与线性回归时，应选择一个恰当的分类作为参照水平，即哑变量回归时，纳入回归模型的哑变量为 $k-1$ 个，减掉的这一个作为参照。例如，我们可选择"O 型"作为参照，此时参与回归的仅包括"血型_1""血型_2""血型_3"这 3 个哑变量，而哑变量"血型_4"作为参照不纳入回归模型。

哑变量回归时，应注意遵守"同进同出"原则，即若任意一个哑变量对因变量 Y 有显著性，则其同组哑变量均一并纳入回归模型；若一组哑变量对因变量 Y 无显著性，则该组哑变量全部被剔除模型。

值得注意的是，参照水平的选择不是随意的，主要根据专业和研究目的进行选择（冯国双，2018）。怎么理解呢？例如，研究目的在于考察"吸烟"对患某疾病的影响，则以"不吸烟"作为参照；再例如，研究病情严重程度对预后质量的影响，根据专业知识将病情严重程度划分为 4 个等级，可考虑将等级最低的水平作为参考，有利于临床意义的解释。

3. 实例分析

【例 5-7】对【例 5-1】的案例背景和数据进行重新整理，数据文档为例"例 5-7.xls"。某研究收集到 758 名美国年轻男子的数据，行业经验认为"年龄"、"教育年限"及"智商等级"对"Ln_工资"的对数数据有预测作用，试拟合多重线性回归进行分析。

1）哑变量转换

本例"智商等级"为有 4 个分类水平的分类变量，4 个等级数字编码依次为 1、2、3、4。其作为线性回归自变量时，考虑对其进行哑变量转换生成 3 个哑变量，以 3 个哑变量形式参与线性回归。

在仪表盘中依次单击【数据处理】→【生成变量】模块，先在左侧的变量列表中选中【智商等级】变量，然后在右侧下拉列表中选择常用的【虚拟(哑)变量】，最后单击底部的【确认处理】按钮。哑变量转换操作与结果如图 5-21 所示。

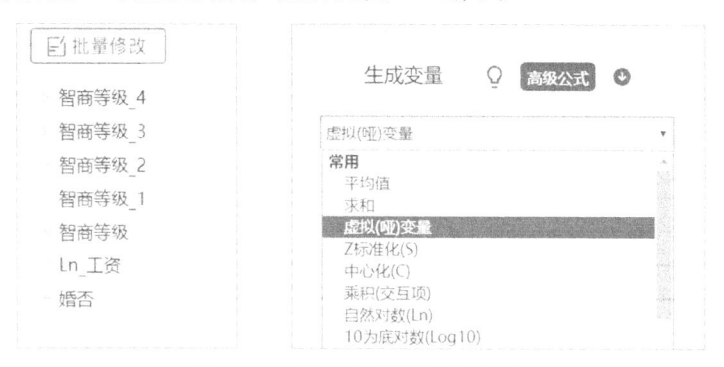

图 5-21 哑变量转换操作与结果

转换后，在原始数据中新增"智商等级_1～智商等级_4"4 个哑变量，分别对应的是"智商等级"的 4 个水平。此处应注意，选择其中一个水平作为参照，本例选择"智商等级_1"即第一个水平作为参照，其余 3 个哑变量参与接下来的线性回归。

2）线性回归

同一组哑变量应同步进入模型或同步退出模型，为此哑变量不适合按照逐步回归方式进行筛选，本例选择使用【线性回归】完成线性回归分析。在仪表盘中依次单击【通用方法】→【线性回归】模块，将变量【Ln_工资】拖曳至【Y(定量)】分析框中，将【年龄】与【教育年限】拖曳至【X(定量/定类)】分析框中。哑变量回归操作界面如图 5-22 所示。

图 5-22 哑变量回归操作界面

本例以"智商等级_1"为参照，先将【智商等级_2】～【智商等级_4】这 3 个哑变量拖曳至【X(定量/定类)】分析框中，然后勾选【保存残差和预测值】复选框，最后单击【开始分析】按钮。

3）结果分析

线性回归分析结果汇总（$n=757$）如表 5-18 所示。

表 5-18　线性回归分析结果汇总（n=757）

项	非标准化系数		标准化系数	t	p	VIF
	B	标准误	Beta			
常数	3.707	0.10	—	36.51	0.00**	—
年龄	0.057	0.00	0.40	12.49	0.00**	1.26
教育年限	0.046	0.01	0.24	6.65	0.00**	1.64
智商等级_4	0.196	0.04	0.20	4.85	0.00**	2.08
智商等级_3	0.112	0.04	0.12	3.08	0.00**	1.79
智商等级_2	0.102	0.04	0.10	2.82	0.00**	1.61
R^2	0.39					
调整后的 R^2	0.38					
F	$F(5,751)$=95.35,p=0.00					
D-W 值	1.77					

注：1. 因变量：Ln_工资。
　　2. **p<0.01。

（1）回归方程总体显著性检验，$F(5,751)$=95.35，p<0.01，按 α=0.01 水平，认为本次拟合所得的回归方程具有统计学意义。

（2）偏回归系数检验，"年龄"和"教育年限"两个自变量，以及"智商等级"的3个哑变量，t 检验 p 值全部小于 0.01，说明这 5 个自变量对"Ln_工资"的影响有统计学意义。相对于"智商等级_1"来说，由"智商等级_1"变换到"智商等级_2"，工资水平增加了 10%；由"智商等级_1"变换到"智商等级_3"，工资水平增加了 11%；由"智商等级_1"变换到"智商等级_4"，工资水平增加了 20%，可见智商对工资的影响。

（3）最终回归方程为：Ln_工资=3.707+0.057×年龄+0.046×教育年限+0.196×智商等级_4+0.112×智商等级_3+0.102×智商等级_2。

（4）模型拟合评价，回归方程调整后 R^2=0.38，表示"Ln_工资"变异的 38% 能被上述多重线性回归方程所解释。

5.3　Logistic 回归

线性回归的因变量是定量数据，如果遇到分类变量，则不适合拟合线性回归。例如，贷款违约的相关性研究，研究目标只有两种结局，数字 1 表示违约，数字 0 表示未违约，如果用线性回归方程解决该问题，方程等号左侧只有两种结局 0 或 1，而方程等号右侧的值域是任意解，显然此类问题不能用线性回归方程来解决。

Logistic 回归有多种类型，包括二元 Logistic 回归、多分类 Logistic 回归、有序 Logistic 回归，以及条件 Logistic 回归，在 SPSSAU 平台中对应有【二元 Logit】【有序 Logit】【多分类 Logit】及【条件 Logit 回归】模块。本节主要介绍这 4 种类型的 Logistic 回归原理及应用。

5.3.1 方法概述

Logistic 回归是一种广义的线性回归分析模型，也是研究分类型因变量与某些影响因素之间关系的一种回归分析方法。

1. Logistic 回归的类型

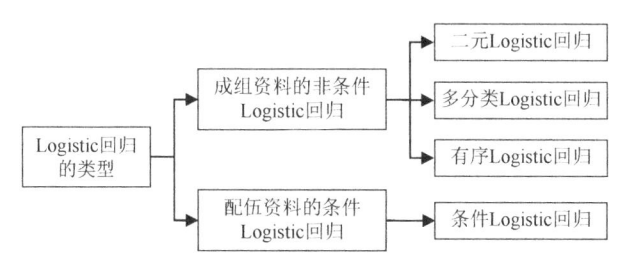

Logistic 回归的类型如图 5-23 所示。根据数据资料的情况，Logistic 回归可分为成组资料的非条件 Logistic 回归与配伍资料的条件 Logistic 回归。其中，非条件 Logistic 回归根据因变量的分类水平个数，可分为二元 Logistic 回归、多分类 Logistic 回归和有序 Logistic 回归。

图 5-23 Logistic 回归的类型

（1）二元 Logistic 回归：也称二项 Logistic 回归、二分类 Logistic 回归，因变量只有两种结局，且结局是互斥的，如死亡与未死亡、癌症淋巴结转移与未转移。

（2）多分类 Logistic 回归：也称多项 Logistic 回归、多元 Logistic 回归，因变量是无序多分类变量，如某研究想了解不同社区与性别之间成年居民获取健康知识的途径是否不同，获取健康知识的途径包括 3 种，分别是传统大众媒介=1，网络=2，社区宣传=3，该因变量即为无序多分类变量，该问题适合采用多分类 Logistic 回归进行分析。

（3）有序 Logistic 回归：因变量为有序分类变量（等级数据），如医学研究中关于某病的治疗效果，无效=1，有效=2，痊愈=3，如果要研究疗效的影响因素，则采用有序 Logistic 回归。

（4）条件 Logistic 回归：又称配对 Logistic 回归，其主要用于配对资料或分层资料的多因素分析，包括 1∶1 和 1∶M 配对资料的研究及分析。

2. Logistic 回归的适用条件

Logistic 回归的因变量必须是二分类变量、无序多分类变量、有序分类变量，自变量可以是定量数据也可以是定类数据，多水平的分类自变量应先转换为哑变量，主要包括以下适用条件。

（1）定量数据的自变量与因变量的 Logistic 转换值之间存在线性关系，这是由 Logistic 回归的原理决定的，一般情况下该条件是满足的。

（2）自变量之间无多重共线性，和线性回归类似，在考察多个自变量的影响时，如果存在共线性问题会影响 Logistic 回归的拟合结果。

（3）样本量的经验要求：因变量结局中较少的那一类样本量是自变量个数的至少 10

倍,以上经验方法估计的只是样本量的温饱水平,相对而言样本量越大越好。例如,结果为阳性与阴性,普遍来说阳性人群比例较低,100个阳性样本最多只能支持10个自变量,或者说,研究者需要考察8个自变量要求阳性样本至少有80例。孙振球和徐勇勇(2014)指出,对于配对资料,样本的匹配组数应为纳入方程中的自变量个数 p 的20倍以上。

3. Logistic 回归的一般步骤

线性回归一般采用最小二乘法进行参数估计,而 Logistic 回归采用的是最大似然估计法,虽然原理上有所不同,但是整体的分析思路是类似的。非条件 Logistic 回归分析一般步骤如图5-24所示,适合二元 Logistic 回归与多分类 Logistic 回归。

```
Step1          Step2            Step3              Step4              Step5
基本条件   ⇒   建立       ⇒    Logistic      ⇒   偏回归系数     ⇒   结论报告
判断          Logistic         回归模型的          与OR值解释
              回归模型         检验与评价         与分析
```

图 5-24 非条件 Logistic 回归分析一般步骤

1)基本条件判断

首先检查因变量是否为二分类变量、多分类变量、有序分类变量中的一种,若因变量为其中一种,则采用对应的二元 Logistic 回归、多分类 Logistic 回归、有序 Logistic 回归;若因变量为定量数据则采用线性回归。

建议在回归开始前先检查异常值情况,以及通过【线性回归】模块以结果变量为因变量,输出各自变量的 VIF 来判断有无多重共线性影响,如发现共线性、异常值等问题,考虑进行有针对性的处理措施,常见的有剔除或替换个别异常值数据,然后采取逐步回归等操作。

2)建立 Logistic 回归模型

建立 Logistic 回归模型的过程,较常见的是"先单后多",即先通过单因素分析筛选自变量,然后仅保留有显著影响的自变量进行多因素回归。这种场景在探索性研究目的、自变量较多或样本量不足的情况下应用较多。许汝福(2016)研究指出,当危险因素较多时可采用单因素分析进行初筛,但应注意适当调整检验水准并结合专业选择及纳入多因素分析变量,不要随意舍弃单因素分析无统计意义的自变量,避免漏掉重要的危险因素。

单因素分析的常见方法有卡方检验、t 检验、方差分析和秩和检验,差异的显著性水平可以由 0.05 适当放宽至 0.1、0.15,甚至 0.2。有一点必须明确,在进行多因素 Logistic 回归前进行单因素分析并不是绝对的,在样本量充足、研究目标明确、有足够专业理论支持的情况下,可将所有自变量一起进行多因素 Logistic 回归。

和线性回归类似,在进行多因素 Logistic 回归时,也可采用逐步回归法对变量进行筛选,如向前法、向后法或逐步法,尤其是逐步法 Logistic 回归在科研中使用较多。

3)Logistic 回归模型的检验与评价

Logistic 回归模型和线性回归模型检验类似,要先对模型总体显著性进行检验。具体判断时,可以直接读取似然比卡方检验的概率 p,如果 $p<0.05$ 则认为模型总体有统计学意义;反之,如果 $p>0.05$ 则认为模型无效。

Logistic 回归常用 Hosmer-Lemeshow 检验（简称 HL 检验）进行拟合优度评价，适用于含有定量自变量的模型拟合优度评价。原假设模型拟合值和观测值的吻合程度一致，如果 $p>0.05$ 则说明通过 HL 检验，可认为模型拟合优度良好；反之，如果 $p<0.05$ 则说明模型没有通过 HL 检验，模型拟合优度一般或较差。

决定系数 R^2 作为线性回归模型拟合优度的重要指标，其结果得到重视和应用。Logistic 回归也提供 R^2，常见的包括 McFadden R^2、Cox & Snell R^2、Nagelkerke R^2，它们被称为伪 R^2，其含义和线性回归的决定系数 R^2 类似，但是在实际应用中，它们在 Logistic 回归中较少使用。

此外，模型预测准确率也可用作模型拟合优度的评价，没有严格的标准，具体由专业经验决定。

4）偏回归系数与 OR 值解释与分析

对 Logistic 回归方程中各自变量的偏回归系数、OR 值及其 CI 进行解读，分析哪些因素对研究结局有影响，哪些因素无影响，以及通过 OR 值对影响程度进行分析。

5）结论报告

综合回归模型显著性检验、模型拟合评价，以及偏回归系数和 OR 值的情况，总结并呈现最终的分析结果和结论。

5.3.2 二元 Logistic 回归

二元 Logistic 回归中因变量只有两种结局，且两种结局是互斥的。举个例子进行说明，现在假设 $y=1$ 为死亡，$y=0$ 为未死亡，Logistic 回归最终可以做到的是将病例判定为死亡或未死亡，以及出现该结局的概率。若死亡的概率为 P，则未死亡的概率为 $1-P$，令 $\ln(P/1-P)=\text{logit}(P)$，这一过程被称为 logit 对数变换。

1. 二元 Logistic 回归模型

当有多个因素时，Logistic 回归的一般形式为

$$\text{logit}(P) = \ln\left[\frac{P}{1-P}\right] = \beta_0 + \beta_1 x_1 + \beta_2 x_2 + \cdots + \beta_m x_m$$

整个模型以最大似然法进行参数估计，以医学、流行病学为例，模型中有以下主要概念。

（1）$P/1-P$：称为比值或优势（Odds），$\ln(P/1-P)=\text{logit}(P)$ 称为优势的对数，大量实践证明 $\text{logit}(P)$ 与定量的自变量呈线性关系。

（2）OR（Odds Ratio）值：又称比值比、优势比，主要指用病例组中的比值 $P/1-P$ 除以对照组中的比值 $P/1-P$，是流行病学、医学研究中的一个常用指标。

（3）偏回归系数 β_j（$j=1,2,\cdots,m$）：表示在其他条件不变的情况下，自变量每改变一个单位时 $\text{Logit}(P)$ 的改变量。如果回归系数是正数，则表示自变量与因变量正相关；如果回归系数是负数，则表示自变量与因变量负相关。

（4）回归系数与 OR 值的关系：回归系数主要解释、分析自变量的显著性及对因变量影响的正负方向，OR 值用于衡量自变量对因变量的作用程度，OR 值等于回归系数的自然

对数值。若自变量 X 的偏回归系数为 0.6，则其 OR=exp(0.6)= $e^{0.6}$ =1.822。

回归系数、OR 值及对因变量的意义如表 5-19 所示。

表 5-19　回归系数、OR 值及对因变量的意义

回归系数	OR 值	对因变量的意义
β_j<0	OR<1	该因素是保护或抑制因素
β_j = 0	OR =1	该因素对结局的发生与否不起作用
β_j>0	OR>1	该因素是危险或促进因素

若 β_j 等于 0，则 OR 值等于 1，表示该因素对结局的发生与否不起作用。

若 β_j 为正数，则 OR 值大于 1，表示该因素是危险或促进因素。

若 β_j 为负数，则 OR 值小于 1，表示该因素是保护或抑制因素。

2. 逐步法筛选自变量

和线性回归类似，多因素 Logistic 回归也可采用逐步回归方法对变量进行筛选，如向前法、向后法或逐步法，尤其逐步法在多因素 Logistic 回归中受到科研工作的青睐。此处注意，SPSSAU 平台会采用 Wald 检验进行对自变量的逐步筛选。

3. 二元 Logistic 回归实例分析

【例 5-8】研究者收集了银行贷款客户的个人负债信息，以及曾经是否有过还贷违约记录，数据赋值说明如表 5-20 所示，试分析是否违约的相关因素。数据来源于 SPSS 统计软件自带数据集 "bankloan.sav"，数据文档为 "例 5-8.xls"。

表 5-20　例 5-8 案例数据赋值说明

因素	变量说明	赋值说明
年龄	岁、分类数据（三水平）	<30=1，30～40=2，>40=3
教育水平	年、分类数据（三水平）	高中及以下等于 1，高中等于 2，大学及以上等于 3
当前雇佣时长	年、分类数据（三水平）	小于或等于 3 等于 1，4～10=2，大于 10 等于 3
当前居住时长	年、分类数据（三水平）	小于或等于 3 等于 1，4～10=2，大于 10 等于 3
家庭收入	千美元、定量数据	
负债收入比率	%、定量数据	
信用卡负债	千美元、定量数据	
其他负债	千美元、定量数据	
曾经违约	分类数据（二水平）	否=0，是=1

1）基本条件判断

研究贷款违约发生的相关因素，因变量 "曾经违约" 有两种结局，因此选择使用二元 Logistic 回归。通过在仪表盘中依次单击【通用方法】→【频率】模块，针对 "曾经违约" 进行频率统计，曾经发生过违约行为的有 183 例，按样本量与自变量个数的 10 倍关系计算，样本量基本满足本次分析需要。

通过在仪表盘中依次单击【通用方法】→【线性回归】模块，以 "曾经违约" 为因变量，其他数据为自变量进行线性回归，在输出结果中发现，各自变量的 VIF 值均未超过 5，

初步认为自变量间不存在共线性问题。

2）建立 Logistic 回归模型

本例要考察的自变量有 8 个，在建立多因素回归模型之前，可先通过卡方检验、t 检验分析、了解各自变量对因变量的影响。

本例通过在仪表盘中依次单击【实验/医学研究】→【卡方检验】模块，分析"年龄"、"教育水平"、"当前雇佣时长"、"当前居住时长"与"曾经违约"间的关系。单因素分析 1 如表 5-21 所示。

表 5-21　单因素分析 1

因素	名称	曾经违约		总计	χ^2	p
		否	是			
年龄	30 岁以下	136(26.31%)	82(44.81%)	218(31.14%)	21.58	0.00**
	30～40 岁	222(42.94%)	59(32.24%)	281(40.14%)		
	40 岁以上	159(30.75%)	42(22.95%)	201(28.71%)		
教育水平	高中以下	293(56.67%)	79(43.17%)	372(53.14%)	10.84	0.00**
	高中	139(26.89%)	59(32.24%)	198(28.29%)		
	大学及以上	85(16.44%)	45(24.59%)	130(18.57%)		
当前雇佣时长	3 年以下	104(20.12%)	93(50.82%)	197(28.14%)	70.18	0.00**
	4～10 年	211(40.81%)	62(33.88%)	273(39.00%)		
	10 年以上	202(39.07%)	28(15.30%)	230(32.86%)		
当前居住时长	3 年以下	136(26.31%)	78(42.62%)	214(30.57%)	17.07	0.00**
	4～10 年	210(40.62%)	60(32.79%)	270(38.57%)		
	10 年以上	171(33.08%)	45(24.59%)	216(30.86%)		

注：** $p<0.01$。

在仪表盘中依次单击【通用方法】→【t 检验】模块，分析"家庭收入"、"负债收入比率"、"信用卡负债"、"其他负债"与"曾经违约"间的关系。单因素分析 2 如表 5-22 所示。

表 5-22　单因素分析 2

因素	曾经违约（平均值±标准差）		t	p
	否（n=517）	是（n=183）		
家庭收入	47.15±34.22	41.21±43.12	1.88	0.06
负债收入比率	8.68±5.62	14.73±7.90	-9.54	0.00**
信用卡负债	1.25±1.42	2.42±3.23	-4.77	0.00**
其他负债	2.77±2.81	3.86±4.26	-3.22	0.00**

注：** $p<0.01$。

当进行单因素分析时，假设检验的显著性水平可适当放宽到 0.1 甚至 0.2。由表 5-21、表 5-22 可知，经卡方检验与 t 检验，按 α=0.1 的显著性水平，所有自变量的 p 值均小于 0.1，说明待分析的 8 个自变量分别和因变量"曾经违约"有相关性。

对单因素阶段有显著性的各自变量继续进行多因素二元 Logistic 回归分析，因素较多时可采用逐步回归的方法进行筛选。SPSSAU 平台基于 Wald 检验提供了 3 种逐步回归的方法，分别是逐步法、向前法、向后法，逐步法是向前法与向后法的综合应用，一般情况下使用逐步法较多。

3) 建立多因素 Logistic 回归模型

本例变量"年龄""教育水平""当前雇佣时长""当前居住时长"为多分类变量，通过在仪表盘中依次单击【数据处理】→【生成变量】模块，对这 4 个变量进行哑变量转换。

在仪表盘中依次单击【进阶方法】→【二元 Logit】模块，将【曾经违约】拖曳至【Y(定类)】分析框中，特别注意，因变量的两个水平数字编码必须是 0 和 1，可提前通过【数据处理】下的【数据编码】模块查看或进行编辑转换。将【家庭收入】【负债收入比率】【信用卡负债】【其他负债】，以及【年龄】【教育水平】【当前雇佣时长】【当前居住时长】这 4 个变量生成的哑变量全部拖曳至【X(定量/定类)】分析框中，注意本例全部选择第一个水平作为参照，4 个分类变量的一水平哑变量不移入【X(定量/定类)】分析框中，勾选【保存残差和预测值】复选框，最后单击【开始分析】按钮。二元 Logistic 回归操作界面如图 5-25 所示。

图 5-25 二元 Logistic 回归操作界面

Logistic 回归输出包括基本汇总、模型似然比卡方检验、分析结果汇总、回归预测准确率、Hosmer-Lemeshow 拟合度检验、coefPlot 图等结果，我们可以按步骤进行解释和分析。

4) Logistic 回归模型的检验与评价

模型似然比卡方检验用于对整体模型的有效性进行分析。二元 Logistic 回归模型的总体显著性检验如表 5-23 所示。χ^2=229.287，$p<0.01$，认为二元 Logistic 回归模型总体上有统计学意义，模型中引入的自变量至少有一个对因变量有影响，模型是有效的。

表 5-23 二元 Logistic 回归模型的总体显著性检验

模型	-2 倍对数似然值	χ^2	df	p	AIC 值	BIC 值
仅截距	804.364					
最终模型	575.077	229.287	6	0.000	589.077	620.934

AIC 值、BIC 值这两个统计量用于模型间的比较，取值越低模型拟合越好，本例只有一个有效模型，没有可比较的对象，因此 AIC 值和 BIC 值并无实际用处。"-2 倍对数似然值"即其他统计软件工具输出的"-2LL"统计量，也用于多个模型间的比较，取值越低模型拟合越好。

Hosmer-Lemeshow 拟合度检验结果如表 5-24 所示，χ^2=5.219，p=0.734>0.05，说明模型拟合良好。

表 5-24　Hosmer-Lemeshow 拟合度检验结果

χ^2	df	p
5.219	8	0.734

二元 Logistic 回归预测准确率如表 5-25 所示。本例二元 Logistic 回归模型对结局 0 即未违约的预测准确率为 93.04%（481/517），对结局 1 即违约的预测准确率为 45.90%，总体预测准确率为 80.71%。从银行贷款业务风险预警角度来看，本例更关注对违约结局的预测能力，显然 45.90% 是比较低的，该模型的实用价值有待进一步提高。

表 5-25　二元 Logistic 回归预测准确率

项		预测值		预测准确率	预测错误率
		0	1		
真实值	0	481	36	93.04%	6.96%
	1	99	84	45.90%	54.10%
汇总				80.71%	19.29%

注意，有些研究并不看中模型的预测能力，而主要关注的是因变量的相关影响因素。因此，预测准确率表的结果应综合研究目的来解释及分析。

在模型分析结果汇总表（偏回归系数解释时使用），即表 5-26 的底部，SPSSAU 平台提供了 3 个伪 R^2 指标，其含义类似线性回归中的决定系数 R^2，取值越大越好，在实际分析中应用较少，可以不做关注。

5）偏回归系数与 OR 值解释及分析

二元 Logistic 回归分析结果汇总如表 5-26 所示。通过逐步法，模型能自动根据显著性情况对自变量进行引入或剔除。在 4 个定量数据中，Wald 卡方检验显示"负债收入比率""信用卡负债"的 p 值均小于 0.05，它们对"曾经违约"的影响有统计学意义。

表 5-26　二元 Logistic 回归分析结果汇总

项	偏回归系数	标准误	z 值	Wald χ^2	p	OR 值	OR 值 95% CI
当前居住时长_10 年以上	-0.947	0.281	-3.375	11.390	0.001	0.388	0.224~0.672
当前居住时长_4~10 年	-0.789	0.242	-3.264	10.652	0.001	0.454	0.283~0.730
当前雇佣时长_10 年以上	-3.211	0.391	-8.223	67.611	0.000	0.040	0.019~0.087
当前雇佣时长_4~10 年	-1.292	0.231	-5.594	31.293	0.000	0.275	0.175~0.432
负债收入比率	0.103	0.018	5.690	32.381	0.000	1.108	1.070~1.148

续表

项	偏回归系数	标准误	z 值	Wald χ^2	p	OR 值	OR 值 95% CI
信用卡负债	0.426	0.078	5.447	29.666	0.000	1.530	1.313～1.784
截距	−1.099	0.257	−4.276	18.282	0.000	0.333	0.201～0.551

注：1. 因变量：曾经违约。

2. McFadden R^2：0.285。

3. Cox & Snell R^2：0.279。

4. Nagelkerke R^2：0.409。

Wald 卡方检验显示"当前居住时长""当前雇佣时长"的 4 个哑变量，p 值均小于 0.05，它们对"曾经违约"的影响也有统计学意义。其他没有引入模型的项，如"家庭收入""其他负债""教育水平"的两个哑变量及"年龄"的两个哑变量均没有统计学意义。

标准误和 z 值这两个为中间计算过程的统计量，标准误不宜过大，z 值一般不用解读。表中重点是各因素的偏回归系数、OR 值及其 95% CI。

两个定量数据"负债收入比率""信用卡负债"的偏回归系数为正数，认为其与"是否违约"存在正向相关关系。相对应的 OR 值大于 1，OR 值 95% CI 不包括 1，说明"负债收入比率""信用卡负债"越高越容易出现偿还贷款违约的情况。以"信用卡负债"为例，Wald χ^2=29.666，p<0.01，认为其对"是否违约"的影响有统计学意义，二者存在正相关关系。OR=1.530>1，说明其为发生违约的危险因素或促进因素，"信用卡负债"每增加一个单位，其发生违约的可能性是原来的 1.530 倍，或发生违约的可能性比原来增加 53%。

4 个哑变量的偏回归系数均为负数，说明其与"曾经违约"存在负相关关系，相对应的 OR 值均小于 1，OR 值 95% CI 不包括 1，说明"当前居住时长"4～10 年、10 年以上，"当前雇佣时长"4～10 年、10 年以上对"是否违约"起抑制作用，"当前居住时长""当前工作时长"越长（稳定）越不容易出现还贷违约的情况。以"当前雇佣时长_10 年以上"为例，Wald χ^2=67.611，p<0.01，相较于"当前雇佣时长_4 年以下"认为其对"是否违约"的影响有统计学意义，二者存在负相关关系。OR=0.040<1，说明其为发生违约的保护因素或抑制因素，"当前雇佣时长"每改变一个等级，其发生违约的可能性是原来的 0.040 倍，或发生违约的可能性比原来降低 99.6%。

6）结果报告

本例建立的贷款违约二元 Logistic 回归模型为

ln(P/1-P)=-1.099-0.947×当前居住时长_10 年以上-0.789×当前居住时长_4～10 年-3.211×当前雇佣时长_10 年以上-1.292×当前雇佣时长_4～10 年+0.103×负债收入比率+0.426×信用卡负债

其中，P 代表"曾经违约"为 1 的概率，1-P 代表"曾经违约"为 0 的概率。总体而言模型有统计学意义。"负债收入比率"和"信用卡负债"正向影响违约的发生，而"当前居住时长"和"当前雇佣时长"则反向抑制违约的发生。

coefPlot 图形可直观地展示模型中引入的自变量，以及各自变量对因变量影响的 OR 值情况。Logistic 回归的 OR 值结果绘制的 coefPlot 图形如图 5-26 所示。

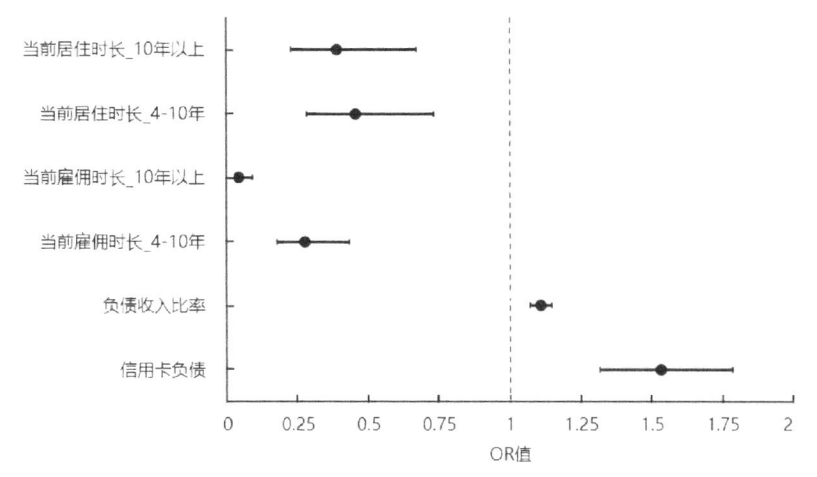

图 5-26　Logistic 回归的 OR 值结果绘制的 coefPlot 图形

图中垂直的虚线代表 OR 值等于 1，为无效线，图中的横线段为各自变量的 OR 值 CI，线段中间的圆点为具体的 OR 值。若各自变量的 OR 值 CI 和虚线无交叉或重叠，则表示对应的自变量有显著性，位于虚线右侧表示 OR 值大于 1，为危险因素；位于虚线左侧表示 OR 值小于 1，为保护因素。

5.3.3　多分类 Logistic 回归

因变量为无序多分类变量，如研究成人早餐选择的相关因素，早餐种类包括谷物类、燕麦类、复合类，此时因变量有 3 种结局，而且 3 种早餐是平等的没有顺序或等级属性，此类回归问题可以使用多分类 Logistic 回归进行分析。

1．模型原理

多分类 Logistic 回归有时也被称为多元 Logistic 回归，从因变量的多个类别中选一个水平作为对照拟合其他类别水平，相较于该对照水平的 Logistic 回归模型，因此 k 个分类水平的因变量，最终会得到 $k-1$ 个 Logistic 回归模型。

2．重要概念

（1）多分类 Logistic 回归模型的参数估计与二元 Logistic 回归模型类似，同样采用最大似然法。

（2）在模型检验方面，多分类 Logistic 回归模型与二元 Logistic 回归模型有一些差别，常用的拟合优度检验为 Pearson 卡方检验和偏差似然比卡方检验。其他概念和二元 Logistic 回归模型基本类似。

3．多分类 Logistic 回归实例分析

【例 5-9】以 1992 年美国总统选举的部分数据为例，总统投票对象包括 Perot、Bush、Clinton，数据赋值说明如表 5-27 所示，试分析选民的投票情况。案例数据来源于卢纹岱

(2006),数据文档见"例5-9.xls"。

表5-27 例5-9案例数据赋值说明

因素	变量说明	赋值说明
age	年龄	定量数据
sex	性别	male=1,female=2
pres	投票对象	Perot=1,Bush=2,Clinton=3

1)基本条件判断

本例研究投票对象的相关影响因素,投票对象(变量)为"pres",有3个分类水平,为无序多分类变量,总投票数为1847,通过在仪表盘中依次单击【通用方法】→【频数】模块,"pres"的3个投票对象Perot、Bush、Clinton依次获得278票、661票、908票,样本量能满足Logistic回归的经验要求,本例仅包括年龄、性别两个自变量,暂不考虑多重共线性问题。

本例拟以Perot作为参照水平,采用多分类Logistic回归进行分析。

2)建立Logistic回归模型

数据读入平台后,在仪表盘中依次单击【进阶方法】→【多分类Logit】模块,将【pres】变量拖曳至【Y(定类)】分析框中,将【sex】和【age】变量拖曳至【X(定量/定类)】分析框中。此处应注意,常见的参照水平主要包括第一个类别或最后一个类别,平台默认以第一个数字编码或较小的数据作为参照组。

多分类Logistic回归的自变量可以是定量数据,也可以是定类数据。如果是多分类定类数据可根据实际情况提前做哑变量转换,如果未做哑变量转换,其移入【X(定量/定类)】分析框后,平台会按定量数据进行回归分析。勾选【保存预测类别】复选框,命令平台对案例数据进行类别预测,最后单击【开始分析】按钮。多分类Logistic回归操作界面如图5-27所示。

图5-27 多分类Logistic回归操作界面

多分类Logistic回归输出包括基本汇总、模型似然比卡方检验、回归分析结果汇总、预测准确率等结果。在结果解释及分析时,可参考二元Logistic回归,先判断模型总体是否有效,再评价模型拟合质量,最后检验各自变量因素的显著性及分析OR值结果。

3）Logistic 回归模型的检验与评价

多分类 Logistic 回归模型和二元 Logistic 回归模型一样，总体显著性检验仍然采用的是似然比卡方检验。多分类 Logistic 回归模型总体显著性检验如表 5-28 所示。经检验，$\chi^2=89.743$，$p<0.05$，认为模型总体上有统计学意义，模型有效。表 5-28 中的 AIC 值、BIC 值及-2 倍对数似然值，和二元 Logistic 回归解读一致，均为取值越小越好，主要用于多个模型间的比较，此处可解释及分析的意义不大。

表 5-28　多分类 Logistic 回归模型总体显著性检验

模型	-2 倍对数似然值	χ^2	df	p	AIC 值	BIC 值
仅截距	3700.829					
最终模型	3611.086	89.743	4	0.000	3623.086	3656.214

我们也可以用预测准确率来评价模型的拟合优度，如表 5-29 所示。本次拟合的多分类 Logistic 回归模型，对 Perot、Bush 的投票预测准确率都很低，对 Clinton 的投票预测准确率可达 99.34%。

表 5-29　多分类 Logistic 预测准确率

项		预测值			预测准确率	预测错误率
		Perot	Bush	Clinton		
真实值	Perot(n=278)	0	4	274	0.00%	100.000%
	Bush(n=661)	0	9	652	1.36%	98.638%
	Clinton(n=908)	0	6	902	99.34%	0.661%
	汇总				49.32%	50.68%

4）回归系数与 OR 值解释与分析

对 k 个分类水平的因变量进行多分类 Logistic 回归，将得到 $k-1$ 个模型，每个模型都能独立计算各自变量对因变量的回归结果。多分类 Logistic 回归分析结果如表 5-30 所示。应注意该表格分为上下两部分，前 4 行为与 Petor 相比，投票给 Bush 的影响因素分析；而后 4 行为与 Petor 相比，投票给 Clinton 的影响因素分析。

表 5-30　多分类 Logistic 回归分析结果

Bush	偏回归系数	标准误	z 值	Wald χ^2	p	OR 值	OR 值 95% CI
sex	0.301	0.145	2.072	4.292	0.038	1.351	1.016～1.796
age	0.031	0.005	6.239	38.921	0.000	1.032	1.022～1.042
截距	-0.992	0.319	-3.108	9.662	0.002	0.371	0.198～0.693
Clinton	偏回归系数	标准误	z 值	Wald χ^2	p	OR 值	OR 值 95% CI
sex	0.734	0.141	5.214	27.191	0.000	2.084	1.581～2.747
age	0.034	0.005	6.939	48.151	0.000	1.035	1.025～1.045
截距	-1.486	0.313	-4.739	22.462	0.000	0.226	0.122～0.418

注：1. McFadden　R^2：0.024。
　　2. Cox & Snell　R^2：0.047。
　　3. Nagelkerke　R^2：0.055。

（1）与 Petor 相比，投票给 Bush 的影响因素分析。

经 Wald 卡方检验，性别 sex（χ^2=4.292，p<0.05）、年龄 age（χ^2=38.921，p<0.01），认为性别和年龄对投票给 Bush 的影响有统计学意义。这两个因素的偏回归系数均为正数，说明与投票给 Bush 有正相关关系。相对应的 OR 值均大于 1，OR 值 95%CI 不包括 1，说明性别、年龄对投票结果有影响。

以性别为例，OR=1.351，表示与 Petor 相比，女性投票给 Bush 的可能性是男性的 1.351 倍（默认以低编码水平为参照）。

（2）与 Petor 相比，投票给 Clinton 的影响因素分析。

经 Wald 卡方检验，性别 sex（χ^2=27.191，p<0.01）、年龄 age（χ^2=48.151，p<0.01），认为性别和年龄对投票给 Clinton 的影响有统计学意义。这两个因素的偏回归系数均为正数，说明与投票给 Clinton 有正相关关系。相对应的 OR 值均大于 1，OR 值 95% CI 不包括 1，说明性别、年龄对投票结果有影响。

性别的 OR=2.084，为促进因素，表示与 Petor 相比，女性投票给 Clinton 的可能性是男性的 2.084 倍。年龄的 OR=1.035，同样也属于促进因素，表示与 Petor 相比，年龄越大的群体越愿意投票给 Clinton。

5）结果报告

根据表中的常数项和偏回归系数，两个模型的表达式为

$$\ln(Bush/Petor)=-0.992+0.301sex+0.031age$$

$$\ln(Clinton/Petor)=-1.486+0.734sex+0.034age$$

性别、年龄对投票结果的影响均有统计学意义，是候选人选取成功的显著影响因素。

5.3.4 有序 Logistic 回归

有序 Logistic 回归和多分类 Logistic 回归的因变量均有多个分类水平，但是前者分类水平是有顺序、等级属性的。例如，临床试验的疗效分为无效、好转、有效和治愈 4 个等级，社会调查类研究满意度分为 1～5 层级。

1. 模型原理

由于因变量是等级资料的特征，因此有序 Logistic 回归模型被称为累加 Logit 模型，其原理是，对因变量水平分割后形成多个二元 Logistic 回归模型，假设多个模型中的自变量回归系数不变，不同的仅是模型的常数项，可通俗理解为模型的回归曲线是平行的。

有序 Logistic 回归分割原理示意图如图 5-28 所示。以 Y 有 3 水平为例，依次编码为 1、2、3，按序依次产生两个分割点，拆分出两个二元 Logistic 回归模型。第一个模型为（1 vs 2+3），第二个模型为（1+2 vs 3），一般

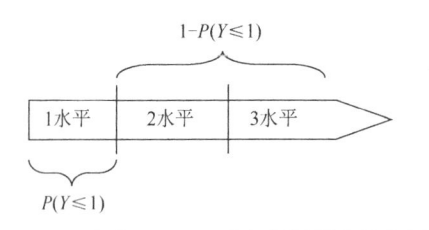

图 5-28 有序 Logistic 回归分割原理示意图

参照水平均取较高等级。也就是说，k 个水平将得到 $k-1$ 个二元 Logistic 回归模型。这 $k-1$ 个二元 Logistic 回归模型要求回归自变量不变，仅常数项改变。

2. 重要概念

1）连接函数

连接函数可以理解为是累计概率的转换形式，用于累计概率模型的估计。有序 Logistic 回归通常包括 5 种连接函数，使用说明如表 5-31 所示。

表 5-31 有序 Logistic 回归 5 种连接函数使用说明

连接函数	模型公式	使用说明
Logit	$f(x)=\log[x/(1-x)]$	因变量各选项分布较均匀，或者选项个数较少时使用
Probit	$f(x)=\Phi^{-1}(x)$	因变量接近正态分布时使用
补充 log-log	$f(x)=\log[-\log(1-x)]$	因变量水平高的选项出现概率高，且选项个数较多时使用
负 log-log	$f(x)=-\log(-\log x)$	因变量水平低的选项出现概率高，且选项个数较多时使用
Cauchit	$f(x)=\tan[\pi(x-0.5)]$	因变量存在极端值时使用

平台默认使用 Logit 连接函数，若模型没有特殊要求，一般建议使用 Logit 连接函数，其常用在因变量分类水平较少时。连接函数可能会影响平行性检验，如果平行性检验无法通过，则考虑根据因变量分布情况选择更为合适的连接函数。

2）平行性检验

累加 Logit 模型需要先对因变量分类水平进行分割，然后对分割后的数据进行 Logistic 回归，此时要求分割后的模型参数满足平行性，即 Logistic 回归模型中的各自变量偏回归系数相等。

该检验假设数据满足平行性，作为一个条件需要在有序 Logistic 回归时进行检验和判断。若 $p>0.05$ 则说明数据满足平行性；反之，若 $p<0.05$ 则说明数据不满足平行性。当平行性条件未被满足时，说明数据不适合进行有序 Logistic 回归，应该采用多分类 Logistic 回归分析模型（孙振球和徐勇勇，2014）。

3. 有序 Logistic 回归分析的步骤

有序 Logistic 回归分析的步骤和前面的二元 Logistic 回归、多分类 Logistic 回归略有不同，如图 5-29 所示。

Step1 基本条件判断 → Step2 建立有序 Logistic 回归模型 → Step3 平行性检验 → Step4 模型检验用于评价 → Step5 回归系数/OR 值解读 → Step6 结果报告

图 5-29 有序 Logistic 回归分析的步骤

1）基本条件判断

因变量必须是等级数据，如药物治疗的疗效（无效、有效、显著有效），或者顾客满意度（非常不满意、不满意、一般、满意、非常满意）。共线性、异常值等要求与二元 Logistic 回归一样。

2）建立有序 Logistic 回归模型

一般选因变量的最大水平作为参考水平，以 Logit 连接函数建立有序 Logistic 回归模型，也可以根据专业经验调整因变量的编码水平，以便对后面结果的解释及分析。

3）平行性检验

模型分割后要求各自变量偏回归系数相等，并通过平行性检验。如果不满足平行性检验条件，则考虑调整连接函数重新进行检验。若最终结果认定无法满足平行性检验条件，则考虑将有序因变量视为无序多分类数据类型，使用多分类 Logistic 回归进行分析。

步骤 4）5）6）的分析和二元 Logistic 回归、多分类 Logistic 回归基本一致，本节不做赘述。

4．有序 Logistic 回归实例分析

【例 5-10】研究者研究性别和两种治疗方法对某病疗效的影响，疗效的评价分为 3 个等级，无效、有效和显效，数据赋值说明如表 5-32 所示。试分析疗效与性别、治疗方法之间的关系。案例数据来源于张文彤（2002），数据文档见"例 5-10.xls"。

表 5-32　例 5-10 数据赋值说明

因素	变量说明	赋值说明
sex 性别	二水平	男=0，女=1
treat 治疗方法	二水平	旧疗法=0，新疗法=1
effect 疗效	三水平	无效=1，有效=2，显效=3

1）基础条件判断

治疗效果分为 3 个层级，依次是无效=1，有效=2，显效=3，为有序的多分类变量，主要考虑性别和新旧两种治疗方法对疗效的影响，应采用有序 Logistic 回归。

2）建立有序 Logistic 回归模型

数据读入平台后，在仪表盘中依次单击【进阶方法】→【有序 Logit】模块，将【effect】拖曳至【Y(定类)】分析框中，将【sex】和【treat】拖曳至【X(定量/定类)】分析框中。在【平行性检验】下拉列表中选择【进行检验】，在【连接函数】下拉列表中选择【默认 Logit】。有序 logistic 回归操作界面如图 5-30 所示。

图 5-30　有序 logistic 回归操作界面

3）平行性检验

作为有序 logistic 回归的适用条件，我们要先判断数据是否满足平行性检验条件。有

序 Logistic 回归模型平行性检验如表 5-33 所示。经检验，$\chi^2=1.469$，$p=0.480>0.05$，模型通过平行性检验，使用有序 Logistic 回归进行分析是合适的。

表 5-33　有序 Logistic 回归模型平行性检验

模型	-2 倍对数似然值	χ^2	df	p
原假设	150.029			
最终	148.560	1.469	2	0.480

4）模型总体显著性检验

有序 Logistic 回归模型总体显著性检验如表 5-34 所示。经检验，$\chi^2=19.887$，$p<0.01$，认为模型总体上有统计学意义，模型有效；反之，如果 $p>0.05$ 则认为模型无效。

表 5-34　有序 Logistic 回归模型总体显著性检验

模型	-2 倍对数似然值	χ^2	df	p	AIC 值	BIC 值
仅截距	169.916					
最终模型	150.029	19.887	2	0.000	158.029	167.753

表 5-34 中的 AIC 值、BIC 值及-2 倍对数似然值，和二元 Logistic 回归解读一致，均为取值越小越好，主要用于多个模型间的比较，此处意义不大。

5）模型回归系数、OR 值

本例因变量有 3 个等级，将得到两个模型，这两个模型中自变量的偏回归系数不变而常数项不同。有序 Logistic 回归模型分析结果如表 5-35 所示。表中"因变量阈值"是指两个模型的常数项估计结果，"自变量"是指两个模型的自变量偏回归系数的估计结果。

表 5-35　有序 Logistic 回归模型分析结果

项	项	偏回归系数	标准误	z 值	Wald χ^2	p	OR 值	OR 值 95% CI
因变量阈值	无效	1.813	0.557	3.257	10.607	0.001	0.163	0.055~0.486
	有效	2.667	0.600	4.448	19.781	0.000	0.069	0.021~0.225
自变量	sex	1.319	0.529	2.492	6.210	0.013	3.739	1.325~10.548
	treat	1.797	0.473	3.801	14.449	0.000	6.033	2.388~15.241

注：1. McFadden R^2：0.117。
　　2. Cox 和 Snell R^2：0.211。
　　3. Nagelkerke R^2：0.243。

两个模型的常数项依次为 1.813、2.667，经 Wald 卡方检验，性别"sex"的 $\chi^2=6.210$，$p=0.013<0.05$，治疗方法"treat"的 $\chi^2=14.449$，$p<0.01$，认为性别和治疗方法对疗效的作用都有统计学意义。性别"sex"和治疗方法"treat"的 OR 值依次为 3.739、6.033，表明对女性患者来说疗效优于男性，而新治疗方法的疗效优于旧治疗方法。

6）结果报告

根据表 5-35 中的常数项和偏回归系数，两个模型的表达式为

$$\text{logit}[P(\text{effect}\leq无效)/(1-P(\text{effect}\leq无效))]=1.813+1.319\text{sex}+1.797\text{treat}$$

$$\text{logit}[P(\text{effect}\leq有效)/(1-P(\text{effect}\leq有效))]=2.667+1.319\text{sex}+1.797\text{treat}$$

性别和治疗方法对疗效的作用有显著影响，对女性患者来说疗效优于男性，而新治疗方法的疗效优于旧治疗方法的疗效。

5.3.5 条件 Logistic 回归

前面介绍的二元 Logistic 回归、多分类 Logistic 回归、有序 Logistic 回归都属于非条件 Logistic 回归，每个个案均是相互独立的关系。在实际研究中，还有另外一种情况，即个案间存在配对关系，如对医学研究中对配对设计的病例进行对照研究，此时违反了个案相互独立的条件，这种数据资料的分析，可采用条件 Logistic 回归。

1. 基本概念介绍

条件 Logistic 回归又称配对 Logistic 回归，其主要用于配对资料的多因素分析，常见的有 $1:1$、$1:M$ 配对 Logistic 回归。常见的应用场景是在个案匹配或倾向性评分匹配形成匹配数据后，通过条件 Logistic 回归完成分析。

两组数据采取配对形式，或通过匹配方法得到两组数据，突出的优势是可排除某些混杂因素的干扰，使两组数据达到均衡，从而有利于研究特定因素对结局变量的影响，这也正是条件 Logistic 回归的特点。

条件 Logistic 回归假设自变量的回归系数与配对组无关，对参数的估计建立在条件概率之上，所以它采用"条件似然函数"进行参数估计并建立模型。

2. 配对数据录入格式

（1）在使用条件 Logistic 回归时，配对数据录入格式如表 5-36 所示。

表 5-36 条件 Logistic 回归配对数据录入格式

配对编号	X_1	X_2	...	X_k	Y
1	X_{111}	X_{112}	...	X_{11k}	1
1	X_{121}	X_{122}	...	X_{12k}	0
1	X_{131}	X_{132}	...	X_{13k}	0
2	X_{211}	X_{212}	...	X_{21k}	1
2	X_{221}	X_{222}	...	X_{22k}	0
2	X_{231}	X_{232}	...	X_{23k}	0
⋮	⋮	⋮	⋮	⋮	⋮
n	X_{n11}	X_{n12}	...	X_{n1k}	1
n	X_{n21}	X_{n22}	...	X_{n2k}	0
n	X_{n31}	X_{n32}	...	X_{n3k}	0

因变量 Y 为两种结局的分类变量，数字编码必须指定 0 和 1，0 表示对照，1 表示干预或病例，如果不是该编码形式，则可通过在仪表盘中依次单击【数据处理】→【数据编码】模块进行设置。

（2）数据文档中要有一个记录配对编号的变量，如 $1:2$ 的配对，假设共配对 20 组，则配对编号从 1~20，每个编号均有 3 个相同的数字，共有 20×3 行数据。

3. 条件 Logistic 回归实例分析

【例 5-11】某北方城市研究喉癌发病的危险因素，使用 1∶2 匹配的病例对照研究方法进行调查，共获得 25 组配伍数据（每组 3 个，即 25×3=75 行数据）。现欲研究咽炎、吸烟量、摄食蔬菜、摄食水果 4 个可能因素对喉癌的影响，前 3 个配比组数据如表 5-37 所示。案例数据来源于孙振球和徐勇勇（2014），数据文档见"例 5-11.xls"。

表 5-37　前 3 个配比组数据

配对编号	咽炎	吸烟量	摄食蔬菜	摄食水果	是否喉癌
1	3	5	1	1	1
1	1	1	3	3	0
1	1	1	3	3	0
2	1	3	1	3	1
2	1	1	3	2	0
2	1	2	3	2	0
3	1	4	3	2	1
3	1	5	3	2	0
3	1	4	3	2	0

1）数据与案例分析

咽炎编码 1～3 表示病情等级，吸烟量编码 1～5 表示吸烟量多少，摄食蔬菜编码 1～3、摄食水果编码 1～3 表示摄入量多少，均属于有序分类变量。本例视等级资料为定量数据，不做哑变量处理（仅用于方法操作示范）。是否喉癌：数字 1 表示病例组，即患喉癌；数字 0 表示对照组，即没有患喉癌。

这是 1∶2 的配对数据资料，适合采用条件 Logistic 回归进行分析。

2）建立条件 Logistic 回归模型

在仪表盘中依次单击【实验/医学研究】→【条件 logit 回归】模块，将【是否喉癌】拖曳至【Y(定类，Y 包括数字只能 0 和 1)】分析框中，将【咽炎】【吸烟量】【摄食蔬菜】【摄食水果】拖曳至【X(定量/定类)】分析框中，将【配对编号】拖曳至【配对组编号】分析框中，最后单击【开始分析】按钮。条件 Logistic 回归操作界面如图 5-31 所示。

图 5-31　条件 Logistic 回归操作界面

3）结果综合分析

（1）模型总体显著性检验。条件 Logistic 回归模型总体显著性检验如表 5-38 所示。经检验，χ^2=28.308，p=0.000<0.05，认为模型总体上有统计学意义，模型有效；反之，如果 p>0.05，则认为模型无效。

表 5-38　条件 Logistic 回归模型总体显著性检验

模型	-2 倍对数似然值	χ^2	df	p
仅截距	54.931			
最终模型	26.623	28.308	4	0.000

（2）模型偏回归系数与 RR 值。条件 Logistic 回归模型分析结果（n=75）如表 5-39 所示。经 Wald 卡方检验，吸烟量（z=2.619，p=0.009<0.05）、摄食蔬菜（z=-2.178，p<0.05），吸烟量、摄食蔬菜对是否喉癌的影响有统计学意义。吸烟量 RR=3.363>1，摄食蔬菜 RR=0.025<1，表明吸烟量是喉癌的危险因素，经常摄食蔬菜是喉癌的保护因素。咽炎、摄食水果对是否喉癌的影响无统计学意义（均 p>0.05）。

表 5-39　条件 Logistic 回归模型分析结果（n=75）

项	回归系数	标准误	z 值	p 值	RR 值	RR 值 95% CI
咽炎	2.386	1.661	1.436	0.151	10.865	0.419～281.757
吸烟量	1.213	0.463	2.619	0.009	3.363	1.357～8.336
摄食蔬菜	-3.685	1.692	-2.178	0.029	0.025	0.001～0.692
摄食水果	-0.545	0.600	-0.907	0.364	0.580	0.179～1.881

注：1. 因变量：是否喉癌。
    2. McFadden R^2：0.515。
    3. Cox & Snell R^2：0.314。
    4. Nagelkerke R^2：0.605。

5.4　曲线与非线性回归

科研分析中一些现实的变量关系是线性回归无法完全解决的，如人的生长曲线、药剂量与疗效反应率之间的关系，这些都不是线性的。如果强行拟合线性关系，所得回归方程的解释能力较弱，则可能会造成大量有效信息的丢失，此时应拟合非线性回归模型数据的影响关系进行解释和分析。

在 SPSSAU 平台中，通过在仪表盘中依次单击【进阶方法】→【曲线回归】与【非线性回归】模块来实现。一些常见的曲线模型可直接在【曲线回归】模块来实现。另外，如果遇到较复杂的模型，则采用功能更为强大的【非线性回归】模块来实现。

5.4.1　方法概述

1．概念基础

简单地下一个定义：两个变量间呈曲线关系的回归分析称曲线回归或非线性回归。线性关系可以理解为是曲线关系的特例,如在特定范围内两个变量间是线性关系,但是当延伸范围后总体上看两个变量可能表现为曲线关系,在这种情况下,线性关系只是曲线关系中的一个"直线线段"。总之,在开始回归之前,建议谨慎观察变量间的变化趋势,如果变量间表现为非线性关系,则应当采用非线性回归进行分析。

2. 非线性回归类型

非线性回归可分为可线性变换的非线性回归与不可线性变换的非线性回归两大类,如图 5-32 所示。

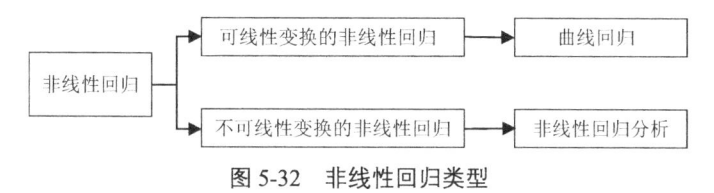

图 5-32 非线性回归类型

1)可线性变换的非线性回归

有些曲线关系经过特殊的数据转换后,可呈现为线性关系,因此采用转换后的数据进行线性回归可先拟合获得相应结果,再将结果逆转得到曲线方程或计算出原始的预测值。

该过程在统计软件中可以由两种方式完成,一种是先对数据做转换,然后执行线性回归;另一种是直接采用曲线回归(常见可转换的曲线函数)方式进行非线性回归。总的原理,仍然属于线性回归范畴。

以三次曲线为例,$y = \beta_0 + \beta_1 x + \beta_2 x^2 + \beta_3 x^3$,对自变量 X 的数据先计算二次方值 x^2,再计算三次方值 x^3,分别另存为两个新的变量,如 x_2 和 x_3,此时回归方程为 $Y = \beta_0 + \beta_1 x_1 + \beta_2 x_2 + \beta_3 x_3$,转换为含有三个自变量的线性回归方程。以 x_1、x_2、x_3 为自变量,y 为因变量进行多重线性回归,也可以直接采用曲线回归中的"三次曲线函数"直接拟合曲线回归方程。

2)不可线性变换的非线性回归

许多曲线关系是无法通过数据转换的方式进行线性回归的,曲线回归只针对可转换的曲线关系,并且常用的曲线回归函数仅考察一个自变量,无法对复杂曲线关系进行拟合。

非线性回归可灵活解决以上问题,它可以估计因变量和自变量之间具有任意关系的回归模型,回归方程的表达式没有局限性,理论上可以拟合任何非线性关系。

5.4.2 曲线回归

曲线回归一般只包括一个自变量,而且只处理满足本质上是线性关系的曲线方程,即在关系形式上是非线性关系,但可通过各类转换变成线性关系,最终建立回归模型。

1. 常见的曲线回归方程

常见曲线包括二次曲线、三次曲线、对数曲线、指数曲线、复合曲线、增长曲线、S 曲线、幂曲线等,这些曲线的回归方程已基本能够满足常规分析的需要。SPSSAU 平台当前提供了 7 类曲线拟合模型，关于此 7 类曲线拟合模型的线性关系转换，如表 5-40 所示。

表 5-40　7 类曲线拟合模型的线性关系转换

曲线名称	曲线拟合模型表达式	变量转换后的线性回归模型表达式
二次曲线 Quadratic	$y = \beta_0 + \beta_1 x + \beta_2 x^2$	$y = \beta_0 + \beta_1 x + \beta_2 x_1 \left(x_1 = x^2\right)$
三次曲线 Cubic	$y = \beta_0 + \beta_1 x + \beta_2 x^2 + \beta_3 x^3$	$y = \beta_0 + \beta_1 x + \beta_2 x_1 + \beta_3 x_2 \left(x_1 = x^2, x_2 = x^3\right)$
对数曲线 Logarithmic	$y = \beta_0 + \beta_1 \ln(x)$	$y = \beta_0 + \beta_1 x_1 \left(x_1 = \ln(x)\right)$
指数曲线 Exponential	$y = \beta_0 e^{\beta_1 x}$	$\ln(y) = \ln(\beta_0) + \beta_1 x$
复合曲线 Compound	$y = \beta_0 \beta_1^x$	$\ln(y) = \ln(\beta_0) + \ln(\beta_1) x$
增长曲线 Growth	$y = e^{\left(\beta_0 + \beta_1 x\right)}$	$\ln(y) = \beta_0 + \beta_1 x$
S 曲线	$y = e^{\left(\beta_0 + \beta_1 / x\right)}$	$\ln(y) = \beta_0 + \beta_1 x_1 \left(x_1 = \frac{1}{x}\right)$

我们可通过绘制自变量与因变量的散点图来观察二者的关系趋势，选择上述曲线拟合模型之一进行回归拟合，其中二次曲线模型、对数曲线模型、指数曲线模型、S 曲线模型均是比较常见的曲线回归模型。

2. 曲线回归分析的步骤

用曲线回归方程解决实际问题时，可参考如下一般步骤，如图 5-33 所示。

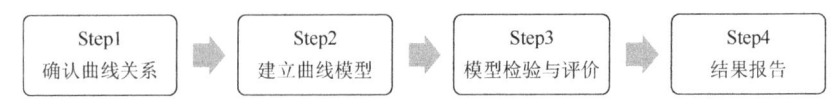

Step1 确认曲线关系 → Step2 建立曲线模型 → Step3 模型检验与评价 → Step4 结果报告

图 5-33　曲线回归分析的一般步骤

1）确认曲线关系

首先绘制自变量与因变量的散点图，通过散点图走势观察及确认变量间是否存在曲线关系或线性关系。若存在曲线关系，则采用本节介绍的曲线回归或非线性回归；若存在线性关系，则采用线性回归。

2）建立曲线模型

根据散点图走势对曲线方程进行初步判断，结合专业观点或行业经验选择合适的曲线方程，也可以同时构建多个曲线方程，后续对模型进行评价对比后，选择解释能力最好的简洁模型作为最终的拟合结果。

3）模型检验与评价

通过方差分析对模型进行总体显著性检验，$p<0.05$ 说明模型有统计学意义，模型有效；反之，$p>0.05$ 说明模型无效。

通过决定系数 R^2 评价单个模型的拟合优度，通过 R^2、AIC 值、BIC 值等指标对多个曲线方程进行优劣比较。在多个模型比较时，应综合考虑拟合质量与模型简洁性，并非拟合效果最高的模型就是最恰当的选择。

4）结果报告

报告最终拟合的模型及显著性、解释能力。

3．曲线回归实例分析

【例 5-12】研究发现，锡克氏试验阴性率随儿童年龄的增长而升高，查得某地 1～7 岁儿童的锡克氏试验数据资料如表 5-41 所示，试拟合曲线方程。数据来源于武松和潘发明（2014），数据文档见"例 5-12.xls"。

表5-41 某地 1～7 岁儿童的锡克氏试验数据资料

年龄/岁	1	2	3	4	5	6	7
阴性率	56.7%	75.9%	90.8%	93.2%	96.6%	95.7%	96.3%

1）确认曲线关系

数据文档中含两个变量，标题分别为"年龄""阴性率"。将数据读入平台后，通过在仪表盘中依次单击【可视化】→【散点图】模块，以"年龄"为【X(定量)】横坐标，"阴性率"为【Y(定量)】纵坐标绘制散点图。

年龄与阴性率的散点图如图 5-34 所示。随着年龄的增长，阴性率先快速增长再变得平缓，点的分布趋势总体上呈某种曲线形态，可尝试拟合曲线的相关关系。

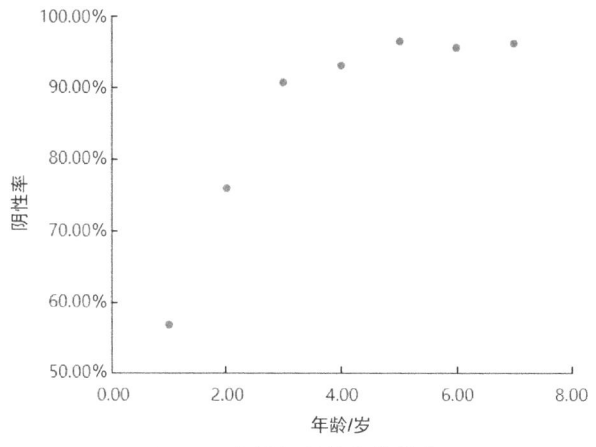

图 5-34 年龄与阴性率的散点图

2）建立曲线模型

散点图的曲线形态类似抛物线、三次曲线，以及对数曲线，结合行业知识和经验，本例尝试建立三次曲线和对数曲线模型。

在仪表盘中依次单击【进阶方法】→【曲线回归】模块，将【年龄】拖曳至【X(定量，仅一项)】分析框中，将【阴性率】拖曳至【Y(定量)】分析框中，在顶部的下拉列表中选择【三次曲线】，单击【开始分析】按钮。曲线回归操作界面如图 5-35 所示。

图 5-35　曲线回归操作界面

完成后重新进入【曲线回归】模块，这次在下拉列表中选择【对数曲线】，单击【开始分析】按钮，前后两次分别得到三次曲线的回归结果及对数曲线的回归结果。

3）模型检验与评价

为了对比三次曲线和对数曲线的拟合效果，本例对 SPSSAU 平台默认输出的表格进行了编辑和整理，将方差分析表 F 检验结果整合到模型汇总表格中。模型显著性、拟合优度如表 5-42 所示。

表 5-42　模型显著性、拟合优度

曲线	R^2	调整 R^2	标准误	AIC 值	BIC 值	有效样本	F	p
三次曲线	0.995	0.990	1.509	27.690	27.474	7	196.221	0.001**
对数曲线	0.914	0.897	4.818	43.524	43.415	7	52.999	0.001**

分析发现，三次曲线和对数曲线的方差分析 F 统计量依次为 196.221、52.999，两个 p 值均小于 0.05，表明拟合的两个曲线方程均有统计学意义，两个模型均有效。

三次曲线和对数曲线的决定系数 R^2 分别为 0.995、0.914，显然三次曲线的可解释能力优于对数曲线，同时三次曲线的 AIC 值和 BIC 值低于对数曲线。

综合分析认为，虽然两个曲线均有统计学意义，但是相比较而言，三次曲线的拟合效果较佳，两种曲线的拟合效果对比，如图 5-36 所示。

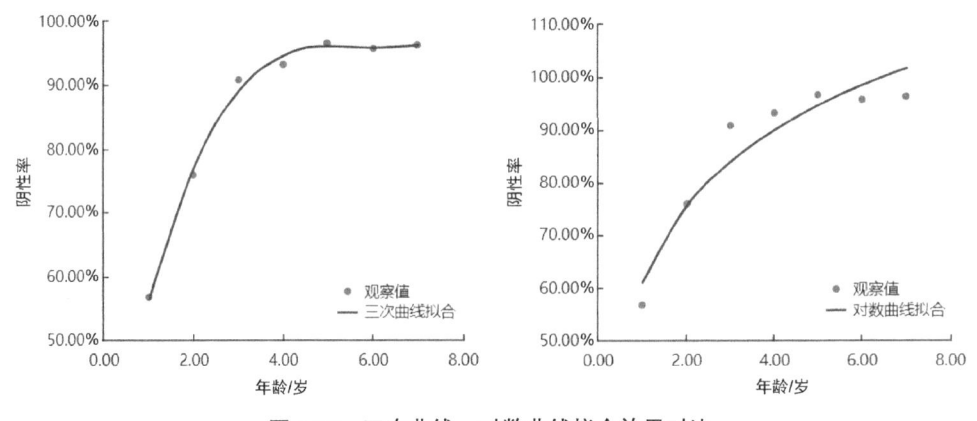

图 5-36　三次曲线、对数曲线拟合效果对比

4）结果报告

综上所述，本例数据更适合拟合三次曲线，因此接下来主要报告三次曲线方程模型的结果。非线性偏回归系数及显著性检验如表 5-43 所示。年龄的偏回归系数为 37.999，年龄二次方的偏回归系数为 -6.690，年龄三次方的偏回归系数为 0.389，所有偏回归系数 t 检验 p 值均小于 0.05，偏回归系数均有统计学意义。

表 5-43 非线性偏回归系数及显著性检验

项	非标准化系数		标准化系数	t	p
	B	标准误	Beta		
常数	24.714	4.380	—	5.643	0.011*
年龄	37.999	4.419	5.480	8.599	0.003**
年龄**2	-6.690	1.243	-7.897	-5.384	0.013*
年龄**3	0.389	0.103	3.301	3.789	0.032*

注：1. $*p<0.05 ** p<0.01$。
2. 因变量：阴性率。

三次曲线方程表达式为：阴性率 = 24.714 + 37.999×年龄 - 6.69×年龄^2 + 0.389×年龄^3，该方程可解释锡克氏试验阴性率 99% 的变异信息。

5.4.3 非线性回归

更为复杂的曲线回归，应当采用专门用于复杂曲线关系研究的非线性回归，它采用数值迭代的方法进行拟合，比曲线回归更具专业性和灵活性，一方面可选择更多的曲线模型，另一方面可解决一些无法线性转换的曲线模型问题。

1. 非线性回归与曲线回归的区别

非线性回归与曲线回归的区别如表 5-44 所示。

表 5-44 非线性回归与曲线回归的区别

回归方式	模型数量	回归思想
曲线回归	10 余种	线性转换、本质线性模型
非线性回归	不限	迭代方法、本质非线性模型

（1）曲线回归模型仍然是先将因变量、自变量进行数据转换，然后进行线性回归，属于本质线性模型。而非线性回归模型完全不同于线性模型的范畴，从拟合思想上是迭代方法而不是线性转换，属于本质非线性模型。

（2）在模型数量上，曲线回归模型一般只包括常用的 10 余种曲线模型（SPSSAU 平台提供了 7 种），而非线性回归模型理论上是无限的，SPSSAU 平台提供了约 50 种非线性回归模型，以便用户使用。

2. 非线性回归分析的步骤

非线性回归分析的步骤不同于曲线回归分析，通过散点图观察曲线形态之后，应注重以下步骤，如图 5-37 所示。

```
Step1          Step2          Step3          Step4
确定模型    设置参数与    模型的建立与    结果报告或
              初始值         评价            应用
```

图 5-37 非线性回归分析一般步骤

具体操作要点如下。

1）确定模型

首先要结合散点图走势、专业知识与行业经验选择恰当的非线性模型，如人口增长预测时使用 Logistic 模型、经济学研究时使用抛物线二次曲线模型等。

2）设置参数与初始值

与线性回归模型不同，非线性回归模型在原理上使用迭代思想计算参数估计值，因而对未知参数初始值的不同设置，很可能会导致不同的结果。初始值设置十分重要，其可使模型求解更为精确，并且有助于模型快速迭代收敛。通常可结合专业知识、简单数学计算等确认初始值。常见的方式，如在非线性方程上取个别点、回代现有数据计算参数的近似值并用作该参数的初始值；再如，针对某个参数多设置几个初始值进行拟合，较优者作为最终的初始值设置。

关于模型参数初始值的设置，条件允许时应尽可能地提供初始值的估算。如果未设置初始值，则 SPSSAU 平台默认以数字 1 作为初始值，多数情况下并不会影响非线性回归方程的迭代拟合，但有时候可能会出现计算结果不理想的情况。

3）模型的建立与评价

通过迭代计算模型的参数估计值，检验模型的整体显著性（F 检验的结果仅供参考），重点在于利用决定系数 R^2 评价模型的拟合质量。

4）结果报告或应用

对最终非线性模型的结果进行报告或应用，常见用于预测。

3. 非线性回归实例分析

【例 5-13】某疾病防治站治疗钩虫病患者的次数(x)与复阳性率(y)的数据如表 5-45 所示，请根据散点图用合适的曲线回归方程来拟合此数据。案例数据来源于张明芝等人（2015），数据文档见"例 5-13.xls"。

表 5-45 例 5-13 案例数据

治疗次数/次	1	2	3	4	5	6	7	8
复阳性率	63.9%	36%	17.1%	10.5%	7.3%	4.5%	2.8%	1.7%

1）确定模型

研究复阳性率随治疗次数的变化，因变量 y 为"复阳性率"，自变量 x 为"治疗次数"。通过在仪表盘中依次单击【可视化】→【散点图】模块来观察散点图走势，如图 5-38 所示，呈指数递减走势。结合专业经验，本例拟建立指数曲线方程。

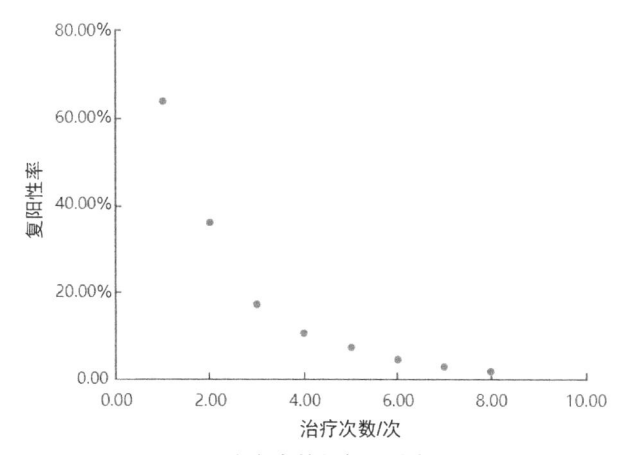

图 5-38 治疗次数与复阳性率散点图

2）设置参数与初始值

常见的指数曲线方程包括 $y = \beta_0 e^{\beta_1 x}$ 或 $y = e^{a+bx}$，本例采用前者，包括 β_0 和 β_1 两个参数，本节依次记为 b1 和 b2。由于本次拟合的非线性模型较简洁，初始值设置为 0 或 1 均可完成迭代收敛，本节按 SPSSAU 平台默认设置 b1 和 b2 的初始值为 1。

读入数据后，在仪表盘中依次单击【进阶方法】→【非线性回归】模块，首先从【非线性函数】下拉列表中选择【Power Exponential[指数函数]】，确认本次分析的非线性曲线模型；然后底部会看到该模型的表达式，由表达式可知回归的自变量及未知参数，在右侧也会出现未知参数列表，包括初始值（默认 1）、取值范围的上界与下界（通常可不设置）。

在【因变量 Y】下拉列表中选择【y】，在【自变量 X】下拉列表中选择【x】，最后单击【开始分析】按钮。非线性回归操作界面如图 5-39 所示。

图 5-39 非线性回归操作界面

3）模型的建立与评价

模型参数估计值（$n=8$）如表 5-46 所示，为本次非线性回归参数估计的结果，b1 和 b2 两个参数的回归系数估计值依次为 115.722、−0.595，回归系数 t 检验的 p 值均小于 0.05，认为均有统计学意义。

表 5-46　模型参数估计值（n=8）

参数项	回归系数	标准误	t	p	95% CI
b1	115.722	4.259	27.171	0.000	105.301~126.144
b2	−0.595	0.022	−26.504	0.000	−0.650~−0.540

我们也可以利用最后一列输出的回归系数 95% CI 来判断各系数的显著性。如果 95% CI 不包括数字 0，则说明参数具有显著性；反之，则说明参数不具有显著性。本例 95% CI 的结论和 t 检验的结论一致。

模型拟合效果如表 5-47 所示，为指数曲线回归总体显著性检验方差的分析结果，$F=1590.612$，$p<0.05$，认为该非线性模型具有统计学意义。此处应注意，在非线性回归模型中，残差均方不一定是误差的无偏估计，所以通常所用的方差分析不用于非线性回归的假设检验，其结果仅供参考。

表 5-47　模型拟合效果

差异源	平方和 SS	df	均方 MS	F	p
回归	5855.097	2	2927.548	1590.612	0.000
残差	11.043	6	1.841		
未校正总计	5866.140	8			
校正总计	3281.335	7			

注：模型 R^2: 0.997。

表底部注释的模型决定系数 $R^2=0.997$，接近 1，说明所得模型能很好地解释因变量复阳性率的变化，模型拟合质量良好。

4）结果报告或应用

综上，本例建立的曲线模型的表达式为

$$复阳性率 = 115.722 \times e^{-0.595 \times 治疗次数}$$

该模型具有统计学意义且拟合质量良好，模型有效。治疗次数与复阳性率非线性回归拟合效果如图 5-40 所示。指数方程拟合的曲线穿过了绝大多数点，契合度较高，说明指数曲线拟合效果良好。

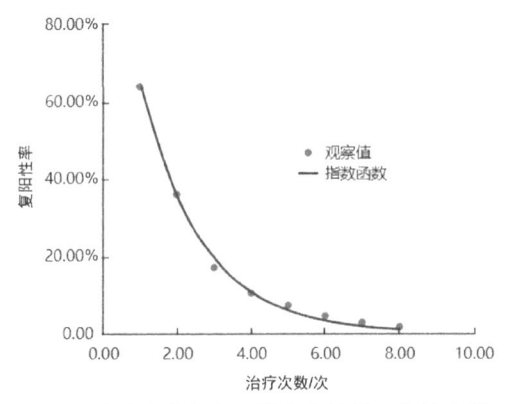

图 5-40　治疗次数与复阳性率非线性回归拟合效果

第 6 章

信息浓缩及聚类研究

在许多科研领域都有数据降维处理的分析需求,所谓降维是指通过线性或非线性转换的方式将多变量高维空间映射到较低维度空间从而简化研究过程。降维也可以通俗地理解为信息浓缩,如从数量庞大的指标变量中提取少数几个公因子,在尽可能降低信息损失的前提下用新的公因子变量取代原始变量的信息。

对样本聚类或指标聚类,也能够实现简化信息、抓住主要矛盾的过程。聚类让相似性高或距离相近的样本合并成一个群体,不同的群体之间具备足够的差异性。从一个样本到一个群体,让研究者对研究对象可以"分而治之"或"有的放矢"。对样本聚类,从对个体研究过渡到对群体类别特征研究;对指标聚类,通过寻找聚类中的代表性变量,间接实现降维处理的目的。

降维是对变量信息的浓缩,聚类是对个案信息的分类。本章主要介绍常用数据降维与聚类分析方法,数据降维主要介绍因子分析、主成分分析、对应分析、多维尺度分析;聚类分析主要介绍 K-means 聚类、K-prototype 聚类及分层聚类。这些分析方法对数据类型的要求,以及使用场景举例如表 6-1 所示。

表 6-1 常见数据降维与聚类分析方法

研究目的	分析方法	数据类型	使用场景举例
数据降维	因子分析	定量数据	通过 3 个主成分或公因子构造综合得分变量用来替代原始的 20 个经济指标,对研究对象的国民经济进行综合评价
	主成分分析	定量数据	
	对应分析	定类数据	研究性别、年龄段、学历水平、薪资收入与短视频主播喜好倾向的关联关系
	多维尺度分析	定量数据或定类数据	有 10 家商场,让消费者评价两两商场间的相似程度,根据这些数据,用多维尺度分析,判断消费者认为哪些商场是相似的,从而确定竞争对手

续表

研究目的	分析方法	数据类型	使用场景举例
聚类分析	K-means 聚类	定量数据	对我国 34 个省市地区根据经济发展指标进行聚类,34 个省市地区分成 4 类,对每类进行针对性的评价或研究
	K-prototype 聚类	定量数据与定类数据混合	
	分层聚类	定量数据	收集我国 34 个省市地区的 20 个经济发展指标,对 20 个指标进行聚类,20 个指标分为 5 类,从 5 类指标中各选择最具代表性的变量,最终得到这 5 个变量并进一步分析

6.1 因子分析

数据降维是指将高维度的数据转化为低维度的数据的过程,以便更好地理解和处理数据。因子分析是常用数据降维方法的一种,通过因子分析降维后,可以减少数据的冗余信息,提高数据的可解释性,常用于综合评价研究。

把隐藏在指标变量内部的共同结构提取出来并加以量化形成因子,这些因子不能直接观测得到但在实际研究中可解释性很强,能反映研究对象的某些潜在特质,这一过程就是因子分析。

由于事先并不知道因子的个数和内部结构,整个过程是对观测指标数据内部结构的探索发现,所以因子分析也称为探索性因子分析。与之对应的是验证性因子分析,这部分介绍见本书第 11 章的内容。本节将介绍因子分析,该方法可通过在仪表盘中依次单击【进阶方法】→【因子】模块来实现。在使用时需要注意与主成分分析的区别,6.2 节将进一步介绍主成分分析。

6.1.1 基本原理

1. 观测变量与潜变量

观测变量是指可直接获取、衡量其取值的变量,如身高、体重。与之相反,不能直接观测、测得的变量称为潜变量。

一个班级 50 名学生的语文、数学、英语、物理、化学、历史、生物课程考试成绩,属于观测变量。如果研究者希望用文科因子、理科因子为学生的学习状况提供综合点评,理论上会假设是不是文科因子越强的学生的语文、英语、历史等科目成绩越好,是不是理科因子越强的学生的数学、物理、化学、生物等科目成绩越好。此时,文科因子、理科因子就是不可观测的潜变量。

因子分析可以解决这个问题,从语文、数学、英语、物理、化学、历史、生物课程考试成绩数据中提取两个因子,如果因子 1 与语文、英语、历史关系密切,则其可以被命名为文科因子;如果因子 2 与数学、物理、化学、生物关系密切,则其可以被命名为理科因子。

2. 因子提取

因子分析是从一组关联性观测指标中提取公因子的多元统计方法,因子是这一组指标中共有的内部结构，一个观测指标被分解成因子的线性组合，剩余不能被分解的则称为特殊因子。

下方公式为因子分析的理论模型，假设从 m 个观测指标 Z_m 中提取 p 个因子 F_p（$p\leq m$），它们隐藏在观测指标中是不可直接观测的潜在结构，每个观测指标剩余的部分均为特殊因子 U_m，它是每个观测指标特有的部分信息，在实际分析时一般忽略不计。

$$\begin{cases} Z_1 = a_{11}F_1 + a_{12}F_2 + \cdots + a_{1p}F_p + c_1U_1 \\ Z_2 = a_{12}F_1 + a_{22}F_2 + \cdots + a_{2p}F_p + c_2U_2 \\ \quad\quad\quad\quad\quad\quad \vdots \\ Z_m = a_{m1}F_1 + a_{m2}F_2 + \cdots + a_{mp}F_p + c_mU_m \end{cases}$$

式中，a_{mp} 为因子载荷，可以理解为是因子与观测指标间的相关系数。提取到的因子一般要求具有实际含义，其含义可通过在该因子上拥有较大载荷的部分观测指标进行归纳总结，有时候为了方便总结含义，要考虑对因子进行旋转处理。

在数学计算方面，因子分析会在观测指标的协方差矩阵或相关矩阵上计算特征根，该值可用于反映因子的重要性，通过特征根进一步计算因子携带的方差，用来量化因子可解释原始观测指标的信息量。通常综合特征根、因子累积方差的比例决定提取因子的个数。一般规则为，提取特征根大于 1 的因子，或者提取的因子累积方差解释率达到 80%~85%（张文彤，2002），不同行业领域对因子累积方差解释率的接受程度不尽相同，吴明隆（2010.5）、刘红云（2019）认为，在自然科学中，提取的因子累积方差解释率应在 95% 以上，而在社会科学中，提取的因子累积方差解释率在 60% 以上是可以接受的。

3. 因子提取方法

因子提取方法包括主成分分析（PCA）法、普通最小二乘（OLS）法、加权最小二乘（WLS）法、广义最小二乘（GLS）法、最大似然（ML）法、主轴因子（PA）法、Alpha 因子（AF）法等，其中较常用的是主成分分析法、最大似然法、主轴因子法。

（1）主成分分析法。将原始观测指标浓缩为少数几个主成分，主成分是观测指标的线性组合，第一主成分具有最大的方差贡献，其后的主成分对方差的贡献比例逐渐变小。SPSSAU 平台默认采用主成分分析法提取因子。注意，本节介绍的主成分分析法和 6.2 节将介绍的主成分分析原理一致，仅功能用途不同，本节用于因子提取，6.2 节介绍的内容是全流程的主成分分析。

（2）最大似然法。该方法假设数据服从多元正态分布，提取的因子能很好地拟合观测指标间的相关性，适用于样本量较大的情况。

（3）主轴因子法。其和主成分分析法的原理近似，更注重对观测变量间的相关性进行解释，用于确定因子内部结构，而不重视因子的方差解释。

6.1.2 分析步骤

因子分析的主要过程包括因子提取、因子命名和计算因子得分，关键是因子提取个数的确定及因子命名,以综合评价的目的为例,因子分析的一般步骤如图6-1所示。

```
Step1          Step2           Step3      Step4              Step5
数据标准化   →   适合性检验与  →  因子命名  →  计算因子得分   →   结果应用
              因子提取                      与综合得分
```

图6-1 因子分析的一般步骤

1）数据标准化

在综合评价研究中,通常会从多个方面收集观测指标的数据,众多指标的单位、量纲不同,在开始分析前应对这些数据进行标准化处理。SPSSAU平台进行因子分析时默认会自动对数据进行标准化处理,因此可以直接以原始数据形式进行分析。

2）适合性检验与因子提取

基于指标数据的相关性,由统计软件完成对因子的提取过程。这一过程的核心任务包括数据适合性检验及确认提取因子的个数。

因子分析是利用观测指标间的相关性来提取隐藏的内部结构的,因此其有一个基础使用条件,即观测指标间应该具有一定程度的相关性,可根据KMO（取样适切度）和巴特利特检验判断数据是否适合进行因子分析。根据Kaiser（1974）的观点,KMO在0.9以上时极适合进行因子分析；KMO在0.8以上时适合进行因子分析；KMO在0.7以上时尚可进行因子分析；KMO在0.6以上时勉强进行因子分析；KMO在0.5以上时不适合进行因子分析；KMO在0.5以下时非常不适合进行因子分析。国内一些期刊科技论文常以0.5作为KMO的最低标准。在进行巴特利特检验时,如果p值小于0.05则表明数据具有良好的相关性,适合进行因子分析。

有多少个观测指标变量,理论上就有多少个因子,为实现降维,在降低信息丢失的原则下,可只提取少数几个重要的因子,利用特征根、方差解释率、碎石图等结果确定提取因子的个数。一般经验是提取特征根大于1的p个因子,或最终提取的因子累积方差解释率达80%~85%,在社会科学领域因子累积方差解释率大于60%是可以接受的。

我们也可以利用碎石图来直观地判断因子提取的个数。碎石图由特征根绘制而成,横轴表示因子的编号,纵轴表示每个因子的特征根,"石头"由高到低跌落幅度变化显著的位置即为拐点,碎石图拐点也可以用于辅助判断因子提取或主成分的个数。

3）因子命名

根据载荷系数与因子的归属对应关系对各因子进行命名,载荷系数即观测指标与因子间的相关系数。根据吴明隆（2010.5）的观点,在因子分析中,因子载荷的挑选准则最好在0.4以上,说明观测指标与因子间具有较强的相关关系。

一般可按载荷从大到小排序,载荷大于0.4时,认为指标归属于对应的因子,或这些指标是因子的代表性指标,从而利用代表性指标总结和归纳因子的实际含义,为因子命名。例如,数学、物理、化学科目成绩归属于某个因子,则该因子可命名为"理科因子"。

如果初始结果不利于命名,则必要时需要对因子提取过程进行因子旋转操作。因子旋转方法主要包括两种,一种是正交旋转,适用于各因子独立、无相关性的情况；另一种是斜交旋转，适用于因子间存在相关性的情况。至于选择何种旋转方法，一般要从专业或理论上判断因子之间是否具有相关性。一般情况下因子之间是独立无相关性的，因此正交旋转较常见，其中常用的是最大方差旋转，这个方法使载荷系数朝 0 和 1 两极分化，有利于判断指标与公因子的归属关系。

4）计算因子得分与综合得分

原理上忽略特殊因子后，观测指标是因子的线性组合。为了计算提取到的因子得分数据，常采用回归的方式估计因子得分函数。

为方便对研究对象进行综合评价，可在因子基础上构造综合因子，F 综=系数 1×F1+系数 2×F2+…+系数 p×Fp，各因子的权重系数一般取方差解释率占累积方差解释率的百分比。

5）结果应用

因子分析方法常用来进行综合评价，或者作为预分析，将各因子得分变量作为中间结果，与线性回归、聚类分析联合使用。

6.1.3　因子分析实例分析

本节结合具体事例，以综合评价为应用方向，进一步介绍因子分析的具体操作与结果的解释及分析。

【例 6-1】某研究收集到某年我国 30 个省市地区的 11 个经济发展指标，我们希望通过对这 11 个经济发展指标变量的因子分析，发掘隐藏在指标内部不能被直接观测但能衡量和解释经济发展水平的公共因子。案例数据来源于杜强和贾丽艳（2009），数据文档见"例 6-1.xls"。

1）数据标准化

案例数据中各观测指标变量的赋值说明如表 6-2 所示。"x1～x11"均为定量数据资料，符合因子分析对数据的基本要求。

表 6-2　案例数据中各观测指标变量的赋值说明

因素	赋值说明
x1	GDP 总值（亿元）
x2	第三产业增加值（亿元）
x3	GDP 增长速度
x4	第三产业增加值占 GDP 的比重
x5	第三产业从业人员的比重
x6	社会综合生产率
x7	人均 GDP（元/人）
x8	人均税收（元/人）
x9	资金利税率
x10	城镇居民人均收入（元/人）
x11	农村居民人均收入（元/人）

我们观察到各观测指标变量的度量尺度并不统一，有元、亿元和比率等，提示应提前进行数据标准化处理。由于 SPSSAU 平台因子分析默认自动进行标准化处理，因此无须单独进行标准化处理，本例直接以原始指标进行分析。

2）适合性检验与因子提取

数据读入平台后，在仪表盘中依次单击【进阶方法】→【因子】模块。因子分析操作界面如图 6-2 所示。"因子得分"是指通过计算因子得分数据，在数据文档中生成新的因子得分数据。"综合得分"是指在因子得分数据基础上构造综合得分数据，作为新变量另存到数据文档。

图 6-2　因子分析操作界面

本例将"x1~x11"指标变量拖曳至【分析项(定量)】分析框中，提取因子个数的下拉列表默认选择【因子个数(自动)】。先以特征根大于 1 的原则进行主成分提取，对输出结果进行分析，如果对提取的主成分不满意，则可以返回按指定个数提取。此处应注意，SPSSAU 平台在进行因子分析时默认自动使用最大方差旋转方法进行旋转，并输出旋转后的结果。

本例先勾选【因子得分】和【综合得分】复选框，再单击【开始分析】按钮，对因子提取的结果进行解释和分析。

（1）数据适合性。原理上认为原始指标变量间应存在一定相关性，可以通过 KMO 值和 Bartlett 球形度检验判断该条件是否满足，如表 6-3 所示。KMO=0.692>0.5，Bartlett 球形度检验 $p<0.05$，认为数据适合进行因子分析。

表 6-3　KMO 值和 Bartlett 球形度检验

KMO 值		0.692
Bartlett 球形度检验	近似卡方	475.461
	df	55
	p	0.000

（2）确认因子个数。按特征根大于1的原则提取主成分方差解释率，如表6-4所示。前3个因子的特征根依次为6.101、2.304、1.001，均大于1，因子旋转后的方差解释率分别为47.871%、24.285%、13.345%，旋转后的累积方差解释率为85.501%>85%。平台按特征根大于1的标准自动提取了3个因子，初步认为是合适的。

表6-4 特征根与方差解释率

因子编号	特征根			旋转前的方差解释率			旋转后的方差解释率		
	特征根	方差解释率	累积	特征根	方差解释率	累积	特征根	方差解释率	累积
1	6.101	55.461%	55.461%	6.101	55.461%	55.461%	5.266	47.871%	47.871%
2	2.304	20.941%	76.402%	2.304	20.941%	76.402%	2.671	24.285%	72.156%
3	1.001	9.099%	85.501%	1.001	9.099%	85.501%	1.468	13.345%	85.501%
4	0.695	6.318%	91.819%	—	—	—	—	—	—
5	0.391	3.558%	95.377%	—	—	—	—	—	—
6	0.224	2.038%	97.416%	—	—	—	—	—	—
7	0.176	1.604%	99.020%	—	—	—	—	—	—
8	0.069	0.628%	99.648%	—	—	—	—	—	—
9	0.031	0.284%	99.932%	—	—	—	—	—	—
10	0.005	0.049%	99.981%	—	—	—	—	—	—
11	0.002	0.019%	100.000%	—	—	—	—	—	—

如果因子个数与预期不符或对自动提取的因子个数不满意，可返回分析界面指定提取的因子个数，重新进行因子提取。

碎石图用于辅助判断因子提取的个数，当拆线由陡峭突然变得平稳时，陡峭到平稳处拐点对应的因子个数即为参考提取的因子个数。在实际研究中更多以专业知识，结合特征根、累积方差解释率等来综合权衡及判断得出的因子个数。

图6-3所示为本例的碎石图，未发现明显拐点，总体看提取2~4个因子较合适，再结合特征根大于1及累积方差解释率等信息，综合认为提取3个因子是合适的，3个因子依次用F1、F2、F3来表示。

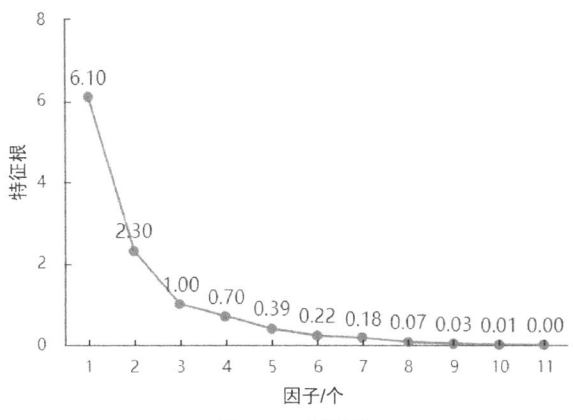

图6-3 碎石图

3）因子命名

旋转后的因子载荷系数（排序后）如表 6-5 所示。因子载荷系数展示的是经过旋转处理后的载荷系数，一般情况下因子旋转处理后每个观测指标与因子的对应关系会更清晰，解释会得到改善。建议对载荷进行排序，以便分析及观测指标与主成分的相关关系。

表 6-5 旋转后的因子载荷系数（排序后）

名称	因子载荷系数			共同度（公因子方差）
	因子1	因子2	因子3	
x4	0.782	−0.194	−0.337	0.763
x5	0.900	0.071	−0.179	0.847
x6	0.943	0.220	0.137	0.956
x7	0.952	0.234	0.152	0.984
x8	0.906	0.160	0.252	0.910
x10	0.653	0.528	0.144	0.725
x11	0.842	0.447	0.154	0.933
x1	0.056	0.976	0.150	0.977
x2	0.219	0.954	0.121	0.972
x3	0.196	0.396	0.538	0.485
x9	−0.043	0.062	0.920	0.851

因子载荷系数即观测指标与公因子间的相关系数，对具体的观测指标变量而言，因子载荷系数绝对值在 0.4 以上时因子与它的关系更为密切，该因子也更具有解释该变量的能力。本例中的 F1（因子 1）主要解释 "x4～x8"、"x10" 和 "x11"，因子载荷系数为 0.653～0.952；F2（因子 2）主要解释 "x1" 和 "x2"，因子载荷系数为 0.976 与 0.954；F3（因子 3）主要解释 "x3" 和 "x9"，因子载荷系数为 0.538 与 0.920。

结合各指标变量的含义，F1 主要代表人均 GDP、社会综合生产率、人均税收、农村居民人均收入、城镇居民人均收入，因此考虑将 F1 命名为 "收入因子"。

F2 主要代表 GDP 总值、第三产业增加值，因此考虑将 F2 命名为 "生产力因子"。

F3 主要代表 GDP 增长速度、资金利税率，因此考虑将 F3 命名为 "利税因子"。

表 6-5 中的最后 1 列共同度范围为 0.485～0.984，如人均 GDP 的共同度为 0.984，它表示提取的 3 个公因子可解释人均 GDP 方差的 98.4%。一般认为共同度不低于 0.4，本例中各指标变量的共同度取值均高于 0.4，意味着变量和因子之间有较强的关联性，因子可以有效地提取信息。

另外需要注意的是，如果出现一个指标变量同时在两个因子上均有比较高的因子载荷系数，如本例中的 "x10"，它在 F1 和 F2 的因子载荷系数分别为 0.653、0.528，一般建议根据专业知识决定该指标的归属。如果是量表问卷数据资料，则应避免出现此类问题，可从修订题项内容或删题角度出发进行优化。

4）计算因子得分及综合得分

表 6-6 所示为由回归法估计的因子得分系数矩阵，由此可写出因子得分的计算公式并计算得到每个因子的得分数据。

表 6-6　由回归法估计的因子得分系数矩阵

名称	成分（等同于因子）		
	成分 1	成分 2	成分 3
x1	−0.119	0.477	−0.136
x2	−0.079	0.451	−0.153
x3	−0.001	0.041	0.343
x4	0.201	−0.121	−0.216
x5	0.194	−0.038	−0.153
x6	0.188	−0.048	0.070
x7	0.188	−0.046	0.078
x8	0.190	−0.106	0.180
x9	−0.004	−0.208	0.746
x10	0.079	0.155	−0.012
x11	0.134	0.083	0.021

F1=−0.119x1−0.079x2+⋯+0.079x10+0.134x11

F2=0.477x1+0.451x2+⋯+0.155x10+0.083x11

F3=−0.136x1−0.153x2+⋯−0.012x10+0.021x11

具体计算时，各指标变量应取标准化数据。

给出每个因子的权重系数，即可构造综合因子的得分数据，一般取各因子的方差解释率占累积方差解释率的比例（归一化权重系数）。例如，本例的因子 F1 的权重系数为其旋转后的方差 47.871%除以 3 个因子的累积方差解释率 85.501%。按此方式计算其他公因子的权重系数，以构造综合得分 F 综。

F 综=(47.871F1+24.285F2+13.345F3)/85.501

F 综=0.560F1+0.284F2+0.156F3

前面在【因子】模块设置时，我们勾选了【因子得分】【综合得分】这两个复选框，平台会自动根据上述因子的计算公式、综合得分计算公式完成对数据结果的计算，并将得分变量作为新变量另存到数据文档中。

在 SPSSAU 平台【我的数据】模块中，将数据下载到 Excel 表格，分别按各因子得分降序、按综合得分降序对地区（直辖市或省）进行排序，各排名前六的结果如表 6-7 所示。

表 6-7　因子得分、综合得分新数据与排名前六的结果

FactorScore1_8702	排名（降序）	FactorScore2_8702	排名（降序）	FactorScore3_8702	排名（降序）	CompScore_8702	排名（降序）
3.592	上海	2.557	广东	3.379	云南	2.224	上海
2.704	北京	2.012	江苏	1.296	上海	1.204	北京
1.580	天津	1.830	山东	1.093	安徽	0.903	广东
0.470	广东	1.395	四川	1.077	黑龙江	0.740	天津
0.361	福建	1.158	浙江	1.048	福建	0.587	浙江
0.350	浙江	0.664	河北	0.616	河北	0.546	江苏

表 6-7 显示，以"FactorScore"开头的变量即本次因子分析提取到的 3 个因子的得分数据，其后下画线前的数字对应的是因子的编号，如"FactorScore3_"指的是因子 F3 的因子得分数据，以"CompScore"开头的变量即综合得分数据。

5) 结果应用

通过因子分析完成降维后，可利用因子得分数据和综合得分数据代替原始观测指标对研究对象进行综合评价。常见的做法是先依据因子得分数据、综合得分数据对研究对象排序，然后从专业角度进行评价分析。

通过平台【我的数据】模块将当前数据导出，在 Excel 表格中完成排序。

对 F1 收入因子进行降序排列，排名前三的地区为上海、北京、天津。

对 F2 生产力因子进行降序排列，排名前三的地区为广东、江苏、山东。

对 F3 利税因子进行降序排列，排名前三的地区为云南、上海、安徽。

对综合得分进行降序排列，排名前五的地区为上海、北京、广东、天津、浙江。

6.2 主成分分析

主成分分析（Principal Component Analysis，PCA），是将一组相互关联的指标进行信息浓缩，简化为少数几个主成分的多元统计分析方法。由最初的多个指标变量到少数几个主成分，这一过程不是直接筛选、剔除变量而是高度综合简化。主成分是由指标变量的线性组合计算而来的，它们尽可能多地保留原始指标的信息，从而在较少的信息损失情况下用于对研究对象做综合性评价或作为新的变量用于其他统计分析。

例如，某研究采用 20 个能从不同方面反映国民经济发展的指标，通过主成分分析浓缩会得到 3 个主成分，可以解释原来 20 个指标 95%的方差比例。3 个主成分从数据上是 20 个指标的线性组合，可使用 3 个主成分构造综合得分变量对研究对象的国家经济进行综合评价，也可以计算 20 个指标的权重系数用于指标体系的构建及研究，或者将 3 个主成分当作新的变量，对研究对象进行聚类或回归分析。

本节主要介绍主成分分析的应用，通过在仪表盘中依次单击【进阶方法】→【主成分】模块来实现。

6.2.1 思想与应用

主成分分析采用的是降维思想，即将多个有相关性的定量数据转换成少数几个互不相关的主成分。本节强调两个适用条件：第一个是要求待降维处理的指标为定量数据，第二个是这些定量数据指标之间要有一定的相关性基础。

1. 基本思想

在综合评价研究中，为了全面系统地进行分析，研究者会从多个方面不同角度纳入评价的观测指标，一个指标就是一个维度，因此指标越多维度越高，综合评价工作就会越复杂。在尽可能使原始指标信息丢失最少的原则下，主成分分析是对高维空间数据的降维处理。此处所谓的降维即研究原始指标数据的少数几个线性组合，并且这几个线性组合所构成的综合指标要尽可能多地保留原来指标变异方面的信息，这些综合指标就被称为主成分，同因子分析，也可以用 F 来表示。

在数学上，主成分 F 与观测指标变量 X 之间的线性组合表达式如下：

$$F_1 = u_{11}X_1 + u_{21}X_2 + \cdots + u_{p1}X_p$$
$$F_2 = u_{12}X_1 + u_{22}X_2 + \cdots + u_{p2}X_p$$
$$\cdots\cdots$$
$$F_p = u_{1p}X_1 + u_{2p}X_2 + \cdots + u_{pp}X_p$$

式中，p 为主成分的个数；u 为各观察指标变量的系数。理论上有多少个原始指标变量 X 就有多少个主成分 F，但是在最少损失信息的原则下，一般只选取少数几个线性组合尽可能多地反映原来变量的信息，以实现降维简化分析的目的。在实际中，常见的是选取 2~5 个主成分，将方差最大的作为第一主成分，方差第二大的作为第二主成分，依次类推一直到第 p 主成分，要求选取的少数 p 个主成分的累积方差解释率能达到 80%~85%。

2．应用场景

主成分分析在社会学、经济学、管理学领域应用较广泛，主要应用方向如下。

（1）综合评价。数据降维技术在综合评价研究中应用较多，为了从多个维度对研究对象进行评价，用来做评价的原始指标动辄十几个、几十个甚至数百个，如此多的指标造成信息的重叠、混乱，采用主成分分析进行降维分析，可以用少数几个指标进行综合评价。

例如，通过 3 个主成分构造综合得分变量来代替原始的 20 个经济指标对研究对象的国民经济进行综合评价。

（2）计算权重系数。在构建指标体系的有关研究中，给各指标赋权重系数是一个重要的环节。传统上常用的方法有专家打分法、层次分析法等。主成分分析可以从定量的角度计算各指标的权重系数，是一种较客观的赋权方法。关于利用主成分分析赋权的内容，见本书第 7 章。

（3）作为中间变量用于回归分析、聚类分析。主成分分析和因子分析也常被用作对基础数据的分析，先通过主成分分析得到主成分的中间变量，或通过因子分析得到因子得分数据；然后将主成分变量、因子得分用于回归分析、聚类分析等研究。

例如，某研究通过主成分分析对 13 个地区的经济发展水平进行综合评价，将提取到的两个主成分用作聚类的依据，继续对 13 个地区进行聚类分析，最终分为 4 类地区。

6.2.2 与因子分析的区别

主成分分析和因子分析都属于降维处理方法，都是针对定量数据资料的，且要求数据间具有一定的相关性基础。二者在应用场景上基本一致，但是在原理上有本质的区别，主要区别如表 6-8 所示。

表 6-8 主成分分析与因子分析的主要区别

检验项目	主成分分析	因子分析
原理	（1）主成分是观测指标的线性组合 （2）倾向得到更大的共性方差	（1）观测指标是公共因子和特殊因子的线性组合 （2）变量的相关程度尽可能地被因子解释
可解释性	不考虑度量误差，不强调可解释性	考虑度量误差，可旋转坐标使因子更具有可解释性
操作	一般不包括旋转操作	在因子意义不明确时采用旋转操作

（1）原理上的区别。主成分是观测变量的线性组合，即主成分分析是把具有一定相关性的观测变量重新组合形成少数几个不相关的综合指标。主成分的提取过程倾向获得更大的共性方差，而因子是用于解释观测变量的潜变量，观测指标是公共因子的线性组合，所提取的因子更强调可解释性。

（2）可解释性上的区别。主成分不强调其一定要具有明确的实际含义，有些研究并不关注主成分有无实际特质含义，但是因子分析更强调因子的特质，一般要求因子具备可解释性。因子分析成功与否，更多地取决于因子自身的可解释性。

（3）操作上的区别。主成分分析提取主成分只有一种方法，叫作主成分分析法，而因子分析提取公因子的方法较多，常用的有主成分分析法、主轴因子法、最大似然法等。另外，因为公因子强调可解释性，所以在提取公因子的过程中可采用因子旋转处理，而主成分分析一般不采用旋转处理。

6.2.3 分析步骤

在实际研究分析中，主成分分析的一般步骤和前面的因子分析相似，如图 6-4 所示。

Step1 数据标准化 → Step2 适合性检验与主成分提取 → Step3 主成分命名 → Step4 计算主成分得分与综合得分 → Step5 结果应用

图 6-4 主成分分析的一般步骤

1）数据标准化

从原理上讲，在进行主成分分析前需要对原始观测指标数据进行标准化处理。SPSSAU 平台在对原始观测指标数据进行主成分分析时会先自动进行一次标准化处理，因此无须事先进行标准化，可直接以原始观测指标数据进行分析。

2）适合性检验与主成分提取

主成分分析和因子分析相同，也对观测指标间的相关性有要求，可根据 KMO 和巴特利特检验判断数据是否适合进行主成分分析。结合 Kaiser（1974）和国内期刊科技论文的使用经验，简要言之，即以 KMO 值大于 0.5 作为最低标准。在巴特利特检验中，如果 p 值小于 0.05，则表明数据具有良好的相关性，适合进行主成分分析。

我们可利用特征根、方差解释率、碎石图等结果确定提取主成分的个数。特征根能反映主成分的重要性，其取值越大越重要，所以按从大到小的排序，依次称为第一主成分、第二主成分到第 p 主成分，一般认为特征根大于 1 的主成分更有代表性。方差解释率表示主成分能解释所有观察指标变量的信息比例，同特征根一样都可以反映主成分的重要性。

同因子分析，主成分的提取个数一般遵循特征根大于 1，以及最终提取到的主成分累积方差解释率达到 80%~85%的原则。在社会科学领域，主成分累积方差解释率可放宽到 60%以上。

3）主成分命名

以载荷系数大于 0.4 为标准来判断观测指标与主成分的相关关系，利用归属主成分的有代表的观测指标对主成分的含义进行归纳总结。此处应注意，与因子分析不同，对于主成分分析来说，更关注的是所选取的少数主成分有足够大的方差解释贡献，并不强求主成分一定拥有实际意义，主成分命名并不是必要的，视具体分析而定。

4）计算主成分得分与综合得分

原理上认为各主成分是所有指标变量的线性组合，由特征根、载荷系数计算各指标变量的系数，公式为：线性组合系数矩阵=载荷系数矩阵/Sqrt（特征根），即载荷系数除以对应的特征根开平方，从而计算各主成分的得分数据。

主成分数据可以用于对研究对象进行评价，也可以独立作为新数据参与后续的关系研究，如作为自变量进行主成分回归分析，或作为聚类依据进行样本聚类。

在综合评价研究中，往往还需要在各主成分数据基础上构造综合得分，F 综=系数 1×F1+系数 2×F2+…+系数 p×Fp，一般是以各主成分方差解释率或各主成分方差占累积总方差的比例作为系数，该系数具有归一化的特点。

5）结果应用

主成分分析常用来进行综合评价、权重计算，或者作为预分析，将主成分结果与线性回归、聚类分析联合使用。

6.2.4 主成分实例分析

主成分分析被广泛应用于综合评价及权重计算方面的研究，接下来结合一个实例进行具体解释和分析。

【例 6-2】某研究收集到 12 个地区的 5 个社会经济指标，试进行主成分分析并对 12 个地区做综合评价。案例数据来源于董大钧（2014），数据文档见"例 6-2.xls"。

1）数据标准化

原始指标数据包括 pop（总人口数）、school（中等学校平均校龄）、employ（总就业人数）、services（服务业人数）及 house（中等房价），均为定量数据。5 个社会经济指标的单位量纲是有差异的，从主成分分析原理上讲应提前对这些数据做标准化处理。SPSSAU 平台在主成分分析时默认会自动对数据做标准化处理，因此本例直接以原始数据进行分析。

2）适合性检验与主成分提取

数据读入平台后，在仪表盘中依次单击【进阶方法】→【主成分】模块。主成分分析操作界面如图 6-5 所示。"成分得分"是指平台会自动完成对主成分得分数据的计算，并在数据文档中生成新的主成分得分数据。"综合得分"是指平台会在主成分得分数据的基础上，构造综合得分数据，作为新变量另存到数据文档中。

图 6-5 主成分分析操作界面

本例将【pop】【school】【employ】【services】【house】5 个原始评价指标拖曳至【分析项(定量)】分析框中，提取主成分个数的下拉列表默认选择【主成分数(自动)】，先以特征根大于 1 的原则进行主成分提取，对输出结果进行分析，如果对提取的主成分不满意，则返回此处按指定个数提取；然后勾选【成分得分】和【综合得分】复选框；最后单击【开始分析】按钮，对提取的主成分的结果进行解释和分析。

原理上认为原始评价指标变量间应存在一定的相关性，可以通过 KMO 值和 Bartlett 球形度检验判断该条件是否满足，如表 6-9 所示。

表 6-9 KMO 值和 Bartlett 球形度检验

KMO 值		0.575
Bartlett 球形度检验	近似卡方	54.252
	df	10
	p	0.000

本例 KMO=0.575>0.5，Bartlett 球形度检验 $p<0.05$，说明数据间存在相关性，认为基本上适合进行主成分分析。

按特征根大于 1 的原则提取主成分的方差解释率，如表 6-10 所示。前两个主成分特征根依次为 2.873、1.797，均大于 1，因此默认提取了两个主成分，分别为第一主成分和第二主成分。

表 6-10 特征根与方差解释率

编号	特征根			主成分提取		
	特征根	方差解释率	累积方差解释率	特征根	方差解释率	累积方差解释率
1	2.873	57.46%	57.46%	2.873	57.46%	57.46%
2	1.797	35.94%	93.40%	1.797	35.94%	93.40%
3	0.215	4.30%	97.70%	—	—	—
4	0.100	2.00%	99.70%	—	—	—
5	0.015	0.30%	100.00%	—	—	—

所有主成分特征根的和为 5，第一主成分的方差解释率为 2.873/5=57.46%，第二主成

分的方差解释率为 35.94%。前两个主成分的累积方差解释率为 57.46%+35.94%=93.40%，可以解释原始评价指标 93.40%的信息量，大于 85%，足见前两个主成分的代表性和重要性，提取两个主成分是合适的。

碎石图如图 6-6 所示。前两个主成分的特征根变化幅度较大，第三个主成分之后特征根的变化微小，第三主成分成为拐点，提示拐点前的主成分更重要、更具有代表性。因此，本例通过碎石图判断，提取前两个主成分较合适，该结论和前面特征根大于 1，累积方差解释率较高所得的结论一致。

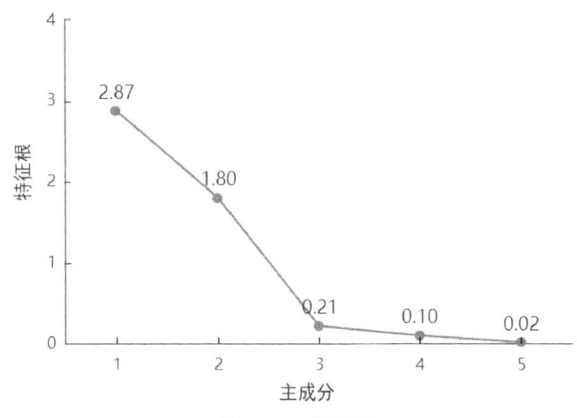

图 6-6　碎石图

综合认为，本例提取两个主成分是合适的，用 F1 和 F2 表示。

3）主成分命名

载荷系数即观测指标与主成分间的相关系数，一般认为载荷系数在 0.4 以上说明观测指标与主成分具有较强的相关关系，可利用载荷对主成分进行命名，所谓命名实际上是对主成分归属的指标含义进行总结和归纳。载荷系数如表 6-11 所示。建议单击该表底部的【排序】图标，对载荷系数进行排序，以便分析观测指标与主成分的相关关系。

表 6-11　载荷系数

名称	载荷系数		共同度（公因子方差）
	F1	F2	
school	0.767	−0.545	0.885
services	0.932	−0.104	0.880
house	0.791	−0.558	0.938
pop	0.581	0.806	0.988
employ	0.672	0.726	0.979

"school" "services" "house" 这 3 个指标与主成分 1（第一主成分 F1）的载荷系数依次为 0.767、0.932、0.791，均大于 0.7。而 "pop" "employ" 这两个指标与主成分 2（第二主成分 F2）的载荷系数均大于 0.7。说明 F1 和 "school" "services" "house" 高度相关，F2 与 "pop" "employ" 高度相关。

因此，我们可以根据"school""services""house"对F1命名，命名为"福利主成分"；根据"pop""employ"对F2命名，命名为"人口主成分"。

表 6-11 中最后一列的共同度即公因子方差，一般认为共同度不得低于 0.4，本例共同度均在 0.8 以上，说明提取的两个主成分都具有很强的解释率，主成分能有效实现对观测指标的信息提取。

4）计算主成分得分与综合得分

主成分是所有指标的线性组合，SPSSAU 平台能计算线性组合中各指标的系数。线性组合系数矩阵如表 6-12 所示。

表 6-12 线性组合系数矩阵

名称	成分	
	F1	F2
pop	0.343	0.602
school	0.453	-0.406
employ	0.397	0.542
services	0.550	-0.078
house	0.467	-0.416

两个主成分的计算公式：

F1=0.343pop+0.453school+0.397employ+0.550services+0.467house

F2=0.602pop-0.406school+0.542employ-0.078services-0.416house

式中各观察指标是标准化后的数据，由此可以计算两个主成分的得分数据，直接用于综合评价，或独立作为新数据参与后续的关系研究，如作为自变量进行回归分析，或作为聚类依据进行样本聚类。

接下来构造综合得分 F 综，根据表 6-10 中的方差解释率，F1 的系数为 57.46/93.40=61.52%，F2 的系数为 35.94/93.40=38.48%。

因此，F 综=0.6152F1+0.3848F2。

在前面【主成分】模块设置时，本例勾选了【成分得分】【综合得分】这两个复选框，平台会自动根据上述主成分计算公式、综合得分计算公式完成对数据结果的计算，并将得分变量作为新变量另存到数据文档中。主成分得分、综合得分新数据（部分数据）如表 6-13 所示。

表 6-13 主成分得分、综合得分新数据（部分数据）

CompScore_6577	PcaScore2_6577	PcaScore1_6577	no	pop	school	employ	services	house
0.644	-0.955	1.644	1	5700	12.8	2500	270	25000
-1.780	-1.017	-2.257	2	1000	10.9	600	10	10000
-1.489	0.120	-2.495	3	3400	8.8	1000	10	9000
-0.186	-1.731	0.779	4	3800	13.6	1700	140	25000
-0.252	-1.557	0.564	5	4000	12.8	1600	140	25000
-0.129	1.542	-1.173	6	8200	8.3	2600	60	12000

表 6-13 中以"PcaScore1_"和"PcaScore2_"开头的两个新变量即本例提取并计算的 F1 和 F2 得分数据,而"CompScore_"变量为综合得分 F 综。

5）结果应用

通过主成分分析完成降维后,可利用主成分得分数据和综合得分数据代替原始观察指标对研究对象进行综合评价。常见的做法是先依据主成分得分数据、综合得分数据对研究对象进行排序,然后从专业角度进行评价及阐释。

为了方便展示,我们将"PcaScore1_"和"PcaScore2_"两个变量名称修改为"F1"和"F2",将"CompScore_"变量名称修改为"F 综",分别对应第一主成分得分、第二主成分得分与综合得分。依次用 F1、F2、F 综对 12 个地区进行排名,其结果汇总编辑为表格,如表 6-14 所示。

表 6-14 用主成分得分、综合得分数据进行排名

地区 no	F1	排名	地区 no	F2	排名	地区 no	F 综	排名
10	3.186	1	11	1.783	1	10	1.930	1
1	1.644	2	12	1.565	2	9	1.110	2
9	1.330	3	6	1.542	3	12	0.875	3
4	0.779	4	8	1.146	4	1	0.644	4
5	0.564	5	9	0.759	5	8	0.501	5
12	0.444	6	3	0.120	6	11	0.449	6
8	0.097	7	10	−0.079	7	6	−0.129	7
11	−0.385	8	1	−0.955	8	4	−0.186	8
6	−1.173	9	2	−1.017	9	5	−0.252	9
7	−1.735	10	5	−1.557	10	3	−1.489	10
2	−2.257	11	7	−1.576	11	7	−1.673	11
3	−2.495	12	4	−1.731	12	2	−1.780	12

按 F1 福利主成分,排名前三的地区编号为 10、1、9。

按 F2 人口主成分,排名前三的地区编号为 11、12、6。

按 F 综合得分,排名前三的地区编号为 10、9、12。

线性组合系数及权重结果如表 6-15 所示。除综合评价应用外,主成分分析还用来对指标权重的计算,平台在主成分分析的同时,可输出各指标数据的权重值。

表 6-15 线性组合系数及权重结果

名称	F1	F2	综合得分系数	权重系数
特征根	2.873	1.797		
方差解释率	57.47%	35.93%		
pop	0.3427	0.6016	0.4423	30.46%
school	0.4525	−0.4064	0.1221	8.40%
employ	0.3967	0.5417	0.4525	31.15%
services	0.5501	−0.0778	0.3085	21.24%
house	0.4667	−0.4164	0.1270	8.74%

表中重点是最后一列给出的各观测指标的权重系数，本例"pop""school""employ""services""house"的权重系数依次为 30.46%、8.40%、31.15%、21.24%、8.74%，关于主成分分析法的权重计算和应用，详见本书第 7 章。

6.3 对应分析

对应分析（Correspondence Analysis）也称关联分析、相应分析、R-Q 型因子分析，通过研究由定类变量构成的交叉表数据来揭示变量各类别间的联系，适用于两个或多个定类变量。例如，研究性别、年龄段、学历水平、薪资收入与短视频主播喜好倾向的关联关系。

对应分析可以揭示同一变量的各个类别之间的联系，它的主要结果是对应图，通过对应图可以展现不同变量各个类别之间的关联关系，因此对应分析也可以说是一种多维图示方法。对应分析常用于市场调查定类资料的分析中，通过在仪表盘中依次单击【问卷研究】→【对应分析】模块来实现。

6.3.1 方法概述

1. 基本思想

对应分析的基本思想是将一个列联表的行和列中各元素的比例结构以点的形式在较低维度（一般是二维）的空间内进行展示。本质上是对行变量和列变量的属性分别进行因子分析降维处理，以减少变量的状态。

因子分析根据研究对象的不同可以分为 R 型因子分析和 Q 型因子分析，前者是对指标进行因子分析降维，后者是对样品进行因子分析降维，由于 R 型因子分析和 Q 型因子分析反映的是一个整体的不同侧面，因此两者之间可能存在内在联系。对应分析是将两者结合起来进行统计分析，从 R 型因子分析出发，直接获得 Q 型因子分析的结果的，将指标和样品分析的结果同时反映到一张相同坐标轴的二维图形上，对问题进行较直观的分析。

对应图示范如图 6-7 所示。沈浩和柯慧新（1999）采用"纯水市场研究"案例，对某企业拟用的新开发纯水产品名称进行了测试。从图中可以看出，如果采用"波澜"作为新纯水产品的名称

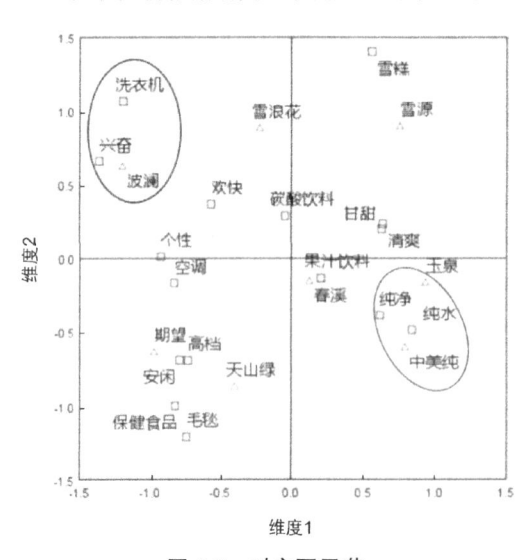

图 6-7 对应图示范

会让受访者感到"兴奋",并且和纯水毫无关系的"洗衣机"关联在一起。如果采用"中美纯"作为名称,则和"纯水""纯净"关系更紧密。显然"波澜"并不是好的纯水产品名称,而"中美纯"效果更佳。

对应分析对应图的最大特点之一是可以把众多的样品和变量同时展示到二维平面图上,将行变量与列变量的属性关联关系直观地展示出来;使联系密切的类别点较集中,联系疏远的类别点较分散,通过观察对应图直观地把握变量类别之间的联系。

对应分析的维度只是数学上的概念,通常并无实际意义,通俗理解为将"行列变量的联系"浓缩成"少数几个维度",一般来说2~3个维度即可解释原始信息的全部或大部分关系,因此只需要投影一个平面的对应图就可以方便实际分析;如果维度个数超过2个,那么会出现很多个对应图,这样会加大实际解释分析的难度。Higgs(1991)指出,前 n 个维度的累计贡献率达到一定数量(一般认为达到70%以上)就可以被认为显示原始资料的大部分信息。

2. 对应分析类型

对应分析类型如图6-8所示。根据分析的定类变量个数,对应分析分为简单对应分析和多重对应分析。具体来说,对两个分类变量进行的对应分析称为简单对应分析;对两个以上的分类变量进行的对应分析称为多重对应分析。

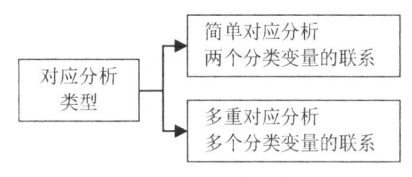

图6-8 对应分析类型

3. 与其他降维方法的区别

对应分析、因子分析、主成分分析都是用于降维处理的多元统计方法,对应分析是用于两个或多个分类变量间关联关系的可视化方法,而因子分析、主成分分析要求数据资料为定量数据,常用于综合评价或作为数据分析的中间环节。对应分析、主成分分析和因子分析,它们在数据类型上要求不同,使用场景也不同。

对应分析一般提取两个维度,由两个维度构成一个平面可视化对应图,通过解读图形来分析分类变量间各类别的关联关系。而主成分分析和因子分析通常要提取多个维度,如提取5个公因子来解释原来30个指标数据86%的信息变化。另外,这3个降维方法在维度/因子的实际含义上要求不尽相同,如因子分析更强调因子具备实际含义,对应分析的两个维度一般是无实际意义的。

4. 对应分析的一般步骤

对应分析常用于市场调查、市场细分研究,其一般步骤如图6-9所示。分析过程一般包括3个步骤,分别是准备数据、相关性判断和对应图分析。

图6-9 对应分析的一般步骤

1）准备数据

根据研究目的，收集待研究的两个或多个分类变量数据。一般要求两个或多个分类变量间存在相关性或关联性，行变量、列变量的类别属性取值相互独立；行变量、列变量构成的列联表中的值不能有 0 或负数；为了更好地展示对应图，分类变量的水平数大于 4 个效果更佳。

数据资料有两种格式：加权数据格式和原始的普通数据格式，前者需要用频数进行加权，后者可以直接对分类变量进行分析。

2）相关性判断

对应分析本质上是描述两个或多个分类变量间相关性的图示化分析方法，一般建议在开始对应分析前进行关联关系的判断。例如，在分类变量按行、列形成交叉表频数基础上进行卡方检验，确认两个分类变量间是否存在相关性。如果卡方检验 p 值小于 0.05，则表明两个分类变量间存在相关性，可以进一步进行对应分析。

一般而言，当卡方检验有统计学意义时，对应分析才有可能在各类别间找到较明显的类别联系。但是由于卡方检验是一个总体检验，不排除可能有少数类别间的联系被淹没在绝大多数无关类别中的情形出现，因此本节一般不会严格地以 0.05 作为判断水平，具体界值为多少才合适并无统一标准。从经验上讲，如果 p 值大于 0.2，则多半无进行分析的必要；如果 p 值在 0.05~0.2 范围内，则考虑继续进行对应分析，但是对结果的解释需要更谨慎（张文彤和董伟，2013）。

3）对应图分析

在大多数情况下，对应分析只需要建立两个维度，将具体的数值点投影到两个维度的对应图上进行关联关系的展示。在利用对应图时，一般是基于两个维度的原点(0,0)画竖线和横线形成象限，根据原始关系信息在二维平面上映射点所在的象限和相互之间的距离进行解释。一般认为同处一个象限点，以及彼此之间距离接近的点具有紧密联系。

6.3.2 简单对应分析

对两个分类变量进行的对应分析称为简单对应分析。

1. 基本概念

两个分类变量，一个作为行变量，另一个作为列变量，构成 $n \times p$ 列联表，可以理解为有 n 个观测记录和 p 个变量。简单对应分析就是对这 $n \times p$ 列联表进行分析并绘制核心结果对应图。对应图多数情况下只需要两个维度，分别作为横轴与纵轴，以展示样品点与变量点的联系，包括以下基本概念。

（1）维度：对应分析的维度与因子分析的因子本质上是一致的，均为不可直接观测的抽象潜变量，但对应分析的维度通常来说仅是数学概念，缺乏实际意义，简单对应分析可浓缩的最大维度个数为各分类变量中的最少分类个数减一，如 5×4 的交叉表，最大可选的维度是 4-1=3 个，一般情况下，我们只提取 2~3 个维度。

（2）惯量：惯量即特征根，是对应分析中非常重要的一个概念，反映了维度的重要性。计算各维度惯量百分比,可衡量各维度对原始信息的解释百分比。根据 Higgs(1991)的研究,前 n 个维度的累积惯量百分比应达到 70%以上。如果行列变量的最低分类水平是 3,那么可直接提取两个维度,此时两个维度的累积惯量百分比为 100%,即没有任何信息损失。

(3)奇异值:奇异值为惯量的平方根,相当于相关分析中的相关系数,了解一下即可。

2. 简单对应分析实例

【例 6-3】为研究不同人群对 3 个品牌方便面的选择倾向,在具体调查时研究者读出消费人群形象语句后,由被试从 3 个已知品牌中选择 1 个或 1 个以上的品牌,或 1 个品牌也不选。应答数据汇总后的响应频数如表 6-16 所示,试进行简单对应分析。案例数据来源于郑宗成等人(2012),案例描述及数据有适当修改,具体数据文档见"例 6-3.xls"。

表 6-16 应答数据汇总后的响应频数

选择偏好	品牌 A	品牌 B	品牌 C
适合自己	123	171	30
适合任何时候食用	186	126	48
适合全家人食用	141	126	48
适合年轻人食用	120	156	57
适合小孩子食用	141	120	33

1)准备数据

本例数据文档为加权数据格式,包括"品牌""人群""频数"数据,研究目的是不同人群与方便面品牌的选择倾向,可通过对应图研究这种关系。

2)相关性判断

数据读入平台后,在仪表盘中依次单击【问卷研究】→【对应分析】模块,将【品牌】【人群】拖曳至【分析项(定类)】分析框中,将【频数】拖曳至【加权项(可选 2 个分析项时可用)】分析框中。在【维度数量】下拉列表中选择【维度数量(默认2)】,将原始信息投射到平面图上,以便解释及分析。简单对应分析操作界面如图 6-10 所示,最后单击【开始分析】按钮。

图 6-10 简单对应分析操作界面

首先来分析两个分类变量间的相关性关系,表 6-17 所示为对应交叉表展示的行、列变量交叉频数、百分比及卡方检验结果。

表 6-17 交叉表卡方检验

题目	名称	品牌			总计	χ^2	p
		品牌 A	品牌 B	品牌 C			
人群	适合自己	123(17.30%)	171(24.46%)	30(13.89%)	324(19.93%)	37.613	0.000**
	适合任何时候食用	186(26.16%)	126(18.03%)	48(22.22%)	360(22.14%)		
	适合全家人食用	141(19.83%)	126(18.03%)	48(22.22%)	315(19.37%)		
	适合年轻人食用	120(16.88%)	156(22.32%)	57(26.39%)	333(20.48%)		
	适合小孩子食用	141(19.83%)	120(17.17%)	33(15.28%)	294(18.08%)		
总计		711	699	216	1626		

注：** $p<0.01$。

本例研究不同人群与方便面品牌的选择倾向，从对应交叉表可知，$\chi^2=37.613$，$p=0.000<0.05$，认为不同人群与方便面品牌的选择之间存在相关关系，接下来将通过对应分析进一步了解二者的联系。

3）对应图分析

对应分析模型维度的惯量及解释率如表 6-18 所示，该表列出了降维后各维度的奇异值、惯量、解释率和累积解释率，类似于因子分析的方差解释率表。

表 6-18 对应分析模型维度的惯量及解释率

维度	奇异值	特征根值（惯量）	解释率	累积解释率
维度 1	0.128	0.016	71.283%	71.283%
维度 2	0.082	0.007	28.717%	100.000%

本例简单对应分析选择提取两个维度，维度 1 和维度 2 的惯量分别为 0.016、0.007，解释率（惯量的百分比）分别为 71.283%、28.717%，累积解释率为 100%>70%，说明两个维度模型能解释全部的原始信息。

对应图是对应分析的重要结果。消费人群与方便面品牌偏好的对应图如图 6-11 所示。

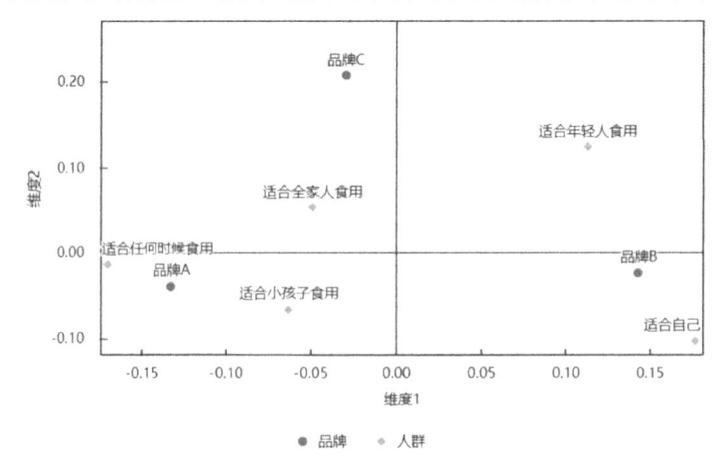

图 6-11 消费人群与方便面品牌偏好的对应图

由图 6-11 可知，方便面品牌 A 适合任何时间食用，而且适合小孩子食用；方便面品牌 B 适合自己（成年人）；而方便面品牌 C 的选择倾向较弱或不够明确；适合年轻人食用这个分类点与市场上的消费人群点距离都较远，提示市场缺适合年轻人食用的方便面品牌。

6.3.3 多重对应分析

对两个以上的分类变量进行的对应分析称为多重对应分析，也叫作多元对应分析。

1．注意事项

不论是简单对应分析还是多元对应分析，通常情况下，分类变量之间存在相关性是对应分析的基础。对于简单对应分析，可直接进行交叉表卡方检验进行相关关系研究；对于多重对应分析，可考虑两两变量之间自行进行交叉表卡方检验。

多重对应分析最大可提取的维度个数为所有分类变量的类别总数减去变量个数，通常可提取 2~3 个维度。多重对应分析同样通过在仪表盘中依次单击【问卷研究】→【对应分析】模块来实现。

2．实例分析

【例 6-4】数据文档"例 6-4.xls"来源于 SAS 统计软件自带的示例数据，现收集到某次调查得来的轿车特征与一些用户特征数据，请分析汽车原产地（norigin）、汽车大小（nsize）、轿车类型（ntype）、是否租房（nhome）、有无双份工作（nincome）、性别（nsex）、婚姻状况（nmarit）之间的联系。

1）准备数据

例 6-4 案例数据赋值说明如表 6-19 所示，7 个数据均为二分类变量或多分类变量，多个分类变量间的关系，可选的统计方法包括多重对应分析、对数线性模型，如果希望从可视化效果、可解释性等方面综合考虑，则选择多重对应分析更为合适。

表 6-19 例 6-4 案例数据赋值说明

分类变量	变量说明	分类水平说明
norigin	汽车原产地	日本、欧洲、美国
nsize	汽车大小	小型、中型、大型
ntype	轿车类型	商用车、家用车
nhome	是否租房	买房、租房
nincome	有无双份收入	一份收入、两份收入
nsex	性别	女、男
nmarit	婚姻状况	未婚、未婚有孩子、已婚有孩子

2）相关性判断

对 7 个变量两两间进行卡方检验，结果发现"性别"与"汽车原产地""汽车大小""轿车类型"等变量无明显相关性，因此在接下来的对应分析中暂不考察"性别"，只针对其他 6 个变量进行对应分析。卡方检验具体过程读者可自行完成，此处重点解释对应分析。

3）多重对应分析

在仪表盘中依次单击【问卷研究】→【对应分析】模块，将【norigin】【nsize】【ntype】等 6 个变量全部拖曳至【分析项(定类)】分析框中，因为本例数据为普通数据格式，因此不需要进行加权处理。在【维度数量】下拉列表中选择【维度数量(默认 2)】，最后单击【开始分析】按钮。多重对应分析操作界面如图 6-12 所示。

图 6-12　多重对应分析操作界面

接下来对对应分析模型和对应图进行解释和分析，类似于简单对应分析。维度惯量及解释率如表 6-20 所示。本例多重对应分析维度 1 和维度 2 的惯量分别为 0.369、0.271，解释率分别为 34.783%和 18.818%，累积解释率为 53.601<70%，初步认为两个维度提取的信息量略显不足，模型质量一般。

表 6-20　维度惯量及解释率

维度	特征根值（惯量）	解释率	累积解释率
维度 1	0.369	34.783%	34.783%
维度 2	0.271	18.818%	53.601%
维度 3	0.199	10.139%	63.740%
维度 4	0.193	9.545%	73.286%
维度 5	0.175	7.832%	81.118%
维度 6	0.158	6.415%	87.533%
维度 7	0.135	4.667%	92.199%
维度 8	0.118	3.545%	95.745%
维度 9	0.092	2.168%	97.912%
维度 10	0.080	1.631%	99.544%
维度 11	0.042	0.456%	100.000%

如果提取 4 个维度，虽然累积解释率可提高到 73.286%，但考虑提取 4 个维度的对应图解释和分析困难，因此本例提取两个维度，应谨慎解释、分析和报告对应图的结果。

图 6-13 所示为多重对应图，6 个变量总共有 15 个类别，这些类别间较明确的联系包

括跑车、车型为小型和日本原产地；家用车、已婚有孩子与车型为中型；未婚、租房与一份收入等。

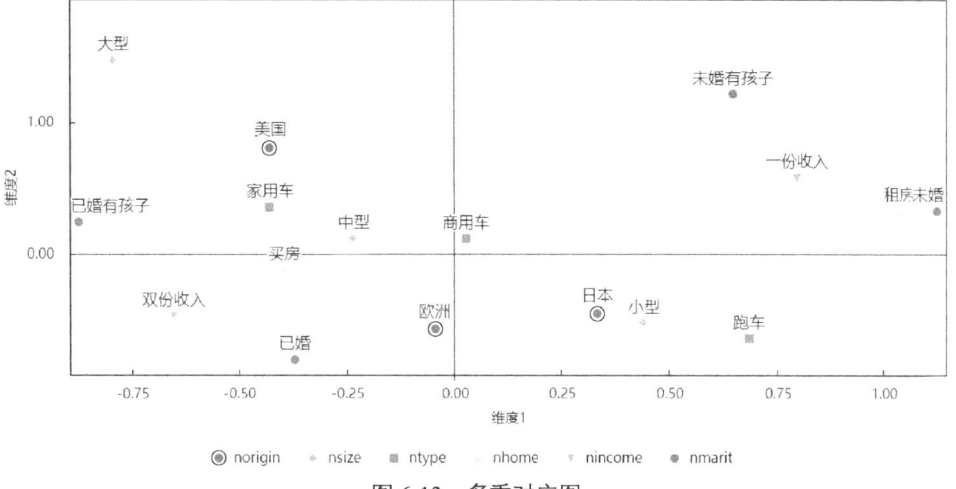

图 6-13　多重对应图

6.4　多维尺度分析

多维尺度分析（Multi Dimensional Scaling，MDS），也称多维尺度变换，是一种将多维空间的研究对象（样本或变量）简化到低维空间进行定位、分析和归类，同时又保留对象间原始关系的多元统计分析方法。本节介绍多维尺度分析的应用，通过在仪表盘中依次单击【综合评价】→【多维尺度 MDS】模块来实现。

6.4.1　方法概述

1. 基本思想

多维尺度分析要处理的一般是事物之间接近性的观察数据，既可以是实际距离，也可以是主观评判的相似性。其目的是要发现决定多个事物之间"距离"的潜在维度，用少数几个维度（一般 2 维或 3 维）对事物之间的相似性（或称"距离"）做出解释，并在低维空间内以图形的形式表现出来。

一般绘制两个维度构成的空间感知图，每个研究对象都是图中的点，点与点之间的距离越近，表明事物在维度特征上越相似；距离越远，表明事物在维度特征上差异越大。

实际距离数据的多维尺度分析示例：本研究收集到美国九大城市之间的航空距离，这些实际距离数据反映了城市之间地理位置的差异性，通过多维尺度分析可以绘制空间感知图，它显示了城市在模型空间的相对位置。美国九大城市航空多维尺度分析图示例如图 6-14 所示。

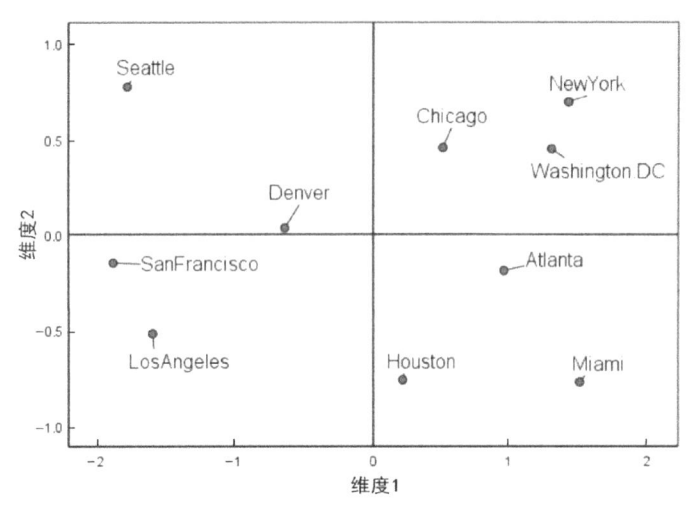

图 6-14 美国九大城市航空多维尺度分析图示例

主观评判相似性的多维尺度分析示例：有 10 家商场，让消费者评价两两商场间的相似程度，根据这些数据，用多维尺度分析，可以判断消费者认为哪些商场是相似的，从而确定竞争对手。

2. 注意事项

1）数据要求

多维尺度分析对数据的分布没有具体要求，在数据类型上可以是定量数据、二分类数据或有序分类数据。

2）相似数据与距离数据

如果用较大的数值表示非常相似，用较小的数值表示非常不相似，这样的数据为相似数据。如果用较大的数值表示非常不相似，用较小的数值表示非常相似，这样的数据为不相似数据，也叫作距离数据。

3）原始数据与矩阵数据

多维尺度分析两种数据格式示范如图 6-15 所示，进行多维尺度分析时有两种数据输入格式，普通数据格式与 $n \times n$ 矩阵数据格式。普通数据格式即第一行是标题，第一列是研究对象，从第二列开始为指标数据［见图 6-15（a）］。$n \times n$ 矩阵数据格式即第一行为标题，以对角线为界线形成上下对称的三角数据，对角线值取 1（表示自身）［见图 6-15（b）］。

	A	B	C	D	E
1	研究对	指标1	指标2	指标3	
2	北京	3	5	6	
3	上海	2	7	8	
4	天津	1	9	7	
5					

	A	B	C	D
1		指标1	指标2	指标3
2	1	1	5	1
3	2	5	1	8
4	3	1	8	1

（a）普通数据格式　　　　　（b）$n \times n$ 矩阵数据格式

图 6-15 多维尺度分析两种数据格式示范

在进行多维尺度分析时,数据可先存储到 Excel 表格中,在分析时再把数据按 $n×n$ 常见矩阵数据格式或普通数据格式复制进入平台即可。

4)度量多维尺度分析与非度量多维尺度分析

多维尺度分析按分析数据类型可以分为度量多维尺度分析与非度量多维尺度分析。前者的相似性数据是区间测量或比率测量的定量数据,后者的数据为等级或有序分类数据。

6.4.2 矩阵数据实例分析

1. 矩阵数据格式

矩阵是多维尺度分析最常见的数据组织形式之一,常见的多维尺度分析矩阵为方形对称矩阵,即行与列的项目相同。

2. 矩阵数据多维尺度分析实例

下面通过实例对多维尺度分析方法进行说明。

【例 6-5】本研究向被访者出示了克力架、蛋黄派、沙琪玛、薯片、雪米饼、牛奶饼干、苏打饼干、锅巴、威化饼干、曲奇、月饼、凤梨酥、消化饼、蛋卷、夹心饼干等 15 种休闲食品,请他们以自然分类法分类,汇总每个被访者的数据并经转换后形成表 6-21 所示的数据,数据组织形式为距离矩阵,用此数据分析哪些食品在被访者看来是相似的。案例数据来源于郑宗成等人(2012),数据文档见"例 6-5.xls"(对案例和数据均进行了适当编辑及修改)。

表 6-21 例 6-3 案例数据(部分)

克力架	蛋黄派	沙琪玛	薯片	雪米饼	牛奶饼干	苏打饼干	锅巴	威化饼干	曲奇	月饼	凤梨酥	消化饼	蛋卷	夹心饼干
1	361	332	386	369	57	24	376	238	137	383	418	187	329	187
361	1	90	211	278	404	451	204	189	277	212	220	335	150	424
332	90	1	206	281	390	427	182	147	180	239	201	370	22	431
386	211	206	1	234	468	469	63	295	358	367	366	403	176	484
⋮	⋮	⋮	⋮	⋮	⋮	⋮	⋮	⋮	⋮	⋮	⋮	⋮	⋮	⋮
329	150	22	176	221	405	427	160	143	215	248	263	336	1	424
187	424	431	484	400	20	127	481	256	251	366	451	297	424	1

1)数据与案例分析

数据文档为 15×15 矩阵形式,已转换为距离数据,即表中的数据越小,它对应的一对休闲食品间的相似度越高,接下来按度量多维尺度分析来分析这 15 种休闲食品之间的相似性。

2)多维尺度分析

不需要导入数据,在仪表盘中依次单击【综合评价】→【多维尺度 MDS】模块,操作界面如图 6-16 所示。

图 6-16　MDS 多维尺度分析操作界面

本例数据认为是定量数据，所以在【MDS 方法】下拉列表中选择【度量 MDS(默认)】，如果数据为有序分类变量（等级数据），则选择【非度量 MDS】。在【数据格式】下拉列表中选择【n*n 常见格式(默认)】，如果考察数据不具有对称性，则建议选择【原始格式】进行输入。对于度量多维尺度分析来说，可以勾选【计算欧氏距离】复选框，以欧氏距离大小反映相似程度。

底部的活动表格为数据输入区域，默认会提供一组 n×n 矩阵格式和一组原始格式的数据模板。图 6-16 所示的 n×n 矩阵格式数据模板，第一行为标题行，矩阵对角线上的数字要求为 1，以对角线为界限分为上下两个三角，特点是具有对称性。

从 Excel 电子表格中复制数据如图 6-17 所示。打开"例 6-5.xls" Excel 数据文档，选 B1：P16 的表格区域。该区域数据符合 n×n 矩阵格式数据的要求，复制后在 SPSSAU 平台活动区域的第一个单元格右击鼠标，选择【Ctrl+V】进行粘贴，将数据导入平台，最后单击活动表格底部的【开始分析】按钮。

	A	B	C	D	E	F	G	H	I	J	K	L	M	N	O	P
1	食品	克力架	蛋黄派	沙琪玛	薯片	雪米饼	牛奶饼	梳打饼	锅巴	威化饼	曲奇	月饼	凤梨酥	消化饼	蛋卷	夹心饼干
2	克力架	1	361	332	386	369	57	24	376	238	137	383	418	187	329	187
3	蛋黄派	361	1	90	211	278	404	451	204	189	277	212	220	335	150	424
4	沙琪玛	332	90	1	206	281	390	427	182	147	180	239	201	370	22	431
5	薯片	386	211	206	1	234	468	469	63	295	358	367	366	403	176	484
6	雪米饼	369	278	281	234	1	376	365	136	337	350	160	345	172	221	400
7	牛奶饼	57	404	390	468	376	1	-25	461	255	157	380	427	194	405	20
8	梳打饼	24	451	427	469	365	-25	1	440	317	243	390	446	141	427	127
9	锅巴	376	204	182	63	136	461	440	1	289	353	293	271	362	160	481
10	威化饼	238	189	147	295	337	255	317	289	1	107	306	324	279	143	256
11	曲奇	137	277	180	358	350	157	243	353	107	1	310	293	266	215	251
12	月饼	383	212	239	367	160	380	390	293	306	310	1	225	232	248	366
13	凤梨酥	418	220	201	366	345	427	446	271	324	293	225	1	376	263	451
14	消化饼	187	335	370	403	172	194	141	362	279	266	232	376	1	336	297
15	蛋卷	329	150	22	176	221	405	427	160	143	215	248	263	336	1	424
16	夹心饼干	187	424	431	484	400	20	127	481	256	251	366	451	297	424	1

图 6-17　从 Excel 电子表格中复制数据

3）空间感知图

图 6-18 所示为多维尺度分析空间感知图。每个研究对象都是图中的点，点与点之间的距离越近，表明事物在维度特征上越相似；距离越远，表明事物在维度特征上差异越大。

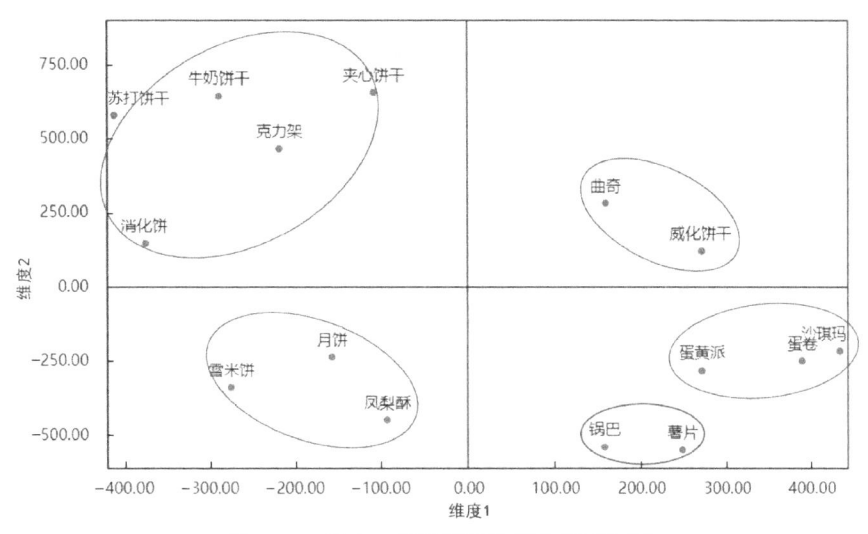

图 6-18　例 6-5 多维尺度分析空间感知图

由图 6-18 可以发现，15 种休闲食品可以分为 5 个相似度较高的类别，而类别之间又有一定的差别。具体表现为：第一类包括曲奇、威化饼干；第二类包括夹心饼干、牛奶饼干、苏打饼干、克力架、消化饼；第三类包括雪米饼、月饼、凤梨酥；第四类包括锅巴、薯片；第五类包括蛋黄派、蛋卷、沙琪玛。本例仅示范分析方法操作和结果解释，结果并不代表当前实际食品的相似性联系。

6.4.3　原始数据实例分析

除较常见的矩阵格式数据外，在多维尺度分析的实际研究分析中，还会遇到非矩阵格式数据，如被访者对研究对象的一系列属性进行评分，用评分数据分析和研究对象间的相似或距离关系；调查并研究对象的评价指标数据，将多维尺度分析方法用于综合评价。

【例 6-6】某研究运用定性和定量的方法比较哈尔滨现有旅游资源和其他城市旅游资源，收集到一组地理环境数据，如表 6-22 所示。试从地理环境因素出发，使用多维尺度分析方法对 13 个样本城市进行分析，利用空间感知图研究哈尔滨城市旅游资源的独特之处。案例数据来源于何勇男（2012），数据文档见"例 6-6.xls"。数据有修改及调整，不设单位，仅用于方法示范，结论不具有实际意义。

表 6-22　例 6-6 案例数据

城市	经度	纬度	年降水量	夏季平均温度	冬季平均温度
哈尔滨	0.38	0.35	−0.28	−0.59	−0.55
长春	0.32	0.28	−0.39	−0.59	−0.48
沈阳	0.24	0.21	0.05	−0.32	−0.37
北京	−0.07	0.15	−0.39	0.10	−0.10
天津	−0.04	0.12	−0.39	0.08	−0.10
石家庄	−0.16	0.08	−0.39	0.20	−0.02

续表

城市	经度	纬度	年降水量	夏季平均温度	冬季平均温度
南京	0.03	−0.13	0.05	0.12	0.14
上海	0.15	−0.16	0.16	0.31	0.21
杭州	0.09	−0.19	0.61	0.20	0.21
福州	0.06	−0.33	0.05	0.37	0.45
武汉	−0.17	−0.18	0.16	0.41	0.20
郑州	−0.2	−0.03	0.16	0.06	0.06
成都	−0.62	−0.18	0.61	−0.27	0.26

1）数据与案例分析

本例为普通数据格式，研究对象是哈尔滨等 13 个城市收集到的地理环境因素方面的 5 个指标，包括经度、纬度、年降水量、夏季平均温度、冬季平均温度，这些指标均为定量数据，因此要使用度量型多维尺度分析来分析这 13 个城市的相似关系。

2）多维尺度分析

在仪表盘中依次单击【综合评价】→【多维尺度 MDS】模块，在【MDS 方法】下拉列表中选择【度量 MDS(默认)】，在【数据格式】下拉列表中选择【原始格式】而非【矩阵格式】，同时勾选【计算欧氏距离】复选框，以欧氏距离大小反映相似程度。底部的活动表格为数据输入区域，平台默认会提供一组原始格式的数据模板，注意第一行为标题行。

打开"例 6-6.xls"的数据文档，选中 A1：F14 的表格区域，该区域数据的第一列为城市，第一行为指标标题，具体数据从第二行第二列开始。复制该区域后，在平台活动表格的第一个单元格右击鼠标，选择【Ctrl+V】进行粘贴，最后单击活动表格底部的【开始分析】按钮。非矩阵数据多维尺度分析操作界面如图 6-19 所示。

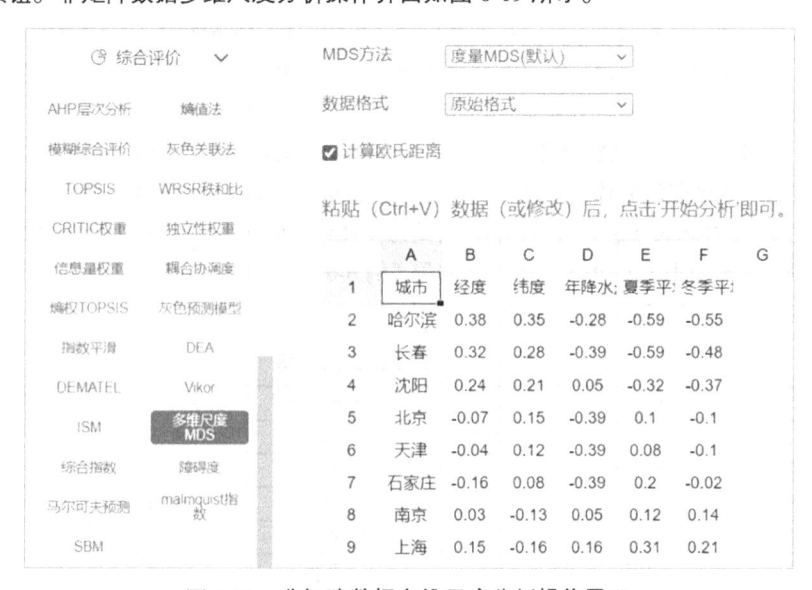

图 6-19 非矩阵数据多维尺度分析操作界面

3）结果分析

例 6-6 多维尺度分析感知图如图 6-20 所示。感知图中的一个点对应一个城市，各点在图中的位置代表了城市在不同环境中的表现。位置靠近的点表示城市在相关环境中是相似的，形成了相似组群。

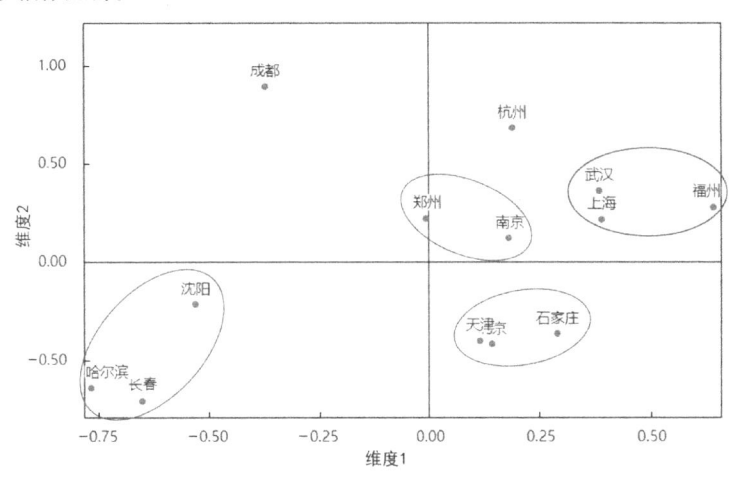

图 6-20　例 6-6 多维尺度分析感知图

通过图 6-20 可以发现，哈尔滨、长春、沈阳位置相近，形成一个组群；北京、天津、石家庄形成一个组群；福州、上海、武汉形成一个组群；郑州、南京形成一个组群。相对来说，杭州和成都与其他城市距离较远，说明在环境因素中和其他城市相似度较低。

6.5 聚类分析

聚类分析（Cluster Analysis）又称集群分析，是研究如何将样本或变量进行分类的一种方法，同一类的对象具有相似性，而不同类的对象则差异较大。聚类是探索性过程，聚成几类是未知的，这与分类是不同的概念。

聚类分析已经广泛应用于模式识别、数据分析、图像处理及市场研究等领域。例如，某银行选取人口统计变量和客户心理因素变量等综合指标作为聚类依据进行聚类分析，先将银行的个人理财客户细分为三个类别，然后比较三类客户的特征和需求差异，在市场细分的基础上制定差异化的营销策略。本节主要介绍常见的聚类分析，通过在仪表盘中依次单击【进阶方法】→【聚类】模块或依次单击【进阶方法】→【分层聚类】模块来实现。

6.5.1　聚类方法的选择

1. 聚类分析的类型

Q 型聚类分析与 R 型聚类分析如表 6-23 所示。在聚类分析中，根据分类对象的不同可以分为对样本聚类（Q 型聚类分析）和对指标变量聚类（R 型聚类分析）两种。

表 6-23　Q 型聚类分析与 R 型聚类分析

聚类分析	聚类的对象	应用举例
Q 型聚类分析	对样本聚类	对我国 34 个省市地区根据经济发展指标进行聚类分析，将 34 个省市地区分成四类，并对每类进行针对性评价或研究
R 型聚类分析	对指标变量聚类	研究者收集到我国 34 个省市地区 20 个经济发展指标，对 20 个经济发展指标进行聚类，将 20 个经济发展指标分为 5 类，从 5 类指标中各选择最具代表性的变量，最终得到 5 个变量并进一步分析

1）Q 型聚类分析

对样本进行聚类是指根据能反映样本对象特征的多个变量对样本进行分类。Q 型聚类分析的主要思想是用距离来度量样本间的相似程度，使同类中样本的距离很近，不同类中样本的距离很远。例如，对我国 34 个省市地区的经济发展指标进行聚类分析，将 34 个省市地区最终分成 4 类，针对每类地区经济发展的特征，研究者可以提出针对性的发展策略及建议。

对样本进行聚类的常见聚类方法有：K-means 聚类、二阶聚类、K-prototype 聚类、分层聚类（也叫作谱系聚类）等。

2）R 型聚类分析

对指标变量进行聚类是指对能反映样本对象特征的多个变量进行分类。评价样本对象的变量往往很多而且关系错综复杂，有时为了简化问题我们会想到只选择其中一部分独立性强且有代表性的变量进行研究，在不使用主成分分析等降维处理方法的情况下，可直接对变量进行聚类，使不相似的变量被分离出来，而使具有相似性的变量聚集在一起形成类，并可在同一类变量中选择少数具有代表性的变量进一步分析，以实现减少变量个数或变量降维的目的。

对指标变量进行聚类的常见聚类方法有分层聚类。

2. 聚类方法的选择

在科研数据分析中，常用的聚类方法可以归纳为 5 种类型，包括划分聚类、层次聚类、密度聚类、网络聚类及基于模型的聚类。SPSSAU 平台能提供 K-means 聚类、K-prototype 聚类，以及分层聚类方法，可以实现对样本聚类和对指标变量聚类。其中 K-means 聚类是划分聚类的典型代表，分层聚类是层次聚类方法。基于密度、网络和模型的聚类方法，感兴趣的读者可以阅读其他专业性书籍。

参与聚类的变量，对聚类结果的影响或重要性是不言而喻的，同时也可以根据聚类变量的数据类型，选择适合的聚类方法，具体如表 6-24 所示。

表 6-24　根据聚类变量的数据类型选择适合的聚类方法

聚类分析	聚类的对象	聚类变量的数据类型	聚类方法的选择	SPSSAU 平台实现路径
Q 型聚类分析	对样本聚类	定量数据	K-means 聚类 分层聚类	【进阶方法】→【聚类】 【进阶方法】→【分层聚类】
		定类数据	K-prototype 聚类 K-modes 聚类	
		定量与定类数据混合	K-prototype 聚类 二阶聚类	
R 型聚类分析	对指标变量聚类	定量数据	分层聚类	【进阶方法】→【分层聚类】

在 Q 型聚类分析中，如果聚类变量均为定量数据，则适合使用 *K*-means 聚类、分层聚类；如果聚类变量均为定类数据，则适合使用 *K*-modes 聚类、*K*-prototype 聚类；如果聚类变量既包括定量数据又包括定类数据，则适合使用 *K*-prototype 聚类、二阶聚类。在 R 型聚类分析中，主要使用的是分层聚类，它要求聚类变量为定量数据。此处注意，分层聚类既可以对样本聚类又可以对指标变量聚类；二阶聚类法可使用 SPSS 统计软件实现；*K*-modes 聚类可使用 Python 或 R 软件实现。

SPSSAU 平台能提供【聚类】和【分层聚类】两个模块，【聚类】主要用来对样本聚类，可实现 *K*-means 聚类和 *K*-prototype 聚类方法。如果聚类变量均为定量数据，则进行 *K*-means 聚类；如果聚类变量均为定类变量或定量数据与定类数据混合，则进行 *K*-prototype 聚类；【分层聚类】用来对变量进行聚类，可实现分层聚类方法。

3. 评价聚类效果

聚类效果的评价，目的在于判断聚类过程是否成功或是否在专业上令研究者满意，可从两方面对聚类效果进行评价，第一是从专业视角总结和归纳类的特征、实质性的意义，通常来说要求各类的特征清晰，且有一定的区分度。如果得到的类别特征不明显，或多个类别之间意义重叠含混，对实际研究分析的问题没有指导意义，那么这样的聚类结果是不恰当的或需要改进的；第二是对聚类效果指标进行评价，并选择合适的聚类个数，如肘部法的 SSE 指标、平均轮廓系数指标。

SSE 即误差平方和，是指所有样本的聚类误差，可以用来衡量聚类的好坏。该值可测量各样本点与聚类中心点的距离，理论上 SSE 越小越好。常用 SSE 辅助判断聚类个数，如发现聚为 3 类比聚为 4 类有更低的 SSE，那么提示聚为 3 类的效果比聚为 4 类的效果优。将遍历多个聚类方案（如聚成 2～6 类）所得到的 SSE，按聚类顺序绘成折线图，也就是肘部图，随着聚类个数的增加，SSE 会依次降低，一般会在聚类个数的真实值前后出现"拐点"，该"拐点"前各 SSE 骤减，"拐点"后各 SSE 趋于平缓，那么"拐点"处所对应的聚类个数即为最佳聚类个数。SSE 指标并不适用于每个聚类过程，如有些聚类结果所得肘部图形的 SSE 指标下降总体平缓，没有明显的"拐点"，此时其使用价值较低。

平均轮廓系数是所有样本点的轮廓系数的均值，而轮廓系数是基于聚类结果的凝聚度、分离度进行计算的。所谓凝聚度是指一个类内各样本点的密切程度，分离度是指两个类之间的间隔距离，显然一个优秀的聚类结果，期望的是较小的凝聚度和较大的分离度。平均轮廓系数的范围在 -1～1，一般该值越接近 1，表示聚类结果越好；该值越接近 -1，表示聚类结果越差。

注意，虽然 SSE 和平均轮廓系数是判断聚类个数的定量化方法，但是并不是所有的聚类情况都适用，这两个指标有时也会出现相互矛盾的结果。总之，最佳聚类个数的确定，严格来说目前仍然没有明确的标准。聚类结果是否恰当，建议综合专业经验，就聚类特征明晰且独立，与 SSE、平均轮廓系数等指标进行综合判断。

6.5.2 K-means 聚类

1. 概念介绍

K-means 聚类也称快速聚类，是无监督学习中较常见的一种，它适合样本量较大的数据集，要求参与聚类的指标变量为定量数据，用于对样本进行分类处理。K-means 聚类中的 K 是指聚类的类别个数，可以根据行业知识、经验来自行给定，也可以遍历多个聚类方案进行优选探究，如在 3~6 类之间进行遍历，即先依次选择聚为 3 类、4 类、5 类、6 类，再对聚类结果进行比较，选择最佳聚类结果。就聚类分析而言，通常情况下，建议用户设置的聚类数量介于 2~6 个，不宜过多。因为如果聚类个数过多，对各类的特征描述将变得越来越难，甚至失去实际意义。

2. 聚类思想

K-means 聚类是典型的基于距离的聚类算法，采用距离作为相似性的评价指标，即认为两个对象的距离越近，其相似度越大。

K-means 聚类的基本思想是，在指定聚类个数 K 的情况下，从数据集中随机选取 K 个个案作为起始的聚类中心点，计算其他个案所代表的点与初始聚类中心点的欧氏距离，将个案分到距离聚类中心最近的那个类，所有数据个案划分类别后，就形成了 K 个数据集（K 个簇），重新计算每个簇中数据个案的均值，将均值作为新的聚类中心。因此聚类中心处于变化中，这个过程不断重复，直到聚类中心点不再变化为止。

有两点需要注意，第一点是 K 个初始聚类中心的选择具有随机性；第二点是计算距离通常使用标准化欧氏距离，不同量纲单位的聚类数据应提前进行数据标准化处理。

3. 分析步骤

使用 K-means 聚类对样本进行聚类分析时，一般步骤如图 6-21 所示。

| Step1 数据准备 | ⇒ | Step2 确定K值并聚类 | ⇒ | Step3 初步认识类 | ⇒ | Step4 分析类的特征 |

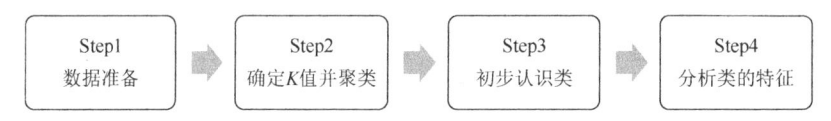

图 6-21 使用 K-means 聚类进行聚类分析的一般步骤

1）数据准备

K-means 聚类效果的好坏直接取决于聚类依据的选择，一般以专业经验角度，从能反映研究对象的不同方面选择有代表性的指标作为聚类依据，且要求这些指标数据为定量数据。在开始聚类前，要对不同层面的数据统一进行标准化处理。

2）确定 K 值并聚类

从理论依据、专业经验入手，确定聚类个数 K 值，可以先指定一个 K 值，也可以指定 K 值的范围，然后采用遍历的形式进行聚类，最后结合聚类特征、SSE 及平均轮廓系数对比多套聚类方案后判断合适的 K 值。

3）初步认识类

聚类过程迭代完成后，首先了解每个类的规模，通常来说各类的规模比例应切合实际，对于一个样本构成一类、各类规模比例悬殊的情况，建议谨慎解释及分析；然后对聚类指标进行排序，了解聚类指标的重要性。

4）分析类的特征

从聚类分析目的出发，一般需要对聚类结果进行类特征总结，给每个类进行命名。如果类特征模糊，则说明聚类结果在实际分析中不够好，可返回第1）步重新聚类，如尝试不同的聚类个数。在此过程中，可利用一些类的评价指标，如SSE及平均轮廓系数，比较多个聚类方案，结合专业经验及类特征总结的情况综合决定最终的聚类结果。

4. K-means 聚类实例分析

【例6-7】英国统计学家Fisher提供的鸢尾花数据被广泛用来作为聚类和判别分析的例子。花的原始分类为：1=刚毛鸢尾花、2=变色鸢尾花、3=弗吉尼亚鸢尾花，4个性状属性依次为sepallen（花萼长）、sepalwid（花萼宽）、petallen（花瓣长）、petalwid（花瓣宽），它们的单位统一为毫米。此数据集从3种不同的鸢尾花中各取50个样本，部分数据如表6-25所示。假设我们现在不知道每株鸢尾花归属于哪一类，试根据花萼长、花萼宽、花瓣长、花瓣宽4个性状属性数据对150株鸢尾花进行聚类。案例数据来源于董大钧（2014），数据文档见"例6-7.xls"。

表6-25 例6-7 鸢尾花数据（部分） （单位：毫米）

编号	原始分类	花萼长	花萼宽	花瓣长	花瓣宽
1	刚毛鸢尾花	50	33	14	2
2	弗吉尼亚鸢尾花	67	31	56	24
3	弗吉尼亚鸢尾花	89	31	51	23
4	刚毛鸢尾花	46	36	10	2
5	弗吉尼亚鸢尾花	65	30	52	20

1）数据准备

本例数据包括"编号"，1～150表示150株鸢尾花；"原始分类"，150株鸢尾花的真实分类类型，专业上可利用"花萼长""花萼宽""花瓣长""花瓣宽"4个性状属性对鸢尾花进行分类。4个性状属性数据均为连续型定量数据，本例将采用K-means聚类尝试对150株鸢尾花进行聚类。

数据读入平台后，在仪表盘中依次单击【进阶方法】→【聚类】模块。如果聚类变量均为定量数据，则进行K-means聚类；如果聚类变量均为定类数据或定量数据与定类数据的混合，则进行K-prototype聚类。本例聚类变量均为定量数据，将【花萼长】【花萼宽】【花瓣长】【花瓣宽】拖曳至【分析项(定量)】分析框中。研究者往往会从多个方面选择聚类变量，多数情况下它们的单位量纲不同，在计算距离时应取标准化数据。勾选【标准化】复选框，平台会自动对原始聚类变量进行标准化处理。应当注意，【标准化】模块只针对定量数据有效。

2）确定K值并聚类

对于鸢尾花的种类，专业经验上已经明确有刚毛、变色、弗吉尼亚3种，本例的150株鸢尾花样本即取自这3种鸢尾花。因此，此处K-means聚类的K=3。

聚类个数 K 明确是聚为 3 类，因此在操作界面中的【聚类个数】下拉列表中选择【聚类个数(默认 3)】，平台最大允许的聚类个数为 10，多数情况下是适用的。

建议勾选【保存类别】复选框，平台会将聚类生成的类别保存起来，命名格式为：Cluster_Kmeans_xxxx，并且结合聚类类别与聚类变量进行方差分析。K-means 聚类操作界面如图 6-22 所示，最后单击【开始分析】按钮。

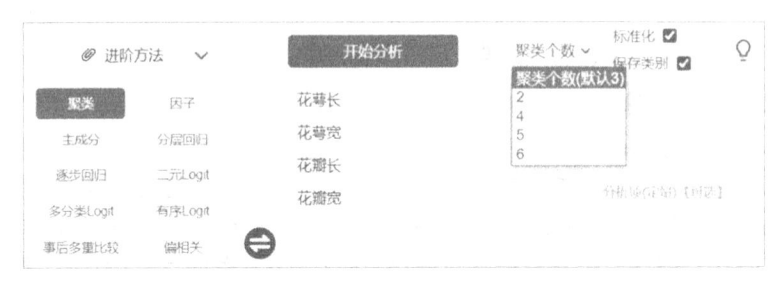

图 6-22　K-means 聚类操作界面

3）初步认识类

各类中样本容量百分如表 6-26 所示。本例将 150 株鸢尾花聚成 3 类，依次为 Cluster_1、Cluster_2 和 Cluster_3，各类的规模（类中样本容量）依次为 56 株、44 株和 50 株，占比分别是 37.33%、29.33%、33.33%。整体来看 3 类鸢尾花分布较均匀，没有过大的类也没有过小的类。

表 6-26　各类中样本容量百分比

聚类类别	频数	百分比
Cluster_1	56	37.33%
Cluster_2	44	29.34%
Cluster_3	50	33.33%
合计	150	100%

我们是以鸢尾花的花瓣长、花瓣宽、花萼长、花萼宽属性将 150 株鸢尾花分成 3 类的，4 个聚类变量对聚类过程的贡献不同。各聚类变量对聚类的重要性排序条形图如图 6-23 所示。

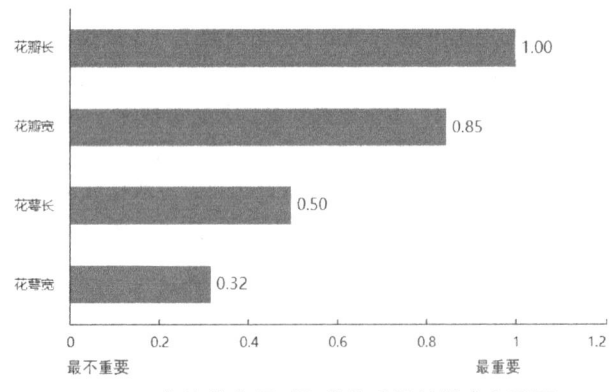

图 6-23　各聚类变量对聚类的重要性排序条形图

重要性排序的思想是将最重要的变量重要性设定为 1，其他变量与之相比会换算成不同的比例来实现重要性排序。本例中，花瓣长第一重要，花瓣宽第二重要，可见花瓣的尺寸对于聚类有重要贡献。

如果发现哪个聚类变量的重要性明显很低，则可考虑将其移除后重新进行聚类分析。

4）分析类的特征

聚类完成后，平台会自动保存聚类结果变量"Cluster_Kmeans_xxxx"，具体分析时可将此变量作为分组依据，对研究对象的所有指标进行分组及描述、统计，了解各指标在各类的分布情况、进行单因素方差分析，以及进一步分析聚类变量在各组别的差异性。

聚类指标在各类的平均值及差异比较如表 6-27 所示。各聚类变量的 p 值均小于 0.01，表明花萼长、花萼宽、花瓣长、花瓣宽 4 个性状属性在 3 个类间具有显著差异。通俗来说，即 3 个类在 4 个性状属性指标上具有区分度。

表 6-27 聚类指标在各类的平均值及差异比较

项	聚类类别方差分析差异对比结果（平均值±标准差）			F	p
	Cluster_1(n=56)	Cluster_2(n=44)	Cluster_3(n=50)		
花萼长	58.52±4.40	68.41±6.01	50.06±3.52	179.579	0.000**
花萼宽	26.71±2.52	31.32±2.35	34.28±3.79	87.975	0.000**
花瓣长	44.16±5.89	55.39±6.47	14.62±1.74	815.034	0.000**
花瓣宽	14.27±3.11	19.93±3.28	2.46±1.05	532.376	0.000**

注：** p<0.01。

各类在指标上的平均水平，可以用于归纳类的特征。可视化图形在视觉表达上更具有优势，在总结归纳类特征时，使用平台保存的聚类结果变量"Cluster_Kmeans_xxxx"，通过在仪表盘中依次单击【可视化】→【箱线图】模块来绘制箱线图，以便对各类进行分析。

例 6-7 聚类结果箱线图如图 6-24 所示。

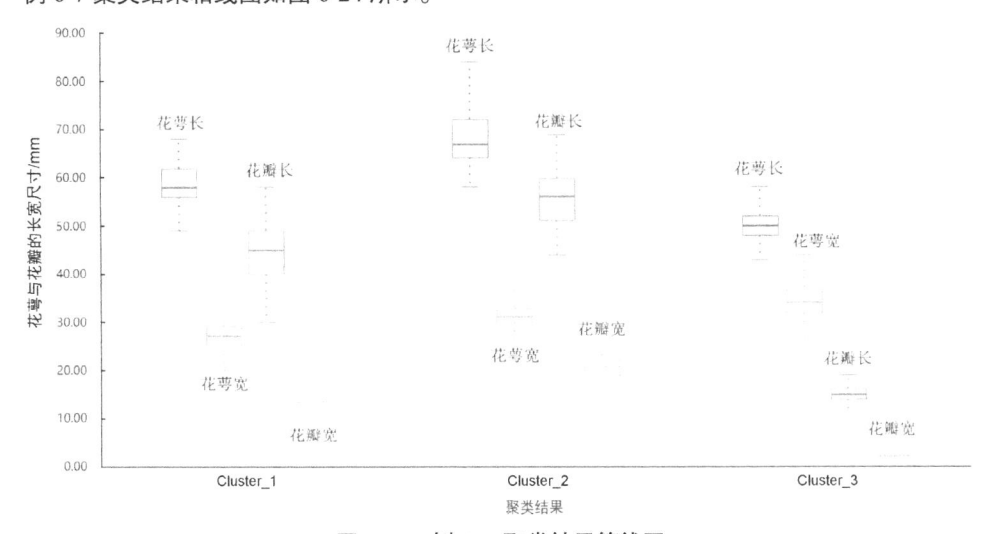

图 6-24 例 6-7 聚类结果箱线图

根据图 6-24 中各类在 4 个性状属性上的分布情况，结合对 3 类鸢尾花实际特征的经验知识，对聚类类别进行特征总结和合理命名。

Cluster_3：刚毛鸢尾花类，特征是花瓣较小。

Cluster_2：弗吉尼亚鸢尾花类，特征是花瓣相对较大。

Cluster_1：变色鸢尾花类，特征是花瓣大小居中。

5）SSE 与平均轮廓系数的使用

初始聚类中心指算法从现有数据集中随机选定的初始聚类中心值，最终聚类中心指算法多次迭代后最终确定的聚类中心。聚类中心与 SSE、平均轮廓系数如表 6-28 所示，该结果了解一下即可。

表 6-28 聚类中心与 SSE、平均轮廓系数

项	初始聚类中心			最终聚类中心		
	Cluster_1	Cluster_2	Cluster_3	Cluster_1	Cluster_2	Cluster_3
花萼长	1.977	3.236	0.785	−0.010	1.136	−0.989
花萼宽	0.707	−0.019	1.053	−0.888	0.168	0.847
花瓣长	0.252	−1.666	−0.210	0.371	1.005	−1.300
花瓣宽	−0.002	1.164	−1.322	0.298	1.041	−1.251

注：1. SSE：141.495。

2. 平均轮廓系数：0.606。

重点是该表底部注释的 SSE 和平均轮廓系数，在现实研究分析中，如果我们一开始对 K 值没有专业经验上的明确预期值，当需要采取遍历 K 值的聚类方案时，可以通过比较多种不同聚类方案的 SSE 和平均轮廓系数来综合评判 K 值。将不同聚类方案计算所得的 SSE 绘制成肘部图，根据"拐点"情况判断最佳聚类个数，同时可以综合不同聚类方案下的平均轮廓系数，平均轮廓系数越接近 1 的聚类个数，从聚类凝聚度、分离度来说其聚类结果表现越佳。当然最重要的是，聚类结果应当符合实际情况或能解释样本的实际表现。

6.5.3 K-prototype 聚类

1. K-prototype 聚类介绍

K-means 聚类只适用定量数据的样本聚类过程，但在实际科研数据分析中，聚类变量并不仅是定量数据，而且可能包含定类变量，此时 K-means 聚类不再适用。

K-prototype 聚类由 Huang（1997）提出，属于划分聚类算法。K-prototype 聚类是 K-means 与 K-modes 聚类的一种集合形式，它适用于定量数据和定类数据混合的情况，扩展了 K-means 聚类的适用范围。在聚类过程中，首先将聚类变量中的定量数据和定类数据拆分开，分别计算样本间变量的距离，如针对定量数据采用 K-means 聚类计算距离 P_1，针对定类数据采用 K-modes 聚类计算距离 P_2，然后将两者相加，$D=P_1+aP_2$，a 是权重。视 D 为最终的样本间距离，是处理混合属性聚类的典型聚类算法。

2. K-prototype 聚类的步骤

K-prototype 聚类同 K-means 聚类一样，也需要先指定聚类的个数 K，一方面可以由专

业知识或行业经验来确定，另一方面可采用遍历的形式，从多个聚类 K 值中选择最佳 K 值。K-prototype 聚类运行过程如下。

（1）随机选取 K 个初始聚类中心点。

（2）针对数据集中的每个样本点，计算样本点与 K 个初始聚类中心点的距离（定量数据计算欧氏距离，类别型变量计算差异度），将样本点划分到离它最近的初始聚类中心点所对应的类别中。

（3）类别划分完成后，要重新确定类别的中心点，定量数据样本取均值作为新中心点的特征取值，定类数据样本取众数作为新中心点的特征取值。

（4）重复步骤（2）和（3），直到没有样本改变类别，才返回最后的聚类结果。

在使用 K-prototype 聚类解决实际问题时，分析步骤和前面的 K-means 聚类相同，第一步是准备数据，可同时依据定量数据和定类数据进行聚类，定量数据应当进行标准化处理；第二步是确定 K 值，可依据专业经验指定或由多个 K 值遍历对比决定；第三步是认识类；第四步是归纳、总结和分析类的特征，此处不再赘述。

3. K-prototype 聚类实例分析

【例 6-8】本研究收集到某国 22 家企业的能耗数据，前 5 行能耗数据如表 6-29 所示，试对这 22 家企业进行聚类分析。数据来源于杨维忠等人（2015），数据文档见"例 6-8.xls"。

表 6-29　22 家企业（前 5 行）能耗数据

公司编号	固定支出综合率	资产收益率	每千瓦容量成本	每年使用的能源	是否使用核能源
1	1.06	9.2	351	9077	0
2	0.89	13.6	202	5088	1
3	1.43	8.9	521	9212	0
4	0.78	11.2	168	6423	1
5	0.66	16.3	192	3300	1

注：原始案例数据并未提供单位，只做分析使用。

1）数据准备

"固定支出综合率""每千瓦容量成本""每年使用的能源"均和成本或消耗有关；"资产收益率"反映的是收益表现；"是否使用核能源"指该企业有无使用核能源，数字编码 0 表示未使用，1 表示使用。现在分析的任务是以以上 5 个指标为依据对这 22 家公司进行聚类，显然聚类指标中既包括定量数据也包括定类数据，应使用 K-prototype 聚类，定量数据应当进行标准化处理。

数据读入平台后，在仪表盘中依次单击【进阶方法】→【聚类】模块，本例聚类变量为定量数据与定类数据的混合，因此先将【固定支出综合率】【资产收益率】【每千瓦容量成本】【每年使用的能源】这 4 个变量拖曳至【分析项(定量)】【可选】分析框中，然后将【是否使用核能源】拖曳至【分析项(定类)】【可选】分析框中。当聚类变量为定量和定类数据混合时，平台默认执行 K-prototype 聚类。勾选【标准化】复选框，平台会自动对聚类依据中的定量数据进行标准化处理。

2）确定 K 值并聚类

K-prototype 聚类同 K-means 聚类一样，也要先对聚类个数 K 有预判，即指定 K 值。本例中的 22 家公司可以先根据"是否使用核能源"分为两类，即使用核能源的公司为一类和未使用核能源的公司为一类，再分别考察这两类企业的成本、能耗与收益特征。

此外，也可以考虑指定 K=3 即聚成 3 类，如果各类特征有足够的区分度，聚成 3 类也是可以的。对于到底聚成几类才恰当，这个问题需要结合专业知识与行业经验，以及聚类结果、各类特征进行综合评判。

本例暂定 K=3 和 K=2 两个聚类方案。先进行 K=3 的聚类，在【聚类个数】下拉列表中选择【聚类个数(默认 3)】，输出聚类结果后，再重新调整 K 的取值进行 K=2 的聚类。K-prototype 聚类操作界面如图 6-25 所示。

图 6-25 K-prototype 聚类操作界面

勾选【保存类别】复选框，平台会将聚类生成的类别保存起来，命名格式为 Cluster_Kprototype_xxxx，最后单击【开始分析】按钮。

3）初步认识类

本例将前后 K=3 的聚类与 K=2 的聚类结果以表格形式进行合并报告，各类中样本容量百分比如表 6-30 所示。

表 6-30 各类中样本容量百分比

K=3			K=2		
聚类类别	频数	百分比	聚类类别	频数	百分比
Cluster_1	3	13.64%	Cluster_1	10	45.45%
Cluster_2	9	40.91%	Cluster_2	12	54.55%
Cluster_3	10	45.45%	合计	22	100%
合计	22	100%			

聚成 3 类时，Cluster_1 包括 3 家企业、Cluster_2 包括 9 家企业、Cluster_3 包括 10 家企业，占比分别是 13.64%、40.91%、45.45%。整体来看，Cluster_1 规模略小。

聚成 2 类时，Cluster_1 包括 10 家企业、Cluster_2 包括 12 家企业，占比分别是 45.45%、54.55%，规模相对均衡。

4）分析类的特征

聚为 3 类时各类间聚类指标的差异比较如表 6-31 所示。经单因素方差分析 F 检验可知，这 3 类企业在"固定支出综合率""资产收益率""每千瓦容量成本""每年使用的能源"上具有明显的差异性（p 值均小于 0.05），即这 3 类企业在 4 个聚类变量上特征各自不同。

表 6-31 聚为 3 类时各类间聚类指标的差异比较

项	聚类类别方差分析差异对比结果（平均值±标准差）			F	p
	Cluster_1(n=3)	Cluster_2(n=9)	Cluster_3(n=10)		
固定支出综合率	1.33±0.11	1.12±0.07	0.69±0.18	36.751	0.000**
资产收益率	8.50±4.71	7.14±2.33	14.18±2.27	17.609	0.000**
每千瓦容量成本	894.00±703.10	352.33±76.39	170.10±30.61	11.017	0.001**
每年使用的能源	8420.00±785.09	11301.67±3949.71	3112.20±1839.80	19.606	0.000**

注：** $p<0.01$。

Cluster_3 的特征较明显，它具有最小的"固定支出综合率""每千瓦容量成本""每年使用的能源"，但"资产收益率"却是最高的，显然 Cluster_3 的突出特征即高收益、低成本、低能耗。

Cluster_1 主要体现在"每千瓦容量成本"较高，具有高成本特征；Cluster_2 较突出的特征是"每年使用的能源"最高，为高能耗企业。

从企业管理的角度来看，实际上能耗也是成本，因此 Cluster_1 与 Cluster_2 也都属于高成本、低收益一类的企业，提示可以将 Cluster_1 与 Cluster_2 合并成一个类。

聚为 2 类时各类间聚类指标的差异比较如表 6-32 所示。这两类企业在"固定支出综合率""资产收益率""每千瓦容量成本""每年使用的能源"上具有明显的差异性（p 值均小于 0.05）。

表 6-32 聚为 2 类时各类间聚类指标的差异比较

项	聚类类别方差分析差异对比结果（平均值±标准差）		F	p
	Cluster_1(n=10)	Cluster_2(n=12)		
固定支出综合率	0.69±0.18	1.17±0.12	55.504	0.000**
资产收益率	14.18±2.27	7.48±2.89	35.366	0.000**
每千瓦容量成本	170.10±30.61	487.75±392.61	6.460	0.019*
每年使用的能源	3112.20±1839.80	10581.25±3627.15	34.740	0.000**

注：* $p<0.05$ ** $p<0.01$。

将两套聚类方案的结果进行比较，K=3 时 Cluster_3 的 10 家企业和 K=2 时 Cluster_1 的 10 家企业完全相同，在 4 个聚类变量上的均值表现一致，它们同为一类，类特征表现为高收益、低成本。

K=3 时 Cluster_1 与 Cluster_2 合起来包含 12 家企业，刚好是 K=2 时的 Cluster_2，这 12 家企业的能耗从平均水平表现来看，特征是低收益、高成本。

各类企业是否使用核能源的分布差异比较如表 6-33 所示。由卡方检验可知，K=2 时两类企业在"是否使用核能源"的比例上差异显著（p 值小于 0.05），Cluster_1 类的 10 家企业全部使用了核能源，Cluster_2 类的 12 家企业均未使用核能源，可见"是否使用核能源"

对于分类是非常重要的，使用核能源的企业有更好的收益和更低的成本支出。

表 6-33 各类企业是否使用核能源的分布差异比较

题目	名称	Cluster_Kprototype_431428		总计	χ^2	p
		Cluster_1	Cluster_2			
是否使用核能源	否	0(0.00)	12(100.00%)	12(54.55%)	22.000	0.000**
	是	10(100.00%)	0(0.00)	10(45.45%)		
总计		10	12	22		

注：** $p<0.01$。

综合认为聚成 2 类的方案比聚成 3 类的方案更佳。

6.5.4 分层聚类

1. 分层聚类介绍

分层聚类也称作层次聚类、系统聚类、谱系聚类，顾名思义是指聚类过程是按照一定层次进行的，可用于对样本聚类或对指标变量聚类，并结合聚类树状图进行综合判定及分析。例如，当前有 8 个裁判对 300 个选手打分，试图对这 8 个裁判进行聚类，以挖掘裁判的打分偏好及风格类别情况，此时可选择分层聚类。

2. 分层聚类的思想

分层聚类要求聚类变量为定量数据，根据对象之间的相似性进行聚类分析，与 K-means 聚类、K-prototype 聚类不同的是，分层聚类不需要事先指定聚类数。

分层聚类的过程有两种基本思路：凝聚聚类和分裂聚类。凝聚聚类先将每个对象看作一类（俗称叶子），然后将相近程度较高的两类进行合并，组成一个新类，再将该新类与相似度较高的类进行合并，不断重复此过程，直到所有对象都归为一类（俗称根）；分裂聚类与凝聚聚类刚好相反，从根开始，逐步分解异质性最大的亚类，直到分解成每个样本的小类。

SPSSAU 平台的分层聚类默认对变量进行聚类，采取的是凝聚聚类思路，使用组平均距离法进行分析，使用 Pearson 相关系数度量相似性大小，相关系数值越大说明越紧密，距离越近。相关系数值越小说明距离越远。

3. 分层聚类的分析步骤

使用 SPSSAU 平台对变量进行分层聚类时，最终目的是实现变量降维。分层聚类分析的一般步骤如图 6-26 所示，建议按照以下步骤进行。

Step1 准备数据并聚类 → Step2 讨论聚类个数 → Step3 筛选变量实现降维

图 6-26 分层聚类分析的一般步骤

1）准备数据并聚类

分层聚类原则上要求对聚类变量先进行数据标准化处理，如果采用相关系数度量相似性或距离，这种情况可不做标准化处理，而直接对原始数据进行分析。

在仪表盘中依次单击【进阶方法】→【分层聚类】模块来完成聚类过程，平台默认输出聚成 3 类的聚类结果，此处允许用户自定义输入类个数。应当注意，这里的类个数仅用于输出相应聚类结果表格，和 K-means 聚类要求指定聚类个数 K 是不同的，对研究数据聚类结果缺乏经验指导时，一般建议采用平台默认的类个数。

2）讨论聚类个数

树状图是分层聚类的重要结果输出，通过树状图可以梳理变量被合并成类的过程，它是对分层聚类过程的可视化描述，重点解释和分析聚类树状图，聚成几类合适，应结合专业知识与聚类树状图进行综合判断。

3）筛选变量实现降维

确认聚类个数后，应根据专业知识从类中筛选并保留有代表性的变量，剔除代表性不足的变量以实现降维的目的。

4．分层聚类实例分析

【例 6-9】本研究收集到一组 20 种啤酒的成分和价格的数据，变量包括 beer name（啤酒名称）、calorie（热量卡路里）、sodium（钠含量）、alcohol（酒精含量）、cost（价格），旨在从热量卡路里、钠含量、酒精含量、价格这 4 个方面对啤酒进行综合评价，现在的问题是，是否有必要使用这 4 个方面的评价指标？数据来源于卢纹岱（2006），数据文档见"例 6-9.xls"。

1）准备数据并聚类

指标数据的获取过程都是有成本的，如本例的"alcohol"、"sodium"和"calorie"的测定，需要花时间、用设备、耗人工，所以并不是同类型的指标越多越好，简化指标这样的需求在许多数据分析中都是合理存在的。正如本例，对啤酒的评价或分类，是否需要"alcohol"、"sodium"、"calorie"及"cost"这么多变量，如果它们中间有高度相关的指标，我们可以选择最有代表性的变量，把多余的变量剔除从而简化以达到降维的目的。本例尝试采用对变量进行聚类的方式，试图从变量类中选择有代表性的变量以实现降维。

在仪表盘中依次单击【进阶方法】→【分层聚类】模块，将【calorie】【sodium】【alcohol】【cost】4 个变量拖曳至【分析项(定量)】分析框中，【聚类个数】数值框中默认输入 3，即聚成 3 类，也可以根据案例的实际情况调整为其他数字，如输入数字 2，即要求平台将聚类变量分成两个类别，最后单击【开始分析】按钮。分层聚类操作界面如图 6-27 所示。

图 6-27　分层聚类操作界面

2）讨论聚类个数

我们按照平台的默认设定，将 4 个变量聚成 3 类，聚类结果如表 6-34 所示。可以看到"cost""sodium"分别单独形成两个类，而"calorie"和"alcohol"这两个变量被认为有较高的相似性，聚成 1 个类，同属于"Cluster_3"类。

表 6-34 聚类结果

名称	所属类别
cost	Cluster_1
sodium	Cluster_2
calorie	Cluster_3
alcohol	Cluster_3

　　树状图可直观地展示各指标被凝聚成类的过程，并可辅助用于判断聚类的个数。树状图顶部的坐标轴展示了聚类过程的刻度单位，刻度数字仅代表相对距离的大小，一般没有实际意义，树状图中的每个点表示一次聚类过程。

　　聚类树状图（聚为 3 类）如图 6-28 所示。根据变量间的相似性，"calorie"和"alcohol"首先聚成一类，其次与"sodium"合并形成新的类，最后与"cost"合成一个大类。

　　建议给树状图画上垂直直线，观察垂直直线与树状图的横线交叉情况，从而判断哪些变量被合并成一个类别。例如，在图 6-28 中，垂直直线与树状图有 3 次相交，表示在该相对距离下，聚成 3 类，"cost"和"sodium"各单独为一类，而"calorie"和"alcohol"合并为一类。

　　聚类树状图（聚为 2 类）如图 6-29 所示。移动垂直直线到图中所示的位置，此时垂直直线与树状图横线相交两次，"cost"单独聚成一类，"sodium"、"calorie"与"alcohol"聚成第 2 个类，共聚成 2 类。

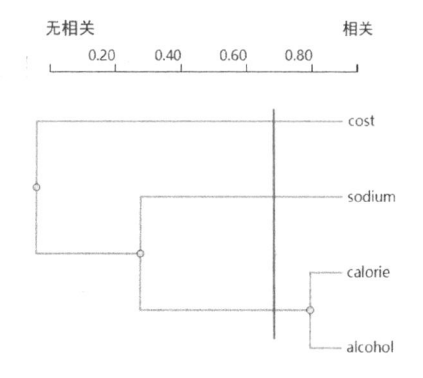

图 6-28　聚类树状图（聚为 3 类）　　　图 6-29　聚类树状图（聚为 2 类）

　　结合本例研究目的与 4 个变量的含义，聚成 3 类比 2 类更合适。

　　3）筛选变量实现降维

　　一般来说消费者对价格较敏感，"cost"单独聚成一类具有明显的区分度；"sodium"单独聚成一类也可以突出其在膳食营养中的作用；"alcohol"与"calorie"相关系数较大被聚成一类，两个指标均突出的是热量特征，从而简化变量以达到降维的目的，这两个评价指标意义重复冗余，可以根据专业知识或测定的难易程度将其中一个剔除。假设本例选择保留"alcohol"，剔除"calorie"，此时即从最初的 4 个变量，降维至"cost""sodium""alcohol" 3 个变量，即使用这 3 个变量可对 20 种啤酒进行综合评价或分类。

第三篇

数据综合评价及预测

第 7 章 权重关系研究
第 8 章 数据预测分析
第 9 章 优劣决策分析
第 10 章 常用综合评价分析

第 7 章

权重关系研究

近年来综合评价研究、指标体系研究得到了极为广泛的应用，其中权重计算是这类研究中的重要环节，权重衡量的是观测指标在综合评价中不同的重要性。权重是否合理，对综合评价研究起至关重要的作用。常用的赋权方法包括主成分分析法、熵值法、层次分析法、CRITIC 权重法、独立性权重法、信息量权重法等，这些方法可在 SPSSAU 平台【综合评价】【进阶方法】及【问卷研究】模块内找到。本章主要介绍上述方法的原理及案例应用，共分为五部分。

7.1 权重计算方法

权重计算方法较多，按原始数据获取方式及计算原理可分为主观赋权法和客观赋权法。应该注意，主观赋权法确定权重，主要反映的是决策者的个人意志，客观赋权法则是强调数学理论而不考虑决策者的意志。

主观赋权法	客观赋权法
• 专家调查法（Delphi） • 层次分析法AHP • 优序图法	• 主成分分析法 • 熵值法 • CRITIC权重法 • 独立性权重法 • 信息量权重法

图 7-1 常用的主观赋权法与客观赋权法

两类方法都有一定的局限性，并非主观赋权法优于客观赋权法，或客观赋权法优于主观赋权法。如果将主观赋权法结果与客观赋权法结果通过数学变换进行合并，则可构造出主客观组合赋权法。

常用的主观赋权法与客观赋权法如图 7-1 所示。常用的主观赋权法有专家调查法（Delphi）、层次分析法（AHP）、优序图法；常用的客观赋权法有主成分分析法、熵值法、CRITIC 权重法、独立性权重法、信息量权重法等。

7.1.1 主观赋权法

主观赋权法是指采取定性的方式，由专业人士通过打分、评分等方式以个人主观经验对不同指标进行赋权的一类方法。

主观赋权法的优点是，借助专家的权威性和专业性，根据实际问题较合理地确定权重；缺点是，不同专家看法可能不一致，导致存在一定程度的主观随意性。

SPSSAU 平台能提供层次分析法和优序图法，在主观赋权法中层次分析法得到了极为广泛的应用。这类方法通过专家打分或问卷调查方式获取原始指标的重要性数据，一般指标数据得分越高，相应权重越大，即此类方法利用打分数字的相对大小信息进行权重计算。

例如，某企业想构建一个员工绩效评价体系，指标包括工作态度、学习能力、工作能力、团队协作。通过专家打分计算权重，得到每个指标的权重，并代入员工数据，即可得到每个员工的综合得分情况。

7.1.2 客观赋权法

客观赋权法是指依据指标数据的自身特征或指标间的关系进行权重计算，并不依赖人的主观判断。

客观赋权法的优点是，权重客观性强、主观性弱，决策或评价结果具有较强的数学理论依据；缺点是，不能反映参与决策者对不同指标的重视程度。例如，可能会出现实际行业领域最重要的指标其权重不是最大的，最不重要的指标可能有较高的权重，即结论与实际的重要程度相悖。

1．客观赋权法的类型

根据计算原理，将客观赋权法分为 3 种。

1）熵值法

此方法利用数据熵值信息即信息量的大小进行权重计算，适用于数据之间有波动，能将数据波动作为一种信息的方法。

例如，研究者收集各地区某年份的经济指标数据，包括产品销售率(X1)、资金利润率(X2)、成本费用利润率(X3)、劳动生产率(X4)、流动资金周转次数(X5)，可先用熵值法计算各指标的权重，再比较各地区的经济效益。

一般认为，熵值法能反映指标信息熵值的效用价值，并确定每一个指标的权重，其缺点在于权重计算时缺乏指标之间的横向对比。

2）CRITIC 权重法、独立性权重法和信息量权重法

这三种权重确定方法，主要利用数据的波动性或数据之间的相关关系情况进行权重计算。其中，独立性权重法使用复相关系数计算权重，信息量权重法使用数据变异系数计算权重，而 CRITIC 权重法则是综合数据的波动性和指标间的相关性计算权重。

独立性权重法、信息量权重法的使用范围相对较小，使用时应谨慎，CRITIC 权重法使用范围较广，得到了广泛使用。

3）主成分分析法和因子分析法

主成分分析法和因子分析法确定权重时利用了数据降维处理原理，主要利用特征根、方差解释率、载荷系数进行权重计算。

例如，通过 8 个指标对 30 个地区的经济发展做主成分分析，主成分分析法可以将这 8 个指标浓缩为少数几个综合指标（主成分），用这些综合指标反映原来指标的信息，同时利用特征根、方差解释率等计算得出各个主成分的权重及各项指标的权重系数。

2．客观赋权法的注意事项

不同的客观赋权法在适用性、适用范围方面有区别，具体使用时还要根据数据情况及专业知识选择恰当的权重计算方法。

如果遇到权重系数与专业上对某指标重要性相悖的情况，则考虑使用主客观组合赋权法进行权重计算。

7.2 主成分分析法

主成分分析法能对数据进行信息浓缩，将多个观测变量转换成少数几个彼此不相关的主成分变量，从而实现对数据降维、简化分析的目的。主成分分析法常用于综合评价研究，此外也可以利用主成分分析过程，计算各主成分的权重系数，以及原始观测变量的权重系数。

在本书的 6.2 节已经介绍过主成分分析法用于综合评价，本节主要介绍主成分分析法计算观测变量的权重系数，关于主成分分析法的基本思想、原理步骤等内容见 6.2 节。

7.2.1 权重计算步骤

主成分分析法的权重计算主要涉及特征根、方差贡献率、载荷系数、主成分得分及综合得分等概念和计算过程。主成分分析法计算观测指标权重的步骤如图 7-2 所示。

Step1 提取主成分 → Step2 计算主成分线性组合系数 → Step3 计算综合得分线性组合系数 → Step4 计算观测指标权重

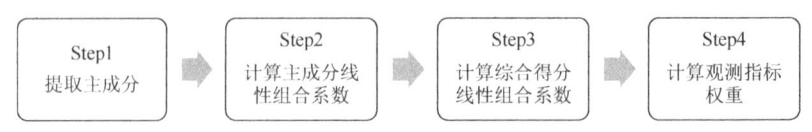

图 7-2 主成分分析法计算观测指标权重的步骤

1）提取主成分

观测指标数据一般首先要进行标准化处理，然后进行主成分分析。主成分个数提取原则为主成分对应的特征根大于 1，且主成分累积方差贡献率为 80%～85% 对应的前 k 个主成分，也可以综合碎石图观察拐点加以辅助判断。

2）计算主成分线性组合系数

主成分是各观测指标的线性组合，主成分线性组合系数的计算公式为载荷系数/Sqrt（特征根），即某个主成分的各观测变量系数等于该主成分的载荷系数除以对应特征根的平方根。

3）计算综合得分线性组合系数

综合得分等于各主成分数据乘以主成分权重系数，最后加和。各主成分权重系数为主成分对应的方差解释率除以累积方差解释率，具体计算：用第2）步计算的主成分线性组合系数乘以主成分权重，最后加和。

4）计算观测指标权重

将第3）步所得综合得分线性组合系数进行归一化处理，即得到各观测指标变量的权重值。

7.2.2 主成分分析法权重计算实例

第6章已经完成了利用主成分进行综合评价的分析，本节尝试利用主成分分析法来计算各观测指标变量的权重系数。

【例7-1】本研究收集到12个地区的5项社会经济指标，试通过主成分分析法计算5项社会经济指标的权重系数。案例数据来源于董大钧（2014），本例数据文档见"例7-1.xls"。

观测指标包括pop（总人口数）、school（中等学校平均校龄）、employ（总就业人数）、services（服务业人数）及house（中等房价），均为定量数据。现在假设这5项指标可构成对地区经济发展进行评价的指标体系，如果能计算这5项指标的权重系数，则可直接根据权重计算综合指数数据，用于综合评价及研究。

利用主成分分析法、熵值法等可以为原始的观测指标变量进行权重计算，本例尝试使用主成分分析法计算权重系数。

1）提取主成分

在仪表盘中依次单击【进阶方法】→【主成分】模块，本例将【pop】【school】【employ】【services】【house】5项原始指标拖曳至【分析项(定量)】分析框中，在提取主成分个数的下拉表中默认选择【主成分数(自动)】，本例仅示范权重计算，因此不用勾选【成分得分】和【综合得分】复选框，最后单击【开始分析】按钮。主成分操作界面如图7-3所示。

图7-3 主成分操作界面

接下来我们有针对性地对权重计算的有关结果进行解释和分析。

提取的特征根与方差解释率结果如表 7-1 所示。前两个主成分的特征根分别为 2.873 和 1.797，均大于 1，即按特征根大于 1 的原则提取两个主成分，用 F1 和 F2 表示，特征根累积方差解释为 93.399%。

表 7-1　提取的特征根与方差解释率结果

编号	特征根			主成分提取		
	特征根	方差解释率	累积	特征根	方差解释率	累积
1	2.873	57.466%	57.466%	2.873	57.466%	57.466%
2	1.797	35.933%	93.399%	1.797	35.933%	93.399%
3	0.215	4.297%	97.696%	—	—	—
4	0.100	1.999%	99.695%	—	—	—
5	0.015	0.305%	100.000%	—	—	—

2）计算主成分线性组合系数

表 7-2 所示为两个主成分与各指标变量间的载荷系数。

表 7-2　两个主成分与各指标变量间的载荷系数

名称	载荷系数		共同度（公因子方差）
	F1	F2	
school	0.767	−0.545	0.885
services	0.932	−0.104	0.880
house	0.791	−0.558	0.938
pop	0.581	0.806	0.988
employ	0.672	0.726	0.979

主成分线性组合系数的计算公式为载荷系数/Sqrt（特征根）。以 F1 在"school"指标上的线性组合系数为例，该系数为 F1 在"school"的载荷除以 F1 的特征根的平方根，即 0.767/Sqrt(2.873)=0.453，同理 F1 中"pop"指标的线性组合系数为 0.581/Sqrt(2.873)=0.343。

SPSSAU 平台能自动完成每个观测指标用于计算各主成分数据的线性组合系数，如表 7-3 所示，其中"pop""school"的线性组合系数和手工计算的结果一致。

表 7-3　主成分各观测指标的线性组合系数

名称	主成分	
	F1	F2
pop	0.343	0.602
school	0.453	−0.406
employ	0.397	0.542
services	0.550	−0.078
house	0.467	−0.416

3）计算综合得分中各观测指标的系数

综合得分由各主成分加权得来，主成分权重一般由各主成分方差解释率占累积方差解释率的百分比来计算,将第 2)步的计算结果代入,得到综合得分最终为各观测指标的线性组合。观测指标在综合得分中的线性组合系数为:先计算主成分的线性组合系数×(方差解释率/累积方差解释率),然后加和。表 7-4 所示的主成分分析法权重结果中第 4 列即为综合得分系数。

表 7-4 主成分分析法权重结果

名称	F1	F2	综合得分系数	权重
特征根	2.873	1.797		
方差解释率	57.47%	35.93%		
pop	0.3427	0.6016	0.4423	30.45%
school	0.4525	-0.4064	0.1221	8.41%
employ	0.3967	0.5417	0.4525	31.16%
services	0.5501	-0.0778	0.3085	21.24%
house	0.4667	-0.4164	0.1270	8.74%

以"pop"指标为例,其主成分 F1 和 F2 的系数分别为 0.3427、0.6016,F1 和 F2 的方差解释率分别为 57.47%、35.93%,累积方差解释率为 93.4%。"pop"指标的综合得分系数等于:0.3427×(57.47%/93.4%)+0.6016×(35.93%/93.4%)=0.4423(因小数点计算可能出现微小差异),计算结果与表 7-4 一致,其他指标的综合得分系数见表 7-4 第 4 列。

4)计算观测指标权重

由于指标体系研究过程中一般会要求权重系数的加和为 1,因此建议对以上综合得分系数进行归一化计算,所谓归一化即将综合得分系数的和作为分母,其他各指标的综合得分系数除以该分母,即得到观测指标的权重系数,权重系数的加和为 1。

例如,本例 5 项观测指标的综合得分系数加和为 1.4524,"school"指标的权重系数=0.1221/1.4524=0.084068,即 8.41%,计算结果和平台的计算结果一致,见表 7-4 最后一列。

观测指标变量的权重系数计算过程了解即可,我们可以直接读取平台自动计算的权重,即表 7-4 的最后一列。因此,本例"pop""school""employ""services""house" 5 项观测指标的权重系数依次为 30.45%、8.41%、31.16%、21.24%、8.74%。

7.3 熵值法

熵值法是综合评价研究中客观确定权重的一种方法,利用数据熵值信息即信息量大小进行权重计算。例如,本研究收集了各地区某年份的经济指标数据,包括产品销售率(X1)、资金利润率(X2)、成本费用利润率(X3)、劳动生产率(X4)、流动资金周转次数(X5),可先用熵值法计算各指标权重,再比较各地区的经济效益。

本节介绍熵值法原理及在赋权中的应用,通过在仪表盘中依次单击【综合评价】→【熵值法】模块来实现。

7.3.1 基本原理

1. 基本概念

熵（Entropy）值法也叫作熵权法，是一种客观赋权的方法。在统计学中，可以通过计算熵值来判断某个观测指标变量的离散变异程度，指标的熵值越小代表离散程度越大，信息量也越大，该指标对综合评价的影响越大，相应的权重系数也就越大；相反，指标的熵值越大代表离散程度越小，信息量也越小，相应的该指标在综合评价中的权重系数也就越小。

因此可根据各项指标的变异程度，利用熵的特性，计算各个指标的权重系数，为多指标综合评价提供依据。

1）注意事项

熵值法赋权要求观测指标数据为定量数据，如果某指标的指标取值全部相等，则该指标在综合评价中不起作用，可以考虑剔除。

特别注意，利用熵计算的权重并不代表某指标实际意义上的重要性，而是反映该指标在评价指标体系中提供有用信息量的多寡程度。由于熵值法忽略了指标自身的重要程度，有时确定的指标权数与预期的指标权数相差很远，另外同样的指标体系在不同的样本中确定的权数也不同，有时会使人感到困惑（郭显光，1994），因此在使用熵值法计算权重时，结论解释和分析应谨慎。

2）使用场景

熵值法赋权通常有两种场景，第一种是指标体系只有一层的情况，观测指标先经熵值法计算权重，再用于综合评价；第二种是指标体系有多层结构的情况，可先利用主成分分析或因子分析计算一级指标的权重，再用熵值法计算二级指标的权重，最终构建指标体系的权重体系。

2. 熵值法原理及步骤

根据观测指标变量数据的基本情况及研究目的，熵值法计算权重主要包括数据预处理、计算信息熵 e、计算信息效用值 d、计算权重系数、计算综合指数等步骤，有的研究也会在权重基础上，继续计算多指标的综合指数数据。熵值法权重计算步骤如图 7-4 所示。

Step1 数据预处理 ➡ Step2 计算信息熵 e ➡ Step3 计算信息效用值 d ➡ Step4 计算权重系数 ➡ Step5 计算综合指数

图 7-4　熵值法权重计算步骤

1）数据预处理

如果观测指标变量的取值方向不一致，则应提前进行数据处理。权重计算时量纲转换主要包括正向化、逆向化及适度化处理，可通过在仪表盘中依次单击【数据处理】→【生成变量】模块来实现。详细介绍和分析见本书 3.4 节内容。

正向化计算公式如下，分子为 x 值与指标最小值的差值，分母为指标最大值与最小值的差值，正向化后数据被压缩在[0,1]。

逆向化计算公式如下，分子为指标最大值与 x 值的差值，分母为指标最大值与最小值的差值，逆向化后数据同样被压缩在[0,1]，而且在取值方向上转变为正向指标。

$$\frac{x_{\text{Max}} - x}{x_{\text{Max}} - x_{\text{Min}}}$$

适度化计算公式为 $-|x-k|$，式中的 k 值需要研究者指定，一般可以取 x 指标的平均值，适度化后数据均小于等于 0。

熵值法权重计算原理要求数据不能小于等于 0，因为熵值法计算权重的过程中需要对数据进行对数函数的变换，而对数函数要求数据为正数。如果原始数据中出现负数或 0 应当进行"非负平移"操作，或者当原始数据经过正向化、逆向化或适度化处理后出现负数与 0 的情况时，也应当进行"非负平移"操作。所谓"非负平移"是指，给观测指标数据统一加上一个"平移值"，从而使该指标的所有数据为非负数，这个"平移值"无固定标准，如直接加 1，或取该指标数据的最小值绝对值加 0.01。

2）计算信息熵 e

依次计算第 j 个指标（假设有 n 个指标）下第 i 个样本占该指标取值总和的比重 p_{ij}。

$$p_{ij} = \frac{z_{ij}}{\sum_{i=1}^{m} z_{ij}}$$

按公式计算第 j 个指标的熵值 e：

$$e_j = -k \sum_{i=1}^{m} p_{ij} \ln p_{ij}$$

式中，m 表示总样本量；k 的取值与 m 有关，一般取 $k=1/\ln m$；熵值 e 的范围为 $0 \leq e_j \leq 1$。

3）计算信息效用值 d

计算第 j 个指标的信息效用值 d，$d_j = 1 - e_j$。

4）计算权重系数

基于 d 值计算各观测指标的权重系数 w，第 j 个指标的权重 w_j 为

$$w_j = \frac{d_j}{\sum_{i=1}^{m} d_j}$$

5）计算综合指数

此处的综合指数也称作综合得分，即将计算的权重系数与归一化或非负平移处理后的数据相乘，最后相加。计算公式为

$$s_i = \sum_{i=1}^{n} w_j z_{ij}$$

7.3.2 熵值法权重计算实例

结合具体案例就熵值法直接对指标体系进行权重计算方面的示范和阐述。

【例 7-2】李磊等人（2017）对中部 6 个省会城市 2015 年的经济发展指标进行评价、比较。现引用该研究中的部分数据，如表 7-5 所示，数据包括太原、合肥、南昌、郑州、武汉、长沙 6 个省会城市的 6 个经济发展指标，x1～x6 依次为 GDP 总量（万元）、科技支出占财政支出的比重（%）、规模以上工业企业数（户）、互联网宽带接入用户数（万户）、普通高等学校数量（所）、工业废水排放量（万吨）。本例数据文档见"例 7-2.xls"，试通过熵值法给 6 个指标赋权重。

表 7-5　例 7-2 案例数据（正向化、逆向化处理后）

指标	x1	x2	x3	x4	x5	x6
太原	0.00	0.86	0.00	0.14	0.00	1.00
合肥	0.35	0.79	0.81	0.00	0.19	0.78
南昌	0.15	0.03	0.30	0.03	0.32	0.64
郑州	0.56	0.00	1.00	0.35	0.35	0.18
武汉	1.00	1.00	0.86	1.00	1.00	0.00
长沙	0.70	0.37	0.93	0.15	0.19	0.97

1）数据预处理

研究对象的 6 个经济发展指标中，x1～x5 的取值越大越好，x6 的取值越小越好，因此 x1～x5 指标采用正向化处理，x6 指标采用逆向化处理。在 SPSSAU 平台中，可通过在仪表盘中依次单击【数据处理】→【生成变量】模块来完成预处理计算，具体操作见本书 3.4 节内容。

本例数据文档中 x1～x6 为已处理后的数据，由于正向化和逆向化处理后数据中都包括数字 0，因此在进行熵值法计算过程中应当进行非负平移。

2）调用 SPSSAU 平台用熵值法计算权重

在仪表盘中依次单击【综合评价】→【熵值法】模块，将【x1】～【x6】拖曳至【分析项(定量)】分析框中，勾选【综合得分】和【非负平移】复选框，最后单击【开始分析】按钮。熵值法权重计算操作界面如图 7-5 所示。

图 7-5　熵值法权重计算操作界面

其中，"综合得分"是指先将熵值法权重系数与数据值相乘再相加计算的综合指数结果。一般来说，如果要对指标进行正向化、逆向化或适度化处理，则应当勾选【非负平移】复选框。由于默认的平移值为指标数据的最小值+0.01，所以本例实际分析时会直接给每个数据+0.01，非负平移后的数据如表 7-6 所示。

表 7-6 例 7-2 案例数据（非负平移后）

指标	x1	x2	x3	x4	x5	x6
太原	0.01	0.87	0.01	0.15	0.01	1.01
合肥	0.36	0.80	0.82	0.01	0.20	0.79
南昌	0.16	0.04	0.31	0.04	0.33	0.65
郑州	0.57	0.01	1.01	0.36	0.36	0.19
武汉	1.01	1.01	0.87	1.01	1.01	0.01
长沙	0.71	0.38	0.94	0.16	0.20	0.98

3）信息熵、信息效用值与权重

熵值法计算过程及权重系数如表 7-7 所示。表中的信息熵 e、信息效用值 d 为计算权重的中间统计量，并无实际意义，可忽略。重点是最后一列的权重系数 w。

表 7-7 熵值法计算过程及权重系数

项	信息熵 e	信息效用值 d	权重系数 w
x1	0.8281	0.1719	14.16%
x2	0.7826	0.2174	17.91%
x3	0.8725	0.1275	10.50%
x4	0.6641	0.3359	27.67%
x5	0.7906	0.2094	17.25%
x6	0.8483	0.1517	12.50%

x1～x6 的权重系数依次为 14.16%、17.91%、10.50%、27.67%、17.25%、12.50%，x4 的权重最高为 27.67%，x3 的权重最低为 10.50%，其他指标的权重相对接近比较均衡。

4）计算各样本的综合指数

通过勾选【综合得分】复选框，平台能根据权重系数自动计算综合指数，它将以新变量的形式保存到数据文件中，变量名称以"CompScore_"开头。假设用"F 综"表示，其计算公式为

$$F综=0.1416x1+0.1791x2+0.105x3+0.2767x4+0.1725x5+0.125x6$$

式中，x1～x6 为经正向化或逆向化处理，并经非负平移后的数值。

将计算后的六省省会城市的经济发展指标进行编辑整理，综合指数如表 7-8 所示，可以据此对六省省会城市的经济发展水平进行综合评价。

表 7-8 六省省会城市经济发展指标的综合指数

城市	武汉	长沙	合肥	郑州	太原	南昌
CompScore_	0.870	0.469	0.416	0.374	0.328	0.212

显然，2015 年经济发展最好的是武汉（0.870），其次是长沙（0.469），合肥排在第三位（0.416）。

7.4 层次分析法

层次分析法常用于多目标决策及综合评价研究，它可以计算多层结构的权重系数，给科学决策和评价提供依据，是一种定量分析与定性分析相结合的方法，该方法可以通过在仪表盘中依次单击【综合评价】→【AHP 层次分析】模块来实现。

7.4.1 原理介绍

1. 基本概念

层次分析法（Analytic Hierarchy Process，AHP）由 T.L.Sasty 于 20 世纪 70 年代中期提出，包含质性和量化的研究思维。具体来说，层次分析法是将与决策有关的元素分解成目标、准则、方案等组成部分，形成一个多层次结构，在此基础上进行定性和定量分析，确定各层次因素或方案的权重、优劣次序的多目标决策方法，也常用于综合评价研究。

2. 层次结构

在层次分析法中，待决策问题可分解为不同层次和元素。目标层只有一个元素，一般指研究或分析目的。准则层指影响目标决策的因素，或实现目标的中间环节，可以有多个准则层。方案层指具体可供选择的方案措施底层指标，由此构成了一个层次结构模型，上一层次的元素作为准则对下一层次有关元素起支配作用。

层次分析法多层结构示例如图 7-6 所示，可利用层次分析法进行高考志愿填报，综合评价高校的竞争力并做出选择及决策。

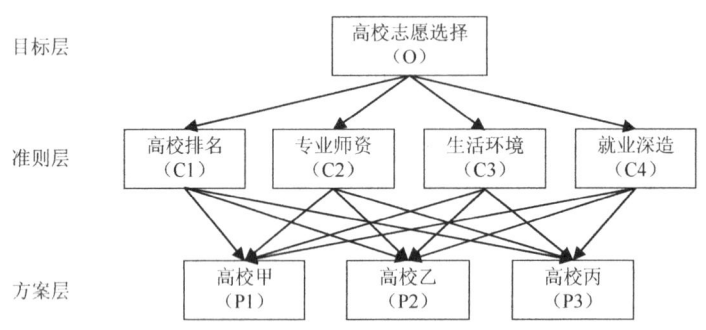

图 7-6 层次分析法多层结构示例

高校志愿选择为目标层，甲、乙、丙三所高校为方案层，以"高校排名""专业师资""生活环境""就业深造"4 个因素（准则层）作为依据，邀请 5 位对高校竞争力有研究的专家，遵循一定的规范对准则层 4 个因素的重要性，以及方案层 3 所高校的重要性进行评分（判断矩阵），用各层评分数据依次计算准则层 4 个因素的权重，以及方案层 3 所高校的权重，最后将两层结构的权重系数合并计算得到目标层的权重得分，排序后权重得分最高的高校即为最终的高校志愿选择。

3. 权重计算

使用层次分析法计算指标权重,其数据要求是一种叫作"判断矩阵"的数据格式,判断矩阵表示针对上一层次某元素而言,本层次与之有关的各元素之间的相对重要性两两比较的结果,数据以矩阵的形式组织。

判断矩阵一般由专家打分获得,打分过程是对某层元素重要性的两两比较,一般采用9级相对尺度。层次分析法判断矩阵元素的重要性表如表7-9所示。

表7-9　层次分析法判断矩阵元素的重要性表

因素 i 比因素 j	量化值
同等重要	1
稍微重要	3
较强重要	5
强烈重要	7
极端重要	9
两相邻判断的中间值	2, 4, 6, 8

例如,前面高校志愿选择的例子,邀请到多位专家采用1~9分尺度进行打分,如果某位专家认为"专业师资"比"生活环境"重要得多则打7分,反过来"生活环境"相对于"专业师资"的重要性就是1/7分。如果某位专家认为"就业深造"比"专业师资"重要一些,则打2分。按两两比较结果构成的矩阵称作判断矩阵,是层次分析法的数据基础,有 k 个元素则称为 k 阶矩阵,4阶判断矩阵示例如表7-10所示。

表7-10　4阶判断矩阵示例

项	高校排名	专业师资	生活环境	就业深造
高校排名	1	3	9	3
专业师资	1/3	1	7	1/2
生活环境	1/9	1/7	1	1/5
就业深造	1/3	2	5	1

如果有多个专家参与打分,则每层的判断矩阵可取多个专家打分的平均值。此处应注意,该平均值一般采取几何平均值。使用SPSSAU平台进行分析时,需要将判断矩阵录入,平台会自动完成相关计算。

SPSSSAU平台层次分析法计算权重时,不需要提前读入数据,将准备好的判断矩阵直接输入平台分析表即可。【AHP层次分析】模块的操作界面如图7-7所示。

平台能提供两种数据输入方式,第一种是直接在底部的白色单元格区域输入不同阶数的判断矩阵。

例如,高校志愿选择的判断矩阵,对白色单元格区域的行标题依次进行编辑,编辑为"高校排名""专业师资""生活环境""就业深造"。在"专业师资"与"高校排名"单元格输入"1/3",在"生活环境"与"专业师资"单元格中输入"1/7",同理输入判断矩阵中的其他数字。注意只需要输入对角线左下的三角白色区域,浅灰色区域的内容会自动按对称性补齐。

图 7-7 【AHP 层次分析】模块的操作界面

第二种是勾选上方的【粘贴数据】复选框，在下方的单元格区域粘贴提前准备好的判断矩阵数据，注意平台默认将第一行提取为标题。

针对权重计算，平台能提供两种方法，默认采用和积法，也可以通过【计算方法】下拉列表切换为方根法，二者的区别在于计算过程不同但结果基本一致，一般默认采用和积法即可。

例如，高校志愿选择准则层对目标层的权重计算结果如表 7-11 所示。

表 7-11　高校志愿选择准则层对目标层的权重计算结果

项	特征向量	权重值	最大特征值	CI 值
高校排名	2.098	52.457%	4.163	0.054
专业师资	0.775	19.371%		
生活环境	0.174	4.344%		
就业深造	0.953	23.828%		

"高校排名""专业师资""生活环境""就业深造"对高校志愿选择来说权重系数依次为 52.457%、19.371%、4.344%、23.828%，显然"高校排名"最为重要，"就业深造"次之。

4．应用场景

层次分析法的应用，主要体现在以下两个方面。

（1）权重计算。在不考虑层次结构的情况下，通过专家打分的方式获得指标间的重要性数据，可独立用于对一组指标进行权重计算。例如，邀请 10 位专家对"高校排名""专业师资""生活环境""就业深造"的重要性进行打分，从而给"高校排名""专业师资""生活环境""就业深造" 4 个因素制定权重系数。在多层结构中，每层的权重计算与单层结构的权重计算方法一致。

（2）综合评价与多目标决策。将多目标决策分解为目标层、准则层、方案层，构成一个多层结构模型，利用专家打分的判断矩阵数据，计算准则层各因素对目标的权重及方案层各方案对各因素的权重，最后将多层权重系数进行合并计算，得到各方案的综合权重，据此进行方案优劣决策或综合评价。例如，3 所高校志愿选择的决策问题，根据"高校排名""专业师资""生活环境""就业深造"4 个因素，分解为目标层、准则层、方案层，最终计算综合权重并对高校志愿选择做出决策。

7.4.2 层次分析法流程

层次分析法的核心任务是计算各层的权重系数，具体可以分为 5 个步骤，如图 7-8 所示。

Step1 建立层次结构 → Step2 构造判断矩阵 → Step3 准则层单排序与一致性检验 → Step4 方案层单排序与一致性检验 → Step5 层次总排序与一致性检验

图 7-8 层次分析法的分析步骤

1）建立层次结构

将待决策的目标由上到下分解为目标、因素和决策对象，依次对应目标层、准则层和方案层建立一个层次结构。目标层指决策的目的，或者说要解决的问题，也可以指指标体系的总指数；准则层指决策考虑的因素、维度指标或中间环节；方案层指决策时的备选方案、底层指标。

2）构造判断矩阵

一般先邀请多名专家针对准则层对目标的重要性进行两两比较打分，得到准则层的判断矩阵；然后针对方案层对准则层各因素的重要性进行两两比较打分，得到方案层的判断矩阵。各层的判断矩阵数据可记录并保存到 Excel 或 Word 等文档中作为基础数据备用。

3）准则层单排序与一致性检验

计算准则层各元素对目标的权重，用权重对准则层各元素进行重要性排序，并进行判断矩阵一致性检验。

例如，通过判断矩阵计算准则层中的"高校排名""专业师资""生活环境""就业深造"4 个因素对目标层的权重值，按权重值即可得到这 4 个元素的重要性排序。

权重是否可靠需要通过一致性检验，所谓一致性是指判断矩阵的打分逻辑是否一致，如 A 比 B 重要，B 比 C 重要，但又出现 C 比 A 重要，显然不一致，由此计算的权重不可信。一致性检验使用 CR 值进行分析，若 CR 值小于 0.1 则说明通过一致性检验；反之，则说明没有通过一致性检验。若数据没有通过一致性检验，则需要检查是否存在逻辑问题等，要重新录入判断矩阵进行分析。

这一步骤中会计算最大特征根及 CI 值，CR=CI/RI，RI 为随机一致性指标，可直接按判断矩阵的阶数查表获取。表 7-12 所示为随机一致性 RI 表。

表 7-12 随机一致性 RI 表

n 阶	3	4	5	6	7	8	9	10	11	12	13	14	15	16
RI 值	0.52	0.89	1.12	1.26	1.36	1.41	1.46	1.49	1.52	1.54	1.56	1.58	1.59	1.59
n 阶	17	18	19	20	21	22	23	24	25	26	27	28	29	30
RI 值	1.6064	1.6133	1.6207	1.6292	1.6358	1.6403	1.6462	1.6497	1.6556	1.6587	1.6631	1.6670	1.6693	1.6724

如果准则层超过 1 层，则由高到低依次计算权重并进行一致性检验；如果仅用层次分析法计算权重，则一般分析到这一步即结束。

4）方案层单排序与一致性检验

计算方案层各元素对准则层各因素的权重系数，按权重值排序即可得到各方案对各因素的重要性排序，并通过 CR 值进行判断矩阵一致性检验。相关概念、分析操作均与步骤 3）相同。

5）层次总排序与一致性检验

在第 3）和 4）步中计算了准则层各因素的权重，以及方案层各备选方案针对准则层各元素的权重，基于这两个层次的权重系数，将两层的权重合并可计算得到各方案对目标的最终权重，具体需要手工将两层或多层权重进行相乘计算。

例如，方案层方案 1 对准则层因素 1 的权重×因素 1 对目标层的权重+方案 1 对准则层因素 2 的权重×因素 2 对目标层的权重，以此类推计算得到方案 1 和其他方案对目标的相对总权重。

计算各方案针对目标的相对重要性权重值（跨越方案层、准则层），这个过程称为层次总排序，层次总排序也需要进行一致性检验，由此可对备选方案进行权重排序并最终做出决策。

根据邓雪等人（2012）对层次分析法的介绍，层次总排序的一致性检验是直接对第 3）步层次单排序与一致性检验中各判断矩阵一致性指标 $CI(j)$ 与 $RI(j)$ 进行计算的，$j=(i,\cdots,m)$，其 CR 计算公式为

$$CR = \frac{a_1CI_1 + a_2CI_2 + a_3CI_3 + \cdots + a_mCI_m}{a_1RI_1 + a_2RI_2 + a_3RI_3 + \cdots + a_mRI_m}$$

式中，m 为准则层因素的个数或判断矩阵的阶数；CR 为准则层判断矩阵的权重 a_m 与 CI 积的和再除以准则层判断矩阵权重 a_m 与 RI 积的和。CR 值小于 0.1 说明通过一致性检验；反之，则说明没有通过一致性检验，判断矩阵需要进行逻辑调整。

7.4.3 层次分析法实例分析

以综合评价应用为例，进一步介绍层次分析法在计算权重系数方面的应用。

【例 7-3】王祎等人（2022）以"节目质量""节目传播效果""网络热度""观众满意度""行业认可""广告创收"6 个指标作为评价维度，建立层次结构模型。本例引用该研究中的部分判断矩阵数据并对其进行了修改，数据文档见"例 7-3.xls"，通过层次分析法对 3 个节目进行多目标综合评价。

1）建立层次结构

案例选取原研究中的 5 个指标，对 3 个节目进行多指标综合评价，显然在缺少客观数据的情况下，熵值法、主成分分析法等常用的赋权法不再适用。考虑通过专家打分的方式，采用层次分析法建立层次结构进行权重计算及节目综合评价。

本例建立了普通的 3 层结构，目标层对节目进行综合评价；准则层为实现综合评价而考虑的因素，即从哪些方面评价目标，包括"节目质量""节目传播效果""观众满意度"

"行业认可""广告创收"5个指标;方案层可选择若干个方案,具体是节目 A、节目 B、节目 C 等。本例层次分析多层结构如图 7-9 所示。

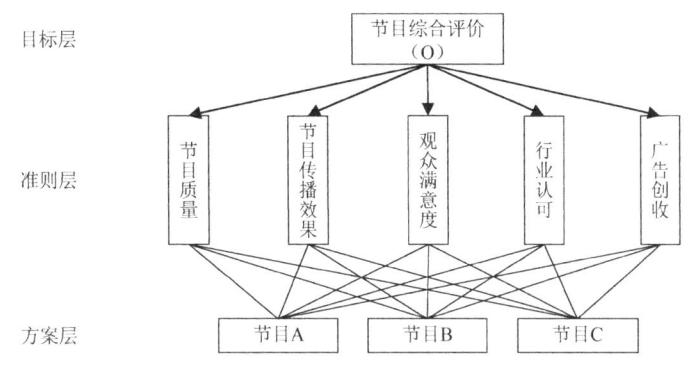

图 7-9 例 7-3 层次分析多层结构

2）构造判断矩阵

本例为 3 层结构,需准备准则层对目标层、方案层对准则层的判断矩阵数据。按照 9 级重要性尺度,邀请专家针对准则层 5 个指标对"节目综合评价"的影响进行重要性两两比较并评分,得到准则层 5 阶判断矩阵,如表 7-13 所示。

表 7-13 例 7-3 准则层 5 阶判断矩阵

项	节目质量	节目传播效果	观众满意度	行业认可	广告创收
节目质量	1	2	2	2	4
节目传播效果	0.5	1	2	2	3
观众满意度	0.5	0.5	1	2	3
行业认可	0.5	0.5	0.5	1	2
广告创收	0.25	0.33	0.33	0.5	1

接下来构造方案层对准则层的判断矩阵,和准则层的操作一样,专家对 3 个节目分别在 5 个指标中的表现进行重要性两两比较,如针对节目质量指标,专家可在 3 个节目间根据其在"节目质量"方面的表现进行两两比较打分,得到"节目质量"指标的判断矩阵,如表 7-14 所示。

表 7-14 例 7-3 方案层"节目质量"指标的判断矩阵

节目质量	节目 A	节目 B	节目 C
节目 A	1	0.33	0.5
节目 B	3	1	2
节目 C	2	0.5	1

同理,可针对其他 4 个指标依次构造 4 个 3 阶判断矩阵,总共会获得 1 个 5 阶判断矩阵和 5 个 3 阶判断矩阵的数据。

3）准则层单排序与一致性检验

无须读取数据,在仪表盘中依次单击【综合评价】→【AHP 层次分析】模块,打开"例 7-3.xls"的数据文档,找到判断矩阵准备开始分析,勾选【粘贴数据】复选框,将表 7-13

所示的准则层判断矩阵复制粘贴到【AHP层次分析】模块的电子表格区域，如图7-10所示。

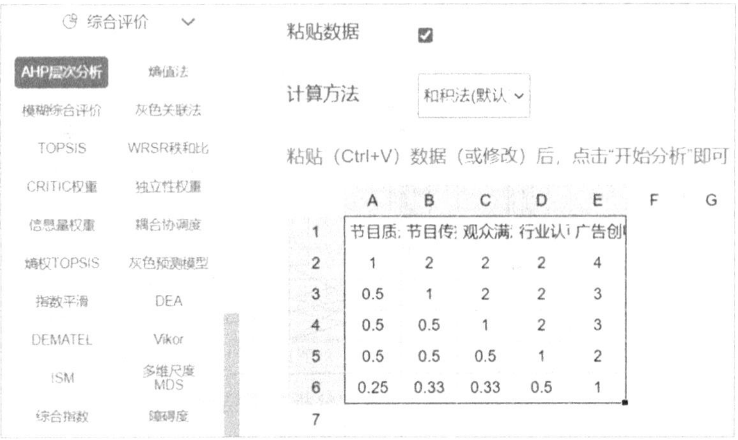

图7-10　例7-3 准则层判断矩阵复制粘贴到【AHP层次分析】模块的电子表格区域

默认选用和积法计算权重，最后单击底部的【开始分析】按钮。准则层层次分析法计算的权重结果如表7-15所示。

表7-15　准则层层次分析法计算的权重结果

项	特征向量	权重值	最大特征值	CI值
节目质量	1.743	34.86%		
节目传播效果	1.253	25.07%		
观众满意度	0.966	19.33%	5.114	0.028
行业认可	0.670	13.41%		
广告创收	0.367	7.35%		

"节目质量""节目传播效果""观众满意度""行业认可""广告创收"5个指标的权重系数分别是34.86%、25.07%、19.33%、13.41%、7.35%。显然"节目质量"是第一重要的指标，第二重要的指标是"传播效果"，第三重要的指标是"观众满意度"，而最不重要的是"广告创收"。

本例一致性检验结果如表7-16所示。CI=0.028，准则层判断矩阵是5阶，通过查表可知5阶RI=1.120，因此CR=0.028/1.120=0.025<0.1，说明其通过了一致性检验。

表7-16　例7-3 一致性检验结果

最大特征根	CI值	RI值	CR值	一致性检验结果
5.114	0.028	1.120	0.025	通过

4）方案层单排序与一致性检验

按同样的操作方式，依次计算方案层 3 个节目对准则层各指标的权重。本节以"节目质量"指标下3个节目的权重计算为例，采用直接录入评分数据的方式（两种录入数据的方式任选），取消勾选【粘贴数据】复选框，在【判断矩阵阶数】下拉列表中选择数字【3】即3阶，录入判断矩阵左下三角的数字。例7-3 方案层直接录入判断矩阵数据示范如图7-11所示。

选择判断矩阵阶数，填写白色单元格后，点击开始分析即可

	节目A	节目B	节目C
节目A	1	0.33	0.5
节目B	3	1	2
节目C	2	0.5	1

图 7-11　例 7-3 方案层直接录入判断矩阵数据示范

默认选用和积法计算权重，最后单击底部的【开始分析】按钮。方案层“节目质量”指标层次分析权重系数如表 7-17 所示。

表 7-17　方案层“节目质量”指标层次分析权重系数

项	特征向量	权重值	最大特征值	CI 值
节目 A	0.490	16.328%	3.006	0.003
节目 B	1.618	53.929%		
节目 C	0.892	29.742%		

在“节目质量”表现方面，节目 A、节目 B、节目 C 3 个节目的权重值依次为 16.328%、53.929%、29.742%，显然节目 B 在“节目质量”方面表现最好，其次是节目 C，最后是节目 A。

方案层节目质量一致性检验如表 7-18 所示。“节目质量”指标判断矩阵的一致性指标 CR=0.005<0.1，说明其通过了一致性检验。

表 7-18　方案层节目质量一致性检验

最大特征根	CI 值	RI 值	CR 值	一致性检验结果
3.006	0.003	0.520	0.005	通过

在“节目传播效果”“观众满意度”“行业认可”“广告创收”4 个指标下，“节目表现”权重的计算及一致性检验和“节目质量”指标的操作与分析、解释完全一致，在本例中需要依次操作 5 次，具体过程略。

方案层对准则层的权重系数（汇总表）如表 7-19 所示。将方案层 5 个判断矩阵的权重及 CR 值计算后汇总整理成表。经分析发现，“节目质量”“节目传播效果”这两个指标权重分最高的都是节目 B，“观众满意度”“行业认可”这两个指标权重分最高的都是节目 A，而节目 C 则在“广告创收”方面权重分最高。

表 7-19　方案层对准则层的权重系数（汇总表）

准则	节目质量	节目传播效果	观众满意度	行业认可	广告创收
节目 A	16.328%	29.74%	62.37%	55.73%	7.49%
节目 B	53.929%	53.93%	13.74%	12.23%	33.40%
节目 C	29.742%	16.33%	23.89%	32.03%	59.11%
CR 值	0.005	0.005	0.015	0.015	0.006

5）层次总排序与一致性检验

本例为 3 层结构，现经过计算已获得准则层权重和方案层权重，接下来可以将两个层

次的权重系数手工相乘进行合并计算，形成针对 3 个节目的综合权重值，由此完成层次总排序并进行一致性检验，这一过程从目标层到方案层依次进行。

根据前面步骤的结果，将准则层、方案层权重及 CR 值汇总如表 7-20 所示，依据此表数据完成分析。

表 7-20　准则层、方案层权重及 CR 值汇总表

准则	节目质量	节目传播效果	观众满意度	行业认可	广告创收	总排序
准则权重	34.859%	25.065%	19.325%	13.405%	7.346%	—
节目 A	16.328%	29.740%	62.370%	55.730%	7.490%	0.3323
节目 B	53.929%	53.930%	13.740%	12.230%	33.400%	0.3906
节目 C	29.742%	16.330%	23.890%	32.030%	59.110%	0.2771
CI 值	0.003	0.003	0.008	0.008	0.003	—
CR 值	0.005	0.005	0.015	0.015	0.006	0.0042

（1）层次总排序权重计算。首先计算层次总排序，即计算 3 个节目对目标层的总权重值，它等于准则层因素权重与各节目在各因素上的权重值相乘再加和。例如，节目 A 的总权重为 0.34859×0.1633+0.25065×0.2974+0.19325×0.6237+0.13405×0.5573+0.07346×0.0749=0.3323，此计算过程可借助 Excel，利用 SUMPRODUCT()函数快速完成。由此可算出节目 B、节目 C 的总权重依次为 0.3906、0.2771。综上，节目 A、节目 B、节目 C 的总权重分别为 0.3323、0.3906、0.2771，由此可知，节目 B 的总权重最高，即对它的综合评价最高，其次是节目 A，最后是节目 C。

（2）层次总排序一致性检验。一般认为层次总排序也需要进行一致性检验，其 CR 值为准则层判断矩阵的权重与 CI 值积的和再除以准则层判断矩阵权重与 RI 值积的和，计算公式在前面层次分析法计算步骤中已列出。

本例手工计算结果为 0.0042<0.1，即其通过了一致性检验。

本例围绕电视节目综合评价的目标，构建了 5 个指标对 3 个节目进行综合评价，利用层次分析法获得 5 个指标的权重系数及 3 个节目的综合评价排序。

7.5　其他权重法

SPSSAU 平台提供了众多用于权重关系研究的功能，除前面介绍的主成分分析法、熵值法、层次分析法外，还包括 CRITIC 权重法、独立性权重法、信息量权重法等，本节将一并进行介绍。

7.5.1　CRITIC 权重法

1. 基本思想

CRITIC 权重法和熵值法均为客观赋权法，CRITIC 权重法的思想是利用观测指标数据的对比强度和冲突性综合衡量客观权重。其中，对比强度可以通俗理解为数据的波动性，

而冲突性是以指标间的相关性为基础的，CRITIC 权重考虑指标变异性大小的同时兼顾了指标之间的相关性。

根据宋冬梅等人（2015）的研究，CRITIC 权重的计算公式如下：

$$w_j = \frac{\sigma_j \sum_{i=1}^{n}(1-r_{ij})}{\sum_{j=1}^{m}\sigma_j \sum_{i=1}^{n}(1-r_{ij})}$$

式中，w_j 为第 j 个指标的权重；r_{ij} 为指标 i 与指标 j 的相关系数；σ_j 为指标 j 的标准差。

计算 CRITIC 权重时，对比强度使用标准差表示，数据标准差越大说明波动越大，要赋予相对较高的权重；冲突性使用 1 减去相关系数来表示，指标之间的相关系数越大，相关指标越有较高的信息重叠冗余，冲突性越小，要赋予的权重也就相应越低。先将对比强度标准差与冲突性相乘，然后进行归一化处理，即可获得 CRITIC 权重。

2. 计算步骤

对于多指标和多目标综合评价研究，CRITIC 权重法同时考虑了数据波动性与相关性，可以消除一些相关性较强的指标的影响，减少指标之间信息上的重叠，更有利于得到可信的评价结果。CRITIC 权重法要求数据为定量数据，一般分析步骤如图 7-12 所示。

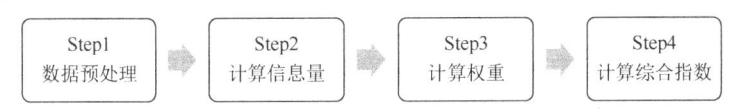

图 7-12　CRITIC 权重法的一般分析步骤

1）数据预处理

在进行 CRITIC 权重分析之前，通常要对数据进行无量纲化处理，一般建议使用正向化或逆向化处理，但不建议使用标准化处理，原因是如果使用标准化处理，标准差会全部变成数字 1，即所有指标的标准差完全一致，这就导致波动性指标没有意义。使用时，在仪表盘中依次单击【数据处理】→【生成变量】模块，选择【正向化】或【逆向化】模块，即可完成此项工作。

2）计算信息量

此处的信息量是指数据的对比强度与冲突性的乘积，具体来说就是标准差乘以冲突性（1-相关系数），CRITIC 权重的特点兼顾波动性和冲突性。

3）计算权重

最终权重是由信息量进行归一化计算得到的。

4）计算综合指数

将权重值和指标值相乘后加和，计算综合指数用于综合评价。

3. 实例分析

结合具体案例进一步介绍 CRITIC 权重的计算并用于综合评价研究。

【例 7-4】继续沿用【例 7-2】的数据，李磊等人收集了包括太原、合肥、南昌、郑州、武汉、长沙六省省会城市的 6 个经济发展指标，x1～x6 依次为 GDP 总量（万元）、科技支出占财政支出的比重（%）、规模以上工业企业数（户）、互联网宽带接入用户数（万户）、普通高等学校数量（所）、工业废水排放量（万吨）。数据如表 7-21 所示，本例数据文档见"例 7-4.xls"，试计算 6 个经济发展指标的 CRITIC 权重。

表 7-21 例 7-4 案例数据（正向化、逆向化处理后）

指标	x1	x2	x3	x4	x5	x6
太原	0.00	0.86	0.00	0.14	0.00	1.00
合肥	0.35	0.79	0.81	0.00	0.19	0.78
南昌	0.15	0.03	0.3	0.03	0.32	0.64
郑州	0.56	0.00	1.00	0.35	0.35	0.18
武汉	1.00	1.00	0.86	1.00	1.00	0.00
长沙	0.7	0.37	0.93	0.15	0.19	0.97

1）数据预处理

研究对象的 6 个经济发展指标 x1～x6 均为连续型定量数据，针对这 6 个指标进行赋权，可以采用熵值法、CRITIC 权重法等，本例选择 CRITIC 权重法。

由于 x1～x5 的取值越大越好，x6 的取值越小越好，因此 x1～x5 经济发展指标采用正向化处理，x6 经济发展指标采用逆向化处理，可通过在仪表盘中依次单击【数据处理】→【生成变量】模块来完成对数据的预处理。本例表 7-21 中的数据已经进行了正向化、逆向化处理，可直接进行下一步。

2）计算信息量与权重

数据读入平台后,在仪表盘中依次单击【综合评价】→【CRITIC 权重】模块,将【x1】～【x6】拖曳至【分析项(定量)】分析框中，并勾选【保存综合得分】复选框。

综合得分即指标权重系数与指标取值的乘积的和，以便用于综合评价排序，最后单击【开始分析】按钮。CRITIC 权重操作界面如图 7-13 所示。

图 7-13 CRITIC 权重操作界面

CRITIC 计算过程及权重系数如表 7-22 所示，给出了各指标变异性、指标冲突性，二者相乘得到信息量，最后对信息量进行归一化处理得到权重。

表 7-22 CRITIC 计算过程及权重系数

项	指标变异性	指标冲突性	信息量	权重
x1	0.369	3.094	1.140	11.05%
x2	0.436	4.282	1.868	18.10%
x3	0.404	4.029	1.627	15.77%
x4	0.374	3.349	1.254	12.15%
x5	0.345	3.477	1.201	11.64%
x6	0.416	7.757	3.230	31.30%

显然，6 个指标中 x6 的权重最大，其次是 x2，第三是 x3。总体来看，x6 的权重远高于其他指标的权重，另外 5 个指标的权重相对较接近。

3）计算综合指数及评价

通过勾选【综合得分】复选框，平台会根据权重系数自动计算综合指数，它将以新变量的形式保存到数据文件中，变量名称以 "CRITIC_CompScore_" 开头。假设用 F 综表示，其计算公式为

F 综=0.1105x1+0.181x2+0.1577x3+0.1215x4+0.1164x5+0.3130x6。

式中，x1～x6 为经正向化或逆向化处理的数值。

六省省会城市综合指数（整理后）如表 7-23 所示，将计算后的综合指数数据整理成表，可依据综合指数对六省省会城市进行综合评价。显然综合得分最高的是武汉（0.6649），其次是长沙（0.6349)，排名第三的是合肥（0.5756）。

表 7-23 六省省会城市综合指数（整理后）

城　　市	武汉	长沙	合肥	太原	郑州	南昌
CRITIC_CompScore_	0.6649	0.6349	0.5756	0.4856	0.3591	0.3105

7.5.2 独立性权重法

1．基本思想

独立性权重法是客观赋权法之一，基本思想是利用观测指标之间的相关性来确定权重。在一组观测指标中，先分别将每个观测指标作为因变量，将其他指标作为自变量进行线性回归，计算每个指标与其他指标的复相关系数 R；然后取复相关系数 R 的倒数即 $1/R$；最后将各指标的 $1/R$ 数据归一化后得到独立性权重。

独立性权重实际为复相关系数的倒数，所以如果某指标的复相关系数较高，说明它与其他指标之间存在一定程度的信息重叠，为避免信息冗余，该指标的独立性权重就会更低一些。相反，指标的复相关系数越低，说明该指标携带的信息量越大，所以会赋予其更高的独立性权重。

2．适用情况

由于独立性权重法利用观测指标间的相关性，因此比较适合有一定相关性基础的观测指标，或者说适合对相关性数据资料计算权重。

3. 实例分析

【例 7-5】某研究收集到 100 名青少年的体质测定数据，包括身高（厘米）、体重（千克）、肺活量（毫升）、舒张压（毫米汞柱）、收缩压（毫米汞柱）、心律（次/分）、最大心律（次/分）、最大吸氧量（升/分钟）8 项体质指标，部分数据如表 7-24 所示，试给 8 项体质指标赋权重，建立青少年体质综合指数。数据来源于卢纹岱（2006），并经过随机筛选一部分数据后使用，数据文档见"例 7-5.xls"。

表 7-24　例 7-5 案例数据（部分）

编号	身高/厘米	体重/千克	肺活量/毫升	舒张压/毫米汞柱	收缩压/毫米汞柱	心律/（次/分）	最大心律/（次/分）	最大吸氧量/（升/分钟）
1	149.0	32.3	2000	84	105	80	215	1.77
2	143.3	30.5	2200	96	90	86	199	1.36
3	138.5	30.0	2220	78	92	78	211	1.46
4	143.5	29.5	1850	84	130	84	217	1.50
5	156.0	40.5	2340	88	115	84	222	1.67
6	136.9	31.2	1810	84	110	96	217	1.61

1）数据与案例分析

每个人的体质指标之间存在一定的相关性，不同性质的指标之间相关性有强有弱，若利用相关性计算权重，则考虑采用独立性权重法。

2）独立性权重计算

读入数据后，在仪表盘中依次单击【综合评价】→【独立性权重】模块，将【身高】【体重】【肺活量】【舒张压】【收缩压】【心律】【最大心律】【最大吸氧量】8 项体质指标拖曳至【分析项(定量)】分析框中，勾选上方的【保存综合得分】复选框，操作界面如图 7-14 所示，最后单击【开始分析】按钮。

图 7-14　独立性权重操作界面

独立性权重计算过程及权重系数如表 7-25 所示。以"身高"为例，"身高"作为因变量，其他 7 项体质指标作为自变量进行线性回归，得到复相关系数 R=0.871，取倒数为

1/0.871=1.148，所有 8 项体质指标的复相关系数倒数总和为 13.08，归一化处理后即得到"身高"的权重系数为 1.148/13.08=8.78%。

表 7-25 独立性权重计算过程及权重系数

项	复相关系数 R	复相关系数倒数 $1/R$	权重
身高	0.871	1.148	8.78%
体重	0.901	1.110	8.49%
肺活量	0.901	1.110	8.49%
舒张压	0.569	1.756	13.43%
收缩压	0.392	2.554	19.52%
心律	0.609	1.641	12.54%
最大心律	0.379	2.638	20.17%
最大吸氧量	0.890	1.123	8.59%

表 7-25 中最后一列为各项体质指标的权重，显然"最大心律""收缩压"具有较高的权重（20.17%和 19.52%），其他体质指标的权重略低但比较均衡（8.49%~13.43%）。

"最大心律"和"收缩压"与其他体质指标的复相关系数均低于 0.4，和其他体质指标的信息重叠较少，因此赋予较大的权重，其他指标的复相关系数在[0.569,0.901]，信息重叠较多，因此权重普遍较低。

3）体质综合指数

通过勾选【保存综合得分】复选框，平台会自动将指标取值与权重值相乘后累加，生成一个以"IndepWeight_CompScore_"开头的综合指数，在仪表盘中依次单击【数据处理】→【生成变量】模块，选中"IndepWeight_CompScore_"变量后单击【排名(Rank)】模块，平台默认降序排列，将结果整理为表，综合指数前 5 的结果如表 7-26 所示。

表 7-26 例 7-5 综合指数（整理后、综合指数前 5）

原始编号	IndepWeight_CompScore_	Rank_IndepWeight_CompScore_Desc
100	578.410	1
85	546.702	2
99	535.860	3
90	522.957	4
96	509.480	5

独立性权重法完全利用相关性的强弱来确定权重，其适用场景相对较小，研究者应谨慎使用。

7.5.3 信息量权重法

1．基本思想

信息量权重法是一种客观赋权法，也称变异系数法。其思想在于利用观测指标数据的变异系数进行权重赋值，变异系数越大，说明其携带的信息量越多，因而权重也相应越大。相反，指标的变异系数越小，说明信息量越低，因而权重也越小。

2．适用情况

当观测指标较多时，给各指标赋权容易出现一部分指标权重过于均衡的情况。例如，计算 12 个指标各自的权重，可能会出现其中少数指标权重过大，而大部分指标的权重接近甚至相同的情况，导致一些指标存在的意义不大，此时可考虑使用信息量权重法。此外，该方法也适用于对专家评分数据的赋权，能充分利用不同专家打分标准可能有差别的信息。

3．实例分析

【例 7-6】研究者邀请 8 位裁判对 300 名体操运动员的表演进行专业评分，部分数据如表 7-27 所示。该表中的每行代表一位运动员的单独表演，裁判观看相同的表演后分别给出专业评分，试对 8 位裁判的评分数据赋权重，建立体操表演综合指数。数据来源于 SPSS 统计软件自带案例集 judges.sav，数据文档见"例 7-6.xls"。

表 7-27 例 7-6 案例数据（部分）

裁判 1	裁判 2	裁判 3	裁判 4	裁判 5	裁判 6	裁判 7	裁判 8
7.3	8.0	7.1	7.7	7.2	7.2	7.0	7.6
7.8	8.7	7.2	8.4	7.5	8.1	7.3	7.1
7.2	7.4	7.1	7.5	7.2	7.1	7.0	7.0
7.3	8.4	7.2	7.9	7.5	8.4	7.3	7.1
7.7	7.8	7.2	8.4	7.6	7.4	7.1	7.1

1）数据与案例分析

由于裁判的评分数据大小量纲一致，而且信息量权重利用变异系数赋权，因此不需要对数据进行预处理。得到权重后，权重与裁判评分数据相乘再累加，可获得每名运动员的专业表演综合指数。

2）信息量权重计算

读入数据后，在仪表盘中依次单击【综合评价】→【信息量权重】模块，将【裁判 1】~【裁判 8】的评分数据拖曳至【分析项(定量)】分析框中，勾选上方的【保存综合得分】复选框，最后单击【开始分析】按钮。信息量权重操作界面如图 7-15 所示。

图 7-15 信息量权重操作界面

信息量权重以变异系数 CV 值作为标准进行权重计算，指标的 CV 值越大权重越大，CV 值越小权重越小，最终权重由 CV 值进行归一化计算得到。

信息量权重法计算过程及权重系数如表 7-28 所示，此表给出了每位裁判评分数据的平均值、标准差、CV 值及权重。

表 7-28　信息量权重法计算过程及权重系数

项	平均值	标准差	CV 值	权重
裁判 1	8.496	0.867	10.20%	12.69%
裁判 2	8.918	0.820	9.19%	11.43%
裁判 3	8.085	0.817	10.11%	12.56%
裁判 4	8.970	0.677	7.55%	9.38%
裁判 5	8.038	0.674	8.39%	10.41%
裁判 6	8.876	0.959	10.80%	13.43%
裁判 7	8.181	0.979	11.97%	14.87%
裁判 8	8.470	1.038	12.26%	15.22%

以"裁判 1"为例，标准差除以平均值即 CV 值，0.867/8.496=10.20%，8 个 CV 值总和为 80.47%，各 CV 值除以 80.47%即得到归一化权重。

由于裁判 8 的评分数据 CV 值最大（12.26%），因此赋予最大权重（15.22%）。其他裁判的权重分布在[9.38%,14.87%]。

3）8 位裁判的评分综合指数

通过勾选【保存综合得分】复选框，平台会自动将指标取值与权重值相乘后累加，生成一个标题以"InfoWeight_CompScore_"开头的综合指数，按综合指数排序，结果如表 7-29 所示。

表 7-29　体操表演 8 位裁判的综合指数（前 5 名运动员）

裁判 1	裁判 2	裁判 3	裁判 4	裁判 5	裁判 6	裁判 7	裁判 8	InfoWeight_CompScore_
9.9	10.0	9.7	9.8	9.5	10	10.0	10.0	9.879
9.9	10.0	9.7	9.9	9.4	10	9.9	9.9	9.848
9.8	10.0	9.5	9.9	9.4	10	9.9	10.0	9.825
9.8	10.0	9.7	9.9	9.3	10	9.8	10.0	9.825
9.8	9.9	9.7	9.9	9.3	10	9.9	9.8	9.798

第 8 章

数据预测分析

数据预测是研究数据潜在规律关系的科学方式，并且可结合该数据的潜在规律关系对数据进行预测。数据预测的方法有很多，较常见的是针对时间序列数据的预测，包括 ARMA 模型、指数平滑法等；或者利用灰色系统理论进行预测，如 GM(1,1)模型。在对时间序列数据进行预测时，其通常仅针对单一的时间序列进行预测，如果利用多个时间序列项的相互关系进行预测，可使用 VAR 模型。除此之外，在统计研究中还涉及回归关系，如线性回归、Logistic 回归等，在构建完成统计模型后，也可对数据进行预测。另外，机器学习领域中的神经网络、随机森林、支持向量机模型等均可实现对数据的预测。

由上述可知，数据预测方法有很多，那么应该使用何种预测模型呢？作者提供了以下几个标准供参考，分别是数据长度、数据特征、模型适用性和模型对比，如表 8-1 所示。

表 8-1 预测模型标准

标准	说明
数据长度	ARMA 模型适用于样本较多的时间序列数据，指数平滑法适用于小样本数据
数据特征	具有指数增长趋势的数据，可考虑指数平滑法、灰色预测模型或非线性回归拟合等
模型适用性	时间序列数据需要满足平稳性，GM(1,1)模型需要满足级比值检验
模型对比	如果使用多种预测模型进行分析，此时可使用均方根误差（RMSE）进行模型优劣对比

通常情况下，每个预测模型有其独特的适用性，如 ARMA 模型仅针对较大样本数据，但指数平滑法通常针对小样本数据。当数据具有线性或曲线趋势时，可考虑使用指数平滑法；当数据具有指数增长趋势时，可考虑使用 GM(1,1)模型、非线性回归模型等。当预测模型使用时，通常该模型对数据特征有要求，即需要数据满足一定特征才能使用该模型进行数据预测，如数据需要满足平稳性，才能使用 ARMA 模型。从数据长度、数据特征和

模型适用性三个角度上看，即在数据预测时，可分别从三个角度考虑模型选择，只有这样才能保证预测的科学性。

从操作上看，只要提供数据即可预测，但是不同模型的预测结果可能差异很大，这是由模型选择的准确性和数据特征共同决定的，因而作者建议使用 RMSE 指标进行模型优劣对比，该指标表示真实值和预测值之间的平均差异幅度，针对相同的数据使用不同预测模型这种情况，使用该指标进行对比，可有效地提升数据预测的科学性和准确性。本章将分别针对时间序列的三种常用模型进行剖析，包括 ARMA 模型、指数平滑法和灰色预测模型 GM(1,1)，与此同时，还有很多模型具有预测功能，如线性回归、Logistic 回归等统计模型，可在 SPSSAU 平台相应的模块找到。本章共分为四部分，最后一节单独针对马尔可夫预测进行说明。

8.1 ARMA 模型

8.1.1 ARMA 模型分析流程

ARMA（Auto Regressive Moving Average）模型在预测思想上分为两部分，分别是自回归（Auto Regressive，AR）模型和移动平均（Moving Average，MA）模型。AR 模型指第 t 期数据由第 $t-1$ 期、第 $t-2$ 期直至第 $t-p$ 期构成，如 2022 年人均 GDP 预期数据由 2021 年（第 $t-1$ 期）、2020 年（第 $t-2$ 期）数据进行加权求和，第 $t-1$ 期、第 $t-2$ 期直至第 $t-p$ 期数据分别的权重值称作自回归系数，用 α 表示。模型存在扰动项（模型无法解释的部分，用符号 ε 表示），MA 模型指第 t 期数据由第 $t-1$ 期、第 $t-2$ 期直至第 $t-q$ 期的扰动项构成，如当前 2022 年人均 GDP 为 8.57 万，其由 2021 年、2020 年等期的扰动项构成，而且往后期也有权重值，该值称作移动平均系数值，用 β 表示。关于 ARMA 模型，其数学公式如下：

$$y_t = \alpha_0 + \alpha_1 y_{t-1} + \alpha_2 y_{t-2} + \cdots + \alpha_p y_{t-p} + \varepsilon_t$$

$$y_t = \varepsilon_t + \beta_1 \varepsilon_{t-1} + \beta_2 \varepsilon_{t-2} + \cdots + \beta_q \varepsilon_{t-q}$$

$$y_t = \alpha_0 + \alpha_1 y_{t-1} + \alpha_2 y_{t-2} + \cdots + \alpha_p y_{t-p} + \varepsilon_t + \beta_1 \varepsilon_{t-1} + \beta_2 \varepsilon_{t-2} + \cdots + \beta_q \varepsilon_{t-q}$$

第一个公式为 AR 模型，第二个公式为 MA 模型，第三个公式为 AR 模型和 MA 模型合并在一起的模型，即 ARMA 模型。在实际研究中，如果 p 值为 0，则没有 AR 模型，ARMA 模型退化为 MA 模型；如果 q 值为 0，则没有 MA 模型，ARMA 模型退化为 AR 模型。关于 ARMA 模型的细节原理，很多书籍均有详细说明，有兴趣的读者可查阅相关书籍，本书暂不深入介绍。

从上述可知，当为 AR 模型时，有 p 值，其代表前面最多多少期对当期有预测作用，如 p 为 3，其表示第 $t-1$ 期、第 $t-2$ 期和第 $t-3$ 期均对当期有预测作用。当为 MA 模型时，有 q 值，其作用与 p 值类似，如 $q=2$，其表示第 $t-1$ 期和第 $t-2$ 期的扰动项对于当期有预测作用（提示：扰动项为变化项，无具体数值数据）。那么如何获得适合的 p 值和 q 值呢？此时需要使用自相关图（ACF 图）和偏自相关图（PACF 图），如下所述。

1）ACF 图和 PACF 图

ACF 图为不同滞后阶数时自相关系数值组合绘制的图形，自相关系数测量间隔 k 期，即第 t 期与第 $t-k$ 期之间的相关关系值，k 值为滞后阶数，如 $k=2$ 时表示第 t 期与第 $t-2$ 期之间的相关关系值。当为正常的时间序列时，第 t 期是 1 个数字，第 $t-2$ 期也是 1 个数字，不能计算相关关系，此时计算时要先将数据分拆成两段，再计算两段数据的相关关系值。自相关系数值原理示意如图 8-1 所示。

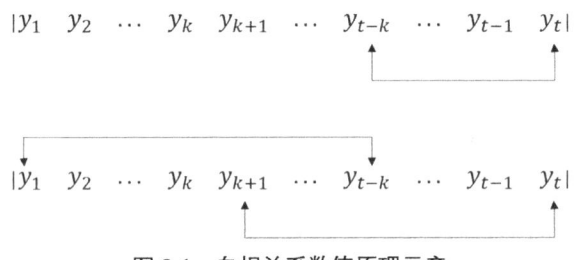

$$|y_1 \quad y_2 \quad \cdots \quad y_k \quad y_{k+1} \quad \cdots \quad y_{t-k} \quad \cdots \quad y_{t-1} \quad y_t|$$

$$|y_1 \quad y_2 \quad \cdots \quad y_k \quad y_{k+1} \quad \cdots \quad y_{t-k} \quad \cdots \quad y_{t-1} \quad y_t|$$

图 8-1 自相关系数值原理示意

若 $k=3$，则其意义为第 t 期与第 $t-3$ 期的相关关系情况。若该相关关系较大，则意味着滞后 3 期时数据依旧有较强的预测作用；反之，则说明预测作用弱。ACF 图示例如图 8-2 所示。

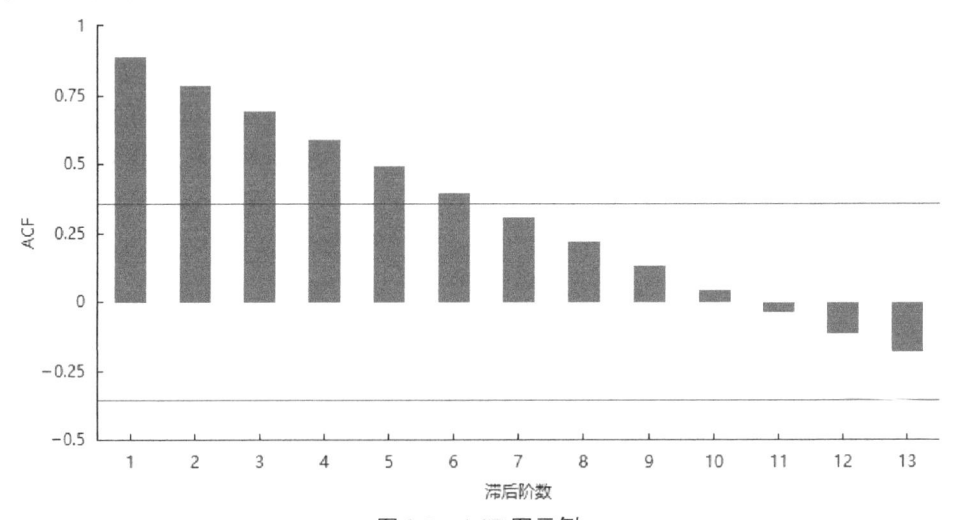

图 8-2 ACF 图示例

图中显示滞后 1 期到滞后 6 期时，自相关系数值较大，说明最长的滞后 6 期还保持着预测值，而且可以看到，滞后 7 期、滞后 8 期等，依旧有一定的自相关关系，只是自相关关系较弱而已，此种现象称为"拖尾"。如果说 ACF 图的数据在某滞后期之后快速接近于

0，当完全接近于 0 时，说明完全没有自相关关系，此种现象称为"截尾"，在现实研究中，滞后期越大，其预测作用越弱，但完全接近于 0 这种情况意味着基本没有关系，可能整体滞后数据的预测作用都非常弱。

PACF 图类似于 ACF 图，其为不同滞后阶数时偏自相关系数值组合绘制的图形，偏自相关系数测量间隔 k 期，即第 t 期与第 $t-k$ 期之间的相关关系值（且要控制中间 $k-1$ 期数据的干扰），k 值为滞后阶数。计算偏自相关系数时，需要控制中间第 $t-k+1$、第 $t-2$、第 $t-1$ 期数据的干扰，如 $k=4$，即第 t 期与第 $t-4$ 期之间的相关关系值，而且要控制第 $t-3$、第 $t-2$ 和第 $t-1$ 这 3 期数据的干扰。偏自相关系数值原理示意如图 8-3 所示（图中叉号表示控制干扰的意思）。

$$|y_1 \quad y_2 \quad \cdots \quad y_{t-k} \quad y_{t-k+1} \quad \cdots \quad y_{t-2} \quad y_{t-1} \quad y_t|$$

图 8-3　偏自相关系数值原理示意

若 $k=4$，则其意义为第 t 期与第 $t-4$ 期的相关关系情况（且要控制中间 $k-1$ 期的干扰）。若该相关关系较大，则意味着滞后 4 期时数据依旧有较强的预测作用；反之，则说明数据预测作用弱。PACF 图示例如图 8-4 所示。

图 8-4　PACF 图示例

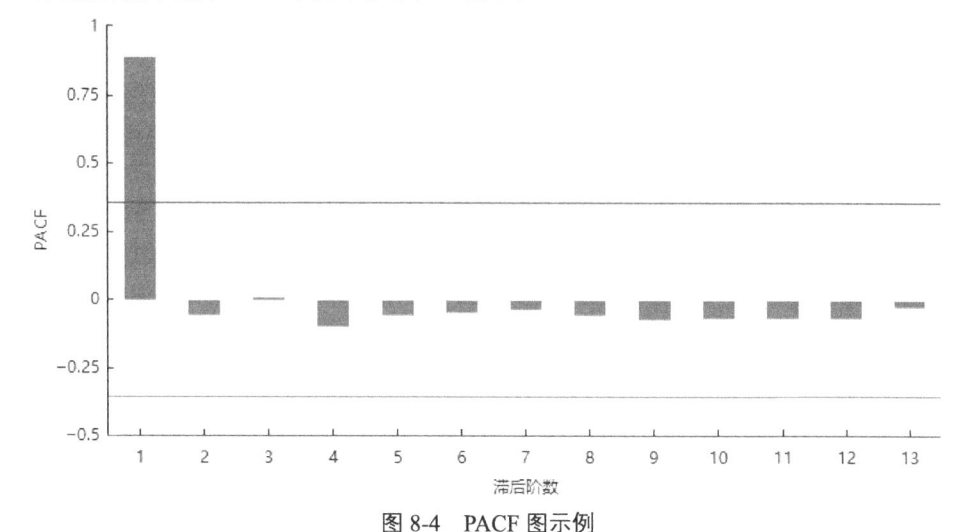

图中显示滞后 1 期时，数据有较强的预测作用，但是再往后，如滞后 2 期、滞后 3 期直至滞后 13 期，偏自相关系数值均完全接近于 0，此种现象称为"截尾"（某滞后期之后快速接近于 0，完全接近于 0 说明完全没有相关关系），在现实研究中，滞后期越大，其预测作用越弱，但完全接近于 0 这种情况意味着完全没有关系，可能整体滞后数据的预测作用都非常弱甚至没有。

2）p 值和 q 值判断

前面已经对 ACF 图和 PACF 图进行了说明，当为 ARMA 模型时，最优 p 值和最优 q

值的判断需要结合这两个图综合考虑，如表 8-2 所示。

表 8-2 ARMA 模型最优 p 值和最优 q 值的判断

模型	ACF 图	PACF 图
MA(q)模型	q 阶截尾	拖尾
AR(p)模型	拖尾	p 阶截尾
ARMA(p,q)模型	拖尾	拖尾
可能不适合模型	截尾	截尾

如果 ACF 图在滞后 q 阶截尾（滞后 q 阶后自相关系数接近于 0），并且 PACF 图拖尾，满足这两个条件时，此时应为 MA(q)模型（此处 $p=0$）。

当满足 ACF 图拖尾和 PACF 图在 p 阶截尾两个条件时，应为 AR(p)模型（此处 $q=0$）。

如果 ACF 图和 PACF 图均出现拖尾现象，此时应该使用 ARMA 模型，关于 p 值和 q 值的判断较复杂，且没有绝对标准，作者建议的判断标准，如表 8-3 所示。

表 8-3 ARMA 模型 p 值和 q 值判断标准

标准	说明
定阶相对较小	p 值和 q 值尽量较小
结合信息准则值判断	AIC 值或 BIC 值，二者均为越小越好
残差独立性检验	判断不同模型时的残差独立性情况

当 ACF 图和 PACF 图均为拖尾现象时，使用 ARMA 模型较适合，但此时的 p 值和 q 值分别为多少合适呢？通常情况下，定阶数字（包括 p 值和 q 值）应尽量小，如最大不超过 3，原因在于往后期数越多，其对数据的预测作用越小，因而多数情况下，p 值和 q 值不会超过 3，该标准带有一定的"经验性"，并非数理角度标准。相对来讲，可结合信息准则值（通常为 AIC 值）进行判断，AIC 值越小越好，通过对不同 p 值和 q 值时模型的 AIC 值进行对比判断，找出 AIC 值最小时对应的模型即可，AIC 值=-2ln(模型极大似然值)+2(模型未知参数个数)，模型极大似然值越大说明模型拟合精度越佳，因而-2ln(模型极大似然值)越小越好，p 值和 q 值越小意味着模型越简单，未知参数个数等于 $p+q+1$（非中心化时为 $p+q+2$），此处标准为，模型越简单越好，与"定阶相对较小"这一原则保持一致。

如果 ACF 图和 PACF 图均出现截尾，则意味着可能不适合使用 ARMA 模型，但这是基于理论角度考虑的，从分析角度上看，也可完全按照 ARMA 模型构建步骤进行，尝试查看模型的情况。

除此之外，还可以先建立模型再针对模型残差值进行独立性检验，如果有的模型没有通过独立性检验则应该直接排除，仅余下满足独立性检验的模型进行对比选择。当 ACF 图和 PACF 图均为拖尾时，此时应该使用 ARMA 模型，而 ARMA 模型 p 值和 q 值的判断有固定标准，多数情况下会使用 AIC 信息准则越小越优这一标准来进行判断。除此之外，ARMA 模型构建时，还需要满足其前提条件（平稳性检验），以及模型构建完成后的残差检验等，关于 ARMA 模型构建的完整步骤如图 8-5 所示。

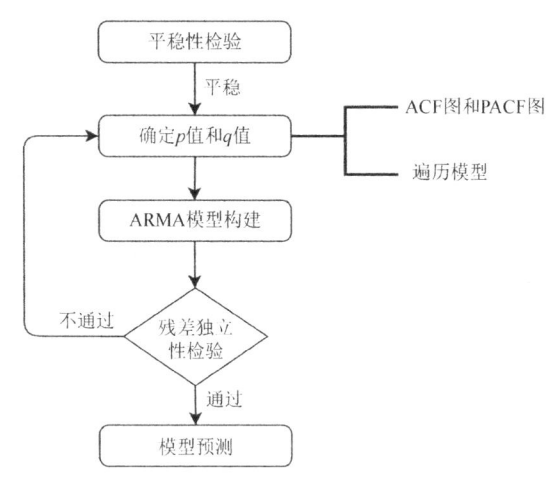

图 8-5　ARMA 模型构建的完整步骤

3）ARMA 模型构建的完整步骤

构建 AMRA 模型的前提是数据要满足平稳性，通常使用 ADF 检验来进行判断。如果数据满足平稳性，则可进行 ARMA 模型构建，即可进行 p 值和 q 值的判断。如果数据不满足平稳性，较常见的处理方式是对数据进行"差分"处理，并且使用差分后的数据再次进行平稳性检验，直至满足平稳性检验。如果数据差分多次后依旧不满足平稳性，则认为数据不适合进行 ARMA 模型构建。例如，数据序列为 GDP，差分 1 阶是指第 t 期值减去第 $t-1$ 期值，如 2022 年 GDP 减去 2021 年 GDP，差分 1 阶的意义为 GDP 的增加量，如果是差分 2 阶，则为 GDP 的增加量的增加量。

进行差分后构建的 ARMA 模型，也可称为 ARIMA 模型，字母 I 表示差分阶数。需要注意的是，差分是一种信息提取方式，其可减少数据波动，因而可让数据变得相对"平稳"，理论上数据进行无数次差分后一定会平稳，但差分会导致信息丢失，因而差分次数不能过多。如果差分阶数大于 2，则其信息会丢失过多且丢失原始数据意义过多，因而在实际研究中通常采用差分 1 阶或差分 2 阶。ARIMA 模型平稳性检验流程图如图 8-6 所示。

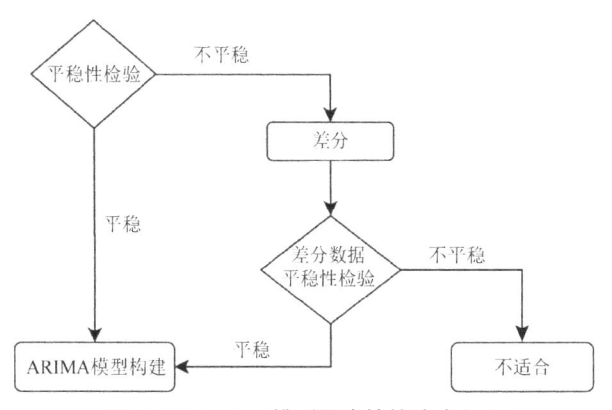

图 8-6　ARIMA 模型平稳性检验流程图

当数据满足平稳性检验后，可使用该数据进行模型阶数，即 p 值和 q 值的判断，如果结合 ACF 图和 PACF 图进行定阶，可参考表 8-2 和表 8-3 的内容。ARIMA 模型构建时使用较多的方式是结合信息准则 AIC 值越小越优这一标准进行对比，通过遍历不同的 p 值和 q 值组合模型，如 p 值可以取 0~3 共 4 个值，q 值可以取 0~3 共 4 个值，那么可以有 4×4=16 种模型组合，遍历这 16 种模型后结合 AIC 值找出最优模型。与此同时，数据的差分阶数也可纳入模型组合中，如果 p 值为 4 个值，q 值为 4 个值，则差分阶数分为不差分、1 阶差分和 2 阶差分共 3 种情况，4×4×3=48 种模型组合进行对比，但此种做法完全依赖于 AIC 值，但其可辅助快速找出相对较优的模型，在 SPSSAU 平台中，如果不设置 p 值、q 值和差分阶数，那么平台会默认进行模型遍历，并且提供遍历后 AIC 值相对最小的模型结果。

在模型构建完成后，需要对残差值的独立性进行检验，理论上各期残差值应该完全独立且没有显著关系。如果残差值之间有显著关系，则说明残差不独立，模型拟合较差。残差独立性检验有多种检验方式，如 Ljung-Box Q 检验、拉格朗日乘数检验（Breush-Godfrey LM 检验）等，Ljung-Box Q 检验使用较多，其计算公式如下：

$$Q_{LB} = n(n+2) \sum_{k=1}^{m} \frac{\hat{\rho}_k^2}{n-k}$$

式中，n 为样本量；$\hat{\rho}_k$ 为 k 阶自相关系数的估计值；m 为自相关系数阶数。Ljung-Box Q 检验统计量服从自由度为 $m-p-q$ 的卡方分布（p 是 AR 模型的滞后阶数，q 是 MA 模型的滞后阶数）。从上式可知，当 $\hat{\rho}_k$ 值较大时，Q_{LB} 值相对也会较大，此时利用卡方分布原理计算得到的 p 值会较小，即此时残差之间的相关关系较强、残差不独立。通常情况下，如果 p 值大于临界值（通常是 0.05 或 0.1），则意味着残差独立。另外，此处滞后阶数可以很多，如从滞后 1 阶到滞后 10 阶均可以输出结果，多数情况下观察滞后 6 阶或滞后 12 阶的结果即可。

如果出现残差不独立的情况，则意味着模型构建不佳，此时可考虑重新确定 p 值和 q 值，并且进行多次对比尝试重新构建模型再次分析，以确保残差具有独立性，保障 ARIMA 模型构建的科学性。除此之外，也可考虑其他处理方式，包括先设置不同的差分阶数、对数据进行处理再构建 ARIMA 模型（如取自然对数）。

当满足残差独立性检验后，要对数据进行预测，SPSSAU 平台默认提供往后 12 期数据的预测值，需要注意的是，理论上 ARIMA 模型可以进行中长期预测，但从实际情况来看，数据受很多因素干扰，从而导致长期预测的准确性较低，因而多数情况下只会使用向后 1 期数据、向后 2 期数据、向后 3 期数据等。

在构建 ARIMA 模型时，p 值和 q 值的判断具有"主观能动性"，无法使用一套确定性流程式的处理方式进行判断。在实际研究中，应结合数据平稳性、信息准则值和残差独立性三项数据，对比不同 ARIMA 模型在此三项数据上的表现情况进行综合对比和抉择，是一种较科学的做法，作者建议使用此种处理方式。

8.1.2 ARMA 模型案例

【例 8-1】现有 1993—2022 年共计 30 年的人均 GDP 时间序列数据，现使用 ARIMA 模型进行 2023 年的 GDP 预测。数据见 "例 8-1.xls"，部分案例数据如表 8-4 所示。

表 8-4 AMIRA 模型人均 GDP 案例数据

年份	人均 GDP/万元
2013 年	4.35
2014 年	4.69
2015 年	4.99
2016 年	5.38
2017 年	5.96
2018 年	6.55
2019 年	7.01
2020 年	7.18
2021 年	8.10
2022 年	8.57

1) 平稳性检验

首先使用 ADF 检验对数据进行平稳性检验，在仪表盘中，依次单击【计量经济研究】→【ADF 检验】模块，并在右侧的下拉列表中选择【差分阶数(自动)】和【截距(默认)】，如图 8-7 所示。

图 8-7 在 SPSSAU 平台进行 ADF 检验

需要注意的是，在下拉列表中选择【差分阶数(自动)】，此时 SPSSAU 平台会自动遍历不同阶数，并识别数据平稳的差分阶数。ADF 类型通常为【截距(默认)】，当然也可利用 AIC 信息准则越小越优原则，对比不同类型时的 AIC 值进行选择。人均 GDP-ADF 检验表如表 8-5 所示。

表 8-5 人均 GDP-ADF 检验表

差分阶数	t	p	临界值		
			1%	5%	10%
0	4.123	1.000	−3.809	−3.022	−2.651
1	−0.313	0.924	−3.833	−3.031	−2.656
2	−2.733	0.069	−3.833	−3.031	−2.656

ADF 检验的原假设为数据没有单位根，通俗地讲即数据不具有平稳性特征，因而当 p 值小于显著性水平（显著性水平一般取 1%、5%或 10%作为标准）时，即拒绝原假设，意味着数据具有平稳性。可以看到，当数据不差分时 p 值为 1.000>0.1，意味着数据不平稳；当数据差分 1 阶时 p 值为 0.924>0.1，也意味着数据不平稳；当数据差分 2 阶时 p 值为 0.069<0.1（以 10%为标准），意味着在 10%显著性水平时拒绝原假设，说明差分 2 阶数据满足平稳性。接下来以差分 2 阶数据进行分析，即此时 ARIMA 模型的 I 值为 2。

2）确定 p 值和 q 值

首先由 SPSSAU 平台输出 ACF 图和 PACF 图，在仪表盘中，依次单击【计量经济研究】→【偏(自)相关图】模块，在【差分阶数】下拉列表中选择【2 阶】，操作界面如图 8-8 所示。

图 8-8 SPSSAU 平台输出 ACF 图和 PACF 图操作界面

SPSSAU 平台输出的 ACF 图如图 8-9 所示。ACF 图中的数据具有拖尾特征,因为其从滞后 1 阶后,自相关系数变成 0,但从滞后 9 阶起自相关系数明显大于 0,所以数据拖尾。如果从滞后 9 阶到滞后 12 阶均接近于 0,那么应该为 1 阶截尾。

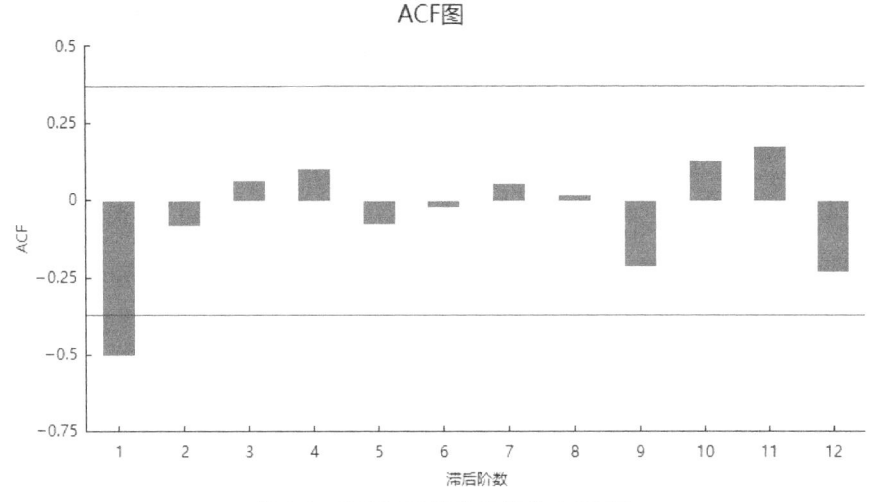

图 8-9　SPSSAU 平台输出的 ACF 图

SPSSAU 平台输出的 PACF 图如图 8-10 所示。PACF 图中的数据具有拖尾特征,因为其从滞后 3 阶起偏自相关系数值趋于 0,但从滞后 9 阶时偏自相关系数明显不为 0,所以可理解为数据为 3 阶拖尾。

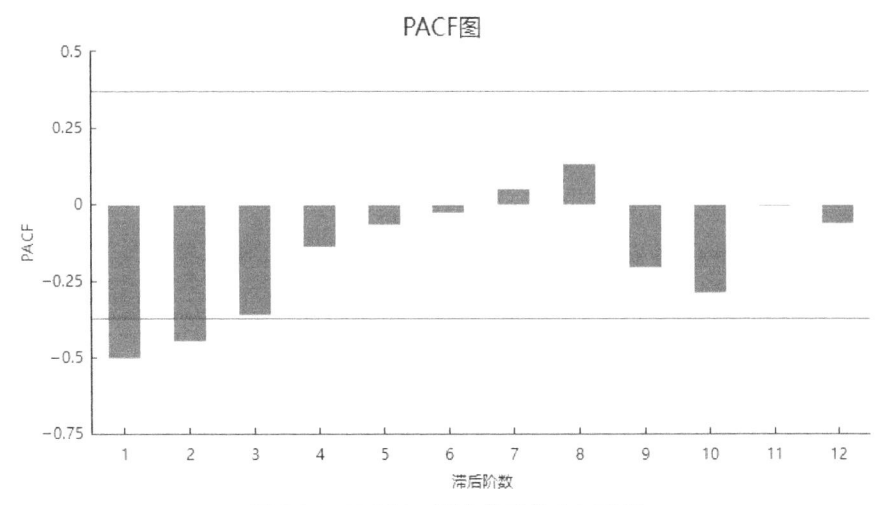

图 8-10　SPSSAU 平台输出的 PACF 图

ACF 图和 PACF 图均为拖尾特征,因而应该建立 ARIMA 模型,并结合 p 值或 q 值相对较小原则,分别取 p 值最大值为 2,q 值最大值为 2,形成待检验模型组合(另 PACF 图发现 3 阶拖尾,因而此处 p 值最大值可为 3)。ARIMA 模型组合如表 8-6 所示。

表 8-6　ARIMA 模型组合

编号	p 值	q 值	模型
1	1	1	ARIMA(1,2,1)
2	1	2	ARIMA(1,2,2)
3	2	1	ARIMA(2,2,1)
4	2	2	ARIMA(2,2,2)

从表 8-6 中可知：p 值可以取 1 和 2，q 值也可以取 1 和 2，并且已经确定差分阶数为 2，因而能形成 4 个模型组合。接下来分别使用 SPSSAU 平台进行操作。在仪表盘中，依次单击【计量经济研究】→【ARIMA 预测】模块，操作界面如图 8-11 所示。

图 8-11　在 SPSSAU 平台中进行 ARIMA 预测的操作界面

本例分别选择对应的 p 值和 q 值，且设置差分阶数为 2 阶（提示：如果不设置 p 值、q 值和差分阶数，平台会自动遍历寻找最优模型，并且输出该模型结果供模型选择使用），单击【开始分析】按钮得到模型结果。接着分别将各模型结果值进行整理，包括 AIC 值和 Ljung-Box Q 检验结果，用于对比及选择最优模型，汇总如表 8-7 所示。

表 8-7　ARIMA 模型组合

编号	模型	AIC 值	Ljung-Box Q 检验结果
1	ARIMA(1,2,1)	-24.980	通过
2	ARIMA(1,2,2)	-23.204	通过
3	ARIMA(2,2,1)	-23.408	通过
4	ARIMA(2,2,2)	-21.181	通过

从表 8-7 可以看出：4 个模型均通过了 Ljung-Box Q 检验，相对来看，ARIMA(1,2,1) 模型的 AIC 值最低，因而最终选择该模型输出结果。

ARIMA(1,2,1)模型参数表如表 8-8 所示。表中展示了构建模型的各参数值，以及 AIC 值和 BIC 值，在实际研究中较少关注各参数值的显著性情况。

表 8-8　ARIMA(1,2,1)模型参数表

项	符号	系数	标准误	z 值	p 值	95% CI
常数项	c	0.024	0.005	4.556	0.000	0.013～0.034
AR 参数	α_1	−0.166	0.304	−0.546	0.585	−0.763～0.430
MA 参数	β_1	−0.994	4.657	−0.213	0.831	−10.122～8.134

注：1. AIC 值：−24.980。
　　2. BIC 值：−19.651。

由于 Ljung-Box Q 检验原假设为数据无自相关关系，因此本节按原假设说明残差数据的独立性。模型 Q 统计量表如表 8-9 所示。表中展示了滞后 1 期到滞后 14 期的 Ljung-Box Q 检验 Q 统计量及其 p 值，如滞后 6 期时，Q 统计量为 1.198，p 值=0.977>0.1，意味着前 6 期残差数据具有独立性。理论上希望各滞后期数的 p 值均大于 0，在实际研究中通常查看滞后 6 期或滞后 12 期的 p 值。

表 8-9　模型 Q 统计量表

项	Q 统计量	p 值
Q_1	0.018	0.893
Q_2	0.264	0.876
Q_3	0.466	0.926
Q_4	1.187	0.880
Q_5	1.191	0.946
Q_6	1.198	0.977
Q_7	1.200	0.991
Q_8	2.332	0.969
Q_9	6.255	0.714
Q_{10}	6.382	0.782
Q_{11}	6.881	0.809
Q_{12}	9.321	0.675
Q_{13}	9.515	0.733
Q_{14}	9.778	0.778

若满足模型残差独立性检验，则意味着模型拟合良好，可使用该模型进行预测，得到的预测值具有科学合理性，如表 8-10 所示。表中展示了本次 ARIMA(1,2,1)模型向后 12 期的人均 GDP 预测值，案例数据是从 1993—2022 年的数据，那么向后 1 期即 2023 年的人均 GDP 预测值为 9.174 万元，向后 2 期即 2024 年的人均 GDP 预测值为 9.780 万元。众所周知，人均 GDP 不可能无止境增长，而且人均 GDP 受非常多因素的干扰，因而在实际使用过程中，通常使用向后 1 期或向后 2 期，虽然理论上 ARIMA 模型可以进

行中长期预测。

表 8-10 预测值（12 期）　　　　　　　　　　　单位：万元

预测	向后1期	向后2期	向后3期	向后4期	向后5期	向后6期	向后7期	向后8期	向后9期	向后10期	向后11期	向后12期
值	9.174	9.780	10.409	11.058	11.727	12.416	13.126	13.855	14.605	15.375	16.165	16.976

注：均方根误差 RMSE：0.1299。

表 8-10 中提供了 RMSE 值，该指标表示真实数据与拟合数据之间的平均差值，其作为模型拟合精度指标，越小越好，可用于不同方法模型优劣对比时使用（如使用 ARIMA 模型和指数平滑法进行对比）。

8.2 指数平滑法

指数平滑法是一种时间序列数据预测方法，该方法适用于对小样本时间序列进行中短期预测，可分为一次指数平滑法、二次指数平滑法和三次指数平滑法，三者的关系为二次指数平滑法是一次指数平滑法的再次平滑，三次指数平滑法为二次指数平滑法的再次平滑。在实际应用中，一次指数平滑法使用较少，通常二次指数平滑法用于具有线性趋势数据的预测，三次指数平滑法用于具有曲线趋势数据的预测。一次指数平滑法相对简单，其思想是对预测误差进行修正。在使用一次指数平滑法时，第 $t+1$ 时刻的预测值共由两项决定，分别是第 t 时刻的真实值和预测值，对这两项加权求和即为第 $t+1$ 时刻的预测值。那么这两项分别的权重是多少呢？此时使用加权系数 α 值进行标识，加权系数 α 值表示真实数据值的权重，$1-\alpha$ 值表示预测值的权重，α 值介于[0,1]，该值越大意味着赋予当前时刻点数据的权重越高。

在实际研究中，α 值具体应该设置多少合适呢？一般来说，如果数据比较稳定波动较小，那么 α 值应设置小点，通常应该小于 0.5；如果数据波动较大，α 值应设置大点，通常应该大于 0.5。在 SPSSAU 平台中，如果不设置 α 值，平台会自动遍历不同的 α 值（0.05，0.1 到 0.9 间隔 0.1，0.95 共 11 个 α 值），并且会自动判断不同 α 值时模型的优劣，模型优劣判断用 RMSE 值。RMSE（Root Mean Squared Error，均方根误差），是指残差平方的平均值开根号，该值越小意味着模型拟合越优，因而可用于判断模型的优劣，其公式如下：

$$\text{RMSE} = \sqrt{\frac{1}{n}\sum_{i=1}^{n}(\hat{y}_i - y_i)^2}$$

式中，n 表示时间序列样本量；$\hat{y}_i$ 表示预测值；y_i 表示真实值。

除此之外，指数平滑法还有一个重要参数值"初始值 S_0"，该值为平滑的初始值，一般情况下，如果时间序列长度较长（如 $n>20$），意味着初始值对后续预测的影响较小，因而可选择第 1 期数据作为初始值。如果时间序列长度较短（如 $n<10$），可考虑设置前 3 期数据（甚至前 5 期数据）的平均值作为初始值。在 SPSSAU 平台中可主动设置初始值，如果没有设置，平台会自动进行计算。初始值标准如表 8-11 所示。

表 8-11 初始值标准

时间序列长度范围	初始值 S_0
$n<10$	前 3 期数据的平均值
$10 \leqslant n<20$	前 2 期数据的平均值
$n>20$	第 1 期数据的平均值

前面已经讲解了 3 个参数值,分别是加权系数 α 值、RMSE 值和初始值 S_0。在 SPSSAU 平台中,如果不进行相应设置,平台会自动按表 8-10 所示的初始值标准计算初始值 S_0, 并且遍历不同的加权系数 α 值,以及遍历 3 种指数平滑方法,并且找出不同组合情况下 RMSE 值最小的模型,输出相应结果。接下来分别阐述 3 种指数平滑法的数学原理,并以案例形式进行说明。

8.2.1 一次指数平滑法

【例 8-2】现有 2013—2022 年共计 10 年的人均 GDP 时间序列数据,使用指数平滑法对 2023 年的人均 GDP 进行预测。数据见"例 8-2.xls",本例数据如表 8-12 所示。

表 8-12 人均 GDP 案例数据

年份	人均 GDP/万元
2013 年	4.35
2014 年	4.69
2015 年	4.99
2016 年	5.38
2017 年	5.96
2018 年	6.55
2019 年	7.01
2020 年	7.18
2021 年	8.10
2022 年	8.57

在时间序列数据格式上,从上至下时间依次增长,并且间隔时间单位保持一致,如每隔一年或一个月。使用一次指数平滑法时,计算公式如下:

$$\hat{y}_{t+1} = \alpha y_t + (1-\alpha)\hat{y}_t$$

将上式进行变换后如下:

$$\hat{y}_{t+1} = \hat{y}_t + \alpha(y_t - \hat{y}_t)$$

该值由于人均 GDP 数据的波动相对较小,因此加权系数值 α 可设置较小,如设置为 0.1, $\hat{y}_{t+1}$ 表示第 $t+1$ 期的人均 GDP 预测值, y_t 表示第 t 期的实际人均 GDP 数据, $\hat{y}_t$ 表示第 t 期的人均 GDP 预测值。从上式可以看到一次指数平滑法的意义,即下一期人均 GDP 预测值=当前人均 GDP 预期值+当期误差值的校正,误差值=实际值-预测值的差值,校正系数为 α 值(加权系数值)。当数据波动较小时校正较小,因而 α 值较小,本例假定取 $\alpha=0.1$ 进行演算。

除此之外，使用指数平滑法时，还有一个重要参数值即初始值 S_0，该值为第 1 期数据的起始预测值。如果时间序列长度较长，则以往数据的权重相对较低；如果时间序列长度较短，则以往数据的权重相对较高。本例数据时间序列长度为 10，可先取前 3 期数据作为初始值 S_0，即 $S_0 = \dfrac{4.35+4.69+4.99}{3} = 4.677$。一次指数平滑法预测值如表 8-13 所示。

表 8-13 一次指数平滑法预测值

年份	人均 GDP/万元	一次指数平滑法预测值
2013 年	4.35	4.677
2014 年	4.69	4.644
2015 年	4.99	4.649
2016 年	5.38	4.683
2017 年	5.96	4.752
2018 年	6.55	4.873
2019 年	7.01	5.041
2020 年	7.18	5.238
2021 年	8.10	5.432
2022 年	8.57	5.699
预测		5.986

从表 8-13 中可以看出，2013 年的人均 GDP 预测值为初始值 S_0=4.677，2014 年的人均 GDP 预测值等于 4.677+0.1×(4.35−4.677)=4.644，类似地可计算出 2015—2022 年的人均 GDP 预测值，2023 年的人均 GDP 预测值未列在表中，但其计算公式不变，2023 年的人均 GDP 预测值=5.699+0.1×(8.57−5.699)=5.986，另需要注意的是，一次指数平滑法只能往后预测 1 期，如果希望预测更多期，则只能使用其他方法。

从上述过程可知，指数平滑法共涉及两个重要的参数值，分别是加权系数 α 值和初始值 S_0，加权系数 α 值是对数据误差的校正，而初始值 S_0 是计算的第 1 期预测值，这两个参数值具体应该为多少并无固定标准，只有常规建议值，因而可让 SPSSAU 平台循环遍历不同的参数值，并且按照模型优劣对比，找出最佳的拟合参数，此处模型优劣判定的标准为 RMSE 值，该值为残差平方的平均值开根号，该值越小表示误差越小，其计算公式如下：

$$\text{RMSE} = \sqrt{\dfrac{1}{n}\sum_{i=1}^{n}(\hat{y}_i - y_i)^2}$$

针对本次案例数据，$\text{RMSE} = \sqrt{\dfrac{1}{10}\left[(4.677-4.35)^2 + (4.644-4.69)^2 + \cdots + (5.699-8.57)^2\right]} =$ 1.673。一次平滑法只能对数据的简单加权进行重新拟合处理，在实际研究时使用较少，并且从本例拟合值来看，其拟合效果不佳。从实际人均 GDP 的增长来看，其可能具有一定的线性趋势，因而二次指数平滑法相对较适合，接下来具体说明。

8.2.2 二次指数平滑法

二次指数平滑法是在一次指数平滑法基础上的再一次平滑，其适用于具有一定线性趋势的数据预测，如人均 GDP 数据。首先需要计算一次指数平滑法和二次指数平滑法数据，计算公式如下：

$$\begin{cases} S_t^{(1)} = \alpha y_t + (1-\alpha) S_{t-1}^{(1)} \\ S_t^{(2)} = \alpha S_t^{(1)} + (1-\alpha) S_{t-1}^{(2)} \end{cases}$$

式中，$S_t^{(1)}$ 表示一次指数平滑法，该公式与单独使用一次指数平滑法时稍有不同；$S_t^{(2)}$ 表示二次指数平滑法；y_t 表示第 t 期的真实值；α 值为误差值的校正值，继续使用"例 8-2.xls"即人均 GDP 数据，并将 α 值设置为 0.1，将初始值 S_0 设置为前 3 期数据的平均值即 4.677。按上述公式可以计算得到如表 8-14 所示的二次指数平滑法过程值。

表 8-14　二次指数平滑法过程值

年份	人均 GDP/万元	一次指数平滑法	二次指数平滑法
2013 年	4.35	4.644	4.673
2014 年	4.69	4.649	4.671
2015 年	4.99	4.683	4.672
2016 年	5.38	4.752	4.680
2017 年	5.96	4.873	4.699
2018 年	6.55	5.041	4.734
2019 年	7.01	5238	4.784
2020 年	7.18	5.432	4.849
2021 年	8.10	5.699	4.934
2022 年	8.57	5.986	5.039

例如，第 1 期时 $S_1^{(1)}$=0.1×4.35+(1−0.1)$S_0^{(1)}$，$S_0^{(1)}$ 即初始值 S_0 =4.677，因而计算得到 $S_1^{(1)}$=4.644。$S_1^{(2)}$=0.1×4.644+(1−0.1)$S_0^{(2)}$，$S_0^{(2)}$ 即初始值 S_0 =4.677，因而计算得到 $S_1^{(1)}$ = 4.673。类似计算，可得到 2014—2022 年各年的数据值。计算后并没有结束，需要对数据进行预测。在使用二次平滑法时，其应用于线性趋势数据，实质上是寻找一个线性回归趋势线，公式如下：

$$\hat{y}_{t+T} = a_t + b_t T$$

式中，T 表示时间序列往后第 T 期，如本例数据时间段为 2013—2022 年，那么 2023 年时 T =1，2024 年时 T =2；$\hat{y}_{t+T}$ 为需要对往后 T 期进行预测；a_t 和 b_t 为线性回归趋势线的参数值，其计算公式分别如下：

$$\begin{cases} a_t = 2S_t^{(1)} - S_t^{(2)} \\ b_t = \dfrac{\alpha}{1-\alpha}\left(S_t^{(1)} - S_t^{(2)}\right) \end{cases}$$

二次指数平滑法公式参数值如表 8-15 所示。

表 8-15　二次指数平滑法公式参数值

年份	人均 GDP/万元	一次指数平滑法	二次指数平滑法	a 值	b 值
2013 年	4.35	4.644	4.673	4.615	-0.003
2014 年	4.69	4.649	4.671	4.626	-0.002
2015 年	4.99	4.683	4.672	4.693	0.001
2016 年	5.38	4.752	4.680	4.825	0.008
2017 年	5.96	4.873	4.699	5.047	0.019
2018 年	6.55	5.041	4.734	5.348	0.034
2019 年	7.01	5.238	4.784	5.692	0.050
2020 年	7.18	5.432	4.849	6.015	0.065
2021 年	8.10	5.699	4.934	6.464	0.085
2022 年	8.57	5.986	5.039	6.933	0.105

例如，第 1 期数据即 2013 年时，$a = 2 \times 4.644 - 4.673 = 4.615$，$b = 0.1/(1-0.1) \times (4.644 - 4.673) = -0.003$。得到 a 值和 b 值，即可进行数据预测，计算公式如下：

$$\hat{y}_{t+T} = a_t + b_t T, \quad T = 1, 2, \cdots$$

向后一期即 2023 年时 $T=1$，那么 2023 年的人均 GDP 预测值 $= 6.933 + 0.105 \times 1 = 7.038$。类似可得到 2024 年的人均 GDP 预测值等于 $6.933 + 0.105 \times 2 = 7.143$。需要特别说明的是，时间序列时期内的预测值（也称拟合值），其计算公式如下：

$$\hat{y}_{t+1} = a_t + b_t$$

二次指数平滑法预测值如表 8-16 所示。

表 8-16　二次指数平滑法预测值

年份	人均 GDP/万元	一次指数平滑法	二次指数平滑法	a 值	b 值	预测值
2013 年	4.35	4.644	4.673	4.615	-0.003	4.677
2014 年	4.69	4.649	4.671	4.626	-0.002	4.611
2015 年	4.99	4.683	4.672	4.693	0.001	4.624
2016 年	5.38	4.752	4.680	4.825	0.008	4.695
2017 年	5.96	4.873	4.699	5.047	0.019	4.833
2018 年	6.55	5.041	4.734	5.348	0.034	5.066
2019 年	7.01	5.238	4.784	5.692	0.050	5.382
2020 年	7.18	5.432	4.849	6.015	0.065	5.742
2021 年	8.10	5.699	4.934	6.464	0.085	6.080
2022 年	8.57	5.986	5.039	6.933	0.105	6.549

2013 年时初始值 $S_0 = 4.677$，2014 年时人均 GDP 预测值为 a 值和 b 值相加，即 $4.615 - 0.003 = 4.612$（表 8-16 中为 4.611，与此处 4.612 有出入，此为四舍五入带来的差异），其余时期的人均 GDP 预测值计算类似。计算得到各时期预测值后，可进行 RMSE 值计算，该

值为残差平方的平均值开根号，使用二次指数平滑法计算得到该值为 1.307。相对于一次指数平滑法 RMSE 值为 1.673，二次指数平滑法的 RMSE 值明显降低，说明人均 GDP 数据使用二次指数平滑法相对更优。除二次指数平滑法外，还可进一步进行三次指数平滑法，其计算思路与二次指数平滑法类似，但其更适用于具有曲线增长即二次增长的时间序列拟合，接下来将具体介绍。

8.2.3 三次指数平滑法

三次指数平滑法是在二次指数平滑法基础上的再一次平滑，其适用于具有曲线增长趋势的时间数据预测，如人均 GDP 数据。首先需要计算一次指数平滑法、二次指数平滑法和三次指数平滑法的数据，类似二次指数平滑法的计算，计算公式如下：

$$\begin{cases} S_t^{(1)} = \alpha y_t + (1-\alpha) S_{t-1}^{(1)} \\ S_t^{(2)} = \alpha S_t^{(1)} + (1-\alpha) S_{t-1}^{(2)} \\ S_t^{(3)} = \alpha S_t^{(2)} + (1-\alpha) S_{t-1}^{(3)} \end{cases}$$

式中，$S_t^{(1)}$、$S_t^{(2)}$ 和 $S_t^{(3)}$ 分别表示一次指数平滑法、二次指数平滑法和三次指数平滑法的计算数据；y_t 表示第 t 期的真实值；α 值为误差值的校正值，接着使用"例 8-2.xls"即人均 GDP 数据，设置 α 值为 0.1，并且初始值 S_0 设置为前 3 期数据的平均值即 4.677。三次指数平滑法过程值如表 8-17 所示。

表 8-17　三次指数平滑法过程值

年份	人均 GDP/万元	一次指数平滑法	二次指数平滑法	三次指数平滑法
2013 年	4.35	4.644	4.673	4.676
2014 年	4.69	4.649	4.671	4.676
2015 年	4.99	4.683	4.672	4.675
2016 年	5.38	4.752	4.680	4.676
2017 年	5.96	4.873	4.699	4.678
2018 年	6.55	5.041	4.734	4.684
2019 年	7.01	5.238	4.784	4.694
2020 年	7.18	5.432	4.849	4.709
2021 年	8.10	5.699	4.934	4.732
2022 年	8.57	5.986	5.039	4.762

上述计算可参考 8.2.2 节二次指数平滑法的计算过程，本处不再赘述，类似二次指数平滑法，针对三次指数平滑法如何预测数据进行说明。使用三次指数平滑法时，其应用于曲线趋势数据，实质上是寻找二次曲线趋势线，数学公式如下：

$$\hat{y}_{t+T} = a_t + b_t T + c_t T^2$$

式中，T 表示时间序列往后第 T 期，如本例数据时间段为 2013—2022 年，那么 2023 年时

$T=1$，2024 年时 $T=2$；$\hat{y}_{t+T}$ 为需要对往后 T 期进行预测；a_t、b_t 和 c_t 分别为曲线回归趋势线的参数值，其计算公式分别如下：

$$\begin{cases} a_t = 3S_t^{(1)} - 3S_t^{(2)} + S_t^{(3)} \\ b_t = \dfrac{\alpha}{2(1-\alpha)^2}\left[(6-5\alpha)S_t^{(1)} - 2(5-4\alpha)S_t^{(2)} + (4-3\alpha)S_t^{(3)}\right] \\ c_t = \dfrac{\alpha^2}{(1-\alpha)^2}\left[S_t^{(1)} - 2S_t^{(2)} + S_t^{(3)}\right] \end{cases}$$

三次指数平滑法公式参数值如表 8-18 所示。

表 8-18 三次指数平滑法公式参数值

年份	人均 GDP/万元	一次指数平滑法	二次指数平滑法	三次指数平滑法	a 值	b 值	c 值
2013 年	4.35	4.644	4.673	4.676	4.588	−0.009	0.000
2014 年	4.69	4.649	4.671	4.676	4.609	−0.006	0.000
2015 年	4.99	4.683	4.672	4.675	4.707	0.004	0.000
2016 年	5.38	4.752	4.680	4.676	4.893	0.024	0.000
2017 年	5.96	4.873	4.699	4.678	5.200	0.054	0.001
2018 年	6.55	5.041	4.734	4.684	5.606	0.093	0.002
2019 年	7.01	5.238	4.784	4.694	6.055	0.133	0.002
2020 年	7.18	5.432	4.849	4.709	6.459	0.166	0.003
2021 年	8.10	5.699	4.934	4.732	7.027	0.214	0.003
2022 年	8.57	5.986	5.039	4.762	7.603	0.258	0.004

得到 a 值和 b 值，即可进行数据预测，计算公式如下：

$$\hat{y}_{t+T} = a_t + b_t T + c_t T^2, \quad T=1,2,\cdots$$

例如，向后一期即 2023 年时 $T=1$，那么 2023 年的人均 GDP 预测值等于 7.603+0.258×1+0.004×1²=7.865。类似可得到 2024 年的人均 GDP 预测值等于 7.603+0.258×2+0.004×2²=8.135。需要特别说明的是，时间序列时期内的预测值（也称拟合值），其计算公式如下：

$$\hat{y}_{t+1} = a_t + b_t + c_t$$

三次指数平滑法预测值如表 8-19 所示。

表 8-19 三次指数平滑法预测值

年份	人均 GDP/万元	一次指数平滑法	二次指数平滑法	三次指数平滑法	a 值	b 值	c 值	预测值
2013 年	4.35	4.644	4.673	4.676	4.588	−0.009	0.000	4.677
2014 年	4.69	4.649	4.671	4.676	4.609	−0.006	0.000	4.579
2015 年	4.99	4.683	4.672	4.675	4.707	0.004	0.000	4.602
2016 年	5.38	4.752	4.680	4.676	4.893	0.024	0.000	4.712
2017 年	5.96	4.873	4.699	4.678	5.200	0.054	0.001	4.917

续表

年份	人均GDP/万元	一次指数平滑法	二次指数平滑法	三次指数平滑法	a值	b值	c值	预测值
2018年	6.55	5.041	4.734	4.684	5.606	0.093	0.002	5.255
2019年	7.01	5.238	4.784	4.694	6.055	0.133	0.002	5.700
2020年	7.18	5.432	4.849	4.709	6.459	0.166	0.003	6.191
2021年	8.10	5.699	4.934	4.732	7.027	0.214	0.003	6.628
2022年	8.57	5.986	5.039	4.762	7.603	0.258	0.004	7.244

2013年时初始值 S_0 =4.677，2014年时人均GDP预测值为 a 值、b 值和 c 值相加，即预测值（拟合值）=4.588-0.000+0.009=4.579，其余时期的人均GDP预测值计算类似。类似于二次指数平滑法，三次指数平滑法得到预测值后可进行RMSE值计算，该值为残差平方的平均值开根号，使用三次指数平滑法计算得到该值为1.005。相对于一次指数平滑法的1.673和二次指数平滑法的1.307，三次指数平滑法能得到更低的RMSE值。如果单独从模型优劣角度来看，则应该使用三次指数平滑法（基于 α 值为0.1，初始值 S_0 为前3期数据的平均值（4.677）结果），但从预测值与真实值的对比来看，三次指数平滑法与一次指数平滑法、二次指数平滑法还是有较大出入的，而且从实际意义上看，人均GDP数据更适合使用二次指数平滑法，因而在研究时，可考虑基于二次指数平滑法，让SPSSAU平台自动遍历不同的 α 值找出最佳模型，本例数据基于二次指数平滑法，让SPSSAU平台遍历不同的 α 值，得到RMSE值，如表8-20所示。

表8-20　RMSE值

编号	初始值 S_0	α值	平滑类型	RMSE值
1	4.677	0.050	二次指数平滑	1.659
2	4.677	0.100	二次指数平滑	1.307
3	4.677	0.200	二次指数平滑	0.827
4	4.677	0.300	二次指数平滑	0.558
5	4.677	0.400	二次指数平滑	0.417
6	4.677	0.500	二次指数平滑	0.348
7	4.677	0.600	二次指数平滑	0.320
8	4.677	0.700	二次指数平滑	0.315
9	4.677	0.800	二次指数平滑	0.325
10	4.677	0.900	二次指数平滑	0.349
11	4.677	0.950	二次指数平滑	0.364

从表8-20中可以看出：α 值取值不同时RMSE值有明显差异，而 α 值的设置基于数据波动大小，数据波动较小时 α 值应该较小，本例假定数据波动较小因而设定 α 值=0.1，从运行结果对比RMSE值来看，可能意味着该假定有误（事实上人均GDP数据波动较大），因而没有得到较优的模型结果。最优的二次指数平滑模型应该是基于 α 值等于0.7时的结果，在实际研究中，通常更改不同的初始值或平滑类型，综合对比选择最优模型。

8.3 灰色预测模型

8.3.1 灰色预测模型原理

灰色预测模型由邓聚龙教授于 1984 年提出，其最初思想中的灰色预测模型有多种形式，即 GM(n,h)微分形式，其中 n 表示微分阶数，h 表示模型变量个数，但在实际研究中，一阶微分且模型变量个数为 1，即 GM(1,1)这种形式使用较广泛，GM(1,1)通常适用于样本量较小且具有指数增长趋势的序列数据，接下来以步骤形式列出 GM(1,1)的建模步骤。灰色预测模型建模步骤如图 8-12 所示。

准备数据序列 → 计算累加序列 → 构建模型及求解参数 → 求解累加序列预测值 → 求解原始序列预测值

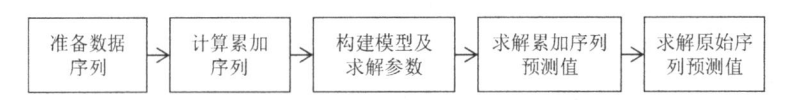

图 8-12 灰色预测模型建模步骤

1）准备数据序列

准备数据序列即收集好原始数据，本节继续使用 2013—2022 年共计 10 年的人均 GDP 数据进行演示。

$$x = \{x(t_1), x(t_2), \cdots, x(t_n)\}$$

本节人均 GDP 案例数据序列为（4.35,4.69,4.99,5.38,5.96,6.55,7.01,7.18,8.10,8.57），如表 8-21 所示。

表 8-21 人均 GDP 案例数据

年份	人均 GDP/万元
2013 年	4.35
2014 年	4.69
2015 年	4.99
2016 年	5.38
2017 年	5.96
2018 年	6.55
2019 年	7.01
2020 年	7.18
2021 年	8.10
2022 年	8.57

2）计算累加序列

针对数据序列进行累加计算，计算公式如下：

$$y = \{y(t_1), y(t_2), \cdots, y(t_n)\}, \text{其中 } y(t_k) = \sum_{i=1}^{k} x(t_i)$$

例如，$y(t_2) = x(t_1) + x(t_2)$，即前两个数据相加，本例的 $y(t_2)$ =4.35+4.69=9.04，其余累加序列数据计算类似，本例得到累加序列如下：（4.35,9.04,14.03,19.41,25.37,31.92,38.93, 46.11,54.21,62.78），第3）步和第4）步均使用累加序列数据，但在第5）步会进行"逆转换"，求解原始数据序列的预测值。

3）构建模型及求解参数

在使用 GM(1,1) 模型时，其针对累加序列构建了一阶微分形式，如下：

$$\frac{\mathrm{d}y(t)}{\mathrm{d}t} + ay(t) = b$$

结合模型离散形式 $x(t_k) + ay(t_k) = b$，运用最小二乘方法求解参数 a（发展系数）和 b（灰色作用量）的估计值，此处较关键的是求解参数 a 和 b，具体求解过程省略，读者可参考相关书籍，SPSSAU 平台默认输出该参数值。本例数据计算后，a=-0.0759，b= 4.1940。

4）求解累加序列预测值

第3）步计算得到发展系数 a 和灰色作用量 b 值之后，接着求解累加序列预测值，其计算公式如下：

$$\hat{y}(t_{k+1}) = \left[y(1) - \frac{b}{a}\right]\mathrm{e}^{-ak} + \frac{b}{a}, \quad k = 0,1,\cdots,n-1$$

例如，$\hat{y}(t_{1+1}) = \left[y(1) - \frac{b}{a}\right]\mathrm{e}^{-ak} + \frac{b}{a} = \left(4.35 - \frac{4.1940}{-0.0759}\right)\mathrm{e}^{0.0759} + \frac{4.1940}{-0.0759} = 9.05$，类似地可求解所有累加序列的预测值 $\hat{y} = \{\hat{y}(t_1), \hat{y}(t_2), \cdots, \hat{y}(t_n)\}$，本例求解后的累加序列预测值如下：（4.35,9.05,14.12,19.59,25.49,31.86,38.73,46.14,54.14,62.77）。

5）求解原始序列预测值

第4）步得到累加序列预测值后，先进行"逆转换"，即求解原始序列预测值，其为第 t 期与第 $t-1$ 期累加序列预测值的差值，计算公式如下：

$$\hat{x}(t_i) = \hat{y}(t_i) - \hat{y}(t_{i-1})$$

例如，本例的 $\hat{x}(t_2)$ =9.05-4.35=4.70，类似地可求解原始序列的所有预测值，本例求解后结果如下：（4.35,4.70,5.07,5.47,5.90,6.37,6.87,7.41,8.00,8.63）。

GM(1,1) 模型的目的在于向后预测数据，如本例希望计算 2023 年的预测值，向后预测数据时，仅需要先在第4）步计算向后的累加序列预测值，然后在当前步骤保持一致的计算公式，便可得到向后的预测数据。与此同时，GM(1,1) 模型的构建还需要注意两点，第一点是原始数据序列是否适用于进行 GM(1,1) 模型构建，GM(1,1) 模型适用于具有一定指数增长曲线数据的建模，那么分析的数据是否具有这种特征，这需要提前进行检验；第二点是模型构建完成后，模型质量如何，即模型拟合效果如何，模型是否可用，此处需要对误差进行分析，以判断模型的拟合质量等。关于数据序列的适用性和模型的拟合效果，接下来具体说明。

8.3.2 灰色预测模型分析

在构建 GM(1,1)模型时，要求数据具有适用性，即数据需要满足"指数曲线"的特征，只有这样的数据才能进行 GM(1,1)模型构建。当不满足该特征时，要么放弃使用 GM(1,1)模型，要么针对数据进行转换使其满足特征，再进行分析。除此之外，在模型构建完成后，还需要对模型拟合效果进行分析，以确保模型拟合效果在标准范围内，从而保证模型的预测值具有科学性。本节从分析角度进行说明，GM(1,1)模型的分析步骤如图 8-13 所示。

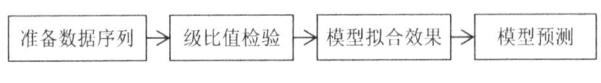

准备数据序列 → 级比值检验 → 模型拟合效果 → 模型预测

图 8-13　GM(1,1)模型的分析步骤

1）准备数据序列

GM(1,1)模型针对指数曲线型数据，通常情况下数据长度较短，本节继续使用 2013—2022 年共计 10 年的人均 GDP 数据进行演示。本节数据序列为（4.35,4.69,4.99,5.38,5.96,6.55,7.01,7.18,8.10,8.57）。

2）级比值检验

在 GM(1,1)模型构建之前，首先要对数据的适用性进行检验，此处称"级比值检验"，其目的在于确保研究数据满足模型的基本特征要求，即具有一定的指数趋势。在进行级比值检验时，要求级比值 λ 介于一定范围内，级比值 λ 等于前一期数据除以后一期数据，其计算公式如下：

$$级比值\lambda = \frac{x_{i-1}}{x_i}$$

例如，本例数据 2014 年时的级比值 λ =4.35/4.69=0.928，本例计算后 GM(1,1)模型级比值表格如表 8-22 所示。

表 8-22　GM(1,1)模型级比值表格

年份	原始值	级比值 λ
2013 年	4.35	—
2014 年	4.69	0.928
2015 年	4.99	0.940
2016 年	5.38	0.928
2017 年	5.96	0.903
2018 年	6.55	0.910
2019 年	7.01	0.934
2020 年	7.18	0.976
2021 年	8.10	0.886
2022 年	8.57	0.945

如果数据满足指数趋势性，那么级比值 λ 应满足下述条件：

$$\lambda 介于 [e^{-2/(n+1)}, e^{2/(n+1)}]，n 为序列长度$$

本例数据 n 为 10，λ 应该介于 $[e^{-2/(10+1)}, e^{2/(10+1)}]$ 即 $[0.834, 1.199]$ 这一范围内，从表格可以看到所有的 λ 值均在该范围内，意味着数据满足级比值检验，也意味着数据可以进行 GM(1,1) 模型构建。那么会出现一种情况，如果数据不满足级比值检验，应该怎么办呢？此时可对数据进行"平移转换"，即先让数据序列同时加上一个固定数字，然后使用新数据进行级比值检验，理论上可以证明，任何序列均可通过"平移转换"，使数据满足级比值检验，只是最后的数据预测值，应该减去该"平移转换"值。SPSSAU 平台默认提供"平移转换"功能，由于本例数据已经满足级比值检验，因此不再具体介绍。

3）模型拟合效果

在数据满足级比值检验后，直接进行分析即可，分析完成后需要对模型拟合效果进行评价，以保证模型拟合良好，只有这样才能进一步使用模型进行预测，拟合指标基本上都是针对残差进行计算的，残差为真实值与预测值的差值，该值越小越好，结合残差的意义可延伸一些衡量拟合指标。GM(1,1) 模型拟合效果指标如表 8-23 所示。

表 8-23　GM(1,1)模型拟合效果指标

指标	意义
残差	模型拟合偏差值，其为真实值减去预测值，该值越接近 0 越好
相对误差	模型拟合偏差幅度，其为残差绝对值/真实值，该值越小越好
级比偏差	模型拟合偏差值，该值越小越好
后验差比 C 值	模型精度等级检验，其为残差方差/数据方差，该值越小越好
小误差概率 p 值	模型拟合偏差幅度指标，该值越大越好
RMSE	模型拟合偏差值，其为残差平方的平均值开根号，该值越小越好

首先列出 SPSSAU 平台中输出的残差、相关误差和级比偏差指标（在仪表盘中依次单击【综合评价】→【灰色预测模型】模块），得到 GM(1,1) 模型检验表，如表 8-24 所示。

表 8-24　GM(1,1)模型检验表

年份	真实值	预测值	残差	相对误差	级比偏差
2013 年	4.35	4.3500	0.0000	0.000%	—
2014 年	4.69	4.7002	−0.0102	0.217%	−0.001
2015 年	4.99	5.0707	−0.0807	1.618%	−0.014
2016 年	5.38	5.4705	−0.0905	1.681%	−0.001
2017 年	5.96	5.9017	0.0583	0.978%	0.026
2018 年	6.55	6.3670	0.1830	2.795%	0.018
2019 年	7.01	6.8689	0.1411	2.013%	−0.008
2020 年	7.18	7.4104	−0.2304	3.208%	−0.053
2021 年	8.10	7.9945	0.1055	1.302%	0.044
2022 年	8.57	8.6248	−0.0548	0.639%	−0.020

残差为真实值减去预测值，可以看到，本例的残差相对较低，均接近于 0，但残差的相对大小并没有固定标准，其可能随着数据的相对大小而变化，因而仅供查看，并不能作为模型拟合优劣标准。结合残差，可以计算得到 RMSE 值，该值为残差平方的平均值开根

号，其意义为模型拟合的平均偏离幅度值(相对平均残差)。类似于残差，该值并没有固定标准，但如果对同样的数据进行不同模型构建时，可结合该指标判断优劣，该值越小越好，公式如下：

$$\text{RMSE} = \sqrt{\frac{1}{n-1}\sum_{i=2}^{n} E_i^2}，E_i\text{表示残差}$$

此处 RMSE 值计算时并不将第 1 个残差纳入计算范围，原因是第 1 个残差一定为 0，针对本次案例数据，$\text{RMSE} = \sqrt{\frac{1}{10-1}[(-0.0102)^2+(-0.0807)^2+\ldots+(-0.0548)^2}$ =0.124。残差和 RMSE 值没有固定的判断标准，但相对误差和级比偏差值有相对判断标准。GM(1,1)模型残差等指标如表 8-25 所示。

表 8-25　GM(1,1)模型残差等指标

指标	标准
残差	无固定标准
RMSE 值	无固定标准，但可进行多个模型之间的优劣评价
相对误差	通常小于 0.2 即 20%，越小越好
级比偏差	通常其绝对值小于 0.2，越小越好

相对误差表示偏离真实值的幅度，其公式为残差绝对值/真实值，如 2014 年数据的相对误差等于 0.0102/4.69=0.217%，意味着预测值偏离幅度仅 0.217%，偏离幅度很低，但其他年份的相对误差较大，一般情况下偏离幅度不能超过 20%，尽量保证在 10%以内更好。级比偏差的计算公式如下：

$$1-\frac{1-0.5a}{1+0.5a}\times\text{级比值}\lambda，a\text{为发展系数}$$

本例的发展系数 a 为 -0.0759，如 2014 年的级比值 λ 为 0.928，级比偏差 = $1-\frac{1-0.5\times(-0.0759)}{1+0.5\times(-0.0759)}\times 0.928 = -0.001$。级比偏差的绝对值通常要求小于 0.2，该值越小越好，本例数据全部在标准范围内。接下来对后验差比 C 值和小误差概率 p 值这两个模型精度衡量指标进行说明，首先列出这两个指标的常用标准，如表 8-26 所示。

表 8-26　GM(1,1)模型精度衡量指标

指标	标准
后验差比 C 值	该值越小越好，小于 0.35 说明模型精度等级好，小于 0.5 说明模型精度合格，小于 0.65 说明模型精度基本合格，大于 0.65 说明模型精度不合格
小误差概率 p 值	该值越大越好，小于 0.7 说明模型不合格，小于 0.8 说明模型勉强合格，小于 0.95 说明模型合格，大于 0.95 说明模型很好

后验差比 C 值等于残差方差值除以真实值方差值，残差不仅越小越好，而且残差波动越小越好，波动越小意味着模型稳定性越好，即精度越高，使用方差衡量残差的波动性，并且该值是个相对值，其基于真实值方差进行计算，计算公式如下：

$$\text{后验差比}C\text{值} = \frac{\text{残差方差}}{\text{真实值方差}}$$

本例的残差方差为 0.015418，真实值方差为 2.08908，因而计算得到后验差比 C 值为 0.00738，该值小于 0.35，意味着模型拟合稳定性良好，模型精度等级好。接下来计算小误差概率 p 值，该值为残差偏离幅度的判断指标，计算公式如下：

$$\text{小概率}p\text{值} = P\left\{\left|E_i - \overline{E}\right| \leq 0.6745 S\right\}, S\text{表示真实值方差}$$

$$\overline{E} = \frac{1}{n-1}\sum_{i=2}^{n} E_i, \ E_i\text{表示残差值}$$

$\overline{E}$ 为残差的期望值，但该值计算时并未将第 1 个值纳入计算（原因是第 1 个值的残差一定为 0），$\left|E_i - \overline{E}\right|$ 表示残差偏离幅度。小概率 p 值能衡量残差偏离幅度在一定范围（0.6475 倍真实值方差）的概率有多大。如果该指标值越大，则意味着残差的波动越小，模型的精度越高，本例计算得到的小概率 p 值为 1，意味着模型拟合精度很好。

4）模型预测

在完成上述各项衡量指标的分析后，可确定模型拟合效果较好，此时可向后预测，如预测 2023 年的人均 GDP 为 9.305 万元。需要注意的是，GM(1,1)模型一般用于中短期预测，如仅预测 1 期或 2 期，如果希望预测更多，则可能准确性不高。SPSSAU 平台中默认输出 12 期的预测值，如表 8-27 所示。

表 8-27　模型预测值表格

向后预测	预测值
向后 1 期（2023 年）	9.305
向后 2 期（2024 年）	10.038
向后 3 期（2025 年）	10.830
向后 4 期（2026 年）	11.683
向后 5 期（2027 年）	12.604
向后 6 期（2028 年）	13.598
向后 7 期（2029 年）	14.670
向后 8 期（2030 年）	15.826
向后 9 期（2031 年）	17.074
向后 10 期（2032 年）	18.420
向后 11 期（2033 年）	19.872
向后 12 期（2034 年）	21.439

8.4　马尔可夫预测

生活中有这样一种现象，在同一系统中，各对象将来的状态由今天的状态决定，但与昨天的状态无关。例如，电商 App 包括淘宝、天猫、京东和拼多多等，它们当前的市场份额会决定将来的市场份额；搜索引擎包括百度、360 和搜狗，它们的市场份额经过一定时期变化后，会产生新的市场格局。马尔可夫链（Markov Chain）预测是一种研究系统中各对象的潜在变化规律，并用于预测将来变化趋势的分析方法，一般用于市场份额占比分析。

在马尔可夫链预测中，共涉及两个术语，分别是初始状态和转移矩阵。初始状态指系统中各对象当前的状态（如市场占比），淘宝、天猫、京东和拼多多它们当前的市场占比分别是 0.3、0.3、0.2、0.2（虚构数据）。转移矩阵指系统中各对象接下来的转移概率，如淘宝用户转移到拼多多的概率是多少，拼多多用户转移到天猫的概率是多少，将各对象的转移概率形成数学矩阵，即称作转移矩阵。在得到初始状态和转移矩阵后，可以循环计算后续的状态值，一直循环下去直至数据稳定，最终稳定后的状态即为各个 App 的稳定市场份额。

假定系统中有 n 个对象，初始状态用 S 表示，转移矩阵用 p 表示，数学符号表示如下：

$$S = (S_1, S_2, \cdots, S_n)$$

式中，S 表示各对象的初始状态概率值，如淘宝的市场占有率为 0.3。

$$p = \begin{bmatrix} p_{11} & p_{12} & \cdots & p_{1n} \\ p_{21} & p_{22} & \cdots & p_{2n} \\ \vdots & \vdots & & \vdots \\ p_{n1} & p_{n2} & \cdots & p_{nn} \end{bmatrix}$$

上式展示了系统中各对象的转移概率，如 p_{11} 表示第一个对象转移到第一个对象（自身）的概率，p_{12} 表示第一个对象转移到第二个对象的概率，总共有 n 个对象，所以为 $n \times n$ 矩阵。需要注意的是，矩阵共有 n 行，每行加和值一定为 1，表示某对象转移到其他对象（包括自身）的概率之和，即 $\sum_{i=1}^{n} p_{ki} = 1$，$k$ 指第 k 个对象。有了初始状态和转移矩阵数据后，即可进行转移，如第一次转移时，第一个对象的初始状态变成 $\sum_{i=1}^{n} S_i p_{i1}$，即 $S_1 p_{11} + S_2 p_{21} + \cdots + S_n p_{n1}$，接着进行第二次转移，一直循环至各个对象的概率值趋于稳定，此处"稳定"的标准为各对象概率变化值均小于阈值，概率变化值指第 i 次转移后的概率与第 $i+1$ 次转移后的概率二者的差值绝对值。接下来以案例具体说明。

【例 8-3】现有淘宝、天猫、京东和拼多多共 4 个 App，它们当前的市场占比分别是 0.3、0.3、0.2、0.2，提供 4 个 App 用户的转移概率矩阵（注：该数据为虚构数据）。数据见"例 8-3.xls"。马尔可夫链预测案例数据如图 8-14 所示。

	A	B	C	D	E	F
1	初始状态		淘宝	天猫	京东	拼多多
2	0.30	淘宝	0.91	0.02	0.02	0.05
3	0.30	天猫	0.03	0.85	0.04	0.08
4	0.20	京东	0.02	0.02	0.91	0.05
5	0.20	拼多多	0.04	0.02	0.02	0.92

图 8-14 马尔可夫链预测案例数据

数据包括初始状态 S，以及转移概率矩阵，如淘宝用户使用淘宝的概率是 0.91，但淘宝用户使用天猫、京东和拼多多的概率分别为 0.02、0.02 和 0.05。

在仪表盘中依次单击【综合评价】→【马尔可夫预测】模块，在【数据格式】下拉列表中选择【状态转移矩阵(默认)】，在【收敛条件】下拉列表中选择【0.001(默认)】，操作界面如图 8-15 所示。

图 8-15 SPSSAU 平台进行马尔可夫链预测操作界面

在进行第一次概率转移时，淘宝初始状态概率为 $S_1p_{11} + S_2p_{21} + \cdots + S_np_{n1}$ = 0.30×0.91+0.30×0.03+0.20×0.02+0.20×0.04 = 0.2940，类似地计算，天猫、京东、拼多多的初始状态概率分别为 0.2690、0.2040 和 0.2330。基于新的初始状态值（0.2940,0.2690,0.2040,0.2330）循环进行概率转移，如淘宝初始状态概率变成 0.2940×0.91+0.2690×0.03+0.2040×0.02+0.2330×0.04 = 0.2890，类似可计算天猫、京东和拼多多的初始状态概率分别为 0.2433、0.2069 和 0.2608。

第一次转移后初始状态概率变成（0.2940,0.2690,0.2040,0.2330），第二次转移后初始状态概率变成（0.2890,0.2433,0.2069,0.2608），二者的差值绝对值为（0.005,0.0257,0.0029,0.0278），4 个对象的概率变化值全部大于收敛条件阈值 0.001，因此需要继续循环转移。SPSSAU 平台默认输出该转移过程值。有限次状态转移概率分布表格如表 8-28 所示。

表 8-28 有限次状态转移概率分布表格

转移次	淘宝	天猫	京东	拼多多
第 0 次	0.3000	0.3000	0.2000	0.2000
第 1 次	0.2940	0.2690	0.2040	0.2330
第 2 次	0.2890	0.2433	0.2069	0.2608
第 3 次	0.2849	0.2219	0.2090	0.2842
第 4 次	0.2814	0.2042	0.2105	0.3039
第 5 次	0.2786	0.1895	0.2114	0.3205
第 6 次	0.2763	0.1773	0.2119	0.3345
第 7 次	0.2743	0.1671	0.2122	0.3464
第 8 次	0.2728	0.1587	0.2122	0.3563
第 9 次	0.2715	0.1517	0.2120	0.3648
第 10 次	0.2704	0.1459	0.2117	0.3719
第 11 次	0.2696	0.1411	0.2114	0.3779
第 12 次	0.2689	0.1371	0.2109	0.3830
第 13 次	0.2683	0.1338	0.2105	0.3874
第 14 次	0.2679	0.1311	0.2100	0.3910
第 15 次	0.2676	0.1288	0.2095	0.3941
第 16 次	0.2673	0.1269	0.2090	0.3967
第 17 次	0.2671	0.1253	0.2086	0.3990
第 18 次	0.2670	0.1240	0.2082	0.4009
第 19 次	0.2669	0.1229	0.2077	0.4025
第 20 次	0.2668	0.1220	0.2073	0.4038
第 21 次	0.2667	0.1213	0.2070	0.4050
第 22 次	0.2667	0.1207	0.2066	0.4060

表格中第 0 次即初始状态值，经过 21 次转移后概率变为（0.2667,0.1213,0.2070,0.4050），第 20 次概率为（0.2668,0.1220,0.2073,0.4038），第 21 次与第 20 次的概率差值绝对值为（0.0001,0.0007,0.0003,0.0012），4 个对象的概率变化值均小于收敛条件阈值 0.001，因而结束，意味第 21 次转移后概率即为最终稳定的概率值，也即意味着经过 21 轮之后，淘宝的市场份额由 0.3 变成 0.2667，天猫的市场份额由 0.3 变成 0.1213，京东的市场份额由 0.2 变成 0.2070，拼多多的市场份额由 0.2 变成 0.4050，且该状态为长期转移后的稳定状态。需要注意的是，阈值会影响转移次数，阈值越小需要的转移次数越多，通常设为 0.001 即可。另表格中输出的第 22 次的概率值仅用于进一步校验使用。

第 9 章

优劣决策分析

在现实生活中，会出现很多难以抉择的事情，如假期出去旅游时，有好几个旅游景点作为备选方案，那么应该选择哪个方案更适合呢？以什么标准，以及有了标准之后如何科学地选出最优方案，此种情况即为优劣决策分析。优劣决策分析指不同方案（如多个旅游景点）的相对好坏评价，其可有效地辅助科学决策。

优劣决策隶属于综合评价分析，其分析方法通常包括 TOPSIS 法、熵权 TOPSIS 法、秩和比法和 Vikor 法，这四类方法可在 SPSSAU 平台【综合评价】模块中找到。本章内容共分为四部分，将分别阐述这四类方法的原理及案例应用。

9.1 TOPSIS 法

TOPSIS（Technique for Order Preference by Similarity to Ideal Solution，理想方案相似性优选技术）法通常用于系统工程有限方案决策分析，如效益评价、企业绩效评价、医疗卫生评价等。TOPSIS 法的最大优点是对样本数据没有特殊要求，包括样本数量、评价指标格式，其使用极其灵活，因而被广泛使用。

9.1.1 TOPSIS 法原理

TOPSIS 法的思想较简单，接下来进行简要描述，其思想可分为 3 步，如下。

第 1 步：通过备选方案构造最优方案和最劣方案，如 10 个旅游景点，不太可能某个旅游景点同时在风景、交通、人流等各方面均最优，因此 TOPSIS 法会首先虚构一个最优方案，该方案（旅游景点）在各个方面都表现最优。与此同时，不太可能某个旅游景点同时在风景、交通、人流等各方面均最差，因此 TOPSIS 法会虚构一个最劣方案，该方案（旅游影响)在各个方面都表现最差。

第2步:计算备选方案分别与最优方案的距离和最劣方案的距离。备选方案与最优方案的距离越小,说明该备选方案越优秀,同时备选方案与最劣方案的距离越小,说明该备选方案越差。因而当备选方案与最优方案距离越小并且与最劣方案距离越大时,说明该备选方案越好。

第3步:基于第2步,每个备选方案都可以在数学上计算出一个综合值(接近程度 C 值,下述原理会提及),该值为备选方案优劣评价的标准,得到该值后,将该值进行大小排序,即得到最终各备选方案的优劣排序,结合优劣排序值进行综合决策。

接下来针对 TOPSIS 法的数据要求进行说明,其包括两部分,分别是数据格式和数据处理。TOPSIS 法需要有正确的数据格式,其格式为1行代表1个备选方案(如10个旅游景点则为10个备选方案),1列代表1个评价指标(如风景、交通、人流为3个评价指标)。TOPSIS 法数据格式如表 9-1 所示。

表 9-1 TOPSIS 法数据格式

方案	评价指标1	评价指标2	…	评价指标 m
方案1	$X11$	$X12$	…	$X1m$
方案2	$X21$	$X22$	…	$X2m$
⋮	⋮	⋮	⋮	⋮
方案 n	$Xn1$	$Xn2$	…	Xnm

表 9-1 中表示有 n 个备选方案,m 个评价指标。使用 TOPSIS 法时,首先会构造最优方案和最劣方案,具体如何构造呢?最简单的办法是对比数字大小,数字越大说明越优秀,数字越小说明越差。但实际数据中可能出现评价指标的数字越小越好,如景区门票价格,因而在使用 TOPSIS 法进行分析前,需要对数据进行处理。

在实际研究中,通常有3类评价指标,分别是正向指标、逆向指标和适度指标。正向指标的数字越大越好,如景区等级值;逆向指标的数字越小越好,如景区门票价格;适度指标的数字越接近某个数字(或某个区间)越好,如景区人流量不能太多也不能太少。3类评价指标数据处理汇总如表 9-2 所示。

表 9-2 3 类评价指标数据处理汇总

评价指标类型	特点	数据处理
正向指标	数字越大越好,如景区等级值	正向化
逆向指标	数字越小越好,如景区门票价格	逆向化
适度指标	数字越接近某个数字(或某个区间)越好,如景区人流量不能太多也不能太少	固定值化、近区间化

针对正向指标,通常对其进行正向化处理。针对逆向指标,通常对其进行逆向化处理。针对适度指标,如果评价指标越接近某个数字越好,则使用"固定值化"处理;如果适度指标越接近某个数字区间越好,则使用"近区间化"处理。当然,有时还可能出现越偏离某个数字(或某个区间)越好,如果越偏离某个数字越好,则使用"偏固定值化"处理;如果越偏离某个区间越好,则使用"偏区间化"处理。与此同时,数据处理的方式有很多,如可对逆向指标求倒数使其变成正向指标,具体以实际数据特征选择使用即可。关于上述

数据处理，可通过在仪表盘中依次单击【数据处理】→【生成变量】模块来完成，具体说明和公式参见 3.4 节内容。

通过对数据进行处理，评价指标数字的方向都会变成"越大越好"，数字大小全部压缩在[0,1]，即已经处理量纲问题，数字具有相对大小对比意义。综合上述说明，列出了 TOPSIS 法处理的完整步骤，如图 9-1 所示。

评价指标方向处理 → 评价指标量纲处理 → 找出最优方案和最劣方案 → 计算备选方案分别与最优方案的距离和最劣方案的距离 → 计算接近程度C值并进行优劣评价

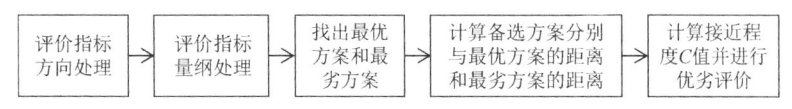

图 9-1　TOPSIS 法处理的完整步骤

评价指标方向处理和评价指标量纲处理是前期数据处理步骤，能找出最优方案和最劣方案、计算备选方案分别与最优方案的距离和最劣方案的距离、计算接近程度 C 值并进行优劣评价，以展示这 3 步 TOPSIS 法分析的具体过程。接下来结合案例说明 TOPSIS 法的具体原理和应用。

9.1.2　TOPSIS 法案例

【例 9-1】现有 7 个地区中医院的指标数据，共有 9 个评价指标，包括医院个数(X1)、床位数量(X2)、医师人数(X3)、护士人数(X4)、门诊人均费用(X5)、住院人均费用(X6)、病床使用率(X7)、总诊疗人次(X8)和出院人次(X9)。现分析这 7 个地区的中医院服务能力相对优劣评价，先通过 9 个评价指标来衡量中医院的服务能力，然后对比这 7 个地区的服务能力排名，通过排名分析服务能力的优劣情况，数据见"例 9-1.xls"。

表 9-3 所示为 TOPSIS 法案例数据，总共 7 个地区（即 7 个备选方案），9 个评价指标，其中门诊人均费用(X5)和住院人均费用(X6)越小越好，这两个评价指标为逆向指标，即数字越小代表医院服务能力越强，可对这两个评价指标进行逆向化处理，逆向化处理后数字越大代表服务能力越高（费用越低），并且逆向化处理还能解决量纲（单位）问题。另外 7 个评价指标均为正向指标，即数字越大代表医院服务能力越强，但这 7 个评价指标的数字大小并不统一，如医院个数基本在 100 以上，但床位数量均在 20000 以上，因而可对这 7 个评价指标进行正向化处理，此处正向化处理用于解决量纲（单位）问题。

表 9-3　TOPSIS 法案例数据

地区	医院个数(X1)	床位数量(X2)	医师人数(X3)	护士人数(X4)	门诊人均费用(X5)	住院人均费用(X6)	病床使用率(X7)	总诊疗人次(X8)	出院人次(X9)
地区 1	104	24698	11883	12595	131.97	6841.20	75.84	1737.10	84.3
地区 2	109	27272	12874	13975	132.20	7008.10	76.40	1824.00	88.1
地区 3	115	29488	14186	15456	143.67	7490.20	74.84	1900.30	93.8
地区 4	116	30576	15527	16667	160.17	7884.37	75.68	1969.50	102.4
地区 5	119	33418	17042	17887	169.70	8639.20	75.10	2031.11	111.5
地区 6	128	35816	19350	19455	222.10	10144.87	81.93	2161.94	126.3
地区 7	132	37821	21784	20817	250.30	11341.30	75.85	1972.70	122.0

注：数据只用作分析，故不再添加单位。

正向化和逆向化处理可通过在仪表盘中依次单击【数据处理】→【生成变量】模块来完成，具体原理和公式可见 3.4 节内容。TOPSIS 法案例数据（处理后）如表 9-4 所示。

表 9-4　TOPSIS 法案例数据（处理后）

地区	医院个数(X1)	床位数量(X2)	医师人数(X3)	护士人数(X4)	门诊人均费用(X5)	住院人均费用(X6)	病床使用率(X7)	总诊疗人次(X8)	出院人次(X9)
地区 1	0.000	0.000	0.000	0.000	1.000	1.000	0.141	0.000	0.000
地区 2	0.179	0.196	0.100	0.168	0.998	0.963	0.220	0.205	0.090
地区 3	0.393	0.365	0.233	0.348	0.901	0.856	0.000	0.384	0.226
地区 4	0.429	0.448	0.368	0.495	0.762	0.768	0.118	0.547	0.431
地区 5	0.536	0.664	0.521	0.644	0.681	0.600	0.037	0.692	0.648
地区 6	0.857	0.847	0.744	0.834	0.238	0.266	1.000	1.000	1.000
地区 7	1.000	1.000	1.000	1.000	0.000	0.000	0.142	0.555	0.898

表 9-4 展示了正向化或逆向化处理后的数据，处理后数字均介于[0,1]，而且数字越大代表服务能力越强，处理后的数字已经丢失了其实际意义，但保留了数字的相对大小意义。数据处理完成后，可进行 TOPSIS 法分析。

第 1 步：找出最优方案和最劣方案

最优方案：评价指标的最大值集合；最劣方案：评价指标的最小值集合。计算公式如下：

$$最优方案 A^+ : \max(X)$$

$$最劣方案 A^- : \min(X)$$

针对本例，找出各评价指标的最大值和最小值，以得到最优方案和最劣方案，如表 9-5 所示。

表 9-5　最优方案和最劣方案

地区	医院个数(X1)	床位数量(X2)	医师人数(X3)	护士人数(X4)	门诊人均费用(X5)	住院人均费用(X6)	病床使用率(X7)	总诊疗人次(X8)	出院人次(X9)
地区 1	0.000	0.000	0.000	0.000	1.000	1.000	0.141	0.000	0.000
地区 2	0.179	0.196	0.100	0.168	0.998	0.963	0.220	0.205	0.090
地区 3	0.393	0.365	0.233	0.348	0.901	0.856	0.000	0.384	0.226
地区 4	0.429	0.448	0.368	0.495	0.762	0.768	0.118	0.547	0.431
地区 5	0.536	0.664	0.521	0.644	0.681	0.600	0.037	0.692	0.648
地区 6	0.857	0.847	0.744	0.834	0.238	0.266	1.000	1.000	1.000
地区 7	1.000	1.000	1.000	1.000	0.000	0.000	0.142	0.555	0.898
最优方案 A^+	1	1	1	1	1	1	1	1	1
最劣方案 A^-	0	0	0	0	0	0	0	0	0

可以看到，各评价指标的最大值均为 1，最小值均为 0，这是由于数据经过正向化或逆向化处理后，数字一定介于[0,1]。如果用其他的量纲处理方式则可能不同。事实上最优

方案的意义为虚构一个备选方案（年份），其各项指标都最优；最劣方案的意义为虚构一个备选方案，其各项指标都最差。得到最优方案和最劣方案后，进入第2步，即计算备选方案分别与最优方案的距离和最劣方案的距离。

第2步：计算备选方案分别与最优方案的距离和最劣方案的距离

备选方案与最优方案的距离 D^+：首先计算备选方案与最优方案差值的平方，然后求和；备选方案与最劣方案的距离 D^-：首先计算备选方案与最劣方案差值的平方，然后求和。计算公式如下：

$$备选方案与最优方案的距离 D^+ = \sqrt{\sum(X-A^+)^2}$$

$$备选方案与最劣方案的距离 D^- = \sqrt{\sum(X-A^-)^2}$$

如地区1，其与最优方案的距离 D^+ =Sqrt[$(0-1)^2+(0-1)^2+(0-1)^2+(0-1)^2+(1-1)^2+(1-1)^2+(0.141-1)^2+(0-1)^2+(0-1)^2$]=Sqrt(6.738)=2.596。

其与最劣方案的距离 D^- =Sqrt[$(0-0)^2+(0-0)^2+(0-0)^2+(0-0)^2+(1-0)^2+(1-0)^2+(0.141-0)^2+(0-0)^2+(0-0)^2$]=Sqrt(2.0199)=1.421。

类似地，可分别计算另外6个备选方案与最优方案的距离 D^+ 和最劣方案的距离 D^-，如表9-6所示。

表9-6　备选方案与最优方案的距离和最劣方案的距离

备选方案	与最优方案的距离 D^+	与最劣方案的距离 D^-
地区1	2.596	1.421
地区2	2.212	1.460
地区3	1.948	1.485
地区4	1.644	1.560
地区5	1.447	1.772
地区6	1.121	2.414
地区7	1.716	2.266

备选方案与最优方案的距离 D^+ 的实际意义为，备选方案离虚构的最优方案距离有多远，该值越大意味着备选方案离最优方案越远，即备选方案越差；备选方案与最劣方案的距离 D^- 的实际意义为，备选方案离虚构的最劣方案的距离有多远，该值越大意味着备选方案离最劣方案越远，即备选方案越好。如果备选方案与最优方案的距离 D^+ 越小且与最劣方案的距离 D^- 越大，则说明该备选方案越好，因而进入第3步，通过计算接近程度 C 值进行优劣评价。

第3步：计算接近程度 C 值并进行优劣评价

接近程度 C 值是备选方案与最优方案的距离 D^+、与最劣方案的距离 D^- 这两个指标的综合评判值。其计算公式如下：

$$接近程度 C = \frac{D^-}{D^+ + D^-}$$

从公式可以看出，备选方案与最优方案的距离 D^+ 相对越小时，接近程度 C 值会越大；备选方案与最劣方案的距离 D^- 相对越大时，接近程度 C 值会越大。接近程度 C 值可以综合衡量备选方案的优劣，该值越大意味着备选方案越优；反之，该值越小意味着备选方案越劣。本例数据地区 1 这个备选方案，其接近程度 C 值等于 1.421/(2.596+1.421)=0.354，类似地，可分别计算另外 6 个备选方案的接近程度 C 值，并进行排序，如表 9-7 所示。

表 9-7 接近程度 C 值及排序

备选方案	与最优方案的距离 D^+	与最劣方案的距离 D^-	相对接近度 C 值	排序结果
地区 1	2.596	1.421	0.354	7
地区 2	2.212	1.460	0.398	6
地区 3	1.948	1.485	0.433	5
地区 4	1.644	1.560	0.487	4
地区 5	1.447	1.772	0.550	3
地区 6	1.121	2.414	0.683	1
地区 7	1.716	2.266	0.569	2

备选方案的接近程度 C 值越大意味着备选方案越优，因而对该值进行排序，可以看到，地区 6 为第 1 名，地区 7 为第 2 名，通过对接近程度 C 值的大小对比和排名即可得到各个地区的中医院服务能力大小评价，也即回答了本例需要研究的问题。

在 SPSSAU 平台中操作 TOPSIS 法，可通过在仪表盘中依次单击【综合评价】→【TOPSIS】模块进行分析，得到上述的计算过程值，其操作界面如图 9-2 所示。

图 9-2 SPSSAU 平台进行 TOPSIS 法分析操作界面

9.1.3 TOPSIS 法问题探讨

最后针对 TOPSIS 法探究 4 个问题，分别为评价指标是否需要方向一致性？评价指标是否需要量纲处理？各个评价指标有各自权重时如何办？各个备选方案是否可以分成几个档次?

第 1 个问题: 评价指标是否需要方向一致性?

从计算原理上可知, 最优方案指评价指标的最大值集合, 最劣方案指评价指标的最小值集合。如果评价指标的方向不一致, 则会导致最优方案或最劣方案失去其现实意义, 因而在进行 TOPSIS 法分析之前, 一定要让评价指标的方向保持一致, 且需要确保处理后的数字均"越大越好"。如果是正向指标, 通常不需要处理, 因为其数字已经代表越大越好; 如果是逆向指标, 则需要对其进行处理, 至于逆向化处理的具体方式, 一般为逆向化处理, 当然也可以使用取倒数处理等, 其目的为转换指标的方向。

第 2 个问题: 评价指标是否需要量纲处理?

单独从计算公式上看, 并不强制对评价指标进行量纲处理。但从实际应用角度上看, 如果评价指标的单位不一致 (准确地说是数字大小差异很大), 则可直接进行 TOPSIS 法分析。计算备选方案与最优方案的距离 D^+ 和最劣方案的距离 D^- 时, 很可能会出现数字特别大的评价指标, 其距离值非常大 (包括备选方案与最优方案的距离 D^+ 和最劣方案的距离 D^-), 而数字很小的评价指标, 其距离值会非常小。此种情况很可能会出现数字特别大的评价指标, 它对于优劣评价的贡献很大, 从而导致 TOPSIS 法评价的科学性受到影响。试想 GDP 这样的评价指标, 以元为单位或以万亿元为单位, 这两种情况计算得到的结果可能相差甚远。

基于上述原因, 在进行 TOPSIS 法分析前, 需要针对评价指标量纲进行处理, 如正向化处理、逆向化处理等, 均可将数字压缩在同样的量纲范围[0,1]。当然, 量纲处理的方式还有很多, 如区间化, 在实际研究中要先将数据压缩在同一量纲范围, 让数据具有同等水平的对比意义, 再进行 TOPSIS 法分析。

第 3 个问题: 各个评价指标有各自权重时如何办?

在默认情况下, 各个评价指标的权重都一致, 有时候评价指标有自身的权重, 即每个评价指标的重要性不同。如果有此类情况, 需要设置各个评价指标的权重值, 设置各自的权重值后, 在计算备选方案与最优方案的距离 D^+ 和最劣方案的距离 D^- 时, 则需要乘以评价指标的权重值。此时计算距离的公式如下 (w 表示评价指标的权重值):

$$备选方案与最优方案的距离 D^+ = \sqrt{\sum w\left(X - A^+\right)^2}$$

$$备选方案与最劣方案的距离 D^- = \sqrt{\sum w\left(X - A^-\right)^2}$$

在 SPSSAU 平台中可通过"指标权重"设置各个指标的权重值, 计算指标权重的方式有很多种, 其中熵值法较常见, 与此同时还可使用"熵权 TOPSIS 法"这一研究方法进行研究。更多关于权重的问题可见第 7 章内容, "熵权 TOPSIS 法"可见 9.2 节内容。

第 4 个问题: 各个备选方案是否可以分成几个档次?

由 TOPSIS 法分析可得出各个备选方案的优劣排序, 如果想对各个备选方案分档, 如将本例 7 个地区分为 3 个档次, 每个档次包括多个地区, 则此时可考虑主观平均分档, 如将 TOPSIS 法分析时排名前 2 的地区划分为一个档次, 排名第 3 和第 4 的地区划分为一个档次, 排名第 5、第 6 和第 7 的地区划分为一个档次。除此之外, 还可使用"秩和比法"进行档次划分, 可见 9.3 节内容。

9.2 熵权 TOPSIS 法

9.2.1 熵权 TOPSIS 法原理

在进行 TOPSIS 法分析时，当评价指标的权重不一致（各个评价指标的重要性不一致）时，可设置各个评价指标的权重。同时可使用熵权 TOPSIS 法，该方法首先会利用熵值法得到各个评价指标的权重，然后将权重值与指标数据相乘，得到新数据后进行 TOPSIS 法分析，其目的在于进行 TOPSIS 法之前先让数字附带权重信息。熵权 TOPSIS 法处理步骤如图 9-3 所示。

评价指标方向处理 ⇒ 评价指标量纲处理 ⇒ 计算评价指标权重值 ⇒ 指标数据×权重值 ⇒ 找出最优方案和最劣方案 ⇒ 计算备选方案与最优方案的距离和最劣方案的距离 ⇒ 计算接近程度C值并进行优劣评价

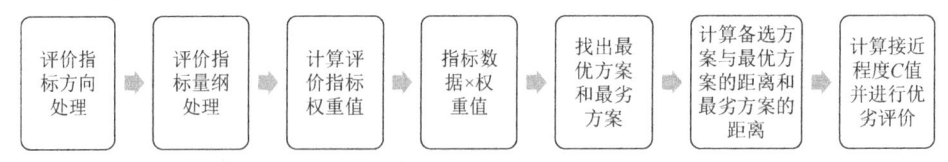

图 9-3 熵权 TOPSIS 法处理步骤

关于评价指标方向处理和评价指标量纲处理这两个步骤，其与 TOPSIS 法完全一致，更准确地说，这两个步骤是分析前的数据清理，不隶属于分析方法范围。

在对评价指标方向，以及评价指标量纲进行处理后，可利用熵值法计算各个评价指标的权重值（关于熵值法的原理和事例可见 7.3 节内容，此处不再赘述）。需要注意的是，在对评价指标方向处理或评价指标量纲处理后，很可能会出现数字为 0 的情况，如进行正向化或逆向化处理后，数字介于[0,1]，即包括 0，但此种情况在熵值法计算权重时会出现错误，原因是熵值法的计算步骤中包括取对数，数字 0 无法取对数。出现此种情况时，通常的处理办法是"非负平移"，即如果某个评价指标中出现小于等于 0 的数字，则该评价指标会全部加上一个"平移值"，该"平移值"=评价指标最小值的绝对值+很小的数字（该数字通常为 0.01，当然也可为 0.001，此处无固定标准），其意义为让数据全部大于 0，这样便可进行熵值法。

当 SPSSAU 平台进行熵权 TOPSIS 法时，如果放入的某个评价指标出现小于等于 0 的数字，那么 SPSSAU 平台默认会对该评价指标进行非负平移，平移值=评价指标最小值的绝对值+0.01。基于"非负平移"后的数据进行熵值法得到权重值，并对基于"非负平移"后的数据进行分析。分析人员也可先自行对评价指标数据进行"非负平移"处理，然后使用处理后的数据进行熵权 TOPSIS 法分析，其结果一致。

关于指标数据×权重值，此步为内部算法处理过程，即先将评价指标数据分别乘以自身的权重，然后进入 TOPSIS 法计算。关于找出最优方案和最劣方案、计算备选方案与最优方案的距离和最劣方案的距离、计算接近程度 C 值并进行优劣评价这 3 个步骤，其与 TOPSIS 法完全一致，可见 9.1 节内容。接下来以案例形式展示 SPSSAU 平台进行熵权 TOPSIS 法的分析。

9.2.2 熵权 TOPSIS 法案例

【例 9-2】本部分使用"例 9-1.xls"数据,包括 7 个地区中医院的指标数据,共有 9 个评价指标,即医院个数(X1)、床位数量(X2)、医师人数(X3)、护士人数(X4)、门诊人均费用(X5)、住院人均费用(X6)、病床使用率(X7)、总诊疗人次(X8)和出院人次(X9),使用熵权 TOPSIS 法研究这 7 个地区的中医院服务能力优劣。

1)数据与案例分析

本例数据如表 9-8 所示。

表 9-8 熵权 TOPSIS 法案例数据

地区	医院个数(X1)	床位数量(X2)	医师人数(X3)	护士人数(X4)	门诊人均费用(X5)	住院人均费用(X6)	病床使用率(X7)	总诊疗人次(X8)	出院人次(X9)
地区 1	104	24698	11883	12595	131.97	6841.20	75.84	1737.10	84.3
地区 2	109	27272	12874	13975	132.2	7008.10	76.40	1824.00	88.1
地区 3	115	29488	14186	15456	143.67	7490.20	74.84	1900.30	93.8
地区 4	116	30576	15527	16667	160.17	7884.37	75.68	1969.50	102.4
地区 5	119	33418	17042	17887	169.70	8639.20	75.10	2031.11	111.5
地区 6	128	35816	19250	19455	222.10	10144.87	81.93	2161.94	126.3
地区 7	132	37821	21784	20817	250.30	11341.30	75.85	1972.70	122.0

熵权 TOPSIS 法首先对评价指标方向进行处理。本例中门诊人均费用(X5)和住院人均费用(X6)越小越好,即这两个指标为逆向指标,数字越小代表医院服务能力越强,可对这两个指标进行逆向化处理。然后对评价指标进行量纲处理,由于 X5 和 X6 这两个评价指标已经进行逆向化处理,逆向化处理后数据压缩在[0,1],因而不需要继续进行量纲处理。但是,另外 7 个评价指标的数字大小各异,而且差别较大,因而可对另外 7 个评价指标进行正向化处理,使这 7 个评价指标的数字压缩在[0,1]。正向化和逆向化处理,可通过在仪表盘中依次单击【数据处理】→【生成变量】模块完成。熵权 TOPSIS 法案例数据(处理后)如表 9-9 所示。

表 9-9 熵权 TOPSIS 法案例数据(处理后)

地区	医院个数(X1)	床位数量(X2)	医师人数(X3)	护士人数(X4)	门诊人均费用(X5)	住院人均费用(X6)	病床使用率(X7)	总诊疗人次(X8)	出院人次(X9)
地区 1	0.000	0.000	0.000	0.000	1.000	1.000	0.141	0.000	0.000
地区 2	0.179	0.196	0.100	0.168	0.998	0.963	0.220	0.205	0.090
地区 3	0.393	0.365	0.233	0.348	0.901	0.856	0.000	0.384	0.226
地区 4	0.429	0.448	0.368	0.495	0.762	0.768	0.118	0.547	0.431
地区 5	0.536	0.664	0.521	0.644	0.681	0.600	0.037	0.692	0.648
地区 6	0.857	0.847	0.744	0.834	0.238	0.266	1.000	1.000	1.000
地区 7	1.000	1.000	1.000	1.000	0.000	0.000	0.142	0.555	0.898

2）熵权 TOPSIS 法分析

在仪表盘中依次单击【综合评价】→【熵权 TOPSIS】模块，将 9 个评价指标放入分析框中，操作界面如图 9-4 所示。

图 9-4　SPSSAU 平台进行熵权 TOPSIS 法分析操作界面

3）结果分析

熵权 TOPSIS 法输出结果包括熵值法计算权重结果汇总、TOPSIS 法评价计算结果、正负理想解和描述统计。

（1）熵值法计算权重结果汇总。熵权 TOPSIS 法会展示评价指标进行熵值法得到的权重结果信息，如表 9-10 所示。表中包括评价指标、信息熵值 e、信息效用值 d 和权重系数 w 共 4 项信息。

表 9-10　熵值法计算权重结果信息

评价指标	信息熵值 e	信息效用值 d	权重系数 w
医院个数(X1)	0.8659	0.1341	9.62%
床位数量(X2)	0.8694	0.1306	9.37%
医师人数(X3)	0.8313	0.1687	12.11%
护士人数(X4)	0.8656	0.1344	9.64%
门诊人均费用(X5)	0.8908	0.1092	7.84%
住院人均费用(X6)	0.8937	0.1063	7.63%
病床使用率(X7)	0.6834	0.3166	22.72%
总诊疗人次(X8)	0.8795	0.1205	8.65%
出院人次(X9)	0.8267	0.1733	12.43%

表格中最后一列权重系数 w 值最重要，该值在 TOPSIS 法内部计算备选方案与最优方案的距离 D^+ 和最劣方案的距离 D^- 时使用，可以看到，病床使用率这一评价指标有较高的权重（22.72%），意味着该评价指标的优劣对整体优劣有较大影响。需要注意的是，熵权 TOPSIS 法分析的指标数据介于[0,1]，SPSSAU 平台默认会进行"非负平移"处理，平移单位为 0.01。熵权 TOPSIS 法"非负平移"后的数据如表 9-11 所示。

表 9-11 熵权 TOPSIS 法"非负平移"后的数据

地区	医院个数(X1)	床位数量(X2)	医师人数(X3)	护士人数(X4)	门诊人均费用(X5)	住院人均费用(X6)	病床使用率(X7)	总诊疗人次(X8)	出院人次(X9)
地区 1	0.010	0.010	0.010	0.010	1.010	1.010	0.151	0.010	0.010
地区 2	0.189	0.206	0.110	0.178	1.008	0.973	0.230	0.215	0.100
地区 3	0.403	0.375	0.243	0.358	0.911	0.866	0.010	0.394	0.236
地区 4	0.439	0.458	0.378	0.505	0.772	0.778	0.128	0.557	0.441
地区 5	0.546	0.674	0.531	0.654	0.691	0.610	0.047	0.702	0.658
地区 6	0.867	0.857	0.754	0.844	0.248	0.276	1.010	1.010	1.010
地区 7	1.010	1.010	1.010	1.010	0.010	0.010	0.152	0.565	0.908

使用熵值法得到各评价指标权重后，先将指标数据分别乘以自身的权重，再进入 TOPSIS 法计算，如医院个数(X1)的权重为 9.62%，那么其 7 个地区的数字分别乘以 9.62%，即 0.010×9.62%、0.189×9.62%、0.403×9.62%、0.439×9.62%、0.546×9.62%、0.867×9.62%和 1.010×9.62%，最后使用 TOPSIS 法分析数据，如表 9-12 所示。

表 9-12 熵权 TOPSIS 法使用 TOPSIS 法分析数据

地区	医院个数(X1)	床位数量(X2)	医师人数(X3)	护士人数(X4)	门诊人均费用(X5)	住院人均费用(X6)	病床使用率(X7)	总诊疗人次(X8)	出院人次(X9)
地区 1	0.000	0.000	0.000	0.000	0.078	0.076	0.032	0.000	0.000
地区 2	0.017	0.018	0.012	0.016	0.078	0.073	0.050	0.018	0.011
地区 3	0.038	0.034	0.028	0.034	0.071	0.065	0.000	0.033	0.028
地区 4	0.041	0.042	0.045	0.048	0.060	0.059	0.027	0.047	0.054
地区 5	0.052	0.062	0.063	0.062	0.053	0.046	0.008	0.060	0.081
地区 6	0.082	0.079	0.090	0.080	0.019	0.020	0.227	0.086	0.124
地区 7	0.096	0.094	0.121	0.096	0.000	0.000	0.032	0.048	0.112

上述数据的内部计算过程分为两点，第 1 点是如果使用熵权 TOPSIS 法时指标数据出现小于等于 0 的情况，那么 SPSSAU 平台会自动进行"非负平移"处理，并且基于处理后的数据（newdata）进行熵值法计算；第 2 点是得到权重后，将 newdata×权重得到的新数据（newdata2）进行接下来的 TOPSIS 法计算。

（2）TOPSIS 法评价计算结果。TOPSIS 法评价计算结果如表 9-13 所示。其展示了 TOPSIS 法的评价结果指标，包括备选方案与最优方案的距离 D^+（正理想解距离 $D+$）和备选方案与最劣方案的距离 D^-（负理想解距离 $D-$），以及相对接近度 C 值和其排序结果。

表 9-13　TOPSIS 法评价计算结果

项	正理想解距离 D+	负理想解距离 D-	相对接近度 C	排序结果
地区 1	0.321	0.114	0.262	7
地区 2	0.281	0.124	0.307	5
地区 3	0.289	0.125	0.302	6
地区 4	0.248	0.143	0.367	4
地区 5	0.244	0.172	0.413	3
地区 6	0.091	0.321	0.779	1
地区 7	0.227	0.240	0.514	2

（3）正负理想解。正负理想解如表 9-14 所示。表中展示了 TOPSIS 法分析时的最优方案（正理想解）和最劣方案（负理想解），这两个指标值已经失去了其实际意义，且这两个指标值为计算备选方案与最优方案的距离 D^+ 和最劣方案的距离 D^- 的过程值，不需要对其进行分析。

表 9-14　正负理想解

评价指标	正理想解 A+	负理想解 A-
医院个数(X1)	0.097	0.001
床位数量(X2)	0.095	0.001
医师人数(X3)	0.122	0.001
护士人数(X4)	0.097	0.001
门诊人均费用(X5)	0.079	0.001
住院人均费用(X6)	0.077	0.001
病床使用率(X7)	0.229	0.002
总诊疗人次(X8)	0.087	0.001
出院人次(X9)	0.126	0.001

（4）描述统计。描述统计如表 9-15 所示。其展示了评价指标的基本信息，包括样本量、平均值和标准差。本例首先对正向指标进行正向化处理，对逆向指标进行逆向化处理，然后进行分析。当 SPSSAU 平台识别出评价指标数据有小于或等于 0 的情况时，平台会自动对该类评价指标进行"非负平移"处理。

表 9-15　描述统计

评价指标	样本量	平均值	标准差
医院个数(X1)	7	0.495	0.353
床位数量(X2)	7	0.513	0.356
医师人数(X3)	7	0.434	0.358
护士人数(X4)	7	0.508	0.357
门诊人均费用(X5)	7	0.664	0.390
住院人均费用(X6)	7	0.646	0.376
病床使用率(X7)	7	0.247	0.344
总诊疗人次(X8)	7	0.493	0.327
出院人次(X9)	7	0.480	0.392

9.3 秩和比法

9.3.1 秩和比法原理

秩和比（Rank Sum Ratio，RSR）法是我国统计学家田凤调教授于 1988 年提出的一种综合评价方法，该方法可用于优劣评价，并且可在此基础上进行分档（将评价对象分成几个档次），其广泛应用于医疗卫生等领域，如分析并结合医院的相关指标数据，针对医院的优劣进行评价，以及进行排名和分档次。RSR 法是一种非参数检验方法，其计算可分为 6 个步骤，如图 9-5 所示。

准备数据 → 计算数据的秩 → 计算RSR值，以及RSR值排名 → 罗列RSR值分布，并且计算Probit值 → 计算线性回归方程，得到RSR拟合值 → 结合RSR拟合值进行排序和分档

图 9-5 RSR 法计算步骤

1）准备数据

RSR 法的一行代表一个评价对象，一列代表一个评价指标。

2）计算数据的秩

秩(R)是数字的相对排名值，该值越大意味着越优，此步骤能计算各个评价对象分别在评价指标上的秩次，用于下一步计算 RSR 值时使用。

3）计算 RSR 值，以及 RSR 值排名

利用计算得到秩，此步骤可计算综合秩，用于所有指标一起时的综合秩，也称 RSR 值，RSR 值越大意味着越优。RSR 值计算时分为两种，分别是整次法和非整次法。计算得到 RSR 值后，可进一步对 RSR 值排名。

4）罗列 RSR 值分布，并且计算 Probit 值

此步骤首先将 RSR 值去重复后从小到大排序得到 RSR 分布值，并且计算各个 RSR 分布值的频数、累积频数、平均秩次和向下累积频率共计 4 个指标值。基于向下累积频率，计算得到 Probit 值。

5）计算线性回归方程，得到 RSR 拟合值

计算得到 Probit 值后，将 Probit 值作为自变量、RSR 分布值作为因变量进行线性回归，得到线性回归拟合值，该拟合值也称作 RSR 拟合值。

6）结合 RSR 拟合值进行排序和分档

RSR 拟合值为优劣评价的标准值，本步骤利用 RSR 拟合值进行优劣排序及分档，以结束 RSR 分析。

RSR 分析步骤和计算较多，接下来将结合案例数据进行具体说明。使用 RSR 进行优劣评价时，默认各个评价指标的权重一致，如果考虑评价指标的权重（此时将 RSR 称作 WRSR），则在第 3）步即计算 RSR 值时，计算公式略有不同。

9.3.2 RSR 案例

【例 9-3】本部分使用"例 9-1.xls"数据,包括 7 个地区中医院的评价指标数据,共有 9 个评价指标,包括医院个数(X1)、床位数量(X2)、医师人数(X3)、护士人数(X4)、门诊人均费用(X5)、住院人均费用(X6)、病床使用率(X7)、总诊疗人次(X8)和出院人次(X9),其中 X5 和 X6 为逆向指标,其余 7 个指标为正向指标。使用 RSR 研究这 7 个地区的中医院服务能力优劣,并且对这 7 个地区进行分档。

1)准备数据

在数据格式上,一行代表一个评价对象,一列代表一个评价指标。RSR 案例数据如表 9-16 所示。

表 9-16 RSR 案例数据

地区	医院个数(X1)	床位数量(X2)	医师人数(X3)	护士人数(X4)	门诊人均费用(X5)	住院人均费用(X6)	病床使用率(X7)	总诊疗人次(X8)	出院人次(X9)
地区 1	104	24698	11883	12595	131.97	6841.20	75.84	1737.10	84.3
地区 2	109	27272	12874	13975	132.20	7008.10	76.40	1824.00	88.1
地区 3	115	29488	14186	15456	143.67	7490.20	74.84	1900.30	93.8
地区 4	116	30576	15527	16667	160.17	7884.37	75.68	1969.50	102.4
地区 5	119	33418	17042	17887	169.70	8639.20	75.10	2031.11	111.5
地区 6	128	35816	19250	19455	222.10	10144.87	81.93	2161.94	126.3
地区 7	132	37821	21784	20817	250.30	11341.30	75.85	1972.70	122.0

在进行 RSR 分析时,不需要对评价指标进行方向处理或量纲处理,直接将评价指标放入分析框中即可。在仪表盘中依次单击【综合评价】→【WRSR 秩和比】模块,X5 和 X6 为逆向指标,因而将其放入【低优指标】分析框中,余下 7 个指标为正向指标,将其放入【高优指标】分析框中,在【编秩方法】下拉列表中选择【整次法】,在【档次数量】下拉列表中选择【3】,操作界面如图 9-6 所示。

图 9-6 SPSSAU 平台进行 RSR 分析操作界面

2)计算数据的秩

在进行 RSR 分析时,首先计算各个评价指标的秩,秩越大意味着越优。秩的计算方法共分为两种,分别是整次法和非整次法,并且正向指标和逆向指标,秩的计算略有不同。秩表格(整次法)如表 9-17 所示,其展示了本例进行整次法计算得到的秩结果。

表 9-17 秩表格(整次法)

项	X1【秩】	X2【秩】	X3【秩】	X4【秩】	X7【秩】	X8【秩】	X9【秩】	X5【秩】	X6【秩】
地区 1	1	1	1	1	4	1	1	7	7
地区 2	2	2	2	2	6	2	2	6	6
地区 3	3	3	3	3	1	3	3	5	5
地区 4	4	4	4	4	3	4	4	4	4
地区 5	5	5	5	5	2	6	5	3	3
地区 6	6	6	6	6	7	7	7	2	2
地区 7	7	7	7	7	5	5	6	1	1

关于整次法:正向指标的秩为数字大小升序排名,逆向指标的秩为数字大小降序排名。例如,本例数据的评价指标 X1,7 个数字分别是 104、109、115、116、119、128、132,且该评价指标为正向指标,因而其秩依次为 1、2、3、4、5、6、7。评价指标 X5,其 7 个数字分别为 131.97、132.20、143.67、160.17、169.70、222.10、250.30,且该评价指标为负向指标,因而其秩为降序排名值,依次为 7、6、5、4、3、2、1。

关于非整次法,正向指标或逆向指标的计算公式如下:

$$正向指标时:R = 1 + (n-1)\frac{X - X_{\min}}{X_{\max} - X_{\min}}$$

$$逆向指标时:R = 1 + (n-1)\frac{X_{\max} - X}{X_{\max} - X_{\min}}$$

式中,n 表示评价对象的个数,本例为 7;X 表示评价指标的具体数字;$X_{\max}$ 表示评价指标的最大值;$X_{\min}$ 表示评价指标的最小值。本例中评价指标 X1 为正向指标,其 7 个数字分别是 104、109、115、116、119、128、132,最大值为 132,最小值为 104,因而 104 对应的 R 值为 1+(7-1)×(104-104)/(132-104)=1,其余数字的计算类似。

整次法和非整次法是两种不同的编秩方法,最终得到的秩为数字越大越优,接下来会利用已计算好的秩计算 RSR 值。

3)计算 RSR 值,以及 RSR 值排名

在得到每个评价指标的秩 R 值后,接下来计算 RSR 值。RSR 值计算表格如表 9-18 所示。

表 9-18 RSR 值计算表格

项	X1【秩】	X2【秩】	X3【秩】	X4【秩】	X7【秩】	X8【秩】	X9【秩】	X5【秩】	X6【秩】	RSR 值	RSR 值排名
地区 1	1	1	1	1	4	1	1	7	7	0.3810	7
地区 2	2	2	2	2	6	2	2	6	6	0.4762	5

续表

项	X1【秩】	X2【秩】	X3【秩】	X4【秩】	X7【秩】	X8【秩】	X9【秩】	X5【秩】	X6【秩】	RSR值	RSR值排名
地区3	3	3	3	3	1	3	3	5	5	0.4603	6
地区4	4	4	4	4	3	4	4	4	4	0.5556	4
地区5	5	5	5	5	2	6	5	3	3	0.6190	3
地区6	6	6	6	6	7	7	7	2	2	0.7778	1
地区7	7	7	7	7	5	5	6	1	1	0.7302	2

RSR值表示所有评价指标的综合秩情况，其计算公式如下：

$$\text{RSR}_i = \sum_{j=1}^{m} \frac{1}{m} \frac{R_{ij}}{n}$$

式中，m 表示评价指标个数，本例为9；n 表示评价对象的个数，本例为7。针对地区1，其对应 9 个指标的秩分别是 1、1、1、1、4、1、1、7、7，那么其 RSR 值为(1/9)×(1+1+1+1+4+1+1+7+7)/7=0.381。其余各评价对象的 RSR 值计算完成后，最后计算 RSR 值的降序排名情况。

另外，RSR 值计算公式默认每个评价指标的权重一致，即 $1/m$，如果考虑各个评价指标的权重，即各个评价指标权重不一致时，RSR 计算公式如下，公式中 w 为评价指标的权重。

$$\text{RSR}_i = \sum_{j=1}^{m} w_i \frac{R_{ij}}{n}$$

4）罗列 RSR 值分布，并且计算 Probit 值

第3）步计算得到 RSR 值，将 RSR 值去重复后从小到大排序得到 RSR 分布值。RSR 分布表格如表 9-19 所示。

表 9-19 RSR 分布表格

RSR 分布值	频数 f	累积频数 $\sum f$	平均秩次	向下累积频率（平均秩次/n×100%）	Probit 值
0.3810	1	1	1	14.3	3.932
0.4603	1	2	2	28.6	4.434
0.4762	1	3	3	42.9	4.820
0.5556	1	4	4	57.1	5.180
0.6190	1	5	5	71.4	5.566
0.7302	1	6	6	85.7	6.068
0.7778	1	7	7	96.4	6.803

注：灰色表格按$(1-1/4n)$进行估计。

由于本例数据共有 7 个 RSR 值且 7 个数字完全不同，因此 RSR 分布值依旧是 7 个值。分别计算 RSR 分布值的频数、累积频数、平均秩次和向下累积频率共 4 个指标值。

频数指某个 RSR 分布值的个数，累积频数指从上到下某 RSR 分布值的频数累积，平

均秩次指 RSR 分布值对应 "RSR 值升序排名" 的平均值（注：RSR 排名为降序排名，RSR 值升序排名=n+1-RSR 值排名，n 为评价对象的个数），如本例中 RSR 分布值为 0.3810 时，其对应 1 个 "RSR 值升序排名" 为 1，因而其平均秩次为 1。向下累积频率=平均秩次/n× 100%，n 为评价对象的数量，本例为 7，如平均秩次为 1 时，向下累积频率=1/7×100%=14.3%，其意义为 RSR 分布值的累积百分率。当 RSR 分布值最大时即其为最后一行时，按 1-1/4n 进行计算，本例为 1-1/(4×7)=96.4%。

最终计算 Probit 值，该值为向下累积频率对应的标准正态分布区间点值加上 5，比如向下累积频率 14.3%对应的标准正态分布区间点值为-1.068，那么其对应的 Probit 值为-1.068+5=3.932。

5）计算线性回归方程，得到 RSR 拟合值

第 4）步计算得到 Probit 值后，将 Probit 值作为自变量、RSR 分布值作为因变量进行线性回归。回归模型表格如表 9-20 所示。

表 9-20　回归模型表格

项	非标准化系数		标准化系数	t	p	R^2	调整 R^2	F
	B	标准误	Beta					
常数	-0.202	0.055	—	-3.651	0.015	0.976	0.971	$F(1,5)=201.200, p=0.000$
Probit 值	0.147	0.010	0.988	14.185	0.000			

注：RSR 分布值为因变量。

表格中展示了线性回归的过程值，其实质意义是计算得到 RSR 拟合值，RSR 拟合值的计算公式为，RSR 拟合值=-0.202+0.147×Probit 值，如 Probit 值为 3.932 时，RSR 拟合值=-0.202+0.147×3.932=0.376。具体 RSR 拟合值见下述内容。

6）结合 RSR 拟合值进行排序和分档

将各个评价对象的 RSR 值，以及 RSR 拟合值整理汇总。分档排序结果表格如表 9-21 所示。

表 9-21　分档排序结果表格

项	RSR 值	RSR 值排名	RSR 拟合值	分档等级 Level
地区 1	0.3810	7	0.376	1
地区 2	0.4762	5	0.507	2
地区 3	0.4603	6	0.450	2
地区 4	0.5556	4	0.560	2
地区 5	0.6190	3	0.617	2
地区 6	0.7778	1	0.799	3
地区 7	0.7302	2	0.691	3

RSR 拟合值（或 RSR 值）表示评价对象的优劣，该值越大意味着其越优，即可通过 RSR 拟合值（或 RSR 值）对评价对象的优劣进行大小排序。本例的地区 6、地区 7 和地区 5 依次排前 3 名。除此之外，可结合 RSR 拟合值的分档排序临界表，得到各个评价对象的

分档等级。

本例的档次选择 3，SPSSAU 平台列出了分 3 个档次时的百分位数临界值、Probit 临界值和 RSR 拟合值的临界值，分档时档次的数字越高，意味着评价对象越优。分档排序临界值表格如表 9-22 所示。第 1 档的百分位数临界值为 15.866%，对应的 Probit 临界值为 4，对应的 RSR 拟合值的临界值为 0.386。如果 RSR 拟合值的临界值小于 0.386，则划分为第 1 档，案例中地区 1 的 RSR 拟合值为 0.376<0.386，因而地区 1 被划分为第 1 档。如果 RSR 拟合值介于 0.386~0.681，则该地区被划分为第 2 档，因而地区 2、地区 3、地区 4 和地区 5 均被划分为第 2 档。如果 RSR 拟合值大于 0.681，则该地区被划分为第 3 档，因而地区 6 和地区 7 被划分为第 3 档，意味着这两个地区的服务能力水平相对更好。

表 9-22　分档排序临界值表格

档次	百分位数临界值	Probit 临界值	RSR 拟合值的临界值
第 1 档	<15.866%	<4	<0.386
第 2 档	15.866%~84.134%	4~6	0.386~0.681
第 3 档	>84.134%	>6	>0.681

9.4　Vikor 法

9.4.1　Vikor 法原理

Vikor（折中妥协）法是一种优劣评价的方法，其思想是通过虚构最优方案，计算与最优方案的相对距离，并且通过计算最优方案距离之和或最优方案距离最大值两项，最终得到利益比率 Q 值，通过 Q 值进行优劣评价，其计算可分为 5 个步骤，如图 9-7 所示。

平方和归一化 ➡ 计算最优方案和最劣方案 ➡ 计算最优方案距离 ➡ 计算最优方案距离之和或最优方案距离最大值 ➡ 计算利益比率 Q 值

图 9-7　Vikor 法计算步骤

1）平方和归一化

在使用 Vikor 法时，首先要对数据进行平方和归一化处理，其目的是处理量纲问题，处理量纲问题的方式有很多，但平方和归一化使用较多，SPSSAU 平台默认提供该模块。

2）计算最优方案和最劣方案

首先虚构最优方案和最劣方案，其目的是用于计算最优方案距离，计算最优方案和最劣方案时，如果是正向指标，那么评价指标的最大值即为最优方案，最小值即为最劣方案；反之，如果是逆向指标，那么评价指标的最大值即为最劣方案，最小值即为最优方案。

3）计算最优方案距离

得到最优方案和最劣方案后，计算数据离最优方案的相对距离值，该值越大意味着离最优方案越远；反之，该值越小意味着离最优方案越近。

4）计算最优方案距离之和或最优方案距离最大值

最优方案距离之和，指基于某评价对象时，其各个评价指标下最优方案距离的和；最优方案距离最大值，指基于某评价对象时，其各个评价指标下最优方案距离的最大值。最优方案距离之和表示评价对象离最优方案的综合距离，该值越小越好（意味着离最优方案越近）。最优方案距离最大值表示评价对象离最优方案距离的最大值（短板值），该值越小越好。

5）计算利益比率 Q 值

综合第 4）步得到的最优方案距离之和或最优方案距离最大值，可计算综合评价研究对象的相对优劣指标，称作利益比率 Q 值，结合该值最终进行优劣评价。

Vikor 法评价的步骤和计算较多，接下来将结合案例数据进行具体说明，包括公式的实际意义和计算事例等。

9.4.2　Vikor 法案例

【例 9-4】本部分使用"例 9-1.xls"数据，包括 7 个地区中医院的评价指标数据，共有 9 个评价指标，包括医院个数(X1)、床位数量(X2)、医师人数(X3)、护士人数(X4)、门诊人均费用(X5)、住院人均费用(X6)、病床使用率(X7)、总诊疗人次(X8)和出院人次(X9)，其中 X5 和 X6 为逆向指标，其余 7 个评价指标为正向指标。使用 Vikor 法研究这 7 个地区的中医院服务能力优劣。Vikor 法共分包括 5 个步骤，下面结合具体数据和公式进行说明。

数据格式的一行代表一个评价对象，一列代表一个评价指标。Vikor 案例数据如表 9-23 所示。

表 9-23　Vikor 案例数据

地区	医院个数(X1)	床位数量(X2)	医师人数(X3)	护士人数(X4)	门诊人均费用(X5)	住院人均费用(X6)	病床使用率(X7)	总诊疗人次(X8)	出院人次(X9)
地区 1	104	24698	11883	12595	131.97	6841.20	75.84	1737.10	84.3
地区 2	109	27272	12874	13975	132.20	7008.10	76.40	1824.00	88.1
地区 3	115	29488	14186	15456	143.67	7490.20	74.84	1900.30	93.8
地区 4	116	30576	15527	16667	160.17	7884.37	75.68	1969.50	102.4
地区 5	119	33418	17042	17887	169.70	8639.20	75.10	2031.10	111.5
地区 6	128	35816	19250	19455	222.10	10144.87	81.93	2161.94	126.3
地区 7	132	37821	21784	20817	250.30	11341.30	75.85	1972.70	122.0

在仪表盘中依次单击【综合评价】→【Vikor】模块，X5 和 X6 为逆向指标，因而将其放入【负向指标】分析框中，余下 7 个评价指标为正向指标，将其放入【正向指标】分析框中，并且勾选【归一化处理】复选框，操作界面如图 9-8 所示。

图 9-8　SPSSAU 平台进行 Vikor 法分析操作界面

1）平方和归一化

在使用 Vikor 法时，需要对数据进行量纲处理，常见的处理方式为平方和归一化，在 SPSSAU 平台勾选【归一化处理】复选框，单击【开始分析】按钮，即进行该处理。如果原始数据已经进行过量纲处理，则可考虑不使用平方和归一化处理数据，此时不勾选【归一化处理】复选框即可。平方和归一化处理公式如下：

$$平方和归一化：\frac{x_i}{\sqrt{\sum_i^n x_i^2}}$$

由式可知，分子为数据，分母为某评价指标数据的平方和再开根号，本例平方和归一化处理后的数据如表 9-24 所示。

表 9-24　平方和归一化处理后的数据

地区	医院个数(X1)	床位数量(X2)	医师人数(X3)	护士人数(X4)	门诊人均费用(X5)	住院人均费用(X6)	病床使用率(X7)	总诊疗人次(X8)	出院人次(X9)
地区 1	0.3333	0.2954	0.2737	0.2815	0.2801	0.2999	0.3744	0.3373	0.3030
地区 2	0.3494	0.3262	0.2965	0.3123	0.2806	0.3072	0.3772	0.3542	0.3166
地区 3	0.3686	0.3527	0.3268	0.3454	0.3049	0.3284	0.3695	0.3690	0.3371
地区 4	0.3718	0.3658	0.3576	0.3725	0.3400	0.3456	0.3737	0.3824	0.3680
地区 5	0.3814	0.3998	0.3925	0.3997	0.3602	0.3787	0.3708	0.394	0.4007
地区 6	0.4103	0.4284	0.4434	0.4348	0.4714	0.4447	0.4045	0.4198	0.4539
地区 7	0.4231	0.4524	0.5018	0.4652	0.5313	0.4972	0.3745	0.3830	0.4385

平方和归一化处理的目的在于处理量纲问题，各指标数据的量纲一致，数字具有相对大小可比较意义。与此同时，评价指标的方向也很重要，接下来在计算最优方案和最劣方案时会具体说明。

2）计算最优方案和最劣方案

所谓最优方案，指虚构一个评价对象，该评价对象在所有评价指标上均为最优，类似地，最劣方案指虚构一个评价对象，该评价对象在所有评价指标上均最差。具体从数字意义上看，针对正向指标，各个评价指标的最大值集合即最优方案，各个评价指标的最小值集合即最劣方案。针对逆向指标，各个评价指标的最大值集合即最劣方案，各个评价指标的最小值集合即最优方案。

关于最优方案和最劣方案的计算公式，针对正向指标时其计算公式如下：

$$\text{最优方案} r^+ : \max(x)$$

$$\text{最劣方案} r^- : \min(x)$$

针对逆向指标时其计算公式如下：

$$\text{最优方案} r^+ : \min(x)$$

$$\text{最劣方案} r^- : \max(x)$$

针对本例数据，X1、X2、X3、X4、X7、X8 和 X9 共 7 个评价指标为正向指标，因而计算最优方案时取这 7 个评价指标各自的最大值，计算逆向指标时取这 7 个评价指标各自的最小值。X5 和 X6 这两个评价指标均为逆向指标，因而计算最优方案时取这 7 个评价指标各自的最小值，计算逆向指标时取这 7 个评价指标各自的最大值。本例数据计算最优方案和最劣方案的结果如表 9-25 所示。

表 9-25 最优方案和最劣方案的结果

地区	医院个数(X1)	床位数量(X2)	医师人数(X3)	护士人数(X4)	门诊人均费用(X5)	住院人均费用(X6)	病床使用率(X7)	总诊疗人次(X8)	出院人次(X9)
地区 1	0.3333	0.2954	0.2737	0.2815	0.2801	0.2999	0.3744	0.3373	0.3030
地区 2	0.3494	0.3262	0.2965	0.3123	0.2806	0.3072	0.3772	0.3542	0.3166
地区 3	0.3686	0.3527	0.3268	0.3454	0.3049	0.3284	0.3695	0.3690	0.3371
地区 4	0.3718	0.3658	0.3576	0.3725	0.3400	0.3456	0.3737	0.3824	0.3680
地区 5	0.3814	0.3998	0.3925	0.3997	0.3602	0.3787	0.3708	0.3944	0.4007
地区 6	0.4103	0.4284	0.4434	0.4348	0.4714	0.4447	0.4045	0.4198	0.4539
地区 7	0.4231	0.4524	0.5018	0.4652	0.5313	0.4972	0.3745	0.3830	0.4385
最优方案	0.4231	0.4524	0.5018	0.4652	0.2801	0.2999	0.4045	0.4198	0.4539
最劣方案	0.3333	0.2954	0.2737	0.2815	0.5313	0.4972	0.3695	0.3373	0.3030

取最优方案和最劣方案后，可计算最优方案距离，如第 3）步所述。

3）计算最优方案距离

最优方案距离的计算公式如下：

$$\text{最优方案距离} s = w \times \left(\frac{r^+ - x}{r^+ - r^-} \right)$$

式中，w 为评价指标的权重，本例数据没有设置，SPSSAU 平台默认将 $1/m$ 作为权重，w

为 1/9；r^+ 表示最优方案值；r^- 表示最劣方案值。具体计算上，如地区 1 医院个数(X1)对应的数据为 0.3333，那么其最优方案距离 $s=\left(\dfrac{1}{9}\right)\times\left(\dfrac{0.4231-0.3333}{0.4231-0.3333}\right)=0.1111$。最优方案距离如表 9-26 所示。

表 9-26 最优方案距离

地区	医院个数(X1)	床位数量(X2)	医师人数(X3)	护士人数(X4)	门诊人均费用(X5)	住院人均费用(X6)	病床使用率(X7)	总诊疗人次(X8)	出院人次(X9)
地区 1	0.1111	0.1111	0.1111	0.1111	0.0000	0.0000	0.0954	0.1111	0.1111
地区 2	0.0913	0.0893	0.1000	0.0925	0.0002	0.0041	0.0867	0.0884	0.1011
地区 3	0.0675	0.0706	0.0853	0.0724	0.0110	0.0160	0.1111	0.0684	0.0860
地区 4	0.0635	0.0613	0.0702	0.0561	0.0265	0.0258	0.0979	0.0503	0.0632
地区 5	0.0516	0.0373	0.0532	0.0396	0.0354	0.0444	0.1070	0.0342	0.0392
地区 6	0.0159	0.0170	0.0284	0.0184	0.0846	0.0816	0.0000	0.0000	0.0000
地区 7	0.0000	0.0000	0.0000	0.0000	0.1111	0.1111	0.0953	0.0495	0.0114

最优方案距离的意义为数字与最优方案的距离。该值越大意味着数字与最优方案越远，也意味着自身越差；反之，该值越小意味着数字与最优方案越近，也意味着自身越优秀。

另需要提示的是，最优方案距离 s 值，其数字个数=评价对象个数×评价指标个数，与原始数据个数完全一致，该值在 SPSSAU 平台输出结果中并未提供。

4）计算最优方案距离之和或最优方案距离最大值

最优方案距离得到后，以评价对象为单位，分别计算最优方案距离之和，或者最优方案距离最大值。计算公式分别如下：

$$\text{最优方案距离之和 } S=\sum_{i}^{m}s_i$$

$$\text{最优方案距离最大值 } R=\text{MAX}(s)$$

接下来具体说明计算过程，最优方案距离之和及最优方案距离最大值如表 9-27 所示。

表 9-27 最优方案距离之和及最优方案距离最大值

地区	医院个数(X1)	床位数量(X2)	医师人致(X3)	护士人数(X4)	门诊人均费用(X5)	住院人均费用(X6)	病床使用率(X7)	总诊疗人次(X8)	出院人次(X9)	最优方案距离之和	最优方案距离最大值
地区 1	0.1111	0.1111	0.1111	0.1111	0.0000	0.0000	0.0954	0.1111	0.1111	0.7621	0.1111
地区 2	0.0913	0.0893	0.1000	0.0925	0.0002	0.0041	0.0867	0.0884	0.1011	0.6535	0.1011
地区 3	0.0675	0.0706	0.0853	0.0724	0.0110	0.0160	0.1111	0.0684	0.0860	0.5883	0.1111
地区 4	0.0635	0.0613	0.0702	0.0561	0.0265	0.0258	0.0979	0.0503	0.0632	0.5149	0.0979
地区 5	0.0516	0.0373	0.0532	0.0396	0.0354	0.0444	0.1070	0.0342	0.0392	0.4419	0.1070
地区 6	0.0159	0.0170	0.0284	0.0184	0.0846	0.0816	0.0000	0.0000	0.0000	0.2459	0.0846
地区 7	0.0000	0.0000	0.0000	0.0000	0.1111	0.1111	0.0953	0.0495	0.0114	0.3784	0.1111

例如，地区 1 的最优方案距离之和等于(0.1111+0.1111+0.1111+0.1111+0.0000+0.0000+0.0954+0.1111+0.1111)=0.762。最优方案距离越大意味着地区 1 与最优方案越远，那么最优方案距离之和的意义为综合所有评价指标，评价对象与"虚构最优方案"的距离。最优方案距离之和越大，意味着评价对象离最优方案越远，即该评价对象越差，事实上可使用该指标进行分析及评价对象的优劣。

但 Vikor 法还要考虑另外一个因素，即最优方案距离最大值。该值基于某评价对象时，最优方案距离最大值其实际意义为某评价对象的"短板"。该值越大，意味着该评价对象的"短板"越严重。计算上，如地区 1，其最优方案距离最大值等于 max(0.1111, 0.1111, 0.1111, 0.1111, 0.0000, 0.0000, 0.0954, 0.1111, 0.1111)=0.1111，类似地可对其余的评价对象进行计算。SPSSAU 平台能单独输出这两个指标值。Vikor 法分析结果汇总如表 9-28 所示。

表 9-28　Vikor 法分析结果汇总

项	最优方案距离之和 S	最优方案距离最大值 R
地区 1	0.7621	0.1111
地区 2	0.6535	0.1011
地区 3	0.5883	0.1111
地区 4	0.5149	0.0979
地区 5	0.4419	0.1070
地区 6	0.2459	0.0846
地区 7	0.3784	0.1111

上述已知，最优方案距离之和，其意义为评价对象与"虚构最优方案"的距离，该值越大表示距离越远，该值越小表示距离越近。最优方案距离最大值，其为评价对象与"虚构最优方案"对比时，最大的落差距离，其实际意义为评价对象的"短板"值，该值越大意味着"短板"越大，该值越小意味着"短板"越小。Vikor 法正是基于这两个重要指标（最优方案距离之和、最优方案距离最大值）进行计算的，与此同时，还有 4 个指标需要计算，如下。

最优方案距离之和 S 越小越好，其最优值 S^+ 指其最小值，其最劣值 S^- 指其最大值。类似地，最优方案距离最大值 R 越小越好，其最优值 R^+ 指其最小值，其最劣值 R^- 指其最大值。

$$S \text{ 值的最优值 } S^+ = \min(S)$$

$$S \text{ 值的最劣值 } S^- = \max(S)$$

$$R \text{ 值的最优值 } R^+ = \min(R)$$

$$R \text{ 值的最劣值 } R^- = \max(R)$$

针对本例数据，分别计算 S^+、S^-、R^+ 和 R^- 4 个指标值，如表 9-29 所示。

表 9-29　S^+、S^-、R^+ 和 R^- 4 个指标值

S^+（S 值的最优值）	S^-（S 值的最劣值）	R^+（R 值的最优值）	R^-（R 值的最劣值）
0.2459	0.7621	0.0846	0.1111

5）计算利益比率 Q 值

Vikor 法在思想上考虑两项因素，分别是评价对象与虚构最优方案综合距离、评价对象短板，并且可设置两项因素的重要性权重值（前者权重为 lamba，后者权重为 1-lamba），最终通过一个指标"利益比率 Q 值"衡量及评价对象的优劣情况，其计算公式如下：

$$Q = \text{lamba} \times \frac{S - S^+}{S^- - S^+} + (1 - \text{lamba}) \times \frac{R - R^+}{R^- - R^+}$$

式中，lamba 表示评价对象与虚构最优方案综合距离的权重值；1-lamba 表示评价对象短板的权重值；S 为最优方案距离之和；S^+ 和 S^- 分别表示 S 的最优值和最劣值；R 为最优方案距离最大值；R^+ 和 R^- 分别表示 R 的最优值和最劣值。S 和 R 均越小越好，因而 Q 值越小意味着评价对象越优；反之，Q 值越大意味着评价对象越差。

关于评价对象与虚构最优方案综合距离、评价对象短板这两项的权重情况，通常情况可以设置为 0.5 和 0.5，即二者同样重要，可以理解为"风险适中"评价。如果只考虑评价对象与虚构最优方案综合距离，不考虑评价对象短板（lamba=1），可以理解为"风险偏好"评价；如果只考虑评价对象短板，不考虑评价对象与虚构最优方案综合距离（lamba=0），可以理解为"风险保守"评价。lamba 值越大意味着越偏好风险，lamba 值越小意味着越偏好保守。本例设置 lamba 为 0.5，计算利益比率 Q 值，如针对地区 1，其 S 值为 0.7621，R 值为 0.1111。Q 值 $= 0.5 \times \frac{0.7621 - 0.2459}{0.7621 - 0.2459} + (1 - 0.5) \times \frac{0.1111 - 0.0846}{0.1111 - 0.0846} = 1$，分别计算其余各评价对象的利益比率 Q 值，如表 9-30 所示。

表 9-30　利益比率 Q 值

项	利益比率 Q 值	方案（Q 值）排名
地区 1	1.0000	7
地区 2	0.7050	5
地区 3	0.8316	6
地区 4	0.5120	2
地区 5	0.6129	3
地区 6	0.0000	1
地区 7	0.6283	4

地区 6 的 Q 值最小，为 0，意味着该地区的中医院服务能力最强，其次是地区 4。地区 1 的 Q 值最大，为 1.0000，意味着该地区的中医院服务能力最弱。

第 10 章

常用综合评价分析

综合评价是一类针对多指标进行科学决策的研究方法。按评价手段，可将综合评价分为定量评价和定性评价，定量评价能结合客观数据进行数学分析和判断，其相对更加客观，如熵权法。定性评价将评价者的经验、记录等信息汇总为数据进行分析，其相对更加模糊，弹性较大、精确性相对欠缺，但其操作性更加灵活。按常用的研究目的，可将综合评价分为权重研究、优劣决策分析和其他，关于权重研究和优劣决策分析这两项，可见第 7 章和第 9 章内容。本章主要针对常见综合评价方法进行剖析，包括灰色关联法、模糊综合评价法、数据包络分析、耦合协调度、综合指数、DEMATEL 和 ISM 等，如表 10-1 所示。

表 10-1 常用综合评价方法

方法	说明
灰色关联法	一种研究指标之间相关关系的研究方法
模糊综合评价法	针对模糊数据判断隶属关系的研究方法，如研究模糊评价中的很好、好、差和很差，综合评价后隶属哪一项
数据包络分析	一种研究投入和产出效率优劣的研究方法
耦合协调度	一种研究系统与系统之间均衡协调关系情况的研究方法
综合指数	一种测量指标相对大小的评价方法
DEMATEL	通过研究系统中各要素的逻辑关系，进而计算各要素在系统内的重要性等
ISM	梳理系统中各要素的逻辑关系，进而得到层次结构关系

（1）灰色关联法是一种研究相关关系的方法，如多个指标与核心指标（母序列）的相关关系大小。其原理是利用各指标之间的趋势变化一致性进行计算，功能上类似于相关系数值。灰色关联法以指标间发展趋势的相似或相异程度作为衡量指标间关联程度的一种方法，因而在实际研究中需要注意指标之间要具有一定相似或相异的趋势性。

（2）模糊综合评价法能结合模糊数学理论，将定性的评语（如很好、好、差和很差）进行定量数字化转化，从而进行有效评价和决策。

（3）数据包络分析是利用运筹学原理研究投入、产出效率的分析方法。

（4）耦合协调度研究系统之间的耦合协调关系，如环境和经济两大系统的耦合协调关系。

（5）综合指数能通过指标数据构建一个指数指标，进而用于衡量研究对象的表现情况。

（6）DEMATEL能研究系统内各要素（指标）之间的逻辑关系情况，从而深入分析各要素在系统中的地位（如重要性情况）。

（7）ISM能对系统中各要素的逻辑关系情况进行梳理，并最终构建层次结构关系图，用于深入分析系统内各要素的结构情况。

本章共分为七部分，将分别通过计算原理和示例进行阐述，并分别针对这七类综合评价方法进行说明。

10.1 灰色关联法

10.1.1 灰色关联法原理

灰色关联法用于研究序列（指标）之间的相关联情况。首先准备数据序列，序列分为母序列和特征序列，并对序列进行量纲化处理，以消除单位不一致带来的计算偏差；然后计算特征序列分别与母序列的关联系数；最后计算关联度，使用关联度来衡量特征序列分别与母序列之间的相关关系情况，进而进行综合评价。灰色关联法计算步骤如图10-1所示。

准备数据序列 → 数据量纲化 → 计算灰色关联系数 → 计算关联度

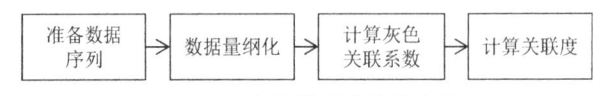

图10-1 灰色关联法计算步骤

1）准备数据序列

在进行灰色关联法分析时，包括两类数据，分别为母序列和特征序列。母序列也称作参照项，通常为一个比较宏观的指标项，如GDP。灰色关联法研究特征序列与母序列之间的相关联情况，因而还需要准备特征序列，特征序列通常与母序列有常识意义上的相关关系，如教育支出这一特征序列与GDP之间有相关关系。

2）数据量纲化

第1）步准备的数据序列，多数情况下单位并不统一，因而需要进行量纲化处理，以解决序列之间的单位问题。量纲化处理方式有很多，如均值化、初值化、归一化、平方和归一化、区间化、z标准化等（可见3.4.2节内容），多数情况下，灰色关联法可使用均值化和初值化这两种处理方式。

3）计算灰色关联系数

数据量纲化处理完成后，可直接计算灰色关联系数，计算灰色关联系数可具体分为两步，第 1 步是计算特征序列分别与母序列的差值绝对值，第 2 步是利用公式直接计算灰色关联系数。

4）计算关联度

得到灰色关联系数后，可计算各序列关联系数的平均值，即关联度，得到各特征序列分别与母序列的相关关系大小，最终结合关联度进行分析和评价。

10.1.2　灰色关联法案例

【例 10-1】现有一项关于体育服务产业结构的优化研究，希望通过灰色关联法研究体育服务细分产业与 GDP 之间的关联情况，从而提供体育服务产业结构的优化决策及建议。体育服务产业共包括 9 项（2015—2019 年共 5 年的数据），分别是体育管理活动，体育竞赛表演活动，体育健身休闲活动，体育场地和设施管理，体育经纪与代理、广告与会展、表演与设计服务，体育教育与培训，体育传媒与信息服务，体育用品及相关产品销售、出租与贸易代理和其他体育服务，顺序编号为 X1～X9。另外，母序列为 GDP，编号为 X0。该数据来源于国家体育总局《2015—2019 年全国体育产业总规模与增加值数据公告》。数据见"例 10-1.xls"。

1）准备数据序列

数据格式的一行代表一个样本，一列代表一个特征序列，当前案例共有 9 个特征序列，母序列为 GDP。由于这 9 个特征序列分别与母序列之间具有一定趋势的相同关系，因此可以使用灰色关联法进行研究，案例数据如表 10-2 所示。

表 10-2　灰色关联法案例数据

年份	GDP (X0)	体育管理活动 (X1)	体育竞赛表演活动 (X2)	体育健身休闲活动 (X3)	体育场地和设施管理 (X4)	体育经纪与代理、广告与会展、表演与设计服务 (X5)	体育教育与培训 (X6)	体育传媒与信息服务 (X7)	体育用品及相关产品销售、出租与贸易代理 (X8)	其他体育服务 (X9)
2015 年	688858.2	115.0	52.6	129.4	458.1	14.0	191.8	40.8	1562.4	139.6
2016 年	746395.1	143.8	65.5	172.9	567.6	17.8	230.6	44.1	2138.7	179.7
2017 年	832035.9	262.6	91.2	254.9	678.2	24.6	266.5	57.7	2615.8	197.2
2018 年	919281.1	390.0	103.0	477.0	855.0	106.0	1425.0	230.0	2327.0	616.0
2019 年	990865.1	451.9	122.3	831.9	1012.5	117.8	1524.9	285.1	2562.0	707.0

在仪表盘中依次单击【综合评价】→【灰色关联法】模块，将【X1】～【X9】共 9 项特征序列放入【特征序列】分析框中，将【GDP】放入【母序列】分析框中，将【年份】

放入【标签】分析框中，此设置的目的是输出结果时展示对应的标签信息，并且在下拉列表中选择【均值化】。SPSSAU 平台进行灰色关联法分析的操作界面如图 10-2 所示。

图 10-2　SPSSAU 平台进行灰色关联法分析的操作界面

2）数据量纲化

明显地，准备好的数据序列的 9 个特征序列及母序列，它们的量纲单位并不一致，因而此步骤为数据量纲化。通常情况下，灰色关联法可使用均值化或初值化，均值化指序列数据分别除以其平均值，初值化指序列数据分别除以其第一个值，如本例 2015 年对应的数据即第一个值。均值化和初值化的计算公式分别如下：

$$均值化: \frac{x}{\bar{x}}, \bar{x} 表示平均值$$

在进行均值化处理时，分母为序列的平均值，通常情况下其仅适用于序列均为正数时，如果有正数也有负数，此时可能会出现"抵消"现象，导致量纲意义消失，均值化的实际意义为序列数据相对平均状态的倍数。当然如果序列数据包括正数和负数，则可考虑对其进行"区间化"这一量纲处理。

$$初值化: \frac{x}{x_0}, x_0 表示初值$$

在进行初值化处理时，其分母为序列数据的第一个值，因此序列数据的第一个值一定不能为 0，否则会出错。一般情况下初值化也仅针对正数的序列数据，其实际意义为相对于初值（第一个值），其余数据是初值的倍数。

在实际研究中，如果序列数据具有某种趋势关系（如本例中 2015 年数据到 2019 年数据可能存在递增关系），则可能使用初值化更适合；反之，使用均值化即可，本例数据可使用均值化，也可使用初值化，使用均值化时，其处理数据如表 10-3 所示。

表 10-3 灰色关联法均值化处理数据

年份	X0	X1	X2	X3	X4	X5	X6	X7	X8	X9
2015 年	688858.2	115.0	52.6	129.4	458.1	14.0	191.8	40.8	1562.4	139.6
2016 年	746395.1	143.8	65.5	172.9	567.6	17.8	230.6	44.1	2138.7	179.7
2017 年	832035.9	262.6	91.2	254.9	678.2	24.6	266.5	57.7	2615.8	197.2
2018 年	919281.1	390.0	103.0	477.0	855.0	106.0	1425.0	230.0	2327.0	616.0
2019 年	990865.1	451.9	122.3	831.9	1012.2	117.8	1524.9	285.1	2562.0	707.0
平均值	835487.08	272.66	86.92	373.22	714.22	56.04	727.76	131.54	2241.18	367.90
年份	X0	X1	X2	X3	X4	X5	X6	X7	X8	X9
2015 年	0.8245	0.4218	0.6052	0.3467	0.6414	0.2498	0.2635	0.3102	0.6971	0.3795
2016 年	0.8934	0.5274	0.7536	0.4633	0.7947	0.3176	0.3169	0.3353	0.9543	0.4884
2017 年	0.9959	0.9631	1.0492	0.6830	0.9496	0.4390	0.3662	0.4386	1.1672	0.5360
2018 年	1.1003	1.4304	1.1850	1.2781	1.1971	1.8915	1.9581	1.7485	1.0383	1.6744
2019 年	1.1860	1.6574	1.4070	2.2290	1.4172	2.1021	2.0953	2.1674	1.1431	1.9217

首先分别取 9 个特征序列和母序列 X0 的平均值，然后用序列数据分别除以平均值，即为均值化处理。例如，GDP(X0)的平均值为 835487.08，2015 年时为 688858.2，则 688858.2/835487.08=0.8245。

3）计算灰色关联系数

数据量纲化处理完成后，可直接计算灰色关联系数，具体分为两步，第 1 步是计算特征序列分别与母序列的差值绝对值，第 2 步是利用公式直接计算灰色关联系数。差值绝对值指先用特征序列分别减去对应的母序列数据，然后取绝对值，其公式如下：

$$差值绝对值 = |x_0 - x|$$

差值绝对值的意义为序列数据与母序列的距离，其为灰色关联系数公式中的重要部分。灰色关联法差值绝对值如表 10-4 所示。

表 10-4 灰色关联法差值绝对值

年份	X1	X2	X3	X4	X5	X6	X7	X8	X9
2015 年	0.4027	0.2193	0.4778	0.1831	0.5747	0.5610	0.5143	0.1274	0.4450
2016 年	0.3660	0.1398	0.4301	0.0987	0.5757	0.5765	0.5581	0.0609	0.4049
2017 年	0.0328	0.0534	0.3129	0.0463	0.5569	0.6297	0.5572	0.1713	0.4599
2018 年	0.3301	0.0847	0.1778	0.0968	0.7912	0.8578	0.6482	0.0620	0.5741
2019 年	0.4714	0.2211	1.0430	0.2312	0.9161	0.9094	0.9814	0.0428	0.7357

从表 10-4 可以看出：X1 在 2015 年时的数据为 0.4218，X0 在 2015 年时的数据为 0.8245，因而差值绝对值=$|0.8245 - 0.4218| = 0.4027$，其余数字计算类似。得到差值绝对值后，取其最小值（所有特征序列及所有样本的最小值），记作 $\min\min|x_0 - x|$，其意义为离母序列的最小距离，本例为 0.0328（X1 在 2017 年时）；类似地，取差值绝对值的最大值

（所有特征序列及所有样本的最大值），记作 $\mathrm{maxmax}|x_0-x|$，其意义为离母序列的最大距离，本例为 1.0430（X3 在 2019 年时）。最终计算灰色关联系数，其计算公式如下：

$$\xi(k)=\frac{\mathrm{minmin}|x_0-x|+\rho\cdot\mathrm{maxmax}|x_0-x|}{|x_0(k)-x_i(k)|+\rho\cdot\mathrm{maxmax}|x_0-x|}$$

在灰色关联系数公式中，k 为样本编号；ρ 为分辨系数，该值介于[0,1]，该值越大计算得到的灰色关联系数相对会越小（此时数字相对集中），该值越小计算得到的灰色关联系数相对会越大（此时数字相对分散）。因而该值的实际意义为灰色关联系数的区分能力强度，该值越大意味着灰色关联系数的区分能力越弱；反之，该值越小意味着灰色关联系数的区分能力越强，通常情况下分辨系数取 0.5。结合上式，本例数据计算得到的灰色关联系数如表 10-5 所示。

表 10-5　灰色关联系数

年份	X1	X2	X3	X4	X5	X6	X7	X8	X9
2015 年	0.5997	0.7482	0.5547	0.7866	0.5056	0.5120	0.5351	0.8542	0.5734
2016 年	0.6245	0.8381	0.5825	0.8938	0.5051	0.5048	0.5134	0.9517	0.5983
2017 年	1.0000	0.9642	0.6643	0.9762	0.5140	0.4815	0.5138	0.8001	0.5648
2018 年	0.6509	0.9143	0.7926	0.8964	0.4222	0.4019	0.4738	0.9499	0.5059
2019 年	0.5582	0.7464	0.3543	0.7363	0.3856	0.3874	0.3688	0.9822	0.4409

例如，X1 在 2015 年时：$\xi(k)=\dfrac{0.0328+0.5\times 1.0430}{0.4027+0.5\times 1.0430}=0.5997$，计算得到灰色关联系数之后，可计算关联度。

4）计算关联度

得到灰色关联系数后，可计算各序列关联系数的平均值，即得到关联度。关联度结果如表 10-6 所示。

表 10-6　关联度结果

特征序列	关联度	排名
体育管理活动(X1)	0.687	4
体育竞赛表演活动(X2)	0.842	3
体育健身休闲活动(X3)	0.590	5
体育场地和设施管理(X4)	0.858	2
体育经纪与代理、广告与会展、表演与设计服务(X5)	0.467	8
体育教育与培训(X6)	0.458	9
体育传媒与信息服务(X7)	0.481	7
体育用品及相关产品销售、出租与贸易代理(X8)	0.908	1
其他体育服务(X9)	0.537	6

例如，取 X1 5 年关联系数的平均值即为关联度，(0.5997+0.6245+1.0000+0.6509+0.5582)/5=0.687，类似地可计算得到其余 8 个特征序列的关联度。关联度表示特征序列与母序列的相关关系大小，该值越大意味着相关关系越大。将各特征序列的关联度进行排名，

可利用该排名分析特征序列与母序列的相关关系大小，如本例中，X8 与 GDP 之间的相关关系最大，其次是 X4，X6 与 GDP 的关联度为 0.458，二者的相关关系最小。

10.1.3　广义关联度

除此之外，SPSSAU 平台还提供广义关联度操作，勾选【广义关联】复选框即可输入该指标值。广义关联度共涉及 3 个指标，分别是绝对关联度、相对关联度和综合关联度。

关于绝对关联度，其计算步骤如下。

1）始点零像化

始点零像化指以序列为单位，分别减去数据中的第一个数字。始点零像化计算结果如表 10-7 所示。

表 10-7　始点零像化计算结果

GDP(X0)	体育管理活动(X1)	体育竞赛表演活动(X2)	体育健身休闲活动(X3)	体育场地和设施管理(X4)	体育经纪与代理、广告与会展、表演与设计服务(X5)	体育教育与培训(X6)	体育传媒与信息服务(X7)	体育用品及相关产品销售、出租与贸易代理(X8)	其他体育服务(X9)
688858.2	115.0	52.6	129.4	458.1	14.0	191.8	40.8	1562.4	139.6
746395.1	143.8	65.5	172.9	567.6	17.8	230.6	44.1	2138.7	179.7
832035.9	262.6	91.2	254.9	678.2	24.6	266.5	57.7	2615.8	1972
919281.1	390.0	103.0	477.0	855.0	106.0	1425.0	230.0	2327.0	616.0
990865.1	451.9	122.3	831.9	1012.2	117.8	1524.9	285.1	2562.1	707.0
母序列	子序列1	子序列2	子序列3	子序列4	子序列5	子序列6	子序列7	子序列8	子序列9
0	0	0	0	0	0	0	0	0	0
57536.9	28.8	12.9	43.5	109.5	3.8	38.8	3.3	576.3	40.1
143177.7	147.6	38.6	125.5	220.1	10.6	74.7	16.9	1053.4	57.6
230422.9	275.0	50.4	347.6	396.9	92.0	1233.2	189.2	764.6	476.4
302006.9	336.9	69.7	702.5	554.1	103.8	1333.1	244.3	999.6	567.4

始点零像化的目的为量纲处理，处理后第一行数据全部为 0。

2）计算 s_0 和 s_1

二者计算公式完全相同，区别在于 s_0 针对母序列进行计算，s_1 针对特征序列进行计算，公式如下：

$$s_0 = \sum_{k=1}^{n-1} x(k) + \frac{1}{2} x(n)$$

$$s_1 = \sum_{k=1}^{n-1} x(k) + \frac{1}{2} x(n)$$

式中，n 表示分析样本量，本例为 5。公式可简单理解为前 $n-1$ 个数字相加，并且加上最后 1 个数字乘以 0.5。s_0 和 s_1 的计算结果如表 10-8 所示。

表 10-8 s_0 和 s_1 的计算结果

caDP(X0)	体育管理活动(X1)	体育竞赛表演活动(X2)	体育健身休闲活动(X3)	体育场地和设施管理(X4)	体育经纪与代理、广告与会展、表演与设计服务(X5)	体育教育与培训(X6)	体育传媒与信息服务(X7)	体育用品及相关产品销售、出租与贸易代理(X8)	其他体育服务(X9)
582140.95	619.85	136.75	867.85	1003.55	158.30	2013.25	331.55	2894.10	857.80

s_0 =0+57536.9+143177.7+230422.9+0.5×302006.9=582140.95，如 X1 的 s_1 =0+28.8+147.6+275+0.5×336.9=619.85，其余 8 个特征序列计算类似。

3）计算绝对关联度

绝对关联度的计算公式如下，其可先对 s_0 和 s_1 取绝对值，再计算。

$$\xi(k)=\frac{1+|s_0|+|s_1|}{1+|s_0|+|s_1|+|s_1-s_0|}$$

式中，k 为样本编号。

绝对关联度计算结果如表 10-9 所示。

表 10-9 绝对关联度计算结果

项	绝对关联度
体育管理活动(X1)	0.5005
体育竞赛表演活动(X2)	0.5001
体育健身休闲活动(X3)	0.5007
体育场地和设施管理(X4)	0.5009
体育经纪与代理、广告与会展、表演与设计服务(X5)	0.5001
体育教育与培训(X6)	0.5017
体育传媒与信息服务(X7)	0.5003
体育用品及相关产品销售、出租与贸易代理(X8)	0.5025
其他体育服务(X9)	0.5007

关于相对关联度，其计算步骤如下。

（1）初值化处理。
（2）始点零像化。
（3）计算 s_0 和 s_1。
4）计算相对关联度

相对关联度与绝对关联度的区别在于，相对关联度的第 1 步是初值化处理，即序列数据分别除以该序列的第一个数字，其目的在于进行量纲化处理。第 2 步、第 3 步、第 4 步分别与绝对关联度的第 1 步、第 2 步、第 3 步一致，此处不再赘述。本例的相对关联度计算结果如表 10-10 所示。

表 10-10 相对关联度计算结果

项	相对关联度
体育管理活动(X1)	0.6142
体育竞赛表演活动(X2)	0.7170

续表

项	相对关联度
体育健身休闲活动(X3)	0.5933
体育场地和设施管理(X4)	0.7500
体育经纪与代理、广告与会展、表演与设计服务(X5)	0.5570
体育教育与培训(X6)	0.5612
体育传媒与信息服务(X7)	0.5780
体育用品及相关产品销售、出租与贸易代理(X8)	0.7859
其他体育服务(X9)	0.6012

关于综合关联度，其计算公式如下：

得到绝对关联度和相对关联度后，可将二者进行加权综合，计算综合关联度，综合关联度计算公式如下：

综合关联度 = $\rho \times$ 绝对关联度 + $1-\rho \times$ 相对关联度，ρ 表示权重系数值，默认为 0.5。

综合关联度为绝对关联度与相对关联度的加权计算值，通常情况下绝对关联度的权重系数为 0.5，可自行改变该值后重新计算。本例的综合关联度计算结果如表 10-11 所示。

表 10-11 综合关联度计算结果

项	绝对关联度	相对关联度	综合关联度
体育管理活动(X1)	0.5005	0.6142	0.5574
体育竞赛表演活动(X2)	0.5001	0.7170	0.6085
体育健身休闲活动(X3)	0.5007	0.5933	0.5470
体育场地和设施管理(X4)	0.5009	0.7500	0.6254
体育经纪与代理、广告与会展、表演与设计服务(X5)	0.5001	0.5570	0.5285
体育教育与培训(X6)	0.5017	0.5612	0.5314
体育传媒与信息服务(X7)	0.5003	0.5780	0.5391
体育用品及相关产品销售、出租与贸易代理(X8)	0.5025	0.7859	0.6442
其他体育服务(X9)	0.5007	0.6012	0.5510

10.2 模糊综合评价法

10.2.1 模糊综合评价法原理

模糊综合评价法是利用模糊数学理论，将模糊的评价（如很好、好、差和很差）等进行定量转化，进而进行综合评价的研究方法，如对一个候选人的各项能力进行评价，能力包括沟通能力、逻辑能力、管理能力和学习能力，评价时评语包括四项，分别是很好、好、差和很差，以判断该候选人的综合情况，综合来看该候选人隶属于哪个评语、各个评语的综合比重是多少等。模糊综合评价法的计算步骤如图 10-3 所示。

```
准备数据 → 权重归一化 → 选择模糊算子 → 计算权重和综合得分
```

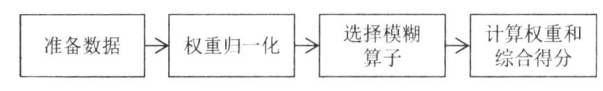

图 10-3　模糊综合评价法的计算步骤

1）准备数据

在进行模糊综合评价时，涉及两个术语，分别是评价指标和评语，评价指标指评价项，评语是评价指标的备选项（如很好、好、差和很差）。在数据格式上，一个评价指标为一行，一个评语为一列，如有 10 个评价指标，每个评价指标均有 4 个评语，此时则为 10×4 矩阵，矩阵中的数据为该评价指标下评语的占比（如果是个数，SPSSAU 平台会自动转换成占比），该评价矩阵也被称为 R 矩阵。

2）权重归一化

在进行模糊综合评价时，很多时候各个评价指标都有自身的权重，如个人能力评价指标，其包括沟通能力、逻辑能力、管理能力和学习能力，如果 4 项能力有各自的权重，那么就需要进行归一化设置，即让权重值加和为 1。如果 4 项能力各自的权重一致，则不需要设置。如果有 10 个评价指标，那么就为 10×1 矩阵，该权重矩阵也被称为 W 矩阵。权重归一化处理为 SPSSAU 平台的内部算法，并不需要单独处理。关于权重，通常情况下在实际研究前期已经计算得到，关于权重计算方法的内容可见第 7 章。

3）选择模糊算子

在得到 R 矩阵和 W 矩阵之后，可进行模糊转换，即使用模糊算子针对 R 矩阵和 W 矩阵进行计算，得到模糊评价集 B，模糊评价集 $B = W \cdot R$，$\cdot$ 为算子符号，SPSSAU 平台能提供 4 种模糊算子，分别是 $M(\wedge, \vee)$、$M(\cdot, \vee)$、$M(\wedge, \oplus)$ 和 $M(\cdot, \oplus)$，具体四种算子的计算和对比可见 10.2.2 节。

4）计算权重和综合得分

第 3）步选择模糊算子并进行模糊转换后，可通过计算公式 $B = W \cdot R$ 得到模糊评价集 B，模糊评价集 B 的具体数据也称作隶属度，隶属度是指评价指标在某评语上的相对比重，将隶属度进行归一化处理，即得到各个评价指标的权重。除此之外，如果各个评语具有分值信息，如很好为 5 分、好为 4 分、差为 2 分、很差为 1 分，则先将隶属度与对应的评语分值相乘，再累加和即可得到综合得分。

10.2.2　模糊综合评价案例

【例 10-2】现有一项关于高校辅导员能力评价的研究，评价指标包括 7 项，分别是思政教育能力、学业指导能力、就业指导能力、心理辅导能力、生活管理能力、班级事务管理能力和安全稳定管理能力（编号为 X1~X7），这 7 项能力在其他研究中已经计算出权重。当前共有 6 名专家对某位辅导员进行评价，评语项分别是非常好、好、一般、比较不好和非常不好。数据见"例 10-2.xls"。

1）准备数据

在数据格式上，一行代表一个评价指标，一列代表一个评语项，由于本例共有 6 名专家进行评价,因此每个评价指标对应的评语项数据加和均为 6。模糊综合评价案例数据如表 10-12 所示。

表 10-12　模糊综合评价案例数据

评价指标	编号	权重	非常好	好	一般	比较不好	非常不好
思政教育能力	X1	5.06%	2	2	0	2	0
学业指导能力	X2	17.17%	4	0	0	1	1
就业指导能力	X3	13.13%	2	2	1	1	0
心理辅导能力	X4	14.14%	4	0	1	0	1
生活管理能力	X5	12.12%	2	2	1	0	1
班级事务管理能力	X6	20.20%	0	3	2	0	1
安全稳定管理能力	X7	18.18%	2	3	0	0	1

SPSSAU 平台默认会按指标分别对评语项进行归一化处理,处理成占比数据,如思政教育能力的 5 个评语项的数字分别是 2、2、0、2 和 0,那么归一化后分别为 0.3333、0.3333、0.000、0.3333 和 0.0000,其余评价指标的处理类似,评价指标归一化处理后如表 10-13 所示。

表 10-13　评价指标归一化处理后

评价指标	编号	权重	非常好	好	一般	比较不好	非常不好
思政教育能力	X1	5.06%	0.3333	0.3333	0.000	0.3333	0.0000
学业指导能力	X2	17.17%	0.6667	0.0000	0.000	0.1667	0.1667
就业指导能力	X3	13.13%	0.3333	0.3333	0.167	0.1667	0.0000
心理辅导能力	X4	14.14%	0.6667	0.0000	0.167	0.0000	0.1667
生活管理能力	X5	12.12%	0.3333	0.3333	0.167	0.0000	0.1667
班级事务管理能力	X6	20.20%	0.0000	0.5000	0.333	0.0000	0.1667
安全稳定管理能力	X7	18.18%	0.3333	0.5000	0.000	0.0000	0.1667

评价指标归一化处理后的数据,即为 R 矩阵。另外在数据格式上,也可以直接提供评语项的占比数据,无论如何,SPSSAU 平台均默认对评价指标各评语项数据进行归一化处理。最终本例数据的 R 矩阵如表 10-14 所示。

表 10-14　R 矩阵

评价指标	编号	非常好	好	一般	比较不好	非常不好
思政教育能力	X1	0.3333	0.3333	0.000	0.3333	0.0000
学业指导能力	X2	0.6667	0.0000	0.000	0.1667	0.1667
就业指导能力	X3	0.3333	0.3333	0.167	0.1667	0.0000
心理辅导能力	X4	0.6667	0.0000	0.167	0.0000	0.1667
生活管理能力	X5	0.3333	0.3333	0.167	0.0000	0.1667
班级事务管理能力	X6	0.0000	0.5000	0.333	0.0000	0.1667
安全稳定管理能力	X7	0.3333	0.5000	0.000	0.0000	0.1667

在仪表盘中依次单击【综合评价】→【模糊综合评价】模块,将 5 个评语项放入【评语项】分析框中,将权重放入【评价指标权重】分析框中,操作界面如图 10-4 所示。

图 10-4　SPSSAU 平台进行模糊综合评价操作界面

2）权重归一化

上述已经得到 R 矩阵，如果不提供各评价指标的权重，那么 SPSSAU 平台默认会按每个评价指标的权重相等进行处理，如共有 7 个评价指标，则每个评价指标的权重为 1/7。如果提供各评价指标的权重，SPSSAU 平台则按照提供的权重进行计算，如本例 7 个评价指标的权重分别是 5.06%、17.17%、13.13%、14.14%、12.12%、20.20%、18.18%，这 7 个权重加和为 1。如果所有评价指标的权重加和不为 1，SPSSAU 平台则默认对评价指标的权重进行归一化处理，使所有评价指标权重加和为 1。本例数据的 W 矩阵=[5.06%,17.17%,13.13%,14.14%,12.12%,20.20%,18.18%]=[0.0506,0.1717,0.1313,0.1414,0.1212,0.2020,0.1818]。

3）选择模糊算子

在得到 R 矩阵和 W 矩阵之后，可计算模糊评价集，模糊评价集 $B = W \cdot R$，·为算子符号。模糊评价集的计算方式共有 4 种（算子），具体说明如下。

（1）$M(\wedge,\vee)$ 算子。

$$B_j = \max\left\{\left(W_i < R_{ij}\right) \mid 1 \leq i \leq n\right\}(j=1,2,..,m)$$，m 为评语个数，n 为评价指标个数。

其原理是先取小再取大，即先基于某评语项，将各评价指标的权重值分别与其对应的 R 矩阵值进行对比，取两者的较小值；然后取"较小值集合"的最大值。基于"非常好"，W 矩阵的数字 0.0506 小于 R 矩阵的数字 0.3333，因而取 0.0506，0.1717<0.6667 因而取 0.1717，以类似方式取出 5 个数字分别是 0.1313、0.1414、0.1212、0、0.1818。这 7 个数字的最大值即 max(0.0506, 0.1717, 0.1313, 0.1414, 0.1212, 0, 0.1818)=0.1818。类似地计算另外 4 个评语，B 值分别是 0.2020、0.2020、0.167 和 0.167。最终模糊评价集 B=(0.1818, 0.2020, 0.2020, 0.167, 0.167)。由上述处理可知：$M(\wedge,\vee)$ 算子对于 R 矩阵和 W 矩阵的

信息使用相对较少，使用不够充分，因而在实际研究中使用较少。

（2）$M(\bullet,\vee)$ 算子。

$$B_j = \max\left\{(W_i \bullet R_{ij})\big| 1 \leq i \leq n\right\} (j=1,2,..m)，m 为评语个数，n 为评价指标个数。$$

其原理是先乘再取大，即基于某评语项，将各评价指标的权重值分别与其对应的 R 矩阵值相乘，然后取"较小值集合"的最大值。本例基于"非常好"时，B=max(0.3333×0.0506，0.6667×0.1717，0.3333×0.1313，0.6667×0.1414，0.3333×0.1212，0.0000×0.2020，0.3333×0.1818)=0.114。类似地，计算另外 4 个评语项的 B 值，分别是 0.101、0.067、0.029 和 0.034。最终模糊评价集 B=(0.114，0.101，0.067，0.029，0.034)。由上述处理可知：$M(\bullet,\vee)$ 算子对于 R 矩阵和 W 矩阵的信息使用相对较少，且不够充分，因而在实际研究中使用较少。

（3）$M(\wedge,\oplus)$ 算子。

$$B_j = \min\left\{1, \sum(W_i < R_{ij})\big| 1 \leq i \leq n\right\} (j=1,2,..m)，m 为评语个数，n 为评价指标个数。$$

其原理是先取小再求和，然后与 1 进行比对（提示：模糊算子需要与 1 进行对比，但模糊综合评价时"取小求和"值理论上小于 1，因而是否与数字 1 进行比对均可），即先基于某评语项，将各评价指标的权重值分别与其对应的 R 矩阵值进行对比，取二者的较小值后求和，再与 1 进行对比取较小值。基于"非常好"，W 矩阵的数字 0.0506 小于 R 矩阵的数字 0.3333，因而取 0.0506，0.1717<0.6667 因而取 0.1717，用类似方式取出 5 个数字分别是 0.1313、0.1414、0.1212、0.0000、0.1818。这 7 个数字求和为 0.798，0.798<1，因而基于"非常好"时 B 为 0.798。类似地，计算另外 4 个评语项的 B 值，分别是 0.687、0.596、0.349 和 0.763。最终模糊评价集 B=(0.798，0.687，0.596，0.349，0.763)。由上述处理可知：$M(\wedge,\oplus)$ 算子对于 R 矩阵和 W 矩阵的信息使用相对较多，使用较充分，因而在实际研究中使用较多。

（4）$M(\bullet,\oplus)$ 算子。

$$B_j = \sum_{1}^{n} W_i \bullet R_{ij} (j=1,2,..m)，m 为评语个数，n 为评价指标个数。$$

其原理是先乘再求和，即两个矩阵相乘。基于某评语项，将各评价指标的权重值先分别与其对应的 R 矩阵值相乘，然后求和。本例基于"非常好"时，B=(0.3333×0.0506+0.6667×0.1717+0.3333×0.1313+0.6667×0.1414+0.3333×0.1212+0.0000×0.2020+0.3333×0.1818)=0.3704。类似地计算另外 4 个评语项，B 值分别是 0.2929、0.133、0.0674 和 0.1363。最终模糊评价集 B=(0.3704，0.2929，0.133，0.0674，0.1363)。由上述处理可知：$M(\bullet,\oplus)$ 算子充分利用了 R 矩阵和 W 矩阵的信息，因而在实际研究中使用较多。

4 种模糊算子如表 10-15 所示。4 种模糊算子对于 R 矩阵和 W 矩阵信息的利用程度有较大区别，$M(\wedge,\vee)$ 算子和 $M(\bullet,\vee)$ 算子对于 R 矩阵和 W 矩阵信息的利用程度相对较少，即对于 R 矩阵和 W 矩阵信息的综合程度相对较弱，因而在实际研究中使用较少。在实际研究中使用 $M(\wedge,\oplus)$ 算子和 $M(\bullet,\oplus)$ 算子较多，因为这两种算子对于 R 矩阵和 W 矩阵信息的利用程度相对较多，使用较充分，综合程度相对较强，SPSSAU 平台默认使用 $M(\cdot,\oplus)$ 算子。

表 10-15 4 种模糊算子

算子	R 矩阵使用	W 矩阵体现	综合程度	备注
$M(\wedge,\vee)$	较少	较少	较弱	不推荐使用
$M(\cdot,\vee)$	较少	较少	较弱	不推荐使用
$M(\wedge,\oplus)$	较多	较多	较强	推荐使用
$M(\cdot,\oplus)$	较多	较多	较强	推荐使用

4）计算权重和综合得分

模糊评价集 B 矩阵的具体数字称作隶属度。将隶属度进行归一化处理，即得到各评语项的权重值。本例数据使用 $M(\cdot,\oplus)$ 算子进行操作，权重计算结果如表 10-16 所示。

表 10-16 权重计算结果

项	非常好	好	一般	比较不好	非常不好
隶属度	0.3704	0.2929	0.133	0.0674	0.1363
隶属度归一化【权重】	0.3704	0.2929	0.133	0.0674	0.1363

表 10-16 中的隶属度为第 3）步计算得到的模糊评价集 B 矩阵，隶属度表示评语项的占比，如评语项为"非常好"时，隶属度为 0.3704，意味着有 37.04% 的评价是"非常好"。如果隶属度加和不为 1，那么此时需要查看其归一化值，即表 10-16 中的第 3 行数据。基于"最大隶属度"原则，即评语项对应的隶属度最大值作为综合评价标准。本例基于"最大隶属度"原则进行综合评价，即如果只用一个评语来评价本例的"高校辅导员能力"，"非常好"对应的隶属度最大，因而综合评价为"非常好"。

在实际研究中，"最大隶属度"原则上不能充分利用"隶属度"信息，因而可使用综合得分进行评价，综合得分的计算公式为："归一化隶属度"与"评语项分值"乘积值累和，如本例的评语项分别是非常好、好、一般、比较不好和非常不好，那么"评语项分值"可设置为 5 分、4 分、3 分、2 分和 1 分，具体评语项的分值应该是多少，由实际研究决定。综合得分=0.3704×5+0.2929×4+0.133×3+0.0674×2+0.1363×1=3.694 分，如表 10-17 所示。

表 10-17 综合得分值

综合得分	非常好	好	一般	比较不好	非常不好
3.694	5	4	3	2	1

10.3 数据包络分析

10.3.1 数据包络分析原理

数据包络分析（Data Envelopment Analysis，DEA）是一种研究相对效率优劣综合评价的方法,其用于研究投入和产出的相对效率,如评价企业的效率值(此处企业也称 DMU,即决策单元),投入包括资金、技术和人力,产出包括营收和利润。上述定义涉及专业名词"效率值",接下来从"效率值"出发,逐步讲解 DEA 相关的知识,分别从效率值定义、约束条件、松弛变量、规模效益、线性规划模型和注意事项 6 个角度逐步说明。DEA 知识如图 10-5 所示。

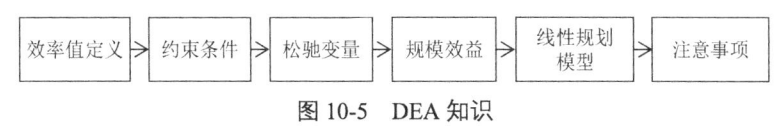

效率值定义 ➡ 约束条件 ➡ 松弛变量 ➡ 规模效益 ➡ 线性规划模型 ➡ 注意事项

图 10-5 DEA 知识

1)效率值定义

效率值定义为在进行 DEA 时研究投入和产出的相对效率,容易想到的是,效率值=产出/投入。如果投入相对较少产出相对较多,则效率值相对较高;如果投入相对较多产出相对较少,则效率值相对较低。企业希望投入相对较少产出相对较多,DEA 正是利用该效率值进行相对的效率优劣评价的,其是一种相对优劣评价方法。关于效率值的数学公式定义如下:

$$h = \frac{\sum_{r=1}^{q} u_r y_r}{\sum_{i=1}^{m} v_i x_i}$$

式中,投入项 X 的个数为 m;产出项 Y 的个数为 q;v 表示各个投入项 X 的系数值;u 表示各个产出项 Y 的系数值;u 和 v 均为待求解的数值,另上式的通俗例子如下(假设有 3 个 X,2 个 Y,u 和 v 值为随意编制):

$$h = \frac{3Y_1 + 2Y_2}{3X_1 + 4X_2 + 6X_3}$$

2)约束条件

从数学模型上,我们希望效率值 h 越大越好,并且效率值要进行相对大小的对比。由于效率值能对相对大小进行评价,因此数学模型上设置的 h 值要小于等于 1。与此同时,限定投入项 X 和产出项 Y 的系数值要全部大于 0,在加入约束条件后,其数学模型如下:

$$\max h = \frac{\sum_{r=1}^{q} u_r y_r}{\sum_{i=1}^{m} v_i x_i}$$

$$h \leq 1, u \geq 0, v \geq 0$$

基于上述数学模型进行求解得到的效率值称为总效率(Overall Efficiency,OE)值,该值介于[0,1],该值越大意味着 DMU 的相对投入、产出效率越高(OE=1 意味着 DEA 有效)。

3)松弛变量

DEA 是对相对效率大小的分析,有的 DMU 的 OE 值较大,有的 DMU 的 OE 值较小。当 DMU 的 OE 值较小时,意味着投入和产出的相对效率不佳,不是投入相对过多,就是产出相对过少，此时引入了新的名词叫作"松弛变量"，其用于衡量"投入相对过多"或"产出相对较少"的情况。松弛变量示意图如图10-6所示，使用图形能直观地展示松弛变量的意义。

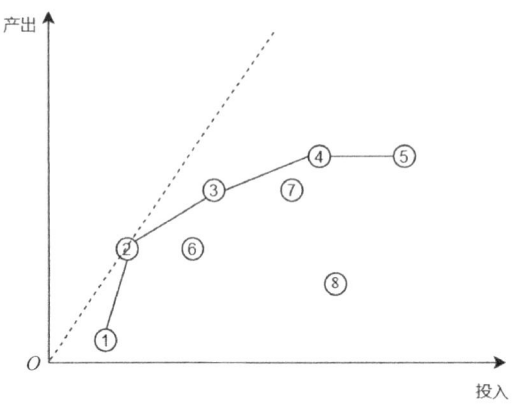

图 10-6 松弛变量示意图

首先假定有 8 个 DMU，在 DEA 时，其原理刻画出"随机前沿面"，即投入、产出相对较优（OE=1）的 DMU 集合，1、2、3、4、5 组成"随机前沿面"，说明 DMU 为 1、2、3、4、5 时，OE 值最优为 1。但是 6、7、8 这 3 个 DMU，并没有达到最优状态，如 6 可通过减少投入（往左移至 2）达到 DMU 最优，当然 6 也可以往上移到"随机前沿面"从而达到 DMU 最优；再如 7 可往上移动（增加产出）到"随机前沿面"从而达到 DMU 最优，或者将 7 减少投入（往左移到 3）来实现 DMU 最优。在上述描述中，增加产出或减少投入的具体数量值，即为松弛变量，分别使用符号 S^+ 和 S^- 进行标识，S^+ 表示增加产出量，S^- 表示减少投入量，当 DMU 没有达到最优（OE<1）时，可通过增加产出或减少投入两种方式组合，以达到最优率。

另外从图 10-6 中可知：DMU 为 4 或 5 时，DEA 均有效（OE=1），但是 5 可以往左移到 4（此时投入减少，但是产出并没有变化），类似地，5 的 DMU 称为 DEA 弱有效，即该类 DMU 已经 DEA 优秀，但还可以更优，数学上表现为 S^+ 大于 0 或者 S^- 大于 0。但是 DMU 为 4 时无法更加优秀，此类 DMU 被称为 DEA 强有效，数学上表现为 S^+ 和 S^- 均为 0。

4）规模效益

在企业发展初期，加大投入可以带来更多的产出，如多投入 1 元多产出 2 元，此时称其为规模效益递增；在企业发展中期，投入和产出只能同等比例地变化，多投入 1 元多产出 1 元，此时称其为规模效益固定；在企业发展后期，投入多但产出相对较少，多投入 1 元仅多产出 0.5 元，此时称其为规模效益递减。

如上所述，在进行投入、产出相对效率估算时，一种模型为规模效益固定，投入和产出表现出同等比例的大小缩放，称作规模收益不变（Constant Returns to Scale，CRS）模型，也称作 CCR 模型。规模效益示意图如图 10-7 所示，虚线表示投入和产出呈同等比例的增大或减少。除此之外，另外一种模型为规模效益可变（Variable Returns to Scale，VRS）模型，投入和产出并非呈同等比例变化，也称作 BCC 模型，图 10-7 中 1、2、3、4、5 形成的凸起线条，各个 DMU 的投入、产出变化幅度并不完全一致。

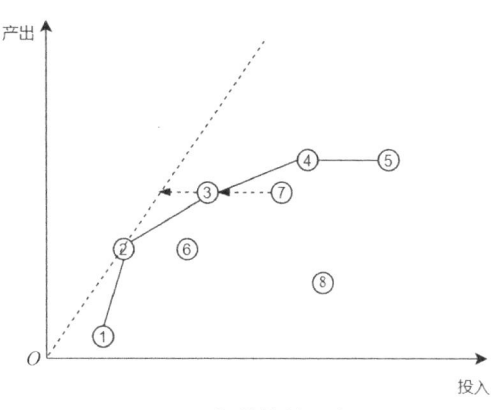

图 10-7 规模效益示意图

那么如何衡量规模效益呢？如 DMU 为 7 时，其想达到 DEA 最优，可"往左移"到 3 这个 DMU 从而达到 DEA 最优（此时为 BCC 模型下的 DEA 最优），但 3 这个 DMU 还可以再往左移，移动到虚线上，达到 CCR 模型下的 DEA 最优。3 这个 DMU 与虚线的距离值，即为规模效益值。从数学计算上，规模效益（Scale Efficiency，SE）值的计算公式为，CCR 模型得到的最优效益值/BCC 模型得到的最优效益值，BCC 模型得到的最优效益值通常被称作 TE（Technical Efficiency）值。SE 值等于 1 意味着规模效益固定，该值大于 1 意味着规模效益递减即可减少投入，该值小于 1 意味着规模效益递增即可加大投入。

5）线性规划模型

将上述 CCR 模型的数学模型进行 Charnes – Cooper 变换（一种数学上的转换方式），得到 CCR 模型的线性规划模型如下：

$$\min \theta$$
$$\text{s.t.} \begin{cases} \sum_{j=1}^{n} \lambda_j X_j + S^- = \theta X_{j0} \\ \sum_{j=1}^{n} \lambda_j Y_j - S^+ = Y_{j0} \\ S^+, S^-, \lambda_j \geq 0 \\ j = 1, 2, \cdots, n \end{cases}$$

式中，θ 表示效益值；$\lambda = (\lambda_1, \lambda_2, \ldots, \lambda_n)^T$ 为权重向量；X_j 为第 j 个 DMU 其 m 维投入的列向量；Y_j 为第 j 个 DMU 其 q 维产出的列向量；S^- 和 S^+ 分别为第 j_0 个 DMU 的投入与产出的松弛变量，约束 S^-、S^+ 和 λ 均大于等于 0。

CCR 模型为假定规模效益，如果规模效益可变即为 BCC 模型，在数学上仅多出一个凸性假设，即 $\sum_{j=1}^{n} \lambda_j = 1$，BCC 模型的线性规划模型如下：

$$\min \theta$$

$$\text{s.t.} \begin{cases} \sum_{j=1}^{n} \lambda_j X_j + S^- = \theta X_{j0} \\ \sum_{j=1}^{n} \lambda_j Y_j - S^+ = Y_{j0} \\ S^-, S^+, \lambda_j \geq 0 \\ j = 1, 2, \cdots, n \\ \sum_{j=1}^{n} \lambda_j = 1 \end{cases}$$

此公式与 CCR 模型的公式相比，仅多出 $\sum_{j=1}^{n} \lambda_j = 1$ 这一约束条件。由于 BCC 模型具有规模效益可变特质，其相对更加符合实际情况，因此在研究中 BCC 模型使用相对较多。

6) 注意事项

DEA 利用产出与投入相除，进而估计效率值。在实际分析时，如果数据中有逆向指标，如产出项中包括负债率，数字越大意味着负债越高（效率越差），针对该类指标，通常要先进行方向处理，即先使用逆向化处理再进行分析，具体可见 3.4.2 节内容。与此同时，如果数据中出现 0 或者负数，也会导致计算有误，因此要保证数据全部为正数，通常要使用区间化，或者非负平移处理方式，先将数据处理为正数再分析，如初立苹，粟芳（2013）使用区间化这一处理方式，SPSSAU 平台默认提供【非负平移】模块，关于区间化和非负平移的原理及公式等，可见 3.4.2 节内容。

10.3.2 数据包络分析案例

【例 10-3】现研究房地产开发企业的实际到位资金、全体居民人均消费支出这两个投入项对人均 GDP 和二氧化硫排放量这两个产出项的效率，数据为 2021 年 31 省区市的数据，来源于国家统计局官网，见"例 10-3.xls"。

DEA 案例数据示例如表 10-18 所示。

表 10-18 DEA 案例数据示例

省区市	房地产开发企业本年实际到位资金/亿元(X1)	全体居民人均消费支出/元(X2)	人均 GDP/万元(Y1)	二氧化硫排放量/万吨(Y2)
北京	6524.24	43640	18.396	0.14
天津	4012.73	33188	11.431	0.85
河北	6046.90	19954	5.423	17.07
山西	2544.38	17191	6.491	14.70
内蒙古	1550.51	22658	8.548	22.48
辽宁	3453.49	23831	6.523	16.33
吉林	1691.70	19605	5.573	6.23
黑龙江	992.44	20636	4.761	11.03
上海	5924.39	48879	17.362	0.58
江苏	24527.62	31451	13.682	8.86

续表

省区市	房地产开发企业本年实际到位资金/亿元(X1)	全体居民人均消费支出/元(X2)	人均 GDP/万元 (Y1)	二氧化硫排放量/万吨 (Y2)
浙江	20544.51	36668	11.241	4.33
安徽	9559.64	21911	7.028	8.55
福建	7747.95	28440	11.658	6.51
江西	3900.66	20290	6.557	8.75
山东	13272.17	22821	8.171	16.53
河南	8212.68	18391	5.958	6.00
湖北	7312.45	23846	8.579	9.21
湖南	6546.98	22798	6.956	8.49
广东	28156.22	31589	9.805	9.79
广西	4331.83	18088	4.912	7.43
海南	1974.01	22242	6.348	0.43
重庆	5723.77	24598	8.684	5.06
四川	10142.92	21518	6.432	13.58
贵州	2807.34	17957	5.085	14.31
云南	3749.53	18851	5.788	17.31
西藏	174.38	15343	5.684	0.22
陕西	5403.45	19347	7.537	8.11
甘肃	1384.42	17456	4.114	8.47
青海	451.88	19020	5.634	4.08
宁夏	734.31	20024	6.238	6.03
新疆	1732.73	18961	6.174	13.33

从案例数据可知：数据有量纲问题，但在 DEA 时，并不需要考虑量纲问题，因而不需要处理。在指标方向上，二氧化硫排放量这个产出项指标，其逆向指标数字越小越好，在 DEA 时需要对该类逆向指标进行处理，通常使用逆向化处理方式，处理公式如下：

$$逆向化：\frac{x_{\text{Max}} - x}{x_{\text{Max}} - x_{\text{Min}}}$$

二氧化硫排放量这个产出项指标数据的最大值和最小值分别是 22.48 和 0.14，如天津二氧化硫排放量数据为 0.85，计算得到 $\frac{22.48 - 0.85}{22.48 - 0.14} = 0.9682$。需要注意的是进行逆向化处理后，数字中一定会出现 0，本例数据中内蒙古的二氧化硫排放量数据为 22.48，其逆向化处理后一定为 0，但是数字 0 不能出现在 DEA 中，因而可对数据进行区间化处理，将其压缩在一定范围，如[0.01,1]，同时可使用非负平移功能，即对二氧化硫排放量数据逆向化处理后，将该列数据统一加上其最小值的绝对值且加上一个单位值（如 0.01），关于区间化和非负平移这两项数据处理功能，可通过在仪表盘中依次单击【数据处理】→【生成变量】模块进行设置。关于非负平移功能，SPSSAU 平台在 DEA 时，默认提供该参数设置。逆向化处理和非负平移处理如表 10-19 所示。

表 10-19 逆向化处理和非负平移处理

省区市	二氧化硫排放量/万吨(Y2)	Y2-逆向化处理	Y2-逆向化处理-非负平移	省区市	二氧化硫排放量/万吨(Y2)	Y2-逆向化处理	Y2-逆向化处理-非负平移
北京	0.14	1.0000	1.0100	湖北	9.21	0.5940	0.6040
天津	0.85	0.9682	0.9782	湖南	8.49	0.6262	0.6362
河北	17.07	0.2422	0.2522	广东	9.79	0.5680	0.5780
山西	14.70	0.3483	0.3583	广西	7.43	0.6737	0.6837
内蒙古	22.48	0.0000	0.0100	海南	0.43	0.9870	0.9970
辽宁	16.33	0.2753	0.2853	重庆	5.06	0.7798	0.7898
吉林	6.23	0.7274	0.7374	四川	13.58	0.3984	0.4084
黑龙江	11.03	0.5125	0.5225	贵州	14.31	0.3657	0.3757
上海	0.58	0.9803	0.9903	云南	17.31	0.2314	0.2414
江苏	8.86	0.6097	0.6197	西藏	0.22	0.9964	1.0064
浙江	4.33	0.8124	0.8224	陕西	8.11	0.6432	0.6532
安徽	8.55	0.6235	0.6335	甘肃	8.47	0.6271	0.6371
福建	6.51	0.7149	0.7249	青海	4.08	0.8236	0.8336
江西	8.75	0.6146	0.6246	宁夏	6.03	0.7363	0.7463
山东	16.53	0.2663	0.2763	新疆	13.33	0.4096	0.4196
河南	6.00	0.7377	0.7477				

使用处理后的数据进行分析，在仪表盘中依次单击【综合评价】→【DEA】模块，将两个投入项指标放入【投入(X)】分析框中，将两个产出项指标放入【产出(Y)】分析框中，在下拉列表中选择【BCC 默认】(SPSSAU 默认该模型)，勾选【非负平移】复选框(此处单独提供非负平移参数项)。SPSSAU 平台进行 DEA 操作界面如图 10-8 所示。

图 10-8 SPSSAU 平台进行 DEA 操作界面

数据包络有效性分析结果如表 10-20 所示。

表 10-20 数据包络有效性分析结果

省区市	技术效益 TE	规模效益 SE(k)	综合效益 OE(θ)	松弛变量 S⁻	松弛变量 S⁺	有效性	地区	技术效益 TE	规模效益 SE(k)	综合效益 OE(θ)	松弛变量 S⁻	松弛变量 S⁺	有效性
北京	1	1	1	0	0	DEA 强有效	湖北	0.896	0.963	0.863	0.000	0.000	非 DEA 有效
天津	0.847	0.998	0.845	0.000	0.000	非 DEA 有效	湖南	0.785	0.954	0.749	0.000	0.000	非 DEA 有效
河北	0.769	0.832	0.640	0.000	0.033	非 DEA 有效	广东	0.748	0.971	0.726	4666.391	0.000	非 DEA 有效
山西	0.988	0.908	0.897	0.000	0.006	非 DEA 有效	广西	0.848	0.827	0.702	401.260	0.000	非 DEA 有效
内蒙古	1.000	0.963	0.963	0.000	1.039	非 DEA 有效	海南	0.754	0.999	0.754	0.000	0.000	非 DEA 有效
辽宁	0.716	0.911	0.652	0.000	0.096	非 DEA 有效	重庆	0.884	0.982	0.868	0.000	0.000	非 DEA 有效
吉林	0.783	0.936	0.733	0.000	0.000	非 DEA 有效	四川	0.783	0.904	0.708	0.000	0.000	非 DEA 有效
黑龙江	0.744	0.808	0.601	0.000	0.151	非 DEA 有效	贵州	0.854	0.802	0.685	0.000	0.000	非 DEA 有效
上海	1.000	0.864	0.864	0.000	0.354	非 DEA 有效	云南	0.825	0.881	0.727	0.000	0.072	非 DEA 有效
江苏	1	1	1	0	0	DEA 强有效	西藏	1	1	1	0	0	DEA 强有效
浙江	0.734	0.997	0.732	0.000	0.000	非 DEA 有效	陕西	0.988	0.963	0.952	0.000	0.000	非 DEA 有效
安徽	0.824	0.95	0.782	0.000	0.000	非 DEA 有效	甘肃	0.879	0.707	0.621	0.000	0.000	非 DEA 有效
福建	0.994	0.982	0.976	0.000	0.000	非 DEA 有效	青海	0.807	0.979	0.790	0.000	0.095	非 DEA 有效
江西	0.843	0.948	0.799	0.000	0.000	非 DEA 有效	宁夏	0.827	0.992	0.820	0.000	0.203	非 DEA 有效
山东	0.892	0.932	0.831	0.000	0.118	非 DEA 有效	新疆	0.862	0.944	0.814	0.000	0.213	非 DEA 有效
河南	0.864	0.953	0.824	2472.488	0.000	非 DEA 有效							

数据包络有效性分析结果中包括综合效益 OE、技术效益 TE 和规模效益 SE，三者的数学关系为 OE=TE×SE，除此之外还包括松弛变量 S^+ 和 S^-，以及有效性。北京、江苏和西藏的 OE=1，并且 S^+ 和 S^- 均为 0，意味着北京、江苏和西藏为 DEA 强有效。如果 OE=1，但 S^+ 或 S^- 大于 0，则北京、江苏和西藏为 DEA 弱有效（DEA 有效但还有进一步提升空间的意思）。如果 OE<1，则意味着北京、江苏和西藏为非 DEA 有效，相对来讲投入、产出的效率较低。

除北京、江苏和西藏外，其余 28 个直辖市、省或自治区的规模效益 SE 全部小于 1，相对来看，这 28 个直辖市、省或自治区均可通过加大投入，带来更高幅度的产出效益。技术效益 TE 为 BCC 模型计算得到的效益值，该值的解读与综合效益 OE 解读基本一致，该值等于 1 时意味着纯技术效益已达最优，该值小于 1 时意味着纯技术效益还有提升空间。

松弛变量 S^+ 表示增加多少产出量才能达到 DEA 有效，松弛变量 S^+ 为所有产出项的累和值，SPSSAU 平台能输出具体每个产出指标的 S^+ 指标值，并且可将 S^+ 除以自身数值，即得到产出不足率的相对指标。类似地，S^- 表示减少多少投入量才能达到 DEA 有效，松弛变量 S^- 为所有投入项的累和值，SPSSAU 平台能输出具体每个投入指标的 S^- 指标值，并且将 S^- 除以自身数值，即得到投入冗余率的相对指标。产出不足率分析结果如表 10-21 所示。

表 10-21 产出不足率分析结果

省区市	产出不足分析					省区市	产出不足分析				
	松弛变量 S^+ 分析			产出不足率			松弛变量 S^+ 分析			产出不足率	
	人均GDP/万	二氧化硫排放量/万吨	汇总	人均GDP/万	二氧化硫排放量/万吨		人均GDP/万	二氧化硫排放量/万吨	汇总	人均GDP/万	二氧化硫排放量/万吨
北京	0	0	0	0	0	湖北	0	0	0	0	0
天津	0	0	0	0	0	湖南	0	0	0	0	0
河北	0.00000	0.03257	0.03257	0.00000	0.129	广东	0	0	0	0	0
山西	0.000	0.006	0.006	0.000	0.016	广西	0	0	0	0	0
内蒙古	0.000	1.039	1.039	0.000	103.91	海南	0	0	0	0	0
辽宁	0.000	0.096	0.096	0.000	0.337	重庆	0	0	0	0	0
吉林	0	0	0	0	0	四川	0	0	0	0	0
黑龙江	0.000	0.151	0.151	0.000	0.289	贵州	0	0	0	0	0
上海	0.000	0.354	0.354	0.000	0.358	云南	0.000	0.072	0.072	0.000	0.298
江苏	0	0	0	0	0	西藏	0	0	0	0	0
浙江	0	0	0	0	0	陕西	0	0	0	0	0
安徽	0	0	0	0	0	甘肃	0	0	0	0	0
福建	0	0	0	0	0	青海	0	0.095	0.095	0.000	0.113
江西	0	0	0	0	0	宁夏	0.000	0.203	0.203	0.000	0.272
山东	0.000	0.118	0.118	0.000	0.427	新疆	0.000	0.213	0.213	0.000	0.508
河南	0	0	0	0	0						

河北省两个产出指标的松弛变量 S^+ 值分别是 0.00000 和 0.03257，因而累和值为 0.03257，

产出不足率为 S^+ 值/自身数值，如二氧化硫排放量的产出不足率 = $\frac{0.03257}{0.252166517}$ = 0.129，即产出不足率为 12.9%，类似地，投入冗余分析结果如表 10-22 所示。

表 10-22 投入冗余分析结果

| 省区市 | 松弛变量 S^- 分析 | | 投入冗余率 | | 省区市 | 松弛变量 S^- 分析 | | 投入冗余率 | |
	房地产开发企业本年实际到位资金/亿元	全体居民人均消费支出/元	汇总	房地产开发企业本年实际到位资金/亿元	全体居民人均消费支出/元		房地产开发企业本年实际到位资金/亿元	全体居民人均消费支出/元	汇总	房地产开发企业本年实际到位资金/亿元	全体居民人均消费支出/元
北京	0	0	0	0	0	湖北	0	0	0	0	0
天津	0	0	0	0	0	湖南	0	0	0	0	0
河北	0	0	0	0	0	广东	4666.391	0.000	4666.391	0.166	0.000
山西	0	0	0	0	0	广西	401.260	0.000	401.260	0.093	0.000
内蒙古	0	0	0	0	0	海南	0	0	0	0	0
辽宁	0	0	0	0	0	重庆	0	0	0	0	0
吉林	0	0	0	0	0	四川	0	0	0	0	0
黑龙江	0	0	0	0	0	贵州	0	0	0	0	0
上海	0	0	0	0	0	云南	0	0	0	0	0
江苏	0	0	0	0	0	西藏	0	0	0	0	0
浙江	0	0	0	0	0	陕西	0	0	0	0	0
安徽	0	0	0	0	0	甘肃	0	0	0	0	0
福建	0	0	0	0	0	青海	0	0	0	0	0
江西	0	0	0	0	0	宁夏	0	0	0	0	0
山东	0	0	0	0	0	新疆	0	0	0	0	0
河南	2472.488	0.000	2472.488	0.301	0.000						

河南省两个投入指标的松弛变量 S^- 值分别是 2472.488 和 0.000，因而累和值为 2472.488，投入冗余率为 S^- 值/自身数值，如房地产开发企业本年实际到位资金的投入冗余率等于 $\frac{2472.488}{8212.68}$ = 0.301，即投入冗余率为 30.1%。

10.4 耦合协调度

10.4.1 耦合协调度原理

耦合协调度模型用于研究两个或两个以上系统的相互作用情况，以及评价各系统间的协调发展程度，如研究经济效益与社会效益的协调情况、长三角协同发展情况、京津冀经济一体化发展协调程度等。耦合协调度模型计算或分析步骤如图 10-9 所示。

准备数据 → 计算耦合度 C 值 → 计算协调度 T 值 → 计算耦合协调度 D 值和协调等级

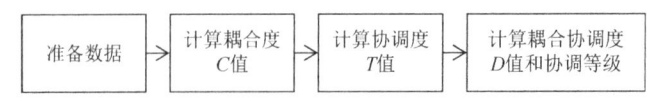

图 10-9　耦合协调度模型计算或分析步骤

1）准备数据

耦合协调度模型能研究两个或多个系统之间的相互关系情况，研究对象为系统，如生态环境、科技创新、经济增长等宏观概括性系统，其并非具体性指标，如城市人口密度、城镇化率、人均 GDP 等，但耦合协调度模型研究的系统，其数据通常是经过具体性指标进行计算得到的，如使用熵值法分析后得到的"综合得分"数据（具体熵值法内容可见第 7 章）。与此同时，基于后续步骤中的计算公式或分析需要，对数据进行相关处理，如将其压缩在[0，1]内，以满足基本需要。具体会在案例中进行说明。

2）计算耦合度 C 值

在物理学中，"耦合"用于表示不同系统之间的相互作用强度，耦合协调度模型借用"耦合"概念来评估数据的耦合大小（当前步骤计算的耦合度 C 值），该值越大意味着系统之间的相互作用强度越强。需要注意的是，作者阅读相关文献发现，不同文献的耦合度 C 值的计算公式有较大区别，这会导致不同的结果，甚至出现计算矛盾的结果，丛晓男（2019）这篇文献进行了总结说明，该文献总结了耦合度 C 值的两种一般化计算公式，分别如下：

$$C_1(U_1, U_2, \cdots, U_n) = n \times \left[\frac{U_1 U_2 \cdots U_n}{(U_1 + U_2 + \cdots + U_n)^n} \right]^{\frac{1}{n}}$$

$$C_2(U_1, U_2, \cdots, U_n) = 2 \times \left[\frac{U_1 U_2 \cdots U_n}{\prod_{i<j}(U_i + U_j)^{\frac{2}{n-1}}} \right]^{\frac{1}{n}}$$

式中，U 为系统数据；n 为系统个数。C_1 和 C_2 是两种不同的耦合度计算公式，有相同的数据前提，这两个公式很可能会计算得到不同的结果，SPSSAU 平台默认采用 C_1 计算公式。另需要注意，U 通常全部大于 0，如果出现 $U=0$，那么耦合度 C 值一定为 0；如果出现 $U<0$，其可能导致分母为 0，因而无法计算耦合度 C 值。

3）计算协调度 T 值

得到耦合度 C 值后，接着计算协调度 T 值，计算公式如下：

$$T = \beta_1 U_1 + \beta_2 U_2 + \beta_3 U_3 + \cdots \beta_n U_n$$

式中，β 为系统权重；U 为系统数据。如果各个系统权重一致，则 β 值全部为 $1/n$，n 为系统个数；如果各个系统权重不同，则对该值进行设置。另作者查阅 T 值计算公式时发现，有的文献会进行开根号处理，如王娜（2019）使用下式：

$$T = \sqrt{\beta_1 U_1 + \beta_2 U_2 + \beta_3 U_3 + \cdots \beta_n U_n}$$

SPSSAU 平台使用不带根号的协调度 T 值计算公式，如果研究者已经计算好协调度 T 值，可将其放入对应的【协调指数】分析框中，即可按照研究者提供的协调度 T 值进行计算。

4）计算耦合协调度 D 值和协调等级

在完成耦合度 C 值和协调度 T 值计算后，可计算耦合协调度 D 值，该值的计算公式如下：

$$D = \sqrt{C \times T}$$

从式可知，$C \times T$ 值不能小于 0，基于此原因，一般情况下 C 值和 T 值均大于 0，以保证 D 值的正常计算，C 值和 T 值均是基于 U 值即系统数据计算而来的，因而一般情况下要提前处理好数据，保证 U 值大于 0，以防止无法计算耦合协调度 D 值。

计算完 D 值后，结合 D 值的取值范围，可计算得到各项的协调等级和耦合协调程度（协调等级和耦合协调程度为一一对应关系）。

10.4.2 耦合协调度案例

【例 10-4】现有一项关于绿色金融、经济增长与生态环境共 3 个系统耦合协调发展水平的研究，选取 2011—2017 年共 7 年的数据进行分析，本例数据来源于王娜（2019），数据见"例 10-4.xls"。

1）准备数据

在数据格式上，一行代表一个样本，一列代表一个系统。本例共有 7 年的数据，因而共有 7 个样本，并且涉及 3 个系统，分别是绿色金融、经济增长与生态环境，其综合指数分别用 U1、U2 和 U3 标识。耦合协调度案例数据如表 10-23 所示。

表 10-23　耦合协调度案例数据

年份	绿色金融综合指数 U1	经济增长综合指数 U2	生态环境综合指数 U3
2011 年	0.1000	0.1819	0.2588
2012 年	0.1756	0.2694	0.3423
2013 年	0.3672	0.4705	0.4245
2014 年	0.5349	0.6728	0.5810
2015 年	0.8658	0.7991	0.5534
2016 年	0.9916	0.9386	0.7532
2017 年	0.9931	0.9578	0.8752

需要提示的是，系统数据通常是由其他的研究方法，如熵值法、主成分分析等分析时得到的综合得分而来的，关于熵值法、主成分分析综合得分的计算可见第 7 章内容。

当前案例数据的数字全部介于[0,1]，以及需要注意的是，如果数据出现负数、0 或者大于等于 1 的数字，通常需要对其进行处理，使用处理后的数据进行分析。如果出现负数，则很可能导致后续无法计算出耦合协调度 D 值（涉及开根号计算）；如果出现数字 0，则耦合协调度 D 值一定为 0（此种情况可以正常计算）；如果出现大于 1 的数字，

则耦合协调度 D 值可能大于 1，此种情况会导致无法计算协调等级（通常情况下协调等级是基于 0~1 范围判断的，但不包括大于 1 的数字）。

如果数据中出现[0,1]之外的数字，那么可对其进行处理，使用区间化处理，将数据压缩在[0,1]，关于区间化的公式，可见 3.4.2 节内容。SPSSAU 平台能提供【数据区间化】模块，当选择该模块时，会将数据压缩在[0.01,0.99]这一区间中。

在仪表盘中依次单击【综合评价】→【耦合协调度】模块，将 3 个系统项放入【分析项】分析框中，将【年份】放入【标签】分析框中，此设置目的是在输出结果时能展示对应标签信息，本例的 3 个系统数据并没有单独的权重，因而不需要勾选【指标权重】复选框，并且数据已经介于[0,1]，不需要勾选【数据区间化】复选框。SPSSAU 平台进行耦合协调度操作界面如图 10-10 所示。

图 10-10　SPSSAU 平台进行耦合协调度操作界面

2）计算耦合度 C 值

耦合度 C 值的计算公式如下：

$$C_1(U_1, U_2, \cdots, U_n) = n \times \left[\frac{U_1 U_2 \cdots U_n}{(U_1 + U_2 + \cdots + U_n)^n} \right]^{\frac{1}{n}}$$

本例数据共有 3 个系统，因而 n 为 3，如 2011 年时，$C = 3 \times \left[\frac{0.1000 \times 0.1819 \times 0.2588}{(0.1000 + 0.1819 + 0.2588)^3} \right]^{\frac{1}{3}} =$ 0.9299，其余数据的计算类似。耦合度 C 值计算结果如表 10-24 所示。

表 10-24 耦合度 C 值计算结果

年份	绿色金融综合指数 U1	经济增长综合指数 U2	生态环境综合指数 U3	耦合度 C 值
2011 年	0.1000	0.1819	0.2588	0.9299
2012 年	0.1756	0.2694	0.3423	0.9640
2013 年	0.3672	0.4705	0.4245	0.9949
2014 年	0.5349	0.6728	0.5810	0.9955
2015 年	0.8658	0.7991	0.5534	0.9820
2016 年	0.9916	0.9386	0.7532	0.9931
2017 年	0.9931	0.9578	0.8752	0.9986

3）计算协调度 T 值

协调度 T 值的计算公式如下：

$$T = \beta_1 U_1 + \beta_2 U_2 + \beta_3 U_3 + \cdots \beta_n U_n$$

本例共有 3 个系统，并且 3 个系统的权重一样，即 $\beta_1 = \beta_2 = \beta_3 = 1/3$。2011 年时，$T = \left(\frac{1}{3}\right) \times 0.1000 + \left(\frac{1}{3}\right) \times 0.1819 + \left(\frac{1}{3}\right) \times 0.2588 = 0.1802$，其余数据的计算类似。协调度 T 值计算结果如表 10-25 所示。

表 10-25 协调度 T 值计算结果

年份	绿色金融综合指数 U1	经济增长综合指数 U2	生态环境综合指数 U3	耦合度 C 值	协调度 T 值
2011 年	0.1000	0.1819	0.2588	0.9299	0.1802
2012 年	0.1756	0.2694	0.3423	0.9640	0.2624
2013 年	0.3672	0.4705	0.4245	0.9949	0.4207
2014 年	0.5349	0.6728	0.5810	0.9955	0.5962
2015 年	0.8658	0.7991	0.5534	0.9820	0.7394
2016 年	0.9916	0.9386	0.7532	0.9931	0.8944
2017 年	0.9931	0.9578	0.8752	0.9986	0.9419

4）计算耦合协调度 D 值和协调等级

最后计算耦合协调度 D 值，其计算公式如下：

$$D = \sqrt{C \times T}$$

例如，2011 年时，$D = \sqrt{0.9299 \times 0.1802} = 0.4094$（注：由于小数位精度问题，因此计算可能有出入），其余数据的计算类似。耦合协调度 D 值计算结果如表 10-26 所示。

表 10-26 耦合协调度 D 值计算结果

年份	绿色金融综合指数 U1	经济增长综合指数 U2	生态环境综合指数 U3	耦合度 C 值	协调度 T 值	耦合协调度 D 值
2011 年	0.1000	0.1819	0.2588	0.9299	0.1802	0.4094
2012 年	0.1756	0.2694	0.3423	0.9640	0.2624	0.5030

续表

年份	绿色金融综合指数 U1	经济增长综合指数 U2	生态环境综合指数 U3	耦合度 C 值	协调度 T 值	耦合协调度 D 值
2013 年	0.3672	0.4705	0.4245	0.9949	0.4207	0.6469
2014 年	0.5349	0.6728	0.5810	0.9955	0.5962	0.7704
2015 年	0.8658	0.7991	0.5534	0.9820	0.7394	0.8521
2016 年	0.9916	0.9386	0.7532	0.9931	0.8944	0.9425
2017 年	0.9931	0.9578	0.8752	0.9986	0.9419	0.9699

耦合协调度 D 值越大代表耦合程度越高，结合耦合协调度等级划分标准，可得到各年份的耦合协调等级和耦合协调程度。耦合协调度等级划分标准如表 10-27 所示。

表 10-27　耦合协调度等级划分标准

耦合协调度 D 值区间	耦合协调等级	耦合协调程度
[0.0,0.1)	1	极度失调
[0.1,0.2)	2	严重失调
[0.2,0.3)	3	中度失调
[0.3,0.4)	4	轻度失调
[0.4,0.5)	5	濒临失调
[0.5,0.6)	6	勉强协调
[0.6,0.7)	7	初级协调
[0.7,0.8)	8	中级协调
[0.8,0.9)	9	良好协调
[0.9,1.0]	10	优质协调

耦合协调度等级划分标准并不统一，本书参考王娜（2019）。按照上述标准，最终本例 7 年数据对应的耦合协调度 D 值、耦合协调等级和耦合协调程度汇总如表 10-28 所示。

表 10-28　耦合协调度 D 值、耦合协调等级和耦合协调程度汇总

年份	耦合度 C 值	协调指数 T 值	耦合协调度 D 值	耦合协调等级	耦合协调程度
2011 年	0.9299	0.1802	0.4094	5	濒临失调
2012 年	0.9640	0.2624	0.5030	6	勉强协调
2013 年	0.9949	0.4207	0.6469	7	初级协调
2014 年	0.9955	0.5962	0.7704	8	中级协调
2015 年	0.9820	0.7394	0.8521	9	良好协调
2016 年	0.9931	0.8944	0.9425	10	优质协调
2017 年	0.9986	0.9419	0.9699	10	优质协调

10.5　综合指数

综合指数是一种可以用来衡量或测定指标大小的相对数，如物价指数、空气质量指数

等，综合指数可用于反映事物的动态变化情况。综合指数计算或分析步骤如图 10-11 所示。

```
准备数据 → 指标方向和量纲处理 → 计算综合指数
```

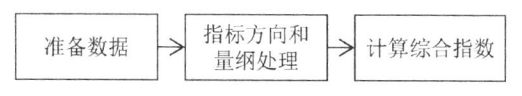

图 10-11　综合指数计算或分析步骤

1）准备数据

在进行综合指数计算时，通常涉及多项指标，如监控大气污染时，常使用六项指标，分别是细颗粒物（PM2.5）浓度、可吸入颗粒物（PM10）浓度、二氧化硫（SO_2）浓度、一氧化碳（CO）浓度、二氧化氮（NO_2）浓度和臭氧（O_3）浓度。

当指标数量较多时，通常会涉及指标分组，如研究医院服务效率时，可从两个角度进行评价，分别是医院角度和医师角度。从医院角度分为年门急诊人次、出院人数和平均住院日；从医师角度考察的是医师人均每日担负诊疗人次和医师人均担负住院床数。综合指数案例数据如表 10-29 所示，本例数据来源于王新会（2016），现通过综合指数分析医院综合服务效率的变化情况，数据见"例 10-5.xls"。

表 10-29　综合指数案例数据

年份	年门急诊人次	出院人数	平均住院日	医师人均每日担负诊疗人次	医师人均担负住院床数
2010 年	18110613	406682	14.99	11.88	1.9
2011 年	20349439	462195	14.41	13.39	2.1
2012 年	21535496	526818	13.76	13.43	2.1
2013 年	23210117	564757	13.62	13.73	2.2
2014 年	25631869	622156	13.33	14.04	2.1
2015 年	26261677	655903	13.13	13.36	2.0

2）指标方向和量纲处理

本例数据指标之间存在方向问题，如平均住院日越小越好（低优指标），但其他各指标通常越大越好（高优指标）。与此同时，指标存在量纲问题，如平均住院日介于 10~20，但是年门急诊人次在 2000 左右。在指数编制时，指数具有相对的大小比较意义，因而需要同时处理指标方向问题和量纲问题。

针对上述两个问题，SPSSAU 平台提供了两种处理方式，分别是相对标准化和正向化。其公式分别如下：

针对相对标准化：

$$高优指标:\frac{x}{\bar{x}}, \bar{x}表示平均值$$

$$低优指标:\frac{\bar{x}}{x}, \bar{x}表示平均值$$

在使用相对标准化处理方式时：高优指标以指标为单位，数据分别除以其平均值；低优指标用指标平均值除以数据。处理后首先要解决量纲问题，并且高优指标依旧保持其数字越大越优的特点，低优指标要进行反向转换，处理后数字越大越优。需要注意的是，研究指标均需要大于 0，否则可能出现无法计算的尴尬。针对本例数据进行处理，综合指数之相对标准化处理结果，如表 10-30 所示。

表 10-30 综合指数之相对标准化处理结果

年份	年门急诊人次	出院人数	平均住院日	医师人均每日担负诊疗人次	医师人均担负住院床数
2010 年	0.804	0.753	0.926	0.893	0.919
2011 年	0.904	0.856	0.963	1.006	1.016
2012 年	0.956	0.976	1.008	1.009	1.016
2013 年	1.031	1.046	1.019	1.032	1.065
2014 年	1.138	1.153	1.041	1.055	1.016
2015 年	1.166	1.215	1.057	1.004	0.968

针对正向化：

$$\text{高优指标：} \frac{x - x_{\text{Min}}}{x_{\text{Max}} - x_{\text{Min}}}$$

$$\text{低优指标：} \frac{x_{\text{Max}} - x}{x_{\text{Max}} - x_{\text{Min}}}$$

在使用正向化处理方式时：高优指标可进行正向化公式处理，处理后数据介于[0,1]，而且继续保持其数字越大越低的特点。低优指标可进行逆向化公式处理，处理后数据介于[0,1]，而且使低优指标的数字转换为越大越优。需要注意的是，处理后的数据包括 0，因而在综合指数计算时也可能出现 0 的情况。针对本例数据进行处理，综合指数之正向化处理结果，如表 10-31 所示。

表 10-31 综合指数之正向化处理结果

年份	年门急诊人次	出院人数	平均住院日	医师人均每日担负诊疗人次	医师人均担负住院床数
2010 年	0.000	0.000	0.000	0.000	0.000
2011 年	0.275	0.223	0.312	0.699	0.667
2012 年	0.420	0.482	0.661	0.718	0.667
2013 年	0.626	0.634	0.737	0.856	1.000
2014 年	0.923	0.865	0.892	1.000	0.667
2015 年	1.000	1.000	1.000	0.685	0.333

与此同时，如果研究的指标数据已经进行过方向和量纲处理，那么可选择不处理，即让 SPSSAU 平台不进行上述处理，直接使用数据进行分析。

在仪表盘中依次单击【综合评价】→【综合指数】模块，将【年门急诊人次】、【出院人数】、【医师人均每日担负诊疗人次】和【医师人均担负住院床数】4 个指标放入【高优指标】分析框中，将【平均住院日】放入【低优指标】分析框中，将【年份】放入【标签】分析框中，此设置目的是在输出结果时展示对应的标签信息。与此同时，在下拉列表中选择【相对标准化】。SPSSAU 平台进行综合指数操作界面如图 10-12 所示。

案例数据涉及两个二级指标（医院角度和医师角度），即共有两个组别，此时需要在【指标组别】数值框中进行设置。指标组别设置如图10-13所示。

图10-12　SPSSAU平台进行综合指数操作界面

图10-13　指标组别设置

如果所有指标全部为一个组别，则不需要进行设置，除此之外，"计算方式"参数值接下来会进行说明。

3）计算综合指数

在计算综合指数时，要先计算组内系数，组内系数指同一个组别内指标的计算，如医院角色的3个指标分别是年门急诊人次、出院人数和平均住院日，其计算方式有两种，分别是相加和相乘。在得到组内系数后，即可计算组间系数。组间系数指不同组别间的计算，医院角度和医生角度的计算方式有两种，分别是相加和相乘。例如，对本例进行组内相乘，组间相加时，综合指数计算方式如表 10-32 所示。

表 10-32　综合指数计算方式

年份	年门急诊人次	出院人数	平均住院日	医师人均每日担负诊疗人次	医师人均担负住院床数	医院角度	医生角度	组间相加
2010 年	0.804	0.753	0.926	0.893	0.919	0.561	0.821	1.382
2011 年	0.904	0.856	0.963	1.006	1.016	0.745	1.023	1.768
2012 年	0.956	0.976	1.008	1.009	1.016	0.941	1.026	1.967
2013 年	1.031	1.046	1.019	1.032	1.065	1.099	1.099	2.197
2014 年	1.138	1.153	1.041	1.055	1.016	1.366	1.072	2.438
2015 年	1.166	1.215	1.057	1.004	0.968	1.498	0.972	2.469

针对组内相乘，医院角度在 2010 年时等于 $0.804 \times 0.753 \times 0.926 = 0.561$，医生角度在 2010 年时等于 $0.893 \times 0.919 = 0.821$，其余年份的计算类似。针对组间相加，如 2010 年时等于 $0.561 + 0.821 = 1.382$，1.382 这个数字即为最终的综合指数，类似地可计算另外 5 年的综合指数。从数据可以看出，从 2010—2015 年，随着时间的变化，综合指数呈上升趋势，说明整体上医院的服务效率有逐步上升趋势。综合指数的 4 种计算方式如表 10-33 所示。

表 10-33　综合指数的 4 种计算方式

计算方式	说明
组间相加，组内相加	首先组内指标相加得到组内指数，然后各组内指数相加
组间相加，组内相乘	首先组内指标相乘得到组内指数，然后各组内指数相加
组间相乘，组内相加	首先组内指标相加得到组内指数，然后各组内指数相乘
组间相乘，组内相乘	首先组内指标相乘得到组内指数，然后各组内指数相乘

当数据处理后出现 0（如正向化处理时，一定会出现 0），此时如果组内相乘，则一定会出现某个组内系数值为 0，但通常情况下不希望出现指数值为 0，因而在实际研究中，较少使用正向化处理方式。与此同时，相乘会带来数字的相对大小快速变化（如两个很大的数字相乘会变得更大），尤其是组间项，其为各个组内指数的处理，因而在实际研究中组间相乘这一计算方式使用相对较少。如果不主动选择，SPSSAU 平台会默认使用组间相加，组内相乘这一计算方式。

10.6 DEMATEL

DEMATEL（Decision-Making Trial and Evaluation Laboratory，决策试验与评估实验室）通过分析系统中各要素的逻辑关系，进而计算各要素在系统中地位情况，如研究工程项目管理中各指标（要素）的重要性情况。DEMATEL 计算或分析步骤如图 10-14 所示。

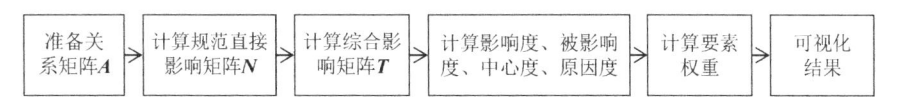

```
准备关系  →  计算规范直接  →  计算综合影  →  计算影响度、被影响  →  计算要素  →  可视化
矩阵 A        影响矩阵 N      响矩阵 T       度、中心度、原因度       权重        结果
```

图 10-14　DEMATEL 计算或分析步骤

1）准备关系矩阵 A

关系矩阵为系统中各要素彼此之间相互影响的关系情况，如一项研究政务服务的因素系统，包括 5 项指标（要素），分别是服务意识、服务能力、服务质量、服务便捷性和服务易用性，并且这 5 个要素之间存在相关作用关系。例如，服务意识会影响服务质量或服务便捷性，服务能力会影响服务质量等。因而可表达系统内各要素作用关系的数学矩阵称为关系矩阵，用符号 A 表示。本例数据来源于李宗富、张向先（2016），并进行了删减处理，现通过 DEMATEL 研究这 5 个要素在系统中的地位，数据见"例 10-6.xls"。DEMATEL 案例数据如表 10-34 所示。

表 10-34　DEMATEL 案例数据

要素	服务意识	服务能力	服务质量	服务便捷性	服务易用性
服务意识	0	1	3	3	0
服务能力	1	0	1	2	1
服务质量	1	2	0	1	0
服务便捷性	1	2	1	0	2
服务易用性	1	2	1	2	0

准备关系矩阵 A 具有以下特点和要求。

（1）$n \times n$ 矩阵（n 表示要素个数），本例 n 为 5。

（2）矩阵中的数字表示任意两两要素之间的影响作用大小，如图中第 2 行第 4 列数字 3，表示服务意识对于服务质量的影响幅度为 3（数字代表行对列的影响），数字越大影响幅度越大，该值不能出现负数。

（3）右下三角斜对角线均为数字 0，右下三角斜对角线数字表示自己对自己的影响，该值一定为数字 0。

需要提示的是，DEMATEL 关系矩阵数据通常来源于专家打分，或由其他分析方法汇总整理得到。在得到关系矩阵数据时会发现，影响作用大小的数字可能存在量纲单位问题，如影响作用大小可以为 100 也可以为 1，此时存在量纲问题，需要对其进行量纲处理。

在仪表盘中依次单击【综合评价】→【DEMATEL】模块，将关系矩阵放入数据框中，并且勾选【最大值归一化】复选框（如果提供的关系矩阵已经进行了量纲处理，则不勾选【最大值归一化】复选框）。SPSSAU 平台进行 DEMATEL 设置如图 10-15 所示。

图 10-15　SPSSAU 平台进行 DEMATEL 设置

2）计算规范直接影响矩阵 N

此步骤目的在于对关系矩阵进行量纲处理，通常情况下量纲处理方式为最大值归一化，即用数据除以"要素影响关系值求和"的最大值。公式如下：

$$N = \frac{A}{\text{Max}\left(\sum_{j=1}^{n} A_{ij}\right)}$$

本例中，服务意识、服务能力、服务质量、服务便捷性和服务易用性这 5 个要素，分别的影响关系值求和为 7、5、4、6、6，这 5 个值的最大值为 7，因而所有数据均除以 7，即得到规范直接影响矩阵 N，如表 10-35 所示。

表 10-35　规范直接影响矩阵 N

要素	服务意识	服务能力	服务质量	服务便捷性	服务易用性
服务意识	0.000	0.143	0.429	0.429	0.000
服务能力	0.143	0.000	0.143	0.286	0.143
服务质量	0.143	0.286	0.000	0.143	0.000
服务便捷性	0.143	0.286	0.143	0.000	0.286
服务易用性	0.143	0.286	0.143	0.286	0.000

直接影响矩阵 N 中的数字为量纲处理后的数字，其意义为数字越大影响幅度越大。

3）计算综合影响矩阵 T

利用直接影响矩阵 N，可进一步计算综合影响矩阵 T，其公式如下：

$$T = N(I - N)^{-1}$$

式中，N 为直接影响矩阵；I 为单位矩阵，即综合影响矩阵 T 等于先用直接影响矩阵乘以（单位矩阵减去直接影响矩阵），然后求逆矩阵。综合影响矩阵 T 如表 10-36 所示。

表 10-36　综合影响矩阵 T

要素	服务意识	服务能力	服务质量	服务便捷性	服务易用性
服务意识	0.550	1.027	1.062	1.254	0.505
服务能力	0.557	0.706	0.697	0.975	0.522
服务质量	0.470	0.784	0.463	0.726	0.319
服务便捷性	0.627	1.045	0.784	0.875	0.685
服务易用性	0.627	1.045	0.784	1.097	0.463

综合影响矩阵 T 中数字的意义为"两两要素作用"在系统中的重要幅度值，值越大意味着"两两要素作用"在系统中的地位越高。数字表示"行对列"的作用幅度，如 1.027 表示服务意识对服务能力的作用幅度值。具体要素的重要性影响等，接下来具体说明。

4）计算影响度、被影响度、中心度、原因度

结合综合影响矩阵 T，将其按行分别求和，即得到各要素的影响度 D，如果按列分别求和，则得到各要素的被影响度 C，正如其名，影响度表示该要素对其他要素的影响力度，被影响度表示该要素被其他要素影响的力度。计算公式分别如下：

$$影响度 D_i = \sum_{j=1}^{n} T_{ij}, \ (i=1,2,3,\cdots,n)$$

$$被影响度 C_i = \sum_{j=1}^{n} T_{ji}, \ (i=1,2,3,\cdots,n)$$

另外，结合影响度 D 和被影响度 C，还可计算中心度 M，该值等于影响度 D 加上被影响度 C，其实际意义为某要素在系统中的整体地位如何，该值越大意味着要素在系统中的整体地位越高。

原因度 R 等于影响度 D 减去被影响度 C，该值大于 0 时意味着要素更多为原因要素（更多去影响其他要素），该值小于 0 时意味着要素更多为结果要素（更多被其他要素影响）。计算公式分别如下：

$$中心度 M_i = D_i + C_i$$
$$原因度 R_i = D_i - C_i$$

DEMATEL 计算指标值如表 10-37 所示。

表 10-37　DEMATEL 计算指标值

要素	影响度 D	被影响度 C	中心度 $D+C(M)$	原因度 $D-C(R)$
服务意识	4.398	2.831	7.229	1.567
服务能力	3.458	4.607	8.065	-1.149
服务质量	2.761	3.789	6.550	-1.027
服务便捷性	4.015	4.926	8.941	-0.911
服务易用性	4.015	2.494	6.509	1.521

例如，服务意识的影响度 D=0.550+1.027+1.062+1.254+0.505=4.398，服务意识的被影响度 C=0.550+0.557+0.470+0.627+0.627=2.831。服务意识的中心度 M=4.398+2.831=7.229，服务意识的原因度 R=4.398-2.831=1.567。

分析时，可通过指标数字相对大小进行对比，如从影响度 D 可以看出，服务意识的影响力最强，服务质量的影响力最弱。除此之外，还可以可视化形式，更直观地了解各要素在系统中的作用情况。

5）计算要素权重

中心度 M 值的实际意义为要素在系统中的地位，该值越大意味着要素在系统中的重要性越高，将该值进行归一化处理，即可计算各个要素在系统中的权重，计算公式如下：

$$权重 W_i = M_i \Big/ \sum M$$

服务意识的权重值等于 7.229/(7.229+8.065+6.550+8.941+6.509)=0.194。要素权重值如表 10-38 所示。

表 10-38　要素权重值

要素	影响度 D 值	被影响度 C 值	中心度 $D+C$ 值	权重
服务意识	4.398	2.831	7.229	0.194
服务能力	3.458	4.607	8.065	0.216
服务质量	2.761	3.789	6.550	0.176
服务便捷性	4.015	4.926	8.941	0.240
服务易用性	4.015	2.494	6.509	0.175

6）可视化结果

中心度表示要素在系统中的重要程度，原因度表示要素在系统中对其他要素的作用力度，结合这两项指标值可绘制象限图（横纵坐标的分割值分别是中心度和原因度的平均值），将要素划分在四个象限内。中心度-原因度图如图 10-16 所示。

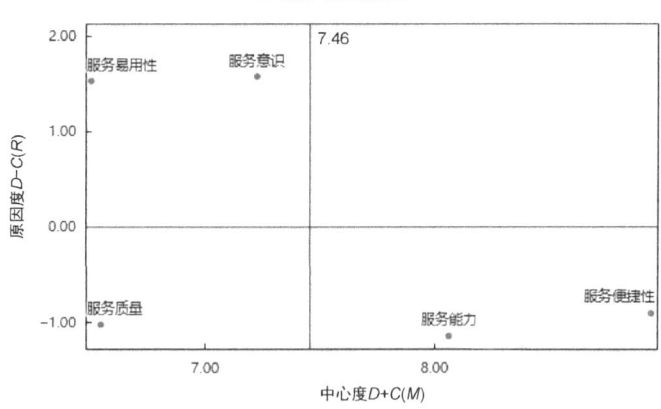

图 10-16　中心度-原因度图

在四个象限中，第一象限表示中心度和原因度均高，即要素重要性高且为原因要素；第二象限表示中心度低和原因度高，即要素重要性低且为原因要素；第三象限表示中心度和原因度均低，即要素重要性低且为结果要素；第四象限表示中心度高和原因度低，即要素重要性高且为结果要素。可以看到，服务意识和服务易用性位于第二象限，意味着这两个要素为原因要素且重要性较低,服务便捷性和服务能力位于第四象限,意味着这两个要素为结果要素且重要性较高。

除此之外,可从影响与被影响角度分析要素在系统中的作用,将影响度作为 X 轴,被影响度作为 Y 轴,绘制象限图(横纵坐标的分割值分别是影响度和被影响度的平均值)。影响度-被影响度图如图 10-17 所示。

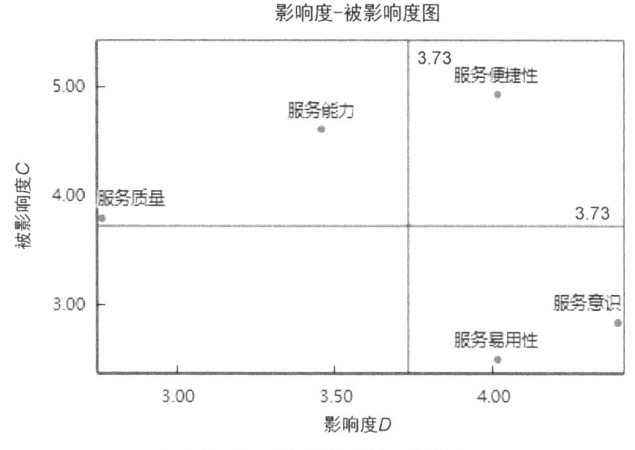

图 10-17 影响度-被影响度图

在四个象限中,第一象限表示影响度高且被影响度高;第二象限表示影响度低且被影响度高;第三象限表示影响度低且被影响度低;第四象限表示影响度高且被影响度低。可以看到,服务便捷性位于第一象限,意味着其较多地影响其他要素,同时也较多地被其他要素影响。服务意识和服务易用性位于第四象限,意味着这两个要素更多地影响其他要素但较少被其他要素影响。

10.7 ISM

ISM(Interpretive Structural Modeling,解释结构模型)是一种研究系统结构层级关系的研究方法,用于探索系统内部结构的本质。例如,研究建筑事故因素的层级关系、能源危机影响因素关系、水利项目工程治理因素关系等。ISM 计算或分析步骤如图 10-18 所示。

准备邻接矩阵 A → 计算可达矩阵 M → 计算可达集合 R 和先行集合 Q → 层级抽取

图 10-18 ISM 计算或分析步骤

1)准备邻接矩阵 A

ISM 研究系统内各要素之间的层次关系,首先系统中有多项要素,且各项要素之间有相互作用逻辑关系,将各要素的相互作用逻辑关系以数学矩阵表达,该矩阵称为邻接矩阵(用符号 A 表示),该矩阵能展示系统内各要素(因素或指标)之间的影响关系。例如,一项关于建筑施工事故因素的研究，共涉及 9 项因素，分别是人员操作、安全意识、身心状况、安全防护、高处作业用具、个人防护用品、安全教育培训、安全技术交底和安全管理制度。ISM 要素编号如表 10-39 所示。

表 10-39 ISM 要素编号

编号	要素
A1	人员操作
A2	安全意识
A3	身心状况
A4	安全防护
A5	高处作业用具
A6	个人防护用品
A7	安全教育培训
A8	安全技术交底
A9	安全管理制度

本例数据来源于吴晗、陈大伟（2018），并进行了删减处理，现通过 ISM 研究建筑施工事故因素的内部结构关系，数据见"例 10-7.xls"。ISM 案例数据如表 10-40 所示。

表 10-40 ISM 案例数据

A1	A2	A3	A4	A5	A6	A7	A8	A9
0	0	0	0	1	0	0	0	0
1	0	0	0	1	1	0	0	0
1	1	0	0	0	0	0	0	0
1	0	1	0	0	0	0	0	0
0	0	1	0	0	0	0	0	0
1	0	0	0	0	0	0	0	0
1	0	0	1	1	1	0	1	0
1	0	0	0	1	1	0	0	0
0	0	0	0	0	0	1	1	0

邻接矩阵 A 具有以下特点和要求。

（1）$n \times n$ 矩阵（n 表示要素个数），本例 n 为 9。

（2）矩阵中仅包括两个数字，分别是 1 和 0，数字 1 表示要素之间有作用影响关系，如 A1 对 A5 时为 1，即表示 A1 对 A5 有影响关系；A1 对 A2 时为 0，表示 A1 对 A2 没有影响关系。

（3）右下三角斜对角线均为数字 0，右下三角斜对角线数字表示自己对自己的影响，该值一定为数字 0。

需要提示的是，ISM 的邻接矩阵数据通常来源于专家打分，或由其他分析方法汇总整理得到。

在仪表盘中依次单击【综合评价】→【ISM】模块，将邻接矩阵放入数据框中，在【数据类型】下拉列表中选择【邻接矩阵(默认)】(如果提供的矩阵为可达矩阵，则选择【可达矩阵】），除此之外，【层次分解】下拉列表默认选择【结果优先】。SPSSAU 平台进行 ISM 设置如图 10-19 所示。

图 10-19　SPSSAU 平台进行 ISM 设置

2）计算可达矩阵 M

邻接矩阵表示系统内各要素之间是否存在影响关系，接下来计算可达矩阵 M，其表示系统内各要素之间是否有"可达"关系，即两两要素之间是否有"路径"，如 A1 要素是否会通过一些路径到达 A9 要素。关于可达矩阵 M，其计算公式如下：

$$(A+I)^{k-1} \neq (A+I)^k = (A+I)^{k+1} = M$$

式中，I 为单位矩阵；k 为迭代次数。当邻接矩阵 A 满足上述公式条件时，此时称 M 为 A 的可达矩阵（注：计算时，当矩阵数字大于 1，可先处理成 1 再进行对比）。简而言之，算法需要从小到大循环迭代 k 次，直至满足公式时才停止，此时基于 k 值得到的 M 矩阵即为可达矩阵。本例数据的 k 值为 4，即 $(A+I)^{4-1} \neq (A+I)^4 = (A+I)^{4+1}$，最终得到可达矩阵，如表 10-41 所示。

表 10-41　可达矩阵

编号	A1	A2	A3	A4	A5	A6	A7	A8	A9
A1	1	1	1	0	1	1	0	0	0
A2	1	1	1	0	1	1	0	0	0
A3	1	1	1	0	1	1	0	0	0
A4	1	1	1	1	1	1	0	0	0
A5	1	1	1	0	1	1	0	0	0
A6	1	1	1	0	1	1	0	0	0
A7	1	1	1	1	1	1	1	1	0
A8	1	1	1	1	1	1	0	1	0
A9	1	1	1	1	1	1	1	1	1

可达矩阵中数字代表的意义为，两两要素之间是否存在路径，数字 1 表示两两要素之间存在路径，数字 0 表示两两要素之间没有任何路径可达，如 A1 对 A7 时数字为 0，说明 A1 无法直接或通过其他要素影响到 A7。按行来看，数字表示某个要素对其他要素产生的影响，如第 2 行表示 A1 要素可以对 A1、A2、A3、A5、A6 产生影响。按列来看，数字表示其他要素对该要素产生的影响，如第 5 列，表示共有 A4、A7、A8 和 A9 这 4 个要素会对 A4 产生影响。

3）计算可达集合 R 和先行集合 Q

在得到可达矩阵后，可分别计算可达集合 R 和先行集合 Q。可达集合 R 指要素通过其他要素产生影响的集合，其按行时为数字 1 的集合。例如，A1 的可达集合 R 为 A1、A2、A3、A5、A6。先行集合 Q 指其他要素对当前要素产生影响的集合，其按列时为数字 1 的集合。例如，A4 的先行集合 Q 为 A4、A7、A8、A9。可达集合与先行集合及其交集表如表 10-42 所示。

表 10-42　可达集合与先行集合及其交集表

编号	可达集合 R	先行集合 Q	交集 $S=R\cap Q$
A1	1,2,3,5,6	1,2,3,4,5,6,7,8,9	1,2,3,5,6
A2	1,2,3,5,6	1,2,3,4,5,6,7,8,9	1,2,3,5,6
A3	1,2,3,5,6	1,2,3,4,5,6,7,8,9	1,2,3,5,6
A4	1,2,3,4,5,6	4,7,8,9	4
A5	1,2,3,5,6	1,2,3,4,5,6,7,8,9	1,2,3,5,6
A6	1,2,3,5,6	1,2,3,4,5,6,7,8,9	1,2,3,5,6
A7	1,2,3,4,5,6,7,8	7,9	7
A8	1,2,3,4,5,6,8	7,8,9	8
A9	1,2,3,4,5,6,7,8,9	9	9

注：数字代表某个要素，如 2 代表第 2 个要素。

接下来计算可达集合 R 和先行集合 Q 的交集 S，$S = R \cap Q$，如 A1 的可达集合 R 为 A1、A2、A3、A5、A6，A1 的先行集合 Q 为 A1、A2、A3、A4、A5、A6、A7、A8、A9，那么交集为 A1、A2、A3、A5、A6。得到各个要素的可达集合、先行集合和交集后，接下来进行层级抽取。

4）层级抽取

层级抽取指将系统中的要素抽取分层，其共有两种抽取方式，分别是结果优先和原因优先。当结果优先时，其判断规则为可达集合 R 与交集 S 相等；当原因优先时，其判断规则为先行集合 Q 与交集 S 相等。

结果优先：$R == S$
原因优先：$Q == S$

SPSSAU 平台默认以"结果优先"进行层级抽取。具体要素抽取过程如表 10-43 所示。

表 10-43　具体要素抽取过程

抽取次数	说明
第 1 次	A1、A2、A3、A5 和 A6 共 5 个要素满足 $R=S$，因而抽取，并且去掉 A1、A2、A3、A5 和 A6，余下 A4、A7、A8 和 A9 共 4 个要素
第 2 次	A4 时满足 $R=S$，因而抽取，余下 A7、A8 和 A9 共 3 个要素
第 3 次	A8 时满足 $R=S$，因而抽取，余下 A7 和 A9 共 2 个要素
第 4 次	A7 时满足 $R=S$，因而抽取，余下 A9 共 1 个要素
第 5 次	A9 时满足 $R=S$，因而抽取，全部要素抽取完成，结束

抽取过程即为层次分解过程，第 1 次抽取第 1 层（顶层），第 2 次抽取第 2 层（次顶层），依次类推，最后一层为底层即 A9 要素。本例使用"结果优先"抽取方式，因而最先抽取出来的要素，其越偏"结果"性要素，最后抽取出来的要素，其越偏"原因"性要素。

"原因优先"抽取方式的区别在于，判断规则时以 $Q==S$ 作为标准。并且"原因优先"抽取方式最先抽取出来的要素偏"原因"性要素，最后抽取出来的要素偏"结果"性要素（与"结果优先"刚好相反）。本例进行"结果优先"抽取。层次分解如表 10-44 所示。

表 10-44　层次分解

层级	要素
第 1 层（顶层）	A1,A2,A3,A5,A6
第 2 层	A4
第 3 层	A8
第 4 层	A7
第 5 层（底层）	A9

ISM 抽取完成后发现 9 个要素可分为 5 个层级。最底层原因是 A9（安全管理制度），即该要素是最核心原因，中间 3 层分别是 A4（安全防护）、A8（安全技术交底）和 A7（安全教育培训），这 3 项为内部过程原因，最终结果表现为 A1（人员操作）、A2（安全意识）、A3（身心状况）、A5（高处作业用具）和 A6（个人防护用品）共 5 个要素。

第四篇

问卷数据分析

第 11 章 问卷研究分析方法
第 12 章 常用市场研究分析

第 11 章

问卷研究分析方法

对问卷数据资料进行研究分析是量化研究的重要内容,根据问卷题型的不同,所获得的数据类型也不同,这影响到不同题型或不同数据类型采取何种统计方法的问题。问卷从广义上可分为普通问卷和量表问卷,针对普通问卷和量表问卷的分析方法和应用也各有不同。

问卷类型与分析方法如表 11-1 所示。本章从实用的角度介绍问卷数据分析方法的应用,内容包括普通问卷常见题型的数据分析,如单选题、多选题的分析方法;量表问卷常见题型的数据分析,如信度分析、效度分析、项目分析等。

表 11-1 问卷类型与分析方法

问卷类型	常用研究分析方法
普通问卷	单选题、多选题等数据资料 频数统计、交叉表卡方检验、t 检验、方差分析、线性回归、Logistic 回归等
量表问卷	本书中特指李克特量表数据资料 信度分析、效度分析、项目分析、探索性因子分析、验证性因子分析、观察变量路径分析、潜变量结构方程模型、中介效应分析、调节效应分析、有调节的中介分析等

具体统计分析方法包括频数统计、交叉表卡方检验、项目分析、信度分析、探索性因子分析、验证性因子分析、观察变量路径分析、潜变量结构方程模型,以及中介效应分析、调节效应分析、有调节的中介分析等。

11.1 单选题与多选题分析

在一份调查问卷中,常利用单选题、多选题进行基本事实现状的调查和分析。例如,将被访者个人基本背景信息中的性别、年龄、学历、收入等设置为单选题,将研究对象的现状、行为等根据实际情况设置为多选题。多选题"您通过以下哪些渠道获取新闻信息"的选项包括电视新闻、今日头条、微博、微信、新闻客户端等。

SPSSAU 平台在【问卷研究】模块中提供了多个用于单选题、多选题的子模块,本节仅介绍常用的【多选题】【单选-多选】两个子模块。

11.1.1 分析思路

单选题和多选题的分析,常见使用场景是单个单选题、单个多选题、单选题与单选题交叉、单选题与多选题交叉,个别时候也会出现多选题与多选题交叉的情况。普通问卷中单选题、多选题的分析思路如表 11-2 所示。

表 11-2 普通问卷中单选题、多选题的分析思路

使用场景	分析思路	SPSSAU 路径
单个单选题	描述统计:频数、百分比描述统计;柱形图/条形图、饼图	【通用方法】→【频数】
单个多选题	多重响应分析:各选项响应频数、响应率、普及率;帕累托图	【问卷研究】→【多选题】
单选题与单选题交叉	差异比较或关系研究:交叉表卡方检验	【通用方法】→【交叉(卡方)】
单选题与多选题交叉	差异比较或关系研究:交叉表卡方检验	【问卷研究】→【单选-多选】
单选题作为因变量	单选题为因变量时使用 Logistic 回归分析影响因素或进行预测研究	【进阶方法】→【二元 Logit】【多分类 Logit】【有序 Logit】
单选题作为自变量	其他题型的数据作为因变量,单选题作为自变量/分组变量进行 t 检验、方差分析、回归分析等,做分组特征描述统计或影响因素分析	【通用方法】→【t 检验】【方差】【线性回归】等

1. 单个单选题/多选题

在数据录入时单选题或多选题一般可定义为二分类变量或多分类变量,属于定类数据资料,单个单选题主要统计各选项(分类水平)的频数、百分比,必要时可通过柱形图/条形图、饼图进行展示,如分析受访者的性别、年龄段、职业等的频数分布。

单个多选题的分析一般称为多重响应分析,主要涉及每个选项的响应频数、响应率、普及率的描述统计,图形方面可使用帕累托图进行频数响应的展示和分析。根据研究分析需求,也可以对多选题的各选项响应频数进行等比例的拟合优度检验。原假设各选项被选中的响应率相等,如果卡方检验 p 值小于 0.05 则拒绝原假设,认为各选项的响应率差异显著;反之,如果 p 值大于 0.05 则说明各选项的响应率无差异。

2. 单选题与单选题交叉

两个单选题进行交叉分析时,首先要进行频数、百分比的统计,基于频数数据再使用交叉表卡方检验进行差异比较、关联关系的研究。例如,分析不同职业(单选题)受访者

在是否吸烟（单选题）行为上的差异，或研究职业（单选题）与是否吸烟（单选题）间的关联关系。

3. 单选题与多选题交叉

单选题与多选题交叉有两种情况，即单-多交叉（单选题作为自变量）、多-单交叉（单选题作为因变量），前者在实际分析中较常见，为本节主要介绍的内容。单-多交叉分析，实际上也是使用卡方检验进行差异比较或关联关系研究的。例如，性别（单选题）与新闻获取渠道（多选题）进行交叉，通过卡方检验分析不同性别受访者在新闻获取渠道的分布差异，或者说研究性别与新闻获取渠道的关系。

4. 单选题作为因变量

在影响因素的调查研究中，有时候会以单选题形式收集因变量信息，进而采用 Logistic 回归分析影响因素。例如，某研究的因变量来自问卷中的题目"总体而言，您对自己所过生活的感觉是怎样的呢？"选项分别为很不幸福、不太幸福、一般、比较幸福、非常幸福，为有序多分类变量，影响因素分析时应采用有序 Logistic 回归。

5. 单选题作为自变量

单选题常作为分组变量和其他题型的数据结合进行 t 检验、方差分析、回归分析等，主要用于差异比较、控制变量、影响因素研究。例如，在量表问卷中，以性别、学历等单选题数据作为分组变量，以某维度或量表总得分数据作为因变量，进行 t 检验、方差分析，研究不同组的差异或是否对目标变量有影响作用。

此类情况下的 t 检验、方差分析、回归分析在 SPSSAU 平台的实现，读者可阅读本书对应的章节内容，本节不做赘述。

6. 分析思路总结

具体分析时应依据研究目的提出合理的分析需求，在一份调查问卷中，并不需要将所有的单选题、多选题全部进行频数分析或将所有的单选题、多选题进行交叉分析，尤其是两个题型的交叉，并不是所有的交叉分析都有实际意义。

11.1.2 频数统计实例分析

接下来通过实例进一步介绍单选题、多选题的分析方法。某调查研究在线英语学习网站课程购买意愿的影响因素，初步拟定产品、促销、渠道、价格、个性化服务和隐私保护这 6 个因素对网站用户购买意愿的影响，除核心量表题项外，研究者还设计了受访者"性别""年龄"等一般的背景信息题项，以及受访者"为什么学习英语""让你决定购买该课程的因素是什么"等基本特征或态度题项。试对该问卷中部分单选题、多选题的数据进行分析。案例数据来源于周俊（2017），问卷数据文档见"例 11-1.xls"，以下简称英语问卷。

1. 单选题实例

【例 11-1】对英语问卷中"您的性别""您的年龄"两个单选题进行频数、百分比的描述统计。

1）数据与案例分析

性别、年龄段的数据从类型上属于定类数据，可进行频数、百分比的描述统计。

2）频数统计

针对单选题的描述统计，可通过在仪表盘中依次单击【通用方法】→【频数】模块来实现。单选题频数统计操作界面如图 11-1 所示。从标题框中将【性别】【年龄】变量拖曳至【分析项(定类)】分析框中，单击【开始分析】按钮即可。

图 11-1 单选题频数统计操作界面

3）结果分析

输出的结果包括频数分析表及饼图、柱形图等，重点解释分析频数表的结果。问卷单选题频数、百分比统计如表 11-3 所示。表中同时给出了性别、年龄的频数、百分比，以及累积百分比结果。例如，年龄在 19～22 岁的受访者有 119 人，占样本总量的 39.67%。

表 11-3 问卷单选题频数、百分比统计

名称	选项	频数	百分比	累积百分比
性别	男	87	29.00%	29.00%
	女	213	71.00%	100.00%
年龄	18 岁及以下	18	6.00%	6.00%
	19～22 岁	119	39.67%	45.67%
	23～26 岁	42	14.00%	59.67%
	27～30 岁	28	9.33%	69.00%
	31～34 岁	52	17.33%	86.33%
	35～38 岁	17	5.67%	92.00%
	39～42 岁	10	3.33%	95.33%
	43 岁以上	14	4.67%	100.00%
	合计	300	100.00%	100.00%

2．多选题实例

【例 11-2】英语问卷中的题项"让你决定购买该课程的因素是什么"为多选题，以下简称"购课因素"多选题，试对题项进行频数、百分比的描述统计。

1）数据与案例分析

"购课因素"多选题的选项有"课程内容""师资力量""教学质量""课程价格""优惠折扣"及"其它"共 6 项。每个选项录入为一个变量，一般建议采用"0-1"编码形式录入多选题数据，即数字 0 表示未选中该选项，数字 1 表示选中该选项。本例为"0-1"编码形

式，6个选项共6个变量。

2）频数统计

在仪表盘中依次单击【问卷研究】→【多选题】模块，该模块专门用于分析多选题的响应频数和百分比。多选题频数统计操作界面如图 11-2 所示。从标题框中将【课程内容】、【师资力量】、【教学质量】、【课程价格】、【优惠折扣】及【其它】6 个变量全部或逐一拖曳至右侧的【1 个多选题对应选项】分析框中。如果多选题为"0-1"编码，则在上方的【计数值】下拉列表中选择【计数值，默认 1】，即默认数字 1 表示选中该选项，多选题为"0-1"编码的问卷默认设定即可。

图 11-2 多选题频数统计操作界面

3）结果分析

与单选题的频数、百分比不同，多选题针对频数数据有两个新的概念，分别为响应率和普及率。响应率是指选项被选中的次数占所有选项总选中次数的比例，普及率是指选中某选项的受访者占总受访者人数的比例，前者是从选项的角度计算百分比的，后者是从受访者的角度计算百分比的。二者的区别在于计算时分母不同，响应率的加和为 100%，普及率的加和可能大于 100%。

本次分析的问卷多选题响应率、普及率、卡方拟合优度检验的结果如表 11-4 所示。

表 11-4 问卷多选题响应率、普及率、卡方拟合优度检验的结果

项	响应		普及率（n=300）
	n	响应率	
课程内容	211	26.34%	70.33%
师资力量	142	17.73%	47.33%
教学质量	213	26.59%	71.00%
课程价格	146	18.23%	48.67%
优惠折扣	74	9.24%	24.67%
其它	15	1.87%	5.00%
汇总	801	100.00%	267.00%

注：卡方拟合优度检验：χ^2=225.749，p=0.000。

（1）选项的响应率。本例的问卷共有 300 个受访者，这 300 个受访者在该多选题的 6 个选项中共选择了 801 个(次)选项，平均 1 个人选 2.67(801/300)个选项。"教学质量"被选中 213 次，即 213 次响应，占响应量的 26.59%(213/801)。同理"课程价格"被选中 146 次，响应率为 18.23%(146/801)。

使用响应率对各选项进行排序，即分析各选项在决定购买课程中的重要性。例如，本例决定购买课程最重要的因素是"教学质量"，第二因素是"课程内容"，第三因素是"课程价格"。此处也可以直接查看输出响应率的柱形图，以直观地观察和总结各选项的重要性。

（2）选项的普及率。"教学质量"选项被选中 213 次，意味着有 213 个受访者选择了该选项，这 213 个受访者在总受访者中占比为 71.00%(213/300)，普及率呈现的是多选题具体选项在受访者中的可接受、受众普及程度，从"人"的角度反映了具体选项被重视的程度。同理可以按普及率对各选项进行排序，并通过对应的普及率条形图进行直观的观察和分析。

显然，我们发现本例中 6 个选项在响应率和普及率的前后排序是一致的，依次为教学质量>课程内容>课程价格>师资力量>优惠折扣>其它，由此可见在决定购买课程的因素方面，大家最为看重的前三项是"教学质量"、"课程内容"及"课程价格"。

（3）选项响应是否存在差异。本例卡方拟合优度检验的结果为 χ^2=225.749，$p<0.05$，认为"教学质量""课程内容""课程价格""师资力量""优惠折扣""其它"这 6 个选项的响应率间具有显著差异，或差异具有统计学意义，即决定受访者购买课程的因素被重视的程度是不一样的，是有差异的。

（4）帕累托图重要性分析。基于响应率制作的帕累托图，从"二八原则"解读该多选题各选项的重要程度。例 11-2 多选题分析结果的帕累托图如图 11-3 所示，"教学质量""课程内容""课程价格"3 个选项的累计比率为 71.2%，加上师资力量后累计比率达 88.9%，即对于购买课程的因素，"教学质量""课程内容""课程价格""师资力量"4 个选项是"重要的"，其他选项是"次要的"。

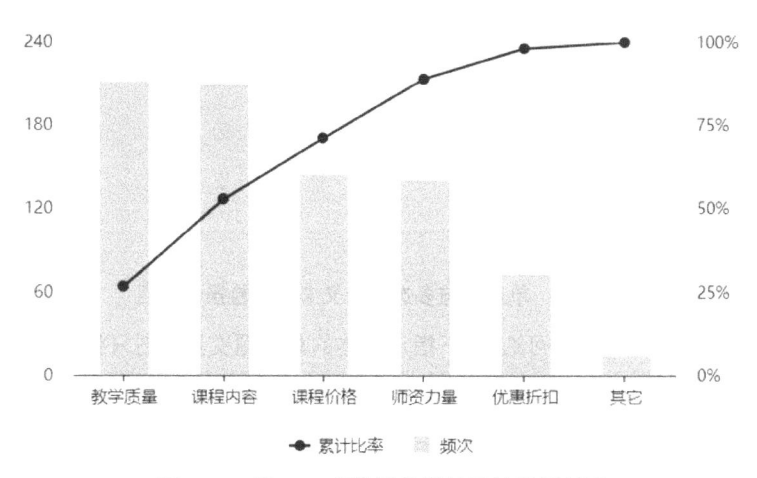

图 11-3　例 11-2 多选题分析结果的帕累托图

11.1.3 卡方检验实例分析

单选题与单选题的交叉分析，可将两个单选题变量通过在仪表盘中依次单击【通用方法】→【交叉(卡方)】模块进行卡方检验，相关操作及卡方检验的原理、适用条件等知识点介绍详见 4.3 节内容。

下面继续沿用 11.1.2 节"在线英语学习网站课程购买意愿影响因素研究"的调查问卷数据集，重点介绍单选题与多选题数据的交叉分析。

【例 11-3】本研究尝试对"性别"单选题与"购课因素"多选题进行交叉分析。

1）数据与案例分析

将"性别"单选题与"购课因素"多选题交叉分析转换为统计分析问题，即研究不同性别受访者的购课因素有无差异，或者说分析"性别"与"购课因素"间的关联关系。从数据类型上两个变量均为定类数据，可使用交叉表卡方检验进行定类数据间的关系研究。

2）交叉表卡方检验

我们重点介绍卡方检验在问卷数据资料中的应用，在仪表盘中依次单击【问卷研究】→【单选-多选】模块，该模块专门用于分析常见的单选题和多选题的交叉问题。

单选题与多选题交叉卡方检验操作界面如图 11-4 所示。从标题框中将【性别】变量拖曳至【X(定类)】【可选】分析框中，将购课因素多选题的【课程内容】【师资力量】【教学质量】【课程价格】【优惠折扣】【其它】6 个变量拖曳至【1 个多选题对应选项】分析框中，在【计数值】下拉列表中选择【计数值，默认 1】，最后单击【开始分析】按钮。

图 11-4 单选题与多选题交叉卡方检验操作界面

注意，如果【X(定类)】【可选】不指定具体的单选题变量，则只针对多选题进行统计分析。

3）结果分析

单选题与多选题交叉频数及卡方检验结果，如表 11-5 所示。

表 11-5　单选题与多选题交叉频数及卡方检验结果

项	性别		汇总（*n*=300）
	男（*n*=87）	女（*n*=213）	
课程内容	54（62.07%）	157（73.71%）	211（70.33%）
师资力量	44（50.57%）	98（46.01%）	142（47.33%）
教学质量	61（70.11%）	152（71.36%）	213（71.00%）
课程价格	40（45.98%）	106（49.77%）	146（48.67%）
优惠折扣	18（20.69%）	56（26.29%）	74（24.67%）
其它	4（4.60%）	11（5.16%）	15（5.00%）

注：卡方检验：χ^2=1.762，p=0.881。

表 11-5 中的交叉频数及卡方检验结果（见表格底部注释）可用于分析不同组别受访者在选项上的选择差异。本例 χ^2=1.762，p=0.881>0.05，认为男性组和女性组在购课因素的选择上无差异，或差异无统计学意义。

11.2　填空题分析

填空题作为一种开放式题项，常用在非量表类问卷中。它可以一个独立的填空题出现，如"请您对售后服务提出改进建议或意见"；也可以某个单选题或多选题在"其它"选项中进行文字补充，如"春节假期旅游度假您的理想目的地是"有 6 个固定选项，第 7 个选项为"其它"，并要求填写具体的目的地。

11.2.1　分析思路

填空题获取的数据一般为非标准化或非结构化的信息，如"希望提供洗车服务"文本信息，以及"请填写您的年龄"。受访者可能会给出五花八门的答案，如"58 岁""我 60 了""35"。类似这些数据难以进行统计计算，而在实际应用中问卷的填空题缺失情况比较严重，很多为无效作答。

1．词云图

限于填空题的数据类型，填空题的分析一般从作答中挖掘有价值的关键点在问题讨论时使用。针对填空题收集的文本数据，可使用文本分析方法，如文本分词后绘制的词云图，直观地展示高频分词的分布情况，突出展示关键信息。

词云图也称云图，是由美国西北大学新闻学教授 Rich Gordon 提出的，"词云"可对文字中出现频率较高的"关键词"予以视觉上的突出，形成"关键词云层"或"关键词渲染"，从而使浏览者通过快速观察文本就可以领略文本的主旨。

2．词云分析数据格式要求

SPSSAU 平台的【词云】模块，可针对填空题进行词云制作和展示。【词云】模块允许两种数据格式，第一种是 txt 文本格式，一般建议一个受访者的作答文字作为一行，所有受访者的文字信息另存为一个 txt 文本文档;第二种是词频数据格式,利用其他工具对所有文字信息进行分词并统计词频,形成两列数据,第一列为关键词,第二列为频次。

3. txt 文本分析步骤

1)创建文本文档

对填空题获得的文本数据,要先进行适度整理、清洗、规范,然后另存为 txt 文本文档。一般建议一个受访者的文本信息占一行,假设收集了 1000 份问卷,则将 1000 行文本信息另存为 txt 文本文档。

2)上传文本文档

将保存的 txt 文本文档上传到 SPSSAU 平台的【词云】模块中。

3)词云图及分析

【词云】模块将自动对文本进行分词,并统计各分词出现的频数从而形成词频数据,据此绘制词云图,并结合研究主题对词云图进行解释,分析方法主要用于观察和分析高频关键词。

4. 词频数据分析步骤

1)创建频数数据

首先,研究者可通过其他软件工具提前将受访者填空题的所有文字信息进行分词,统计并汇总各关键词的频次,建立两列数据,第一列为"关键词",第二列为具体关键词出现的"频次"。

SPSSAU 平台支持直接对 txt 文本文档进行分词,因此可以先将 txt 文本文档通过 SPSSAU 平台的【词云】模块自动完成分词任务,然后导出分词后的词频数据文件,在这个过程中可人工对词频数据进行适度整理,如将一些近义词进行合并(保留一个关键词后加总频数)。

2)上传数据

将整理后的词频数据另存为 Excel 数据文件,通过 SPSSAU 平台的【上传数据】模块上传至【我的数据】模块。

3)词云图

通过【词云】模块,使用第 2)步词频数据绘制的词云图,结合研究主题对词云图进行解释,分析方法主要用于观察和分析高频关键词。

11.2.2 实例分析

下面结合问卷填空题进行实例分析,进一步介绍填空题及词云分析。

【例 11-4】txt 文本数据。某科学网站在读者满意度影响因素调查研究中,通过在问卷中设置填空题"请问您访问该网站的目的是什么?"受访者需要填写具体的来访目的,收集了 71 条有效作答,现尝试对该填空题进行分析。

1)txt 文本文档

71 条有效作答均为文本格式,每行代表一位受访者的作答,共 71 行文本,保存为一份独立的 txt 文本文档，命名为"词云数据.txt"。例 11-4 词云数据（部分）如图 11-5 所示。

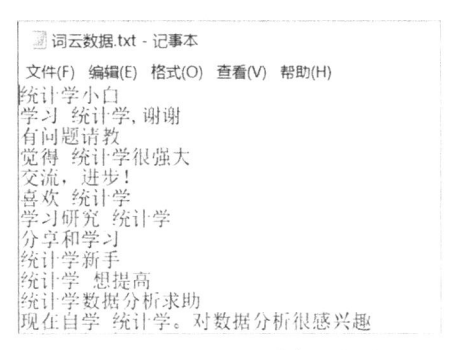

图 11-5　例 11-4 词云数据（部分）

2）上传文本文档

在仪表盘中先依次单击【可视化】→【词云】模块，再单击分析框上方的【上传 txt 文件】按钮，将提前准备好的"词云数据.txt"文本文档上传到平台中。词云操作界面如图 11-6 所示。

图 11-6　词云操作界面

上传后平台会自动完成分词与词频统计，并绘制词云图。

3）词云分析

主要结果即词云图，例 11-4 词云图如图 11-7 所示。

图 11-7　例 11-4 词云图

分词后以关键词形式进行展示,关键词字体越大表示出现的频数越高,或者说该关键词权重越大。从图 11-7 中可以发现,"统计""统计学""学习"较突出,很容易联想到受访者来访的目的是以学习统计学知识为主的。

【例 11-5】词频数据。SPSSAU 平台允许用户将词频数据导出或下载,这样一来就可以借助平台自动完成分词结果,并对关键词进行二次整理,将一些词义相近的关键词词频进行合并,以提高部分关键词的词频。本例经过重新整理得到名为"例 11-5 词云数据.xls"的 Excel 数据文档,试使用该词频数据文档进行词云图分析。

1)上传数据

在【我的数据】模块中单击【上传数据】按钮,将"例 11-5 词云数据.xls"文档上传至平台并进行分析。数据中包括"关键词"和"频次"两个变量,关键词词频大于 5 的数据如表 11-6 所示。

表 11-6 关键词词频大于 5 的数据

关键词	频次
统计学	41
学习	34
交流	8
数据分析	7
爱好者	5
问题	5

2)词云图

在仪表盘中依次单击【可视化】→【词云】模块,从左侧标题框中将【关键词】变量拖曳至【分析项(定类)】分析框中,将【频次】变量拖曳至【加权项(可选)】分析框中,最后单击【开始分析】按钮。例 11-5 词频数据与词云分析操作界面如图 11-8 所示。

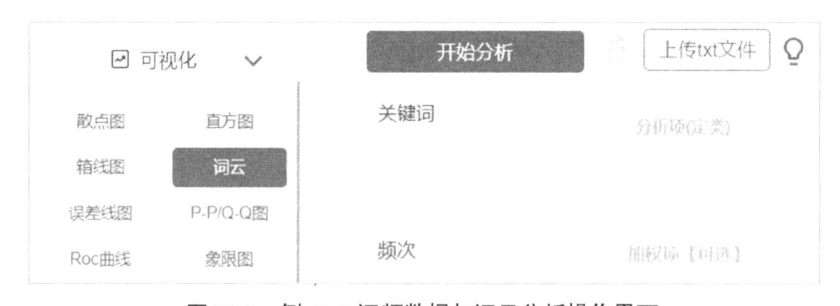

图 11-8 例 11-5 词频数据与词云分析操作界面

3)结果分析

例 11-5 词云图如图 11-9 所示。将词云图(图)与高频关键词数据(表)结合起来进行解释和分析,不难发现"学习""统计学"较突出,频次依次有 34 次和 41 次,"交流""数据分析"的频次分别为 8 次和 7 次,频次大于 5 次的还有"爱好者""问题"这两个关键词。

其他较重要的关键词还包括"知识""新手""请教""研究生"等。

图 11-9　例 11-5 词云图

对照研究目的与本例填空题的内容，可将以上高频关键词的信息进行归纳总结，访问网站的目的主要是学习统计学知识、交流数据分析的问题，网站的受众包括统计学或数据分析的爱好者、刚开始学习统计知识的新手或研究生。

11.3　项目分析

量表问卷预调查阶段的分析方法主要包括效度、信度分析及项目分析，以起到优化和调整问卷设计的目的，最终形成正式量表问卷。本节主要介绍项目分析方法在量表问卷研究分析中的应用，此处强调，项目分析针对的是量表问卷的数据资料，普通问卷不适合。通过在仪表盘中依次单击【问卷研究】→【项目分析】模块来实现。

11.3.1　原理介绍

1．项目分析的广义概念

项目分析，从狭义上也可称作项目区分度分析，主要目的在于检验题项的可靠程度。具体做法是，考察高分与低分两组受访者在每个题项上有无差异，若有差异则说明该题项具有区分度；若没有差异则说明该题项区分度比较差。没有区分度的题项，要综合其他分析方法的结果考虑删题或对该题项进行调整。

例如，问卷采用李克特五级量表收集数据，受访者在某题项上的打分为 3 分或 4 分，在总量表高低分两组间该题项无差异，意味着该题项没有区分度、可靠性差，必要时应考虑删除。

广义上的项目分析，除高低分组区分度外，其内容还包括同质性检验，如每个题项与量表总得分的相关性、题项与公因子的共同度、总量表的内部一致性信度。其中，题项与量表总得分的相关性能反映题项用来测量相同维度的同质性。若相关性达到中高程度，则说明题项与总量表同质；若相关性偏低则考虑删除该题项。

SPSSAU 平台的【项目分析】模块，提供了高低分项目区分度分析及题项与量表总得分相关性分析，有关因子分析共同度、内部一致性信度的内容在接下来的章节介绍。

2．高低分项目区分度分析的原理

高低分项目区分度分析的基本思想是，将量表总得分划分为高、低分组，使用 t 检验比较各题项数据在高、低分两组间的差异，可以细分为 4 个步骤，如图 11-10 所示。

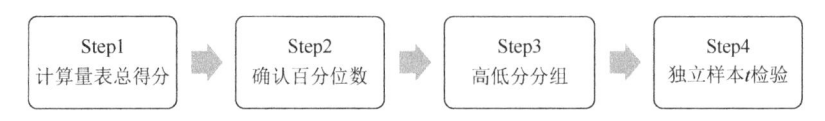

```
Step1              Step2              Step3              Step4
计算量表总得分  →  确认百分位数  →  高低分分组    →  独立样本t检验
```

图 11-10　高低分项目区分度分析步骤

1）计算量表总得分

检查各题项是否均为正向计分题，若有反向计分题则要提前进行正向化处理，所有量表题项加总求和计算总得分数据。

2）确认百分位数

将量表总得分数据进行升序排列，一般取第 27、73 百分位数的取值作为分割点，将总得分数据划分为 3 段，低于第 27 百分位数的为低分段，第 27~73 百分位数的为中分段，高于第 73 百分位数的为高分段。

3）高低分分组

创建一个三水平分组变量，一般用数字 1 代表低分组，数字 2 代表中分组，数字 3 代表高分组，也可以只创建一个二水平分组变量，数字 1 代表低分组，数字 2 代表高分组，不包括中分组。

4）独立样本 t 检验

以量表题项作为因变量，采用独立样本 t 检验分析高分组与低分组受访者在每个题项数据上有无差异。对 t 检验结果进行解释，若 p 值小于 0.05 则说明题项在高低分组间存在统计学差异，认为题项具有区分度；反之，若 p 值大于 0.05 则说明该题项无区分度，可考虑删除该题项。有时也可将 t 统计量称为决断值 CR，CR 小于 3 时认为题项在高低分组间无区分度，可考虑删除该题项（吴明隆，2010.5）。

3．题项与量表总得分相关性分析的原理

各题项与量表总得分相关性分析较简单，首先通过加总的方式计算量表所有题项的总得分，然后分析总得分与每个题项数据的 Pearson 相关系数，根据相关性来优化量表题项。一般认为 Pearson 相关系数小于 0.4 则表示个别题项与量表是一种低相关关系，同质性较差，可考虑删除该题项。

11.3.2 实例分析

结合具体案例进一步介绍高低分项目区分度分析和题项与量表总得分相关性分析的应用。

【例 11-6】继续沿用"在线英语学习网站课程购买意愿影响因素"的调查问卷,数据文档见"例 11-6.xls"。该问卷研究设计了 19 个李克特五级量表题用来研究产品、促销、渠道、价格、个性化服务和隐私保护对购买意愿的影响。假设该问卷正处于预调查阶段,现在尝试对这 19 个题项进行项目分析,以考察各题项是否具有区分度。如果发现个别题项区分度差则考虑删除,或者分析题项与总得分的相关性,相关系数偏低的题项也考虑删除。

1)数据与案例分析

本例问卷的 19 个题项均为李克特五级题目,变量标题为"q1"到"q19"。预调查阶段主要进行信效度分析和项目分析,本例为项目分析,具体分析内容包括高低分组区分度和题项总得分相关性。

2)项目分析

前面从原理上介绍了高低分项目区分度分析、题项与量表总得分相关性分析,在实际分析过程中,这些步骤均由 SPSSAU 平台自动完成,我们只需要解释和分析结果。

将数据导入【我的数据】模块,在仪表盘中依次单击【问卷研究】→【项目分析】模块,在标题框中选中 19 个题目变量并拖曳至右侧的【分析项(定量)】分析框中,在分析框上方的【分位数】下拉列表中选择【27/73 分位法(默认)】。此处注意,SPSSAU 平台提供了两种确认分组标准的百分位数,一般默认选择 27/73 分位法即可。如果勾选【保存信息】复选框,则平台会将高低分组变量另存到数据集中,以便后续分析使用,一般情况下无须保存。项目分析操作界面如图 11-11 所示,最后单击【开始分析】按钮。

图 11-11 项目分析操作界面

3)结果分析

输出的结果包括高低分项目区分度与量表题项与量表总得分相关性两部分,要分别进行解释和分析。

(1)首先来解释和分析高低分项目区分度,结果如表 11-7 所示。

表 11-7　高低分项目区分度分析结果

项目	组别（平均值±标准差）		t（决断值）	p
	低分组（n=86）	高分组（n=89）		
q1	2.74±0.96	4.21±0.83	10.828	0.000**
q2	2.62±0.90	4.02±0.93	10.183	0.000**
q3	3.02±1.11	4.55±0.69	10.913	0.000**
q4	2.49±0.89	3.71±1.13	7.941	0.000**
q5	1.92±0.83	2.11±0.87	1.506	0.134
q6	2.37±0.91	4.04±0.93	12.046	0.000**
q7	2.55±0.95	4.25±0.79	12.882	0.000**
q8	2.65±1.04	4.08±0.81	10.098	0.000**
q9	2.73±0.95	4.08±0.92	9.519	0.000**
q10	2.69±1.00	4.24±0.77	11.537	0.000**
q11	2.79±0.86	4.10±0.92	9.763	0.000**
q12	2.73±0.83	4.11±0.87	10.704	0.000**
q13	2.78±0.86	4.26±0.76	12.060	0.000**
q14	3.38±1.17	4.80±0.57	10.117	0.000**
q15	3.26±1.15	4.73±0.58	10.657	0.000**
q16	2.88±0.76	4.17±0.73	11.448	0.000**
q17	3.00±0.78	4.12±0.70	9.994	0.000**
q18	2.98±0.70	4.19±0.80	10.709	0.000**
q19	3.06±0.66	4.07±0.78	9.266	0.000**

注：**$p<0.01$。

从表 11-7 可知，q5 这个题项的 t 检验 $p=0.134>0.05$，说明该题项在高分组与低分组两组间无差异，即该题项的区分度较差，可考虑删除 q5 题项。其他题项在高低分两组间的差异有统计学意义（$p<0.05$），均可保留。

除根据 t 检验的 p 值进行题项筛选及推断之外，还可以使用 t 检验的 t 统计量进行题项筛选及推断，此处一般将 t 统计量称为决断值 CR，当 CR 值大于 3 时认为题项数据在高低分组间差异显著，当 CR 值小于 3 时认为题项数据在高低分组间无差异。本例 q5 题项的决断值 CR 为 1.506<3，也说明该题项在高分组与低分组间无差异，区分度差可考虑删除。其他题项的 CR 值均大于 3，认为存在良好的区分度。

（2）题项与量表总分相关性。量表题项与量表总得分相关性分析结果如表 11-8 所示，第 2 列同表 11-7 为 t 检验的结果，第 4 列为题项与量表总分的相关系数，第 5 列为相关系数的 p 值。

表 11-8　量表题项与量表总得分相关性分析结果

项目	决断值（CR）	p 值（CR）	与量表总分的相关系数	p 值（与量表总分的相关）
q1	10.828**	0.000	0.657**	0.000
q2	10.183**	0.000	0.621**	0.000
q3	10.913**	0.000	0.595**	0.000
q4	7.941**	0.000	0.514**	0.000

续表

项目	决断值（CR）	p 值（CR）	与量表总分的相关系数	p 值（与量表总分的相关）
q5	1.506	0.134	0.135*	0.019
q6	12.046**	0.000	0.681**	0.000
q7	12.882**	0.000	0.670**	0.000
q8	10.098**	0.000	0.625**	0.000
q9	9.519**	0.000	0.517**	0.000
q10	11.537**	0.000	0.618**	0.000
q11	9.763**	0.000	0.614**	0.000
q12	10.704**	0.000	0.641**	0.000
q13	12.060**	0.000	0.707**	0.000
q14	10.117**	0.000	0.594**	0.000
q15	10.657**	0.000	0.593**	0.000
q16	11.448**	0.000	0.680**	0.000
q17	9.994**	0.000	0.667**	0.000
q18	10.709**	0.000	0.632**	0.000
q19	9.266**	0.000	0.586**	0.000

注：* $p<0.05$ ** $p<0.01$。

可以发现，19 个题项中 q5 题项与量表总分的相关系数为 0.135 小于 0.4，说明该题项与量表的同质性较差，可以考虑删除。其他题项与量表总分的相关系数均大于 0.4，说明同质性良好。

11.4 效度分析

量表结构效度分析是预调查阶段的一项重要任务，一般使用探索性因子分析。第 6.1 节我们已经介绍了因子分析的原理思想及其在数据降维方面的应用，本节重点介绍因子分析在量表问卷结构效度中的应用，通过在仪表盘中依次单击【问卷研究】→【效度】模块来实现。

11.4.1 结构效度

1. 效度与结构效度

问卷的效度从广义层面上指测量工具能够准确测出心理或行为特质的程度，针对的是测验结果是否正确可靠。效度一般分为 3 种类型：内容效度、效标效度和结构效度。

（1）内容效度：本质上是问卷题目的命题逻辑分析，适用于普通问卷题目，如单选题、多选题及量表题目，一般用文字来描述内容效度的情况。例如，介绍问卷题目来源，设计过程，专家讨论、鉴定以形成问卷，说明问卷具有内容效度。

（2）效标效度：一般指问卷数据与外在校标数据间的相关程度，相关程度越高说明效标效度越好。外在校标，如真实的行为成果（学生考试成绩），本身就具有良好效度信度的成熟量表等。

（3）结构效度：量表结构效度是指量表问卷能够准确测出理论或预设维度概念的程度，可测试量表题项和维度结构设计是否合理。在预调查阶段可使用探索性因子分析进行探究，当提取的因子-题项对应关系与理论或预设维度概念-题项对应关系相符合时即说明量表具有良好的结构效度。

例如，初设量表用 25 个题项测量感知有用性（7 题）、感知易用性（6 题）、满意度（6 题）、忠诚度（6 题）4 个维度，预调查问卷数据进行探索性因子分析，最终提取出 4 个因子，而且每个因子载荷归属的题项与预设的对应关系相符合，说明初设量表结构效度良好；如果提取因子的个数不是 4 个，或者一部分题项载荷出现"张冠李戴"（设计时用于测量指定维度的题项在探索性因子分析结果中归属于其他不同的维度）、"纠缠不清"（同一个题项横跨两个以上因子）的情况，个别题项单独成为一个独立因子等情况时，表明初设量表的结构效度较差，一些异常题项考虑删除，从而实现对初设量表的优化和修改。

2. 探索性因子分析结构效度术语说明

结构效度针对的是量表问卷数据资料，应满足探索性因子分析对数据的要求，普通题型，如单选题、多选题数据不能进行结构效度分析。前面已经介绍过因子分析的思想原理，此处重点强调探索性因子分析在结构效度分析时的相关内容。

（1）KMO 与巴特利特检验。由于探索性因子分析要求题项间具有一定的相关性基础，因此需要对是否适合进行因子分析进行研究，可用 KMO（取样适切度）和巴特利特检验进行判断，若 KMO 值大于最低标准 0.5，巴特利特检验 p 值小于 0.05，则说明数据适合进行因子分析，反之不适合（武松和潘发明，2014）。

（2）因子个数。提取的因子个数可指定为量表维度概念的个数，如某研究设计的量表需要测量 6 个变量，预调查阶段通过探索性因子分析来分析结构效度，此时可指定提取的因子个数为 6 个。若不指定提取的因子个数则由因子分析按特征根大于 1 的标准来确认因子个数。

（3）因子分析共同度。因子分析共同度是指题项能被因子解释的变异量，反映的是题项与因子的同质性，在量表结构效度分析中，可用于衡量题项的质量，常作为广义项目分析中的一个指标。一般因子分析共同度低于 0.4 说明对应的题项与因子的同质性较差要引起关注，如果因子分析共同度低于 0.2 则考虑直接删除（吴明隆，2010.5）。

（4）载荷系数。载荷反映的是因子与题项的相关关系，载荷值越大说明题项与因子关联程度越高，也可以理解为题项可作为因子的代表性数据，或题项归属于某个因子。一般载荷低于 0.4（有时也可以按 0.5 标准）说明题项与因子没有对应归属关系。

11.4.2 实例分析

下面通过一份量表问卷数据资料分析量表的结构效度。

【例 11-7】某研究自编了一份"学校知识管理量表"，在量表设计时要结合相关理论，包括 3 个维度：c1～c6 题项测量"知识创新"、c7～c13 题项测量"知识分享"、c14～c19 题项测量"知识获得"，共 19 个题项，试分析该量表的结构效度。数据来源于吴明隆（2010.5），本例数据文档见"例 11-7.xls"。

1）数据与案例分析

案例数据有 19 个题项，题项名称依次为 c1～c19。量表设计时所有题项均采用李克特五级题目，数据可视为定量数据进行统计分析。本例预设的维度有 3 个，如果探索性因子分析提取的公因子具备合理性（可按预设的 3 个维度概念进行命名、每个因子至少含 3 个题项），且因子-题项的对应关系与维度-题项的对应关系相符合，则可说明该量表具备良好的结构效度。在此过程中，若发现个别题项在共同度指标和载荷系数上表现不佳则可考虑删除。

2）结构效度分析

数据读入平台后，在仪表盘中依次单击【问卷研究】→【效度】模块，这是专门用来对量表问卷做结构效度的模块，我们并不需要依次单击【进阶方法】→【因子】模块来完成。

本例计划采取默认的特征根大于 1 的标准提取因子。将标题框内【c1】～【c19】题项变量全部拖曳至右侧的【分析项(量表)】分析框中，在分析框上方的【维度个数设置】下拉列表中选择【维度个数设置(自动)】，即按特征根大于 1 的标准提取公因子。效度分析操作界面如图 11-12 所示，单击【开始分析】按钮。

图 11-12 效度分析操作界面

3）结果分析

探索性因子分析结构效度分析的结果主要包括 KMO 值、巴特利特检验、特征根、共同度、方差解释率、累积方差解释率，以及载荷系数（该模块默认进行正交旋转）。平台能将以上结果合并成一张表格，在载荷系数的展示上，可根据题项变量名称或因子的顺序进行排序操作（单击表格上方的【排序】按钮），本例选择按题项变量名称排序。探索性因子分析效度分析结果如表 11-9 所示。

表 11-9　探索性因子分析效度分析结果

名称	载荷系数				共同度（公因子方差）
	因子1	因子2	因子3	因子4	
c1	0.087	0.062	0.663	0.394	0.606
c2	0.063	0.093	0.810	0.094	0.678
c3	0.055	0.101	0.887	0.076	0.805
c4	0.070	0.009	0.743	-0.053	0.560
c5	0.139	0.058	0.711	-0.194	0.565
c6	0.137	0.157	0.509	-0.092	0.311
c7	0.696	0.311	0.127	-0.147	0.618
c8	0.814	0.181	0.178	0.092	0.735
c9	0.877	0.182	0.078	0.013	0.808
c10	0.803	0.216	-0.016	0.024	0.692
c11	0.728	0.153	0.212	0.174	0.629
c12	0.091	-0.062	-0.003	0.862	0.755
c13	0.886	0.173	0.075	0.001	0.820
c14	0.469	0.643	0.107	-0.101	0.655
c15	0.189	0.945	0.117	-0.037	0.945
c16	0.391	0.644	0.202	-0.086	0.616
c17	0.170	0.930	0.077	0.049	0.903
c18	0.425	0.504	0.261	-0.295	0.591
c19	0.177	0.912	0.025	0.046	0.866
特征根值（旋转前）	7.208	2.834	2.041	1.075	—
方差解释率（旋转前）	37.936%	14.914%	10.744%	5.659%	—
累积方差解释率（旋转前）	37.936%	52.850%	63.594%	69.253%	—
特征根值（旋转后）	4.589	3.992	3.445	1.132	—
方差解释率（旋转后）	24.153%	21.009%	18.131%	5.959%	—
累积方差解释率（旋转后）	24.153%	45.163%	63.294%	69.253%	—
KMO 值	0.855				—
巴特利特球形值	3079.151				—
df	171				—
p 值	0.000				—

（1）KMO 值与巴特利特检验。本例 KMO=0.855>0.8，认为数据适合进行因子分析。巴特利特检验的 p 值小于 0.05，也认为数据适合进行因子分析。

（2）特征根值与累积方差解释率。由于【效度】模块默认对公因子进行最大方差法正交旋转，因此特征根值和累积方差解释率统一看旋转后的结果。按特征根值大于 1 的标准，用探索性因子分析提取 4 个公因子，累积方差解释率为 69.253%。在社科领域，因子的累积方差解释率在 60%以上一般是可以接受的（刘红云，2019）。

（3）共同度。表 11-9 中最右侧一列为共同度指标，也称之为公因子方差，我们发现 c6 题项的共同度为 0.311<0.4，应引起研究者的重视，没有题项共同度低于 0.2 的情况，初步判断没有需要删去的题项。

（4）因子-题项对应关系。载荷绝对值大于 0.4 时被平台标注为蓝色，平台按载荷大于 0.4 的标准对题项与因子的对应关系进行判断，即一个题项与某个因子的载荷如果大于 0.4 则认为其归属于该因子。

显然"因子 4"仅包括 c12 题项，其下的题项个数少于 3 个，不具有合理性，提示 c12 题项可删除。

存在明显异常的还有 c14 题项和 c18 题项，这两个题项在"因子 1"和"因子 2"上均有较高的载荷，按载荷 0.4 标准难以判断题项与因子的对应关系，为常见的"纠缠不清"现象。此时可考虑按载荷 0.5 标准进行判断，由此可知，这两个题项在"因子 1"上的载荷均小于 0.5，而在"因子 2"上的载荷均大于 0.5，认为 c14 题项和 c18 题项均归属于"因子 2"。

至此结果已明确：c1～c6 题项与"因子 3"存在对应关系，结合题项内容可命名为"知识创新"；c7～c13 题项（不包括 c12 题项）与"因子 1"存在对应关系，结合题项内容可命名为"知识分享；c14～c19 题项与"因子 2"存在对应关系，结合题项内容可命名为"知识获得"。

综合以上分析，我们通过探索性因子分析提取了 4 个因子，删除 c12 题项后其余 18 个题项与因子的对应关系与预设结构相符（结果略），因此认为删除 c12 题项后量表具有良好的结构效度。

（5）其他说明。读者可自行测试删除 c12 题项后按特征根值大于 1 的标准提取因子的结果，与全部 19 个题项指定提取预设维度个数 3 的结果相比较，讨论最终的结构效度结果，最终结论同样是删除 c12 题项后量表具有良好的结构效度，此处略。

11.5 信度分析

项目区分度分析研究的是每个题项的适合性，结构效度分析研究的是量表问卷本身的准确性，那么对于一次调查数据（量表问卷资料），它结果的稳定性、一致性如何衡量，这就是信度分析的任务，通过在仪表盘中依次单击【问卷研究】→【信度】模块来实现。

11.5.1 信度系数

信度（Reliability），具体是指量表各维度层面与总量表的稳定性、一致性。它针对的是量表数据结果而不是量表问卷工具本身，信度分析适用于李克特量表问卷数据资料的定量数据。

1. 信度系数的类型

常用于内部一致性信度系数的指标包括 Cronbach α 系数、折半系数、McDonald omega 系数、theta 系数等。

（1）Cronbach α 系数。在李克特态度量表中，最常用的信度指标之一为 Cronbach α 系数，简称 α 系数。该系数介于 0 到 1 之间，Cronbach α 系数越高代表量表的一致性越高。它与题项个数有关，题项越多 Cronbach α 系数越大，因此维度 Cronbach α 系数低于总量表 Cronbach α 系数。

（2）折半系数。折半系数将量表题项分为两半，通过计算两半得分的 Cronbach α 系数及相关系数，进而估计整个量表的信度。此处应注意，所有题项拆分为两半时，每半的题项个数可能相等也可能不相等，从而分别计算的是等长折半系数和不等长折半系数。

如果是经典量表题项，并且某个维度的题项较多（如大于 5 个）时，则使用折半系数来衡量信度。

（3）McDonald omega 系数。McDonald omega 系数的计算原理是，利用因子分析浓缩信息，即维度或量表所有题项进行因子分析并只提取一个公因子，得到载荷系数 loading 后基于载荷计算 McDonald ω 系数。loading 值整体绝对值越大时，McDonald ω 系数值越高。

（4）theta 系数。theta 系数的原理同 McDonald omega 系数，也是使用因子分析来研究内部一致性的。其计算公式如下：

$$\theta = \frac{N}{N-1}\left(1 - \frac{1}{\lambda}\right)$$

式中，N 为题项个数；λ 为最大特征根值。可以看到，当题项个数越多时，theta 系数值越大，而且最大特征根越大，theta 系数值也会越大。

2. 信度系数解读标准

Cronbach α 系数有多个可供参考的解读标准，吴明隆（2010.5）综合多位学者的观点认为，分层面最低的内部一致性信度系数要在 0.5 以上，最好能高于 0.6，而整份量表最低的内部一致性信度系数要在 0.7 以上，最好能高于 0.8。

折半系数、McDonald omega 系数与 theta 系数在评价时可参考 Cronbach α 系数的解读标准。

3. 信度分析的使用

一般在预调查阶段与正式量表分析阶段都会使用信度分析，前者用于项目分析，后者用于报告和评价正式量表信度结果。

（1）预调查阶段项目分析。在量表问卷的预调查阶段，信度分析的作用在于考察初设量表的信度是否达标，以及哪些题项删除后可提高或改善信度水平。使用 Cronbach α 系数进行信度分析时，平台会输出"项已删除的 α 系数"和"校正项总计相关性（CITC）"两个指标值。

项已删除的 α 系数：指删除某个题项后的新 Cronbach α 系数，如果其值明显大于删除题项前的 Cronbach α 系数，则说明该题项同质性较差，删除该题项可改善维度或量表的信度水平，此时认为对应的这个题项应当删除。例如，"感知有用性"维度，初设 6 个题目时该维度的 Cronbach α 系数为 0.68，第 3 个题目的"项已删除的 α 系数"值为 0.86，意味着如果删除第 3 个题项，剩余 5 个题项构成的新维度 Cronbach α 系数为 0.86，删除题项后信度水平得到了明显提高。

校正项总计相关性（CITC）：CITC 同样可作为删除题项的依据，它是指某个题项与其他剩余题项总得分数据之间的相关系数，显然 CITC 越低说明对应的题项同质性越差，可考虑删除。如果 CITC 值小于 0.3，则通常考虑删除对应题项。

（2）正式量表问卷信度评价。正式量表一般较少涉及删除题项进行优化，因此此阶段信度分析的目的主要是报告和评价当前收集的问卷量表的信度水平。如果此阶段仍出现信度不达标的情况，必要时也可以结合其他分析结论考虑删除某些题项以改善信度水平。

11.5.2 实例分析

下面通过具体实例进一步介绍量表问卷研究分析方法中信度分析的应用。

【例 11-8】继续沿用【例 11-7】的案例，某研究自编的"学校知识管理量表"，包括 3 个维度：c1～c6 题项测量"知识创新"、c7～c13 题项测量"知识分享"、c14～c19 题项测量"知识获得"，共 19 个题项，试分析该量表"知识分享"维度的信度及总量表的信度。

1）数据与案例分析

案例数据有 19 个题项变量，变量名称依次为 c1～c19，均为定量数据，满足信度分析的基本要求。本例示范对预设的"知识分享"维度进行信度分析，最后报告总量表的信度。信度系数选择较常用的 Cronbach α 系数和折半系数，若发现有题项同质性差问题则考虑删除。

2）"知识分享"维度信度分析

数据读入平台后，在仪表盘中依次单击【问卷研究】→【信度】模块，将【c7】～【c13】题项拖曳至【分析项(量表)】分析框中，即先分析"知识分享"维度的信度，在分析框上方【信度系数】下拉列表中选择【Cronbach α 系数】，最后单击【开始分析】按钮。信度分析操作界面如图 11-13 所示。

图 11-13　信度分析操作界面

3）"知识分享"维度结果分析

项已删除的 α 系数、Cronbach α 系数及 CITC 相关系数如表 11-10 所示。

表 11-10 项已删除的 α 系数、Cronbach α 系数及 CITC 相关系数

名称	校正项总计相关性（CITC）	项已删除的 α 系数	Cronbach α 系数
c7	0.616	0.816	
c8	0.769	0.795	
c9	0.796	0.791	
c10	0.708	0.800	0.841
c11	0.677	0.807	
c12	0.073	0.912	
c13	0.796	0.789	

注：标准化 Cronbach α 系数：0.863。

第 4 列"知识分享"维度的 Cronbach α 系数为 0.841>0.8，说明该维度具有良好的信度。第 3 列项已删除的 α 系数显示，删除 c12 题项后剩余 6 个题项构成的新维度 Cronbach α 系数为 0.912，明显大于原来的 0.841，提示删除 c12 题项可改善维度信度水平。第 2 列为校正项总计相关性（CITC）值，c12 题项的 CITC 值为 0.073<0.3，提示该题项与维度的同质性差，可考虑删除。如果当前数据为预调查阶段的信度分析，那么可综合项已删除的 α 系数与 CITC 值的提示信息，将 c12 题项删除以改善"知识分享"维度的信度水平。

4）总量表信度分析

接下来示范折半系数的应用，将【c1】～【c19】题项（对总量表）拖曳至分析框中，在【信度系数】下拉列表中选择【折半系数】（本例采用 Cronbach α 系数亦可，此处仅示范折半系数），单击【开始分析】按钮对结果进行分析。

折半信度分析如表 11-11 所示，平台将 19 个题项拆分为两部分，前半部分包括 10 个题项，后半部分包括 9 个题项，为不等长的情况，因此我们主要解读的是不等长折半系数（Spearman-Brown 系数），本例折半系数为 0.815，显然在 0.8 以上，说明总量表具有良好的信度。

表 11-11 折半信度分析

Cronbach α 系数	前半部分	值	0.817
		项数	10
	后半部分	值	0.833
		项数	9
	总项数		19
前半部分和后半部分间的相关系数值			0.688
折半系数（Spearman-Brown 系数）	等长		0.815
	不等长		0.815
Guttman Split-Half 系数			0.812

11.6 验证性因子分析

量表数据资料本质上是对潜变量数据的测量，并对其进行研究分析，应当采取潜变量

数据分析方法。潜变量数据分析方法常见的有验证性因子分析、结构方程模型等。

本节介绍验证性因子分析，通过在仪表盘中依次单击【问卷研究】→【验证性因子分析】模块来实现。

11.6.1 方法概述

1．潜变量与显变量

潜变量是指不能直接观测到的变量，常用于对特殊行为或心理态度的测量，如老年人心理抑郁，不能直接提问"你感到抑郁吗？"，而是需要通过一系列跟抑郁有关的同质化题项来测量抑郁。此时抑郁即为潜变量，用来测量它的题项被称为显变量或观测变量。

再如通过因子分析从数学、物理、化学成绩等提取到"理科因子"，从语文、历史、政治、地理成绩提取到"文科因子"，理科与文科是潜在的概念，并不能直接观测理科和文科的成绩。

显变量是可以直接观测的变量，如量表中的具体题项得分，或者常见的身高、体重等可测定取值的数据。潜变量和显变量是一对统计术语，有时候也分别称它们为潜在变量和外显变量。

2．验证性因子分析概念

验证性因子分析的英文全称为 Confirmatory Factor Analysis，简称 CFA。它的应用目的在于，验证潜变量与相对应题项间的关系是不是契合研究者初设的理论关系。用统计术语来说，即验证显变量分析得到的方差协方差矩阵与预设模型（研究者的理论模型）的方差协方差矩阵是否一致，若模型契合评价达标则认为量表的结构与实际数据契合，所设计的题项可以有效测量潜变量因子。

一般可用路径图来反映验证性因子分析模型题项与因子间的测量关系，图 11-14 所示为验证性因子分析模型示意图。在该模型中，量表题项 A1~A3 测量的是第一个因子 F1，另外 4 个题项 B1~B4 测量的是第二个因子 F2。一个题项只受一个因子影响，没有交叉载荷的情况。

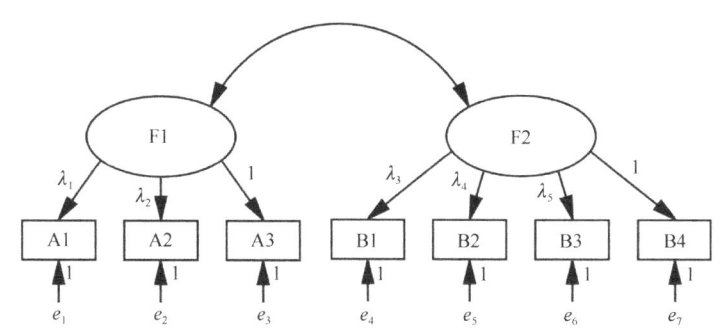

图 11-14　验证性因子分析模型示意图

在验证性因子分析模型示意图中，用椭圆表示潜变量或因子，用矩形框表示量表题项或观测指标,用双箭头表示因子之间的协方差或相关关系、从因子指向题项的单箭头表示直接影响关系。例如,B1~B4 题项具有共同概念,这些共同概念提取后即为潜变量 F2,潜变量可以解释题项的共同特质。直接影响关系表现为回归路径系数,标准化回归路径系数也被称为载荷系数,一般用 λ 表示,载荷系数的平方即潜变量可解释观测题项的程度,解释不了的剩余部分则为测量误差,一般用 e 表示。

验证性因子分析可以分为一阶验证性因子分析和高阶验证性因子分析两种,一阶验证性因子分析是基础测量模型也较常见,当我们发现由众多题项测量得到的一阶验证性因子之间存在较高的相关性(一般认为相关程度在 0.7 以上),在一阶验证性因子之上还可以继续提取共同特质,这样的共同特质即二阶验证性因子,整个测量模型称为二阶验证性因子分析模型。同理,如果二阶验证性因子仍然存在明显的相关,则可尝试提取三阶验证性因子。

3. 与探索性因子分析的区别

因子分析包括探索性因子分析和验证性因子分析两种。对于量表问卷数据来说,探索性因子分析用于探索及发现潜变量因子与题项之间的结构关系,先对数据进行分析再探索得到一个结构模型;与之相反,验证性因子分析先由研究者提出理论上的潜变量与题项的结构关系,再通过量表数据分析来验证该结构关系的真实性。

在使用上,探索性因子分析主要用在量表预调查阶段,探索初设量表的结构效度,通过共同度、载荷系数等为删除、优化题项提供依据。验证性因子分析主要用在正式量表分析阶段,对已知的量表结构效度进行验证和评价。

此处注意,在量表问卷分析的整个过程中不应将探索性因子分析和验证性因子分析主观割裂,二者既有区别又有联系。例如,在新量表编制过程中,一般会先进行探索性因子分析,从而发现公因子与题项的对应归属关系,确立结构效度。该结果一方面可用于结构效度分析,另一方面也可作为验证性因子分析结构关系的基础。最后用另外一批数据进行验证性因子分析,并对前面已经确立的结构进行验证。

11.6.2 验证性因子分析步骤

验证性因子分析过程较其他分析方法要复杂一些,并不能通过一次分析就获得最终结果,具体分析时还需要结合模型识别及模型拟合指标对模型进行适当的修正。图 11-15 所示为验证性因子分析的一般步骤,主要包括五大环节。

Step1 模型设定与识别 → Step2 模型参数估计 → Step3 模型拟合评价 → Step4 模型修正(非必须)→ Step5 分析与应用

图 11-15　验证性因子分析的一般步骤

1)模型设定与识别

模型设定即按研究者的理论支持确立研究变量(维度/构念/因子/潜变量)、题项,以及研究变量与题项间测量的对应关系,如用 a1~a5 题项测量维度"感知有用性",用 a6~a10

题项测量维度"感知易用性"。

如果引用成熟量表，由于量表的维度和题目关系早已得到论证，这种情况下一般可以直接进行模型设定并进行验证性因子分析。如果是新开发编制的量表，则建议先通过探索性因子分析探索结构效度，有不合适的题项考虑删除，甚至先对个别维度的定义进行修订，再进行验证性因子分析。

在开始估计参数之前，应检查模型是否可识别，所谓的识别即理论模型是否存在合适的解。验证性因子分析模型识别有 3 种结果，分别是不可识别、恰好识别、过度识别，其中恰好识别与过度识别均属于模型可识别的范畴。一般采用"t 法则"来判断模型是否可识别，具体来说，指模型中参数的个数不能超过方差协方差矩阵的内部元素数，即 $t \leq p(p+1)/2$，t 代表模型中需要估计的参数个数，p 代表观测变量（在量表中即题项）的个数。

例如，7 个李克特五级量表题测量两个维度，待估计的参数包括 5 个路径系数（每个因子下任意一个路径系数固定为 1，两个因子则有两个路径系数固定为 1，所以待估计的路径系数为 7-2=5 个、7 个残差、2 个因子的方差，以及 1 个相关系数，参数个数 $t=5+7+2+1=15$，小于方差协方差矩阵的元素数 $p(p+1)/2=7\times 8/2=28$，所以属于过度识别，模型是可识别的。

通常来说，我们并不需要刻意去计算判断模型是否可识别，一个取巧的办法是直接查阅统计软件工具输出的模型自由度 df，如果 df 大于等于 0，则意味着模型可识别，因为方差协方差矩阵元素数减去待估计参数等于自由度 df。

此外，验证性因子分析与结构方程模型识别规则还包括：每个因子指定一个测量指标的未标准化回归路径系数为 1；每个因子至少包括 3 个测量题项。如果遇到模型无法识别的情况，那么可以考虑结合模型理论删除个别自由参数，或者固定某些自由参数。

2）模型参数估计

在验证性因子分析模型中，我们主要关注的参数包括未标准化回归路径系数（标准化值即载荷系数）、测量残差及因子间相关系数。

有多种估计模型参数的方法，其中较常用的是最大似然法（ML），它要求数据为定量数据，且服从多元正态分布。在实际研究及分析中，对于量表问卷数据资料的正态性要求可适当放宽标准，如以各题项偏度系数、峰度系数作为依据进行大致判断，各题项数据不是严重偏离正态分布即可认为采用最大似然法估计的结果是稳健的。SPSSAU 平台默认采用最大似然法估计模型参数，能正常输出模型拟合结果，表明模型能够识别。

在参数的解释与分析方面，使估计的每个参数达到显著水平（$p<0.05$）是保证模型内在质量的重要基础，如果某个参数不显著（$p>0.05$），那么提示对应的题项要考虑优化或删除。待估计的参数包括测量路径上的未标准化回归系数、因子间的协方差、因子方差、测量误差。

因子载荷即标准化回归系数，它反映了题项能被因子解释的变异程度，可依据因子载荷了解各题项在因子中的相对重要性，经验法要求因子载荷大于 0.5，理想情况是大于 0.7（刘红云，2019），载荷越大，越能说明题项可用来测量因子。

对于因子间相关系数，如果其大于 0.7 则表明因子间存在较强的相关性，意味着可以从这些一阶验证性因子中继续提取共同特质，提示可考虑进行二阶验证性因子分析。

3）模型拟合评价

验证性因子分析模型是否适配或是否达标，需要对比模型拟合指标的适配标准。常用的指标包括卡方自由度比、RMSEA（近似残差均方根）、SRMR（标准化残差均方根）、GFI（拟合优度指数）、CFI（比较拟合指数）、NFI（标准拟合指数）和 TLI（非标准拟合指数）等，还可以选用 AGFI（调整后的拟合优度指数）、AIC、BIC、PGFI 等其他指标。吴明隆（2010.10）总结的验证性因子分析模型及结构方程模型常用拟合指标及指标解读标准，如表 11-12 所示。

表 11-12　验证性因子分析模型及结构方程模型常用拟合指标及指标解读标准

指标类型	指标名称	一般接受范围
绝对适配指标	卡方值	卡方检验 p>0.05 适配良好
	卡方自由度比	<3 模型适配良好
	RMR	<0.05 模型适配良好
	SRMR	<0.1
	RMSEA	<0.1 基本可接受；<0.08 模型适配良好
	GFI/AGFI	>0.9，越接近 1 模型拟合越佳
增值适配指标	NFI	>0.9，越接近 1 模型拟合越佳
	RFI	>0.9，越接近 1 模型拟合越佳
	IFI	>0.9，可能大于 1
	TLI	>0.9，可能大于 1
	CFI	>0.9，可能大于 1
简约适配指标	AIC/BIC	一般用于多个模型拟合的比较，取值小的模型拟合更佳
	PNFI	>0.5 模型可以接受
	PGFI	>0.5 模型可以接受

为了方便理解和解读各指标，一般将表 11-12 中的指标划分为 3 种。

（1）绝对适配指标。绝对适配指标包括卡方值、卡方自由度比、RMR、SRMR、RMSEA、GFI/AGFI。

关于模型适配的卡方检验，原假设观察数据的方差、协方差矩阵与预设模型的方差、协方差矩阵相等，经卡方检验可推断该假设成立与否，当 $p>0.05$ 时接受原假设，即认为预设模型与量表数据结构适配。在实际分析中，卡方自由度比作为一个很重要的指标，一般该值小于 3 大于 1，表明模型适配良好。

RMR、SRMR、RMSEA 这 3 个指标和测量残差有关，SRMR 可理解为 RMR 的标准化值，RMR<0.05，SRMR<0.1 认为模型的适配可接受。RMSEA 的使用较多，一般认为 RMSEA 大于 0.1 时，模型适配欠佳，小于 0.08 时模型适配良好。

GFI、AGFI 这两个指标类似于回归分析中的 R^2 与调整后的 R^2 两个指标，一般标准为大于 0.9 说明模型适配良好。

（2）增值适配指标。增值适配指标包括 NFI、RFI、IFI、TLI、CFI 这 5 个指标，SPSSAU 平台整合的拟合指标中有 CFI、NFI、NNFI、TLI、IFI，注意 TLI 和 NNFI 是等价的。在具体取值上这几个指标大多介于 0~1，其中 TLI(NNFI)、CFI、IFI 可能会出现大于 1 的情况。以上几个指标的一般标准为大于 0.9 说明模型拟合良好。

（3）简约适配指标。简约适配指标包括 AIC/BIC、PNFI、PGFI 等。

AIC/BIC 这两个指标的取值越小越能说明模型适配良好，可用于模型间的比较。PNFI 和 PGFI 的一般标准为大于 0.5 说明模型适配良好。

以上指标适用于验证性因子分析模型、结构方程模型，此处应注意，对模型拟合的评价，应综合多个指标的达标情况而定，一般不依据单个指标决定模型的拟合质量。例如，模型总体适配卡方检验有时候会出现 p 值小于 0.05 的情况，这并不意味着模型拟合就一定失败，还应当综合其他多项指标的达标情况最终确定拟合评价。

4）模型修正（非必须）

模型是否需要修正是根据模型拟合评价来考虑的，并非所有的模型都需要修正。如果模型拟合指标表现不佳，如卡方自由度比大于 3、GFI 小于 0.9、RMSEA 大于 0.1 等，则可考虑结合模型修正指数（Modification Indices，MI）结果的提示对模型进行适当的处理。

MI 值较大时表示应建立变量间的协方差关系或删除某个题项以减少参数估计。一般认为 MI 值大于 5 时模型才具有修正的必要，而且建议从最大的 MI 值开始逐一进行修正。对于验证性因子分析模型的修正可以从因子-题项的对应关系与题项间的协方差关系这两个方面入手。同时模型修正应建立在理论、经验及验证性因子分析模型的规范之上，不能为了"修正"而修正。

5）分析与应用

经过模型识别、参数估计、模型修正等过程，最终会得到一个达到适配标准的验证性因子分析模型，根据研究分析的目的，对结果进行分析和应用。例如，根据载荷系数判断结构效度并解释题目保留的情况，以及依据载荷系数计算组合信度（CR）、平均方差提取量（AVE），并进行聚敛和区分效度的评价。再如将验证性因子分析用于多模型比较、共同方法偏差检验等应用。验证性因子分析应用方向如表 11-13 所示。表中前 4 项是验证性因子分析的常规应用目的，除此之外，有一些研究还将验证性因子分析用于量表问卷的共同方法偏差的分析。

表 11-13 验证性因子分析应用方向

验证性因子分析统计结果的应用	说明	重点结果解释
量表结构效度	潜变量与题项对应关系是否契合预设或理论设计的关系	因子载荷应大于 0.5，理想情况是大于 0.7，且模型拟合达标
CR	测量信度水平	CR 值应大于 0.6，最好大于 0.7
聚合效度	同一个维度概念下的题项归属该维度的程度	AVE 值大于 0.5
区分效度	不同维度概念间的题项的不完全相关性	AVE 平方根满足相关性要求
共同方法偏差	问卷研究中常见的系统误差问题	验证性因子分析单因子模型拟合不达标

（1）量表结构效度。验证性因子分析模型总体需要达到拟合标准，载荷系数才具有显著性。经验法要求因子载荷大于 0.5，理想情况是大于 0.7（刘红云，2019）。

（2）CR。CR 可作为潜变量的信度指标，反映潜变量的内在质量，由因子载荷计算得到。刘红云（2019）认为 CR 值应大于 0.6，最好大于 0.7，该值越接近于 1 表示潜变量概念信度/内在质量越好。

（3）聚合效度。聚合效度也称收敛效度，强调的是用来测量同一维度概念的题项会出现在同一个潜变量因子下的程度，一般用 AVE 值和 CR 值来衡量。AVE 值与 CR 值也是利用因子载荷进行计算的，AVE 作为聚合效度的指标，该值越大表示题项越能体现潜变量因子的同质性，一般要求该值大于 0.5。

（4）区分效度。区分效度是与聚合效度对应的概念，同个维度概念下的题项强调聚合效度，而不同维度概念间的题项则强调区分效度。一个良好的量表结构应该同时有良好的聚合效度和区分效度。一般用维度概念的 AVE 平方根与维度概念间的相关系数进行比较，若 AVE 平方根大于该维度与其他维度两两间的相关系数，则认为具有良好的区分效度。

（5）共同方法偏差。共同方法偏差简称 CMV，它是量表问卷从设计到实测过程中可能出现的系统误差，通常采用 Harman 单因素法进行检测。针对探索性因子分析，如果所有题项提取的第一个公因子的方差解释率大于 40%（也有说法是大于 50%），则说明存在共同方法偏差问题；针对验证性因子分析，所有题项只用测量一个 CMV 因子，如果该验证性因子分析的拟合指标不良，即所有题项并不能归属于同一个维度概念，则说明量表数据无共同方法偏差。本节仅在此处提出验证性因子分析可用于共同方法偏差的检测识别，共同方法偏差的具体内容、分析方法暂不展开，感兴趣的读者请参阅其他资料。

11.6.3　验证性因子分析实例分析

结合具体案例进一步介绍验证性因子分析的应用。

【例 11-9】继续沿用【例 11-7】的量表（对题目做少许删减）研究自编的"学校知识管理量表"，根据相关研究理论和既往研究结论初设了 3 个维度：A1~A4 题项测量"知识创新"、B1~B5 题项测量"知识分享"、C1~C5 题项测量"知识获得"，共 14 个题项，数据文档见"例 11-9.xls"，试分析该量表的结构效度、聚合效度、收敛效度。

1）模型设定与识别

根据某种理论或参考成熟量表结构，由 14 个李克特量表题测量 3 个变量。预设模型结构为：A1~A4 题项测量"知识创新"、B1~B5 题项测量"知识分享"、C1~C5 题项测量"知识获得"。此处知识创新、知识分享、知识获得统一称作因子（Factor）。本例可通过一阶验证性因子分析验证已知结构关系的适配情况，以及评价量表的聚合效度、收敛效度。

该预设模型的待估计参数个数为 31，小于方差、协方差矩阵的元素个数 $p(p+1))/2=14×15/2=105$，从必要条件来看，模型是可识别的。这一步通常模型是会满足的，不是必须要通过计算来验证的，稍后也可以直接根据验证性因子分析输出的模型自由度来判断。

接下来将模型测量关系通过 SPSSAU 平台进行设定，数据读入平台后，在仪表盘中依次单击【问卷研究】→【验证性因子分析】模块。SPSSAU 平台最多可分析 12 个因子，最高支持二阶验证性因子分析，因子名称默认为"Factor1"到"Factor12"，允许修改名称。

在标题框中选中【A1】～【A4】题项将其拖曳至右侧的【Factor1(量表题)】分析框中，同样的操作，将【B1】～【B5】题项拖曳至【Factor2(量表题)】分析框中，将【C1】～【C5】题项拖曳至【Factor3(量表题)】分析框中，建立起预设的一阶因子与题项的对应关系。

在分析框右侧可直接修改因子名称，不做修改则默认为"Factor"加数字顺序号。本例将 Factor1 修改为"知识创新"，Factor2 修改为"知识分享"，Factor3 修改为"知识获得"。

如果分析目的是二阶验证性因子分析，则需要勾选【因子名称【可选】】窗格下方的【二阶模型】复选框，并给二阶因子命名。本例仅示范一阶验证性因子分析，不勾选【二阶模型】复选框。【二阶模型】复选框下面的【测量项协方差关系【结合 MI 指标设置】】设定要等模型执行后根据 MI 指标的情况返回进行修正设定。

在分析框上方的下拉列表中可设置 MI 的起始标准，一般选择【输出 MI>5】，即输出 MI 指标在 5 以上的潜在修正项目，最后单击【开始分析】按钮。验证性因子分析操作界面如图 11-16 所示。

图 11-16　验证性因子分析操作界面

2）模型参数估计结果解释

待估计的模型参数包括载荷系数、测量残差、因子间相关系数及因子方差。

（1）载荷系数的估计。因子载荷系数及显著性检验如表 11-14 所示。表格前两列显示了 3 个因子与题项的测量关系，第 3～6 列为非标准化回归系数（也可以叫作非标准载荷系数、非标准路径系数）的估计值与显著性检验，第 7 列为标准化回归系数也叫作因子载荷系数。

表 11-14　因子载荷系数及显著性检验

Factor（潜变量）	测量项（显变量）	非标准载荷系数（Coef.）	标准误（Std. Error）	z（CR 值）	p	因子载荷系数（Std. Estimate）
知识创新	A1	1.000	—	—	—	0.634
知识创新	A2	1.402	0.145	9.673	0.000	0.808
知识创新	A3	1.680	0.167	10.077	0.000	0.970
知识创新	A4	0.925	0.123	7.527	0.000	0.592
知识分享	B1	1.000	—	—	—	0.592
知识分享	B2	1.076	0.131	8.189	0.000	0.689
知识分享	B3	1.564	0.152	10.289	0.000	0.991
知识分享	B4	1.324	0.159	8.339	0.000	0.707
知识分享	B5	1.616	0.157	10.287	0.000	0.991
知识获得	C1	1.000	—	—	—	0.680
知识获得	C2	1.347	0.107	12.607	0.000	0.975
知识获得	C3	0.932	0.106	8.836	0.000	0.655
知识获得	C4	1.293	0.104	12.416	0.000	0.956
知识获得	C5	1.271	0.105	12.074	0.000	0.925

为了让模型识别验证性因子分析（包括结构方程模型），一般默认将因子与第一个题项的未标准化回归路径系数固定为1，不需要检验显著性。例如，本例"知识创新→A1""知识分享→B1""知识获得→C1"的非标准载荷系数统一被固定为1.0000。

重点解读的结果是，第6列回归系数显著性检验的 p 值及第7列因子载荷系数。若回归系数显著（$p<0.05$），则说明因子对题项的解释有统计学意义。本例3个因子对所有14个题项的回归系数均小于0.05，说明非标准载荷系数的参数具有显著性。14个题项的因子载荷系数介于0.592~0.991，均大于0.5，多数在0.7以上，说明预设的题项可以测量潜变量。

（2）测量残差的估计。本次验证性因子分析的测量残差与回归残差如表11-15所示。表格较大，此处仅展示其中部分结果。一般要求残差估计值的标准误为正数且达到显著水平（$p<0.05$），本例中表格的第3列标准误均为正数且 p 值均小于0.05，参数具有显著性。

表 11-15　测量残差与回归残差（篇幅有限仅展示部分结果）

项	非标准估计系数（Coef.）	标准误（Std. Error）	z	p	标准估计系数（Std. Estimate）
A1	0.254	0.027	9.411	0.000	0.598
A2	0.178	0.024	7.427	0.000	0.347
⋮	⋮	⋮	⋮	⋮	⋮
B3	0.016	0.008	2.088	0.037	0.018
⋮	⋮	⋮	⋮	⋮	⋮
C5	0.110	0.013	8.244	0.000	0.144
知识创新	0.171	0.035	4.843	0.000	1.000
知识分享	0.361	0.079	4.596	0.000	1.000
知识获得	0.405	0.075	5.429	0.000	1.000

（3）因子间相关系数的估计。维度间的协方差及相关系数如表 11-16 所示。第 3 列"非标准估计系数"即维度间的协方差，最后一列"标准估计系数"则为维度间的相关系数。如果显著性 p 值小于 0.05，则说明相关关系具有统计学意义。

表 11-16　维度间的协方差及相关系数

Factor	Factor	非标准估计系数（Coef.）	标准误（Std. Error）	z	p	标准估计系数（Std. Estimate）
知识创新	知识分享	0.049	0.020	2.498	0.012	0.197
知识创新	知识获得	0.056	0.021	2.670	0.008	0.212
知识分享	知识获得	0.152	0.035	4.339	0.000	0.396

本例"知识创新""知识分享""知识获得"3 个维度间的标准估计系数介于 0.197～0.396，相关性相对较弱，因此不考虑二阶验证性因子分析。

综上，本例载荷系数、测量残差、因子间相关系数等参数均有统计学意义，说明模型的内在质量良好。

3）模型拟合评价

接下来需要对模型拟合质量进行总体评价，主要针对一系列常用的拟合指标的达标情况进行解释及分析。表 11-17 所示为 SPSSAU 平台整合后的模型拟合指标。本例模型的自由度 df=74.000>0，说明模型可识别，和前面通过"t 法则"计算的判断结果一致。

表 11-17　SPSSAU 平台整合后的模型拟合指标

常用指标	χ^2	df	p	卡方自由度比 χ^2/df	GFI	RMSEA	RMR	CFI	NFI	NNFI
判断标准	—	—	>0.05	<3	>0.9	<0.10	<0.05	>0.9	>0.9	>0.9
值	246.290	74.000	0.000	3.328	0.839	0.108	0.094	0.933	0.907	0.917
其他指标	TLI	AGFI	IFI	PGFI	PNFI	SRMR	RMSEA 90% CI			
判断标准	>0.9	>0.9	>0.9	>0.5	>0.5	<0.1				
值	0.917	0.771	0.933	0.591	0.738	0.104	0.093～0.123			

注：Default Model：χ^2(91)=2656.033，p=1.000。

表 11-17 中的结果分为"常用指标"和"其他指标"两部分结果，本书推荐优先解释及分析"常用指标"是否达标。模型适配的卡方检验 p<0.05，拒绝原假设，表明模型不适配。卡方自由度比为 3.328>3、RMSEA=0.108>0.1、RMR=0.094>0.05、GFI=0.839<0.9，这 5 项常用指标均未达标。其他指标中的 AGFI=0.771 也未达标。综合以上指标，认为模型适配欠佳。

4）模型 MI 修正

前面经过模型拟合评价认为模型适配欠佳，可通过 MI 修正项的提示进行适当的修正。修正时应注意结合理论支持和模型规则，不能为了"修正"而修正。

（1）MI 指标之因子-题项的对应关系。因子与题项的 MI 如表 11-18 所示。第 4 列"MI 值"为修正指数，第 5 列"Par Change"指修正参数后期望参数的改变量。

表 11-18　因子与题项的 MI

测量项	关系	因子	MI 值	Par Change
C1	测量	知识分享	28.653	0.481
C3	测量	知识分享	12.419	0.315
B1	测量	知识获得	13.877	0.376
B2	测量	知识获得	5.348	0.194
B4	测量	知识获得	5.726	0.235

注：表格中的 MI 值均大于 5。

表 11-18 中最大的 MI 值为 28.653，Par Change 为 0.481，意味着如果我们创建"知识分享→C1"的影响关系则可使卡方统计量减少 28.653，但是本例认为该修正项目是不合适的（C1 题项是为测量"知识获得"而设计的，在内容上与"知识获得"同质），同理按 MI 值降序进行判断，在表 11-18 中没有发现适合的修正项目。

（2）MI 指标之题项间的协方差关系。题项间的 MI（部分结果）如表 11-19 所示。由于该表格较大，我们将完整表格复制粘贴到 Excel 按 MI 从大到小降序排列，截取前 5 个 MI 值。

表 11-19　题项间的 MI（部分结果）

测量项 1	关系	测量项 2	MI 值	Par Change
B5	↔	B3	74.617	0.364
C5	↔	C4	32.374	0.077
C3	↔	C1	22.728	0.162
B2	↔	B1	20.635	0.180
C4	↔	C1	19.850	−0.068

注：表格中的 MI 值均大于 5。

最大的 MI 值为 74.617，提示创建 B3 题项和 B5 题项两个题项间的协方差共变关系有助于降低卡方值，同一个因子下的题项反映的是同一个主题，因此存在相关性，所以构建 B3 题项与 B5 题项的相关关系在理论上是合适的，该表的其他 MI 值均以此方式去解读。

研究者可根据模型拟合、MI 修正综合决定是否有必要进行修正，修正过程是逐次进行的，不能一次对多个项目进行修正。例如，按 MI 值 74.617 提示进行修正，是指重新进行一次验证性因子分析，并且要建立 B3 和 B5 的协方差参数估计。

（3）按 MI 进行 B3↔B5 的协方差修正。从仪表盘中单击【验证性因子分析】模块，其他操作设置和前面的设置一致。在【测量项协方差关系【结合 MI 指标设置】】的下方，【第 1 项】下拉列表中选择【B3】，【第 2 项】下拉列表中选择【B5】，其他设置不变，最后单击【开始分析】按钮。验证性因子分析测量残差修正的操作界面如图 11-17 所示。

SPSSAU 平台会专为新增的 B3↔B5 两个题项的协方差关系输出对应的结果。题项间的协方差及相关系数如表 11-20 所示。

图 11-17 验证性因子分析测量残差修正的操作界面

表 11-20 题项间的协方差及相关系数

显变量	显变量	非标准估计系数（Coef.）	标准误（Std. Error）	z	p	标准估计系数（Std. Estimate）
B3	B5	0.258	0.040	6.394	0.000	0.277

协方差显著性检验 p 值小于 0.05，即协方差有统计学意义，B3 与 B5 之间的相关性是显著的，具体的相关系数（标准估计系数）为 0.277。

其他的输出结果和第一次验证性因子分析相同，我们主要来看在原模型基础上增加 B3 与 B5 的协方差关系后，模型的适配有无改善，其他表格均以第 2 次修正后的结果为准进行解读，解读过程可参考首次分析的内容。

表 11-21 所示为修正后的模型拟合指标达标情况，可以和修正前的模型拟合指标进行比较。

表 11-21 模型拟合指标达标情况（修正后）

常用指标	χ^2	df	p	卡方自由度比 χ^2/df	GFI	RMSEA	RMR	CFI	NFI	NNFI
判断标准	—	—	>0.05	<3	>0.9	<0.10	<0.05	>0.9	>0.9	>0.9
值	185.076	73.000	0.000	2.535	0.876	0.088	0.069	0.956	0.930	0.946
其他指标	TLI	AGFI	IFI	PGFI	PNFI	SRMR	RMSEA 90% CI			
判断标准	>0.9	>0.9	>0.9	>0.5	>0.5	<0.1	—			
值	0.946	0.821	0.957	0.609	0.746	0.078	0.072～0.103			

注：Default Model：$\chi^2(91)=2656.033$，$p=1.000$。

卡方自由度比由原来的 3.328 下降到 2.535，小于 3 达标；RMSEA 由 0.108 下降到 0.088，小于 0.1 达标；GFI 由 0.839 提高到 0.876 接近 0.9，基本达标；SRMR 由 0.104 下降到 0.078，小于 0.1 达标；AGFI 由 0.771 提高到 0.821 接近 0.9；CFI、NFI、NNFI、IFI 这 4 个原本在 0.9 以上的指标修正后指标值仍然有所提升。

增加 B3 与 B5 的协方差关系后有 9 个以上的拟合指标达标或基本达标，修正后的模型适配基本达到拟合要求，各参数估计值达到显著性水平，测量误差均为正数且显著。综合认为，预设的模型结果得到了数据验证，模型与数据是适配的。

5）分析与应用

接下来以修正的第二次验证性因子分析结果为最终模型，分析本例量表的聚合效度和区分效度。SPSSAU 平台计算并提供了 AVE 值、CR 值，以及 AVE 平方根与因子相关系数的比较结果。

（1）AVE 与 CR。本例 AVE 与 CR 指标如表 11-22 所示。

表 11-22 AVE 与 CR 指标

Factor	AVE 值	CR 值
知识创新	0.587	0.845
知识分享	0.647	0.901
知识获得	0.723	0.927

"知识创新""知识分享""知识获得"3 个因子的 CR 值均大于 0.8，按 0.6 标准说明各因子的信度水平较高，量表内在质量良好。3 个因子的 AVE 值均大于 0.5，按 0.5 标准说明因子内题项的同质性高，结合 CR 值与 AVE 值认为本例量表具有良好的聚合效度。

（2）区分效度。一个良好的量表结构应该同时有良好的聚合效度和区分效度。一般用因子的 AVE 平方根与因子相关系数进行比较，若 AVE 平方根大于该因子与其他因子两两间的相关系数，则认为具有良好的区分效度。

模型区分效度如表 11-23 所示。对角线上加粗的数字即为 3 个因子的 AVE 平方根值，其他黑色数字为因子间的 Pearson 相关系数。例如，本例"知识创新"的 AVE 平方根为 0.766，它大于同一列的 0.211（"知识创新"与"知识分享"的 Pearson 相关系数）和 0.217（"知识创新"与"知识获得"的 Pearson 相关系数）；"知识分享"的 AVE 平方根为 0.804，它大于同一列的 0.547（"知识分享"与"知识获得"的 Pearson 相关系数），并且大于同一行的 0.211；"知识获得"的 AVE 平方根为 0.850，大于同一行的 0.217 和 0.547。所以，本例量表具有良好的区分效度。

表 11-23 模型区分效度

项	知识创新	知识分享	知识获得
知识创新	**0.766**		
知识分享	0.211	**0.804**	
知识获得	0.217	0.547	**0.850**

注：斜对角线加粗数字为 AVE 平方根值。

综合以上结果解释与分析，在本例 14 个题项中测量 3 个因子的测量模型和数据适配，参数估计值均具有显著性，载荷系数均大于 0.5，多数大于 0.7，3 个因子的 CR 值均大于 0.7，3 个因子的 AVE 值均大于 0.5，且 AVE 平方根大于因子间相关系数，总体上认为测量模型适配且结构效度良好。

11.7 路径分析

线性回归被广泛用于多个自变量对一个因变量的预测，在实际分析中存在许多更加复杂的变量关系，如多个自变量同时对多个因变量的影响，或一个变量有两种身份既是自变量又是因变量。这种同时存在多个因变量的变量关系研究，可使用路径分析。本节介绍路径分析的应用，通过在仪表盘中依次单击【问卷研究】→【路径分析】模块来实现。

11.7.1 方法概述

1. 基本概念

路径分析（Path Analysis），也称作通径分析，可通过构建路径图来研究变量间的影响关系，验证模型假设。各研究变量按照某种理论假设通过单箭头或双箭头进行连接，构成路径图，单箭头所指的方向即两个变量的影响路径，双箭头则表示两个变量相关。通过估计路径系数（标准化回归系数），分析路径系数的正负方向及显著性，从而验证理论假设，分析变量的结构关系。

路径分析有两种，第一种是显变量路径分析，即路径图中的各变量均为可观测变量，如果是量表问卷数据，则一般为各维度或量表题项加总的数据；第二种是潜变量路径分析，即路径图中各变量为潜变量，此时同时存在测量模型和路径分析模型，共同构成结构方程模型，结构方程模型的内容在 11.8 节进行详细介绍。

图 11-18 所示为路径分析示意图，有 4 个研究变量，5 个单箭头代表了 5 对变量的关系（假设箭头均为正向影响关系）：A 正向影响 D(A→D)；A 正向影响 B(A→B)；C 正向影响 B(C→B)；C 正向影响 D(C→D)；B 正向影响 D(B→D)，以上这 5 种路径称为直接影响路径。此外还包括 A 通过先影响 B 再影响 D(A→B→D)，以及 C 通过先影响 B 再影响 D(C→B→D)两条间接影响路径。

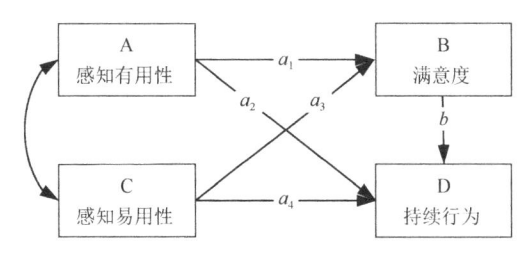

图 11-18 路径分析示意图

2. 效应分解

吴明隆（2010.10）指出，在路径分析中，变量间的影响效应（Effects）包括直接效应（Direct Effect）与间接效应（Indirect Effect），两种效应的总量称为外生变量对内生变量影响的总效应（Total Effects）值。

通常把直接影响关系的标准化回归系数称为路径系数，也就是直接效应值，图11-18中用 $a_1 \sim a_4$ 与 b 进行标注，如 a_1 是 A→B 的直接效应值，b 是 B→D 的直接效应值。间接效应值被定义为间接路径前后两个或多个直接效应值的乘积（吴明隆，2010.10），如 A 先通过 B 再影响 D(A→B→D)的间接效应值，等于 $a_1 \times b$；C 先通过 B 再影响 D(C→B→D)的间接效应值，等于 $a_3 \times b$。作用到同一个因变量上的直接效应与间接效应的和称为总效应，如 A→D 的总效应=A→D 的直接效应+A→B→D 的间接效应。

3. 内生变量与外生变量

路径分析强调变量间的关系事先要有理论支撑，单箭头方向代表变量间的影响关系，箭头左侧为自变量，箭头右侧为因变量。在实际中一般不使用自变量和因变量的称呼，取而代之的术语是外生变量和内生变量。简单来说，凡是被箭头指向的变量称为内生变量（因变量）、没有被箭头指向的变量则称为外生变量（自变量），在路径分析中一个变量既可能是外生变量也可能是内生变量。图 11-18 所示的路径关系中，A→B，B 被箭头所指所以是内生变量，但在 B→D 关系中 B 作为外生变量，此时 B 既是内生变量又是外生变量。

4. 路径分析步骤

实际路径分析时主要包括以下 5 个步骤。

（1）模型设定。一般根据某种理论或借鉴成熟模型的框架结构，结合当前研究主题的既往研究成果、专业知识，对要研究的变量进行定义，设定研究变量间的影响关系，并将这种结构关系绘制成路径图。应注意，本节介绍的路径分析特指观测变量数据资料的情况，所以路径图中的矩形框表示观测变量，其他元素，如单箭头表示影响关系，双箭头表示相关关系。

（2）路径系数估计与检验。路径图中路径系数的估计方法常用的有两种，第一种是传统多元线性回归，如传统上使用 SPSS 软件通过线性回归进行路径分析；第二种是最大似然估计，结构方程模型软件工具常采用该方法进行路径分析。SPSSAU 平台的【路径分析】模块默认使用的是最大似然估计，按路径图上的影响关系拟合回归方程，有几个内生变量即可拟合几个回归方程。一般用标准化回归系数作为路径图中箭头方向的路径系数，根据显著性 p 值判断路径系数是否有统计学意义（$p<0.05$ 时显著，即影响关系成立），对于无统计学意义的路径可根据研究目的或理论依据考虑删除。

（3）模型拟合评价。对路径分析模型的整体拟合评价，可从回归分析 R^2 及卡方自由度比、RMSEA、RMR、GFI、CFI、NFI 和 NNFI 等指标入手，可参考前面验证性因子分析模型拟合评价介绍的内容。

（4）模型修正（非必须）。模型拟合较差时可结合 MI 进行必要、适当的修正。从以下两个方面考虑修正,一方面要结合"回归影响关系"的 MI 指标及理论专业知识,重新调整模型中变量的影响关系;另一方面要根据"模型协方差"的 MI 指标,创建外生变量间的协方差关系。

修正时应注意以理论和实际意义为导向,而不是以数据结果为导向。

(5)结果分析报告。对修正后(如果有修正的话)的路径分析结果进行综合分析和报告,具体来说,主要包括验证前面的影响关系、研究假设是否成立。

11.7.2 实例分析

下面以一个量表问卷研究为例介绍路径分析的应用。

【例 11-10】为提高顾客满意度和忠诚度,研究者设计了一份售后服务满意度量表问卷,共有 22 个李克特五级量表题,用于测量"服务态度""促销活动""个性服务""满意度""忠诚度"5 个变量,试根据理论模型进行路径分析。问卷数据来源于李金林和马宝龙(2007),但对问卷描述和数据均有修改及编辑,本例数据文档见"例 11-10.xls"。

1)模型设定

在本例数据中,"服务态度""促销活动""个性服务""满意度""忠诚度"5 个变量的数据即各维度题项加总的和,属于显变量。根据相关理论和文献认为"服务态度""个性服务""促销活动"会直接正向影响"忠诚度"。此外,"服务态度"和"个性服务"又会通过"满意度"间接影响"忠诚度"。5 个变量间结构关系的路径图如图 11-19 所示。

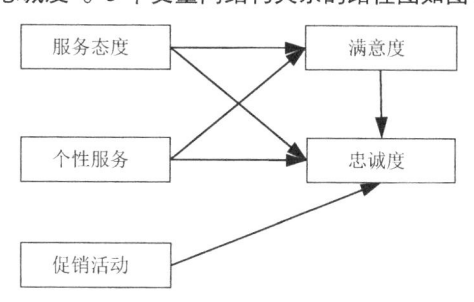

图 11-19　5 个变量间结构关系的路径图

由路径图可知,"满意度"既是内生变量又是外生变量。整个模型包括两个回归方程,第一个是以"满意度"作为内生变量,"服务态度""个性服务"作为外生变量;第二个是以"忠诚度"作为内生变量,其他 4 个变量作为外生变量。两个回归方程中包括以下 6 个直接影响关系(路径)。

(1)服务态度→忠诚度。

(2)个性服务→忠诚度。

(3)促销活动→忠诚度。

(4)满意度→忠诚度。

(5)服务态度→满意度。

(6)个性服务→满意度。

将数据文档"例 11-10.xls"导入平台后，在仪表盘中依次单击【问卷研究】→【路径分析】模块，通过【自变量 X】下拉列表、【因变量 Y】下拉列表及中间的单箭头或双箭头将路径图的 6 个直接影响关系输入平台。此处应注意，【影响→】为单箭头，表示影响关系，包括正向影响和负向影响；【相关↔】为双箭头，表示相关关系，通常来说默认用【影响→】即可。

例如，服务态度→忠诚度直接影响路径，先在【自变量 X】下拉列表中选择【服务态度】，中间箭头默认用【影响→】，然后在【因变量 Y】下拉列表中选择【忠诚度】。设置完一组关系后，单击【因变量 Y】下拉列表右侧的【+】按钮，可增加并设定更多关系。如果设定了多余的关系，则单击【−】按钮删去。本例的其他 5 个直接影响关系均是同样的操作。路径分析操作界面如图 11-20 所示。

图 11-20　路径分析操作界面

在【MI 指标】下拉列表中选择【输出 MI>5】，即命令输出 MI 指标的结果，以便我们根据模型拟合的情况按 MI 指标的提示进行适当或必要的修正。下一步勾选界面最底部的【外生变量自动协方差关系】复选框，使平台自动对路径图中的外生变量建立协方差（相关）关系，该操作类似于前面的【相关↔】，前者由平台自动完成，后者由用户指定。本例的外生变量包括"服务态度""个性服务""促销活动"，它们之间可能存在相关性，因此要勾选【外生变量自动协方差关系】复选框，最后单击【开始分析】按钮。

2）路径系数估计与检验

根据前面的模型设定，本例路径分析需要估计各路径系数、协方差/相关系数，以及残差，并做参数的显著性检验。

（1）单箭头路径系数的估计与检验。在路径分析中，我们较为关心的是模型路径系数及显著性检验，如表 11-24 所示。路径分析的原理是回归分析，回归系数显著性检验 p 值作为路径系数有无统计学意义的判断依据，通常采用标准化回归系数表示两个变量间的影响关系，此处直接称为标准化路径系数。

表 11-24　模型路径系数及显著性检验

X	→	Y	非标准化路径系数	SE	z(CR 值)	p	标准化路径系数
服务态度	→	忠诚度	0.072	0.058	1.233	0.218	0.121
个性服务	→	忠诚度	0.131	0.063	2.076	0.038	0.211
促销活动	→	忠诚度	0.076	0.033	2.301	0.021	0.164
满意度	→	忠诚度	0.433	0.126	3.425	0.001	0.433
服务态度	→	满意度	0.296	0.036	8.264	0.000	0.498
个性服务	→	满意度	0.301	0.037	8.058	0.000	0.486

注：→表示路径影响关系。

本例中"服务态度"对"忠诚度"的影响没有统计学意义（$p=0.218>0.05$），模型设定时提出的关系假设是不成立的。其他 5 组直接影响关系均有统计学意义（p 值均小于 0.05），而且非标准化路径系数均为正数，所以这 5 组直接影响关系的假设成立。

表 11-24 中的标准化路径系数为 6 条路径的直接影响效应，如"个性服务"对"满意度"的直接效应值为 0.486，"满意度"对"忠诚度"的直接效应值为 0.433。

本例还存在"服务态度"通过"满意度"影响"忠诚度"，"个性服务"通过"满意度"影响"忠诚度"这两条间接效应。例如，"个性服务→满意度→忠诚度"，间接效应值为"个性服务→满意度"效应值 0.486 与"满意度→忠诚度"效应值 0.433 的乘积，即 0.486×0.433=0.210。同理，"服务态度→满意度→忠诚度"的间接效应值为 0.498×0.433=0.215。

（2）协方差/相关系数的估计与检验。3 个外生变量间的协方差及相关系数结果如表 11-25 所示。

表 11-25　3 个外生变量间的协方差及相关系数结果

X	Y	非标准估计系数（Coef.）	标准误（Std. Error）	z	p	标准估计系数（Std. Estimate）
服务态度	促销活动	7.025	1.927	3.645	0.000	0.398
个性服务	促销活动	8.611	1.924	4.475	0.000	0.510
个性服务	服务态度	7.735	1.553	4.982	0.000	0.586

3 个外生变量之间的协方差均具有统计学意义（$p<0.05$），表明两两变量之间存在相关性。"服务态度"与"促销活动"、"个性服务"与"促销活动"、"个性服务"与"服务态度"间的相关系数分别为 0.398、0.510、0.586，可见 3 个外生变量间存在中等程度的相关。

3）模型拟合评价

针对路径分析模型拟合的评价，SPSSAU 平台能提供回归模型拟合度 R^2 及路径分析模型总体评价指标（卡方自由度比、RMSEA、RMR、GFI、CFI、NFI 和 NNFI 等，参考前面验证性因子分析的解释和分析结果）。

（1）模型拟合度 R^2。分别以"满意度""忠诚度"为因变量的回归拟合优度如表 11-26 所示，给出了以"忠诚度""满意度"为因变量的两个回归方程 R^2，代表各自的回归方程可解释因变量变异的百分比。本例分别为 64.2%、76.9%，相对来说模型的解释能力良好。

表 11-26　分别以满意度、忠诚度为因变量的回归拟合优度

项	R 方值
忠诚度	64.2%
满意度	76.9%

路径分析主要用于研究变量间的影响关系有无统计学意义，此处 R^2 的意义较小，该结果了解一下即可。

（2）模型总体拟合指标。路径分析和验证性因子分析相同，可使用卡方自由度比、RMSEA、RMR、GFI、CFI、NFI 和 NNFI 等指标对模型拟合质量进行综合评价。

路径分析模型拟合指标如表 11-27 所示。本例卡方检验 $p=0.187>0.05$、卡方自由度比 =1.744<3、RMSEA=0.088<0.1、SRMR=0.016<0.1、GFI、AGFI、CFI、NFI、TLI、IFI 均大于 0.9，绝大多数指标是达标的，综合认为模型拟合良好，理论设定的模型与实际样本数据适配。

表 11-27　路径分析模型拟合指标

常用指标	χ^2	df	p	卡方自由度比 χ^2/df	GFI	RMSEA	RMR	CFI	NFI	NNFI
判断标准	—	—	>0.05	<3	>0.9	<0.10	<0.05	>0.9	>0.9	>0.9
值	1.744	1	0.187	1.744	0.998	0.088	0.162	0.998	0.994	0.976
其他指标	TLI	AGFI	IFI	PGFI	PNFI	SRMR	RMSEA 90% CI			
判断标准	>0.9	>0.9	>0.9	>0.5	>0.5	<0.1	—			
值	0.976	0.966	0.998	0.067	0.099	0.016	0.078～0.301			

注：Default Model: $\chi^2(10)=316.176$, $p=1.000$。

如果模型总体上拟合欠佳或前面有路径系数不显著，则考虑将不显著的路径系数删除，并依据 MI 指标进行适当修正。本例模型适配良好，暂不考虑删除不显著的路径系数。

4）模型 MI 修正（非必须）

模型协方差 MI 修正指标、回归影响关系 MI 修正指标如表 11-28 和表 11-29 所示。由于 MI 值全部小于 5，因此没有提供可修正的影响关系。总体模型拟合达标，本例模型无须修正。

表 11-28　模型协方差 MI 修正指标

项	关系	项	MI 值	Par Change

注：MI 值全部小于 5 或其他原因，因而无输出。

表 11-29　回归影响关系 MI 修正指标

项	关系	项	MI 值	Par Change

注：MI 值全部小于 5 或其他原因，因而无输出。

5）结果分析与报告

综合以上结果认为模型拟合良好，预设模型与实际样本数据适配。模型假设的 6 条直接影响路径中有 5 条成立，且均为正向影响关系。把 6 个直接效应值标记到路径图上，本

例的路径模型结果，如图 11-21 所示。

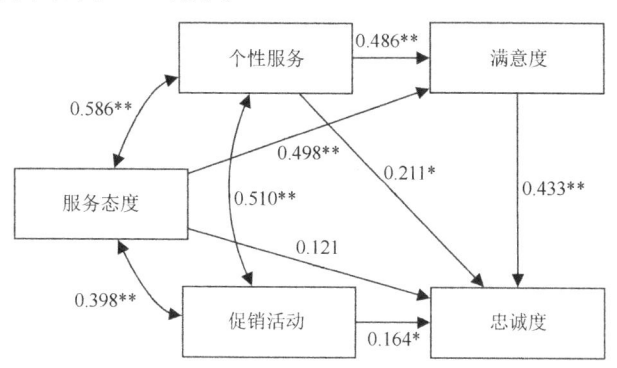

图 11-21　本例的路径模型结果

根据吴明隆（2010.10），总效应可分解为直接效应加间接效应，直接效应即标准化路径系数，而间接效应为间接路径前后两个或多个直接效应值的乘积。对本例路径模型中各项效应值进行汇总，如表 11-30 所示。

表 11-30　例 11-10 直接效应值、间接效应值、总效应值汇总表

影响关系	直接效应值	间接效应值	总效应值
服务态度→忠诚度	0.121	0.215	0.336
个性服务→忠诚度	0.211	0.210	0.421
促销活动→忠诚度	0.164	/	0.164
满意度→忠诚度	0.433	/	0.433
服务态度→满意度	0.498	/	0.498
个性服务→满意度	0.486	/	0.486

11.8　结构方程模型

前面已经介绍了验证性因子分析与路径分析，前者是测量模型，用具体可观测的题项来测量潜变量因子；后者是结构模型，用于研究变量间的关系，变量可以是显变量也可以是潜变量。在统计学上，测量模型与结构模型合在一起能构成结构方程模型。本节主要介绍结构方程模型的应用，通过在仪表盘中依次单击【问卷研究】→【结构方程模型 SEM】模块来实现。

11.8.1　方法概述

1．基本概念

结构方程模型（Structural Equation Model，SEM）主要用于分析及研究潜变量之间的关系，由于潜变量不能直接观测，在问卷中常用一系列量表题进行测量，因此结构方程模型由两个模型构成，即测量模型和结构模型，其中测量模型即前面介绍的验证性因子分析，

用于测量概念、评价结构效度并考察测量误差；结构模型即潜变量间的路径分析，用来分析潜变量之间的影响关系。

相较于路径分析，结构方程模型突出的优势在于先考虑测量误差再研究潜变量之间的关系，在普遍存在潜变量的心理、教育等领域得到了广泛应用。

图 11-22 所示为结构方程模型示意图。假设潜变量 A 为因子 Factor1、潜变量 B 为因子 Factor2、潜变量 C 为因子 Factor3、潜变量 D 为因子 Factor4，Factor1～Factor4 这 4 个潜变量因子是受访者的心理感受或态度，无法直接观测到数据，所以要设计一定数目的量表题进行测量。用 A1～A5 题项测量 Factor1、B1～B6 题项测量 Factor2、Y1～Y3 题项测量 Factor3、Z1～Z3 题项测量 Factor4，这 4 个测量过程就是 4 个测量模型。而 Factor1 影响 Factor3(A→C)、Factor2 影响 Factor3(B→C)、Factor3 影响 Factor4(C→D)，这 4 个潜变量因子之间的影响关系为结构模型，先用具体的题项测量潜变量，再研究潜变量间的影响关系，这就是结构方程模型。

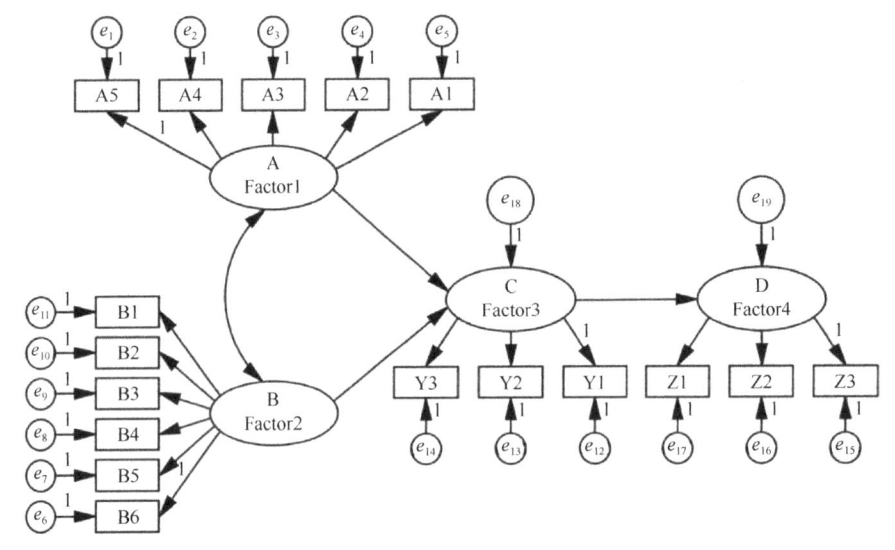

图 11-22　结构方程模型示意图

2. 结构方程模型路径图

路径图是结构方程模型的重要图示，能清晰地表达观测题项与潜变量、潜变量之间的关系。在路径图中用椭圆表示潜变量，如图中的 A、B、C、D；用矩形框表示显变量，如图中的 A1～A5；小圆为误差项，它包括测量误差，如图中的 e_1～e_{17}，以及回归误差，如图中的 e_{18} 和 e_{19}。

单箭头表示变量间假设的影响关系，箭头由外生变量（自变量）指向内生变量（因变量）。外生变量之间可创建双箭头，表示潜变量间的协方差或相关性关系。在结构方程模型修正时，也可以创建测量误差间的双箭头，表示误差间的协方差或相关性关系。

3. 结构方程模型分析步骤

结构方程模型从原理上的分析步骤和验证性因子分析基本一致，严格来说，验证性因子分析本就是结构方程模型的特例。图 11-23 所示为结构方程模型的分析步骤，主要包括 5 个环节。

```
Step1              Step2              Step3              Step4              Step5
模型设定与    →    模型参数估    →    模型拟合    →    模型MI修正   →    分析与报告
识别               计与检验           评价              （非必须）
```

图 11-23　结构方程模型的分析步骤

1）模型设定与识别

模型要研究哪些变量、变量间的影响关系，以及每个变量由哪些题项测量，这些都属于模型设定的部分，变量间的关系需要有一定的理论依据或得到既往研究中某个研究成果的支持。在结构方程模型中，因子的个数是确定的，结构方程模型路径图中的每个箭头都可以提出一个具体的研究假设。

在模型识别上和前面介绍的验证性因子分析类似，要求模型能够计算出唯一解。有两个必要条件，第一个是观测变量（在量表数据中即题项）的方差、协方差矩阵元素数不能少于自由参数的个数；第二个是每个潜变量都应该指定任意一个测量题项的路径系数为 1。

2）模型参数估计与检验

在结构方程模型中，我们关注的参数既包括验证性因子分析中的载荷系数、测量残差及因子间相关系数，又包括潜变量因子间影响关系的路径系数。在 SPSSAU 平台中，结构方程模型参数估计的方法默认使用最大似然估计，它要求数据为连续型定量数据资料，且满足多元正态分布。载荷系数、测量残差、相关系数显著性检验与验证性因子分析模型一致，潜变量因子间的路径系数显著性检验，则主要依据模型理论支持和研究假设来判断是否满足要求或是否能验证提出的研究假设。

例如，研究假设认为因子 F1 正向影响因子 F2，如果该路径系数估计值具有显著性（$p<0.05$），则说明该研究假设成立，相反如果没有显著性，则说明该研究假设不成立。

3）模型拟合评价

结构方程模型样本数据是否拟合适配，有多种拟合指标进行评价，与前面介绍的验证性因子分析模型拟合评价时的内容一致，包括卡方自由度比、RMR、SRMR、RMSEA、GFI/AGFI 等绝对适配指标、NFI、RFI、IFI、TLI、CFI 这 5 个增值适配指标，以及 AIC/BIC、PNFI、PGFI 等简约适配指标。有关内容见 11.6 节，对模型拟合的评价，应综合多个指标的达标情况而定，一般不能由单个指标决定模型拟合的质量。

张伟豪等人（2020）认为，结构方程模型适配度检验是对模型的整体拟合进行检验，模型中可能某些部分较差，某些部分较好，所以需要有其他不同性质的拟合指标补充说明。由于没有一个或一组指标是公认最好的，因此最好的做法是从绝对适配指标、增值适配指标及简约适配指标这 3 种类型指标中各选一个或两个作为代表性指标。

4）模型 MI 修正（非必须）

结构方程模型如果和样本数据拟合欠佳，可考虑利用 MI 的提示对模型进行修正。模型修正意味着要调整模型设定，所以此前的步骤要重复一次。另外，模型修正一定要结合理论和研究成果的支持，不能完全按照 MI 进行修正，否则可能会破坏模型理论的基本假设，得不偿失。修正过程是逐次进行的，不能一次对多个项目进行修正。

5）分析与报告

综合评价模型拟合情况，解释和分析模型参数估计及显著性检验，对模型假设进行验证，对分析结果进行总结和报告。

11.8.2　实例分析

接下来使用某研究参考成熟量表编制的"顾客满意度量表"，通过实例介绍结构方程模型的应用。

【例 11-11】某研究参考成熟量表编制的"顾客满意度量表"，共 12 个李克特五级量表题目，收集了 201 份问卷。根据相关研究理论和既往研究结论初设了 4 个维度：A1～A4 题项测量"感知质量"，B1～B3 题项测量"感知价值"，C1～C3 题项测量"顾客满意"，D1～D2 题项测量"顾客忠诚"。试根据理论模型进行结构方程模型分析。本例数据文档见"例 11-11.xls"，案例和数据均为模拟获得，仅用于方法操作和解释，其分析结果不代表真实研究结论。

1）模型设定与识别

以下理论与假设仅作为结构方程模型的案例示范实现结构方程模型的过程。根据相关理论、文献资料及研究目的，提出以下假设："感知质量（Factor1）"正向影响"顾客满意（Factor3）""感知质量（Factor1）"正向影响"感知价值（Factor2）""感知价值（Factor2）"正向影响"顾客满意（Factor3）""顾客满意（Factor3）"正向影响"顾客忠诚（Factor4）"。我们要研究的变量有 4 个，A1～A4 题项测量 Factor1，B1～B3 题项测量 Factor2，C1～C3 题项测量 Factor3，D1～D2 题项测量 Factor4。本例结构方程模型理论模型路径图如图 11-24 所示。

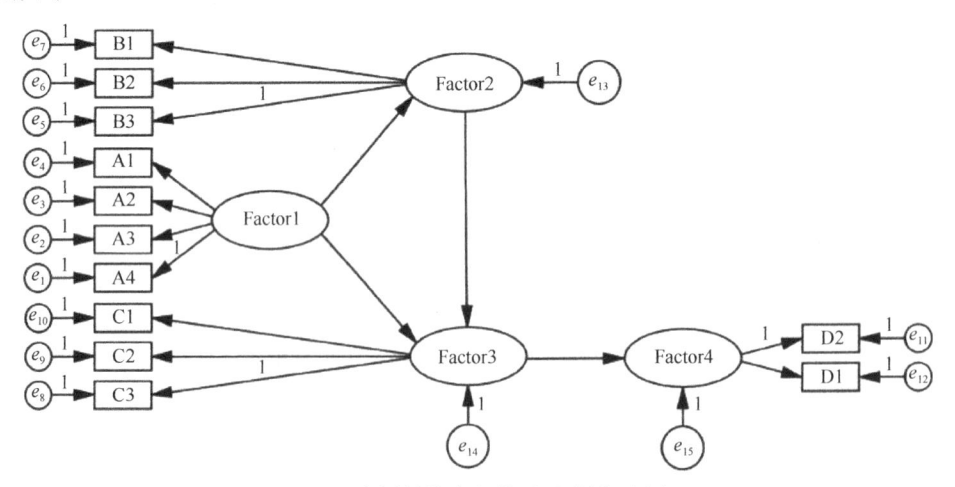

图 11-24　本例结构方程模型理论模型路径图

由模型路径图可知，本例模型中变量间的影响关系包括：Factor1→Factor3、Factor1→Factor2、Factor2→Factor3、Factor3→Factor4。模型自由参数个数少于 12 个题项的协方差矩阵元素数，模型可识别。

将数据文档"例 11-11.xls"导入平台，在仪表盘中依次单击【问卷研究】→【结构方程模型 SEM】模块。

首先从标题框中将【A1】～【A4】题项拖曳至右侧【Factor1(量表题)】分析框中，同理将【B1】～【B3】题项拖曳至【Factor2(量表题)】分析框中、【C1】～【C3】题项拖曳至【Factor3(量表题)】分析框中、【D1】～【D2】题项拖曳至【Factor4(量表题)】分析框中，设定好测量模型。

接下来在【设置模型关系】窗格，设定 4 个因子变量间的影响关系。在【第 1 项】下拉列表中选择【Factor1】，中间的关系类型下拉列表选择【影响→】，在【第 2 项】下拉列表中选择【Factor3】，即表示 Factor1→Factor3。单击【+】按钮能增加更多关系设定。同样的操作，设定 Factor1→Factor2、Factor2→Factor3、Factor3→Factor4 的影响关系。在其他相对复杂的结构方程模型中，如果有多个外生变量，一般建议设定外生变量间的相关关系，只需要在中间的关系类型下拉列表中选择【相关↔】即可。结构方程模型操作界面如图 11-25 所示。

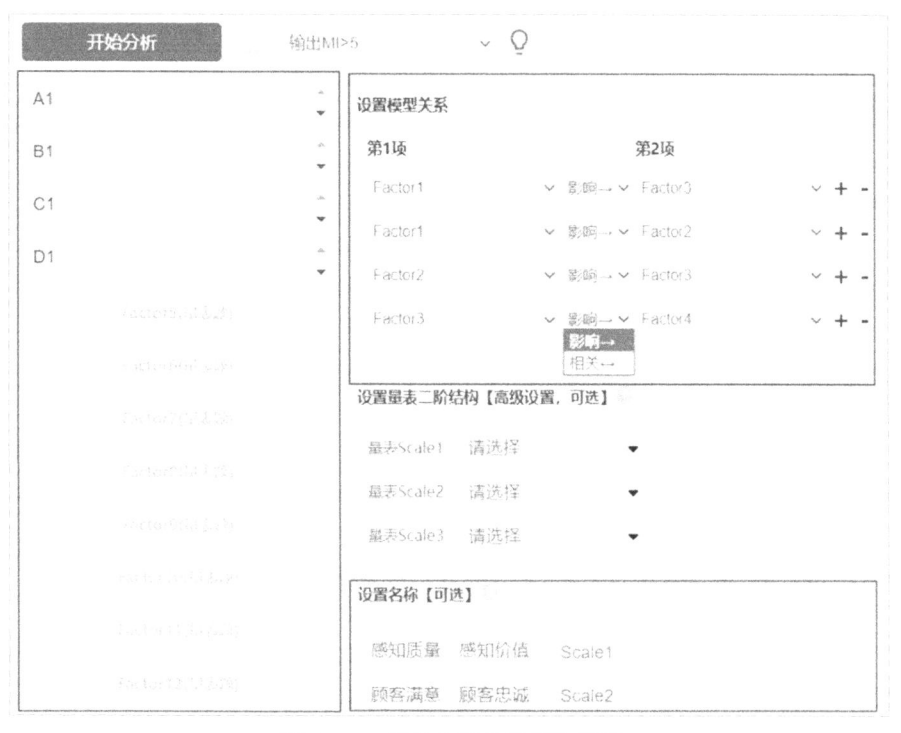

图 11-25 结构方程模型操作界面

由于本例无二阶结构关系，因此无须设定【设置量表二阶结构】。为了方便结果分析，我们可以在【设置名称【可选】】窗格设置因子的名称。Factor1～Factor4 依次设置为"感知质量""感知价值""顾客满意""顾客忠诚"。

在分析框上方设置 MI 指标，在下拉列表中选择【输出 MI>5】，即只输出 MI>5 的修正项目，最后单击【开始分析】按钮。

2）模型参数估计与检验

在结构方程模型中我们主要关注的是潜变量因子间的路径系数，其模型回归系数及显著性检验如表 11-31 所示。表中除表头外共有 16 行，前 4 行即因子间的结构模型关系，感知质量→感知价值、感知质量→顾客满意、感知价值→顾客满意、顾客满意→顾客忠诚的路径系数（标准化回归系数）依次为 0.509、0.337、0.357、0.485，路径影响关系均显著，具有统计学意义（$p<0.05$），模型设定时提出的因子间正向影响关系假设成立。

表 11-31 模型回归系数及显著性检验

X	→	Y	非标准化回归系数	SE	z（CR 值）	p	标准化回归系数
感知质量	→	感知价值	0.472	0.121	3.909	0.000	0.509
感知质量	→	顾客满意	0.307	0.127	2.424	0.015	0.337
感知价值	→	顾客满意	0.350	0.136	2.567	0.010	0.357
顾客满意	→	顾客忠诚	0.404	0.129	3.121	0.002	0.485
感知质量	→	A4	1.029	0.188	5.461	0.000	0.575
感知质量	→	A3	1.013	0.184	5.514	0.000	0.585
感知质量	→	A2	1.065	0.190	5.607	0.000	0.605
感知质量	→	A1	1.000	—	—	—	0.581
感知价值	→	B3	1.355	0.230	5.881	0.000	0.743
感知价值	→	B2	0.989	0.180	5.503	0.000	0.557
感知价值	→	B1	1.000	—	—	—	0.592
顾客满意	→	C3	1.163	0.229	5.081	0.000	0.573
顾客满意	→	C2	1.220	0.232	5.265	0.000	0.636
顾客满意	→	C1	1.000	—	—	—	0.556
顾客忠诚	→	D2	1.274	0.396	3.219	0.001	0.668
顾客忠诚	→	D1	1.000	—	—	—	0.598

注：→表示回归影响关系或测量关系。

后 12 行的结果为测量模型关系，其结果可按前面介绍的验证性因子分析进行解读。显然本例大多数路径系数大于 0.5，说明所有测量关系均显著，具有统计学意义（$p<0.05$），说明模型的内在质量较好。如果发现有较多路径系数没有显著性（$p>0.05$），则说明测量模型适配一般，提示要重新结合理论进行关系设定以调整模型。

3）模型拟合评价

和前面验证性因子分析、路径分析相同，可使用卡方自由度比、RMSEA、RMR、GFI、CFI、NFI 和 NNFI 等指标对模型拟合质量进行综合评价。

模型拟合指标如表 11-32 所示。本例卡方自由度比=1.674<3，RMSEA=0.058<0.1，SRMR<0.1，GFI、AGFI、CFI、IFI 均大于 0.9，TLI 接近 0.9，多数常用指标达到了拟合标准，综合认为模型拟合良好，根据理论设定的模型与实际样本数据适配。

表 11-32 模型拟合指标

常用指标	χ^2	df	p	卡方自由度比 χ^2/df	GFI	RMSEA	RMR	CFI	NFI	NNFI
判断标准	—	—	>0.05	<3	>0.9	<0.10	<0.05	>0.9	>0.9	>0.9
值	83.683	50	0.002	1.674	0.938	0.058	0.036	0.916	0.821	0.889
其他指标	TLI	AGFI	IFI	PGFI	PNFI	SRMR	RMSEA 90% CI			
判断标准	>0.9	>0.9	>0.9	>0.5	>0.5	<0.1	—			
值	0.889	0.903	0.919	0.601	0.622	0.063	0.035~0.079			

注：Default Model: $\chi^2(66)$=466.207, p=1.000。

如果模型总体上拟合欠佳或前面有路径系数不显著，则可考虑将不显著的路径系数删除，并依据 MI 指标进行适当修正。

4）模型 MI 修正

如果模型拟合评价认为模型适配欠佳，可考虑通过 MI 修正项的提示进行适当修正。一般而言，对于结构方程模型的修正可以从影响关系与误差、协方差关系两个方面入手。

针对影响关系的 MI 修正指标与针对模型协方差关系的 MI 修正指标，分别如表 11-33 和表 11-34 所示。

表 11-33 针对影响关系的 MI 修正指标

项	关系	项	MI 值	Par Change

注：由于 MI 值全部小于 5 或其他原因，因此无输出。

表 11-34 针对模型协方差关系的 MI 修正指标

测量项 1	关系	测量项 2	MI 值	Par Change
B2	↔	A3	6.035	−0.085
B2	↔	C2	7.411	0.095
B1	↔	D1	11.092	0.081
B1	↔	C2	8.927	−0.098

注：表格中的 MI 值均大于 5。

显然在 MI>5 的条件下无须对影响关系进行修正，而在测量项方面，最大 MI 值为 11.092 提示进行修正，它是指重新设定一次结构方程模型，模型设定时要增加建立 B1 题项和 D1 题项的协方差相关关系，可以使卡方值降至 11.092，但考虑 B1 题项和 D1 题项分别属于不同的维度，在特质上是独立的或没有理论支撑的，因此"B1↔D1"的协方差关系并不符合逻辑，同理其他修正项目的协方差关系也不符合逻辑，本例暂无可执行的修正。

根据 MI 修正指标对测量误差进行协方差修正在实际分析研究中较常见，如果模型适配拟合不佳，并且存在合理且必要的修正项目，则根据理论驱动原则进行必要修正。

例如，我们假设模型拟合不佳，最大 MI 值提示增加"A1↔A4"协方差关系，只需要再次打开【结构方程模型 SEM】模块，在【设置模型关系】窗格增加一条"A1↔A4"的协方差关系。单击【+】按钮后，在【第 1 项】下拉列表中选择【A1】，在中间的关系类型下拉列表中选择【相关↔】，在【第 2 项】下拉列表中选择【A4】，即表示设定"A1↔A4"的协方差相关。结构方程模型修正操作界面如图 11-26 所示，仅用于操作示范。

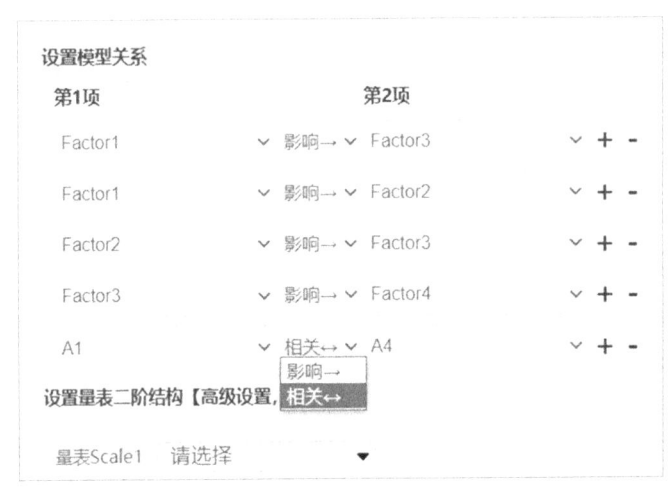

图 11-26　结构方程模型修正操作界面

5）结果分析与报告

多数常用拟合指标达标或基本达标、各参数估计值达到显著性水平、测量误差均为正数且显著，说明模型适配良好。4 条影响关系路径系数均显著，具有统计学意义（$p<0.05$），模型设定时提出的因子间正向影响关系假设成立。本例结构方程模型路径图（含参数）如图 11-27 所示。

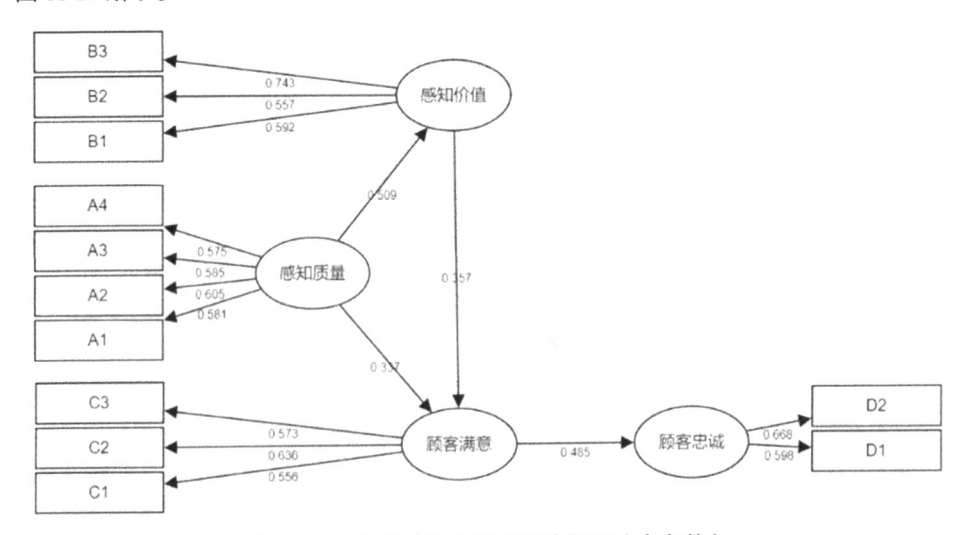

图 11-27　本例结构方程模型路径图（含参数）

例 11-11 直接效应值、间接效应值、总效应值表如表 11-35 所示。

表 11-35　例 11-11 直接效应值、间接效应值、总效应值表

影响关系	直接效应值	间接效应值	总效应值
感知质量→感知价值	0.509	—	—
感知质量→顾客满意	0.337	0.182	0.691
感知价值→顾客满意	0.357	—	—
顾客满意→顾客忠诚	0.485	—	—

11.8.3　结构方程模型分析讨论

结构方程模型由测量模型与结构模型构成，对应的有验证性因子分析和路径分析过程。在理想状态下，验证性因子分析和结构方程模型分析都需要适配拟合指标，但在实际分析时，"事与愿违"的现象也时有发生。

通常情况下，我们是将量表中所有的题项按预设模型结构来做验证性因子分析的，在实际分析中，有一些研究的验证性因子分析结果在合理修正后仍然难以在拟合指标上完全达标。个别研究的变量较多，甚至要研究二阶、三阶潜变量间的关系，变量间影响关系很复杂，实际分析时难免出现难以拟合适配的情况。导致模型拟合差或难以拟合适配的原因可能是多方面的，要有针对性地解决这些问题。结构方程模型拟合差时的分析策略如表 11-36 所示，以下策略可根据具体情况进行分析讨论和参考使用。

表 11-36　结构方程模型拟合差时的分析策略

策略	内容说明
数据质量	（1）量表问卷的样本量是否足够，有可能的话应当增加受试者数量 （2）量表数据是否近似正态分布或服从正态分布 （3）更加严苛地筛查、剔除无效问卷，以排查异常问卷对分析的干扰 （4）从源头重视共同方法偏差的控制
分析技巧	针对验证性因子分析模型： （1）变量关系较多的验证性因子分析模型无法拟合时，考虑将量表题项按自变量、因变量、其他变量拆分后对"细分"的验证性因子分析模型进行分析 （2）引进、开发新量表的验证性因子分析无法拟合时，要重新考虑理论支撑和预设结构，根据某些理论或文献资料合并个别维度 针对结构方程模型： （1）含有高阶潜变量的结构方程模型无法拟合时，考虑题项打包、简化模型，将高阶潜变量转换为一阶测量结构 （2）在有足够结构效度、信度支持下，将题项加总或求平均分，将各潜变量转换为显变量，进行显变量路径分析

11.9　中介效应分析

在心理学、医疗卫生等领域的影响关系研究中，已经不再局限于只考虑自变量对因变量的影响，许多研究还会涉及其他变量，如中介变量、调节变量。本节介绍中介变量与中介效应分析，通过在仪表盘中依次单击【问卷研究】→【中介作用】模块来实现。

11.9.1 中介变量与中介效应

中介（Mediation）变量，是指在考虑自变量 X 对因变量 Y 的影响时，如果 X 通过影响变量 M 来影响 Y，则称 M 为中介变量。而 X 通过中介变量 M 对 Y 产生的影响就是中介效应。例如，张晓等人（2009）在家庭收入对儿童一般社会能力的影响关系研究中，发现家庭社会文化环境发挥了中介效应，即家庭收入通过影响社会文化环境从而影响儿童的一般社会能力。

本书介绍的中介变量、中介效应，只限定于中介变量和因变量均为定量数据的情况，中介变量或因变量为定类数据时，请参考其他专业书籍。

1. 中介效应模型

单独研究自变量 X 与因变量 Y 的影响或预测时，其影响关系路径图如图 11-28 所示。对应的回归方程为 $Y = cX + e_1$，回归系数 c 即自变量 X 影响因变量 Y 的路径系数，它是在不考虑其他变量影响下的 X 与 Y 之间的总效应，e_1 为因变量 Y 中不能被回归模型解释的残差。

最简单的中介效应模型即一个自变量、一个中介变量、一个因变量，构成的路径图如图 11-29 所示。

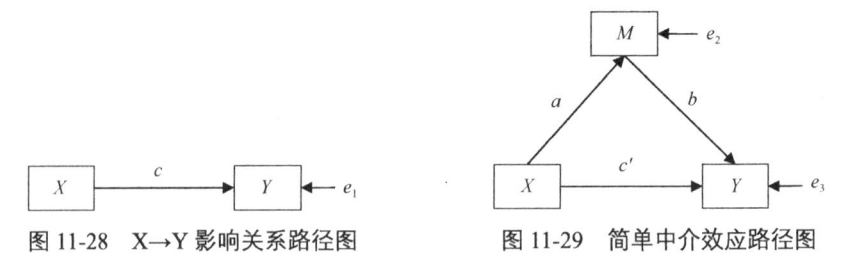

图 11-28　$X \rightarrow Y$ 影响关系路径图　　图 11-29　简单中介效应路径图

在中介模型路径中包括两个线性回归方程，第一个是以中介变量为因变量的回归方程，其模型为 $M = aX + e_2$，回归系数 a 即自变量 X 影响中介变量 M 的路径系数，e_2 表示无法被该模型解释的残差；第二个是以 Y 为因变量，X 和 M 为自变量的回归，其模型为 $Y = c'X + bM + e_3$，偏回归系数 c' 是在中介变量 M 保持不变时自变量 X 对因变量 Y 的路径系数，在中介效应分析中将 c' 称为在控制其他变量下 X 对 Y 的直接效应，偏回归系数 b 是自变量 X 保持不变时中介变量 M 对因变量 Y 的路径系数，e_3 表示无法被该模型解释的残差。

2. 中介效应分解

自变量 X 通过中介变量 M 对因变量 Y 产生的影响效果称为中介效应，中介效应属于间接效应，其路径关系为 $X \rightarrow M \rightarrow Y$，前半段路径为 X 对 M 的影响，其路径系数为 a，后半段路径为 M 对 Y 的影响，其路径系数为 b，整个中介路径上的效应用前半段路径系数 a 乘以后半段路径系数 b 来计算，即用乘积项 $a \times b$ 来估计中介效应量，我们直接写为 ab。

前面介绍了回归方程中的路径系数 c、a、b、c'，以及中介效应 ab，当 M 和 Y 均为定量数据时，具有以下关系：$c=ab+c'$，即 X 对 Y 的总效应可分解为直接效应与间接效应，根据这一关系，我们可以计算中介效应在总效应中的占比。此处应注意，中介效应一定是间接效应，但反过来间接效应不一定完全等价于中介效应。

3. 中介效应类型

根据中介变量的个数，只有 1 个中介变量时的中介效应称为简单中介效应，中介变量多于 1 个时的中介效应称为多重中介效应。

多重中介效应又可以分为平行中介效应和链式中介效应，平行中介效应指两个或多个中介变量是平等关系，互相独立。两个平行中介变量的模型如图 11-30（a）所示。链式中介效应指两个或多个中介变量具有影响关系。两个中介变量的链式中介模型如图 11-30(b)所示，其中中介变量 M_1 影响中介变量 M_2，整条中介影响路径串联为 $X{\rightarrow}M_1{\rightarrow}M_2{\rightarrow}Y$。

（a）两个平行中介变量的模型　　　　　　（b）两个中介变量的链式中介模型

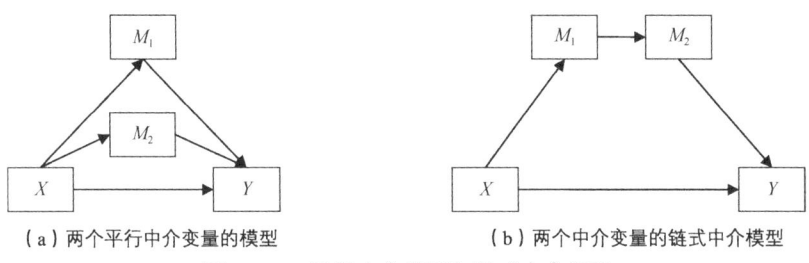

图 11-30　平行中介模型与链式中介模型

11.9.2　中介效应检验流程与实例

1. 中介效应检验方法

中介效应分析的核心任务是检验中介效应是否不等于 0。目前有多种检验思路，如传统上的"依次回归法"，逐个检验回归系数 $c{\neq}0$、a 和 b 同时不等于 0、c'是否等于 0，这种方法被证明检验功效较低，已不再推荐使用；再如 Sobel 检验，它的思想是直接检验中介效应原假设 $ab=0$ 是否成立，但是该方法受样本量和 ab 服从正态分布要求的限制和影响，导致其使用范围较小，而且相对保守，检验功效一般。

当前接受度较高、普遍使用的中介检验方法是 Bootstrap 置信区间（CI）法。该方法的思想也是直接检验中介效应原假设 $ab=0$ 是否成立，关键操作是先进行 Bootstrap 有放回的重复抽样获得 Bootstrap 样本，用该样本的数据计算路径系数 a 和 b，再计算得到 ab，重复抽样多少次就会得到多少个 ab 数据，从而获得 ab 的分布，取该分布的第 2.5 和第 97.5 百分位数，得到 ab 统计量的 95% CI，该区间也称为非参数百分位 Bootstrap CI，如果该区间不包括数字 0，则表明 $ab{\neq}0$，认为中介效应是成立的；否则如果区间内包括数字 0，则认为中介效应不存在。

举个例子，假设某研究获得有效量表问卷 500 份，设定 Bootstrap 抽样 5000 次，每次都从这 500 份问卷中有放回的重复抽取 500 个样本，用每次获得的 Bootstrap 样本数据计算 ab 值，5000 次抽样可计算 5000 个 ab 值，由小到大排序，取第 2.5 和第 97.5 百分位数，作为

ab 值的 95% CI，如果该区间不包括 0 则认为 ab 不等于 0，那么 ab 中介效应是存在的。

关于抽样次数，如果样本量小于等于 500，则抽样次数可设定为 5000 次；如果样本量介于 500～2000（含）范围内，则抽样次数可设定为 1000 次；如果样本量在 2000 以上，则抽样次数可设定为 50。

2．中介效应检验流程

以 Bootstrap CI 作为检验方法，温忠麟和叶宝娟（2014）在《中介效应分析_方法和模型发展》一文中提出了中介效应检验流程，如图 11-31 所示。

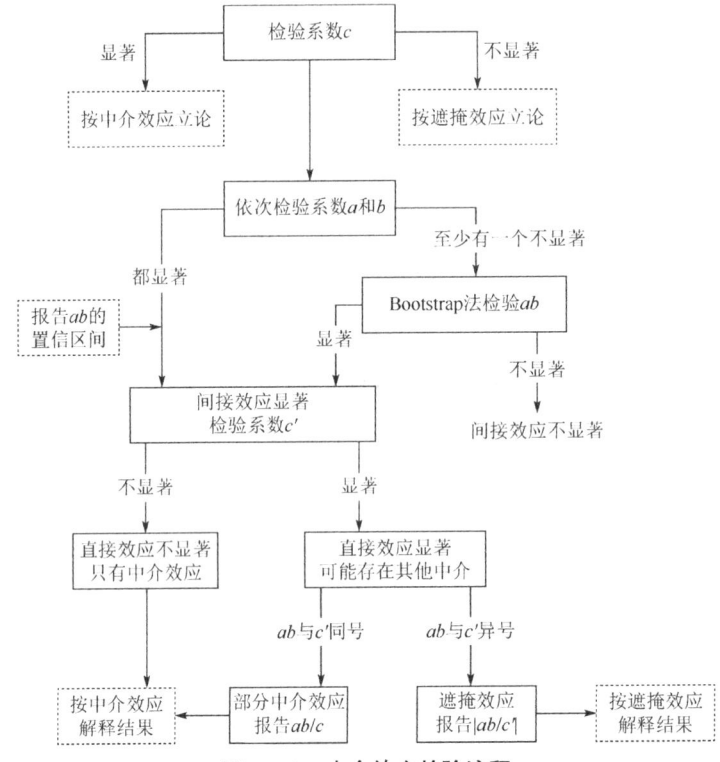

图 11-31　中介效应检验流程

（1）检验方程式 $Y = cX + e_1$ 中的回归系数 c，即检验总效应是否显著，如果总效应 c 显著（$p<0.05$），则按中介效应立论，否则按遮掩效应立论。c 显著与否均不影响继续向下分析，只决定最终分析结论的解释。

（2）检验 $M = aX + e_2$ 中的回归系数 a 和 $Y=c'X+bM+e_3$ 中的偏回归系数 b，即间接效应（中介效应）的前半段路径系数和后半段路径系数是否显著，如果 a 和 b 同时显著，则说明中介效应存在，报告 ab 的 Bootstrap CI，继续执行第（4）步检验直接效应；如果 a 和 b 至少有一个不显著，则继续执行第（3）步。

（3）Bootstrap CI 法检验 ab 是否为 0，放回重复抽样次数一般可取 1000～5000 次，如果 CI 不包括 0 则说明 ab 不为 0，即中介效应存在，继续执行第（4）步检验直接效应；如果 CI 包括 0 则说明 ab 可能为 0，即中介效应不存在，分析结束。

（4）到这一步时，已经确认中介效应存在，需要检验 $Y=c'X+bM+e_3$ 中的直接效应 c'，如果 c' 不显著，则说明只有中介效应，按中介效应解释结果；如果 c' 显著，则说明直接效应存在，继续执行第（5）步。

（5）到这一步时，已经确认中介效应、直接效应都存在，需要根据二者的符号方向决定如何立论和解释结果。例如，ab 和 c' 的符号，如果二者同符号（指均为正或均为负），则说明中介效应属于部分中介效应，报告中介效应占总效应的比例为 ab/c；如果二者符号相反，则以遮掩效应立论，报告中介效应与直接效应的比例的绝对值 $|ab/c'|$。

遮掩效应是一种现象，在数理角度上表现为间接效应 ab 的系数符号，与直接效应 c' 的系数符号相反，在实际研究中要结合自身专业知识进行阐述。

3．简单中介效应实例分析

下面进行案例实践，就一个简单中介效应实例来进一步介绍中介检验流程。

【例 11-12】某研究提出如下研究假设：积极劳资关系压力会通过增强个体的积极情绪而提高个体的工作满意度，案例数据文档见"例 11-12.xls"，试检验中介效应是否存在。案例数据为模拟获得，分析结果只用于讲述方法，不代表实际的效应大小。

1）数据与案例分析

根据案例描述可知，"积极劳资关系压力"作为自变量 X，"积极情绪"作为中介变量 M，"满意度"作为因变量 Y，均为定量数据，构成了一个简单中介效应，其预设模型路径图如图 11-32 所示。

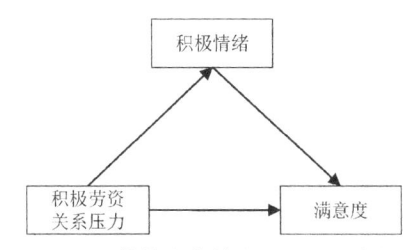

图 11-32　简单中介效应预设模型路径图

分析目的在于检验"积极情绪"在"积极劳资关系压力"对"满意度"的影响关系中是否起中介效应。

2）中介效应分析

数据读入平台后，在仪表盘中依次单击【问卷研究】→【中介作用】模块，将 3 个变量按角色依次移入右侧对应的【因变量 Y】【自变量 X】【中介变量 M】分析框中，如果研究中还设定了控制变量，则将其移入【控制变量】分析框中。简单中介效应可理解为只有一个中介变量的平行中介，因此在分析框上方的下拉列表中选择【平行中介(默认)】。Bootstrap 抽样次数常用 1000～5000 次，也可以由平台自动根据样本量决定合适的抽样次数，本例选择 2000 次。简单中介效应分析操作界面如图 11-33 所示，最后单击【开始分析】按钮。

图 11-33 简单中介效应分析操作界面

3）结果分析

按前面介绍的中介效应检验流程温忠麟和叶宝娟（2014），对输出的结果进行解释和分析。

（1）对总效应 c 进行检验。中介效应 3 个回归模型参数估计与检验如表 11-37 所示，呈现了中介效应的 3 个回归模型结果，第 2 列是 X→Y 的总效应回归方程结果，第 3 列是 X→M 的中介前半段路径回归方程，第 4 列是 X、M→Y 的中介后半段路径与直接效应回归方程。

由第 2 列可知，"积极劳资关系压力"对"满意度"的回归系数为 0.256，在 $\alpha=0.01$ 水平下显著，即总效应 c 是显著的，按中介效应立论。

表 11-37 中介效应 3 个回归模型参数估计与检验

项	满意度	积极情绪	满意度
常数	2.985** (10.581)	3.008** (11.405)	2.308** (6.809)
积极劳资关系压力	0.256** (3.854)	0.256** (4.123)	0.199** (2.953)
积极情绪			0.225** (3.453)
样本量	260	260	260
R^2	0.054	0.062	0.096
调整 R^2	0.051	0.058	0.089
F 值	$F(1,258)=14.855, p=0.000$	$F(1,258)=16.996, p=0.000$	$F(2,257)=13.704, p=0.000$

注：** $p<0.01$ 括号里面为 t 值。

（2）对前、后半段路径系数 a 和 b 进行检验。由表 11-37 中第 3 列可知，"积极劳资关系压力"对"积极情绪"的回归系数为 0.256，在 $\alpha=0.01$ 水平下显著（标记**），即前半段路径系数 a 显著；由第 4 列可知，"积极情绪"对"满意度"的回归系数为 0.225，在 $\alpha=0.01$ 水平下显著，即后半段路径系数 b 显著。此时 a 和 b 同时显著，说明中介效应存在，应报告 ab 的 Bootstrap CI。中介效应检验如表 11-38 所示，继续执行中介效应检验流程的第（4）步检验直接效应。

表 11-38 中介效应检验

项	c 总效应	a	b	ab 中介效应值	ab (BootSE)	ab (z值)	ab (p值)	ab (95% BootCI)	c' 直接效应	检验结论
积极劳资关系压力≥积极情绪≥满意度	0.256**	0.256**	0.225**	0.058	0.020	2.892	0.004	0.019~0.096	0.199**	部分中介

注：** $p<0.01$。

由表 11-38 可知，中介效应 ab=0.256×0.225=0.058，ab 的 95% CI 为[0.019,0.096]，该区间内不包括 0，表明中介效应存在。

（3）中介效应检验流程第（4）步检验直接效应。本例总效应、中介效应、直接效应、效应占比等结果如表 11-39 所示。第 5 列（直接效应 c'）中，"积极劳资关系压力"对"满意度"的回归系数为 0.199，在 α=0.01 水平下显著，直接效应 c' 显著，接下来继续执行中介检验流程中的第（5）步。

表 11-39 总效应、中介效应、直接效应、效应占比等结果

项	检验结论	c 总效应	ab 中介效应	c' 直接效应	效应占比计算公式	效应占比
积极劳资关系压力≥积极情绪≥满意度	部分中介	0.256	0.058	0.199	ab/c	22.656%

（4）中介效应检验流程第（5）步可通过比较中介与直接效应的符号来决定如何立论和解读结果。本例中介效应 ab=0.058，为正数，而直接效应 c'=0.199，也为正数，二者方向相同，说明中介效应属于部分中介效应，中介效应占总效应的比例 ab/c=0.058/0.256=22.656%。

11.9.3 多重中介效应分析与实例

前面我们是以只有一个中介变量的简单中介效应模型来介绍中介效应检验流程的，但实际上检验流程同样也适用于多个自变量或多个中介变量的模型。当中介变量不止一个时，相应的模型称为多重中介效应模型，包括平行中介效应模型和链式中介效应模型。在多重中介效应模型中，会出现多条中介路径，一般称之为特定中介路径。多条中介效应值的加和为总间接效应或总中介效应，总中介效应与直接效应的加和为总效应，如果各特定中介效应存在，也可以分别计算其在总效应中的占比。

对多重中介进行检验和分析时，研究者应明确感兴趣的是哪条特定中介路径，多条特定中介效应的加和建议用总间接效应表述。下面通过一个实例介绍多重中介中的链式中介效应应用。

【例 11-13】在陈世民等人（2014）的研究中，基于有关理论提出"自我提升幽默"通过"情绪幸福"和"社会支持"两个中介变量来提升"生活满意度"。其链式中介效应模型

路径图如图 11-34 所示，试进行链式多重中介效应检验。

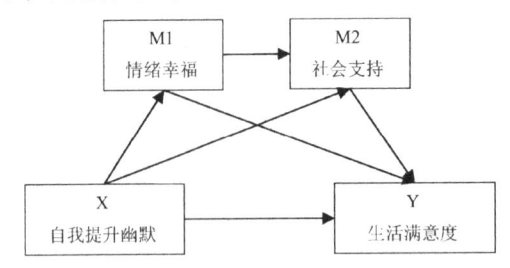

图 11-34　链式中介效应模型路径图

数据文档为"例 11-13.xls"，案例使用的为模拟数据，分析结果只用于讲述方法，不代表实际的效应大小。

1）数据与案例分析

根据案例描述可知，X 表示自变量（自我提升幽默），M1 表示中介变量（情绪幸福），M2 表示中介变量（社会支持），Y 表示因变量（生活满意度），均为定量数据资料。该模型中包括 3 个特定中介路径：①X→M1→Y；②X→M2→Y；③X→M1→M2→Y。其中第 3 条中介路径中，M1 与 M2 串联，形成一条长的链式中介路径。

对于①X→M1→Y、②X→M2→Y 这两条特定中介路径的解释和分析与上例简单中介效应完全一致，读者可参考上例进行结果分析。本例将重点解释和分析 X→M1→M2→Y 链式中介路径的效应是否存在。

2）中介效应分析

数据读入平台后，在仪表盘中依次单击【问卷研究】→【中介作用】模块，将 4 个变量拖曳至相应的分析框中，中介类型选择下拉列表中的【链式中介】，Bootstrap 抽样次数选择下拉列表中的【5000 次】。链式中介效应分析操作界面如图 11-35 所示，最后单击【开始分析】按钮。

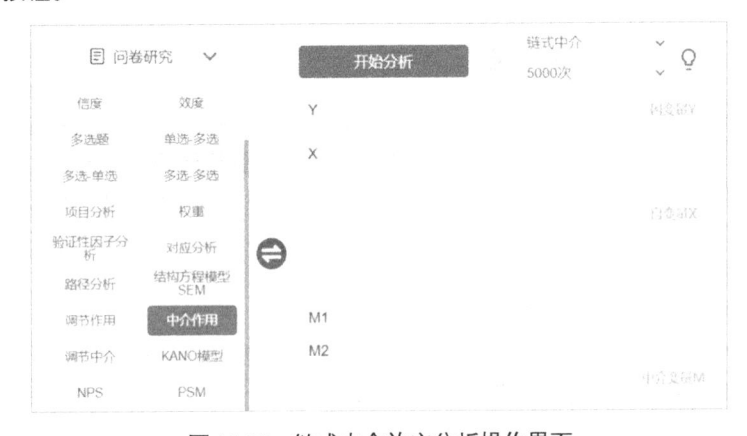

图 11-35　链式中介效应分析操作界面

3）结果分析

（1）对总效应 c 进行检验。链式中介效应回归模型参数估计与检验如表 11-40 所示，呈现了多重中介效应的 4 个回归模型结果，由第 4 列结果（X→Y 总效应方程）可知，X 对 Y 的回归系数为 0.384，在 $\alpha=0.01$ 水平下显著，即总效应 c 是显著的，按中介效应立论。

表 11-40　链式中介效应回归模型参数估计与检验

项	M1	M2	Y（总效应方程）	Y
常数	1.658** (12.367)	1.124** (6.183)	2.328** (16.890)	1.592** (10.076)
X	0.576** (15.424)	0.294** (5.408)	0.384** (10.011)	0.146** (3.111)
M1		0.370** (6.403)		0.260** (5.155)
M2				0.176** (4.223)
样本量	400	400	400	400
R^2	0.374	0.312	0.201	0.312
调整 R^2	0.373	0.308	0.199	0.307
F 值	$F(1,398)=237.900$, $p=0.000$	$F(2,397)=89.957$, $p=0.000$	$F(1,398)=100.218$, $p=0.000$	$F(3,396)=59.813$, $p=0.000$

注：** $p<0.01$ 括号里面为 t 值。

（2）对 X→M1、M1→M2、M2→Y 这 3 个回归系数进行检验。由表 11-40 中的第 2 列可知，X 对 M1 的回归系数为 0.576，我们可以将该回归系数设为 a_1，显然 a_1 显著；由第 3 列结果可知，M1 对 M2 的回归系数为 0.370，用 d 表示，显然 d 显著；由第 5 列结果可知，M2 对 Y 的回归系数为 0.176，用 b_2 表示，显然 b_2 显著。此时路径系数 a_1、d、b_2 同时显著，说明链式中介效应存在，应报告链式中介效应值即乘积项 a_1db_2 及其 Bootstrap CI。接下来继续执行中介效应检验流程中的第（4）步以检验直接效应。

（3）中介效应检验流程第（4）步检验直接效应。在表 11-40 中第 5 列结果中，X 对 Y 的回归系数为 0.146，即直接效应 c' 显著，接下来继续执行中介效应检验流程中的第（5）步。

（4）中介效应检验流程第（5）步，比较链式中介与直接效应的符号，以决定如何立论和解读结果。简单中介、链式中介效应检验如表 11-41 所示。

表 11-41　简单中介、链式中介效应检验

项	Effect	Boot SE	BootLLCI	BootULCI	z	p
X⇒M1⇒Y	0.150	0.036	0.102	0.246	4.159	0.000
X⇒M2⇒Y	0.052	0.019	0.027	0.103	2.680	0.007
X⇒M1⇒M2⇒Y	0.037	0.014	0.018	0.074	2.657	0.008

注：BootLLCI 指 Bootstrap 抽样 95%区间下限，BootULCI 指 Bootstrap 抽样 95%区间上限。
　　灰色底纹为链式中介，其余为平行中介。

由表 11-41 可知，X→M1→M2→Y 的链式中介效应，其 Bootstrap 法标准误为 0.014，链式中介效应值 Effect 为 0.037（$a_1db_2=0.576\times0.37\times0.176$，因小数点计算存在微小差异），95% CI 为[0.018,0.074]，CI 内不包括 0，说明链式中介效应存在，结论和前面的一致。

此外 X→M1→Y 和 X→M2→Y 这两个特定中介路径，它们的 Bootstrap 抽样 95% CI

依次为[0.102,0.246]、[0.027,0.103]，不包括0，说明这两个中介效应同样都是存在的。

本例中链式中介效应 Effect=0.037，为正数，而直接效应 c'=0.146，也为正数，二者方向相同，说明链式中介效应属于部分中介效应。链式中介效应占总效应的比例为 a_1db_2/c=0.037/0.384=9.6%。

11.10 调节效应分析

调节效应和中介效应一样，也是对影响关系研究的延伸。中介效应反映的是自变量影响因变量的机制，而调节效应研究的是自变量在何种条件下如何影响因变量。本节介绍调节变量与调节效应分析，通过在仪表盘中依次单击【问卷研究】→【调节作用】模块来实现。

11.10.1 调节变量与调节效应

调节变量（Moderator），是指在研究自变量 X 对因变量 Y 的影响时，如果外来的第三个变量 W 会影响 X 与 Y 关系的大小或方向，则称 W 为调节变量。此时 X 对 Y 的影响关系受到 W 的调节，依赖于 W 的不同条件，X 对 Y 关系的强弱或方向的变化程度反映的就是调节效应。

例如，某研究最初假设缩小知识鸿沟（Y）的方法是尽可能多地开展信息普及活动（X），但是研究结果却恰好相反，受教育程度（W）会扩大而不是缩小信息普及对知识鸿沟的影响。因为相比受教育程度低的人，那些接触到信息普及活动的受教育程度高的人更容易学到相关知识。

1. 调节效应模型

调节效应在统计上等价于交互作用，可将调节效应直接理解为自变量 X 与调节变量 W 的交互作用 XW 对因变量 Y 有影响，但是在具体研究中，调节效应与交互作用是有区别的。二者的不同之处在于，调节变量是研究者根据某理论或研究确立的，调节变量和自变量均有理论支撑，因此二者的身份角色不能互换，但是在交互作用中，两个变量的身份角色是平等的，可以调换。

图 11-36 所示为调节效应概念图与模型路径图，图中的自变量 X 与调节变量 W 的关系，不要求必须相关。

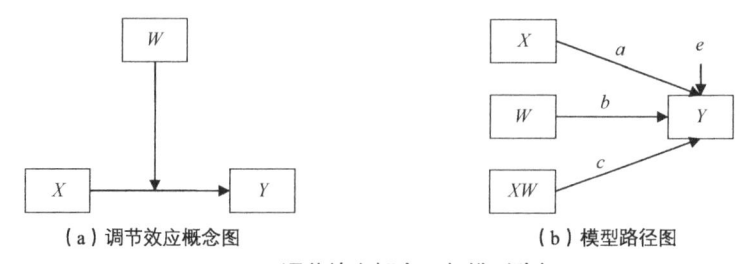

（a）调节效应概念图　　（b）模型路径图

图 11-36　调节效应概念图与模型路径图

自变量或调节变量至少有一个是定量数据时，调节效应一般采用分层线性回归进行检验，包括两个线性回归方程模型：

$$Y = a'X + b'W + e_1 \quad 方程（1）$$
$$Y = aX + bW + cXW + e_2 \quad 方程（2）$$

方程（1）指分层线性回归的第一层放入 X、W 两个变量，做 Y 对 X、W 的回归；方程（2）指分层线性回归的第二层放入交互项 XW（X 与 W 中心化或标准化后的数据乘积），做 Y 对 X、W 及 XW 的回归。

调节效应存在与否有两种检验方法，第一种是依据交互项的偏回归系数 c，如果 c 显著，则表示调节效应显著；第二种是依据两个方程的 R^2 变量（ΔR^2），如果 R^2 变量显著，则表示调节效应显著。

2．调节效应场景

在数据类型上，自变量 X 与调节变量 W 既可以是定类数据，如性别、受教育程度，也可以是定量数据，如满意度评分、抑郁评分。对于因变量为定类数据的情况本书不进行介绍。根据 X 与 W 的数据类型不同，调节效应可以分为以下 4 种场景，如表 11-42 所示。

表 11-42　调节效应的 4 种场景

4 种场景	X 定类 W 定类	X 定量 W 定类	X 定类 W 定量	X 定量 W 定量
调节检验方法	方差分析	分层或分组线性回归，建议用分层回归	分层线性回归	分层线性回归
数据预处理	无	X 中心化/标准化 W 哑变量处理	X 哑变量处理 W 中心化/标准化	X 与 W 中心化/标准化
判断依据	若交互项 XW 显著则调节效应显著	（1）若交互项 XW 回归系数 c 显著，则调节效应显著 （2）若分层回归方程 ΔR^2 显著，则调节效应显著		

（1）X 与 W 均为定类数据。第一种场景可以使用考察交互作用的方差分析，如果交互项 XW 显著则认为调节效应显著。

（2）X 与 W 至少有一个为定量数据。此情况包括了表中后 3 种场景。

因变量为定量数据时，采用线性回归考察影响关系，而遇到定类自变量时应事先将其转换为哑变量进行回归，因此不管是自变量 X 还是调节变量 W，如果为定类数据，则统一进行哑变量转换。遇到定量数据，在调节效应分析时一般采取中心化（变量数据减去其平均值）或标准化（Z 得分法）处理。

通过哑变量、中心化或标准化处理后，对调节效应的检验，可统一采用以下两种方法中的一种：①若交互项 XW 回归系数 c 显著，则调节效应显著；②若分层回归方程 R^2 显著，则调节效应显著。

11.10.2　简单斜率与斜率图

将回归方程 $Y = aX + bW + cXW + e$ 中的 X 单独提取出来进一步整理，可得如下方程：

$$Y = bW + (a + cW)X + e \quad 方程（3）$$

方程（3）中自变量 X 的回归系数为 $(a+cW)$，也就是 X 对 Y 的回归斜率，此时它是 W 的一元回归函数。我们将 $(a+cW)$ 称为简单斜率，指自变量 X 对因变量 Y 的影响关系是如何受变量 W 调节的。当 W 取不同值时简单斜率有不同的影响程度，即调节变量在不同条件时，自变量对因变量的影响关系的程度或大小会发生改变。

为方便研究和结果解释，通常采用选点法对简单斜率的显著性进行检验。所谓选点法即固定调节变量 W 的几个取值，计算该条件下简单斜率的 t 统计量和 p 值，从而判断简单斜率的显著性。W 的固定取值点，一般根据平均值 M、M+1 倍 SD（标准差）、M-1 倍 SD 这 3 个条件取值，对应中等调节水平、高调节水平、低调节水平，常采用其中的高调节点、低调节点绘制简单斜率图。

简单斜率图示例如图 11-37 所示。调节变量 W 取高水平(M+1SD)时，自变量 X 对因变量 Y 的影响是正向的，即 X 取值越高 Y 相应越大；而当 W 取低水平(M-1SD)时，X 对 Y 的影响变为负向的，即 X 取值越高 Y 相应越小，直观地体现了调节变量在不同条件时，如何影响简单斜率的程度或方向。

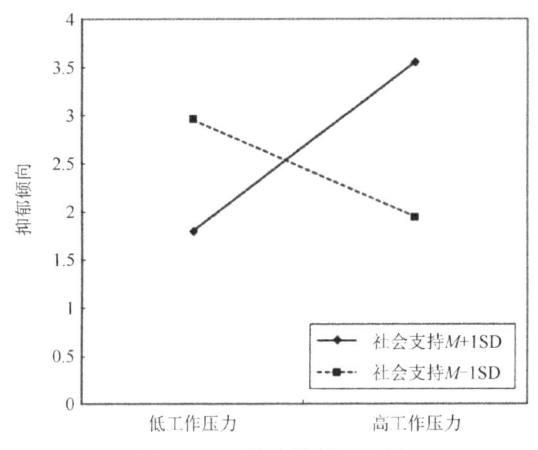

图 11-37　简单斜率图示例

以上介绍的是调节变量取定量数据时的简单斜率。当调节变量为分类数据时，选点法简单斜率直接取分类数据的水平值。例如，将性别作为调节变量，选点法可取性别为男性、性别为女性这两个不同条件下，X 对 Y 的斜率变化。

调节效应显著时，还需要对 W 取不同条件时简单斜率的显著性做检验，可直接依据 t 检验 p 值进行检验，若 p 值小于 0.05 则说明在调节变量 W 的某个选点条件下，自变量对因变量的影响是显著的，反之不显著。

11.10.3　调节效应分析步骤与实例

1. 调节效应分析步骤

调节效应分析总体上包括三大部分，第一部分是数据处理，第二部分是调节效应检验，第三部分是简单斜率分析，具体分为以下 5 个步骤，如图 11-38 所示。

Step1 数据处理 → Step2 建立调节效应模型 → Step3 调节效应检验 → Step4 简单斜率分析 → Step5 绘制斜率图

图 11-38　调节效应分析步骤

1）数据处理

首先根据自变量、调节变量的数据类型，确认其属于调节效应四大场景中的哪一类。如果自变量、调节变量不同时为定类数据，此时定类数据应转换为哑变量，定量数据应先进行中心化或标准化操作，再将处理的自变量与调节变量计算乘积得到二者的交互项。

例如，常见的自变量、调节变量均为定量数据的场景，先将自变量与调节变量进行中心化得到 Zx 和 Zw，再将二者相乘得到交互项 $Zx \times Zw$。如果自变量、调节变量其中有一个是定类数据，则定类数据进行哑变量转换后与定量数据的中心化或标准化数据依次相乘得到多个交互项。

哑变量、中心化、标准化均可在 SPSSAU 平台【调节作用】模块通过勾选相关复选框自动实现，实际分析时并不需要用户额外操作，因变量一般不做中心化或标准化处理。

2）建立调节效应模型

以 Y 为因变量，以 Zx、Zw、交互项 $Zx \times Zw$ 为自变量建立线性回归模型。在实际分析时，采取分层回归的方式，如第一层放入 Zx、Zw，第二层放入交互项 $Zx \times Zw$。如果在实际研究中还需要考虑控制变量，则可将所有的控制变量放入第一层，Zx、Zw 放入第二层，交互项 $Zx \times Zw$ 放入第三层；或控制变量、Zx、Zw 统一放入第一层，交互项 $Zx \times Zw$ 放入第二层，总的原则是交互项 $Zx \times Zw$ 要单独放入最后一层。

3）调节效应检验

调节效应存在与否有两种检验方法，第一种是依据交互项 $Zx \times Zw$ 的回归系数，如果其显著（t 检验的 $p<0.05$），则表示调节效应显著或存在；第二种是比较有交互项 $Zx \times Zw$ 的回归方程与无交互项 $Zx \times Zw$ 的回归方程，如果两个方程的 R^2 变量（ΔR^2）显著（F 检验的 $p<0.05$），则表示调节效应存在。

4）简单斜率分析

当调节效应存在时，应当进一步考察调节变量取不同值时自变量影响因变量的程度和方向，一般通过选点法进行简单斜率分析，以检验调节变量取低（均值-1 倍标准差）、中（均值）、高（均值+1 倍标准差）水平时，简单斜率的显著性情况。当简单斜率的 t 检验 p 值小于 0.05 时，表示该条件下自变量对因变量的影响是显著的，反之不显著。

5）绘制斜率图

斜率图可直观地展示简单斜率分析的结果，有助于解释和分析调节效应，因此一般建议根据前面的回归方程及简单斜率分析，绘制斜率图，综合前面的结果进行调节效应的解释和分析。SPSSAU 平台【调节作用】模块可输出该斜率图的结果，以及绘图所需的坐标点数据，用户可直接采用该斜率图，或利用坐标点数据通过其他工具绘制斜率图，最终进行分析总结。

2. 调节效应实例分析

下面通过具体实例进一步介绍调节效应的应用并进行解释和分析。

【例 11-14】根据某些理论和研究成果，研究者提出如下研究假设："工作经验"可以调节"受教育年限"对"当前薪金"的影响，即假设"工作经验"对"受教育年限"与"当前薪金"之间的关系具有调节作用，试对该调节进行检验和分析。数据来源于 SPSS 统计软件自带的数据集，对案例说明及数据均进行了编辑及修改，本例仅展示分析过程，不代表真实的变量关系。

1）数据与案例分析

本例数据文档见"例 11-14.xls"，"受教育年限"作为自变量，"当前薪金"作为因变量，"工作经验"作为调节变量，均为定量数据。研究者要研究的是工作经验对受教育年限与当前薪金的调节作用是否成立，本例将对"受教育年限""工作经验"做中心化处理，并计算二者的交互项，通过分层线性回归建立调节效应模型，完成调节效应检验与简单斜率分析。

2）调节效应分析

数据读入平台后，在仪表盘中依次单击【问卷研究】→【调节作用】模块，将【受教育年限】【当前薪金】【工作经验】拖曳至对应的分析框中。此处应注意，如果自变量或调节变量为分类数据，则平台会自动完成哑变量转换。如果研究中有控制变量，则统一移入【控制变量[可选]】分析框中，本例无。

"受教育年限""工作经验"均为定量数据，因此要先在分析框上方的下拉列表中选择【X 定量 Z 定量(默认)】及【中心化(默认)】，对"受教育年限""工作经验"进行中心化处理，平台会自动计算二者的交互项。调节效应操作界面如图 11-39 所示，最后单击【开始分析】按钮。

图 11-39 调节效应操作界面

3）建立调节效应模型

为了方便展示，本节以分层线性回归的形式展示调节效应的分析结果。分层回归模型与调节效应检验如表 11-43 所示。SPSSAU 平台默认为调节效应建立了 3 个回归方程模型，模型 1 是指自变量"受教育年限"对因变量"当前薪金"的回归关系，可以忽略。重点是模型 2 和模型 3，模型 2 构建的是自变量"受教育年限"、调节变量"工作经验"对"当前薪金"的回归模型；模型 3 是在模型 2 基础上新增加了二者的交互项后共同对"当前薪金"的回归模型。

表 11-43　分层回归模型与调节效应检验

项	模型 1	模型 2	模型 3
常数	34419.568**	34419.568**	33850.360**
	(58.391)	(58.596)	(56.920)
受教育年限	3909.907**	4020.343**	4131.246**
	(19.115)	(19.085)	(19.762)
工作经验		12.071*	0.805
		(2.078)	(0.127)
受教育年限×			−7.492**
工作经验			(−4.064)
样本量	474	474	474
R^2	0.436	0.441	0.460
调整 R^2	0.435	0.439	0.457
F 值	$F(1,472)=365.381, p=0.000$	$F(2,471)=186.132, p=0.000$	$F(3,470)=133.679, p=0.000$
ΔR^2	0.436	0.005	0.019
ΔF 值	$F(1,472)=365.381, p=0.000$	$F(1,471)=4.316, p=0.038$	$F(1,470)=16.512, p=0.000$

注：1. 因变量：当前薪金。
　　2. *$p<0.05$ **$p<0.01$ 括号里面为 t 值。

4）调节效应检验

研究者可以根据交互项回归系数的显著性，以及含有交互项模型与不含交互项模型 R^2 变化量的显著性这两种依据来检验调节效应是否存在，不管采用哪种，其结论都是一致的。

在表 11-43 模型 3 中，我们看到"受教育年限×工作经验"交互项回归系数为−7.492，$t=−4.064$，$p<0.01$，在 $\alpha=0.01$ 水平下认为交互项具有统计学意义，交互项对"当前薪金"的影响显著，因此"工作经验"的调节效应成立。模型 2 变化到模型 3 时，该过程 R^2 的变化量显著（$F=16.512$，$p<0.01$），同样认为调节效应成立。

5）简单斜率分析

"工作经验"对"受教育年限"与"当前薪金"的关系存在调节作用，接下来我们通过选点法进一步考察"工作经验"在低、中、高不同取值水平时，"受教育年限"对"当前薪金"的简单斜率显著性及变化。简单斜率分析如表 11-44 所示。

表 11-44　简单斜率分析

调节变量水平	简单斜率	标准误	t	p	95% CI	
低水平(−1SD)	4914.780	302.338	16.256	0.000	4322.209	5507.352
平均值	4131.246	209.054	19.762	0.000	3721.509	4540.984
高水平(+1SD)	3347.712	265.251	12.621	0.000	2827.830	3867.595

工作经验在低、中、高不同取值水平时，简单斜率依次为 4914.780、4131.246、3347.712，均具有统计学意义（$t_1=16.256$、$t_2=19.762$、$t_3=12.621$，均 $p<0.01$）。

6）斜率图分析

"工作经验"对"受教育年限"与"当前薪金"的调节斜率图，如图 11-40 所示。

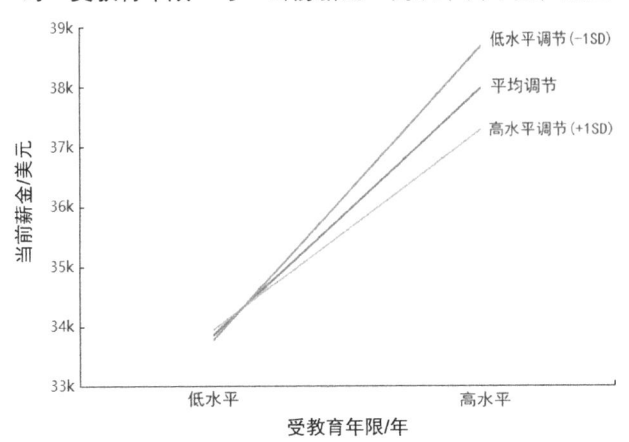

图 11-40 "工作经验"对"受教育年限"与"当前薪金"的调节斜率图

结合简单斜率分析表中不同调节水平下的简单斜率及图 11-40 中的 3 条直线的变化，可以发现，"受教育年限"正向影响"当前薪金"，"受教育年限"越高，"当前薪金"相应越高。这种关系受"工作经验"的调节，"工作经验"调节水平由低水平变到中等水平再变到高水平时，"受教育年限"对"当前薪金"的回归系数逐渐降低。通俗理解即"受教育年限"对"当前薪金"的影响被"工作经验"削弱。

11.11 有调节的中介分析

在一些复杂的影响关系模型中，会同时包含中介变量和调节变量，常见的研究形式包括有调节的中介、有中介的调节。相对而言，有调节的中介应用更为广泛，本节介绍有调节的中介，通过在仪表盘中依次单击【问卷研究】→【调节中介】模块来实现。

11.11.1 方法概述

1. 有调节的中介

有调节的中介，可以通俗理解为自变量 X 通过中介变量 M 对因变量 Y 的间接影响受第四个变量 W 的影响，此时中介效应的大小或方向受另一个调节变量 W 的影响，中介效应的表现是有条件的，所以也可以把有调节的中介称为调节中介。

在叶宝娟等（2013）的研究中，有调节的中介模型示例如图 11-41 所示。"日常性学业复原力"对"感恩"与"学业成就"的关系具有部分中介效应，而"压力性生活事件"对"日常性学业复原力"的中介作用具有调节效应，具体表现为"日常性学业复原力"对"学业成就"的影响，随"压力性生活事件"的增加而降低，所以"感恩"对青少年"学业成就"的影响是有调节的中介效应。

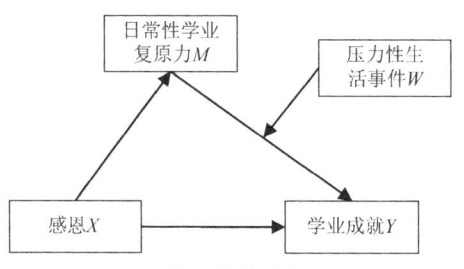

图 11-41 有调节的中介模型示例

"日常性学业复原力"的中介作用受"压力性生活事件"的影响，或者说"压力性生活事件"的调节作用通过中介路径传递并影响"学业成就"，该模型深化了"感恩"与"学业成就"的直接关系，不仅可回答"感恩"怎样影响"学业成就"，而且可回答这种影响"何时"更强或更弱，这类模型就是典型的有调节的中介模型。

有调节的中介，研究的重点是中介效应，需要回答的是这个中介效应是否受到调节。所以从大的方面讲，它包括两大部分内容，第一部分是证明中介效应存在，第二部分是检验中介效应受到调节。

2．有调节的中介类型

按中介效应的前半段路径、后半段路径及直接路径是否受到调节，有调节的中介模型分为 7 种。SPSSAU 平台参考 Andrew F.Hayes 学者开发的 Process 宏程序，采取 Process 的模型编号，模型具体包括模型 5、模型 7、模型 8、模型 14、模型 15、模型 58、模型 59。为方便理解，以下统一按只有一个自变量、一个中介变量、一个调节变量、一个因变量的情况进行讨论，其中模型 59 的概念图与统计图如图 11-42 所示。

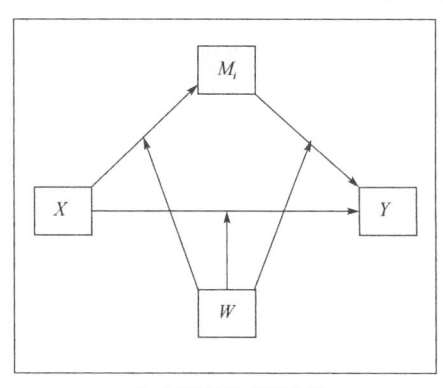

（a）模型 59 的概念图　　　　　　（b）模型 59 的统计图

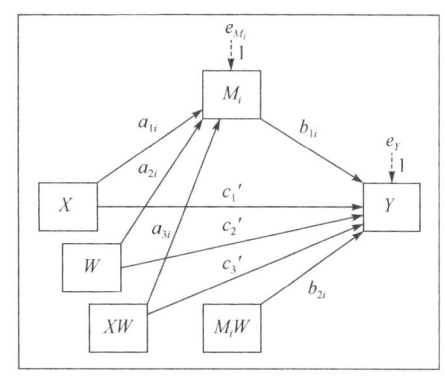

图 11-42　模型 59 的概念图与统计图

1）模型 5

模型 5 只调节中介模型中的直接路径，严格意义上来说并不是有调节的中介，按简单中介和简单调节效应进行分析和解释。

2）模型 7 与模型 8

模型 7 只调节中介模型中的前半段路径，模型 8 能同时调节中介模型中的前半段路径与直接路径，有调节的中介效应为 $(a_1+a_3W)b$。M 和 W 分别表示中介和调节变量，其中 a_1 是 X 对 M 的回归系数，a_3 是交互项 XW 的回归系数，b 是 M 对 Y 的回归系数。

3）模型 14 与模型 15

模型 14 只调节中介模型中的后半段路径，有调节的中介效应为 $a(b_1+b_3V)$，M 和 V 分别表示中介和调节变量，其中 a 是 X 对 M 的回归系数，b_1 是 M 对 Y 的回归系数，b_3 是交互项 MV 的回归系数。

模型 15 能同时调节后半段路径与直接路径，有调节的中介效应为 $a(b_1+b_2V)$。M 和 V 分别表示中介和调节变量，其中 a 是 X 对 M 的回归系数，b_1 是 M 对 Y 的回归系数，b_2 是交互项 MV 的回归系数。

此处注意，b_2 和 b_3 均是中介 M 与调节 V 的交互项回归系数，差别只在于编号不同，其意义一致。模型 14 可视为模型 15 的特例，所以这两个模型的中介效应我们统一使用 $a(b_1+b_2V)$ 来解释。

4）模型 58 与模型 59

模型 58 能同时调节中介模型中的前半段及后半段路径，有调节的中介效应为 $(a_1+a_3W)(b_1+b_3W)$。M 和 W 分别表示中介和调节变量，其中 a_1 是 X 对 M 的回归系数，a_3 是交互项 XW 的回归系数，b_1 是 M 对 Y 的回归系数，b_3 是交互项 MW 的回归系数。

模型 59 能同时调节中介模型中的前半段、后半段路径及直接路径，有调节的中介效应为 $(a_1+a_3W)(b_1+b_2W)$。M 和 W 分别表示中介和调节变量，其中 a_1 是 X 对 M 的回归系数，a_3 是交互项 XW 的回归系数，b_1 是 M 对 Y 的回归系数，b_2 是交互项 MW 的回归系数。

此处注意，b_2 和 b_3 均是中介 M 与调节 W 的交互项回归系数，差别只在于编号不同，其意义一致。模型 58 可视为模型 59 的特例，所以这两个模型的中介效应我们统一使用 $(a_1+a_3W)(b_1+b_2W)$ 来解释。

5）特例说明

温忠麟和叶宝娟（2014）将有调节的中介分成两类：只调节间接效应、同时调节间接效应和直接效应，并指出图 11-42 所示的模型（Process 模型编号 59），是较一般的有调节的中介模型，其余模型都是其特例。

例如，模型 7 实际是当 b_2=0（后半段路径被调节的交互项回归系数为 0）的特例，模型 15 是 a_3=0（前半段路径被调节的交互项回归系数为 0）的特例。因此，模型 59 是较一般的有调节的中介模型，此时有调节的中介效应为 $(a_1+a_3W)(b_1+b_2W)$，其中 M 和 W 分别表示中介和调节变量，a_1 是 X 对 M 的回归系数，a_3 是中介前半段路径交互项 XW 的回归系数，b_1 是 M 对 Y 的回归系数，b_2 是中介后半段路径交互项 MW 的回归系数。后面我们将针对调节中介的检验在这个模型表达式基础上进行解释和分析。

3. 调节中介的检验

将 $(a_1+a_3W)(b_1+b_2W)$ 进行数学变换，得到下面的表达式：

$$(a_1+a_3W)(b_1+b_2W)=a_1b_1+(a_1b_2+a_3b_1)W+a_3b_2W^2$$

只要上面表达式与 W 有关，或者说随 W 变化，就可以说明中介效应能被调节。在上式中，跟 W 有关的系数乘积共有 3 个，分别是 a_1b_2、a_3b_1 与 a_3b_2，所以检验有调节的中介，就可以简化为检验这 3 个系数乘积是否等于 0，即检验 $a_1b_2=0$、$a_3b_1=0$、$a_3b_2=0$，只要其中有一个证明被拒绝，就可以说明中介效应能被调节。

关于有调节的中介检验方法，常用的有依次检验、系数乘积区间检验、中介效应差异检验等方法，且有研究表明它们是替补关系而并非竞争关系（温忠麟和叶宝娟，2014）。从检验力、操作难度、结果丰富性等方面综合认为，可按依次检验、系数乘积区间检验、中介效应差异检验的顺序进行检验，如果前一个检验方法结果显著，则如无特别需要，可不用继续做后面的检验。

1）依次检验

依次检验是指分别按不同系数乘积（包括 a_1b_2、a_3b_1 与 a_3b_2）去检验其中两个系数同时不等于 0，若满足则说明中介效应能被调节。例如，针对模型 15，它涉及的是系数乘积 $a_1b_2=0$ 的假设，所谓依次检验即检验 $a_1\neq 0$ 且 $b_2\neq 0$，也就是检验 X 对 M 的回归系数不等于 0，并且 M 与 W 的交互项 MW 的回归系数不等于 0。再如模型 7，它涉及 a_3b_1 这个系数的乘积，依次检验的是 $a_3\neq 0$ 且 $b_1\neq 0$，也就是检验 X 对 M 的交互项回归系数不等于 0，并且 M 对 Y 的回归系数不等于 0。

如果 a_1b_2、a_3b_1 与 a_3b_2 任一系数乘积的两个回归系数同时不等于 0，则说明中介效应是能被调节的。在结果报告中，可报告调节变量在均值及均值加减一倍标准差取值下的中介效应情况。

2）系数乘积区间检验

如果依次检验无法对有调节的中介做出是否存在的结论，可考虑使用系数乘积区间检验方法继续进行检验。所谓系数乘积区间检验，是指直接检验 a_1b_2、a_3b_1 与 a_3b_2 这 3 个系数乘积是否等于 0，采用的方法是 Bootstrap CI 法，若区间内不包括 0 则说明系数乘积不等于 0，中介效应被调节是成立的。

在 SPSSAU 平台中，对应的输出结果为调节中介作用指数（Index of Moderated Mediation），此处简称为 Index of MM 法。具体分析时，可直接查看 Index 指数区间是否包括数字 0，如果不包括则说明具有调节中介作用；反之，则说明没有调节中介作用。同样，在结果报告中，可报告调节变量在均值及均值加减一倍标准差取值下的条件中介效应情况。

3）中介效应差异检验

如果系数乘积区间检验无法确认调节中介作用是否成立，则可考虑继续进行中介效应差异检验。在 SPSSAU 平台输出的结果中，可依据"条件间接效应表"的结果，对不同调节变量取值条件下，间接效应有无显著性改变或效应值方向改变来判断调节中介作用是否成立。例如，在低调节水平时，条件间接效应显著，而在高调节水平时，条件间接效应不显著，说明存在有调节的中介作用，反之不成立；再如在低调节水平时，条件间接效应为正值，而在高调节水平时，条件间接效应为负值，也可说明存在有调节的中介作用。

11.11.2 有调节的中介作用实例

下面通过具体实例进一步介绍有调节的中介作用。

【例11-15】张晓等人（2009）的研究表明，在"家庭收入"对儿童"一般社会能力"的预测中，"家庭智力文化取向"发挥了中介作用，"家庭控制性"发挥了调节作用。根据一定的理论提出新的假设："家庭智力文化取向"中介作用在后半段路径上，受"家庭控制性"的调节。模拟的数据文档见"例11-15.xls"，试进行有调节的中介作用检验。案例数据为模拟获得，只用于方法示范，分析结果不代表真实关系和效应。

1）数据与案例分析

根据案例描述可知，自变量 X 为"家庭收入"，因变量 Y 为"一般社会能力"，"家庭智力文化取向"为中介变量 M，而"家庭控制性"作为调节变量 W 调节中介的后半段路径。以上4个变量均为定量数据资料，本例有调节的中介作用模型的路径图如图11-43所示。

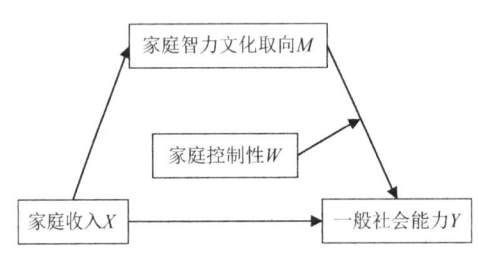

图11-43 有调节的中介作用模型的路径图

显然，"家庭控制性"只能调节间接效应不能调节直接效应，对应的Process模型编号为模型14，有调节的中介效应为 $a(b_1+b_3W)$，其中 a 是 X 对 M 的回归系数，为了方便和前面介绍的通用表达式进行比对及理解，式中的 b_3 我们改用 b_2，因此调节中介作用为 $a(b_1+b_2W)$，b_2 是交互项 MW 的回归系数。只要证明 ab_2 不等于0，则表明有调节的中介作用成立。

2）有调节的中介作用分析

数据读入平台后，在仪表盘中依次单击【问卷研究】→【调节中介】模块，将4个变量拖曳至对应的分析框中，在分析框上面的下拉列表中依次选择【Model 14】（调节中介类型）、【5000次】（Bootstrap抽样次数）、【±标准差(默认)】（不同调节取值水平），最后单击【开始分析】按钮。有调节的中介效应分析操作界面如图11-44所示。

3）结果分析

我们按依次检验、系数乘积区间检验、中介效应差异检验的顺序对调节中介作用进行检验。本例为了示范不同检验方法的应用，分别给出了以上3个检验方法的解释和分析，在实践中若前一个检验方法显著，则已无必要继续做后面的检验。

（1）依次检验。模型14调节的中介作用为 $a(b_1+b_2W)$，a 是自变量 X 对中介变量 M 的回归系数，b_2 是交互项 MW 的回归系数。依次检验的原假设：$ab_2=0$，变成检验 $a=0$ 且

$b_2=0$。在调节中介作用回归模型表中可检验 a 和 b_2 的显著性。回归模型参数估计与检验如表 11-45 所示。

图 11-44 有调节的中介效应分析操作界面

表 11-45 回归模型参数估计与检验

项	一般社会能力				家庭智力文化取向			
	β	SE	t 值	p 值	β	SE	t 值	p 值
常数	-116.045	39.778	-2.917	0.004**	19.952	1.499	13.311	0.000**
家庭收入	30.664	2.174	14.105	0.000**	1.239	0.110	11.231	0.000**
家庭控制性	-27.011	15.202	-1.777	0.076				
家庭智力文化取向	0.058	0.946	0.062	0.951				
家庭智力文化取向×家庭控制性	1.089	0.388	2.809	0.005**				
样本量	757				757			
R^2	0.301				0.143			
调整 R^2	0.297				0.141			
F 值	$F(4,752)=81.037, p=0.000$				$F(1,755)=126.143, p=0.000$			

注：** $p<0.01$。

表 11-45 中包括两个回归方程，第一个方程是以"一般社会能力"Y 为因变量的，我们关心的是 M 与 W 二者交互项"家庭智力文化取向×家庭控制性"回归系数 b_2 的显著性，显然 b_2 为 1.089，与 0 相比差异显著（$t=2.089, p=0.005<0.01$）；第二个方程是以"家庭智力文化取向"M 为因变量的，我们关心的是 X 对 M 的回归系数 a 的显著性，显然 a 为 1.239，与 0 相比差异显著（$t=11.231, p<0.01$）。综上，$a\neq0$ 且 $b_2\neq0$，拒绝 $ab_2=0$ 的原假设，因此 $ab_2\neq0$，即表明"家庭智力文化取向"对"家庭收入"与"一般社会能力"的中介效应受"家庭控制性"的调节，调节中介作用成立。

就本例而言，此时已无必要再做后面的系数乘积区间检验和中介效应差异检验，可以直接报告调节变量取低、中、高水平时条件中介效应的情况。

（2）系数乘积区间检验。如果依次检验法无法确认有调节的中介作用是否成立，则考虑采用系数乘积区间检验进行判断和分析。本例为模型 14，系数乘积为 ab_2，通过表 11-45 的结果，可计算 ab_2 =1.239×1.089=1.350，该值与 0 相比有无差异则需要通过 Bootstrap CI 法进行检验。在 SPSSAU 平台中对应的输出结果为调节中介作用指数 Index of MM，如表 11-46 所示。

表 11-46　调节中介作用指数 Index of MM

调节变量	中介变量	Index	BootSE	BootLLCI	BootULCI
家庭控制性	家庭智力文化取向	1.350	0.530	0.390	2.472

显然，本例 Index=1.350，其 Bootstrap 置信区间法 95% CI 为[0.390,2.472]，该区间不包括 0，即系数乘积 ab_2 不等于 0，拒绝 ab_2=0 的原假设，表明本例有调节的中介效应成立（此处仅做结果解读示范），结论同依次检验法一致。

（3）中介效应差异检验。如果系数乘积区间检验还无法确认有调节的中介效应是否显著，则考虑做中介效应差异检验。在 SPSSAU 平台的输出结果中，可依据"条件间接效应表"中的结果，直观地比较当调节变量 W 分别取低、中、高水平时，各条件中介效应的显著性及方向变化情况，如果显著性有改变，或方向有改变，则认为有调节的中介效应成立。

本例条件间接效应（Conditional Indirect Effect）结果如表 11-47 所示。

表 11-47　条件间接效应结果

中介变量	水平	水平值	Effect	BootSE	BootLLCI	BootULCI
家庭智力文化取向	低水平（-1SD）	0.156	0.283	1.188	-2.198	2.497
	平均值	1.831	2.544	0.835	0.955	4.205
	高水平（+1SD）	3.506	4.805	1.249	2.497	7.412

注：BootLLCI 指 Bootstrap 抽样95%区间的下限，BootULCI 指 Bootstrap 抽样95%区间的上限。

调节变量取平均值-1SD 时为低水平，取平均值为中等水平，取平均值+1SD 时为高水平，表 11-47 中的每行中介效应 Effect 值称为调节中介效应值，其 Bootstrap CI 不包括 0，表示该条件中介效应显著。显然，本例中当"家庭控制性"取低水平时，Bootstrap 抽样 95% CI 为[-2.198,2.497]，包括 0，W 取低水平时的条件中介效应不显著，同理我们发现，W 取高水平时 Bootstrap 抽样 95% CI 均不包括 0，说明高调节条件下的中介效应显著。由于从低调节到高调节，调节中介效应的显著性改变，因此认为"家庭控制性"对中介效应发挥了调节作用，调节中介成立。

4）结果小结

本例中我们示范了依次检验、系数乘积区间检验及中介效应差异检验 3 种方法，早在依次检验时已经检验到"家庭控制性"对"家庭智力文化取向"中介效应的调节，综合表 11-45 和表 11-46 的结果分析得到：有调节的中介成立，在家庭控制程度较高的家庭中，"家庭收入"能通过"家庭智力文化取向"显著影响儿童的"一般社会能力"，此时的中介效应值为 4.805，Bootstrap 抽样 95% CI 为[2.497,7.412]；而在家庭控制程度较低的家庭中，"家庭智力文化取向"并不能起到中介作用。

第 12 章

常用市场研究分析

市场研究是收集、整理、分析和解释特定市场信息的过程,通过对市场调研获得的数据进行处理分析,可帮助企业了解市场竞争和把握顾客的需求和满意度情况,市场研究及其分析方法是辅助企业决策的重要手段和工具。

本节主要介绍 PSM(Price Sensitivity Measurement,价格敏感度测试)分析、联合分析、NPS 分析、KANO 模型分析等市场研究方法,应用目的及应用场景如表 12-1 所示。

表 12-1 常用市场研究方法应用目的与应用场景

市场研究方法	应用目的	应用场景举例
PSM 分析	衡量目标潜在用户对于不同价格的满意或接受程度	30 位潜在消费者对一款水杯进行 PSM 分析,最终定价 60 元为最优价格
联合分析	了解受访者对多属性多水平产品的偏好	某次调研发现男大学生对手机的偏好为超清三摄+智控电竞屏+散热系统+超强续航+超强游戏芯
NPS 分析	用于研究用户向他人推荐某品牌/产品/服务可能性的指数	你向朋友/同事推荐使用 XX 产品/服务的可能性有多大?
KANO 模型分析	用户需求分类和优先排序的有用工具	远程网络开锁>门未关提示>NFC 开锁>低电量提示>门铃

PSM 分析、联合分析、NPS 分析、KANO 模型分析这 4 个市场研究方法,均可通过 SPSSAU 平台的【问卷研究】模块完成。

12.1 PSM 分析

产品定价是市场营销中的一个重要环节,定价是否妥当,一方面会影响产品在市场上的表现,另一方面也会影响产品和品牌在消费者心目中的认可度。由于定价的重要性,因此要摒弃传统"拍脑袋"的决策方式,而采用更为科学的市场研究价格模型。

本节主要介绍 PSM 模型,通过在仪表盘中依次单击【问卷研究】→【PSM】模块来完成。

12.1.1 原理介绍

PSM 模型可测试目标用户对于不同价格的接受程度,在市场研究中常用于确定适中的产品价格。

1. 价格测试

PSM 过程有一套标准流程,基本要求是不能有竞争对手甚至自身产品的信息,完全基于被访者的自然响应。在价格测试时常见的调查问题形式是:出示产品及从低到高的价格卡片,要求受访者在"太便宜""比较便宜""比较贵""非常贵"4 种态度选项中选择可接受的价格,由此获得价格测试数据。

以某品牌新品 500 毫升饮料的定价为例,调查员先向受访者做新产品介绍,并在以下每个问题前出示从低到高的价格卡片,如 2 元、3 元、4 元、5 元、6 元、7 元,调查问题如下:

> Q1:您认为这款 500 毫升饮料的价格为多少时,您感觉**太便宜**呢?
> Q2:您认为这款 500 毫升饮料的价格为多少时,您感觉**比较便宜**呢?
> Q3:您认为这款 500 毫升饮料的价格为多少时,您感觉**比较贵**呢?
> Q4:您认为这款 500 毫升饮料的价格为多少时,您感觉**非常贵**呢?

调查问卷收集后,常以每个价格为标题录入数据,如上面的例子,价格数据录入的格式如表 12-2 所示。

表 12-2 价格数据录入的格式

被试 id	2 元	3 元	4 元	5 元	6 元	7 元
1	1	1	2	3	4	4
2	2	2	3	3	4	4
⋮	⋮	⋮	⋮	⋮	⋮	⋮
k	1	2	3	4	4	4

"太便宜""比较便宜""比较贵""非常贵"4 种态度选项依次用数字 1、2、3、4 编码,以此数据为基础,进行 PSM 分析,考察新产品的适中价格或定价区间。

2. 4 种价格点

PSM 模型在计算上能利用不同价格或不同态度具有可比性原理,将数据进行累加并绘制图形，通过找图形的交叉点，最终得到适合的价格点或价格区间。

针对价格测试数据，计算每个价格在不同态度上的频数及累积频数百分比，将此数据绘制成 4 条曲线。PSM 曲线图示例如图 12-1 所示。

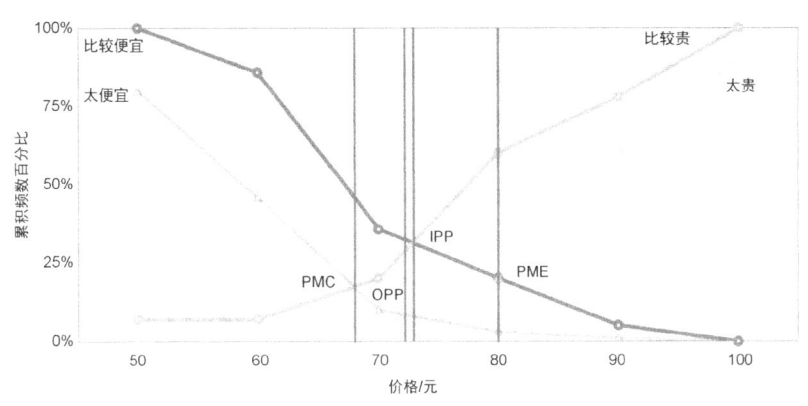

图 12-1　PSM 曲线图示例

在图 12-1 中，有两条下行的曲线，由高到低依次代表的是"太便宜"和"比较便宜"的价格态度；两条上行的曲线，由高到低依次代表的是"比较贵"和"太贵"的价格态度。4 条曲线交叉后形成 4 个点，在点上画竖线与横轴的价格尺度相交可得到 4 个价格点。值得注意的是，4 个价格点具有明显的经济学含义，是 PSM 的核心结果，由此可判断和分析最佳价格或适中价格的区间。4 个价格点的经济学意义如下。

PMC："太便宜"和"比较贵"两条曲线的价格点，产品定价低于此价格就会感到"太便宜"，一般称之为可采纳的最低价格。

PME："比较便宜"和"太贵"两条曲线的价格点，产品定价高于此价格就会感到"太贵"，一般称之为可采纳的最高价格。

OPP："太便宜"和"太贵"两条曲线的价格点，让消费者感到占了"便宜"并同时感到"有价值"的价格，一般称之为最优价格。

IPP："比较便宜"和"比较贵"两条曲线的价格点，"比较贵"和"比较便宜"相近，模棱两可的价格，一般称之为既不贵也不便宜的价格。

在实际调查研究中，PSM 往往是整个调查的一部分，调查问卷的其他内容还包括受访者背景资料等，如性别、年龄、学历等信息，可以此作为分组，考察不同群体对价格的敏感情况。

3. PSM 分析步骤

根据 PSM 的原理，在实际分析中的一般步骤如图 12-2 所示。

图 12-2　PSM 分析步骤

（1）价格测试准备数据。一般采用问卷调查的形式，从新产品的消费者总体中抽取有代表性的样本作为受访者，调查员要向受访者介绍新产品或产品的概念，并出示事先研究、分析好的价格，由受访者回答提问的问题，由此获得某价格下的态度测试数据，或某态度下的价格测试数据。

以价格为标题录入数据时，数据的每行是一个受访者，每列是一个价格被感觉到"太便宜""比较便宜""比较贵""非常贵" 4 种态度选项的编码数字。

（2）价格与态度的频数、累积频数、累积频数百分比计算。以价格点为行，4 种态度为列，统计各价格点在不同态度上的频数。具体做法是，先由高价向低价方向统计"太便宜"和"比较便宜"两种态度的累积频数；然后由低价向高价方向统计"比较贵"和"太贵"两种态度的累积频数，最后分别计算 4 种态度的累积频数百分比。

（3）绘制 PSM 曲线图。依据 4 种态度的累积频数百分比绘制 4 条 PSM 曲线，曲线图的横轴为价格，纵轴为累积频数百分比。

（4）价格点分析。在 PSM 曲线图上找到 4 条曲线交叉点的位置，垂直画线与横轴相交，确认交叉点的价格。最后分析"PMC（可采纳的最低价格）""PME（可采纳的最高价格）""OPP（最优价格）""IPP（既不贵也不便宜的价格）"，完成价格点分析。在使用 PSM 解决实际问题时，一般以 PMC～PME 为可接受的价格区间，以 OPP 作为适合的最优价格，也可结合 PMC、PME、OPP 进行综合分析及判断。

12.1.2 实例分析

接下来通过实例进一步介绍 PSM 分析。

【例 12-1】某品牌市场部正在对一款 500 毫升新饮料产品进行价格调研，首先通过定性研究确认 6 个价格点，分别是 2 元、3 元、4 元、5 元、6 元和 7 元。市场部团队以问卷形式，对新饮料产品 35 位目标消费者进行调查，每位受访者均要在"太便宜""比较便宜""比较贵""非常贵" 4 种态度问题下选择可接受的价格，以获得 PSM 数据，录入格式如表 12-3 所示，试对该新饮料产品进行 PSM 分析。案例数据为模拟获得，数据文档见"例 12-1.xls"。

表 12-3　例 12-1 案例录入格式

样本编号	2 元	3 元	4 元	5 元	6 元	7 元
1	1	2	2	3	4	4
2	1	1	2	2	2	3
3	1	2	2	3	3	4
4	1	1	1	2	2	3
5	1	1	2	2	3	4

1）价格测试准备数据

本例以价格为标题录入数据，整个数据有 35 行，每个价格均作为一个变量，6 个变量的数据取值均为 1、2、3、4，分别代表"太便宜""比较便宜""比较贵""非常贵"4 种态度。例如，"5 元"价格，第一位受访者的响应是 3，即认为新饮料产品从 5 元开始会感觉"比较贵"。

2）价格与态度的频数、累积频数、累积频数百分比计算

数据读入平台后，在仪表盘中依次单击【问卷研究】→【PSM】模块，将 6 个价格变量拖曳至【分析项】分析框中，由于本例数据的标题行代表价格，因此在【数据格式】下拉列表中选择【标题为价格(默认)】。PSM 模型分析操作界面如图 12-3 所示。

图 12-3　PSM 模型分析操作界面

一般建议给 4 种态度数据添加标签，在【数据格式】下拉列表下方勾选【标签设置】复选框，先在弹出的【标签设置】对话框中依次输入各数字的态度标签，然后单击【确定】按钮退出标签设置。为 4 种态度添加标签如图 12-4 所示。

图 12-4　为 4 种态度添加标签

最后单击【开始分析】按钮，即得到本例价格与态度的频数、累积频数百分比统计结果，如表 12-4 所示。

表 12-4 价格与态度的频数、累积频数百分比

价格	太便宜	比较便宜	比较贵	非常贵	太便宜（向上累积）	比较便宜（向上累积）	比较贵（向下累积）	非常贵（向下累积）	太便宜（累积频数百分比）	比较便宜（累积频数百分比）	比较贵（累积频数百分比）	非常贵（累积频数百分比）
2元	20	13	2	0	27	69	2	0	100.0%	100.0%	5.9%	0.0%
3元	5	26	3	1	7	56	5	1	25.9%	81.2%	14.7%	1.3%
4元	2	18	9	6	2	30	14	7	7.4%	43.5%	41.2%	8.8%
5元	0	8	12	15	0	12	26	22	0.0%	17.4%	76.5%	27.5%
6元	0	4	5	26	0	4	31	48	0.0%	5.8%	91.2%	60.0%
7元	0	0	3	32	0	0	34	80	0.0%	0.0%	100.0%	100.0%

表 12-4 中的第 2～5 列为每个价格的 35 位受访者的响应频数，如"2 元"定价，有 20 人认为"太便宜"，有 13 人认为"比较便宜"，有 2 人认为"比较贵"，没有人选择"非常贵"。

第 6～9 列为各态度的累积频数，"太便宜""比较便宜"两种态度为向上累积（从表格最后一行向第一行），如"比较便宜"态度从 7 元到 2 元的频数依次为 0、4、8、18、26、13，累积频数则为 0、4、12、30、56、69，69=0+4+8+18+26+13；"比较贵""非常贵"这两种态度的频数是向下累积（从表格第一行向最后一行）的，累积计算方式同前两种态度。

第 10～13 列为在累积频数基础上计算的累积频数百分比，如"比较贵"态度累积到 5 元时频数为 26，该态度下总累积频数为 34，因此 26/34=76.5%，计算结果和表格中给出的一致，其他计算过程类推。

3）绘制 PSM 曲线图

表 12-4 中第 10～13 列为累积频数百分比，可用于绘制 PSM 曲线图。将这 4 列累积频数百分比数据以具体价格为横轴，以累积频数百分比为纵轴绘制曲线图，本例 PSM 曲线图如图 12-5 所示。

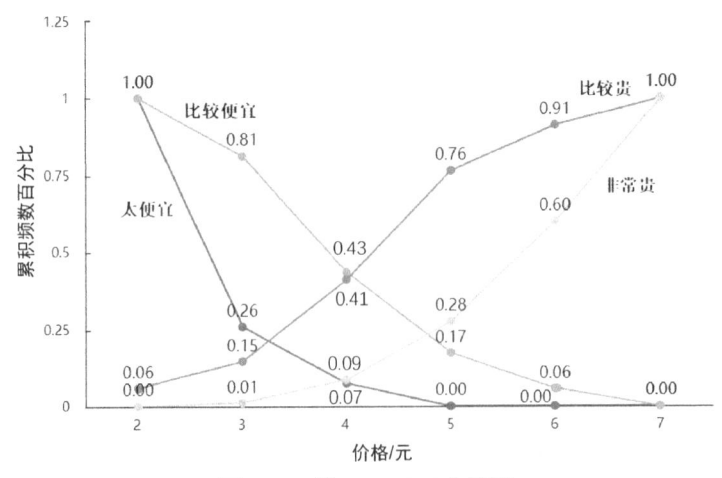

图 12-5 例 12-1 PSM 曲线图

4）价格点分析

结合 PMC、PME、OPP、IPP 4 个价格点的经济学意义，对 PSM 曲线图进行解释和分析。简单来说，一般以 PMC～PME 作为可接受的价格范围，以 OPP 作为最佳价格。

由图 12-5 可知，这款 500 毫升新饮料产品可采纳的最低价格点 PMC 值约为 3.2 元，即定价低于 3.2 元时消费者会觉得饮料过于便宜；可采纳的最高价格点 PME 值约为 4.9 元，即定价高于 4.9 元时消费者会觉得饮料太贵，因此较适合的价格区间为 3.2～4.9 元。

让消费者觉得既不便宜也不太贵的价格点 IPP 值约为 4 元，而让消费者觉得既太便宜又太贵的价格点 OPP 值也约为 4 元，可想而知，消费者花 4 元买这瓶 500 毫升饮料既感到优惠又感到有价值。新产品最终的定价，可先以 PSM 模型结论作为重要决策依据定价到 3.2～4.9 元，再结合企业市场营销的其他策略综合决定是否定价为 4 元。

12.2 联合分析

从消费者角度出发，设计产品属性是至关重要的。因为只有深入了解消费者的需求和喜好，才能开发出更符合市场需求的产品。同时，不同的产品属性组合方式也会影响产品的受欢迎程度。例如，如果一款产品既具有高品质又具有合理的价格，那么消费者会更加愿意购买这款产品。

本节介绍市场研究分析中使用较广泛的联合分析，SPSSAU 平台在【问卷研究】模块下专门提供了【联合分析】子模块用于此项工作。

12.2.1 基本概念与分析步骤

1. 基本概念

联合分析也称结合分析（Conjoint Analysis），是一种市场调研的研究方法，是 20 世纪 70 年代由 Paul.E.Green 等人提出的一种多元统计分析方法，用于了解受访者对多属性多水平产品的偏好。

联合分析有 3 种主要形式，包括全轮廓联合分析、自适应联合分析，以及基于选择的联合分析。其中以全轮廓联合分析较常用、易操作，该分析能向受访者提供一系列产品属性的组合，通过受访者对每种组合进行评价以收集数据，通过对数据进行分析可明确哪些产品属性是重要的，哪些组合是受欢迎的。

联合分析的研究对象是一系列基本属性的组合，而不是孤立的单个属性，把重要属性结合到一起进行综合分析，正是"联合"二字的含义。

本节主要介绍全轮廓联合分析，接下来介绍的术语及实施步骤均属于全轮廓联合分析的范畴。

2. 基本术语

为了更好地理解联合分析,先介绍一个例子。为研究消费者对家庭轿车的购买倾向,研究者考虑了 4 种产品属性:价格、排气量、品牌、排挡方式。家庭轿车属性水平表示例如表 12-5 所示。

表 12-5 家庭轿车属性水平表示例

水平/属性	价格/万元	排气量/升	品牌	排挡方式
1	10 以下	1.6 以下	国产	自动
2	10~20	1.7~2.0	欧洲	手动
3	20~30	2.1~3.0	美国	手自一体
4	30 以上	3.1 以上	日韩	

1) 属性和水平

属性是指产品的主要特征或某方面指标,如家庭轿车的 4 个产品属性:价格、排气量、品牌、排挡方式;再如智能手机产品的属性:尺寸、主屏分辨率、摄像头像素、电池容量、操作系统等。

水平则是特征的具体取值,如家庭轿车的排挡方式属性有 3 个水平,依次为自动、手动、手自一体;品牌属性有 4 个水平,依次为国产、欧洲、美国、日韩。

2) 轮廓或剖面

轮廓有时也叫作剖面,是指各属性不同水平的组合,一个组合就是一个轮廓或剖面。例如,10 万元以下、1.6 升以下、欧洲、自动挡这个组合的家庭轿车就是一个轮廓;再如 Android 操作系统、5.5 英寸主屏幕、1300 万像素摄像头、1000 元以下价格的一款智能手机产品也是一个轮廓。

全部属性各种水平构成的所有组合称为全轮廓,如家庭轿车属性水平表,4 个属性各种水平的所有组合个数为 4×4×4×3=192,即该项研究的全轮廓有 192 个。

3) 联合分析模型

联合分析的数学原理为,以评分值为因变量,各属性为自变量进行线性回归,各属性以哑变量形式进行回归,每个属性的第一个水平作为参照项(无对应结果输出),其得到的回归系数值即为属性水平的效用值,其他结果解读同线性回归。

4) 属性水平的效用值

联合分析方法的一个主要目的是获得各属性水平对总体评价的贡献,描述这种贡献的术语是属性的"效用(Utility)值"(郑宗成等,2012)。效用值是用来描述每种属性不同水平对偏好选择的作用大小的,可用于衡量属性不同水平对偏好选择的相对重要程度。

5) 轮廓或剖面的效用值

在联合分析中,受访者对轮廓或剖面的偏好程度就是轮廓的效用值,具体指该轮廓中各属性水平效用值的加和。

3. 联合分析步骤

全轮廓联合分析较常见，主要包括 5 项内容，依次为属性水平设计、轮廓正交实验、数据收集与联合分析、模型分析与评价、属性效用重要性分析，基本步骤如图 12-6 所示。

```
Step1            Step2            Step3            Step4            Step5
属性水平设计  →  轮廓正交实验  →  数据收集与     →  模型分析与     →  属性效用重
                                   联合分析         评价             要性分析
```

图 12-6　全轮廓联合分析基本步骤

1）属性水平设计

理论上所确定的产品属性是影响受访者决策的突出属性，而且属性不宜过多，典型的联合分析研究一般涉及 7 个以内的属性。

属性的水平数决定轮廓（组合）的个数，以及要估计的参数个数，根据属性的实际状况，一般设置 2～4 个水平。不同属性的水平个数可以相同，也可以不同，如智能手机操作系统属性设置 2 个水平（Android、iOS），手机的价格属性可以是 3 个水平（1000 元以下、1000～2000 元、2000 元以上）。属性水平设置完，可用表格的形式进行记录和报告。

2）轮廓正交实验

全轮廓联合分析的轮廓组合往往是比较多的，如前面家庭轿车属性水平的例子，总共需要 4×4×4×3=192 个组合，如果所有组合都要求受访者进行选择，显然是不现实的。因此全轮廓联合分析需要采用适当的实验设计方法来减少各属性不同水平的组合数。一般会采用正交设计，从所有组合中选择有代表性的少量轮廓进行下一步的评价和分析，既能减少整个实验的工作量，又能保证联合分析的可靠性。

SPSSAU 平台提供的【正交实验】模块，可完成各种属性不同水平的组合设计。例如，家庭轿车 4 种属性不同水平的组合，通过正交设计可获得 16 个轮廓组合的表格，从 192 个全轮廓组合降低到只选择代表性的 16 个轮廓组合，可见通过正交设计可大幅度减少轮廓个数。

3）数据收集与联合分析

经正交设计后可得到一份正交表格，该表格的每行就是一个轮廓组合，也可以称之为具体的产品卡片。由受访者对这些卡片进行评分、排序或优选。评分是指对产品卡片进行打分，常见打分标准范围为[1,9]，打分分值越高越偏好该产品；排序是指对产品卡片排名，排名越好越偏好该产品；优选指对候选产品进行 yes 或 no 选择；评分法和排序法较常用。

当轮廓组合的卡片较少时，排序法得到的数据更能准确反映受访者的倾向态度。当卡片较多时，排序变得困难不易操作，此时可采用评分法。

在进行联合分析时，将属性作为分类自变量 X，将轮廓评分数据或排序数据作为因变量 Y 进行最小二乘法线性回归。各属性自变量均采用哑变量的形式参与回归过程，一般以第一个水平作为参照，通过线性回归对属性水平的效用值（回归系数）进行估计。

4）模型分析与评价

对联合分析模型的优劣情况进行评价，包括线性回归模型的拟合优度，以及整体联合分析的效度评价等。

5）属性效用重要性分析

联合分析模型能估计各属性水平的效用值，效用值为正数时意味着其为正向效用，效用值为负数时意味着其为负向效用，同一属性各水平项的效用值加和为 0。

对于评分法数据资料来说，效用值越大说明该水平越重要，由此可判断同一属性内各水平的重要性排序。估计出各属性水平的效用值后，可采用"极差法"和"归一化"处理计算得到各属性的相对重要性结果，这是联合分析的重要结果、结论。

轮廓的效用值等于该轮廓中各属性水平效用值的加和，反映的是受访者对轮廓或剖面的偏好程度。轮廓的高效用值表示高偏好，由此可估计任何一个轮廓组合的效用，可评价各种组合的选择倾向。

12.2.2 联合分析实例

本节结合具体案例进一步介绍如何使用 SPSSAU 平台实现联合分析。

【例 12-2】某科技企业希望面向市场推出一款适合老年人使用的智能手机，研究团队通过焦点小组访谈及实际调研确定老年人智能手机产品的属性和水平，最终确定 4 个关键属性：价格、屏幕大小、电池容量、运行内存，试通过联合分析研究目标消费者对老年人智能手机产品属性的购买偏好。数据文档见"例 12-2.xls"，案例数据为模拟获得，仅用于联合分析方法的操作示范，不代表实际的产品属性偏好。

1）属性水平设计

对价格、屏幕大小、电池容量、运行内存 4 个关键属性，均设计了 3 个水平。例 12-2 属性水平表如表 12-6 所示。

表 12-6　例 12-2 属性水平表

属性/水平	价格/元	屏幕大小/英寸	电池容量/毫安	运行内存/吉字节
一水平	1000 以下	5.0	4000	8
二水平	1000～1500	5.5	5000	16
三水平	1500 以上	6.5	6000	32

2）轮廓正交实验

4 个关键属性的全轮廓组合有 $3^4=81$ 个，实际分析时难以全部调查，可通过正交实验选择有代表性的轮廓进行下一步的调查研究。

针对选定的属性选项水平，先通过正交实验设计本例所需的代表性轮廓组合卡片。在仪表盘中依次单击【实验/医学研究】→【正交实验】模块，本例选择【自动生成正交表】选项卡，在【因子个数】下拉列表中选择数字【4】，表示 4 个产品属性，每个属性均设定 3 个水平。最后单击【开始分析】按钮。正交实验设计联合分析轮廓方案操作界面如图 12-7 所示。

图 12-7 正交实验设计联合分析轮廓方案操作界面

例 12-2 适合 4 个属性 3 个水平联合分析的正交表如表 12-7 所示，表中的数字表示属性水平的编码。

表 12-7 例 12-2 适合 4 个属性 3 个水平联合分析的正交表

编号	因子 1	因子 2	因子 3	因子 4
1	1	1	1	1
2	1	2	3	2
3	1	3	2	3
4	2	1	3	3
5	2	2	2	1
6	2	3	1	2
7	3	1	2	2
8	3	2	1	3
9	3	3	3	1

3）数据收集与联合分析

（1）数据收集。为方便调查，通常将属性水平的数字编码转换为实际水平取值。本例所需调查的产品轮廓（调查时的产品卡片），其组合及评分（第一位受访者的评分数据）如表 12-8 所示。调查员依次向受访者出示老年人智能手机产品的轮廓卡片，由受访者对每个产品轮廓根据自己的喜好按[1,9]分评分，分值越高表示越倾向购买该轮廓产品。假设本例收集到 20 名受访者的调查数据，整理为产品轮廓的评分数据，共 20×9=180 行。

表 12-8　产品轮廓组合及评分（第一位受访者的评分数据）

Card ID	价格/元	屏幕大小/英寸	电池容量/毫安	运行内存/吉字节	评分
1	1000 以下	5.0	4000	8	6
2	1000 以下	5.5	6000	16	8
3	1000 以下	6.5	5000	32	4
4	1000～1500	5.0	6000	32	6
5	1000～1500	5.5	5000	8	7
6	1000～1500	6.5	4000	16	9
7	1500 以上	5.0	5000	16	5
8	1500 以上	5.5	4000	32	3
9	1500 以上	6.5	6000	8	1

（2）联合分析。数据读入平台后，在仪表盘中依次单击【问卷研究】→【联合分析】模块，将【评分】拖曳至【Y(轮廓得分)】分析框中，将【价格】【屏幕大小】【电池容量】【运行内存】4 个属性拖曳至【X(属性, 定类)】分析框中，勾选【保存效用值】复选框后平台会计算每位受访者对正交表轮廓组合的效用值，它等于该受访者对该轮廓各属性水平效应的加和。【保存残差和预测值】中的预测值是指通过回归方程式来计算每个受访者对某轮廓组合评分值的估计值的，残差指受访者实际评分值与模型估计的评分值之间的差异。

一般情况下,【保存效用值】和【保存残差和预测值】不需要输出，本例不勾选这两个复选框。最后单击【开始分析】按钮，解释和分析结果。联合分析操作界面如图 12-8 所示。

图 12-8　联合分析操作界面

4）模型分析与评价

首先有必要对联合分析模型的优劣情况进行评价，其参数估计与评价如表 12-9 所示。该表内容较多，为便于阅读理解，研究者将其分为上下两部分依次进行解释及分析。表格中间"模型公式"以上为前半部分，内容为线性回归估计，主要解释回归系数及其显著性；"模型公式"以下为后半部分，内容为模型拟合优度评价，主要为回归模型的方差分析，包括回归模型拟合优度及联合分析拟合优度。总体来说，解释和分析类似于前面介绍的线性回归。

表 12-9 联合分析模型参数估计与评价

属性	水平	回归系数	标准误	t 值	显著性 p 值
—	const	6.050	0.373	16.241	0.000
价格/元	价格_1000 以下（参考项）	—	—	—	—
	价格_1000~1500	-0.383	0.304	-1.260	0.209
	价格_1500 以上	-2.433	0.304	-8.000	0.000
屏幕大小/英寸	屏幕大小_5.0（参考项）	—	—	—	—
	屏幕大小_5.5	0.283	0.304	0.932	0.353
	屏幕大小_6.5	-0.100	0.304	-0.329	0.743
电池容量/毫安	电池容量_4000（参考项）	—	—	—	—
	电池容量_5000	-0.250	0.304	-0.822	0.412
	电池容量_6000	-0.617	0.304	-2.027	0.044
运行内存/吉字节	运行内存_8（参考项）	—	—	—	—
	运行内存_16	1.733	0.304	5.699	0.000
	运行内存_32	-0.250	0.304	-0.822	0.412
模型公式	评分=6.050-0.383×价格_1000~1500 元-2.433×价格_1500 以上+0.283×屏幕大小_5.5 英寸-0.100×屏幕大小_6.5 英寸-0.250×电池容量_5000 毫安-0.617×电池容量_6000 毫安+1.733×运行内存_16G-0.250×运行内存_32G				
方差分析	平方和	自由度	均方	F 值	显著性
回归	474.600	8	2.775	16.291	0.000
残差	622.721	171	3.642		
总计	1097.321	179			
ols 回归模型拟合优度	R 值	R^2	调整后 R^2	标准误差	
	0.658	0.433	0.406	6.724	
联合分析模型拟合优度	Pearson 相关系数	p 值	kendall 相关系数	p 值	
	0.658	0.000	0.504	0.000	

（1）由下半部分中方差分析可知，$F=16.291$，$p<0.001$，认为回归模型总体上有统计学意义，回归模型成立。由上半部分各属性 t 检验结果可知，价格、电池容量、运行内存哑变量 p 值小于 0.05，说明这 3 个属性对购买倾向评分的影响是显著的，有统计学意义，屏幕大小的影响不显著。

（2）联合分析与回归分析一样，可使用回归模型的调整后 R^2 来评价模型拟合优度，本例调整后 R^2 为 0.406，回归方程可解释偏好倾向评分总变异的 40.6%，模型有一定的解释能力。

（3）联合分析模型的评价还可采用内部效度，即受访者实际评分与模型预测值之间的相关程度，联合分析中常用 Pearson 相关系数、Kendall 相关系数进行衡量。本例中，Pearson 相关系数为 0.658，Kendall 相关系数为 0.504，均有统计学意义（$p<0.05$），可认为联合分析模型具有内部效度或拟合优度良好。如果 p 值大于 0.05，则意味着模型拟合较差，无法使用。

5）属性水平效用与轮廓效用

由联合分析模型估计各属性水平效用值，结果如表 12-10 所示，接下来重点进行解释和分析。

表 12-10 最后一列"效用值"是整个联合分析的重要结果，可反映属性各水平的倾向程度。

表 12-10 属性水平效用值

属性	重要性值	重要性占比	水平项	效用值
价格/元	5.250	50.40%	价格_1000 以下	2.817
			价格_1000~1500	-0.383
			价格_1500 以上	-2.433
屏幕大小/英寸	0.467	4.48%	屏幕大小_5.0	-0.183
			屏幕大小_5.5	0.283
			屏幕大小_6.5	-0.100
电池容量/毫安	1.483	14.24%	电池容量_4000	0.867
			电池容量_5000	-0.250
			电池容量_6000	-0.617
运行内存/吉字节	3.217	30.88%	运行内存_8	-1.483
			运行内存_16	1.733
			运行内存_32	-0.250

对于评分法数据资料来说，效用值越大说明该水平越重要，效用值的正负表示正向效用或负向效用。本例针对"价格"属性的 3 个水平，其效用值依次为 2.817、-0.383、-2.433，效用值由大到小排序，显然"价格"属性各水平的偏好顺序为 1000 元以下>1000~1500 元>1500 元以上。同理可分析和解释其他属性各水平的效用值及排序。

如果研究者希望了解某个轮廓组合的效用值，以考察具体轮廓的购买倾向，可将轮廓的属性水平效用值相加。例如，"1000 元以下+5.5 英寸+6000 毫安+16 吉字节"这个轮廓的效用值为 2.817+0.283-0.617+1.733=4.216，其他轮廓效用值同理计算。

属性的"重要性值"等于该属性内各水平效用值的最大落差，最大落差即极差。例如，"价格"属性的 3 个水平效用值极差为 2.817-(-2.433)=5.250，此即价格属性的重要性值。

"重要性占比"是对各属性"重要性值"的归一化处理结果，即各属性"重要性值"除以所有属性"重要性值"的和。例如，本例 4 个属性重要性值的和为 5.250+0.467+1.483+3.217=10.417，则"价格"属性的重要性占比等于 5.250/10.417=0.504，即 50.40%。

根据"重要性值"和"重要性占比"这两个指标（值越大越重要），可以确认各属性的相对重要性，这是联合分析的重要目的和结果，可绘制重要性图加以可视化解释。根据重要性占比，本例各个属性对购买偏好的重要性排名依次为价格>运行内存>电池容量>屏幕大小。

综合以上结果，本例联合分析结果可以整理为如表 12-11 所示的报告。

表 12-11　例 12-2 联合分析结果报告（整理后）

属性	价格	运行内存	电池容量	屏幕大小
重要性占比	50.40%	30.88%	14.24%	4.48%
属性重要性排序	价格>运行内存>电池容量>屏幕大小			
价格水平重要性	1000 元以下>1000～1500 元>1500 元以上			
运行内存水平重要性	5.5 英寸>6.5 英寸>5 英寸			
电池容量水平重要性	4000 毫安>5000 毫安>6000 毫安			
屏幕大小水平重要性	16 吉字节>32 吉字节>8 吉字节			
模型总体检验	F=16.291，p<0.001			
模型效度	Pearson 相关系数 0.658；Kendall 相关系数 0.504			

12.3　NPS 分析

顾客忠诚对品牌、产品或服务来说是最大的认可之一，忠诚度研究也是市场调研的一项重要工作。顾客忠诚的行为表现有 3 种，包括重复购买、交叉购买和新客户推荐，可针对这 3 种忠诚表现来衡量忠诚度。

"你向朋友/同事推荐使用 XX 产品/服务的可能性有多大？"该问题正是典型的忠诚度测量与研究。本节主要介绍 NPS 用于忠诚度研究和分析，通过在仪表盘中依次单击【问卷研究】→【NPS】模块来实现。

12.3.1　原理介绍

1．基本概念

NPS 是 Net Promoter Score 的缩写，中文为净推荐值，用来测量客户忠诚度。具体来说，NPS 用于研究用户向他人推荐某品牌/产品/服务可能性的指数，是一个常见的忠诚度指标。

2．原理与分析步骤

NPS 分析，包括以下 3 个步骤，如图 12-9 所示。

Step1　数据准备 → Step2　NPS三大类型分组及百分比计算 → Step3　计算NPS值并进行NPS分析

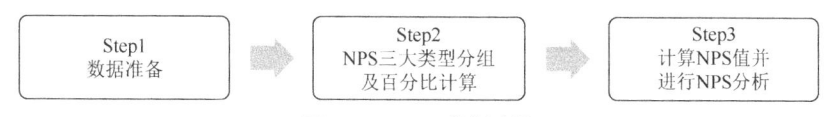

图 12-9　NPS 分析步骤

1）数据准备

NPS 分析所需的数据，一般可通过 NPS 调查问卷来收集。NPS 常见调查问卷形式如图 12-10 所示。问卷的核心问题是"您向朋友/同事推荐我们的可能性有多大？"受访者需要在 0～10 分间进行打分，最低为 0 分，最高为 10 分，分值越高代表推荐意愿越强，收集完数据后进行计算和分析。

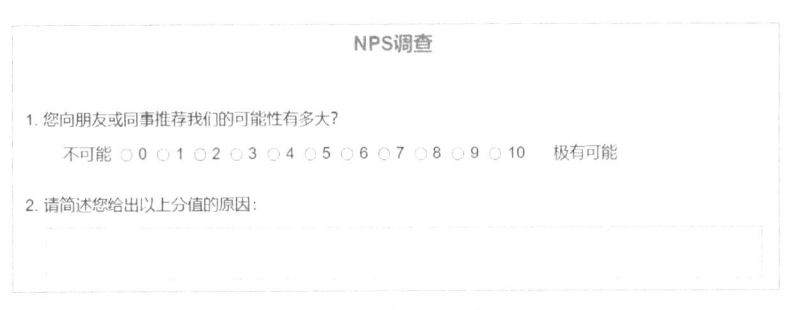

图 12-10　NPS 常见调查问卷形式

常见 NPS 调查问卷有时可再加一个问题，询问受访者打某个分值的理由是什么？例如，某受访者对某款智能手机应用程序 App 推荐打分值为 9 分，给出打该分值的原因是产品使用极流畅。收集到这样的数据可帮助研究者从不同角度分析产品受欢迎或不受欢迎的原因，从而优化产品设计或体验流程。

应注意，受访者只能在 0～10 分进行打分，这是 NPS 数据的固定评分区间。

2）NPS 三大类型分组及百分比计算

打分数据分组如图 12-11 所示，将收集到的问卷打分数据按固定标准划分为 3 组，形成 NPS 三大类型：分值在 0～6 定义为贬损者，该组受访者的忠诚度较低，有流失的可能；分值在 7～8 分定义为被动者，该组受访者对产品或服务的忠诚度适中，但不具有推荐意愿；分值在 9～10 分定义为推荐者，该组受访者具有很高的忠诚度，向他人推荐的意愿突出。

贬损者							被动者		推荐者	
0	1	2	3	4	5	6	7	8	9	10

图 12-11　打分数据分组

所有受访者根据打分情况进入贬损者、被动者、推荐者 3 个组的其中一组，统计各组中受访者的频数，由此计算各组频数的百分比。3 个组的百分比依次计为贬损者%、被动者%、推荐者%。

3）计算 NPS 值并进行 NPS 分析

NPS 值计算公式：NPS 值=推荐者%-贬损者%，即推荐者的占比减去贬损者的占比，显然 NPS 值越大，品牌/产品/服务越可能被推荐，或者说客户越忠诚。

NPS 可以测量客户满意度、反映客户忠诚度，目前对 NPS 值的评价没有固定标准。一般认为 NPS 至少应该是大于 0 的正数，即愿意推荐者比贬损者多，说明具有一定的忠诚度，通常 NPS 大于 50%被认为是一个优秀的结果。

研究者可以多次收集数据，对比 NPS 值的变化，综合衡量忠诚度的变化，也可以对打分原因进行量化分析，发掘顾客忠诚或不满意的细节来源。

12.3.2　NPS 实例分析

本节通过一个实例进一步介绍 NPS 分析。

【例 12-3】某家庭智能门锁企业为了解旗下品牌产品的忠诚度,收集到 100 位智能门锁用户关于"您向邻居、朋友、同事推荐 xx 智能锁的可能性有多大?"的调查数据,试进行 NPS 分析。案例数据文档见"例 12-3.xls",数据为模拟获得,不代表真实的品牌口碑。

1)数据准备

NPS 的调查问题比较简单,实际一般为市场调研工作中的一部分。本例仅示范 NPS 调查及数据分析。"您向邻居、朋友、同事推荐 xx 智能锁的可能性有多大?",例 12-3 前 15 位受访者的数据如表 12-12 所示。

表 12-12 例 12-3 案例数据(前 15 位受访者)

智能锁推荐评分	智能锁推荐评分	智能锁推荐评分
8	5	9
7	9	8
6	6	7
5	6	9
9	10	6

2)NPS 三大类型分组及百分比计算

数据读入平台后,在仪表盘中依次单击【问卷研究】→【NPS】模块,将【智能锁推荐评分】拖曳至【NPS 测量项】分析框中。如果想把顾客的 NPS 类别(贬损者、被动者和推荐者)的信息用于其他分析,如研究不同性别人群在顾客 NPS 类别上的分布情况,则建议勾选【保存类别】复选框。NPS 操作界面如图 12-12 所示,最后单击【开始分析】按钮。

图 12-12 NPS 操作界面

贬损者、被动者、推荐者三大类型分组,以及各类型频数、百分比计算统一由 SPSSAU 平台完成。三大类型占比及 NPS 值如表 12-13 所示。

表 12-13 三大类型占比及 NPS 值

项	贬损者(0~6 分)	被动者(7~8 分)	推荐者(9~10 分)	NPS 值
智能锁推荐评分	17.17%	19.19%	63.64%	46.47%

在本次 100 位受访者参与的 NPS 调查中,"贬损者"比例为 17.17%,"被动者"比例为 19.19%,"推荐者"比例为 63.64%。表明有 63.64%的用户愿意将产品推荐给别人。

3)计算 NPS 值并进行 NPS 分析

NPS 值="推荐者"比例-"贬损者"比例=63.64%-17.17%=46.47%。本次调查的 NPS

值为正数，说明智能锁产品推荐者的比例始终高于贬损者的比例。虽然 NPS 值仍然不足 50%，但也能说明产品有较好的忠诚度。

12.4 KANO 模型分析

不同用户对产品的功能需求经常是五花八门的，产品在设计和开发过程中需要对用户的各种需求进行甄选、分类甚至排序，从产品定位、用户体验、市场表现等多方面综合考虑哪些需求是需要被重视的、哪些需求需要优先开发、哪些需求可以放弃。

本节主要介绍 KANO 模型，可用于用户需求分析，通过在仪表盘中依次单击【问卷研究】→【KANO 模型】模块来实现。

12.4.1 原理介绍

1. 基本概念

KANO 模型是一种量化分析用户对产品/服务功能需求的方法，由东京理工大学教授狩野纪昭（Noriaki Kano）发明，用于分析用户对各类需求的分类及优先顺序，其在企业产品需求调研、市场研究中被广泛应用。

2. KANO 调查

KANO 模型的数据一般通过规范的调查问卷进行收集。例如，家庭智能锁是否应该配置"远程网络开锁"的功能需求，针对该需求设计一正一反两条问卷题目。KANO 调查问卷"一正一反"提问方式举例如表 12-14 所示。

表 12-14　KANO 调查问卷"一正一反"提问方式举例

一正一反	提问及选项
"远程网络开锁"正向题	问题：对一款具有"远程网络开锁"功能的智能锁，你的满意度态度是？ 选项：A 不喜欢　B 能忍受　C 无所谓　D 理应如此　E 喜欢
"远程网络开锁"反向题	问题：对一款不具有"远程网络开锁"功能的智能锁，你的满意度态度是？ 选项：A 不喜欢　B 能忍受　C 无所谓　D 理应如此　E 喜欢

一项 KANO 调查中的每个需求调查均配置了一正一反两个题目，假设有 10 个需求，那么总调查问卷就有 20 个题目。

应注意，每个题目的选项均为"不喜欢""能忍受""无所谓""理应如此""喜欢"，5 个选项在数据录入时，依次录入数字 1、2、3、4、5，数字 1 代表不喜欢、数字 2 代表能忍受、数字 3 代表无所谓、数字 4 代表理应如此，数字 5 代表喜欢。

3. KANO 模型

正向题与反向题选项交叉后会形成 5×5=25 个格子的交叉表，KANO 模型将这 25 个格子划分为 6 种不同的属性类别，包括魅力属性、期望属性、必备属性、无差异属性、反向属性、可疑属性，分别用字母 A、O、M、I、R、Q 表示。KANO 模型 6 种属性分类对照表如表 12-15 所示。

表 12-15 KANO 模型 6 种属性分类对照表

功能/服务		负向题				
		不喜欢 （1分）	能忍受 （2分）	无所谓 （3分）	理应如此 （4分）	喜欢 （5分）
正向题	不喜欢 （1分）	Q	R	R	R	R
	能忍受 （2分）	M	I	I	I	R
	无所谓 （3分）	M	I	I	I	R
	理应如此 （4分）	M	I	I	I	R
	喜欢 （5分）	O	A	A	A	Q

注：A：魅力属性，O：期望属性，M：必备属性，I：无差异属性，R：反向属性，Q：可疑属性。

不同的属性具有不同的含义，魅力属性 A 指超出用户预期的功能/服务；期望属性 O 指有某功能/服务会提升满意度，没有会使满意度下降；必备属性 M 指某功能/服务不会提升满意度，但没有会使满意度下降；无差异属性 I 指有和没有某功能/服务均不影响满意度；反向属性 R 指没有某功能/服务满意度会更高；可疑属性 Q 指受访者没有很好地理解某提问或误答。由于可疑属性一般情况下不会出现，因此 KANO 模型实际上经常讨论的是前 5 种属性类别。

KANO 模型图如图 12-13 所示，箭头①表示魅力属性需求，箭头②表示期望属性需求，箭头③表示必备属性需求，箭头④表示反向属性需求，而虚线圈代表无差异属性，可以通过 KANO 模型图来理解各属性的意义。

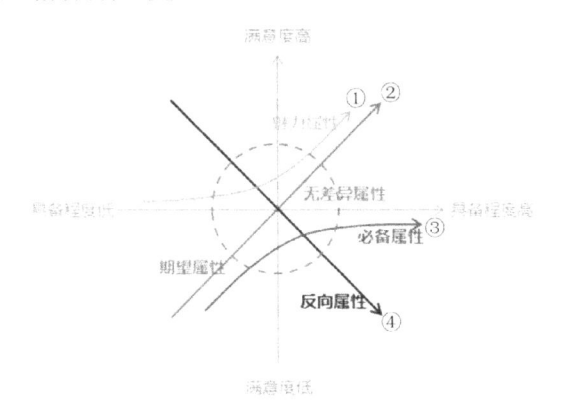

图 12-13 KANO 模型图

（1）魅力属性：某功能/服务完善程度高，用户满意度会明显上升，如果没有该功能/服务，则用户满意度下降不明显。

（2）期望属性：某功能/服务完善程度高，用户满意度会上升，如果没有该功能/服务，则用户满意度会下降。

（3）必备属性：某功能/服务完善程度高，用户满意度上升不明显，如果没有该功能/服务，则用户满意度会明显下降。

（4）无差异属性：某功能/服务与满意度之间无明显关系；反向属性：某功能/服务完善程度高，用户满意度反而会下降。

重要的是，隶属于不同属性的需求，其优先级的一般顺序为必备属性>期望属性>魅力属性>无差异属性。

4. KANO 模型分析步骤

KANO 模型分析包括以下几个步骤，如图 12-14 所示。

Step1 KANO调查与数据准备 → Step2 KANO属性分类判断 → Step3 Better-Worse系数图分析

图 12-14 KANO 模型分析步骤

1）KANO 调查与数据准备

一个需求分析项目确定后，可通过梳理待研究的需求列表，有针对性地设计 KANO 调查问卷并实施，以获得受访者对需求一正一反态度的倾向数据。

2）KANO 属性分类判断

KANO 调查数据收集后，首先对每个需求一正一反的数据进行交叉表频数汇总，如对智能锁是否配置"远程网络开锁"功能，以正向题为行变量，反向题为列变量统计"不喜欢""能忍受""无所谓""理应如此""喜欢"5 个选项上的交叉频数。

根据表 12-15 所示的属性分类对照表，进一步计算各需求在 6 种属性的频数百分比，按最大隶属度原则，即在哪个属性上的百分比最大，判定该需求属于的对应属性。例如，对智能锁是否配置"远程网络开锁"的需求，其交叉表中 6 种属性在"O：期望属性"的频数最大，因此"远程网络开锁"属于期望属性。智能锁具备"远程网络开锁"功能时会提升用户的满意度，不具有该功能时会下降用户的满意度。

对待研究分析的每个功能需求进行 KANO 属性分类后，可以对功能需求进行排序，一般优先顺序为必备属性>期望属性>魅力属性>无差异属性。

3）Better-Worse 系数图分析

当功能需求较多时，按一般优先排序规则对所有功能需求进行排序可能有一定困难。例如，有 3 个功能需求同为必备属性，这种情况无法客观地安排同一属性内多个需求的优先级。

在 KANO 分析中，可通过计算 Better-Worse 系数来解决上述问题，其中 Better 系数代表满意度，Worse 系数代表不满意度。使用 A、O、M、I 4 种属性的频数百分比来计算，可用于判定用户对功能/服务水平变化的敏感程度。

Better 系数=(A+O)/(A+O+M+I)，该指标介于 0~1，值越大说明敏感性越大，优先级越高；Worse 系数=-1×(O+M)/(A+O+M+I)，该指标介于-1～0，值越小说明敏感性越大，优先级越高。

以 Better 系数为纵坐标，Worse 系数的绝对值为横坐标绘制 Better-Worse 系数图（象限图），可直观地展示所有功能/服务项的属性情况。KANO 模型 Better-Worse 系数图如图 12-15 所示。

第二象限 魅力属性	第一象限 期望属性
第三象限 无差异属性	第四象限 必备属性

图 12-15　KANO 模型 Better-Worse 系数图

在 Better-Worse 系数图中，横轴和纵轴均表现为取值越大优先级越高。第一象限内的功能需求为期望属性，第二象限内的功能需求为魅力属性，第三象限内的功能需求为无差异属性，第四象限内的功能需求为必备属性。出现在同一个象限内的功能需求，可以按 Better 系数与 Worse 系数的大小综合确定优先顺序，一般优先考虑消减不满意程度，因此优先安排 Worse 系数较低的功能需求。

12.4.2　KANO 模型实例分析

本节结合具体案例进一步介绍 KANO 模型的应用。

【例 12-4】某家庭智能锁企业正在设计一款产品，通过研究团队与设计团队头脑风暴总结出 7 种功能需求，现在希望对这些功能需求进行属性分类及排列研发的优先顺序，对 100 位潜在用户进行 KANO 调查，收集到相关数据，试进行 KANO 模型分析。本例数据文档见"例 12-4.xls"，案例数据为模拟获得，仅用于方法操作示范，结果不代表实际结论。

1）KANO 调查与数据准备

本例共设定 7 项重点研究的功能需求，具体如表 12-16 所示，每个需求设计一正一反两个问题，共 14 个问卷题目。研究者共邀请到 100 位受访者进行 KANO 调查，每位受访者针对 14 个题目进行回答，数字 1 代表不喜欢、数字 2 代表能忍受、数字 3 代表无所谓、数字 4 代表理应如此，数字 5 代表喜欢。

表 12-16　例 12-4 案例数据中 7 项功能需求

需求正向题	需求反向题
NFC 开锁（正）	NFC 开锁（负）
低电量提示（正）	低电量提示（负）
关门自动上锁（正）	关门自动上锁（负）
门铃（正）	门铃（负）
门未关提示（正）	门未关提示（负）
远程网络开锁（正）	远程网络开锁（负）
可视猫眼（正）	可视猫眼（负）

2）KANO 属性分类判断

读入数据文档后,在仪表盘中依次单击【问卷研究】→【KANO 模型】模块,将同一个需求的正向题数据拖曳至【正向题】分析框中,将反向题拖曳至【反向题】分析框中,此处应注意,【反向题】中的需求顺序应与【正向题】中的需求顺序保持一一对应关系。KANO 分析操作界面如图 12-16 所示,最后单击【开始分析】按钮。

图 12-16　KANO 分析操作界面

SPSSAU 平台会输出相应的结果,接下来重点解释及分析 KANO 模型 6 种属性分类对照结果,如表 12-17 所示。

表 12-17　KANO 模型 6 种属性分类对照结果

功能/服务	A	O	M	I	R	Q	分类结果	Better 系数	Worse 系数
NFC 开锁（正）& NFC 开锁（负）	11.00%	38.00%	3.00%	31.00%	17.00%	0.00%	期望属性	59.04%	-49.40%
低电量提示（正）&低电量提示（负）	67.00%	21.00%	3.00%	4.00%	2.00%	3.00%	魅力属性	92.63%	-25.26%

续表

功能/服务	A	O	M	I	R	Q	分类结果	Better系数	Worse系数
关门自动上锁（正）&关门自动上锁（负）	72.00%	17.00%	2.00%	5.00%	1.00%	3.00%	魅力属性	92.71%	-19.79%
门铃（正）&门铃（负）	54.00%	6.00%	11.00%	12.00%	14.00%	3.00%	魅力属性	72.29%	-20.48%
门未关提示（正）&门未关提示（负）	16.00%	2.00%	37.00%	23.00%	22.00%	0.00%	必备属性	23.08%	-50.00%
远程网络开锁（正）&远程网络开锁（负）	12.00%	4.00%	40.00%	17.00%	27.00%	0.00%	必备属性	21.92%	-60.27%
可视猫眼（正）&可视猫眼（负）	17.00%	3.00%	12.00%	45.00%	23.00%	0.00%	无差异属性	25.97%	-19.48%

注：A：魅力属性，O：期望属性，M：必备属性，I：无差异属性，R：反向属性，Q：可疑属性。

表 12-17 第 2～7 列显示的是每项需求均先按一正一反题项汇总交叉频数，然后按 KANO 模型 6 种属性分类计算对应的频数百分比，最后按最大隶属原则判断各需求在 KANO 模型 6 种属性分类中的归属。

例如，"NFC 开锁"功能，"O 型"属性百分比为 38%，在 6 种属性分类中比例最大，因此判定"NFC 开锁"功能属于"O 型"即期望属性类别；再如"可视猫眼"功能，"I 型"属性百分比为 45%，在 6 种属性分类中比例最大，因此判定"可视猫眼"功能归属于"I 型"即无差异属性类别；其他需求的归属类推，或直接看表 12-17 中第 8 列的分类结果。

按必备属性>期望属性>魅力属性>无差异属性的优先级，通过表 12-17 可知，"门未关提示""远程网络开锁"两个必备功能应当优先得到满足，然后是期望属性的"NFC 开锁"功能，最后是"关门自动上锁""低电量提示""门铃"功能等。

3）Better-Worse 系数图分析

本例有多个功能需求属于同一个 KANO 属性，为避免优先顺序的主观性，应采用 Better-Worse 系数进一步探讨。

表 12-17 最后两列是 Better 系数和 Worse 系数，可绘制 Better-Worse 系数图，Better-Worse 系数图能方便、清晰地观察和判断各需求的属性类别归属及优先级安排。例 12-4 Better-Worse 系数图如图 12-17 所示。

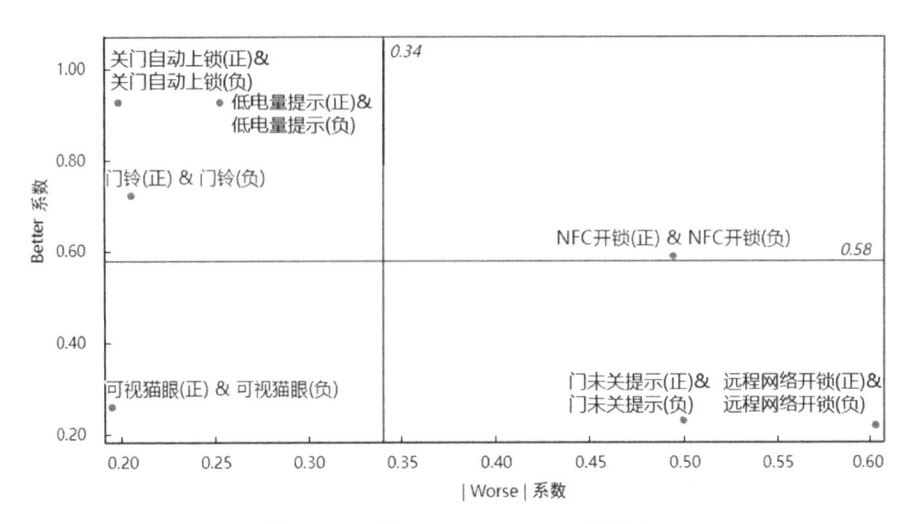

图 12-17　例 12-4 Better-Worse 系数图

Better-Worse 系数图右上角为第一象限，左上角为第二象限，左下角为第三象限，右下角为第四象限。

第一象限代表的是期望属性类别，包括 NFC 开锁。

第二象限代表的是魅力属性类别，包括门铃、关门自动上锁、低电量提示。

第三象限代表的是无差异属性类别，包括可视猫眼。

第四象限代表的是必备属性类别，包括远程网络开锁、门未关提示。

在同一个象限内可优先消减不满意程度，因此就本例而言，重要属性的优先顺序为远程网络开锁>门未关提示>NFC 开锁>低电量提示>门铃>关门自动上锁>可视猫眼。

第五篇

医学数据分析

第 13 章 医学研究常用方法
第 14 章 一致性评价检验方法

第 13 章

医学研究常用方法

统计学分析方法在医学研究中得到了广泛应用,如卡方检验用于分析医学分类数据资料的相关或差异关系,Logistic 回归用于探索分析某种疾病的危险因素,Cox 回归用于研究影响患者生存时间的因素。

SPSSAU 平台为医学研究提供了丰富的模块,并将一些常见的分析方法集中到【实验/医学研究】模块下,如图 13-1 所示。

图 13-1 SPSSAU 平台【实验/医学研究】模块提供的分析方法

卡方检验、配对卡方检验、分层卡方、Fisher 卡方检验等定类数据间的关系研究,单样本 Wilcoxon、配对样本 Wilcoxon 等秩和检验,这两部分内容详见本书第 4 章。Kappa 系数、ICC 组内相关系数、Kendall 协调系数、Bland ALtman 等用于一致性评价、分析的方法详见本书第 14 章内容。

本章主要介绍相对数比率检验、OR 值/RR 值风险分析、Probit 剂量反应模型、Kaplan-Meier 生存曲线、Cox 回归分析、重复测量方差分析，以及 Roc 曲线分析。

13.1 比率与风险

在医学研究分析中，定类数据资料较常见，这类资料在分析时常用到绝对数与相对数这两个概念，绝对数是分类变量整理后的频数数据，如发病例数；相对数是绝对数的比值，用于比较常见的相对数，包括构成比、比率和相对比，如每千人中的发病率。在相对数的描述、统计基础上，定类数据的分析指标常见的还有优势比（OR）和相对风险度（RR）。

本节介绍比率的估计与差异比较，以及优势比与相对风险比的估计。通过在仪表盘中依次单击【实验/医学研究】→【比率 z 检验】或【OR 值】模块来实现。

13.1.1 单个比率与两个比率的检验

1. 基本概念

比率（Rate）或率，通常指一定时间范围或空间范围内某现象的发生数与可能发生的总数之比，用来说明该现象的强度，常见的有百分率（%）、千分率（‰）、万分率（/万）或十万分率（/10 万）等。例如，某地某一年 2 岁以下幼儿的死亡率为 3.25‰，某地某一年高血压病的死亡率为 23.2/10 万。

比率与构成比的区别如表 13-1 所示。在实际分析中，应注意区别比率与构成比的不同。构成比也就是比例，是内部各组成部分占总体的百分比。例如，在某病的数据资料中，男性患者占比 61%，女性患者占比 39%。

表 13-1 比率与构成比的区别

区别	比率/率	构成比/比例
概念	随机事件发生的强度	各组成部分的占比
范围	一定时间/空间范围内	与时间/空间无关
加总	多数情况下不等于 1	合计为 1（100%）

比率与构成比的最大区别在于，比率通常和时间有关，即一定时间范围内某现象发生的强度或频率，如出生率一般是指 1 年内的结果。

2. 比率估计与 z 检验

比率估计是指估计某个比率的 CI，如某地某一年 2 岁以下幼儿死亡率为 3.25‰，95% CI 为[1.23,4.59]‰。而比率 z 检验是指对某现象的发生率与目标比率的差异比较所做的假设检验，如某地某一年 2 岁以下幼儿的死亡率为 3.25‰，分析其与当地前一年幼儿的死亡率 2.85‰有无差异。原假设总体比率等于目标比率，若 z 检验 p 值小于 0.05 则说明两个比率差异在 $\alpha=0.05$ 水平下有统计学意义；若 p 值大于 0.05 则说明总体比率与目标比率无差异。

SPSSAU 平台能提供单样本率 z 检验和两样本率 z 检验，前者是总体比率与目标比率的差异检验，后者是两个总体比率之间的差异检验。

3. 单样本率 z 检验实例分析

我们引用一个具体案例，进一步介绍比率估计与检验的应用。某地 2013 年平均人口为 6538372 人，其中男性平均人口为 3215645 人，因恶性肿瘤而死亡的有 15783 人；女性平均人口为 3322727 人，因恶性肿瘤而死亡的有 12235 人。以下简称"某地肿瘤死亡率"案例，数据来源于张明芝等人（2015），无数据文档。

【例 13-1】根据"某地肿瘤死亡率"案例，试分析该地 2013 年男性恶性肿瘤死亡的严重程度，并与目标比率 480/10 万（此处为假设值，在实际分析中由专业经验给出）进行差异比较。

1）数据与案例分析

医学现象或事件是指某地 2013 年男性恶性肿瘤死亡，事件发生数为男性恶性肿瘤死亡的人数 15783，总样本数即男性总人口数 3215645。因人口基数达到百万级，考虑到比率小数点的问题，本例选择十万分率（/10 万）进行表示。

待进行差异比较的目标比率是 480/10 万，本例无原始记录数据，可直接根据人口统计数与死亡病例数这两个绝对数计算比率。

2）单样本率的估计及 z 检验

在仪表盘中先依次单击【实验/医学研究】→【比率 z 检验】模块，然后选择【单样本率 z 检验】选项卡。在具体的绝对数数值框中填写相对应的数字，在【事件发生数】数值框中填写【15783】，在【总样本数】数值框中填写【3215645】。

对比率这一项是选填的，如果分析目的中有指定的目标比率则填写，否则可不用填写，平台默认填入的是数字 0.5。应注意，由于 SPSSAU 平台默认填入的是 0～1 的数值，因此本例的目标比率为 480/10 万，在【对比率】数值框中，直接填入【0.0048】即可。

置信水平默认输出 95%置信度，可根据实际要求修改置信度。假设检验的方向默认使用"等于"，最后单击【开始分析】按钮。单样本率 z 检验操作界面如图 13-2 所示。

3）结果分析

SPSSAU 平台默认小数点为两位，如果输出的统计结果中小数位数不足，则可通过平台选项调整小数位数，本例选择小数位数为 5 位。比率 z 检验输出的结果包括 CI 估计表、假设检验表两个结果。

（1）单样本比率与 CI 估计。本例单样本

图 13-2 单样本率 z 检验操作界面

比率及 CI 估计表如表 13-2 所示。

表 13-2 单样本比率及 CI 估计表

项	事件发生数	总样本数	比率	标准误	95% CI
值	15783	3215645	0.49082%	0.00004	0.00483～0.00498

由表 13-2 可知，该地 2013 年男性恶性肿瘤死亡率为 490.82/10 万，总体死亡率 95% CI 为[483,498]/10 万。

（2）单样本率 z 检验。表 13-3 所示为单样本率 z 检验结果。本例的目标比率为 0.48000%（480/10 万），经单样本率 z 检验发现，$z=2.80705$，$p=0.00500<0.05$，在 $\alpha=0.05$ 的显著性水平下拒绝 "0.49082%=0.48000%" 的假设，因此认为男性恶性肿瘤死亡率与目标比率间的差异有统计学意义。

表 13-3 单样本率 z 检验结果

项	事件发生数	总样本数	比率	目标比率	假设	z	p	置信水平	检验结论
值	15783	3215645	0.49082%	0.48000%	0.49082%=0.48000%	2.80705	0.00500	95%	假设不成立

4．两样本率 z 检验实例分析

【例 13-2】本例继续使用"某地肿瘤死亡率"案例，试分析该地 2013 年男性与女性患者在恶性肿瘤死亡率上有无差别。

1）数据与案例分析

使用两样本率 z 检验分别计算男性与女性患者的恶性肿瘤死亡率，并对这两个总体比率进行差异比较，如果两个总体比率的差值与数字"0"相等，则说明两个总体比率无差异；反之，则说明两者有差异。

2）两样本率的估计及 z 检验

首先在仪表盘中依次单击【实验/医学研究】→【比率 z 检验】模块，然后选择【两样本率 z 检验】选项卡。由于两样本率 z 检验比较的是两个总体比率的差值与数字"0"的差别，因此默认在【比率差值对比】数值框中填入数字【0】即可。其他设定和单样本率类似，操作界面如图 13-3 所示，最后单击【开始分析】按钮。

3）结果分析

两样本率 z 检验输出的结果包括差值 CI 估计表、差值假设检验表。本例主要解读差值假设检验结果，如表 13-4 所示，使用标准 3 位小数点设定。

图 13-3 两样本率 z 检验操作界面

表 13-4　两样本率 z 检验差值假设检验结果

项	比率（第一组，n=15783）	比率（第二组，n=12235）	比率差值	检验率	假设	z	p	置信水平	检验结论
值	0.491%	0.368%	0.123%	0.000%	0.123%=0.000%	23.993	0.000	95%	假设不成立

由表 13-4 可知，该地 2013 年男性与女性患者的恶性肿瘤死亡率分别为 491/10 万、368/10 万，两个总体比率的差值为 123/10 万。经两样本率 z 检验结果表明，z=23.993，p<0.05，说明两个总体比率差异显著，即不同性别的恶性肿瘤死亡率差异具有统计学意义。

13.1.2　优势比与相对危险度

在医学统计的四格表频数资料分析中，有两个非常重要的概念，分别是优势比（OR）值和相对危险度（RR）值。

以四格表数据资料为例，如表 13-5 所示，a/b 表示暴露组的疾病危险度，c/d 表示未暴露组的疾病危险度；$a/(a+b)$ 表示暴露组的发病率，$c/(c+d)$ 表示未暴露组的发病率。

$$OR=(a/b)/(c/d)$$
$$RR=[a/(a+b)]/[c/(c+d)]$$

表 13-5　四格表数据资料

暴露	阳性	阴性	合计
是	a	b	$a+b$
否	c	d	$c+d$
合计	$a+c$	$b+d$	N

此处应注意，一组四格表数据资料的数据可强行同时计算获得的 OR 值与 RR 值，但是应结合医学科研设计方法选择恰当的指标，如病例对照研究通常采用 OR 值而不是 RR 值。

1. OR 值

OR（Odds Ratio）称作优势比或比数比，是病例对照研究中常用的指标，用于测量暴露因素与疾病因素之间的关联强度。实际意义为，暴露组的疾病危险度是对照组疾病危险度的多少倍。

OR 值的含义如表 13-6 所示。OR 值在解读时与 1 进行比较，OR 值大于 1 表明对应的暴露因素为危险因素；OR 值小于 1 表明对应的暴露因素为保护因素；OR 值等于 1 则表明对应的暴露因素与疾病无关。

表 13-6　OR 值的含义

OR 值	对因变量的意义
OR<1	说明暴露使疾病的危险度降低，即暴露因素对疾病有保护作用
OR=1	表示暴露因素与疾病无关
OR>1	说明暴露使疾病的危险度增高，是疾病的危险因素

OR 值的估计与分析，还需要通过 z 检验来检验其与数字"1"的差异。若 p 值小于 0.05 则认为 OR 值与数字"1"的差异有统计学意义，说明待研究的因素对结局有显著影响。若 OR 值大于 1 则为危险因素，若 OR 值小于 1 则为保护因素。

2．RR 值

RR（Relative Ratio）称作相对危险度或风险比，是指暴露组的发病率与对照组的发病率之比，适用于队列研究，也可以用于随机对照试验，其数值意义与解读方式与 OR 值类似。应当注意，在病例对照研究中一般不能计算发病率或死亡率，从而不适合计算 RR，通常只计算 OR；当某疾病的发病率较小时，OR 与 RR 相似，可以用 OR 代替 RR，但在分析报告时应正确表示不能混淆。

3．实例分析

SPSSAU 平台的【OR 值】模块可计算四格表数据资料的 OR 值和 RR 值，接下来我们以一个病例对照研究、一个队列研究分别介绍 OR 值和 RR 值的实际应用。

【例 13-3】OR 值分析。在一项饮食与男性前列腺癌关系的病例对照研究中，得到如表 13-7 所示的案例数据。试分析高脂肪饮食与男性前列腺癌的关联强度。案例数据来源于孙振球和徐勇勇（2014），无数据文档。

表 13-7　例 13-3 案例数据

项	病例组	对照组	合计
高脂肪饮食	647	622	1269
低脂肪饮食	2	27	29
合计	649	649	1298

1）数据与案例分析

本例为四格表数据资料，从医学科研设计方法上属于病例对照研究。通俗地讲，高脂肪饮食为暴露组、低脂肪饮食为未暴露（对照）组，病例为阳性（坏的结果），对照为阴性（好的结果），可以使用交叉表卡方检验分析饮食与疾病的关联性，使用 OR 值表示关联强度。本例主要目的是关联强度，所以直接计算 OR 值并估计 CI 进行 z 检验。

2）OR 值分析

在仪表盘中依次单击【实验/医学研究】→【OR 值】模块，将表中的频数数据按对应位置填入空白数值框中。例如，暴露组阳性对应的是高脂肪饮食病例组，因此在【暴露组】第一个空白数值框中填入数字【647】；对照组阳性对应的是低脂肪饮食病例组，在【对照组】第一个空白数值框中填入数字【2】。OR 值计算界面如图 13-4 所示，最后单击【开始分析】按钮。

图 13-4　例 13-3 OR 值计算界面

3）结果分析

由于本例为病例对照研究，不适合计算和分析 RR 值，因此只重点解释和分析 OR 值及其 95% CI，如表 13-8 所示。

表 13-8　OR 值及其 95% CI

OR 值	SE(ln(OR))	z 值	p 值	95% CI
14.043	0.735	3.595	0.000	3.325～59.301

由表 13-8 可知，OR 值等于 14.043，OR 值与 1 相比较，在 $\alpha=0.05$ 水平下的差异具有统计学意义（$z=3.595$，$p<0.05$），说明暴露组的疾病危险度是对照组的 14.043 倍，其 95% CI 为[3.325,59.301]。

【例 13-4】RR 值分析。在一项 Apgar 得分与低出生体重婴儿死亡的队列研究中，研究人员将 Apgar 得分为 0～3 分者作为暴露组，Apgar 得分大于或等于 4 分者作为非暴露组，经过随访得到表 13-9 所示的 Apgar 得分与低出生体重婴儿研究数据，试分析 Apgar 得分的 RR 值。案例数据来源于孙振球和徐勇勇（2014），无数据文档。

表 13-9　Apgar 得分与低出生体重婴儿研究数据

Apgar 得分	死亡	未死亡	合计
0～3	42	80	122
≥4	43	302	345
合计	85	382	467

1）数据与案例分析

本例为队列研究的四格表数据资料，Apgar 得分为 0～3 分者作为暴露组，Apgar 得分大于或等于 4 分者作为非暴露组，通俗地讲，死亡为坏的结果，未死亡为好的结果。本例主要目的是分析 RR 值，通过【OR 值】模块可以实现该目的。

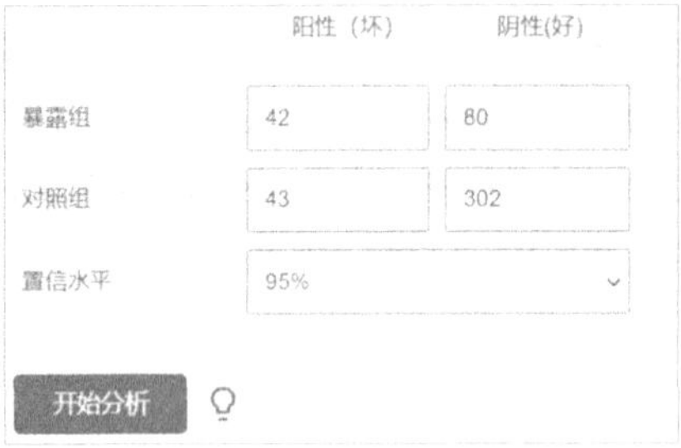

2）RR 值分析

在仪表盘中依次单击【实验/医学研究】→【OR 值】模块，将表中的频数数据按对应位置填入空白数值框中。RR 值计算界面如图 13-5 所示，最后单击【开始分析】按钮。

图 13-5　例 13-4 RR 值计算界面

3）结果分析

本例 RR 值及其 95% CI 如表 13-10 所示。

表 13-10　例 13-4 RR 值及其 95% CI

RR 值	SE(ln(RR))	z 值	p 值	95% CI
2.762	0.190	5.357	0.000	1.905～4.006

本例 RR 值为 2.762，RR 值与 1 相比较，在 $\alpha=0.05$ 水平下差异具有统计学意义（$z=5.357$，$p<0.05$），说明暴露组的死亡率是对照组死亡率的 2.762 倍，95% CI 为[1.905,4.006]。

13.2 剂量反应

剂量反应分析通常用于医学实验研究中,常用于计算半数致死量 LD50 值。Probit 概率单位回归主要用来测试及分析刺激强度与反应比例之间的关系,本节介绍其在剂量反应分析中的应用,通过在仪表盘中依次单击【实验/医学研究】→【剂量反应】模块来实现。

13.2.1 方法概述

1. 剂量反应

剂量反应,是指药物或毒物作用于生物机体的剂量与所引起的生物学反应发生率之间的关系。此处的反应是指某药物或毒物暴露群体中出现某种效应的个体在群体中所占的比率,一般以百分率或比值表示,如发生率、死亡率等。其观察结果通常以"有"或"无","正常"或"异常"等计数资料来表示。

2. Probit 回归

Probit 回归又称概率单位(Probability Unit)回归,可用于拟合概率 S 形剂量反应曲线,并计算剂量变量所对应的一系列概率及其 95% CI,常用于医学研究中计算半数致死量 LD50 值,LD50 值指有半数生物体发生特定效应所需药物的剂量。

例如,研究某化学药物对老鼠的毒性关系情况,即测试并记录不同剂量水平时,老鼠的死亡数据情况,可回答多高的药物剂量浓度使 50% 的老鼠死亡,或施以某剂量水平的药物时,老鼠死亡的概率有多大。

(1)基本思想。Probit 回归的因变量通常为二分类结局,但也存在多分类或有序分类结局的情况,这一点同 Logistic 回归一样。基本思想是把取值分布在实数范围的变量通过累积概率函数转换成分布在 (0,1) 区间的概率值。转换数据的链接函数包括两种,第一种是标准正态分布累积概率函数,此处直接称为 Probit 函数;第二种是 Logit 累积概率函数。当使用 Logit 累积概率函数进行转换时,其分析和 Logistic 回归类似。

单一自变量的 Probit 回归模型表达式为

$$\mathrm{Probit}(P) = \Phi^{-1}(P) = \beta_0 + \beta_1 x_1$$

式中,x 为剂量变量,实际分析中它可能是原始数据,也可能是经对数变换后的数据;$\Phi^{-1}(P)$ 为逆标准正态分布累积概率函数,通过标准正态分布累积概率函数可转换计算概率 P,一般采用最大似然法估计回归模型中的回归系数 β_0 和 β_1。

Probit 回归自变量偏回归系数 β 的意义为,当其他自变量取值保持不变时,自变量 x 每改变一个单位,就会出现阳性结果的概率密度函数值的改变量。

(2)与 Logistic 回归的区别。Logistic 回归计算所得的 OR 值在医学研究中得到了广泛认可,在结果解释和分析方面 OR 值有较大的优势。

在应用场景上，Probit 回归分析主要用于实验研究，分析重点是研究阳性结局特定反应发生率的变化情况及估计特定反应所需的剂量，如 LD50、ED50（半数有效量）等；而 Logistic 回归更多地应用于观察性研究，如横断面调查、病例对照研究和队列研究，主要目的是研究阳性结局是否发生及评价各影响因素的危险度。

3. 剂量反应分析步骤

结合 Probit 回归在医学剂量反应中的应用情况，在 SPSSAU 平台中其分析步骤如图 13-6 所示。

图 13-6 SPSSAU 剂量反应分析步骤

1）准备数据

通过剂量反应实验收集到实验结果，如果是普通数据格式的原始记录，应包括药物或毒物的剂量 Dose、反应结局（因变量、二分类结局较常见）；如果是汇总后的频数数据资料，应包括药物或毒物的剂量 Dose、个案总数 Total、反应数量 Responses，此处反应数量 Responses 的数值是指某个剂量水平下发生的目标反应的数量。

2）剂量反应操作

数据文档读入 SPSSAU 平台后，由平台完成模型拟合及其他计算，并输出相应的结果。

3）模型与检验

Probit 回归与 Logistic 回归类似，构建的 Probit 回归模型需通过统计学检验才能用于研究剂量反应，包括模型总体显著性检验及剂量因素显著性检验。若似然比卡方检验的 p 值小于 0.05，则说明模型有统计学意义或剂量因素的影响显著；若 p 值大于 0.05，则说明模型无效或剂量因素的影响无统计学意义。

4）剂量反应表与 LD50/ED50 值

根据前面拟合的剂量反应模型计算剂量反应表，显示在不同累加阳性概率时所需的剂量值，LD50 即概率为 0.5 时，对应的剂量值。剂量反应表是剂量反应分析的重要结果，LD50 值则是其中最具有代表性的结果之一。医学常用的 LD50 值指标，是指个体总数的一半发生死亡时的单一剂量，在医学剂量反应研究中得到广泛应用。一般 LD50 值越小说明药物的药性越强；反之，LD50 值越大说明药物的药性越低。同理有的研究也可以通过计算得到 ED50 值（半数有效量）。

5）绘制剂量反应曲线

将剂量反应表数据绘制成曲线图，即剂量反应曲线。它是以剂量作为横坐标，以阳性结局的概率作为纵坐标，绘制散点图所得到的曲线，具有直观的特点，在剂量反应分析结果报告中较常用。

13.2.2 实例分析

本节结合具体案例进一步介绍 Probit 回归在剂量反应中的应用。

【例 13-5】某研究者观察 40%的乐桑乳油对朱砂叶螨的毒力，设置 5 个剂量组（毫克/升），每组用 90 个朱砂叶螨进行试验，观察其死亡情况，试分析 40%的乐桑乳油对朱砂叶螨的毒力。案例数据来源于王彤（2008），数据文档见"例 13-5.xls"。

1）数据准备

本例数据为频数加权数据格式，包括乐桑乳油剂量"dose"、每组朱砂叶螨总例数"total"、每组朱砂叶螨死亡例数"death"，其中"death"为反应变量或因变量，没有其他协变量。数据如表 13-11 所示，分析目的在于研究朱砂叶螨死亡响应比例与乐桑乳油剂量水平的关系。

表 13-11 例 13-5 案例数据

total	death	dose
90	69	400.00
90	56	266.67
90	45	200.00
90	37	160.00
90	31	133.33

2）剂量反应操作

数据读入平台后，在仪表盘中依次单击【实验/医学研究】→【剂量反应】模块。从标题框中选中【total】变量拖曳至【案例总数 Total】分析框中，将变量【death】拖曳至【反应数量 Responses】分析框中，将变量【dose】拖曳至【剂量 Dose】分析框中。

分析框上方的【模型】下拉列表能提供 Probit 函数和 Logit 函数这两种链接函数，我们默认选择【Probit(默认)】，即使用 Probit 函数作为链接函数。【数据转换】下拉列表中可提供不转换、Ln 对数转换、Log10 对数转换，SPSSAU 平台默认使用原始数据不做转换，在实际分析时，要根据情况决定是否进行对数变换，本例选择【不转换(默认)】。本例不勾选右侧的【保存预测值和残差】复选框，通常来说不需单独计算预测值和残差。剂量反应操作界面如图 13-7 所示，最后单击【开始分析】按钮。

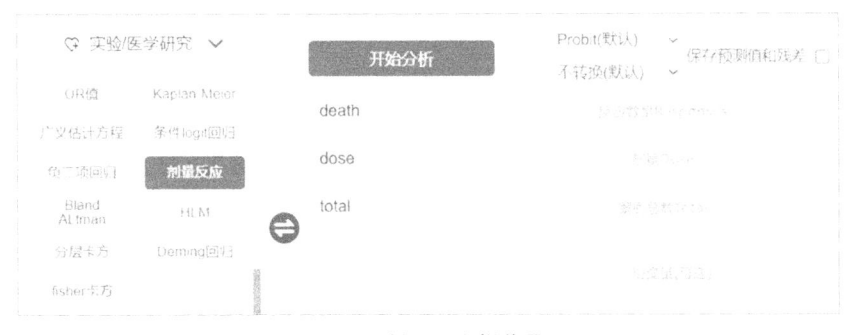

图 13-7 剂量反应操作界面

3）模型与检验

首先检验剂量反应模型是否有效，模型似然比卡方检验结果如表 13-12 所示。Probit 回归同 Logistic 回归一样，使用似然比卡方检验进行模型拟合评价，本例 p 值小于 0.05，认为模型有统计学意义，说明模型有效。

表 13-12　模型似然比卡方检验结果

模型	-2 倍对数似然值	卡方值	df	p	AIC 值	BIC 值
仅截距	622.329					
最终模型	580.667	41.663	1	0.000	584.667	-2156.276

接下来分析剂量的影响是否显著，Probit 模型参数估计表如表 13-13 所示。Probit 模型参数估计表展示了剂量的参数估计，乐桑乳油剂量"dose"对朱砂叶螨死亡反应的影响具有统计学意义（$z=6.278, p<0.05$）。常数项一般只读取其估计值，显著性结果一般不做解读。

表 13-13　Probit 模型参数估计表

项	回归系数	标准误	z	p	95% CI
常数	-0.887	0.163	-5.452	0.000	-1.206～-0.568
dose	0.004	0.001	6.278	0.000	0.003～0.006

注：1. McFadden R^2：0.067。
　　2. Cox & Snell R^2：0.088。
　　3. Nagelkerke R^2：0.118。

根据表 13-13 可写出本例的剂量反应模型表达式，具体如下：

$$\text{Probit}(P) = -0.887 + 0.004\text{dose}$$

式中，P 为剂量反应概率。

此外，也可以参考表底部注释的伪 R^2 进行评价，或参考 Logistic 回归。

4）剂量反应表与 LD50/ED50 值

由剂量反应模型可计算特定反应概率下的剂量值，从而得到剂量反应表，如表 13-14 所示。它具体呈现的是不同概率情况下剂量预测值和 95% CI 值。由于此表较大，本例只截取其中一部分进行展示。

表 13-14　剂量反应表

概率	剂量	95% CI	
0.010	-343.132	-523.074	-163.189
0.020	-278.126	-438.062	-118.189
⋮	⋮	⋮	⋮
0.400	151.211	114.415	188.007
0.450	181.660	150.035	213.285
0.500	211.626	182.844	240.408
0.550	241.592	212.754	270.431
0.600	272.041	240.194	303.888
⋮	⋮	⋮	⋮
0.980	701.378	550.295	852.461
0.990	766.384	595.328	937.440

注：基于 Bliss 法计算，概率为 0.5 时的剂量值即为 LD50/ED50 值。

该表中较主要的结果是半数致死量 LD50，它的取值即在表 13-14 中概率为 0.500 时对应的剂量值，显然本例 LD50=211.626(毫克/升)，处于[182.844,240.408](毫克/升)范围内。也就是说，当乐桑乳油的剂量为 211.626(毫克/升)时，有 50%的朱砂叶螨会死亡。

5）绘制剂量反应曲线

将剂量反应表数据绘制成曲线图，即剂量反应曲线图，如图 13-8 所示。

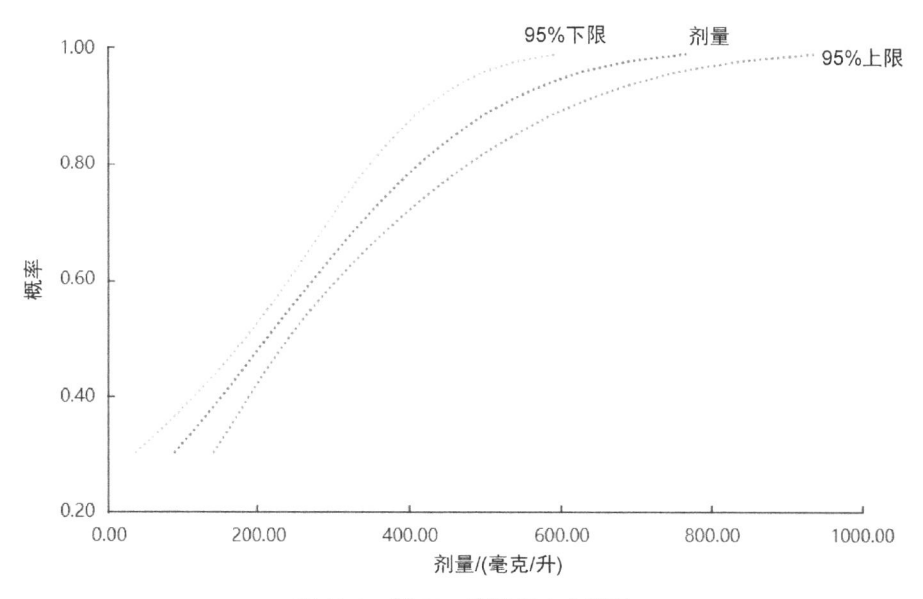

图 13-8　例 13-5 剂量反应曲线图

由剂量反应曲线图可以清晰地观测不同反应概率下的剂量及其 95% CI 的变化，具有直观的特点，在用剂量反应分析结果报告时较常用。

13.3　生存分析

在医学研究中生存数据比较特殊，它的目标变量包括医学事件的结局（如死亡、复发）及出现该结局所经历的时间。也就是说从因变量的角度，生存数据资料包括生存结局与生存时间两个因变量。此外，生存数据是通过对病例的随访获得的，在随访过程中会出现失访现象，如病例更换住址或联系方式、因其他原因退出随访、因其他疾病死亡、医学观察时间终止等。因此，生存数据不能随意采用其他方法，而应采用专门的生存分析方法进行分析。

13.3.1　生存数据与生存分析

生存分析常见术语如表 13-15 所示，接下来逐一进行阐述。

表 13-15 生存分析常见术语

主要概念	术语、内容
生存数据	终点事件、生存时间、完全数据、删失数据
生存曲线	生存概率、生存率、生存函数、中位生存时间、生存曲线
生存分析	估计生存率、绘制生存曲线、生存时间描述统计、比较生存曲线、生存影响因素分析 常用方法：Kaplan-Meier 法、Cox 回归分析

1. 生存数据

1) 终点事件

终点事件也称失效事件，如肿瘤患者死亡、白血病化疗后复发等；生存时间是指随访观察起点到终点事件的时间间隔。根据是否观察到终点事件，把生存数据分为两个类型数据，包括完全数据与删失数据。

2) 完全数据

完全数据能观察到终点事件发生，随访到从观察起点到终点事件的完整生存时间，这样的数据称为完全数据。例如，研究肺癌患者的生存时间，从随访观察起点到出现肺癌死亡，这部分患者的生存数据即为完全数据。

3) 删失数据

删失数据与完全数据相对应，由于各种原因没有观察到终点事件，如失访、退出、随访终止等数据缺失的情况。一般用"+"号标注在生存时间后，表示该对象的生存时间为删失数据。

2. 生存曲线

1) 生存概率

生存概率研究的是某单位时间的个体生存状况，具体指某时段开始时存活的个体，在该时段内仍存活的可能性。显然 1-生存概率=死亡概率。例如，某研究为 30 位肾上腺皮质癌患者，在随访时段的第 1 年内有 2 例出现死亡，那么第 1 年的生存概率为 28/30，死亡概率为 1-(28/30)。

2) 生存率和中位生存时间

生存率有时也被称为生存函数或累积生存率，简称生存率，是多个单位时间生存概率的累积情况，具体是指随访的研究对象经历 T 个单位时间后仍存活的可能性，即活过 T_k 时刻的概率。

和生存率有关的常用术语有中位生存时间，又称半数生存期，是指累积生存率为 0.5 时所对应的生存时间，表示有且只有 50% 的个体可以活过这个时间。中位生存时间在医学生存分析研究中得到了广泛应用。如果某些研究无中位生存时间，则考虑报告平均生存时间或报告指定的某个时间点生存率。

3) 生存曲线

通常生存率随随访时间而下降，用生存时间做横坐标，用生存率做纵坐标，将各时间点上的生存率连接绘制而成的连续曲线，即生存曲线。

3．生存分析

针对生存数据的分析主要包括 3 个方面。

1）生存时间描述统计

对完全数据、删失数据进行描述统计，用估计生存率绘制生存曲线，并分析生存状况，常用的方法有生命表法、Kaplan-Meier 法等。

2）比较生存曲线

常用 Log-Rank 对数秩检验对不同样本的生存曲线进行差异比较，在医学分析研究中常用于比较不同治疗方法预后效果的差异，或者比较不同亚组类型的生存状况差异。

除 Log-Rank 对数秩检验外，还有 Breslow 检验、Tarone-Ware 检验这两种检验方法，SPSSAU 平台目前提供的是 Log-Rank 对数秩检验。

3）生存影响因素分析

影响生存的因素是多方面的，可建立 Cox 回归模型进行生存影响因素分析。

13.3.2 Kaplan-Meier 生存分析

1．方法概述

Kaplan-Meier 法又称乘积极限法，简称 K-M 法，是一种估计生存率的非参数方法，主要用于估计生存率和绘制生存曲线，也可用于单因素生存分析，研究 1 个因素对于生存时间的影响，如使用新药物是否会有效增加癌症病人的存活时间。

所谓乘积是指本期生存率是建立在上一期尚有存活的条件下，因此本期生存率是本期生存概率与上一期生存概率的乘积。例如，某研究第 1 年的生存概率为 0.9，第 2 年的生存概率为 0.8，那么第 2 年的生存率即 0.9×0.8=0.72。

通过在仪表盘中依次单击【实验/医学研究】→【Kaplan-Meier】模块来实现。

2．适用条件

数据资料应为生存数据，因变量包括两个，第一个是生存状态/结局变量，通常用数字"1"表示完全数据，如医学事件"死亡"或"复发"；用数字"0"表示删失数据，包括未观察到的终点事件或其他原因造成的失访数据。

Kaplan-Meier 法最多可以考虑 1 个因素对生存的影响，该因素应为分类变量数据类型。例如，某研究欲考察新型癌症药物对生存的影响，将患者随机分为干预组、对照组，可通过 Kaplan-Meier 法估计两组患者的生存率、绘制两组生存曲线，以及分析组别 Group 对生存的影响。

应强调，Kaplan-Meier 法更多的是用于对生存数据的描述，估计每个时间点的生存率并绘制生存曲线，当生存数据是多组时，可进行多组生存率的差异比较。

3．Kaplan-Meier 生存分析场景与步骤

Kaplan-Meier 生存分析，根据有无分组因素可以划分为两种应用场景，两种应用场景的内容与步骤如图 13-9 所示。

```
                    有分组因素              无分组因素
                        ↓                       ↓
                ┌──────────────┐        ┌──────────────┐
                │Kaplan-Meier生存分析│    │Kaplan-Meier生存分析│
                └──────────────┘        └──────────────┘
                        ↓                       ↓
                ┌──────────────┐        ┌──────────────┐
                │  计算生存率   │        │  计算生存率   │
                │  中位生存时间 │        │  中位生存时间 │
                └──────────────┘        └──────────────┘
                        ↓                       ↓
                ┌──────────────┐        ┌──────────────┐
                │   按分组绘制  │        │  无分组仅绘制 │
                │   多条生存曲线│        │  单条生存曲线 │
                └──────────────┘        └──────────────┘
                        ↓                       ↓
                ┌──────────────┐        ┌──────────────┐
                │ 生存曲线差异比较│      │    无比较     │
                └──────────────┘        └──────────────┘
```

图 13-9　Kaplan-Meier 生存分析的两种应用场景的内容与步骤

当考察分组因素时，Kaplan-Meier 生存分析的重点是分别计算各组研究对象的中位生存时间、绘制多条生存曲线并进行组间生存时间的差异比较；当不考察分组因素时，Kaplan-Meier 生存分析的内容则无须进行组间差异比较。在 SPSSAU 平台中默认采用 Log-Rank 对数秩检验进行多条生存曲线的差异比较。

Log-Rank 对数秩检验，也称 Mantel-Cox 检验。原假设两组生存率无差异，如果检验的 p 值小于 0.05，那么可以拒绝原假设，认为两组生存率存在差异，或差异有统计学意义；反之，如果 p 值大于 0.05 则认为两组生存率无差异。Log-Rank 对数秩检验也有其适用条件，简言之即待比较的各组生存曲线呈比例风险，各条生存曲线不能出现交叉现象，否则不宜采用。当不满足条件时，可考虑采用 Tarone-Ware 检验或进行分段分析。

4．实例分析

本节通过具体案例进一步介绍 Kaplan-Meier 生存率、生存曲线的应用。

【例 13-6】某研究者分别采用甲乙两种方法治疗神经母细胞瘤患儿，随访得到各患儿的生存时间（月），两种方法的生存时间如表 13-16 所示。案例数据来源于李晓松（2017），数据文档见"例 13-6.xls"。

表 13-16　例 13-6 案例两种方法的生存时间　　　　　　　　　　　单位：月

甲方法	8.2	9.7+	10.3	12.8	18.4	19.7	23.5	25.6
乙方法	6.7	8.3	11.3	12.1	15.6+	16.7		

试分析甲乙两种方法的中位生存时间、绘制生存曲线并比较两种不同方法对神经母细胞瘤患儿生存情况有无影响。

1）数据与案例分析

录入数据时应该包括"方法"变量（甲乙方法）、"生存时间"变量记录生存时间数据、"生存状态"变量，数字"1"表示"死亡"的完全数据，数字"0"表示删失数据。甲方法的第 2 个生存时间 9.7 后的"+"号，即表示该随访患儿出现了删失，没有观察到终点事件，其他数据后没有标记"+"号，即表示该随访患儿观察到了终点事件（见表 13-16）。

本例有甲乙两组生存时间，应用分析时在常规的中位生存时间、生存曲线基础上，还应采用对数秩法检验甲乙两种方法的生存差异。

2）Kaplan-Meier 生存分析操作

在仪表盘中依次单击【实验/医学研究】→【Kaplan-Meier】模块，从标题框中选中【生存时间】变量拖曳至【Y1(生存时间)】分析框中；选中【生存状态】变量拖曳至【Y2(生存状态，0 表示生存，1 表示死亡)】分析框中，此处应注意，生存数据有生存时间、生存状态两个因变量；选中【方法】变量拖曳至【X(定类)【可选仅1项】】分析框中，最后单击【开始分析】按钮。Kaplan-Meier 操作界面如图 13-10 所示。

图 13-10　Kaplan-Meier 操作界面

Kaplan-Meier 生存分析的输出包括模型基本描述、生存时间估计（中位数）、整体 Log-Rank 检验、配对 Log-Rank 检验、生存函数曲线等结果，按前面所述的场景与步骤进行结果解释与分析。

3）中位生存时间

甲乙两种方法对中位生存时间及其 95% CI 的估计结果如表 13-17 所示。简单来说，中位生存时间是指生存率在 50%时所对应的生存时间。本例基于 Kaplan-Meier 法计算得到甲方法组的中位生存时间为 18.4（月），其 95% CI 为[8.2,23.5]（月），乙方法组的中位生存时间为 12.1（月），其 95% CI 为[6.7,16.7]（月）。所有病例整体的中位生存时间为 12.8（月），95% CI 为[8.3,19.7]（月）。

表 13-17　甲乙两种方法对中位生存时间及其 95% CI 的估计结果　　　　单位：月

项	中位数估计值	95% CI
甲方法	18.4	8.2～23.5
乙方法	12.1	6.7～16.7
汇总	12.8	8.3～19.7

就本例生存时间而言，甲方法的中位生存时间高于乙方法的中位生存时间，说明甲方法治疗神经母细胞瘤患儿的表现优于乙方法。

4）绘制生存曲线

根据 Kaplan-Meier 法估计各时间点的生存率，以生存时间作为横坐标，各时点上的生存率连接绘制而成的连续曲线，即 Kaplan-Meier 法生存曲线。本例甲乙两种方法的 Kaplan-Meier 生存曲线图如图 13-11 所示。

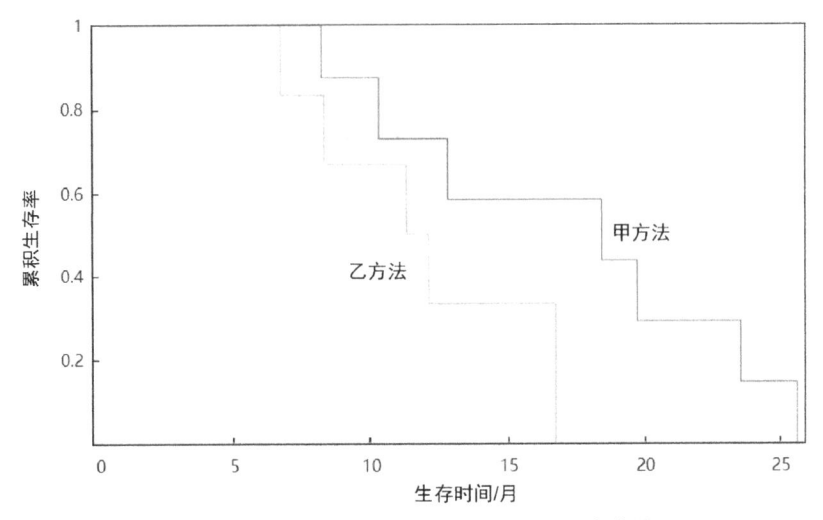

图 13-11　甲乙两种方法的 Kaplan-Meier 生存曲线图

前 5 个月甲乙两组患儿的生存状况良好，此后陆续出现死亡终点事件，随生存时间的前进，两组患儿的生存率下降，生存率连成阶梯线，形成生存曲线。

如果对应 Kaplan-Meier 生存曲线图来看，中位生存时间即图中纵坐标累积生存率为 0.5 时对应的生存时间。先在累积生存率 0.5 刻度位置处画一条横线与生存曲线相交，然后在交叉点位置画竖线与横轴相交，相交处的生存时间即中位生存时间。

5）生存曲线差异比较

在本例中，从研究目的上研究者更关注的是不同样本所代表的总体生存状况是否存在差异，即比较甲方法、乙方法两种方法生存率的差异。常用 Log-Rank 对数秩检验对不同样本的生存曲线进行差异比较。

SPSSAU 平台为 Log-Rank 对数秩检验输出了两个表格，一个是整体检验结果，另一个是配对检验结果。先分析整体检验结果，然后分析配对检验结果，具体看到底哪两个组间生存有差异。本例因为仅有甲乙两种方法进行生存率差异比较，因此整体与配对表结果一致，本节只呈现配对检验表。配对 Log-Rank 对数秩检验结果如表 13-18 所示。

表 13-18　配对 Log-Rank 对数秩检验结果

第 1 项	第 2 项	χ^2	p 值
甲方法	乙方法	2.356	0.125

Log-Rank 对数秩检验是一种非参数检验方法，先原假设各不同总体生存率无差别，再进一步计算卡方统计量，根据 p 值推断显著性结果。取 $\alpha=0.05$ 水平，若 p 值小于 0.05，则表明两个总体的生存率差异具有统计学意义；反之，若 p 值大于 0.05，则表明无差异。

本例 $\chi^2=2.356$，$p=0.125>0.05$，说明甲乙两种方法的生存情况无差异。

13.3.3 Cox 回归分析

生存分析是临床试验和队列研究中的一种重要分析手段,影响生存或生存质量的因素往往并不是一两个,因此多因素生存分析方法是必须要掌握的。本节主要介绍应用极为广泛的多因素生存分析方法——Cox 回归分析,通过在仪表盘中依次单击【实验/医学研究】→【Cox 回归】模块来实现。

1. 方法概述

Cox 回归模型全称为 Cox 比例风险回归模型,是用于生存数据资料多因素分析的常用方法。例如,在医学研究中,通过 Cox 回归建立生存时间随危险因素变化的模型,对影响膀胱癌患者的相关因素进行多因素分析。

Cox 回归模型的表达式为

$$h(t, X) = h_0(t) \exp(\beta_1 X_1 + \beta_2 X_2 + \cdots + \beta_p X_p)$$

式中,$h(t, X)$ 为具有协变量 X 的个体在 t 时刻的瞬时风险率;$h_0(t)$ 为基准风险率,即所有协变量取值为 0 时的风险率;β_1、β_2、β_p 为偏回归系数。

经等价变换后的模型表达式为

$$\ln[h(t,X)/h_0(t)] = \beta_1 X_1 + \beta_2 X_2 + \cdots + \beta_p X_p$$

式中,$h(t,X)/h_0(t)$ 为风险比(HR)值或 RR 值。Cox 回归中的自变量偏回归系数是指在其他自变量不变的情况下,自变量 X 每改变一个单位所引起的 HR 或 RR 的自然对数的改变量。HR 值解读方式同 OR 值,HR 值大于 1,表明自变量是一个危险因素;HR 值小于 1,表明自变量是一个保护因素。

2. 适用条件

正如 Cox 回归模型的名称一样,Cox 回归要求满足"比例风险"的假定,一般称之为 PH 假定。所谓比例,是指任意两个研究个体的生存率之比,PH 假定即任意两个研究个体的生存率之比,不随时间而改变。例如,用甲乙两种方法治疗神经母细胞瘤,甲乙两条生存曲线基本保持平行或等距变化,这就是通俗意义上的比例风险假设,在平行的两条生存曲线上,第 2 年乙方法治疗下出现死亡的危险性是甲方法出现死亡的危险性的 2 倍,按 PH 假定要求,其后任意某年乙方法治疗下出现死亡的危险性仍然是甲方法出现死亡的危险性的 2 倍。

PH 假定的判断有多种方法,如观察生存曲线是否平行,或者采用 Schoenfeld 残差法进行显著性检验。SPSSAU 平台能提供给后者显著性检验的方法,当 p 值大于 0.05 时认为满足 PH 假定,当 p 值小于 0.05 时认为不满足 PH 假定。

Cox 回归用于生存数据资料的分析研究,因变量包括生存时间和生存结局,自变量允许是连续型定量数据或分类变量数据。针对多分类因素,平台默认以第一个水平为参照进行哑变量设定。

Cox 回归模型本质上是一种回归模型,与 Kaplan-Meier 生存分析比较的话,主要用于对生存数据做影响因素分析。

3. Cox 回归分析的步骤

在 SPSSAU 平台中可按下面步骤进行 Cox 回归分析，如图 13-12 所示。

```
Step1                    Step2                    Step3
准备数据并进行     →    进行PH等比例风险    →    建立Cox回归模型
Cox回归                  检验                      与因素分析
```

图 13-12 SPSSAU 平台进行 Cox 回归分析的步骤

1) 准备数据并进行 Cox 回归

数据必须是生存数据，因变量包括生存状态和生存时间；自变量即影响因素，可以是多个定量数据或定类数据。数据读入 SPSSAU 平台后，选择【Cox 回归】模块进行分析。

2) 进行 PH 等比例风险检验

首先对各因素是否满足 PH 等比例风险假定的条件进行检验，SPSSAU 平台能提供 PH 等比例风险假定的显著性检验方法，适用于定类数据与定量数据。当 p 值大于 0.05 时认为满足 PH 等比例风险假定；相反，如果 p 值小于 0.05 则说明不满足 PH 等比例风险假定。当不满足 PH 等比例风险假定时，可将不满足条件的自变量作为分层变量，用其余变量进行 Cox 回归；或考虑采用时间依存协变量的 Cox 回归模型进行分析。

3) 建立 Cox 回归模型与因素分析

评价 Cox 回归模型拟合质量、检验各因素显著性、解释和分析影响因素，以及 HR。

4. 实例分析

【例 13-7】为探讨某恶性肿瘤的预后，某研究者收集了 63 例患者的生存时间、生存结局及影响因素。因素包括年龄、性别、治疗方式、淋巴结转移，生存时间以月为单位计算，试分析其影响因素。案例数据来源于孙振球和徐勇勇（2014），数据文档见"例 13-7.xls"。

1) 准备数据并进行 Cox 回归

数据中包括的变量及赋值说明如表 13-19 所示，因变量包括"生存时间""生存结局"，待研究的因素自变量包括"年龄""性别""治疗方式""淋巴结转移"，自变量中既包括连续型定量数据也包括分类数据，接下来使用 Cox 回归进行多因素分析。

表 13-19 例 13-7 案例数据变量及赋值说明

变量类型	变量标题	说明
因变量	生存时间	单位：月
	生存结局	0：删失；1：死亡
自变量	年龄	病人的实际年龄，单位：岁
	性别	1：男；0：女
	治疗方式	1：新型方法；0：传统方法
	淋巴结转移	1：是；0：否

数据读入平台后，在仪表盘中依次单击【实验/医学研究】→【Cox 回归】模块。从左侧的标题框中选中【生存时间】变量拖曳至【Y1(生存时间)】分析框中，选中【生存结局】变量拖曳至【Y2(生存状态，0 表示生存，1 表示死亡)】分析框中，这是对因变量的设定。

将分类自变量【性别】【治疗方式】【淋巴结转移】拖曳至【X(定类，画图)【可选)】分析框中，此处应注意，多分类因素平台默认以第一个水平作为参照进行哑变量设定。将连续自变量【年龄】拖曳至【X(定量)【可选】】分析框中。本例无分层考虑不需要分层处理，因此分层项暂忽略。一般当某分类自变量不满足 PH 假定后，可考虑作为分层变量进行处理。SPSSAU 平台进行 Cox 回归操作界面如图 13-13 所示，最后单击【开始分析】按钮。

图 13-13　SPSSAU 平台进行 Cox 回归操作界面

Cox 回归输出结果包括 PH 假定检验、模型整体显著性检验、回归系数估计、生存曲线图等，我们先判断各因素是否满足 PH 假定，再重点解释模型显著性和分析影响因素。

2）进行 PH 等比例风险检验

Cox 回归模型要求因素满足比例风险 PH 假定，常用的 Kaplan-Meier 法只针对定类数据，并不适用于定量数据。SPSSAU 平台能提供 PH 假定的显著性检验方法，适用于定类数据与定量数据。

【例 13-8】PH 假定检验结果如表 13-20 所示，所有因素对生存时间的影响均满足 PH 假定($p>0.05$)，可直接使用 Cox 回归模型结果进行分析。

表 13-20　例 13-8 PH 假定检验结果

项	χ^2	p 值
年龄	0.116	0.733
性别-女[参照项]	—	—
男	0.560	0.454
治疗方法-传统方法[参照项]	—	—
新型方法	0.659	0.417
淋巴结转移-否[参照项]	—	—
是	0.316	0.574

3）建立 Cox 回归模型与因素分析

Cox 回归模型首先要对模型进行整体显著性检验，然后进行影响因素分析。

（1）模型整体显著性检验。采用似然比检验结果对整体模型有效性进行分析，如表 13-21 所示。

表 13-21 Cox 回归模型似然比检验结果

模型	-2 倍对数似然值	卡方值	df	p
仅截距模型	201.474			
最终模型	179.739	21.735	4	0.000

-2 倍对数似然值(-2LL)一般用于两个模型间的比较，该值越小模型表现越佳。例如，表 13-21 中最终模型的-2LL 值低于仅截距模型的取值，说明最终模型拟合比比仅截距模型要好。本节直接看最终模型的整体拟合检验，原假设模型中的偏回归系数均为 0，$\chi^2=21.735$，$p<0.05$，说明模型中至少有一个因素是有统计学意义的，模型整体来说有统计学意义，模型是有效的；反之，若此处 p 值大于 0.05 则说明模型无效。

（2）影响因素分析。模型整体上有统计学意义，接下来需要搞清楚具体哪些因素对生存时间有影响，主要解释偏回归系数的显著性检验，以及 HR 值。Cox 偏回归系数估计与显著性检验（$n=63$）如表 13-22 所示。

表 13-22 Cox 偏回归系数估计与显著性检验（$n=63$）

项	偏回归系数	标准误	z 值	p 值	HR 值	HR 值 95% CI
年龄	-0.012	0.018	-0.685	0.493	0.988	0.954～1.023
性别-女[参照项]	—	—	—	—	—	—
男	-0.695	0.571	-1.216	0.224	0.499	0.163～1.529
治疗方法-传统方法[参照项]	—	—	—	—	—	—
新型方法	-1.303	0.664	-1.963	0.050	0.272	0.074～0.998
淋巴结转移-否[参照项]	—	—	—	—	—	—
是	1.043	0.451	2.313	0.021	2.838	1.173～6.868

本例中，淋巴结转移、治疗方法对患者生存时间的影响有统计学意义（$p \leq 0.05$），年龄和性别对患者生存时间的影响无统计学意义（$p>0.05$）。

淋巴结转移的偏回归系数为 1.043，HR 值为 2.838>1，为该恶性肿瘤的危险因素，有淋巴结转移的患者其死亡风险是无淋巴结转移患者的 2.838 倍，95% CI 为[1.173,6.868]。新型方法的偏回归系数为-1.303，HR 值为 0.272<1，是恶性肿瘤的保护因素，使用新型方法的患者其死亡风险是使用传统方法患者的 0.272 倍，换种说法即采用新型方法的患者其死亡风险比使用传统方法的患者降低了(1-0.272)×100%=72.8%。

（3）其他结果分析。关于 Cox 回归模型与生存率影响因素分析、回归方程模型表达式及生存曲线视情况在研究中进行报告。

根据偏回归系数可写出 Cox 回归模型的表达式为

$\ln[h(t, X)/h_0(t)] = -0.012 \times$ 年龄 $- 0.695 \times$ 性别男 $- 1.303 \times$ 新型方法 $+ 1.043 \times$ 淋巴结转移

平台绘制了所有病例整体的生存曲线，并按定类数据绘制了分组的生存曲线，本例关

注的是对生存有显著影响的淋巴结转移、治疗方法的生存曲线。Cox 回归输出的生存曲线如图 13-14 所示。

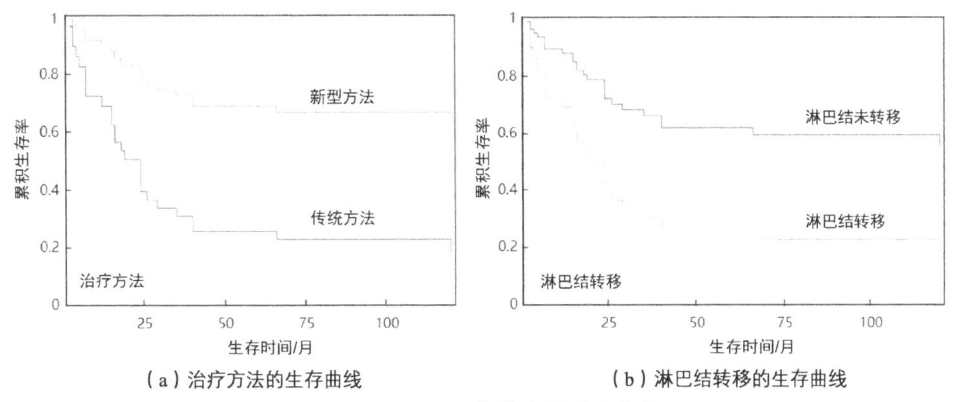

图 13-14 Cox 回归输出的生存曲线
（a）治疗方法的生存曲线　　（b）淋巴结转移的生存曲线

淋巴结转移患者的生存曲线在无淋巴结转移患者的生存曲线下方，淋巴结转移患者的预后较差［见图 13-14（b）］；使用新型方法的患者其生存曲线在使用传统方法的患者的生存曲线上方，说明新型方法的预后优于传统方法［见图 13-14（a）］。

13.4 重复测量方差分析

在医学研究中，患者的一些临床指标是在不同的时间点测量得到的，如高血压患者在服用某种新药物前，服药后第 1 周、第 2 周、第 3 周测定 4 次舒张压的数据。我们把这种同一个体的同一指标在不同时间点或不同条件下进行多次测量获得的数据称为重复测量数据。

重复测量数据的特征是多次测量的指标值之间具有相关性，而普通方差分析要求数据具有独立性，所以并不适用重复测量数据。针对重复测量数据，目前常用的分析方法包括重复测量方差分析、广义估计方程，以及多水平模型。

本节介绍重复测量方差分析，通过在仪表盘中依次单击【实验/医学研究】→【重复测量方差】模块来实现。

13.4.1 方法概述

1．基本概念

重复测量次数大于等于 3 次时，可采用重复测量方差分析对数据进行分析，涉及两个重要概念，即组内因素和组间因素。

组内因素也称被试内因素、组内项，被试即研究对象个体。例如，同一被试的同一指标按时间先后重测 5 次，该重测时间因素即组内因素，可以考察该指标随时间变化的趋势，此时只有一个组内因素，故可称为单组重复测量数据资料的重复测量方差分析，或单因素重复测量方差分析。

组间因素也称被试间因素、组间项，是指某种干预或处理因素。根据组间因素的水平个数，可将数据划分为两组或多组重复测量数据。此时两组或多组重复测量方差分析可以分析组内时间因素的趋势、组间干预或处理的效应，以及时间与干预处理的交互作用。有重测时间的组内因素、组间因素的重复测量数据，可以称为多组重复测量数据，或双因素重复测量方差分析。

2. 适用条件

重复测量方差分析除满足一般方差分析的要求外，特别强调的适用条件是满足重测数据协方差矩阵的球形假设，通俗理解为不同测量间差异的方差相等。通常采用 Mauchly 球形度检验来判断该条件，如果 p 值大于显著性水平 0.05，则说明满足重测数据协方差矩阵球形假设，即重测数据是独立不相关的。如果 p 值小于 0.05，拒绝球形假设，则认为重测数据存在相关性，此时需要对与时间有关的 F 统计量（普通方差分析）的自由度进行校正。具体校正方式是用"球形度"系数 ε（读作 Epsilon）乘以原始的自由度。

"球形度"系数 ε 的常用估计方法有 Greenhouse-Geisser（简称 GG）法、Huynh-Feldt（简称 HF）法，其取值越接近 1 说明越接近球形假设，值越小说明违反球形假设的程度越严重。在实践中常用 GG 法估计的 ε 与 0.75 进行比较，当 ε 大于 0.75 时采用 HF 法校正结果；当 ε 小于 0.75 时采用 GG 法校正结果。

3. 结果解释与分析思路

以多组重复测量数据资料为例，重复测量方差分析结果的一般解读思路，如图 13-15 所示。

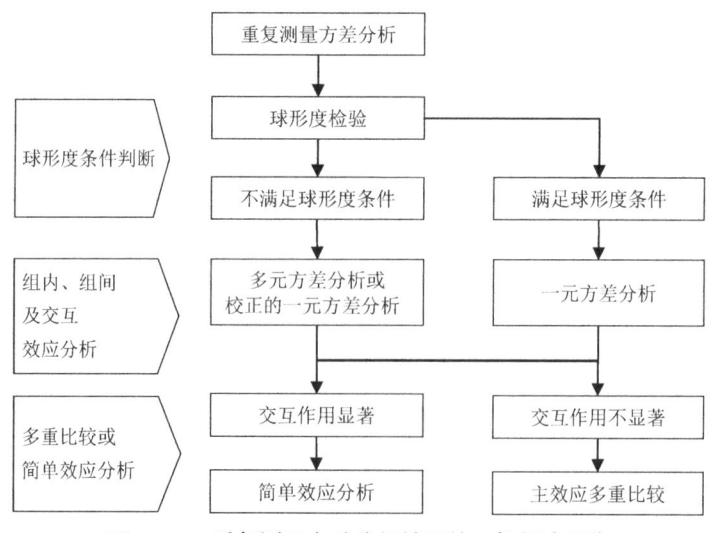

图 13-15 重复测量方差分析结果的一般解读思路

1)重复测量方差分析

根据实验设计的内容,确认组内因素、组间因素,以及重复测量次数。组间因素要求为定类数据,重复测量次数要求为定量数据,且不能有缺失值。

2)球形度条件判断

采用 Mauchly 球形度检验来判断该条件,当 p 值大于 0.05 时表明满足球形度条件;当 p 值小于 0.05 时表明不满足该条件。

3)组内、组间及交互效应分析

若满足球形度条件,则说明重测数据间是不相关的,可读取一元方差分析的结果。若不满足球形度条件,则说明重测数据是相关性数据,应读取多元方差分析的结果,或读取对一元方差分析的自由度进行 GG 法、HF 法校正后的结果。

SPSSAU 平台在效应分析时,输出的是一元方差分析的结果,所以在结果解读时,要么是读取"满足球形度检验"对应的输出,要么是读取经过 GG 法或 HF 法校正后的输出。

4)多重比较或简单效应分析

先解读组内因素与组间因素的交互作用,如果交互作用显著($p<0.05$),则继续做简单效应分析;如果交互作用不显著($p>0.05$),则分别对组内因素、组间因素进行解读,在有整体显著性后可考虑继续做多重比较。

对于单组重复测量方差分析,当其唯一组内效应显著后,可继续做主效应多重比较。

4. 数据录入格式

重复测量数据资料,一般为宽型数据(示例见表 13-23),即同一指标的多次测量结果按多个变量来录入。例如,对抑郁症患者连续 5 个月进行抑郁评分,收集到"M1"到"M5"共 5 个抑郁评分变量。

有时为了适应不同的分析工具或分析方法,也会将宽型数据转换为长型数据(示例见表 13-24)。在长型数据中,将多次重复测量数据录入到同一个指标变量下,增加一个重测组别变量用于指定重复测量次数。例如,对抑郁症患者连续 5 个月进行抑郁评分,如果按长型数据格式,则至少应包括 1 个"抑郁评分"变量、1 个"重测次数"变量,以及 1 个"个案编号"变量。此处要注意,SPSSAU 平台做重复测量方差分析时要求数据格式为长型数据格式。

13.4.2 单因素重复测量方差分析

在重复测量方差分析中,如果仅有一个组内因素,则可直接称该分析为单因素重复测量方差分析。例如,对 30 例血液透析患者给予体操训练后 1 个月、3 个月、6 个月的尿素清除指数变化趋势进行分析。在实际科研分析中,虽然单因素重复测量方差分析应用相对较少,但通过对它的案例学习,有助于我们快速熟悉分析思路。

【例 13-9】某医生为研究采用新的麻醉诱导后,不同时相患者的收缩压变化情况,选取了手术要求基本相同的 10 例患者,在手术过程中的不同时间点实施新的麻醉诱导方法。不同重测时间点的收缩压数据(宽型数据示例)如表 13-23 所示。试分析不同重测时间点收缩压的差异有无统计学意义。案例数据来源于张明芝等人(2015),数据文档见"例 13-8.xls"。

表 13-23　不同重测时间点的收缩压数据（宽型数据示例）

编号	T0	T1	T2	T3	T4
1	120	108	112	120	117
2	118	109	115	126	123
3	119	112	119	124	118
4	121	112	119	126	120
5	127	121	127	133	126
6	121	120	118	131	137
7	122	121	119	129	137
8	128	129	126	135	142
9	117	115	111	129	131
10	118	114	116	135	133

1）数据与案例分析

SPSSAU 平台要求重测数据录入格式为长型，表 13-23 中所示的数据实际上为宽型数据格式，在录入数据时要注意将宽型数据转换为长型数据。

本例研究个体是基线相近的 10 例患者，即受试者（Subject），患者编号为 1~10。测量的医学指标是患者的收缩压，共有 5 个重测时间点。变量"重测时间"即组内时间点因素，数字编号 1~5 依次对应的是 T0~T4 时间点。变量"收缩压"为本例的因变量，为定量数据，且为长型数据，具体如表 13-24 所示。

表 13-24　例 13-9 案例部分数据（长型数据示例）

编号	重测时间/小时	收缩压/毫米汞柱
1	1	120
1	2	108
1	3	112
1	4	120
1	5	117
2	1	118
2	2	109
2	3	115

2）重复测量方差分析

数据读入平台后，在仪表盘中依次单击【实验/医学研究】→【重复测量方差】模块。我们首先将 10 例受试者的【编号】变量拖曳至【样本 ID(Subject)】分析框中，将【重测时间】变量拖曳至【组内项(定类，比如时间)】分析框中，即本例的组内重测时间因素，将【收缩压】变量拖曳至【因变量(定量)】分析框中。

当同时有组内因素、组间因素时，可勾选分析框上方的【简单效应】复选框，即输出交互作用的两两比较结果（前提是交互作用有统计学意义）。本例仅有一个组内因素，没有组间因素，无交互作用，无须勾选【简单效应】复选框。针对组内因素或组间因素的效应，平台默认不进行多重比较，如果需要的话，可在【事后多重比较】下拉列表中选择合适的多重比较方法，本例希望考察多个时间点间的差异，选择【Tukey 法】进行多重比较。重复测量方差分析操作界面如图 13-16 所示，最后单击【开始分析】按钮。

图 13-16　重复测量方差分析操作界面

单因素重复测量方差分析输出的结果可按前面介绍的分析步骤，依次解读和分析以下结果。

3）球形度条件判断

重复测量方差分析针对组内重测数据要求满足球形度条件，因此首先要进行 Mauchly 球形度检验，如表 13-25 所示。

表 13-25　Mauchly 球形度检验

组内效应	球形度 W 值	球形度检验 p 值	Greenhouse-Geisser（GG）	Huynh-Feldt（HF）
重测时间	0.025	0.002	0.396	0.467

球形度检验 p 值大于 0.05 说明满足球形度条件，p 值小于 0.05 说明不满足球形度条件。如果满足球形度条件，则组内效应分析结果使用"满足球形度检验"对应的结果即可。本例 p 值等于 0.002<0.05，说明不满足球形度条件，后面输出的一元方差分析结果需要用"球形度"系数 ε 进行校正，本例选择 GG 法校正结果。

4）组内、组间及交互效应分析

首先判断组内、组间因素及其交互作用是否显著，根据显著性检验结果决定下一步的分析内容。由于本例仅有一个组内因素，因此只呈现和报告组内效应分析结果，如表 13-26 所示。输出的 3 行结果，需要根据球形度检验结果进行选择。

表 13-26　组内效应分析结果

项	校正	平方和 SS	df	均方 MS	F	p	Ges (Generalized eta-squared)	偏 Eta 方 (Partial η^2)
重测时间	满足球形度检验	1359.080	4.000	339.770	22.218	0.000	0.448	0.712
	GG 法校正	1359.080	1.585	857.619	22.218	0.000	0.448	0.712
	HF 法校正	1359.080	1.867	727.801	22.218	0.000	0.448	0.712

注：加黑色阴影的数据表示进行球形度检验后，最终应该查看的结果。

当满足球形度检验时，读取第一行"满足球形度检验"结果；当不满足球形度检验时，读取第二行"GG 法校正"或第三行"HF 法校正"结果。主要关注的是方差分析的 p 值，p 值小于 0.05，说明该效应显著（有统计学意义），反之说明效应不显著。

本例选择 GG 法校正结果，$p<0.05$，不同重测时间下患者的收缩压水平存在差异，说明组内重测时间效应对收缩压的影响是有统计学意义的。

通过在仪表盘中依次单击【可视化】→【误差线图】模块，绘制不同重测时间下收缩压的变化趋势。【误差线图】模块（左图）及误差线图（右图）结果如图 13-17 所示。

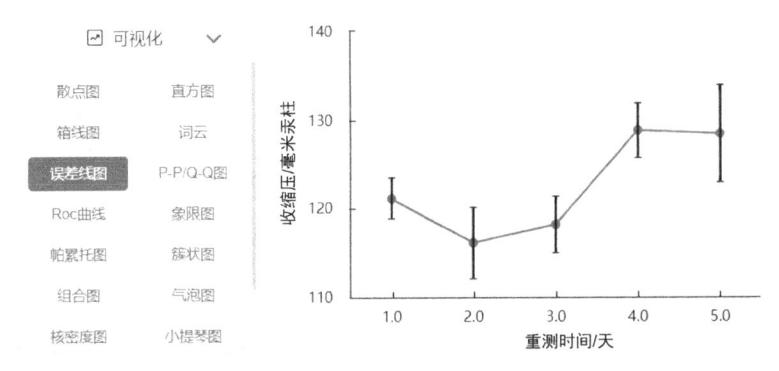

图 13-17 【误差线图】模块（左图）及误差线图（右图）结果

误差线图直观地呈现了不同重测时间下收缩压的变化过程，先回落再逐渐提高，各点之间有无差异尚需两两间的差异检验。

5）多重比较或简单效应分析

组内因素"重测时间"对收缩压的影响显著，有必要进一步分析两两时间点之间的差异，此处进行的是事后多重比较，结果如表 13-27 所示，建议结合图与表进行解读和分析。

表 13-27　组内因素重测时间事后多重比较

项	均值差值	标准误 SE	t 值	p 值
1 - 2	5.000	1.749	2.859	0.051
1 - 3	2.900	1.749	1.658	0.472
1 - 4	-7.700	1.749	-4.403	0.001
1 - 5	-7.300	1.749	-4.174	0.002
2 - 3	-2.100	1.749	-1.201	0.751
2 - 4	-12.700	1.749	-7.262	0.000
2 - 5	-12.300	1.749	-7.033	0.000
3 - 4	-10.600	1.749	-6.061	0.000
3 - 5	-10.200	1.749	-5.832	0.000
4 - 5	0.400	1.749	0.229	0.999

"重测时间"因素有 5 个时间点（注意本例是从 T0～T4，数字编码为 1～5），共需要进行 10 次两两比较。以"T0-T3"为例，它在表 13-27 中对应的项为"1-4"，二者的均值差值为-7.700，表明 T3 的收缩压比 T0 高 7.7 个单位，差异具有统计学意义（$p<0.05$）。同

理，由 p 值可知，"T0-T4""T1-T3""T1-T4""T2-T3""T2-T4"相比时，均 $p<0.05$，这 5 组的差异有统计学意义，其他时刻的收缩压无差异。

13.4.3 双因素重复测量方差分析

本书将有两个组内因素，或一个组内因素与一个组间因素构成的重复测量方差分析统称为双因素重复测量方差分析，后者有时也被称为两组或多组重复测量数据资料的方差分析。例如，干预组对 30 例血液透析患者给予常规护理和体操训练，对另外 30 例血液透析患者进行常规血液透析护理，分别测定 1 个月、3 个月、6 个月时的尿素清除指数，可研究不同重测时间点下尿素清除指数的变化趋势、干预处理（体操训练）对维持血液透析患者预后的影响，以及时间与干预处理有无交互作用。

【例 13-10】将 16 名患者随机分为两组，分别服用新、旧剂型药品，依次记录在 0 小时、4 小时、8 小时、12 小时共 4 个时间点的血药浓度（微摩尔/升）数据，据表 13-28 资料（部分数据）分析新、旧剂型与测量时间对血药浓度的影响，比较新、旧剂型 4 个测量时间点血氧浓度的不同。案例数据来源于孙振球和徐勇勇（2014），数据文档见"例 13-9.xls"。

表 13-28　例 13-10 案例部分数据（长型数据）

编号	group	测量时间/小时	血药浓度/微摩尔/升
1	0	0	90.53
1	0	4	142.12
1	0	8	65.54
1	0	12	73.28
2	0	0	88.43
2	0	4	163.17
2	0	8	48.95
2	0	12	71.77

1）数据与案例分析

将本例数据以长型数据格式录入平台，"group"中的数字 0 表示旧剂型，数字 1 表示新剂型，为组间因素，"测量时间"中的数字依次代表 0 小时、4 小时、8 小时、12 小时，为组内重复测量时间因素，测量指标"血药浓度"为因变量，本例为两组重复测量数据资料，采用双因素重复测量方差分析。

2）重复测量方差分析操作

数据读入平台后，在仪表盘中依次单击【实验/医学研究】→【重复测量方差】模块。将【编号】变量拖曳至【样本 ID(Subject)】分析框中，将组内因素【测量时间】拖曳至【组内项(定类，比如时间)】分析框中，将组间因素【group】拖曳至【组间项(定类，最多五项)】分析框中，将【血药浓度】变量拖曳至【因变量(定量)】分析框中。

为考察组内因素与组间因素的交互作用，要勾选【简单效应】复选框，如果交互作用显著，则解读相应的分析结果。在【多重比较方法】下拉列表中选择【Tukey 法】，本例简单效应分析时采用 Tukey 法进行两两比较。双因素重复测量方差分析操作界面如图 13-18

所示，最后单击【开始分析】按钮。

图 13-18　双因素重复测量方差分析操作界面

在结果分析时，我们按前面介绍的分析步骤，依次对结果进行解释和分析。

3）球形度条件检验

Mauchly 球形度检验如表 13-29 所示，$p<0.05$，说明不满足球形假设条件，即不同重测时间的血药浓度数据具有相关性，应当对一元方差分析输出的结果进行校正，GG 法的 $\varepsilon=0.675<0.75$，在进行组内效应分析时下一步要读取 GG 法的校正结果。

表 13-29　Mauchly 球形度检验

组内效应	球形度 W 值	球形度检验 p 值	Greenhouse-Geisser（GG）	Huynh-Feldt（HF）
测量时间	0.119	0.000	0.675	0.791
group:测量时间	0.119	0.000	0.675	0.791

4）组内、组间及交互效应分析

首先判断组内、组间因素及其交互作用是否显著，根据显著性检验结果再决定下一步的分析内容，为了方便解释，我们分别对组内效应和组间效应进行呈现和分析。组内效应分析结果如表 13-30 所示。

表 13-30　组内效应分析结果

项	校正	平方和 SS	df	均方 MS	F	p	ges（Generalized eta-squared）	偏 Eta 方（Partial η^2）
测量时间	满足球形度检验	26560.046	3.000	8853.349	74.972	0.000	0.648	0.843
	GG 校正	26560.046	2.026	13107.070	74.972	0.000	0.648	0.843
	HF 校正	26560.046	2.372	11199.505	74.972	0.000	0.648	0.843
group：测量时间	满足球形度检验	16614.532	3.000	5538.177	46.898	0.000	0.535	0.770
	GG 校正	16614.532	2.026	8199.076	46.898	0.000	0.535	0.770
	HF 校正	16614.532	2.372	7005.806	46.898	0.000	0.535	0.770

注：加黑色阴影的数据表示进行球形度检验判断后，最终应该查看的结果。

当有交互作用效应时，首先要判断交互作用是否显著。经 GG 法校正后，$F=46.898$，$p<0.05$，组内因素与组间因素的交互作用"group:测量时间"对"血药浓度"的影响有统计学意义，交互作用的影响效应是显著的。同理，"测量时间"的 $F=74.972$，$p<0.05$，时间因素对血药浓度的影响显著。

再来看组间因素的效应是否存在，组间效应分析结果如表 13-31 所示。

表 13-31　组间效应分析结果

项	平方和 SS	df	均方 MS	F	p	ges（Generalized eta-squared）	偏 Eta 方（Partial η^2）
截距	493771.870	1	493771.870	729.972	0.000	0.972	0.981
group	59.916	1	59.916	0.089	0.770	0.004	0.006
误差	9469.956	14	676.425				

新、旧剂型"group"，$F=0.089$，$p=0.770>0.05$，认为新、旧剂型对血药浓度无影响。

5) 多重比较或简单效应分析

在方差分析中，当存在交互作用时，单独分析主效应意义不大，应继续对交互作用进行简单效应分析。为方便理解交互作用，可通过在仪表盘中依次单击【可视化】→【误差线图】模块，绘制不同测量时间下血药浓度的变化趋势。例 13-10 两组重测数据资料的误差线图如图 13-19 所示。

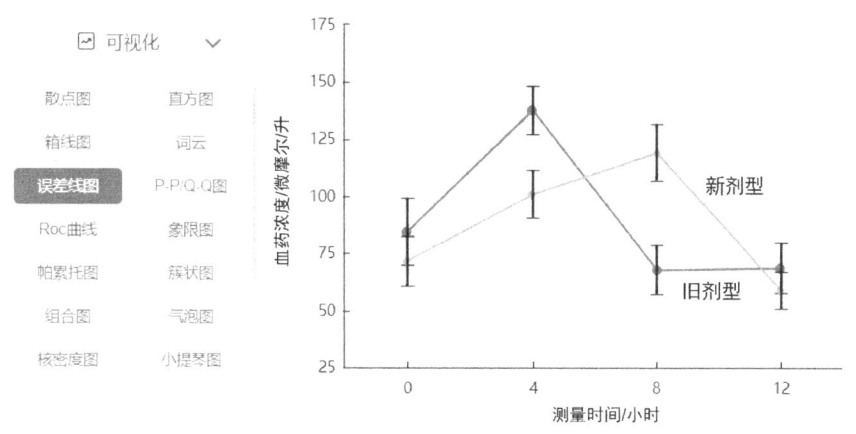

图 13-19　例 13-10 两组重测数据资料的误差线图

控制 group 后各组内重测时间效应的两两比较如表 13-32 所示。该表除表头外一共 12 行，前 6 行在旧剂型条件下比较 4 个时间点血药浓度的差异；后 6 行在新剂型条件下比较 4 个时间点血药浓度的差异。

表 13-32　控制 group 后各组内重测时间效应的两两比较

group	测量时间/小时	均值差值	标准误 SE	t 值	p 值
旧剂型	0～4	−53.164	6.650	−7.995	0.000
旧剂型	0～8	16.727	6.716	2.491	0.105
旧剂型	0～12	15.883	1.727	9.199	0.000

续表

group	测量时间/小时	均值差值	标准误 SE	t 值	p 值
旧剂型	4~8	69.891	6.476	10.792	0.000
旧剂型	4~12	69.047	5.699	12.115	0.000
旧剂型	8~12	-0.844	5.976	-0.141	0.999
新剂型	0~4	-29.244	5.865	-4.987	0.001
新剂型	0~8	-47.386	5.923	-8.000	0.000
新剂型	0~12	12.516	1.523	8.219	0.000
新剂型	4~8	-18.141	5.711	-3.176	0.030
新剂型	4~12	41.760	5.026	8.308	0.000
新剂型	8~12	59.901	5.270	11.366	0.000

（1）针对旧剂型。误差线图显示，旧剂型的血药浓度在 4 小时时达到最高，随后下降。4 小时和 0 小时（$p<0.05$）、4 小时和 8 小时（$p<0.05$）、4 小时和 12 小时（$p<0.05$）间的血药浓度差异显著，8 小时和 12 小时间的血药浓度无差别（$p>0.05$）。

（2）针对新剂型。误差线图显示，新剂型的血药浓度在 4 小时、8 小时时持续升高，在 12 小时时回落。任意两个时间点的血药浓度差异有统计学意义（$p<0.05$）。

13.5 Roc 曲线分析

临床诊断是医师的基础工作，诊断试验通常是指诊断或鉴定疾病状态的试验，医师在科学掌握诊断试验评价与分析的方法后，可做出稳妥的诊断结论，以避免个人经验有时出现的误诊现象。诊断试验有一套自己的评价指标，如灵敏度、特异度等，而 Roc 曲线是诊断试验不可或缺的一种分析方法。

本节介绍 Roc 曲线分析在医学研究中的应用，Roc 曲线分析可通过在仪表盘中依次单击【可视化】→【Roc 曲线】模块来实现。

13.5.1 诊断试验与 Roc 曲线

了解诊断试验及其评价指标是学习 Roc 曲线分析的基础。

1. 诊断试验

金标准是诊断试验的"定海神针"，是临床上诊断某病公认的可靠方法。诊断试验先通过金标准对所有病例给出"阴性""阳性"或"有病""无病"的结论，加入其他临床指标后，可评价新诊断指标的性能。常见形式有探讨某试剂盒对冠心病的诊断价值；将冠脉造影作为金标准，用试剂盒测定正常组和冠心病组血浆某指标的含量，通过 Roc 曲线下的面积、灵敏度、特异度等评价该诊断试验，最终认为该试剂盒有临床诊断价值。

诊断试验的数据一般以四格表形式呈现，数据如表 13-33 所示。

表 13-33 中，a 代表真阳性、b 代表假阳性（误诊）、c 代表假阴性（漏诊）、d 代表真阴性。诊断试验常用的准确性评价指标及说明如表 13-34 所示。

表 13-33　诊断试验配对四格表数据

诊断试验	金标准		合计
	患病	未患病	
阳性	a	b	a+b
阴性	c	d	c+d
合计	a+c	b+d	A+b+c+d

表 13-34　诊断试验常用的准确性评价指标及说明

评价指标	计算公式	说明
灵敏度 Sen	a/(a+c)	正确发现患者患病的能力
特异度 Spe	d/(b+d)	正确发现患者未患病的能力
假阳性率 FPR	b/(b+d)	即误诊率=1-特异度
假阴性率 FNR	c/(a+c)	即漏诊率=1-灵敏度
阳性预测值 PPV	a/(a+b)	阳性结果中真正患病的百分比
阴性预测值 NPV	d/(c+d)	阴性结果中真正未患病的百分比
约登指数 Youden	Sen+Spe-1	正确发现真正患病与真正未患病的能力

（1）灵敏度和特异度。灵敏度和特异度是诊断试验的真实性指标，灵敏度（Sensitivity，简写为 sen）又称真阳性率，即在实际中患者被诊断为阳性的百分比；特异度（Specificity，简写为 spe）又称真阴性率，即实际未患病的人被诊断为阴性的百分比。在一项诊断试验中，高灵敏度和高特异度都有助于尽早发现/排除疾病的发生，这两个指标均是越大越好。

（2）假阳性率和假阴性率。假阳性率又称误诊率，指本来未患病的人被诊断为阳性。假阴性率又称漏诊率，指本来患病的人被诊断为阴性。这两个指标和前面灵敏度、特异度的关系为误诊率=1-特异度；漏诊率=1-灵敏度。这两个指标也属于诊断试验的真实性指标。

（3）阳性预测值和阴性预测值。阳性预测值和阴性预测值是诊断试验中的预测类指标，能评价试验预测的准确性。当灵敏度和特异度不变时，目标人群的患病率越高，阳性预测值越高，阴性预测值越低。

（4）约登指数。约登指数（Youden Index），有时也被称为优登指数，它是诊断试验的综合评价指标，综合了灵敏度和特异度两个指标的特性，计算公式为 Sen+Spe-1，其正确取值范围为 0~1，值越大越好。约登指数常用于 Roc 曲线确认诊断指标的最佳阈值。

2. Roc 曲线

Roc 曲线也称受试者工作特征曲线、感受性曲线。Roc 曲线最初运用在军事上，当前在医学研究领域使用非常广泛，用来做疾病诊断方法的比较。Roc 曲线是使用诊断指标不同阈值下的灵敏度和假阳性率（1-特异度）数据绘制的曲线图形，如图 13-20 所示的 Roc 曲线示例中加黑的曲线。

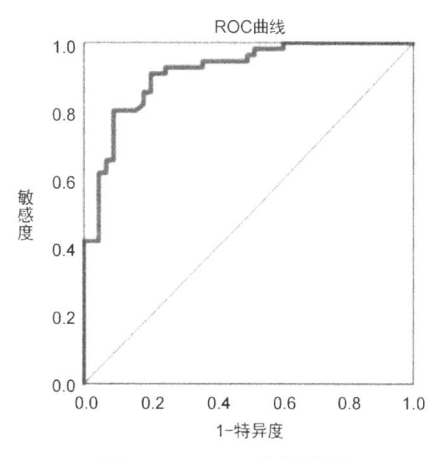

图 13-20　Roc 曲线示例

理论上完美诊断试验的 Roc 曲线会通过左上角（100%灵敏度和特异度），而最差的情况是曲线通过左下角到右上角的直线（完全不能区分患病与未患病），因此在实际分析时我们总是期望曲线接近左上角，它表明发现病人和非病人的能力高、总体准确性高。

（1）曲线下面积。Roc 曲线的重要概念是曲线下面积，一般简称 AUC，有时也记为 A。该值表示预测准确性，可反映诊断试验的价值。AUC 的取值范围为 0.5～1，AUC=0.5 表示完全没有诊断价值，AUC=1 表示为理想化的诊断。余松林（2002）指出，0.5<AUC≤0.7 表示诊断价值较低或一般；0.7<AUC≤0.9 表示诊断价值中等；AUC>0.9 则表示诊断价值高。

除此之外，一般还需检验 AUC 与数字"0.5"（毫无价值）的差别，原假设 AUC=0.5，即假设诊断试验毫无价值，如果 p 值小于 0.05 或 AUC 95% CI 不包括 0.5，则说明该诊断试验是有意义的。

（2）最佳阈值/截断点 cut-off。Roc 曲线分析的另一项任务是通过约登指数计算诊断指标的最佳截断点（也称最佳阈值、界值），约登指数的范围为 0～1，取值越大越好，因此当约登指数达到最大值时，对应的指标截断点即最佳阈值，此时诊断指标具有最佳的灵敏度和特异度。

（3）适用条件。本书约定，Roc 曲线只针对有两个结局的情况，即诊断试验的金标准类似于"患病与未患病"，或者说"Yes 与 No"两种结局，结局数据的数字编码一般取 0 和 1。在具体分析时，以关注"患病"或"阳性"为方向，需要给金标准的结局变量指定对应的状态取值，此处约定默认以结局中的数字"1"代表"患病"或"阳性"。如果出现 Roc 曲线在对角线下方，即"凹陷"形状时，应重新指定阳性状态取值。

13.5.2　Roc 曲线分析步骤与实例

Roc 曲线在医学研究中，主要用于判断某个临床指标对于疾病的诊断价值，常见的有单指标诊断与多指标联合诊断，本节主要介绍单指标诊断的 Roc 曲线分析一般步骤，并通过实例进行实践学习。

1. Roc 曲线分析一般步骤

单指标诊断的 Roc 曲线分析一般步骤，如图 13-21 所示。

Step1 准备数据与分析操作 ➡ Step2 绘制ROC曲线图 ➡ Step3 估计AUC及其95% CI ➡ Step4 分析cut-off截断点

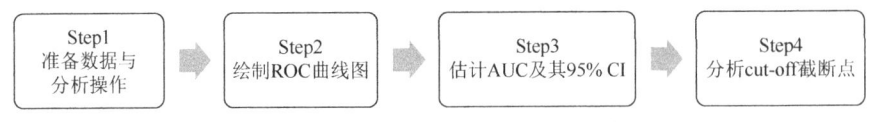

图 13-21　单指标诊断的 Roc 曲线分析一般步骤

1）准备数据与分析操作

数据文档中至少应包括临床诊断指标与二分类的金标准诊断结果，指标的常见类型是定量数据资料。当数据读入 SPSSAU 平台后，可通过依次单击【可视化】→【Roc 曲线】模块进行分析及操作。

2）绘制 Roc 曲线图

Roc 曲线是 Roc 分析的重要结果，可直观地展示临床指标的诊断假设，由 SPSSAU 平

3）估计 AUC 及其 95% CI

Roc 曲线是对指标诊断性能的可视化，AUC 则是对诊断性能的量化。通过估计指标 Roc 曲线的 AUC，并通过 95% CI 判断 AUC 与 0.5 的差异，以评价 AUC 的临床意义。

4）分析 cut-off 截断点

计算约登指数，当约登指数取最大值时可计算诊断指标的最佳截断点或阈值，并报告此时的灵敏度、特异值。

2．单指标 Roc 曲线分析实例

接下来我们通过具体实例进一步介绍单指标 Roc 曲线的应用。

【例 13-11】某医生对经过金标准诊断的 55 名患者（病人）、45 名正常人分别进行两种诊断试验检查，部分数据如表 13-35 所示，尝试进行 Roc 曲线分析并评价第一个检测指标的诊断准确性。案例数据来源于周登远（2017），数据文档见"例 13-10.xls"。

表 13-35　例 13-11 案例数据（部分数据）

id	diag	test1	test2
1	1	112.7	124.0
2	1	104.0	135.8
3	1	126.7	122.7
4	1	123.3	158.4
5	1	120.5	141.2
6	1	130.3	131.1
7	1	129.6	148.0
8	0	97.9	130.6
9	0	94.9	120.0
10	1	140.2	140.9

1）数据准备与分析操作

数据文档中的"diag"表示金标准诊断结果，为二结局状态变量，0 表示正常人，1 表示患者。"test1""test2"为医生测定的第一个和第二个医学指标取值，为定量数据。现在要评价第一个指标的诊断价值，采用 Roc 曲线进行分析。

数据读入平台后，在仪表盘中依次单击【可视化】→【Roc 曲线】模块，注意 Roc 分析功能并不在【实验/医学研究】模块下，而是在【可视化】模块下。

在标题框中选中【test1】变量拖曳至【检验变量(x)】分析框中，这是待评价的临床诊断指标；选中【diag】变量拖曳至【状态变量(y)】分析框中，这是金标准诊断结果。此时还应注意分析框上方的【分割点】文本框，平台默认将金标准状态变量中的数字编码 1 作为"阳性"结局，如果案例数据符合则默认即可，否则应调整为数字编码 0，本例默认为 1。【Delong 对比】复选框我们在下一个案例中具体介绍，本例略。Roc 曲线分析操作界面如图 13-22 所示，最后单击【开始分析】按钮。

图 13-22 Roc 曲线分析操作界面

本例为单个检测指标的诊断性能评价，主要解释和分析以下统计表格或统计图形。

2）绘制 Roc 曲线图

例 13-11 绘制的 Roc 曲线图，如图 13-23 所示。

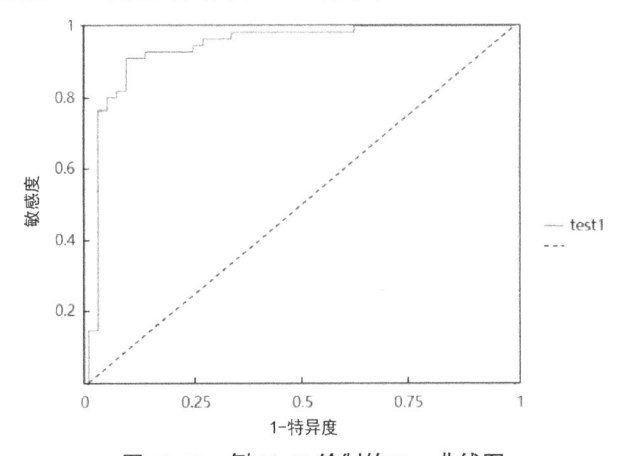

图 13-23 例 13-11 绘制的 Roc 曲线图

Roc 曲线能直观地展示假阳性率（1-特异度）与真阳性率（敏感度）之间的关系，图 13-23 中灰色 Roc 曲线越靠近左上角，诊断试验的准确性就越高。具体诊断性能如何，接下来重点解释和分析 AUC。

3）估计 AUC 及其 95% CI

AUC 及其 95% CI 如表 13-36 所示。

表 13-36 AUC 及其 95% CI

标题	AUC	标准误	p	95% CI
test1	0.947	0.024	0.000**	0.900~0.994

注：** $p<0.01$。

诊断试验指标"test1"，其 AUC=0.947>0.9，95% CI 为[0.900,0.994]。与 0.5 相比，$p<0.05$，按 $\alpha=0.05$ 水平，该指标"test1"的 AUC 与 0.5 的差异显著，有统计学意义。AUC 在 0.9 以上，说明诊断指标"test1"的诊断性能高。

4）分析 cut-off 截断点

"test1"这个指标或检测现在被认为是有高诊断准确性的，在临床上还需要分析其最佳截断点或阈值 cut-off，平台根据约登指数计算相应的结果，如表 13-37 所示。

表 13-37　Roc 分析 cut-off 最佳界值

标题	AUC	最佳界值	敏感度	特异度	cut-off
test1	0.947	0.820	0.909	0.911	108.900

"最佳界值"是指约登指数的最大值,约登指数=Sen+Spe-1,它取最大值时,诊断试验有最佳的灵敏度和特异度。本例约登指数最大值为 0.820,指标"test1"的阈值 cut-off 为 108.900,即当诊断指标"test1"取值大于等于 108.900 时,病例被诊断为"阳性",取值低于 108.900 时,病例被诊断为"阴性"。在此截断点时灵敏度等于 0.909,特异度等于 0.911。

13.5.3　Roc 曲线差异比较

为了提高诊断试验的性能,有些研究会进行多指标联合试验。例如,某研究探讨灰阶超声和弹性成像及二者联合应用对良、恶性甲状腺肿块的鉴别诊断价值,最终发现两个指标联合诊断的 AUC 显著大于两个指标独立诊断的 AUC,说明两个指标联合应用可明显提高甲状腺癌的诊断准确性。

在这种情况下,研究者关注的是哪些检验方法准确性更高,两个或多个诊断试验方法的准确性有无差别。因此涉及一项新的分析任务,即比较多个 Roc 曲线的 AUC 差异有无统计学意义。

1. AUC 差异比较

目前,医学研究中常用 Delong 检验、Hanley & McNeil 检验进行两条 Roc 曲线的配对差异比较,SPSSAU 平台也提供了这两种方法。

1)Delong 检验

在执行 Roc 曲线分析时,在【Roc 曲线】模块下,用户通过主动勾选【Delong 对比】复选框,使平台对多个诊断试验进行 AUC 差异比较。平台会输出 Delong test 结果表,并解释和分析其结果。根据 z 值和 p 值进行差异判断,当 $p<0.05$ 时说明两个 Roc 曲线的 AUC 有显著差异;反之,当 $p>0.05$ 时说明两个 AUC 无差别。

2)Hanley & McNeil 检验

在平台【Roc 曲线】模块操作界面,提供了用于两个诊断指标进行比较的 Hanley & McNeil 检验。其操作界面如图 13-24 所示。

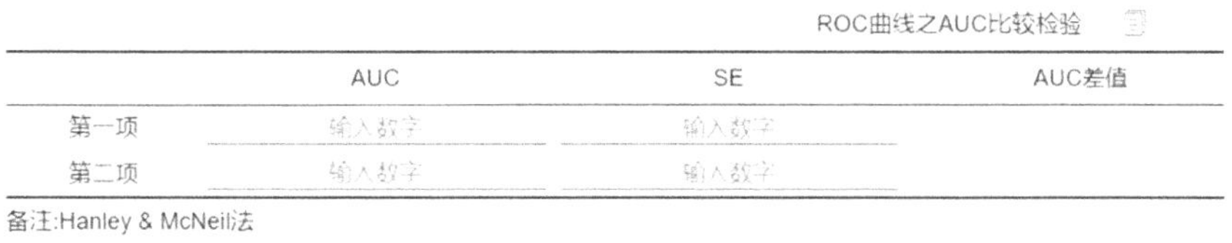

图 13-24　Hanley & McNeil 检验操作界面

用户需要手动输入两个诊断对应的 AUC 值及其标准误(SE 值),平台将计算 z 值和 p 值并进行差异判断,如果 $p<0.05$ 则说明两个 Roc 曲线的 AUC 有显著差异;反之,则说明两个 AUC 无差别。

2. 实例分析

【例 13-12】继续沿用【例 13-11】案例的数据，某医生对经过金标准诊断的 55 名患者（病人）、45 名正常人分别进行两种诊断试验检查，数据文档见"例 13-11.xls"，尝试进行 Roc 曲线分析，比较两个诊断指标的诊断性能有无差别。

1）数据准备与分析操作

"diag"为金标准诊断结果，是一个二结局状态变量，0 表示正常人，1 表示患者。"test1""test2"为医生测定的两个诊断指标的取值数据，为定量数据。根据分析目的，本例采用 Roc 曲线进行分析，并比较两条曲线 AUC 的差异。

在仪表盘中依次单击【可视化】→【Roc 曲线】模块，选中【test1】和【test2】变量，将其拖曳至【检验变量(x)】分析框中，选中【diag】变量拖曳至【状态变量(y)】分析框中，默认状态变量中的数字编码 1 作为"阳性"。

在分析框上方勾选【Delong 对比】复选框，平台会进行 Delong 检验。最后单击【开始分析】按钮。例 13-12 Roc 曲线分析操作界面如图 13-25 所示。

图 13-25　例 13-12 Roc 曲线分析操作界面

输出的结果中，关于"test2"诊断性能分析可参考 13.5.2 节内容。本例为两个诊断试验检测指标的评价和性能差异对比，主要解释和分析统计表格或统计图形。

2）绘制 Roc 曲线图

例 13-12 绘制的 Roc 曲线图如图 13-26 所示。

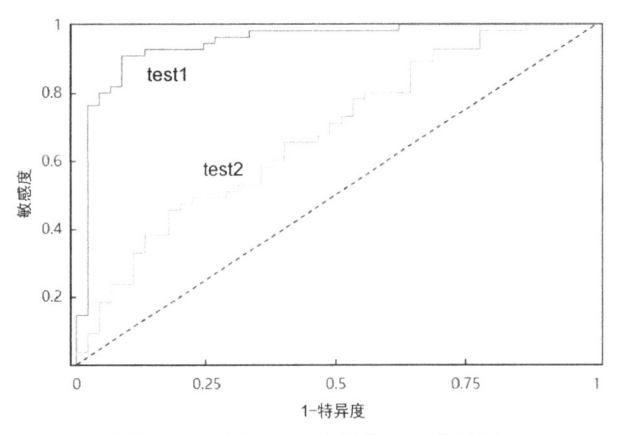

图 13-26　例 13-12 绘制的 Roc 曲线图

显然"test1"的 Roc 曲线比"test2"的 Roc 曲线更靠近左上角，更能直观地体现第一个指标的诊断价值。两个诊断指标的性能及两者间的差异尚需进一步检验。

3）估计 AUC 及其 95% CI

分别输出两个诊断试验的 AUC 及其 95% CI，如表 13-38 所示。

表 13-38　两个诊断试验的 AUC 及其 95% CI

标题	AUC	标准误	p	95% CI
test1	0.947	0.024	0.000**	0.900～0.994
test2	0.679	0.053	0.002**	0.574～0.784

注：** $p<0.01$。

"test1" 的 AUC=0.947>0.9，95% CI 为[0.900,0.994]，该指标诊断准确性高；"test2" 的 AUC=0.679<0.7，95% CI 为[0.574,0.784]，表明第二个指标诊断准确性一般。两个诊断试验指标的 AUC 分别为 0.947 和 0.679，显然在绝对值上是有差别的，但是两者是否具有统计学差异则需要显著性检验加以推断。

4）Roc 曲线差异比较

两个诊断试验 Roc 曲线的差异比较（Delong test）如表 13-39 所示。"test1" 与 "test2" AUC 的差值为 0.268（0.947 减去 0.679），通过 Delong 检验可知，$z=4.6415$，$p<0.05$，说明两个诊断试验指标的 AUC 差异具有统计学意义，两者的诊断准确性存在差别。从具体表现来看，"test1" 的 AUC 高于 "test2" 的 AUC，即第一个诊断指标诊断准确性高于第二个指标。

表 13-39　两个诊断试验 Roc 曲线的差异比较（Delong test）

第一项	第二项	AUC 之差值	标准误差	95% CI	z 值	p 值
test1	test2	0.268	0.0577	0.155～0.381	4.6415	0.0000

Delong 检验较常用，但 SPSSAU 平台也能提供 Hanley & McNeil 检验，我们只需要提供并输出两个已知的 AUC 及标准误，即可做相应的检验。

本例呈现了两个针对指标的 AUC 及各自的标准误结果，如 "test2" 的 AUC=0.679，标准误为 0.053。两个诊断试验 Roc 曲线的差异比较（Hanley & McNeil 检验）如图 13-27 所示。平台依次输出的两个指标的 AUC 和标准误数据，即本次检验的结果。

	AUC	SE	AUC 差值	Z	p
第一项	0.947	0.024	0.2680	4.6063	0.0000
第二项	0.679	0.053			

备注：Hanley & McNeil 法。

图 13-27　两个诊断试验 Roc 曲线的差异比较（Hanley & McNeil 检验）

经 Hanley & McNeil 检验，$z=4.6063$，$p<0.05$，两个诊断试验指标的 AUC 差异具有统计学意义，两者的诊断准确性存在差别，假设检验结果和前面的 Delong 检验一致。一般推荐使用 Delong 检验，Hanley & McNeil 检验在此处仅作为示范。

如果研究目的还希望继续分析高诊断性能指标的最佳截断点 cut-off，可参考 13.5.2 节内容，此处略。

第14章

一致性评价检验方法

一致性,可以理解为针对同一个研究对象采用两种或多种方法、多种仪器设备测定其测量值之间的接近程度或测量效果的相似性。一致性检验是指对同一研究对象不同检测结果之间的接近程度/相似度进行评估检验,在医学检验、影像诊断、流行病调查等研究中应用广泛。

例如,通过比较脉冲血氧饱和度法(POS)和血氧饱和度仪法(OSM)两种测量方法测量的血氧饱和度的差异是否在临床可接受的范围之内,以判定 POS 和 OSM 两种测量结果是否一致,并以此决定 POS 能否替代 OSM。

一致性检验主要包括 4 种类型:评价者(观察者)一致性、诊断试验一致性、重测一致性、内部一致性,如表 14-1 所示。

表 14-1 一致性检验的 4 种类型

一致性检验类型	分析目的
评价者一致性	两个或多个评价者对同一对象进行评分的一致性
诊断试验一致性	诊断某方法/仪器与金标准检验结果的一致性
重测一致性	同一方法/评价者多次重复测量的一致性
内部一致性	一般为量表问卷的信度

4 种类型的一致性检验可选择的具体检验方法是比较多的,本节主要介绍常用的一致性检验方法,包括 Kappa 系数、Kendall 协调系数、ICC 组内相关系数、rwg 组内评分者一致性等。观测数据类型不同,使用的一致性检验方法也不同,具体方法选择如表 14-2 所示。

表 14-2　依据数据类型选择一致性检验方法

观测数据类型	一致性检验方法选择
无序分类数据	两组：Kappa 系数、ICC 组内相关系数 多组：Fleiss's Kappa 系数、ICC 组内相关系数
有序分类/等级数据	两组：加权 Kappa 系数 多组：Kendall 协调系数、ICC 组内相关系数
连续型定量资料	两组：Bland ALtman 图、ICC 组内相关系数 多组：ICC 组内相关系数 跨层数据：rwg 组内评分者一致性系数

在一致性检验方法选择时，应注意两个方面，第一个是观测数据的类型，第二个是观测数据的组数或列数。

（1）观测数据的类型。观测数据是指不同的方法、仪器、评价者对研究对象的测量值或评分数据，如医学检验中用 OSM 测量血氧饱和度的数据（定量数据）；诊断试验中由医师根据 X 光平片判断患病的结果是阴性还是阳性（二分类的定类数据），或者由两位专家对被试对象的某方面表现进行低、中、高等级的评分（有序分类或等级资料）。

（2）观测数据的组数。观测数据的组数是指评价者/方法的数量或重测的次数，如两位医师对 10 名患者的测定结果，一位医师的测定值就是一组或一列数据，两位医师的测定值则有两组测定值数据；同一位医师对一批患者进行重复 3 次测定，此时就有 3 组数据。

（3）方法的选择。Kappa 系数主要用于定类数据的一致性，包括 Cohen's Kappa 系数与 Fleiss's Kappa 系数，Cohen's Kappa 系数又包括普通 Kappa 系数和加权 Kappa 系数，前者用于两组无序分类数据的一致性检验，后者用于两组有序分类或等级数据的一致性检验。如果观测数据或评价数据有多组，则可采用 Fleiss's Kappa 系数。

Kendall 协调系数用于多组有序或等级数据的一致性检验，常见的应用场景是专家评分数据的一致性。

ICC 组内相关系数应用范围较广泛，定类数据或定量数据均适用。在实际分析中，主要应用于连续型定量数据资料的一致性评价及量表问卷重测信度分析。

rwg 组内评分者一致性系数比较特殊，用于跨层数据的一致性检验。Bland ALtman 图则仅针对两组连续性定量数据资料，并且它是图形可视化角度判断一致性的方法。

以上一致性检验方法，可通过在仪表盘中依次单击【问卷研究】和【实验/医学研究】模块来实现。

14.1　Kappa 系数

Kappa 系数是一种广泛使用于评价者之间定类评分结果一致性的指标，本节主要介绍简单 Kappa 系数、加权 Kappa 系数，以及 Fleiss's Kappa 系数在一致性分析中的应用，通过在仪表盘中依次单击【实验/医学研究】→【Kappa】模块来完成。

14.1.1 Kappa 系数类型

Kappa 系数可用于一致性分析,由 Cohen 等人在 1960 年提出。总体上包括 Cohen's Kappa 系数与 Fleiss's Kappa 系数,Cohen's Kappa 系数又根据变量类型划分为简单 Kappa 系数与加权 Kappa 系数。Kappa 系数的类型与应用如表 14-3 所示。

表 14-3 Kappa 系数的类型与应用

类型	变量数据类型要求	使用场景
简单 Kappa 系数	无序分类变量	两组无序分类评价数据的一致性
加权 Kappa 系数	有序分类变量	两组有序分类数据或等级评价结果的一致性
Fleiss's Kappa 系数	无序或有序分类变量	多个(两个以上)评价数据的一致性

1. Cohen's Kappa 系数

常说的 Kappa 系数,默认指 Cohen's Kappa 系数,用于两个分类变量或有序分类变量的一致性分析。例如,研究人员想要考察两种不同的诊断方法在结果上是否一致、两个医生对于同一病例做出病情判断上是否一致,或者用来考察两个观察者,如评委的打分是否一致。

Cohen's Kappa 系数根据数据资料的类型,分为针对无序分类变量的简单 Kappa 系数与针对有序分类变量(又称等级资料)的加权 Kappa 系数。

Kappa 系数的范围为-1~+1,Kappa 系数为-1 时表示两组评分完全不一致;Kappa 系数为+1 时表示两组评分完全一致。在实际应用中,Kappa 系数的范围为 0~1 时一致性才有意义。

Landis 和 Koch(1977)将 Kappa 系数分为 6 个区段,分别代表一致性的强弱程度,Kappa 系数小于 0,一致性程度极差;Kappa 系数取 0.0~0.2,一致性程度微弱;Kappa 系数取 0.21~0.4,一致性程度弱;Kappa 系数取 0.41~0.6,一致性程度中度;Kappa 系数取 0.61~0.8,一致性程度高度;Kappa 系数取 0.81~1.0,一致性程度极强。Kappa 系数与一致性程度如表 14-4 所示。

表 14-4 Kappa 系数与一致性程度

Kappa 系数	一致性程度
<0	极差
0.0~0.2	微弱
0.21~0.4	弱
0.41~0.6	中度
0.61~0.8	高度
0.81~1.0	极强

2. Fleiss's Kappa 系数

Fleiss's Kappa 系数适用于多个分类变量数据资料的一致性分析。当需要对两位以上评价者的定类数据进行一致性检验时,应该采取 Fleiss's Kappa 系数而不是 Cohen's Kappa 系数,对其结果的解释,同 Cohen's Kappa 系数。

14.1.2 简单 Kappa 系数

本节介绍简单 Kappa 系数在一致性研究中的应用。

1. 基本概念与适用条件

简单 Kappa 系数（Simple Kappa），也经常直接被称为 Kappa 系数，计算公式为

$$K = \frac{P_0 - P_e}{1 - P_e}$$

式中，K 为 Kappa 系数；P_0 为观察一致率；P_e 为机遇一致率。所谓机遇一致率是指当两个评价者不依靠专业知识去评价结果，而只是随意评价结果时仍会偶然出现评价结果相同的情况，显然在计算一致性时应当排除机遇一致率。

简单 Kappa 系数常用于诊断试验一致性或观察者一致性分析，适用于两个无序分类变量数据资料的一致性分析。

例如，实习护士（甲）对 100 例病人的青霉素皮试结果进行诊断，由 1 位高年资护士（乙）进行复核，两位护士的诊断结果均为 0-1 数据，1 表示阳性，0 表示阴性，数据资料为无序分类变量，要考察甲、乙两位护士诊断结果的一致性，可采用简单 Kappa 系数进行分析。

2. 实例分析

【例 14-1】甲、乙两位医生分别对 246 名肺癌可疑者的 X 光平片进行有无肺癌的诊断，前 6 位病例的诊断结果如表 14-5 所示，试评价甲、乙两位医生诊断的一致性。案例数据来源于李志辉和杜志成（2018），数据文档见"例 14-1.xls"。

表 14-5　例 14-1 诊断结果（前 6 位病例）

no	doctorA	doctorB
1	0	0
2	0	0
3	0	0
4	0	0
5	1	1
6	0	0

1）数据与案例分析

本例为原始数据普通数据格式，变量"doctorA"代表医生甲的诊断结果，"doctorB"代表医生乙的诊断结果，两个变量均为 0-1 数据，为无序分类变量数据资料，对这两位医生的诊断一致性进行分析，适合采用简单 Kappa 系数。

2）简单 Kappa 系数一致性分析

数据读入平台后，在仪表盘中依次单击【实验/医学研究】→【Kappa】模块，该模块允许两种数据格式，第一种是普通数据格式，如两个观察者、两种仪器、两次测定的数据各自作为一个变量录入；第二种是频数加权数据格式，分析时以频数作为加权项。本例为

普通数据格式，因此可直接将【doctorA】和【doctorB】两个变量拖曳至【评价者(定类)】分析框中，无须设置加权项。

【Kappa】模块能提供简单 Kappa 系数、加权 Kappa 系数及 Fleiss's Kappa 系数 3 种系数，前两种系数用于两个评价者的一致性检验，第 3 种系数用于多个评价者的一致性检验，SPSSAU 平台默认采用的是简单 Kappa 系数。本例欲分析两个评价者（医生）的诊断结果一致性，且评价数据为无序分类变量，因此要在下拉列表中选择【简单 Kappa(默认)】，最后单击【开始分析】按钮。简单 Kappa 系数一致性操作界面如图 14-1 所示。

图 14-1 简单 Kappa 系数一致性操作界面

3）结果分析

简单 Kappa 系数一致性分析表如表 14-6 所示。

表 14-6 简单 Kappa 系数一致性分析表

名称	Kappa 系数	标准误（假定原假设）	z 值	p 值	标准误	95% CI
doctorA & doctorB	0.589	0.062	9.461	0.000**	0.051	0.490～0.688

注：** $p<0.01$。

Kappa 系数一致性检验，先解释 Kappa 系数与数字"0"的差异，$z=9.461$，$p<0.05$，即一致性程度与"0"的差异有统计学意义。如果 $p>0.05$，则说明两个评价者的一致性无统计学意义。

然后来看具体的一致性程度，本例 Kappa 系数等于 0.589，其 95% CI 为[0.490,0.688]，Kappa 系数大于 0.4，说明两位医生对病例肺癌诊断结果具有中等程度的一致性。

14.1.3 加权 Kappa 系数

在医学诊断试验研究中，对研究对象的评价经常会出现等级数据的情况，如某患病人群的病情严重程度用一级、二级、三级来评定。若两个评价者对此类评价结果具有一致性，则考虑使用加权 Kappa 系数进行衡量。本节介绍加权 Kappa 系数在一致性研究中的应用。

1. 适用条件

对于两个评价者评价结果一致性的分析,如果评价者的数据资料为有序多分类变量(等级资料),如显效、有效、无效 3 个等级评分或满意、比较满意、无所谓、比较不满意、不满意 5 个等级评分,此时应考虑使用加权 Kappa 系数。

加权 Kappa(Weighted Kappa)系数是简单 Kappa 系数的推广,是用加权的方法对两个评价结果进行量化的,主要用于等级资料。权重赋值方式包括线性加权与二次加权,线性加权认为每两个等级之间的差异是相等的,如 4 个等级从 3 到 4 的等级评定差距和从 1 到 2 的等级评定差距是相等的。而二次加权适用于相邻两个等级评定差距不同的情况,是根据等级距离进行赋权的,权重是线性加权法的平方,放大或缩小了等级距离导致的差距。

至于线性加权和二次加权如何选择,研究者要用专业知识、研究设计和不同等级之间的差异来确定,其中线性加权在多数场景中是适用的。

2. 实例分析

【例 14-2】某研究分别由两位具有 5 年以上工作经验的影像科医师"双盲"阅片,根据 PI-RADS v2 评分标准,两位医师分别对双参数 MRI 图像进行评分,试评估两位医师间 PI-RADS v2 评分的一致性。数据来源于董志永等人(2021),数据文档为"例 14-2.xls"。

1)数据与案例分析

PI-RADS v2 评分共分为 5 个等级,两位医师的评价数据如表 14-7 所示。

表 14-7 例 14-2 两位医师的评价数据

PI-RADS v2 评分		医师 1 评价				
		1	2	3	4	5
医师 2 评价	1	0	0	0	0	0
	2	2	142	6	10	1
	3	0	28	5	4	5
	4	0	4	2	8	7
	5	0	0	0	1	24

本例数据为加权数据格式,医师 1 和医师 2 的评分等级数据分别作为一个变量,频数作为加权项,单独录入一个"权重"变量,录入的部分数据如表 14-8 所示。

表 14-8 例 14-2 案例部分数据(加权数据格式)

医师 1	医师 2	权重
1	1	0
2	1	2
3	1	0
4	1	0
5	1	0
1	2	0
2	2	142
3	2	28

评价两个评价者评分数据的一致性，且评分数据为有序多分类变量（等级资料），考虑使用加权 Kappa 系数。

2）加权 Kappa 系数一致性分析

在仪表盘中依次单击【实验/医学研究】→【Kappa】模块，将【医师1】和【医师2】两个变量拖曳至【评价者(定类)】分析框中，本例为加权数据格式，所以要将【权重】拖曳至【加权项(可选)】分析框中，在分析框上方的下拉列表中选择【加权 Kappa(线性 Cohens)】，最后单击【开始分析】按钮。加权 Kappa 系数一致性操作界面如图 14-2 所示。

图 14-2 加权 Kappa 系数一致性操作界面

3）结果分析

加权 Kappa 系数一致性分析表如表 14-9 所示。

表 14-9 加权 Kappa 系数一致性分析表

名称	Kappa 系数	标准误（假定原假设）	z 值	p 值	标准误	95% CI
医师1 & 医师2	0.636	0.050	12.615	0.000**	0.043	0.551～0.720

注：*$p<0.05$　**$p<0.01$。

Kappa 系数一致性检验，$z=12.615$，$p<0.05$，说明两个评价者的数据具有一致性，有统计学意义。如果 $p>0.05$，则说明两个评价者的数据无统计学意义。

再来看具体的一致性程度，本例线性加权 Kappa 系数等于 0.636，其 95% CI 为[0.551，0.720]，Kappa 系数大于 0.6，说明两位医师对 PI-RADS v2 的等级评分具有较强的一致性。

14.1.4　Fleiss's Kappa 系数

本节介绍 Fleiss's Kappa 系数在一致性研究中的应用。

1. 基本概念与适用条件

简单 Kappa 系数和加权 Kappa 系数只适用于两个评价者评价结果的一致性分析，而 Fleiss′s Kappa 系数是 Cohen′s Kappa 系数的扩展，可用于多个评价者、多列评价数据的一致性分析。

以下两种情况适用于 Fleiss′s Kappa 系数一致性分析，第一种情况是如果有两个以上的观察者（评价者）进行结果评价，且评价数据为分类变量时，可采用 Fleiss′s Kappa 系数进行一致性检验；第二种情况是分析重复测量 3 次及以上且测量结果是无序分类变量的重测一致性。

以第一种情况举例：甲、乙、丙三位医生分别对 100 名病例的 X 光平片进行有无肺癌的诊断，评价结果 0 表示无，1 表示有。有超过两个评价者的分类评分数据，Cohen′s Kappa 系数不再适用，此时可采用 Fleiss′s Kappa 系数进行一致性检验。

关于对一致性程度的解释，可参考 Cohen′s Kappa 系数对一致性程度的解释。

2. 实例分析

【例 14-3】某研究选取 32 名健康志愿者进行重组 11kDa 蛋白和 TB-PPD 的同体双臂皮肤试验，并进行体外 IFNγ 检测，以获得 3 种不同方法的检测结果，0 表示阴性，1 表示阳性，试分析 3 种方法检测结果的一致性。案例数据来源于都伟欣等人（2015），数据文档见"例 14-3.xls"。

1）数据与案例分析

本例数据为普通数据格式，"ID""方法 1""方法 2""方法 3"，分别表示志愿者编号、重组 11kDa 蛋白试验结果、TB-PPD 试验结果和体外 IFNγ 检测结果，部分数据如表 14-10 所示。

表 14-10 例 14-3 案例数据（部分）

ID	方法 1	方法 2	方法 3
1	0	1	0
2	1	1	1
3	0	0	0
4	1	1	1
5	0	1	0
6	1	1	1

现在有 3 种方法的检测结果，且各方法评分数据均为分类变量，考虑采用 Fleiss′s Kappa 系数进行一致性检验。

2）一致性分析

在仪表盘依次单击【实验/医学研究】→【Kappa】模块，将【方法 1】【方法 2】【方法 3】3 个变量拖曳至【评价者(定类)】分析框中，进行 Fleiss′s Kappa 系数一致性检验时，录入的是原始数据，因此不需要加权处理，最后单击【开始分析】按钮。Fleiss′s Kappa 系数一致性操作界面如图 14-3 所示。

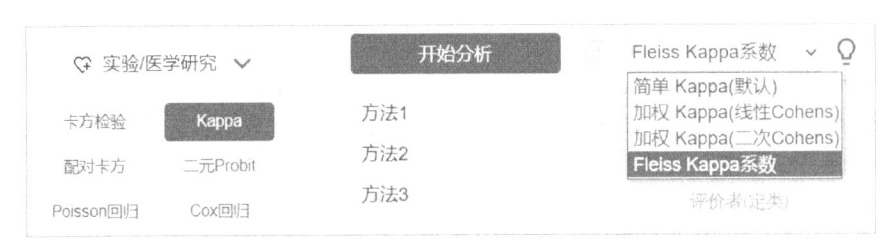

图 14-3　Fleiss′s Kappa 系数一致性操作界面

3）结果分析

Fleiss′s Kappa 系数一致性分析表如表 14-11 所示。

表 14-11　Fleiss′s Kappa 系数一致性分析表

Fleiss′s Kappa 系数	标准误差	z 值	p 值	95% CI
0.266	0.102	2.605	0.009	0.260~0.272

注：数据包含 3 个评价者和 32 个评价对象的数据。

结果解释方式和 Cohen′s Kappa 系数相同。结果显示，Fleiss′s Kappa 系数等于 0.266，即重组 11kDa 蛋白皮肤试验、TB-PPD 皮肤试验与体外 IFNγ 检测结果一致性 Kappa 系数为 0.266，介于 0.2~0.4，95% CI 为[0.260,0.272]，$p<0.01$，一致性程度一般。

14.2　Kendall 协调系数

有一类研究经常需要对 N 个对象或个体进行 K 次评价或排序，如多位专家对初始设计的问卷条目按重要性进行评分。评价者超过两个且评价结果为有序分类数据时，前面介绍的 3 个 Kappa 系数都不再适用。本节介绍的 Kendall 协调系数，可用于考察 K 个评价者对 N 个对象的评价结果之间是否具有一致性。通过在仪表盘中依次单击【实验/医学研究】→【Kendall 协调系数】模块来实现。

14.2.1　概念与适用条件

1．基本概念

Kendall 协调系数，也称作 Kendall 和谐系数、Kendall 一致性系数，一般简称 W 系数，通常用于比较多组等级数据的一致性程度。应用场景为 K 个评价者对 N 个对象进行评价的一致性分析，如 5 个裁判对 30 名职业运动员测试等级的评分是否具有一致性。其计算公式为

$$W = \frac{12S}{K^2(N^3-N)}$$

式中，S 为秩和与其平均值之差的平方和；K 为评价者个数；N 为被评价等级的对象数量。该方法假设 K 个评价者的评价等级不具有一致性，当显著性概率 p 值小于 0.05 时，拒绝

原假设，认为 K 个评价者的评价等级是一致的。

Kendall 协调系数取值范围为 0~1，等于 1 时表示多组评价结果完全一致，等于 0 时表示评价结果完全不一致。具体一致性程度，可参考以下经验：Kendall 系数小于 0.2 时表示一致性程度差；Kendall 系数取 0.2~0.4 时表示一致性程度一般；Kendall 系数取 0.4~0.6 时表示一致性程度中等；Kendall 系数取 0.6~0.8 时表示一致性程度较强；Kendall 系数取 0.8~1.0 时表示一致性程度极强。

2．使用条件

在使用 Kendall 协调系数时，数据由 K 个评价者对 N 个对象的评分构成，要求评价者的评分数据至少是等级资料（有序分类或连续型定量数据）。

在数据组织格式方面，可按行或按列来录入 K 个评价者的评分，按行录入即每行是一个评价者，N 个对象作为 N 列；按列录入即每列是一个评价者，N 个对象作为 N 行。

14.2.2 实例分析

本节结合具体案例介绍 Kendall 协调系数在一致性检验中的应用。

【例 14-4】有 5 位评审专家对 10 篇学术论文按专业程度进行等级评价，最差的等级为 1，最高的等级为 10，评审结果如表 14-12 所示，数据文档见 "例 14-4.xls"，试分析这 5 位评审专家的评审结果是否具有一致性。

表 14-12　例 14-4 评审结果

论文编号	评审 1	评审 2	评审 3	评审 4	评审 5
1	6	7	4	5	5
2	6	7	8	6	7
3	7	8	8	9	8
4	7	8	7	6	8
5	8	8	8	8	8
6	9	9	8	9	9
7	7	6	8	8	7
8	2	5	4	5	4
9	9	9	8	9	9
10	7	8	9	8	8

1）数据与案例分析

本例有 5 位评审专家的等级打分数据，数据文档有 10 行 5 列，首先 Cohen′s Kappa 系数是不适用的。Fleiss′s Kappa 系数虽然也可以用于多个评价者的评价一致性，但一般主要针对无序分类数据，本例的评审打分为等级资料，因此 Fleiss′s Kappa 系数也不适用。由于 Kendall 协调系数用于多列有序分类数据（等级数据）的一致性分析，因此考虑使用 Kendall 协调系数对本例进行一致性分析。

2）一致性分析

数据读入平台后，在仪表盘中依次单击【实验/医学研究】→【Kendall 协调系数】模块，评审专家数据按列录入，在分析框上方的下拉列表中选择【评价者(列)(默认)】，将【评审1】到【评审5】变量拖曳至【分析项(定量)】分析框中，最后单击【开始分析】按钮。Kendall 协调系数一致性操作界面如图 14-4 所示。

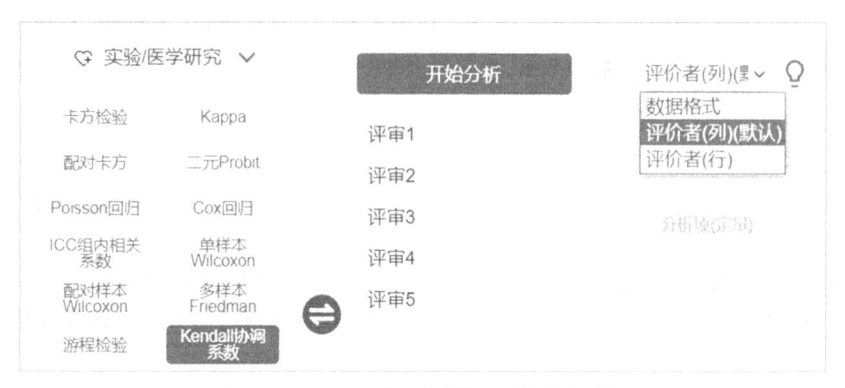

图 14-4 Kendall 协调系数一致性操作界面

3）结果分析

【Kendall 协调系数】模块输出的结果包括 Kendall W 协调系数表、评价者描述性统计表、评价对象描述性统计表 3 个，我们关心的重要结果是 Kendall W 协调系数表，如表 14-13 所示。

表 14-13 Kendall W 协调系数表

评价者（评委）	评价对象（选手）	Kendall 协调系数	统计量 χ^2 值	p
5	10	0.803	36.157	0.000

由表 14-13 可知，$p<0.05$，说明一致性有统计学意义。具体来讲 Kendall 协调系数为 0.803，大于 0.8，说明 5 位评审专家对 10 篇论文的等级评分具有极强的一致性。

14.3 ICC 组内相关系数

前面介绍的 Kappa 系数、Kendall 协调系数主要用于评价者的评分数据为分类数据或等级资料的情况，在实际科研分析中，评价者的评分也可能是连续型定量数据资料，如 30 位抑郁患者前后两次抑郁量表评分的一致性。

本节介绍的 ICC 组内相关系数，可针对多列定量数据和定类数据资料进行一致性评价，通过在仪表盘中依次单击【实验/医学研究】→【ICC 组内相关系数】模块来完成。

14.3.1 概念与适用条件

1．基本概念

ICC 组内相关系数可用于衡量评价者间的一致性和重复测量的一致性，也可用于测量和评价信度的大小。例如，3 位医生对于同一组病例评分的一致性，或者同一位医生对 10 名患者前后多次评分的一致性；量表问卷预调查 100 位受访者，1 个月后同一批受访者再次填写问卷，使用 ICC 组内相关系数测量和评价问卷的重测信度。

ICC 组内相关系数等于个体的变异度除以总的变异度，其值介于 0~1。0 表示不一致（不可信），1 表示完全一致（完全可信），参考 Landis 和 Koch（1977）的建议，若 ICC 组内相关系数低于 0.2，则说明一致性程度较差；若 ICC 组内相关系数范围为 0.2~0.4，则说明一致性程度一般；若 ICC 组内相关系数范围为 0.4~0.6，则说明一致性程度中等；若 ICC 组内相关系数范围为 0.6~0.8，则说明一致性程度较强；若 ICC 组内相关系数范围为 0.8~1.0，则说明一致性程度极强。

2. 适用条件

ICC 组内相关系数是 Kappa 系数的扩展，其适用范围比 Kappa 系数更为广泛。ICC 组内相关系数既可用于连续型定量资料，又可用于分类资料。当 ICC 组内相关系数用于分类资料时，ICC 组内相关系数等于简单 Kappa 系数。当资料为多项分类时，用标准权重（二次权重）算出的加权 Kappa 系数等于 ICC 组内相关系数，也就是说无论资料为何种类型均可用 ICC 组内相关系数来说明其一致性或信度。需要注意的是，当资料为定量数据时，只能用 ICC 组内相关系数计算其一致性或信度，用 Kappa 系数往往会损失信息甚至是错误的。

至于选择 ICC 组内相关系数还是 Kappa 系数来描述资料的信度，可根据用哪一个统计量计算更为简单来决定（潘晓平和倪宗瓒，1999）。

14.3.2　ICC 组内相关系数模型类型

在使用 ICC 组内相关系数时，应注意区分其不同类型，选择输出合适的 ICC 组内相关系数结果。

1. 单向、双向与随机、混合

ICC 组内相关系数模型类型包括单向随机、双向随机、双向混合 3 种，具体如表 14-14 所示。

表 14-14　ICC 组内相关系数的 3 种模型类型

ICC 模型类型	说明
单向随机	研究目的上仅考虑不同研究对象导致的变异，不存在评价者效应
双向随机	可同时考虑研究对象与评价者的变异，且其结果要推广延伸到评价者总体中去
双向混合	可同时考虑研究对象与评价者的变异，但其只关心研究目的选定的评价者差异，不需要将结果推广延伸

观测数据的总变异来源于不同评价者间的变异与不同研究对象导致的变异，这两方面的变异来源可称为两个因素，一项观测数据如果有两方面的变异，即为双向模型；如果仅有一个因素的变异则为单向模型。例如，1 位医生对 10 名病人的前后两次测定结果的一致性，为单向模型（仅包括研究对象的效应），而 3 位医生对 10 名病人的测定结果一致性，

则为双向模型（包括研究对象与评价者的效应）。

通常来说要研究的观测对象都是随机抽取的，如要检验 10 名病例某指标数据前后两次测定结果的一致性，这 10 名病例是从患有该病的所有总体中随机抽取的。

评价者根据研究目的的不同，可能会随机选择也可能会指定选择。如 3 位医生对 10 名病例某指标的测定结果一致性，这 3 位医生是从该医院或某医学中心众多医生群体中随机抽取的，存在随机效应，且未来一致性结果要推广延伸到所有医生群体中去，此为随机选择。再如某医院欲引进一种新医疗设备，现在需要检验新医疗设备与旧医疗设备测量结果的一致性，此种情况下，该项研究的目的仅关心新、旧医疗设备导致的测定结果差异，评价者是指定选择而非随机抽取的。

若研究的观测对象与评价者都是随机选择的，则为双向随机模型；若评价者是由研究目的指定非随机选择的，则为双向混合模型。若仅对观测对象间的差异感兴趣，则为单向随机模型。

2. 相对一致性与绝对一致性

ICC 组内相关系数计算时应注意是否考虑系统误差，涉及相对一致性和绝对一致性的选择，相对一致性一般简称一致性。ICC 组内相关系数的两种误差类型如表 14-15 所示。

表 14-15　ICC 组内相关系数的两种误差类型

计算类型	说明
一致性	不考虑评价者的系统误差
绝对一致性	考虑评价者的系统误差

根据研究目的来选择要检验的是一致性还是绝对一致性，主要区别在于 ICC 组内相关系数计算公式中的分母中是否包括评价者的方差。若研究者特别看重评价者的系统误差（评价者导致的变异），则一般选择检验绝对一致性，此时 ICC 组内相关系数计算公式的分母中包括评价者的方差；若不考虑评价者的系统误差，则选择检验一致性。需要注意，单向随机模型默认考虑系统误差，计算的是绝对一致性。

3. ICC 组内相关系数模型类型

双向随机模型与是否考虑系统误差会产生两种组合，即双向随机一致性和双向随机绝对一致性；双向混合模型与是否考虑系统误差也会产生两种组合，即双向混合一致性和双向混合绝对一致性。由于双向混合模型与双向随机模型的算法计算结果相同，所以将以上 4 种组合进行合并，形成【双向混合/随机　一致性】与【双向混合/随机　绝对一致性】两个模块。

由于单向随机模型通常为绝对一致性，因此单独作为一个组合，即【单向随机　绝对一致性】模块。

所以，SPSSAU 平台在进行 ICC 组内相关系数计算时能提供 3 个模块，分别为【双向混合/随机　一致性】【双向混合/随机　绝对一致性】与【单向随机　绝对一致性】，如表 14-16 所示。

表 14-16　SPSSAU 平台中 ICC 组内相关系数的模块

SPSSAU 平台之 ICC 组内相关系数模块	说明
双向混合/随机 一致性	考虑评价者的系统误差，结论需要推广延伸
双向混合/随机 绝对一致性	考虑评价者的系统误差，结论一般不需要推广延伸
单向随机 绝对一致性	通常用于测量均值是否完全相等

4．ICC 组内相关系数结果输出

在 ICC 组内相关系数的计算过程中，除 3 个模块的选择及是否考虑系统误差外，还应区分数据资料的度量方式。度量类型包括两种，第一种为单一度量，第二种为平均度量。

单一度量是指针对原始数据资料进行 ICC 组内相关系数的计算和输出，可用于说明对每个研究观测对象进行一次测量时的误差；平均度量是指原始数据经过均值计算，针对计算后的均值数据资料进行 ICC 组内相关系数的计算和输出。

SPSSAU 平台在输出结果时，选择【双向混合/随机 一致性】【双向混合/随机 绝对一致性】【单向随机 绝对一致性】模块均能输出单一度量资料计算的 ICC 组内相关系数结果及均值度量资料计算的 ICC 组内相关系数结果。一般我们可根据研究数据资料的特征及研究设计，选择其中之一的结果进行解释和应用。

ICC 组内相关系数输出结果说明如表 14-17 所示，综合 3 个模块、是否考虑系统误差及数据度量方式，SPSSAU 平台最终输出的 ICC 组内相关系数可细分为 ICC(C,1)、ICC(C,K)、ICC(A,1)、ICC(A,K)、ICC(1)、ICC(K)共 6 种。

表 14-17　ICC 组内相关系数输出结果说明

ICC 6 个细分模块汇总	简写	说明
双向混合/随机 一致性且单一度量	ICC(C,1)	不考虑系统误差，且针对原始数据
双向混合/随机 一致性且平均度量	ICC(C,K)	不考虑系统误差，且针对计算后的均值数据
双向/随机 绝对一致性且单一度量	ICC(A,1)	考虑系统误差，且针对原始数据
双向/随机 绝对一致性且平均度量	ICC(A,K)	考虑系统误差，且针对计算后的数据
单向随机且单一度量	ICC(1)	测量数据完全相等的程度，且针对原始数据
单向随机且平均度量	ICC(K)	测量数据完全相等的程度，且针对计算后的数据

表 14-17 中的 C 代表"一致性"，即不考虑系统误差；A 代表"绝对一致性"，即考虑系统误差；数字 1 代表"单一度量"，即针对原始数据资料；K 代表"均值度量"，即针对计算后的均值数据资料。

14.3.3　ICC 组内相关系数实例分析

本节通过两个实例进一步介绍 ICC 组内相关系数一致性分析的应用。

1．双向随机模型

【例 14-5】某研究者用问卷随机调查了成都市 21 名 50～70 岁绝经妇女食物中钙的每日摄入量（毫克/天），每名妇女先后经 3 名调查者调查，试分析 3 名调查者间调查结果的一致性。案例数据来源于潘晓平和倪宗瓒（1999），数据文档见"例 14-5.xls"。

1）数据与案例分析

本例部分数据如表 14-18 所示。变量"ID"为 1～21 名研究对象的编号，变量"第 1 位""第 2 位""第 3 位"分别为 3 位调查员对妇女食物中钙每日摄入量的调查结果，为连续型定量数据。Kappa 系数主要用于分类变量数据的一致性检验，本例不适用，可考虑使用的方法有 ICC 组内相关系数或 Kendall 协调系数，在应用上 Kendall 协调系数常用于多列有序分类变量或关联性研究。因此本例选择用 ICC 组内相关系数考察 3 位调查员调查结果的一致性。

表 14-18　例 14-5 案例部分数据

ID	第 1 位	第 2 位	第 3 位
1	490	494	343
2	146	131	111
3	203	275	240
4	308	364	322
5	270	264	258

2）一致性检验

数据读入平台后，在仪表盘中依次单击【实验/医学研究】→【ICC 组内相关系数】模块，将【第 1 位】【第 2 位】【第 3 位】变量拖曳至【分析项】分析框中。

本例认为评价者间的系统误差对一致性的影响不大或没有影响，即结果不考虑系统误差（选择相对一致性），调查员与绝经妇女的选择也是随机的（选择双向随机模型），因此在分析框上方的下拉列表中选择【双向混合/随机一致性】，最后单击【开始分析】按钮。双向随机 ICC 组内相关系数一致性操作界面如图 14-5 所示。

图 14-5　双向随机 ICC 组内相关系数一致性操作界面

3）结果分析

双向随机模型 ICC 组内相关系数分析表如表 14-19 所示。

表 14-19　双向随机模型 ICC 组内相关系数分析表

双向混合/随机 一致性	ICC 组内相关系数	95% CI
单一度量 ICC(C,1)	0.970	0.939～0.987
平均度量 ICC(C,K)	0.990	0.979～0.996

注：C 表示一致性，1 表示单一度量，K 表示平均度量。

表 14-19 中上下两行分别输出了单一度量数据资料的 ICC 组内相关系数和平均度量数

据资料的 ICC 组内相关系数，就本例而言，是以 3 位调查员的原始评分数据记录进行分析的，因此为单一度量资料，所以选择读取"单一度量 ICC(C,1)"，即第一行的结果。

本例 ICC 组内相关系数为 0.970>0.8，95% CI 为[0.939,0.987]，可认为 3 位调查员的调查结果具有极高的一致性。

2. 单向随机模型

【例 14-6】在对某病的多中心研究中，采用同样的测量方法，同一位医师对 10 名病例各进行两次重复测定的结果如表 14-20 所示，试分析该医师两次测量结果的一致性。数据来源于余红梅等人（2011），本例数据文档见"例 14-6.xls"。

表 14-20　例 14-6 案例数据

ID	第 1 次	第 2 次
1	8.6	8.5
2	8.2	8.2
3	8.5	8.7
4	8.8	9.0
5	8.9	8.5
6	8.7	8.2
7	8.1	8.0
8	7.2	7.2
9	9.2	8.9
10	8.8	8.8

1）数据与案例分析

数据中"ID"为 1～10 名病例的编号，"第 1 次""第 2 次"分别为前后两次测量的结果，为连续型定量数据，考虑使用 ICC 组内相关系数检验医师前后两次测量结果的一致程度。

2）ICC 组内相关系数重测一致性检验

在仪表盘中依次单击【实验/医学研究】→【ICC 组内相关系数】模块，将【第 1 次】【第 2 次】变量拖曳至【分析项】分析框中。

在本例中，评价者为一位指定的医师，不是随机选择的，因此不考虑评价者间的随机效应，重点考察的是随机选择的 10 名病例导致的变异，为单向随机模型。在分析框上方的下拉列表中选择【单向随机 绝对一致性】，最后单击【开始分析】按钮。单向随机 ICC 组内相关系数一致性操作界面如图 14-6 所示。

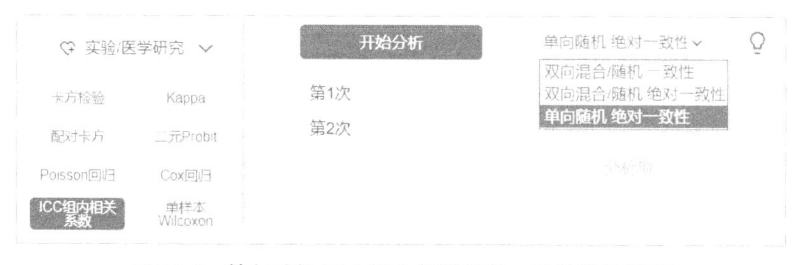

图 14-6　单向随机 ICC 组内相关系数一致性操作界面

3）结果分析

单向随机模型 ICC 组内相关系数分析表如表 14-21 所示。

表 14-21 单向随机模型 ICC 组内相关系数分析表

单向随机 绝对一致性	ICC 组内相关系数	95% CI
单一度量 ICC(1)	0.900	0.668~0.974
平均度量 ICC(K)	0.947	0.801~0.987

注：1 表示单一度量，K 表示平均度量。

本例为单一度量数据资料，选择"单一度量 ICC(C,1)"，即表 14-21 中第一行的结果。ICC 组内相关系数为 0.900>0.8，95% CI 为[0.668,0.974]，认为该医师前后两次测量的结果具有很强的一致性。

14.4 rwg 组内评分者一致性

在管理类研究中，经常遇到多层次数据聚合问题，一般做法是将组内个体的测量数据聚合到层面的对象上，向上聚合的前提是组内数据具有较高的一致性和信度。本节介绍用于多层数据资料组内评分一致性的指标 rwg 和 ICC(1)、ICC(2)，通过在仪表盘中依次单击【问卷研究】→【rwg】模块来实现。

14.4.1 方法概述

1. rwg 基本概念

James 等人（1981）提出 rwg，即组内评分者一致性，可用于判定低层面变量在加总或计算平均分前的一致性。例如，调查研究不同学校的教育满意度，被调查家长来自不同的学校，学校相对家长来说就是高一级的层次，要研究学校层面的教育满意度，能否把家长对学校的教育满意度进行加总或求平均，以加总或平均值作为不同学校的教育满意度，这个问题首先要保证各学校内家长对教育满意度具有一致性和较高信度。

在实际科研分析中经常会遇到类似的需要跨层进行分析的情况，高层次下各成员的一致性要达到何种程度才可以跨层进行汇总/汇聚，这就是 rwg 组内评分者一致性常见的应用场景。在概念上，rwg 是"变量的真实观察方差"与"理论的随机最大方差"的比例，计算公式如下：

$$r_{wg(j)} = \frac{j\left[1-\left(\dfrac{\overline{S_{x_j}^2}}{\sigma_{EU}^2}\right)\right]}{J\left[1-\left(\dfrac{\overline{S_{x_j}^2}}{\sigma_{EU}^2}\right)\right] + \left(\dfrac{\overline{S_{x_j}^2}}{\sigma_{EU}^2}\right)}$$

式中，j 为量表测量项(题目)的个数；$S_{x_j}^2$ 为第 j 项的方差；σ_{EU}^2 为随机最大误差，具体地，$\sigma_{EU}^2=\left(A^2-1\right)/12$，$A$ 为组内被试评分的尺度，如李克特五级量表题目，即 $A=5$。先计算每个测量项的方差 $S_{x_j}^2$，然后所有测量项的方差取均值得到 $\overline{S_{x_j}^2}$，最后计算 $r_{wg(j)}$。

r_{wg} 的取值范围为 0~1，如果有小于 0 的情况出现则视为 0，如果有大于 1 的情况出现则视为 1。在 r_{wg} 的具体解读方面，LeBreton 和 Senter（2007）提出了以下参考：当 $0<r_{wg}<0.3$ 时，代表组内没有一致性；$0.31<r_{wg}<0.50$ 时，代表组内一致性低；$0.51<r_{wg}<0.70$ 时，代表组内一致性中等；$0.71<r_{wg}<0.90$ 时，代表组内一致性高；$r_{wg}>0.90$ 时，代表组内一致性极高。

2. ICC(1)和ICC(2)的基本概念

除要评价 rwg 指标外，还要评价 ICC(1)和 ICC(2)指标，以弥补 rwg 的不足。两个指标的计算公式分别为

$$\mathrm{ICC}(1)=\frac{\mathrm{MSB}-\mathrm{MSW}}{\mathrm{MSB}+\left[(k-1)\mathrm{MSW}\right]}$$

$$\mathrm{ICC}(2)=\frac{\mathrm{MSB}-\mathrm{MSW}}{\mathrm{MSB}}$$

式中，k 为每组内个体或成员的个数；MSB 表示组间均方；MSW 表示组内均方。

一般来说，ICC(1)和 ICC(2)的使用目的和 rwg 是不同的，我们可通俗地将 rwg 理解为组内一致性，而 ICC(1)和 ICC(2)则表示个体与层面评分的信度。

ICC(1)代表的是各组内成员或个体评分的信度，ICC(1)值越大，代表在同一个组中的不同成员的评分越一致。ICC(2)上升到组或层面上，ICC(2)是组内所有成员或个体平均评分的信度，成员越多，ICC(2)值信度就会越高。

按朱海腾（2020）的最新研究，在实际应用时 ICC(1)、ICC(2)常用解释标准如表 14-22 所示。

表 14-22 ICC(1)、ICC(2)常用解释标准

项	常用标准解释
个体评分信度 ICC(1)	>0.2，达到 0.2 为佳
组内所有成员平均信度 ICC(2)	>0.6，在 ICC(1)达标的前提下，把 0.6 作为 ICC(2)的可接受下限

应注意，本节介绍的 ICC(1)、ICC(2)和前面介绍的 ICC 组内相关系数既有联系又有区别。ICC(1)、ICC(2)主要应用于跨层数据一致性分析，ICC 组内相关系数一般用于多个评价者（常见的如医生、仪器设备、方法、重测时间点）的评分一致性分析。

3. 数据组织格式

rwg 组内评分者信度的数据资料较特殊，为多层次（多水平）跨层数据。举个例子，公司的 5 个团队（人力部 6 人、财务部 8 人、生产部 20 人、研发部 10 人、办公室 5 人）组织团建活动，由 10 名裁判对团队成员的合作水平进行评分。rwg 数据录入格式如表 14-23 所示。

表 14-23 rwg 数据录入格式

层 Group	成员 ID	评价者 1	评价者 2	…	评价者 10	…
1	1	…	…	…	…	…
1	2	…	…	…	…	…
⋮	⋮	⋮	⋮	⋮	⋮	⋮
3	…	…	…	…	…	…
⋮	⋮	⋮	⋮	⋮	⋮	⋮
5	1	…	…	…	…	…
5	2	…	…	…	…	…

数据中应录入层变量、成员变量及评价者的评分变量数据。评分变量数据一般采用李克特五级、七级、九级量表题。

14.4.2 rwg 实例分析

本节结合具体案例进一步介绍 rwg 组内评分者一致性的应用。

【例 14-7】有一项关于学校校长管理文化的研究,调查 5 所高级中学,每所高级中学邀请 10 名教师填写关于校长管理文化的量表(6 个李克特 5 级量表题),共收集到 50 份有效问卷,数据文档见"14-7.xls"。试进行层内一致性分析,如果 10 名教师对该校校长的管理文化感知一致,则以教师所感知的校长管理平均值作为对该校校长管理文化的测量。案例数据为模拟获得,仅用于方法操作和解释,结论不具有现实意义。

1)数据与案例分析

第一所学校的量表数据(部分)如表 14-24 所示。"Group"编码从 1~5 表示 5 所学校,"Subject"表示具体教师被试编号,"q1"到"q6"为 6 个李克特 5 级量表题。

表 14-24 第一所学校的量表数据(部分)

Group	Subject	q1	q2	q3	q4	q5	q6
1	1	4	5	4	4	4	4
1	2	1	5	4	5	5	4
1	3	3	4	2	3	3	2
1	4	4	3	4	3	4	4
1	5	4	4	4	2	5	4
1	6	4	4	4	2	4	4
1	7	3	4	4	4	4	3
1	8	3	3	3	3	3	5
1	9	5	4	3	4	4	3
1	10	4	4	4	4	4	4

本例分析 5 所学校的校长管理文化,计划将校内 10 名教师对校长管理文化的感知聚合到学校层面,应首先进行层内评分的一致性检验。常用指标为 rwg 一致性系数及 ICC(1)、ICC(2)两个信度系数,接下来通过平台的【rwg】模块来完成相关分析过程。

第 14 章　一致性评价检验方法

2）rwg 组内一致性分析

数据读入平台后，在仪表盘中依次单击【问卷研究】→【rwg】模块，本例量表题均为李克特 5 级题目，因此在【量表选项】下拉列表中选择【五级量表(默认)】。将【q1】到【q6】拖曳至【测量项】分析框中，将【Group】拖曳至【Group 项(可选)】分析框中，最后单击【开始分析】按钮。rwg 一致性操作界面如图 14-7 所示。

图 14-7　rwg 一致性操作界面

3）结果分析

各组及总体的 rwg 值如表 14-25 所示。

表 14-25　各组及总体的 rwg 值

Group	样本量	rwg 值
汇总	50	0.918
Group 对应学校 1	10	0.919
Group 对应学校 2	10	0.931
Group 对应学校 3	10	0.905
Group 对应学校 4	10	0.939
Group 对应学校 5	10	0.895

表 14-25 中分别给出了 5 所学校的组内 rwg 值，依次为 0.919、0.931、0.905、0.939、0.895，显然均大于 0.7，说明这 5 所学校的测量评分具有很高的组内一致性，可以将校内 10 名教师对校长管理文化的平均认知水平作为学校层面的测量。

ICC(1)表示各组内成员的评分信度情况，ICC(2)表示各组平均评分的信度情况。这两个指标和 rwg 形成互补关系，如表 14-26 所示。

表 14-26　ICC(1)与 ICC(2)

ICC1	ICC2	MSB 值	MSW 值	F 值	p 值
0.216	0.734	1.120	0.298	3.763	0.010

本例 ICC(1)和 ICC(2)的取值依次为 0.216 和 0.734，前者大于 0.2，后者大于 0.7，说明每所学校教师对校长管理文化的测评信度都较好，汇聚后各组平均信度较高。

综合以上 rwg 和 ICC(1)、ICC(2)的取值，可以认为将教师对校长管理文化的感知数据汇聚形成学校层面校长管理文化的一致性结果是合适的，满足组内汇聚的前提要求。

14.5 Bland ALtman 图

前面介绍的 Kappa 系数、Kendall 协调系数、ICC 组内相关系数，以及 rwg 组内评分者一致性是一致性检验类方法。针对连续型定量资料的一致性评价，目前 Bland-Altman 图是比较流行的图形检验方法。

本节介绍 Bland-Altman 图在一致性分析中的应用，通过在仪表盘中依次单击【实验/医学研究】→【Bland ALtman】模块来实现。

14.5.1 方法概述

1. 原理介绍

Bland ALtman 图简称 BA 图，是一种定量测量结果一致性检验的图示化方法，将一致性界限的定量分析与散点图分布的定性描述相结合，可以对两次观测或两种方法、设备定量测量数据进行一致性评价。

Bland ALtman 图最早是由英国学者 Bland JM 和 Altman DG 于 1983 年提出的，其基本思想是充分利用两组定量测量数据的平均值和差值数据信息。

图 14-8 所示为 Bland ALtman 图示例，其横坐标为两种方法测量结果的平均值，纵坐标为两种方法测量结果的差值。例如，有 100 个研究对象，对每个研究对象进行 A 和 B 两次测量，那么就会有 100 个平均值数据（两次测量的平均值），以及 100 个差值数据（两种方法的测量数据差值），用此 100 个数据绘制散点图。接下来给散点图添加差值（D）的平均值（Mean Difference），也称平均差（A），以及 $A \pm 1.96 S_D$ 一致性界限（LoA）。一般认为，如果有 95% 的点位于 LoA 范围内，并且 LoA 不超过专业上的最大允许误差，那么认为两组测量值间具有一致性，而具有临床意义的专业最大允许误差需要由临床研究者和统计专家共同制定。

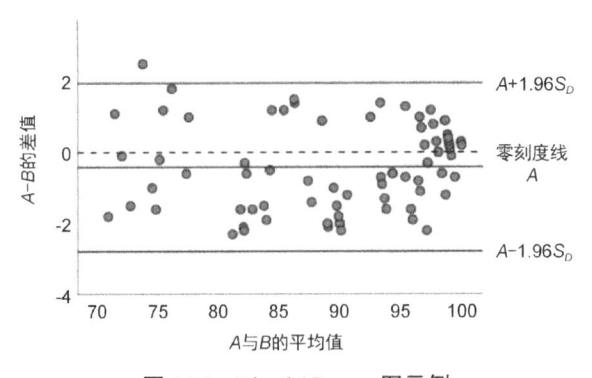

图 14-8　Bland ALtman 图示例

两种测量结果的一致程度越高,平均差 A(Bland ALtman 图中间的实线)的值越接近 0(Bland ALtman 图中间的虚线)。用 t 检验进行平均差 A 与 0 的差异比较,原假设二者无差异,当 p 值大于 0.05 时说明平均差 A 与 0 无差异,意味着两种测量结果的平均值差别较小,两种测量结果的系统误差较小。

2. 适用条件

在数据资料上,Bland ALtman 图针对两列评价数据(两个评价者)进行一致性分析,而且要求两列评价数据均为连续型定量数据。

闻浩等人(2015)指出,Bland ALtman 图应用有 3 个条件:一是差值的平均趋势在测量范围内保持不变,通过差值与均值的直线回归分析判定;二是差值的散布程度在测量范围内保持一致,通过差值与均值直线回归分析的残差绝对值对均值的回归分析进行判定;三是差值的分布呈正态分布,通过直方图和正态性检验判定。对于数据不良的一致性评价,不适合采用标准 Bland ALtman 图。

常见一致性检验方法适用场景如表 14-27 所示,Bland ALtman 图是对两列定量数据一致性分析的一种可视化方法,具有其他方法不具备的直观特性,如果对两个评价者的一致性进行可视化分析,Bland ALtman 图是个不错的选择。

表 14-27 常见一致性检验方法适用场景

方法	数据类型	主要应用场景	其他
Kappa 系数	定类数据(无序或有序)	一致性评价	仅针对两列评分数据(两个评价者)
Kendall 协调系数	至少是等级资料(有序分类或定量数据)	关联程度/相关性	N 项数据关联程度
ICC 组内相关系数	定量数据或定类数据均可	一致性评价	两个或多个评价者数据
Bland ALtman 图	定量数据	一致性评价	仅针对两列评分数据(两个评价者)

14.5.2 Bland ALtman 图实例分析

本节结合具体案例进一步介绍 Bland ALtman 图的应用。

【例 14-8】某医疗器械公司希望确定其新血压监测仪是否等同于市场中的类似型号,使用这两种仪器随机获取了 60 个人的收缩压样本,临床上可接受的最大偏倚范围为 ±5 毫米汞柱,试检验两种血压监测仪的测量结果是否一致。案例数据来源于李志辉和杜志成(2018),数据文档见"例 14-8.xls"。

1)数据与案例分析

例 14-8 案例部分数据如表 14-28 所示,"ID"为 60 个人的编号,"New""Old"分别为新血压监测仪和旧血压监测仪的测定值数据,两种方法测量结果数据为连续型定量数据资料,现在考察两种方法测量结果的一致性,可选择的一致性检验方法有 ICC 组内相关系数和 Bland ALtman 图,后者是一种图示可视化的方法,本例选择 Bland ALtman 图。

表 14-28　例 14-8 案例部分数据

ID	New	Old
1	100	100
2	122	120
3	129	132
4	136	139
5	110	110

2）Bland ALtman 图分析

数据读入平台后，在仪表盘中依次单击【实验/医学研究】→【Bland ALtman】模块。将【New】变量拖曳至【第 1 种方法】分析框中，将【Old】变量拖曳至【第 2 种方法】分析框中，注意 Bland ALtman 图仅针对的是两个评价者的一致性。Bland ALtman 图一致性操作界面如图 14-9 所示，最后单击【开始分析】按钮。

图 14-9　Bland ALtman 图一致性操作界面

3）Bland ALtman 图基本描述统计结果

Bland ALtman 图分析结果汇总表如表 14-29 所示，包括制作 Bland ALtman 图所需的中间统计量，如两种方法测量结果的均值、差值的平均值、差值的标准差、差值均值的 95% CI，以及差值的 95% CI 等。

表 14-29　Bland ALtman 图分析结果汇总表

项	值
有效样本量	60
均值（第 1 种方法）	122.6
均值（第 2 种方法）	122.517
均值（差值）	0.083
标准差（差值）	1.51
95% CI（差值均值）	−0.307～0.473
95% CI（差值）	−2.877～3.044
t 值（H0：差值的平均值=0）	0.427
p 值（H0：差值的平均值=0）	0.671
CR 值	2.94

新旧监测仪器测量结果的平均差 A（差值或均值）等于 0.083 毫米汞柱，LoA 为 [-2.877, 3.044]。

t 值用于检验两组测量数据的平均差值是否明显偏离数字 0，$t=0.427$，$p=0.671>0.05$，说明新旧监测仪器测量结果的平均差值与 0 相比无差异，新旧监测仪器测量值的差异无统计学意义，二者测量结果的系统误差基本可忽略，具有一致性。

重复系数（Coefficient of Repeatability，CR）主要用来评价检测方法的可重复性，也可用于衡量一致性情况，需要结合专业上的可接受范围进行分析。本例中 CR=2.94，在临床上可接受的最大偏倚范围为±5 毫米汞柱，说明新旧监测仪器测量值具有可重复性。

4）Bland ALtman 图

Bland ALtman 图是 Bland ALtman 一致性分析的重要结果。例 14-8 绘制的 Bland ALtman 图如图 14-10 所示。

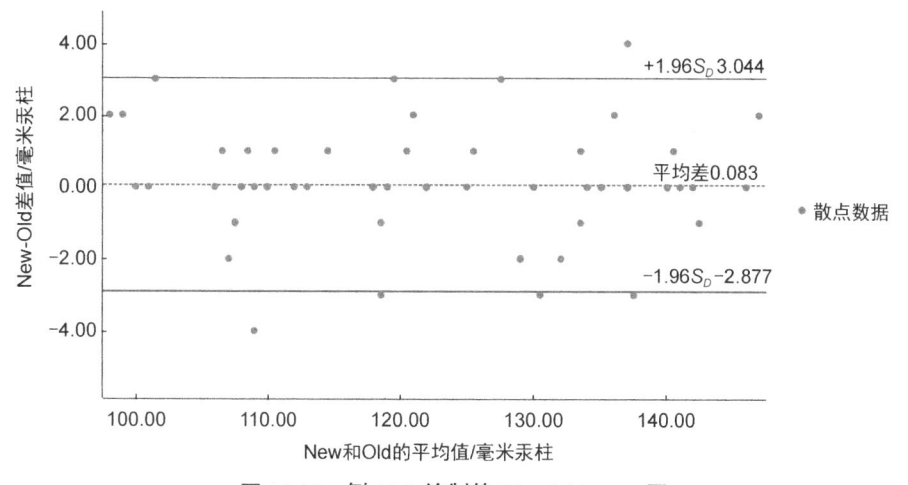

图 14-10　例 14-8 绘制的 Bland ALtman 图

SPSSAU 平台绘制的 Bland ALtman 图，包括 3 条横线，中间的虚线代表平均差，上下两条横线代表 LoA。

本例 $t=0.427$，$p=0.671$，绝大多数点落在 95% LoA 范围内，仅有两个点（占比 3.3%）落在界限外，且所有点均在专业最大允许误差±5 毫米汞柱范围内，由 Bland ALtman 图综合判断，新旧血压监测仪器测量值具有较好的一致性。

参考文献

[1] HAYES A F.Introduction to mediation,moderation,and conditional process analysis:A regression-based approach[M]. 2nd ed.New York: The Guilford Press, 2018.

[2] HIGGS N T. Practical and Innovative Uses of Correspondence Analysis[J]. The Statistician, 1991, 40(2): 183-194.

[3] Huang ZX. Clustering Large Data Sets With Mixed Numeric and Categorical Values[C]. Proceedings of the 1st Pacific-Asia Conference on Knowledge Discovery and Data Mining Conference, Singapore, 1997: 21-34.

[4] JAMES L R, WOLF G, DEMAREE R G. Estimating interrater reliability in incomplete designs[J]. Journal of Applied Psychology, 1981, 69.

[5] KAISER H F, RICE J. Little jiffy, mark iv[J]. Educational and Psychological Measurement, 1974, 34(1): 111-117.

[6] LANDIS J R, KOCH G G. The measurement of observer agreement for categorical data[J]. Biometrics, 1977, 33(1): 159-174.

[7] LEBRETON J M, SENTER J L. Answers to 20 Questions About Interrater Reliability and Interrater Agreement[J]. Organizational Research Methods, 2007, 11(4): 815–852.

[8] 陈平雁. SPSS 13.0 统计软件应用教程[M]. 北京：人民卫生出版社，2005.

[9] 陈强. 计量经济学及 Stata 应用[M]. 北京：高等教育出版社，2015.

[10] 陈世民，方杰，高树玲，等. 自我提升幽默与生活满意度的关系：情绪幸福和社会支持的链式中介模型[J]. 心理科学，2014, 37（2）: 377-382.

[11] 初立苹，粟芳. 我国财产保险公司融资效率的 DEA 比较分析[J]. 保险研究，2013，（4）: 22-32.

[12] 丛晓男. 耦合度模型的形式、性质及在地理学中的若干误用[J]. 经济地理，2019，39（4）: 18-25.

[13] 邓雪，李家铭，曾浩健，等. 层次分析法权重计算方法分析及其应用研究[J]. 数学的实践与认识，2012，42（7）: 93-100.

[14] 董大钧. SAS 统计分析应用[M]. 北京：电子工业出版社，2014.

[15] 董志永，赵文露，陆应军，等. 双参数磁共振 pi-rads v2 联合临床指标对前列腺移行带临床显著癌的诊断价值[J]. 医学影像学杂志，2021，031（11）: 1930-1935.

[16] 都伟欣，崔颖杰，卢锦标，等. 重组结核分枝杆菌 11kda 蛋白皮肤试验与体外干扰素 γ 检测方法的比较[J]. 中国生物制品学杂志，2015，28（11）: 1183-1186.

[17] 杜强，贾丽艳. SPSS 统计分析从入门精通[M]. 2 版. 北京：人民邮电出版社，2009.
[18] 方积乾. 卫生统计学[M]. 7 版. 北京：人民卫生出版社，2012.
[19] 冯国双. 白话统计[M]. 北京：电子工业出版社，2018.
[20] 郭显光. 熵值法及其在综合评价中的应用[J]. 财贸研究，1994，5（6）：56-60.
[21] 何勇男. 哈尔滨城市旅游品牌定位研究[D]. 哈尔滨：哈尔滨理工大学，2012.
[22] 贾俊平. 统计学：基于 SPSS[M]. 北京：中国人民大学出版社，2014.
[23] 晋瑞，张冰，王琳，等. 非肿块强化乳腺癌 mri 征象与分子分型的相关性分析[J]. 实用放射学杂志，2019，35（11）：1759-1762.
[24] 李金林，马宝龙. 管理统计学应用与实践[M]. 北京：清华大学出版社，2007.
[25] 李磊，汤学兵，陈战波. 中部六省会城市区域经济竞争力评价研究[J]. 商业经济研究，2017，728（13）：122-125.
[26] 李晓松. 卫生统计学[M]. 8 版. 北京：人民卫生出版社，2017.
[27] 李志辉，杜志成. MedCalc 统计分析方法及应用[M]. 北京：电子工业出版社，2018.
[28] 李宗富，张向先. 政务微信公众号服务质量的关键影响因素识别与分析[J]. 图书情报工作，2016，60（14）：84-93.
[29] 刘红云. 高级心理统计[M]. 北京：中国人民大学出版社，2019.
[30] 卢纹岱，朱红兵. SPSS 统计分析[M]. 5 版. 北京：电子工业出版社，2015.
[31] 卢纹岱. SPSS for Windows 统计分析[M]. 3 版. 北京：电子工业出版社，2006.
[32] 潘晓平，倪宗瓒. 组内相关系数在信度评价中的应用[J]. 华西医科大学学报，1999（1）：62-63+67.
[33] 沈浩，柯惠新. 对应分析在新产品名称测试中的应用[J]. 市场与人口分析，1999，5（4）：26-30.
[34] 宋冬梅，刘春晓，沈晨，等. 基于主客观赋权法的多目标多属性决策方法[J]. 山东大学学报（工学版），2015，45（4）：1-9.
[35] 孙振球，徐勇勇. 医学统计学[M]. 4 版. 北京：人民卫生出版社，2014.
[36] 王娜. 绿色金融、经济增长与生态环境的耦合协调发展水平测度研究[J]. 中国集体经济，2019，618（34）：21-24.
[37] 王彤. 医学统计学与 SPSS 软件应用[M]. 北京：北京大学医学出版社，2008.
[38] 王孝玲. 教育统计学[M]. 4 版. 上海：华东师范大学出版社，2007.
[39] 王新会. 公立医院医疗服务绩效与生产效率评价研究[J]. 现代医院管理，2016，14（5）：32-35.
[40] 王祎，遇琪，姜蕾，等. 层次分析法在电视节目评价中的应用[J]. 广播与电视技术，2022，49（8）：13-17.
[41] 温忠麟，叶宝娟. 有调节的中介模型检验方法：竞争还是替补?[J]. 心理学报，2014，46（5）：714-726.

[42] 温忠麟, 叶宝娟. 中介效应分析：方法和模型发展[J]. 心理科学进展, 2014, 22（5）: 731-745.

[43] 闻浩, 陆梦洁, 刘玉秀, 等. 定量测量 bland-altman 一致性评价方法研究及临床应用[J]. 医学研究生学报, 2015, 28（10）: 1107-1111.

[44] 吴晗, 陈大伟. 基于 ISM 和 AHP 方法的建筑施工高处坠落事故风险因素分析[J]. 建筑安全, 2018, 33（10）: 52-56.

[45] 吴明隆. 问卷统计分析实务: SPSS 操作与应用[M]. 重庆: 重庆大学出版社, 2010.

[46] 吴明隆. 结构方程模型: AMOS 的操作与应用[M]. 2 版. 重庆: 重庆大学出版社, 2010.

[47] 武松, 潘发明. SPSS 统计分析大全[M]. 北京: 清华大学出版社, 2014.

[48] 许汝福. Logistic 回归变量筛选及回归方法选择实例分析[J]. 中国循证医学杂志, 2016, 16（11）: 1360-1364.

[49] 颜虹, 徐勇勇. 医学统计学[M]. 3 版. 北京: 人民卫生出版社, 2010.

[50] 杨维忠, 张甜, 刘荣. SPSS 统计分析与行业应用案例详解[M]. 北京: 清华大学出版社, 2015.

[51] 叶宝娟, 杨强, 胡竹菁. 感恩对青少年学业成就的影响: 有调节的中介效应[J]. 心理发展与教育, 2013, 29（2）: 192-199.

[52] 余红梅, 罗艳虹, 萨建, 等. 组内相关系数及其软件实现[J]. 中国卫生统计, 2011, 28（5）: 497-500.

[53] 余松林. 医学统计学[M]. 北京: 人民卫生出版社, 2002.

[54] 张厚粲, 徐建平. 现代心理与教育统计学[M]. 5 版. 北京: 北京师范大学出版社, 2020.

[55] 张明芝, 李红美, 吕大兵. 实用医学统计学与 SAS 应用[M]. 苏州: 苏州大学出版社, 2015.

[56] 张伟豪, 徐茂洲, 苏荣海. 与结构方程模型共舞[M]. 重庆: 重庆大学出版社, 2020.

[57] 张文彤, 董伟. SPSS 统计分析高级教程[M]. 2 版. 北京: 高等教育出版社, 2013.

[58] 张文彤, 邝春伟. SPSS 统计分析基础教程[M]. 2 版. 北京: 高等教育出版社, 2011.

[59] 张文彤. SPSS11.0 统计分析教程: 高级篇[M]. 北京: 北京希望电子出版社, 2002.

[60] 张文彤. SPSS11.0 统计分析教程: 基础篇[M]. 北京: 北京希望电子出版社, 2002.

[61] 张晓, 陈会昌, 张银娜, 等. 家庭收入与儿童早期的社会能力: 中介效应与调节效应 [J]. 心理学报, 2009, 41（7）: 613-623.

[62] 郑宗成, 张文双, 黄龙, 等. 市场研究中的统计分析方法: 专题篇[M]. 广州: 广东经济出版社, 2012.

[63] 周登远. 临床医学研究中的统计分析和图形表达实例详解[M]. 2 版. 北京: 北京科学技术出版社, 2017.

[64] 周俊. 问卷数据分析——破解 SPSS 的六类分析思路[M]. 北京: 电子工业出版社, 2017.

[65] 朱海腾. 多层次研究的数据聚合适当性检验: 文献评价与关键问题试解[J]. 心理科学进展, 2020, 28（8）: 1392-1408.

反侵权盗版声明

电子工业出版社依法对本作品享有专有出版权。任何未经权利人书面许可，复制、销售或通过信息网络传播本作品的行为；歪曲、篡改、剽窃本作品的行为，均违反《中华人民共和国著作权法》，其行为人应承担相应的民事责任和行政责任，构成犯罪的，将被依法追究刑事责任。

为了维护市场秩序，保护权利人的合法权益，我社将依法查处和打击侵权盗版的单位和个人。欢迎社会各界人士积极举报侵权盗版行为，本社将奖励举报有功人员，并保证举报人的信息不被泄露。

举报电话：（010）88254396；（010）88258888
传　　真：（010）88254397
E-mail：dbqq@phei.com.cn
通信地址：北京市万寿路173信箱
　　　　　电子工业出版社总编办公室
邮　　编：100036